Springer-Lehrbuch

Zyklus des Mopamin (Colophospermum mopane)-Trockenwaldes im Norden von Botswana. Der hier über riesige Flächen dominierende Wald besteht aus etwa gleichaltrigen Bäumen, die gleichzeitig sterben, dann von Termiten remineralisiert werden, so daß eine Grassteppe entsteht. Auf dieser Grassteppe finden sich die Herden der typischen afrikanischen Steppentiere wie Zebra und Gnu. An den Waldrändern sind Impalas, Giraffen und Elefanten häufig. Später kommt wieder neuer Mopamiwuchs auf, der wie gepflanzt wirkt und einen neuen gleichaltrigen Wald bildet. (Vgl. Seite 220 f.).

Hermann Remmert

ÖKOLOGIE

Ein Lehrbuch

Mit Beiträgen von
M. K. Grieshaber (Düsseldorf),
U. Sommer (Oldenburg),
D. Werner (Marburg) und Ralf Conrad (Marburg)

Fünfte, neubearbeitete und erweiterte Auflage

Mit 208 Abbildungen

Springer-Verlag
Berlin Heidelberg New York London Paris
Tokyo Hong Kong Barcelona Budapest

Prof. Dr. HERMANN REMMERT, Fachbereich Biologie der
Universität Lahnberge, Karl-von-Frisch-Straße
D-3550 Marburg/Lahn

1. Auflage 1978   Englische Ausgabe: *Ecology*
2. Auflage 1980   Springer-Verlag Berlin Heidelberg New York 1980
3. Auflage 1984   Chinesische Ausgabe

4. Auflage 1989   Lizenzausgaben:

5. Auflage 1992   Portugiesische Ausgabe
                      Koproduktion zwischen Editora
                      Pedagógica E Universitária.
                      Ltda., Sao Paulo und Springer-Verlag, 1982

                      Polnische Ausgabe
                      erschienen bei Państwowe Wydawnictwo
                      Rolnicze I Leśne,
                      Warschau, 1985

                      Spanische Ausgabe
                      erschienen bei Editorial Blume,
                      Barcelona, 1988

                      Tonträger für Blindenhörbücherei
                      Arbeitsgemeinschaft der Blindenhör-
                      büchereien e. V.,
                      Marburg

ISBN-13: 978-3-540-54732-7 Auflage Springer-Verlag Berlin Heidelberg New York

CIP-Titelaufnahme der Deutschen Bibliothek
Remmert, Hermann:
Ökologie: ein Lehrbuch / Hermann Remmert. Mit Beitr. von M. K. Grieshaber
... – 5., neubearb. u. erw. Aufl. – Berlin; Heidelberg; New York; London; Paris;
Tokyo; Hong Kong; Barcelona; Budapest: Springer, 1992 (Springer-Lehrbuch)
Engl. Ausg. u. d. T.: Remmert, Hermann: Ecology. – Brasilian. Ausg. u. d. T.:
Remmert, Hermann: Ecologia

ISBN-13: 978-3-540-54732-7   e-ISBN-13: 978-3-642-77046-3
DOI: 10.1007/978-3-642-77046-3

Vorwort zur fünften Auflage

„Die gefährlichste Weltanschauung ist die Weltanschauung
der Leute, die die Welt nie angeschaut haben."
(A. von Humboldt)

Wohl kein Wort ist in den letzten Jahren so mißbraucht worden wie das Wort Ökologie. Um so erstaunter und erfreuter
bin ich über den ungebrochenen Zuspruch zu einem Buch,
das den Terminus im alten naturwissenschaftlichen Sinn benutzt, wie er in den nun fast hundert Jahre alten internationalen wissenschaftlichen Zeitschriften gebraucht wird.
Dies Buch behandelt die allgemeine Ökologie der Organismen – also die Prozesse, die Auftreten und Dichte von Organismen in einem Lebensraum steuern und die Prozesse, die
ein Ökosystem erhalten. Damit sind die heute vielfach als
Ökologie bezeichneten Vorgänge und Erscheinungen im allgemeinen nicht Gegenstand dieses Buches: So lange wir die
normalen Erscheinungen und Prozesse nicht ausreichend
kennen, hat es wenig Sinn, über unnormale zu spekulieren.
Ökologie gleicht der Medizin. Wer den gesunden Körper
nicht kennt, kann den kranken nicht beurteilen.
Naturwissenschaftliche Tatsachen sollte man sich selbst aus
relativ wenigen Grundphänomenen entwickeln können.
Man sollte sie nicht pauken müssen wie Vokabeln einer
fremden Sprache. Da Ökologie eine Naturwissenschaft ist,
habe ich mich beim Schreiben dieses Lehrbuchs von Anfang
an bemüht, diesen Weg zu gehen. Man sollte sich die Problematik eines tropischen Regenwaldes, einer Gezeitenzone,
die Notwendigkeit und Möglichkeit von Populationsregu-
lierungen selbst aus wenigen Grundphänomenen erarbeiten
können.
Auch in dieser fünften Auflage, die schneller nötig war als
erwartet, habe ich mich wieder bemüht, diesem Ziel näher zu
kommen.
Sehr herzlich sei den Kollegen gedankt, die aus ihrem Spezi-
algebiet Ergänzungen beisteuerten und mich auf Fehler aufmerksam machten.

Marburg/Lahn, Juli 1992   HERMANN REMMERT

Vorwort zur ersten Auflage

Darstellungen der Ökologie gibt es in großer Zahl. Warum noch eine?

Jeder Mensch ist anders, jeder sieht die Probleme anders. Jeder setzt die Gewichte anders, jeder hat einen anderen Stil. Wie ich mir als Student oft sehr spezifische Bücher auswählte, so scheint mir heute eine Wahlmöglichkeit unter verschiedenen und verschiedenartigen Darstellungen notwendig. Der Mannigfaltigkeit der Ökologie kommt man meines Erachtens am nächsten, wenn auch eine Mannigfaltigkeit an Darstellungen zur Verfügung steht.

Ich habe mich bemüht, das Buch lesbar zu machen. So habe ich durchweg auf Fachausdrücke verzichtet, die zudem in den einzelnen ökologischen Disziplinen ganz verschieden gebraucht werden. Die deutsche Sprache ist ohne weiteres in der Lage, komplizierte Sachverhalte darzustellen. Außerdem: scharf definierte Termini sind notgedrungen mit einer statischen Betrachtung verbunden. Es gilt jedoch, die Dynamik der Ökologie zu verstehen. Ebenso habe ich mich bemüht, so wenig wie möglich Mathematik aufzunehmen. Allzu oft hat man in den letzten Jahren übersehen, daß Mathematik wie die Sprache nur eine Beschreibung geben kann – wenn auch eine besonders präzise.

Ich habe mich bemüht, neben gesicherten Ergebnissen vielfach Hypothesen darzustellen, aus denen Dynamik und Zielrichtung der gegenwärtigen Ökologie hervorgeht. So hoffe ich, Anregungen zur Weiterarbeit zu geben, die Neugierde zu wecken: Hypothesen sind Salz und Pfeffer der Forschung.

Ich habe mich bemüht, funktionale Zusammenhänge beim ökologischen Geschehen in den Vordergrund zu stellen. Jedes Phänomen hat seine Ursachen und es hat seine Wirkungen – dieser Dualismus ist vielfach nicht gesehen worden.

Das Buch entstand aus Vorlesungen, die ich von 1968 bis 1976 an der Universität Erlangen-Nürnberg hielt. Meinen Studenten und Mitarbeitern vom 2. Zoologischen Institut habe ich zu danken: Sie bildeten ein fröhliches und kritisches Diskussionsforum. Ebenso gilt mein Dank der alten naturwissenschaftlichen Fakultät, in der das Gespräch zwischen den verschiedenen Disziplinen noch selbstverständlicher war. Die Erlanger Universitätsspitze – Herr Präsident Prof. Dr. N. Fiebiger und Herr Kanzler K. Köhler – hatte immer ein offenes Ohr (und oft genug eine offene Hand) bei den

Nöten des kleinen Instituts – ich danke für die Jahre vertrauensvoller Zusammenarbeit. Dagmar Weidinger tippte das Manuskript und fertigte den größten Teil der neuen Abbildungen. Ihr gilt mein ganz besonderer Dank. Meiner Familie konnte ich auch in gänzlich unpassenden Augenblicken geistige Abwesenheit und ein Diktaphon zumuten. Mein Freund Dr. K. F. Springer ließ sich auch durch ein unerwartetes Manuskript nicht aus dem Konzept bringen und brachte es rasch zum Druck.

Marburg/Lahn, Januar 1978 HERMANN REMMERT

Inhalt

1. Wesen der Ökologie

Der Ausdruck „Ökologie" wurde vor über 100 Jahren von Ernst Haeckel geprägt, der Terminus Biozönose (Lebensgemeinschaft) 1877 von Möbius, der Terminus Ökosystem in den zwanziger Jahren durch Woltereck. Nach 100 Jahren ökologischer Forschung werden heute diese Ausdrücke neu entdeckt, sie werden modern, und jeder kleidet sich mit ihnen. Aber Ökologie ist keine Heilslehre. Ökologie ist die Haushaltslehre von der Natur, wie sie Ernst Haeckel definierte. Sie ist eine strenge Naturwissenschaft, sie hat es jedoch wesentlich schwerer als Physiologie, Genetik oder Biochemie: Sie muß mit einer Fülle verschiedener Parameter arbeiten, und damit werden Voraussagen unendlich schwer. Es ist schon unmöglich, die Reaktionen des physiologisch am besten untersuchten Organismus, des Menschen, sicher vorherzusagen. Der Ökologe steht vor dem Problem, die Reaktionen und die Entwicklungen komplexer Systeme, in denen außerordentlich viele genetisch verschiedene Mikroorganismen, Pflanzen und Tiere leben, vorausbestimmen zu sollen. Der Versuch allein scheint unmöglich. Dennoch muß er gewagt werden. Hier ergibt sich das nächste Dilemma der Ökologie. Sie, die alte strenge Naturwissenschaft, steht plötzlich im Brennpunkt des Interesses, sie muß Hilfen für Entscheidungen politischer Art geben und bewegt sich daher notwendigerweise aus dem rein naturwissenschaftlichen Bereich heraus. Das bedeutet für die Ökologie eine beachtliche Gefahr. Sie wird vielfach als eine Methode angesehen, deren Ergebnisse, fleißig angewendet, den Menschen zu stetig wachsendem Wohlstand und Glück verhelfen können. Nichts ist falscher als das. Auch die ökologischen Systeme haben sich entwickelt, und der Mensch kann erst in den derzeit vorhandenen Systemen überhaupt leben. Hätte immer, wie vielfach vermutet, ein wirklich vollständiger Kreislauf der Stoffe stattgefunden, so könnten wir und könnten die Tiere, die heute die Erde bevölkern, nicht auf ihr leben.

Ein ganz einfaches Beispiel mag das beleuchten: Wir wissen, daß der Sauerstoff unserer Erdatmosphäre aus der Photosynthese der Pflanzen stammt.

$$6\,CO_2 + 12\,H_2O\,(+\,Licht)$$
$$= C_6H_{12}O_6 + 6\,O_2 + 6\,H_2O\,.$$

Diese Formel wird immer für sich allein angewandt. Würde sie stimmen, so hätten wir tatsächlich auf der Erde den Sauerstoff durch die Tätigkeit der höheren Pflanzen (was sicher der Fall ist), aber wir hätten kein „Recycling", keine Wiederverwertung der Stoffe. In einem vollständigen Recycling, wie es funktionierenden Ökosystemen gern zugeschrieben wird, müßte auch die Formel rückwärts geschrieben werden.

$$C_6H_{12}O_6 + 6\,O_2 + 6\,H_2O = 6\,CO_2 + 12\,H_2O\,.$$

Daraus ergibt sich: In einem funktionierenden Ökosystem mit einem vollständigen Abbau der von den Pflanzen gebildeten organischen Substanz wird notgedrungen der gesamte bei der Photosynthese gebildete Sauerstoff wieder verbraucht. Und: Es ergibt sich die überraschende Feststellung, daß die ersten großen Umweltverschmutzer die grünen Pflanzen waren. Als sie durch ihre Photosynthese die heutige Sauerstoffatmosphäre der Erde schufen und die Erdoberfläche oxidierten, mußte die gesamte damalige Lebenswelt zugrunde gehen, die sich an ein Leben ohne Sauerstoff angepaßt hatte.

Wir können auf der Erde ebenso wie alle anderen Tiere nur leben, weil dieses vollständige Recycling nicht stattgefunden hat und damit Sauerstoff, der für unsere Atmung unerläßlich ist, nach Oxidation der Erdoberfläche nun frei in der Atmosphäre zur Verfügung steht. Eine diesem Sauerstoff entsprechende Menge an organisch gebundenem oder oxidierbarem Kohlenstoff muß auf der Erde vorhanden sein. Ein Teil davon ist jedem bekannt: Es sind die fossilen Energieträger (Braunkohle, Steinkohle, Erdöl, Erdgas, Graphit). Aber diese stellen nur einen winzig kleinen Bruchteil der vorhandenen Reserven dar. Die übrigen sind in feinst verteilter Form in allen Sedimenten vorhanden — in so fein verteilter Form, daß sie auch in Zukunft nicht als Energieträger zur Verfügung stehen werden. (Das ist beruhigend: Ein Verbrennen aller fossilen Lager führt noch zu keiner bemerkenswerten Veränderung des Sauerstoffgehaltes unserer Atmosphäre. Auf der anderen Seite erhöhen wir so den Kohlendioxidgehalt der Atmosphäre, und das kann unabsehbare Folgen für das Klima der Erde haben.) Wir leben also auf dieser Erde, weil die natürlichen Ökosysteme nicht in dem Maße funktionierten, wie vielfach heute gefordert wird. Dennoch: Wir leben hier, und wir können hier nur unter diesen und keinen anderen Bedingungen leben. Neben der rein theoretischen Aufgabe der Ökologie, den Haushalt der Natur zu erforschen, stellt sich die Frage, wie die Bedingungen erhalten werden können, unter denen wir leben.

Das Gebiet der Ökologie wird heute im allgemeinen aufgeteilt in drei Untergebiete: die Autökologie (oder die Ansprüche des Organismus an die Bedingungen, unter denen er gedeihen kann), die Populationsökologie (die in der Hauptsache die Frage untersucht, warum die Populationen von Mikroorganismen, Pflanzen und Tieren sich nicht unbegrenzt vermehren, sondern warum sie auf bestimmter, ungefähr gleichmäßiger Höhe bleiben) und schließlich die Ökosystemforschung (die sich mit den Stoffkreisläufen und den Energieflüssen beschäftigt, mit der Funktionsweise von Ökosystemen, und die die

Frage nach Stabilität und Elastizität von Ökosystemen stellt).

In allen drei Sparten sollten mikrobiologische Ökologie, botanische Ökologie und zoologische Ökologie des Meeres, des Süßwassers und des Landes zusammenarbeiten. Infolge der Größe des Gebietes und aus historischen Gründen ist das jedoch wohl nirgendwo verwirklicht. Das Resultat ist eine vollends verworrene Terminologie. Schon das Wort Ökologie wird in der Botanik und in der Zoologie in sehr verschiedener Bedeutung gebraucht. (In der Botanik bezieht sich die Ökologie nur auf experimentell, mehr physiologisch ausgerichtete Feldforschung, während in der Zoologie reine Feldforschung selbstverständlich mit eingeschlossen ist. Diese fungiert in der Botanik zusammen mit der historischen Biogeographie als Geobotanik.) Ganz anders als im terrestrischen Bereich sind die Begriffsapparate in der Limnologie und in der Meereskunde. So soll in diesem Buch auf Termini fast durchweg verzichtet werden (zur ökologischen Terminologie s. Schaefer u. Tischler, 1983).

Wie in der Physik schon vor vielen Jahrzehnten, wie in der Chemie seit einigen Jahren, entwickelt sich auch in der Biologie und damit in der Ökologie zu dem hier angesprochenen experimentellen Bereich ein theoretischer Bereich. Dieses Feld ist besonders in der Populationsbiologie, aber auch in der Ökosystemforschung inzwischen sehr stark geworden (s. z. B. May, 1980; Wissel, 1989). In der Autökologie, die überwiegend auf Physiologie und Biochemie basiert, die ihrerseits eine theoretische Grundlage bereits erarbeitet haben, ist theoretische Ökologie eigentlich nur hinsichtlich der "optimal foraging"-Theorie hervorgetreten. Wie die Entwicklung weiter verlaufen wird, ist im Augenblick kaum sicher zu sagen — selbstverständlich ist natürlich, daß die Ökologie nicht im Beschreiben stehenbleiben darf, sondern daß sie bei der Analyse der Ursachen schließlich mathematisierbar werden muß und damit in das Feld der theoretischen Ökologie hineinstößt.

2. Autökologie

Erich Ohser

2. Autökologie

2.1 Theorie der Autökologie

Jeder Organismus ist auf das Vorhandensein einer bestimmten Kombination von biotischen und abiotischen Faktoren angewiesen. Nur hier kann er optimal gedeihen. Mit jedem Abweichen von diesem Optimum sinkt die Lebensmöglichkeit des Organismus. Für ihn entstehen höhere (meist stoffwechselphysiologisch bedingte) Kosten, die bei weiterem Abweichen des gleichen oder mehrerer Umweltfaktoren vom Optimum irgendwann so hoch werden, daß der Organismus sie nicht mehr durch höhere Stoffwechselleistungen auffangen kann: Die Art stirbt aus. Das Optimalgebiet eines Organismus kann damit definiert werden als das Gebiet, in dem die Art langfristig über alle Stadien mit geringstem Energieaufwand existieren kann.

Zwei Organismen, die die gleiche Ressource benötigen, konkurrieren um diese Ressource, wenn sie im gleichen Gebiet vorkommen. Die Konkurrenz zwischen beiden wird um so stärker, je mehr Ressourcen für beide gemeinsam notwendig sind. Die Konkurrenz wird übermächtig, wenn die ökologischen Ansprüche der beiden Organismen in allen Einzelheiten identisch werden. Zwei verschiedene Arten mit identischen ökologischen Ansprüchen können nur zusammen leben, wenn ihre Individuenzahl so gering ist, daß eine Konkurrenz nicht besteht, wenn sie also die Kapazität ihres Lebensraumes nicht voll nutzen (wie dies möglich ist, wird bei der Regulation der Populationsdichte im Abschnitt Populationsökologie besprochen). Im allgemeinen ist jedoch das Leben zweier Arten im gleichen Raum mit Konkurrenz um die gleichen Ressourcen

nur möglich, wenn sie sich in verschiedenen Punkten ihrer Biologie oder ihrer ökologischen Ansprüche unterscheiden. Die stärkste Konkurrenz besteht damit zwischen Angehörigen der gleichen Art. Die extrem starke intraspezifische Konkurrenz (im Gegensatz zur interspezifischen zwischen verschiedenen Arten) ist der Motor der Evolution, wie es Darwin schon vor über 100 Jahren beschrieb. Die jeweils geeignetsten Genotypen werden ununterbrochen ausgelesen, die weniger geeigneten werden „herauskonkurriert". Dieser Konkurrenz können Organismen auf zwei verschiedene Weisen entgehen. Infolge der Selektion werden sie entweder an die Gegebenheiten eines anderen Lebensraumes angepaßt, oder es wird eine andere Biologie, es werden andere ökologische Ansprüche im gleichen Lebensraum entwickelt. Die notwendigen neuen Anpassungserscheinungen müssen genetisch festgeschrieben werden. Für eine solche Festschreibung ist eine sexuelle Trennung von der Ausgangspopulation notwendig. Diese sexuelle Trennung bezeichnen wir als Artbildung. Artbildung — sexuelle Trennung vom Nachbarn — ist also ein adaptiver Prozeß, der selektive Vorteile bringt, indem er Spezialisierung ermöglicht und die Konkurrenz mildert. Ausgelesen im Kampf ums Dasein werden also die Genotypen, die für die ursprüngliche Situation am besten geeignet sind, sowie ferner solche, die aufgrund spezifischer Anpassungen andere Lebensräume besiedeln konnten, und solche, die aufgrund anderer Anpassungen der Konkurrenz der Ursprungsart im ursprünglichen Lebensraum am wenigsten ausgesetzt sind. Vielfach wird übersehen, daß der Erwerb neuer Anpassungseinrichtungen für den

Organismus in jedem Fall eine Belastung bedeutet. Sie schlägt sich in einer langsameren Entwicklungsgeschwindigkeit (einer längeren Entwicklungsdauer), in geringerer Fortpflanzungsrate, in geringerer Beweglichkeit, in geringerer Resistenz gegen Umweltänderungen oder anderen oder vielen dieser Möglichkeiten nieder. Ein höherer Energieverbrauch pro Zeiteinheit ist dagegen nur ausnahmsweise (und meist kurzfristig) nachzuweisen. Da ein höherer Energieverbrauch stets mit erhöhter Nahrungsaufnahme gekoppelt sein muß und Nahrung fast nie im Überfluß zur Verfügung steht, gehen die Anpassungsstrategien der Organismen durchweg in andere Richtungen. In einer Kosten-Nutzen-Analyse, wie sie in der Ökonomie üblich ist, müßte der Preis einer Anpassung dem Nutzen gegenübergestellt werden können, der beim Ausbrechen aus der intraspezifischen Konkurrenz gewonnen wird.

Eine derartige Kosten-Nutzen-Analyse ist bisher nirgendwo vollständig durchgeführt worden. Bei Mutanten von Blütenpflanzen, die auf Schwermetallstandorten gedeihen, ist die Stoffproduktion allgemein um 20–50% reduziert (Ernst, 1975). Organismen in kühlen Lebensräumen zahlen für die Möglichkeit, hier zu leben, mit geringer Entwicklungsgeschwindigkeit. Organismen des Süßwassers und des Landes zahlen für die Möglichkeit, diese Lebensräume zu besiedeln, mit komplizierten und aufwendigen Mechanismen zur Ionen- und Osmoregulation.

Der in neuester Zeit in Angriff genommene Versuch, die für die Fixierung von Luftstickstoff notwendige genetische Information aus Mikroorganismen in das Genom von Kulturpflanzen einzubauen, beruht weitgehend auf einer Fehleinschätzung der Kosten ökologischer Anpassung. Die Fixierung von Luftstickstoff „kostet" viel mehr als die Aufnahme von Stickstoffsalzen aus dem Boden. Damit muß — falls das Experiment gelingt — die Produktivität dieser neuen Kulturpflanzen gegenüber den ursprünglichen Formen deutlich geringer sein. Auf Düngung könnte man aber dennoch nicht verzichten, da beispielsweise Phosphat und Kalium gegeben werden müßten. Niemals ist wirklich durchgerechnet worden, ob unter diesen Bedingungen die mit großen Mitteln vorangetriebene Forschung überhaupt wirtschaftlich sinnvoll ist.

Die weitere Selektion geht in Richtung auf eine Optimierung der erfolgten Anpassung — das heißt auf Minimierung des Anpassungspreises. Grundsätzlich läßt sich dieser niemals voll eliminieren.

Optimierung bedeutet jedoch nicht optimale Anpassung. Dieser Zustand dürfte nie erreicht sein. Lediglich unter bestehenden Bedingungen ist die Anpassung erfolgt; bei einer Änderung der Bedingungen kann sich herausstellen, daß eine noch weitergehende Optimierung möglich wäre. Wenn beispielsweise das amerikanische Grauhörnchen in vielen Bereichen Englands das einheimische Eichhörnchen verdrängt hat, so muß dies als Resultat einer nicht optimal erfolgten Anpassung des einheimischen Tieres gewertet werden.

Anders als bei unbelebten Systemen haben wir im organismischen Bereich wohl niemals eine lineare Dosis-Respons-Beziehung: Eine gleichmäßige Verstärkung eines Faktors führt nicht zu einer gleichmäßigen Reaktion des Organismus. Vielmehr haben wir überall Optimalbereiche, deren Unterschreitung und Überschreitung sehr plötzlich zu letalen Wirkungen führt. Wir werden dies Prinzip beim Salzgehalt, bei der Feuchtigkeit, bei der Temperatur näher besprechen. Es ist in der augenblicklichen Situation des Menschen besonders wichtig. Wenn eine Erhöhung der Wassertemperatur eines Flusses um 10° C nichts Dramatisches zur Folge gehabt hat, läßt sich daraus nicht vermuten, daß die weitere Erhöhung um ein weiteres Grad harmlos wäre. Wenn wir die natürliche radioaktive Strahlung ohne weiteres ertragen, läßt sich nicht daraus schließen, daß eine weitere Erhöhung dieser Strahlendosis um 1% oder 1‰ für uns erträglich wäre.

2.2 Spezielle Autökologie (Faktoren und Anpassung)

Die Anzahl der ökologischen Faktoren ist Legion, und das gleiche gilt für die Anpassungen der Organismen. Im folgenden sollen daher nur einzelne Anpassungs-Charakteristika und einzelne Faktoren und Faktorenkombinationen diskutiert werden, um prinzipielle Wege zu zeigen und prinzipielle Anpassungsstrategien darzulegen. Ich habe mich bemüht, jeden Faktorenkomplex aus einem anderen Blickwinkel zu betrachten, aber nicht, ihn enzyklopädisch darzustellen.

2.2.1 Lebensformtypen

An physiographisch ähnliche Bedingungen werden Organismen im Laufe der Evolution in ähnlicher Weise angepaßt. Dementsprechend ähneln Organismen sehr unterschiedlicher Verwandtschaft einander unter ähnlichen physiographischen Bedingungen sehr. Berühmte Beispiele dafür sind die Kakteen der neuen Welt gegenüber den Euphorbien in der alten, die beide einen „kaktusähnlichen" Habitus erworben haben; die Lummen und Alken (Alcidae) auf der Nordhalbkugel und Pinguine (Impennes) (die ihre Na-

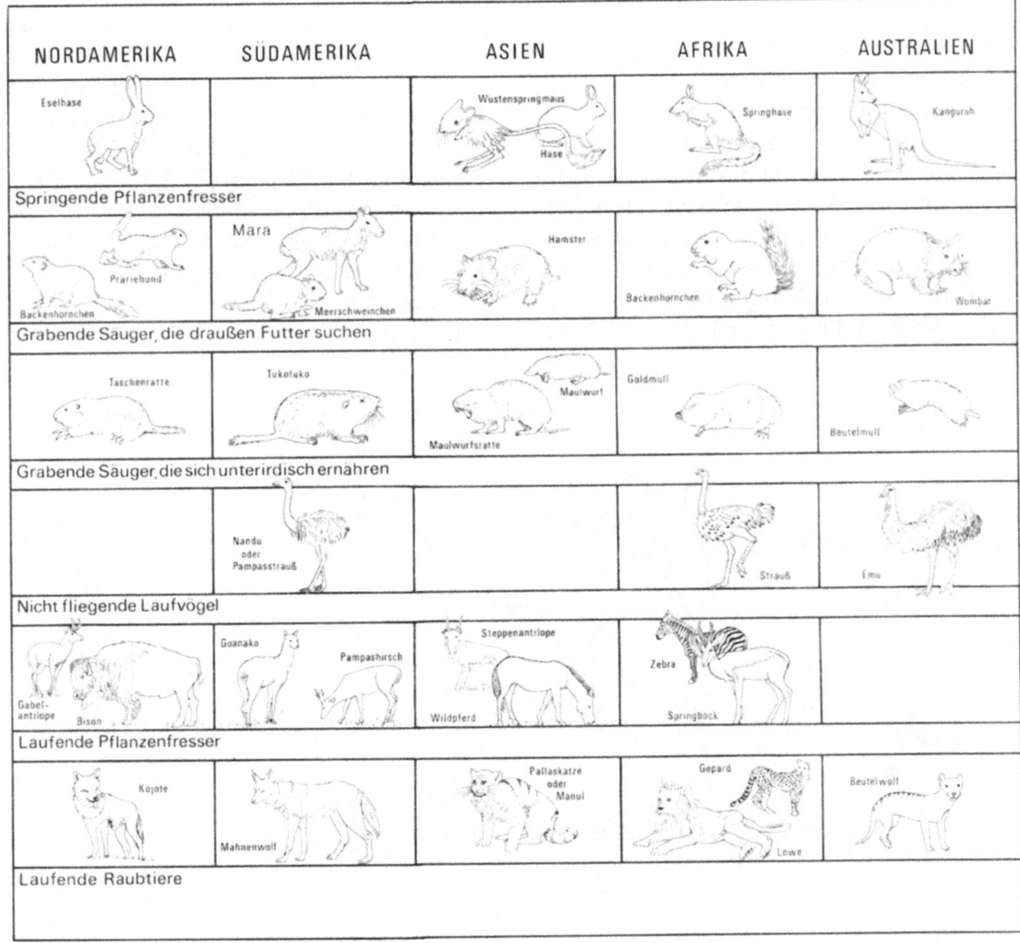

Abb. 1. In ähnlichen Lebensräumen leben in verschiedenen Gebieten ähnlich aussehende Tiere ähnlicher Lebensweise. Sie üben den gleichen „Beruf" im System aus; Elton benutzte dafür den Begriff „Nische". Wir sprechen heute von „Stellenäquivalenz" (vgl. auch Abb. 5, in Anlehnung an Farb, 1965)

men aus dem Irischen von den Lummen haben) auf der Südhalbkugel. Den Baumläufern auf der Nordhalbkugel ähneln bis in Einzelheiten der Gefiederzeichnung die Dendrocolaptiden Südamerikas, den Lerchen Europas bestimmte Icteriden (Meadowlark) Nordamerikas. Die Beispiele würden sich beliebig vermehren lassen. Ganz verschiedene systematische Gruppen nehmen also unter physiographisch ähnlichen Bedingungen ein ähnliches Aussehen an, noch mehr: Sie besetzen ökologisch die gleiche Planstelle. Sie üben die gleiche Funktion im System aus, sie haben die gleiche ökologische Nische (dies ist die alte Nischendefinition von Elton, wie sie in dieser Klarheit heute nicht mehr gebraucht wird; vgl. S. 77 f.). Beispiele für solche „Stellenäquivalenz" zeigt Abb. 1. Man kann also — worauf schon Cuvier hinwies — aus dem Bau eines Organismus recht genau auf seine ökologischen Ansprüche schließen. Bei Bäumen ist das hinsichtlich ihrer Blätter vielfach geschehen. Normalerweise gehen wir davon aus, daß die Sonnenstrahlen unsere Erde parallel erreichen. In Wirklichkeit ist das natürlich nicht der Fall. Daher wirft ein runder Gegenstand einen stärkeren Schatten als ein schmaler oder stark gegliederter Gegenstand von der gleichen Flächenausdehnung. Wenn man unter diesem Gesichtspunkt die Blätter von Bäumen betrachtet, wird klar, daß Arten mit schmalen Blättern (Kiefer, Weide, Eukalyptus) und solche mit stark gegliederten Blättern (Esche, Ahorn, Eiche) relativ wenig Schatten spenden. Unter ihnen können andere Pflanzen noch recht gut gedeihen, während unter Bäumen mit weitgehend abgerundeten Blättern (wie sie im Tropenwald besonders häufig sind), wie sie in Europa etwa durch Rotbuche (Fagus) und Linde (Tilia) vertreten sind, kaum eine andere Pflanze gedeihen kann.

Besonders bekannt geworden sind die Raunkiaerschen Lebensformtypen als Anpassungsformen an unterschiedliche Winterbedingungen (Abb. 2). Dabei unterscheiden wir die folgenden Typen:

1. Die Phanerophyten (P) besitzen ausdauernde Triebe, die in die Luft hinaus ragen und in der Spitze Knospen tragen. Diese überdauern die ungünstige Jahreszeit in einer beträchtlichen Höhe über dem Erdboden.

Abb. 2 a–i. Schematische Darstellung der Lebensformtypen von Pflanzen. **a** Phanerophyten; **b, c** Chamaephyten; **d–f** Hemikryptophyten; **g, h** Kryptophyten; **i** Therophyten. Überwinternde Teile sind schwarz gekennzeichnet. (Aus Walter, 1949; s. Text)

Die Megaphanerophyten (MP) umfassen all unsere Bäume, die Nanophanerophyten (NP) die Sträucher. Bei immergrünen Arten müssen die Blattorgane die ungünstige Jahreszeit überdauern. In anderen Fällen werden sie abgeworfen, und es verbleiben nur die Vegetationspunkte. Für warmblütige Tiere sind diese Knospen eine wichtige Winternahrung; hierauf beruht der starke Effekt selbst geringer Populationsdichten solcher Tiere (S. 47 f.).

2. Die Chamaephyten (Ch) erheben ihre Knospen nur etwa 25 cm über den Boden. Ihre immergrünen Blätter oder die Knospen sind im Winter schon besser geschützt, falls eine regelmäßige Schneedecke vorhanden ist. Zu dieser Gruppe gehören alle Zwergsträucher mit holzigen Stengeln (Calluna, Vaccinium), die Polsterpflanzen, aber auch Arten mit niederliegendem oder kriechendem Stengel, die sich nur wenig über den Boden erheben (Sedum, Stellaria holostea, Thymus, Helianthemum, Veronica officinalis, Vinca minor, Lysimachia nummularia).

3. Die Hemikryptophyten (H) besitzen oberirdische Sprosse, die im Winter ganz absterben. Unmittelbar an der Erdoberfläche bleiben lebende Knospen erhalten, die im nächsten Jahr wieder austreiben. Fast die Hälfte aller Pflanzenarten der gemäßigten Zone gehört zu dieser Gruppe. An der Basis der abgestorbenen Stengel kann man im Winter die lebenden Knospen erkennen. Das gesamte Wurzelsystem bleibt über den Winter am Leben und dient als Speicher. Schon die geringste Schneedecke oder bereits die Streudecke schützt die überwinternden Teile der Hemikryptophyten vor dem Austrocknen. In warmen Wintern können diese Pflanzen sehr viel Energie durch Atmung verlieren und dann erst spät und nur schwach austreiben. Die Gruppe ist sehr mannigfaltig; Pflanzen ohne Rosetten, Pflanzen mit Halbrosetten und Rosettenpflanzen sind zu unterscheiden.

4. Kryptophyten (K) sind Pflanzen, deren oberirdische Organe ganz absterben und deren Knospen entweder tief im Boden liegen oder die im Wasser die ungünstige Jahreszeit überdauern. Die Überwinterung der Pflanzen erfolgt entweder in der Form von Rhizomen (Anemone nemorosa, Iris), Stengelknollen (Colchicum), Wurzelknollen (Orchideen) oder Zwiebeln (Allium).

5. Die Therophyten (T) oder Einjährigen sind die letzte Gruppe dieser Typen. Sie sind am besten an eine ungünstige Jahreszeit angepaßt, indem sie diese nur in Form von Samen überdauern. Der Nachteil ist, daß sie für das Auskeimen relativ wenig Reservestoffe mitbekommen. Die junge Pflanze muß sich alle Stoffe, die sie zum Blühen und Fruchten braucht, selbst aufbauen. Bei einer kurzen Vegetationszeit reicht das nicht aus (Tabellen 1 u. 2).

Tabelle 1. Verteilung der Pflanzen verschiedener geographischer Regionen auf die Raunkiaer'schen Lebensformtypen. (Nach Walter, 1949)

Biospectren verschiedener Zonen	P	Ch	H	K	T
Tropische Zone:					
Seychellen	**61**	6	12	5	16
Wüstenzone:					
Libysche Wüste	12	21	20	5	**42**
Cyrenaika	9	14	19	8	**50**
Mediterrane Zone:					
Italien	12	6	29	11	**42**
Gemäßigte Zone:					
Pariser Becken	8	6,5	**51,5**	25	9
Schweizer Mittelland	10	5	**50**	15	20
Dänemark	7	3	**50**	22	18
Arktische Zone:					
Spitzbergen	1	22	**60**	15	2
Nivale Höhenstufe:					
Alpen	—	24,5	**68**	4	3,5

Tabelle 2. Verteilung der Pflanzen auf die Raunkiaerschen Lebensformtypen in Hochlagen der Alpen. (Nach Walter, 1949)

Höhenstufen	Zahl der Arten	P	Ch	H	K	T
3050–3150 m	82	—	40,3	**52,5**	2,4	4,8
3150–3260 m	42	—	**53,3**	34,9	2,3	9,3
3260–3350 m	31	—	**64,6**	29,0	3,2	3,2
über 3350 m	16	—	**69,0**	31,0	—	—

Auch die Verteilung der Blätter am Baum ist für bestimmte Lebensformtypen charakteristisch: Bei manchen Arten sind sie auf die Peripherie verteilt, während bei anderen an den Zweigen vom stammnahen Bereich bis zur Peripherie Blätter vorhanden sind. Innerhalb ein und derselben Gattung kommen beide Typen nebeneinander vor. Sie haben jedoch ganz verschiedene Optima: Arten mit Blättern lediglich an der Peripherie sind unter Schwachlichtbedingungen überlegen und können auch vom stark beschatteten Waldboden aus in die Höhe wachsen. Ist dagegen Licht vorhanden, so sind die Arten, die Blätter in der ganzen Krone und nicht nur an der Peripherie besitzen, im Vorteil. Infolge ihrer größeren photosynthetisch aktiven Blattoberfläche sind sie zu schnellerem Wachstum befähigt und damit zur schnellen Besiedlung freigewordener Stellen.

Diese Beispiele zeigen bereits, daß in einem Lebensraum mehrere Lebensformtypen nebeneinander möglich sind. Weitgehend diktiert die Größe der Organismen den Lebensformtyp. Am Sandboden des Meeres gibt es Tiere, die auf dem Substrat leben oder sich gelegentlich ein wenig in dieses Substrat eingraben. Es handelt sich häufig um abgeplattete Formen (Scholle Pleuronectes; Rochen Raja; Seestern Asterias, Schlangenstern Ophiura). Daneben finden sich Formen, die überwiegend im Boden eingegraben sind, aber ihre Nahrung aus dem freien Wasser herbeistrudeln (Muschel Cardium; Seeigel Echinocardium; Borstenwurm Lanice; Lanzettfischchen Branchiostoma). Schließlich

gibt es eine Reihe von Formen, die im Sand, Regenwürmern vergleichbar, bohren. Hierher gehören einige weit verbreitete Polychaeten wie Nephthys, Scoloplos, Ophelia und die Schnecke Natica. Besonderes Interesse haben seit langem die Lebensformen der Sandbodentiere auf sich gezogen, die im Lückensystem zwischen den Sandkörnern existieren. Sand einer bestimmten Korngröße wird durch Adhäsion mit Wasser umgeben; so entsteht ein relativ stabiles Gefüge, durch das schlanke Tiere sich problemlos hindurchbewegen können. Eine sehr reiche Fauna aus einer Fülle von Tiergruppen hat diesen Lebensraum besiedelt (Abb. 3). Auf den ersten Blick erkennt man eine erstaunliche Ähnlichkeit im Habitus zwischen sehr verschiedenen Vertretern der Krebse, der Polychaeten und Archianneliden, der Einzeller (Ciliaten), der Turbellarien, Gastrotrichen, Gnathostomuliden, Nematoden und selbst Milben. Diese auffällige Ähnlichkeit setzt sich in viele Bereiche der Anatomie und Lebensweise fort. Durchweg besitzen alle Tiere dieses Lückensystems Klebapparate, mit denen sie sich bei einer Sandbewegung an Sandkörner anheften können. Diese Kleborgane sind sehr häufig auf Fäden lokalisiert. Vielfach sind sie an ihrer Basis mit Cilien — also Sinnesorganen — verbunden. Eine Reihe von Formen hat ein Gewebe entwickelt, welches dem der Chorda der Wirbeltiere ähnlich ist. Die Bewegungsweise ist sehr häufig ein „Stemmschlängeln", bei dem sich die Tiere von einer Lücke zur nächsten weiterschieben. Die Befruchtung erfolgt durchweg direkt — häufig mit Sper-

Abb. 3. Lebensformtypen bei der Meio-Fauna im Lückensystem des Meeresstrandes. (Aus Ax, 1968, und Strenzke, 1954.) *Oben:* (jeweils von links nach rechts): Remanella caudata (Ciliata), Spirostomus filum (Ciliata), Mecynostomum filiferum (Turbellaria), Boreocelis urodasyoides (Turbellaria), Cheliplanilla caudata (Turbellaria), Gnathostomula paradoxa (Gnathostomulida), Urodasys viviparus (Gastrotricha), Trefusia longicauda (Nematoda), Microhedyle lactea (Gastropoda Opisthobranchia) (mit angehängter Spermatophore — links angesetzter Schlauch). *Mitte:* links wurmförmige Tiere: Protodrilus (Archiannelid); Coelogynopora (Turbellar); Michaelsena (Oligochaet); zwei Ciliaten; Proschizorhynchus (Turbellar); Urodasys (Gastrotrich); rechts Crustaceen: Copepoda, Leptastacus macronyx, Evansula incerta, Parastenosella leptoderma, Stenocaris minor, Arenopontia subterranea, Derocheilocaris remanei (Mystacocarida), Microcerberus stygius (Isopoda). *Unten:* Nematalycus nematoides (Acari)

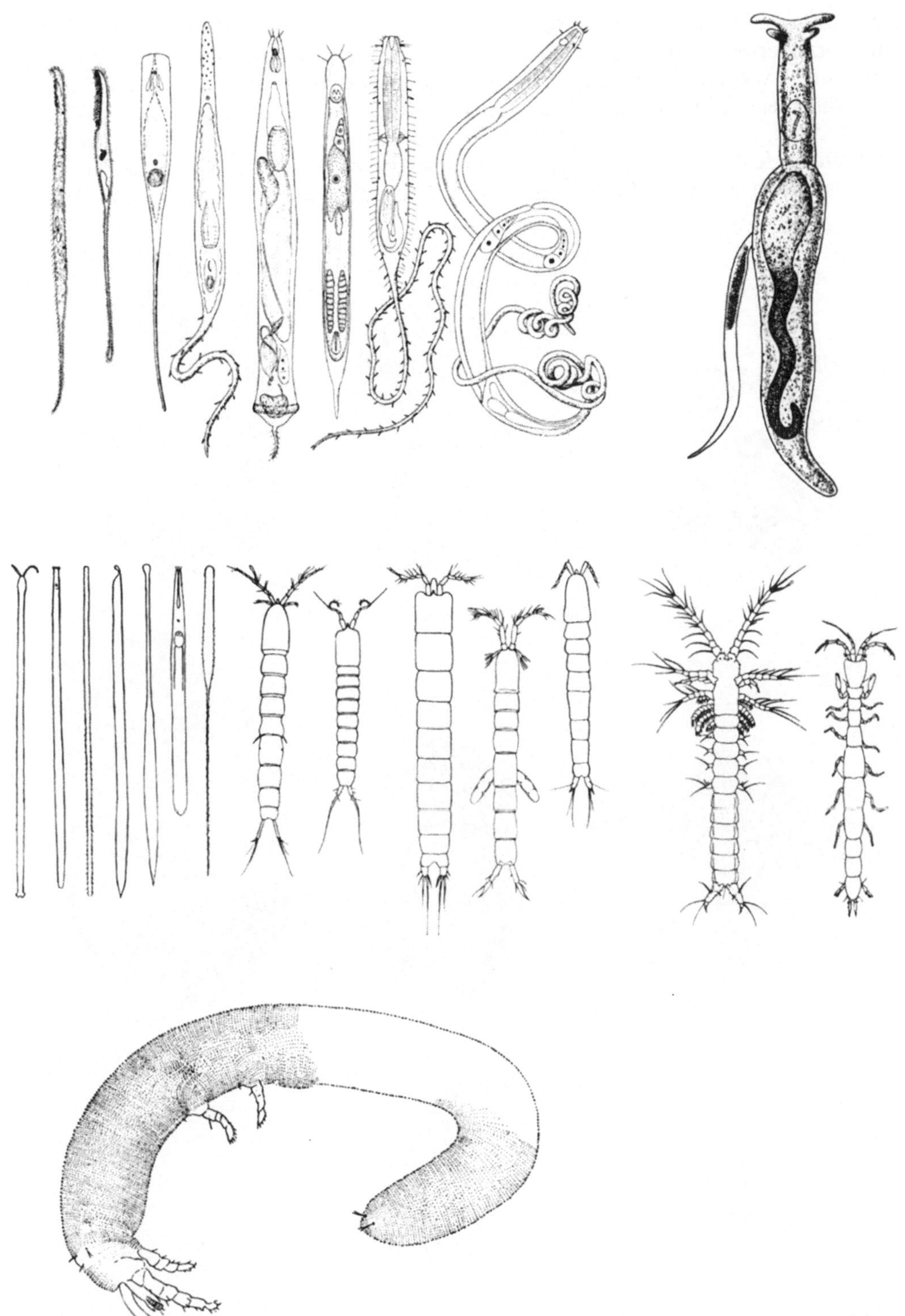

matophoren. Das gilt selbst für Gruppen, die normalerweise über ganz andere Mechanismen verfügen (Polychaeten, Opisthobranchier). Ein planktonisches Larvenstadium, das sonst für Meerestiere so typisch ist, fehlt durchweg. Die Entwicklung ist direkt. Bei einer Reihe von Gruppen werden die Geschlechtsapparate stark vermehrt. Neben diesen das Lückensystem durchwandernden Tieren gibt es in vergleichbarer Größe auch mehr oder weniger festsitzende Formen auf den Sandkörnern. Hierher gehören eine Reihe von Tunicaten und das einzige einzeln lebende

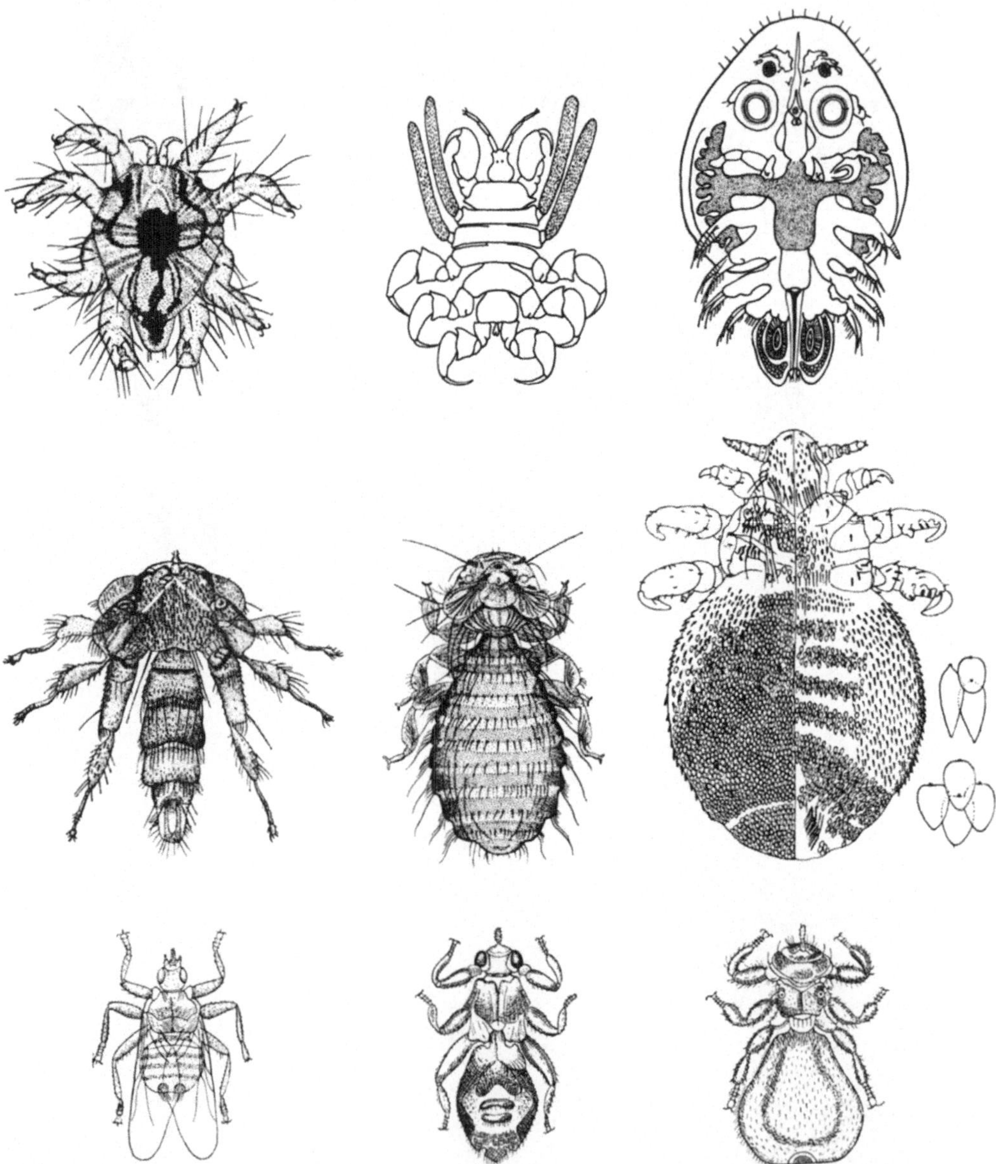

Abb. 4. Lebensformtypen von Ektoparasiten. (Aus Dogiel, 1963). *Oben* (jeweils von links nach rechts): Fledermausmilbe Spinturnix; Wallaus Cyamus (Amphipoda), Karpfenlaus Argulus (Branchiura). *Mitte:* Fledermausfliege Nycteribia, Kuckucksfederling Cuculiphilus, Seelöwenlaus Antarctophthirius. *Unten:* Lausfliegen (Lipoptena, Lynchia, Melophagus)

Bryozoon, welches wir kennen. Schließlich sind alle Sandkörner von einem Bakterienfilm und sehr kleinen Algen umgeben, dies dient zusammen mit herabrieselndem Detritus den Tieren als Nahrung.

Besonders gute Beispiele für Lebensformtypen finden sich unter den Parasiten. Langfristig auf dem Körper anderer Tiere lebende Parasiten entwickeln parallel eine abgeflachte Körpergestalt (Klammerbeine); Beispiele dafür zeigt Abb. 4. Läuse (Anoplura), verschiedene Fliegen-Familien (Hippoboscidae, Nycteribiidae), Zekken aus dem Bereich der Spinnentiere (Ixodidae), Krebse aus der Verwandtschaft der Copepoden (Karpfenlaus Argulus und viele andere) und der Amphipoden (Cyamidae) sind Beispiele dafür (Abb. 5). Bei noch weiter fortschreitender Evolution bilden sehr verschiedene Gruppen ein wurzelförmiges, in das Wirtstier versenktes Nahrungsaufnahmesystem unter Reduktion des Darmes [an Insekten parasitierende Milben, viele Copepoden und die den Cirripediern nahestehenden Rhizocephalen (Gattung Sacculina)]. Ein

Abb. 5. Verschiedene nah verwandte Federlings-Arten parasitieren streng voneinander getrennt auf verschiedenen Stellen des Tierkörpers. (Aus Dogiel, 1963)

Verlust des Darmkanals und eine Aufnahme der Nahrung über die Haut ist bei sehr vielen Gewebsparasiten üblich (gewebsparasitische Stadien von Trematoden und Cestoden, gewebsparasitische Einzeller). Die gleiche Entwicklung haben wir auch bei Darmparasiten. Allgemein gilt, daß parasitische Stadien ihr Nervensystem und ihre Sinnesorgane drastisch reduzieren, daß sie ihre Fortpflanzungsrate ebenso drastisch erhöhen. Besonders unter sehr vielen Gruppen von Meerestieren finden sich außerordentlich aberrante parasitische Formen (Isopoden, Amphipoden, Gastropoden, Bivalvia, Ctenophoren). (Über die ungeheure Breite der hier gefundenen Anpassungen unterrichtet vor allen Dingen das Buch von Dogiel, 1963.)

Äußerlich kaum erkennbar, aber physiologisch sicher von hoher Bedeutung ist die Vermehrung der Chromosomensätze von Landpflanzen (Polyploidie) beim Einwandern in extreme Lebensräume wie Wüstengebiete, Salzstandorte und arktische Regionen. Diese Polyploidie ist offenbar der erste Schritt bei der Anpassung an extreme Bedingungen; die vermehrte genetische Information scheint den Pflanzen das Leben hier zu ermöglichen. Auf die Dauer werden die Polyploiden dann durch speziell angepaßte Formen ersetzt. Das ist beispielsweise in sehr alten Wüstengebieten gegenüber geologisch jüngeren der Fall. Bei Tieren kommt Polyploidie nur äußerst selten vor, sie steht fast immer im Zusammenhang mit Parthenogenese.

In neuerer Zeit hat das Konzept vom Lebensformtyp eine Erweiterung durch die Erkenntis erfahren, daß auch Lebenszyklen von Organismen sehr charakteristische Anpassungsschemata an ihre Umwelt darstellen. Über Strategien des Lebenszyklus wird daher in den letzten Jahren vermehrt gearbeitet. So stellt sich beispielsweise die Frage, wieweit und in welchen Lebensräumen es günstig ist, eine ungeheure Zahl von naturgemäß sehr kleinen und mit wenig Reservestoffen ausgestatteten Samen zu bilden (Orchideen) und unter welchen Bedingungen und in welchen Lebensräumen die Selektion die Bildung weniger, aber mit großen Reservestoffen ausgestatteten Samen bevorzugt. Ein wirklich schlüssiges Bild läßt sich derzeit nicht zeichnen.

Organismen aus sehr unterschiedlichen Verwandtschaftsgruppen können also ganz ähnliche ökologische Planstellen einnehmen. Das gilt nicht nur beim Vergleich verschiedener Regionen, sondern es gilt in gleicher Weise in ein und demselben Lebensraum. Streng genommen ist es also unzulässig, nur eine Pflanzen- oder Tiergruppe isoliert ökologisch zu bearbeiten und sie hinsichtlich der Struktur ihrer Gemeinschaft, hinsichtlich von Nischenbesetzung, Nischenüberlappung und Mannigfaltigkeit (vgl. S. 77) zu testen. Ohne weiteres ist möglich, daß aus einer ganz anderen Verwandtschaftsgruppe Organismen vorhanden sind, die in einem wichtigen Bereich um die gleiche Ressource konkurrieren und hier vielleicht überlegen sind. Diese Tatsache ist bei vielen Untersuchungen — besonders hinsichtlich von Vogelgemeinschaften — vernachlässigt worden, obwohl durch Reichholf (1975 b) an den Innstauseen und ähnlich in Schweden eine starke Nahrungskonkurrenz zwischen Fischen und Wasservögeln belegt ist. Das dargestellte Beispiel aus dem Sandlückensystem mahnt zur Vorsicht.

Auch ist es gefährlich, von der anatomischen Struktur eines Organismus auf seinen Lebensraum zu schließen. Die Tangfliegen der Gattung Coelopa sind Lausfliegen (Hippobosciden) sehr ähnlich und zeigen auch ein ganz ähnliches Verhalten — aber sie leben in dem geschichteten Strandanwurf unserer Meeresküsten. Viele Arten zeigen einen regelmäßigen Biotopwechsel. Das ist vor allem bei arktischen Vögeln bekannt. Der Klippstrandläufer Calidris maritima brütet in der Tundra; gern, aber nicht unbedingt, führt er seine Jungen an kleine, vielfach pflanzenreiche Tümpel. Man kann ihn, wenn die Küste nah ist, dort auch auf Sandbänken Futter suchen sehen. Sowie der Zug beginnt, beschränkt sich sein Vorkommen allein auf Klippen am Meeresstrand. In der Hocharktis erfolgt dieser Umschlag innerhalb weniger Tage. Die Wassertreter (Phalaropus) brüten an mückenreichen Tümpeln der Arktis, die Tiere schwimmen und picken ihre Nahrung von der Gewässeroberfläche. So kann man sie im Stadtpark von Reykjavik sehen. Sie überwintern jedoch weit von der Küste entfernt auf dem offenen Ozean: Im Sommer ein Binnenlandvogel an Kleingewässern, im Winter ein hochozeanisches Tier!

2.2.2 Ökologische Konsequenzen der Körpergröße

Ein einzelliger Organismus läßt sich nicht auf die Größe eines Elefanten bringen und ein vielzelliger Organismus läßt sich nicht beliebig verkleinern. Durchweg alle physiologischen Leistungen und Fähigkeiten sind von der Körpergröße sehr stark abhängig. Damit spielt auch die Körpergröße für ökologische Fragen eine sehr bedeutende Rolle. Vielfach ist das, was uns als ökologische Anpassung erscheint, nichts weiter als eine normale physiologische Folge der Größe des scheinbar angepaßten Organismus. Angepaßt in einem solchen Fall ist nur die Körpergröße; alle anderen Funktionen, die uns angepaßt erscheinen, sind lediglich von der Körpergröße abhängig. Ein paar Beispiele mögen dies erläutern (Zusammenfassungen: Peters, 1983; Schmidt-Nielsen, 1984). Eine Anpassung irgendeiner Funktion ist dann gegeben, wenn sie von dem physiologisch zu erwartenden Wert deutlich abweicht. Dann erscheint eine intensive Erforschung dieses Sachverhalts als besonders interessant (Abb. 6). Ganz allgemein gilt, daß große Tiere weniger leicht austrocknen als kleine, daß große Tiere länger hungern können als kleine, daß große Tiere schneller rennen können als kleine, daß bei großen Tieren die Geschlechtsreife später erreicht wird als bei kleinen und daß daher große Tiere im allgemeinen nicht Erstbesiedler eines Lebensraumes sind, daß große Tiere mehr Eier legen

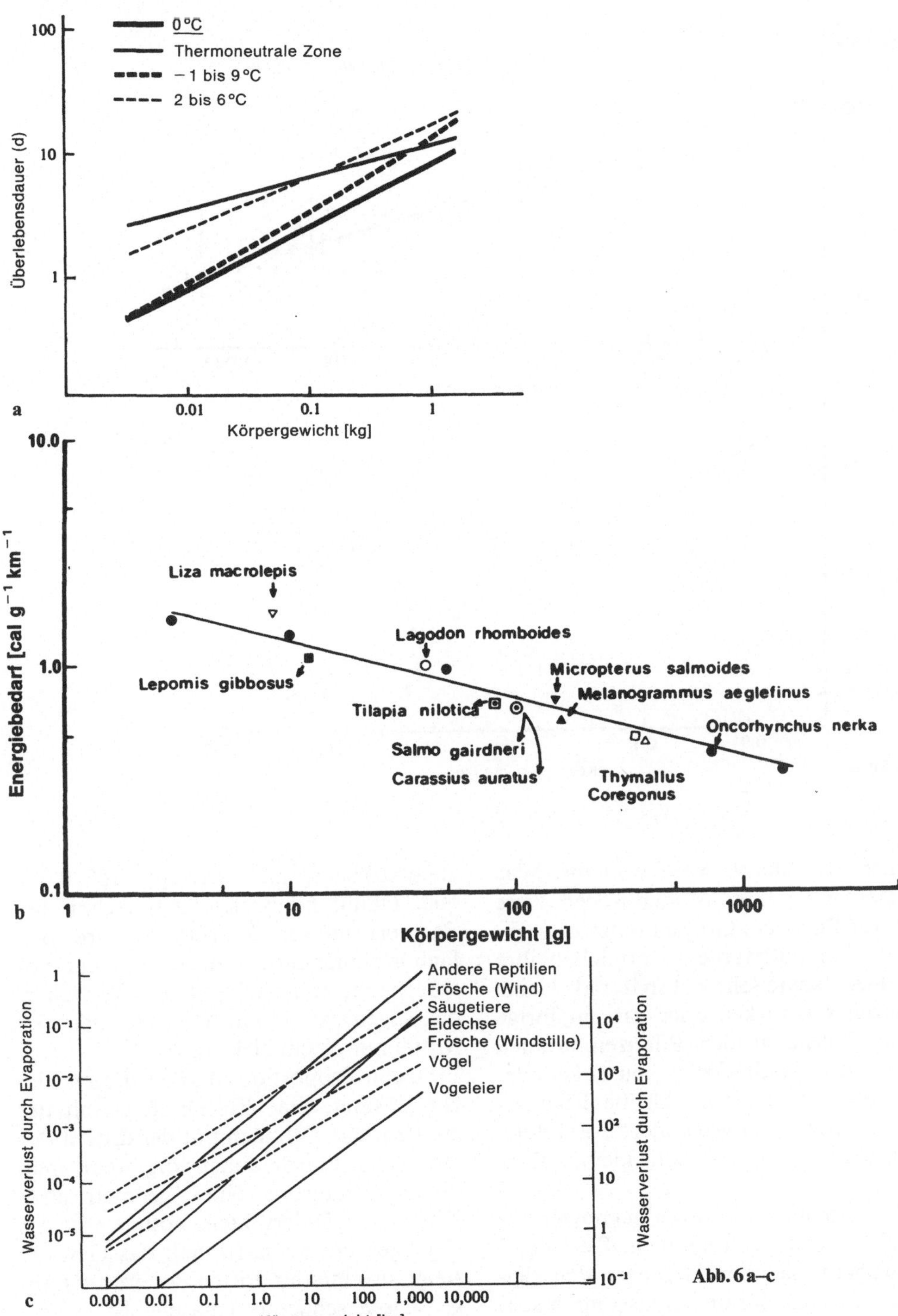

Abb. 6 a–e. Größenabhängigkeit ökologisch wichtiger Parameter bei Tieren. **a** Überlebensdauer verschieden schwerer Vögel ohne Nahrungszufuhr bei verschiedenen Temperaturen. **b** Energiebedarf verschieden schwerer Fische für das Schwimmen. **c** Wasserverlust durch Evaporation verschieden schwerer Landwirbeltiere. **d, e** Dichte pflanzenfressender Säugetiere und fleischfressender Säugetiere in Abhängigkeit vom Gewicht. (Alle Bilder nach Peters)

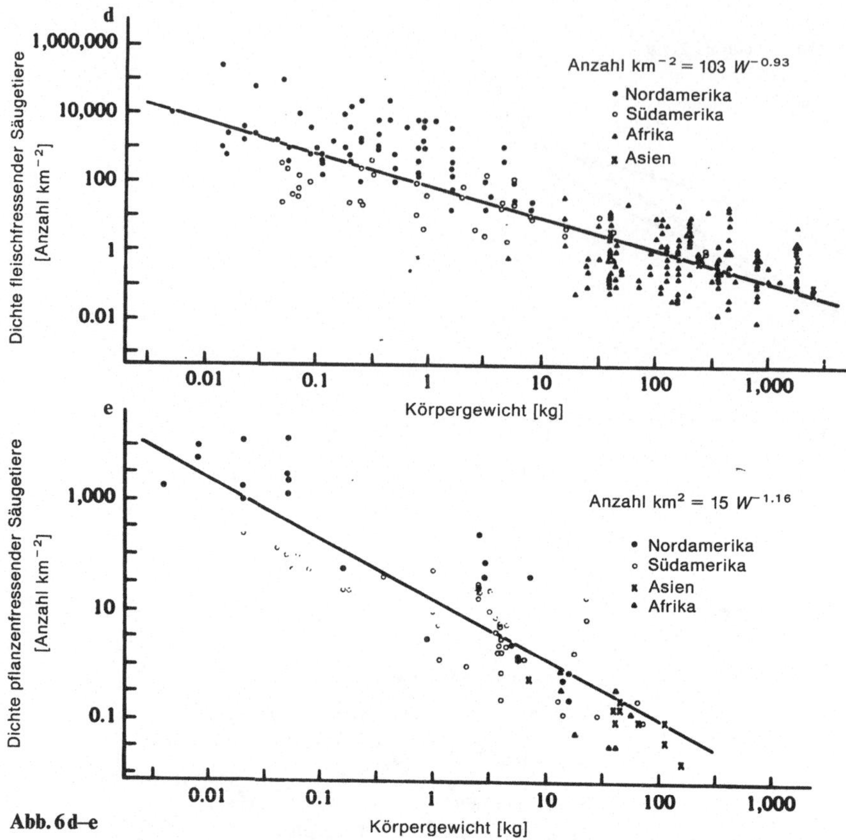

Abb. 6 d–e

können als nahe verwandte kleine. Was für Tiere gilt, gilt in fast identischer Weise auch für Pflanzen. Große Pflanzen — Eichen, Mammutbäume — erreichen ihre Geschlechtsreife sehr viel später als kleine Pflanzen wie Birken oder gar einjährige Arten. Solche großen Pflanzen können daher nicht Erstbesiedler neu entstandener Lebensräume sein. Große Pflanzen müssen über prinzipiell andere Stabilitätsstrukturen verfügen als sehr kleine Pflanzen.

Diese Stabilitätsstrukturen begrenzen die mögliche Größe von Bäumen, Tieren und Bauwerken. Sie alle unterliegen den gleichen Gesetzen (Zusammenfassung: Nachtigall, 1979). Ein oft zitiertes Beispiel mag dies erläutern. Ein Getreidehalm wird 150 cm hoch und besitzt einen mittleren Durchmesser von 0,3 cm. Damit ist er 500mal höher als er breit ist. Sein „Schlankheitsgrad" beträgt $150:0,3 = 500$. Damit kann sich kein technisches Bauwerk messen. Warum, so wird vielfach argumentiert, können wir nicht entsprechende technische Bauwerke bauen, die, sagen wir, 140 m hoch und dann im Mittel nur 28 cm dick sind?

Einfache Proportionsansätze führen hier zur Lösung. Eine Fläche steigt mit der zweiten, das Volumen mit der dritten Potenz einer Längendimension, wenn man die Absolutgröße eines geometrischen Körpers verändert. Dem Volumen ist das Eigengewicht proportional: das Gewicht steigt also mit der dritten Potenz der Länge. Diese schlichte Tatsache ist es, die auch in der freien Natur die „Bäume nicht in den Himmel wachsen" und die ein großes Landtier schließlich am Gewicht seiner eigenen Knochen zusammenbrechen lassen.

2.3 Ökologische Faktoren

2.3.1 Der Salzgehalt
und der osmotische Druck

Die stärkste ökologische Schranke, die wir kennen, ist die Schranke des marinen Salzgehaltes (Abb. 7). Nur ganz wenige Pflanzen- und Tierarten vermögen vom Bereich des Salzwassers bis in den des Süßwassers gleichermaßen zu gedeihen. Außerdem gibt es in diesem gleichmäßigen Faktorengradienten keine ebenso gleichmäßige Reaktion der Organismen. Relativ starke Änderungen des Salzgehaltes werden nur mit einer geringen Änderung der Artenzahl beantwortet (etwa zwischen 25 und 15‰), während etwa im Bereich um 8‰ und an der Grenze zwischen Süßwasser und Brackwasser eine sehr plötzliche und heftige Antwort erfolgt. Mit diesen Wirkungen des marinen Salzgehaltes und dem von ihm hervorgerufenen osmotischen Druck müssen wir uns näher auseinandersetzen. Betrachten wir als Beispiel die Tiere.

Alle heute lebenden Tiere und Pflanzen stammen aus dem Meer. Ihre Eroberung des Landes und des Süßwassers erfordert gegenüber dem ursprünglichen Zustand Anpassungen und Kosten. Diese Tatsache müssen wir im Auge behalten, wo immer wir Pflanzen und Tiere des Landes wie des Süßwassers diskutieren.

Ausgangspunkt sind die primären Meerestiere, also Arten, die niemals in ihrer Phylogenese ein anderes Milieu als das des Meeres besiedelt haben. Der osmotische Druck ihrer interzellularen Flüssigkeit liegt ganz wenig über dem des offenen Meeres — also entsprechend 35‰ Gesamtsalinität. Die Flüssigkeit in den Zellen zeigt den gleichen osmotischen Wert, Unterschiede gibt es lediglich in der Zusammensetzung. Während die interzellulare Flüssigkeit etwa im Wassergefäßsystem der Echinodermen oder im Blutgefäß der Anneliden dem Meerwasser sehr ähnlich ist, enthalten die Zellen wesentlich höhere Mengen an Kaliumionen. Hier findet

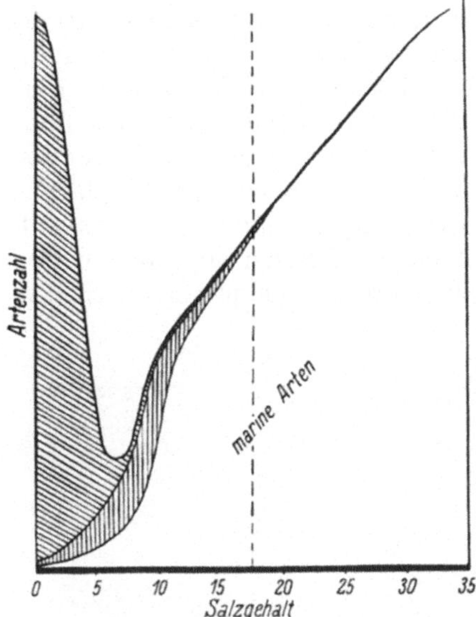

Abb. 7. Die Zahl der Organismen-Arten in ihrem Verhalten zum Salzgehalt. Aus zahlreichen Einzelangaben rekonstruierte Kurve. *Schrägschraffiert:* Anteil der Süßwasserarten; *vertikalschraffiert:* Anteil der spezifischen Brackwasserarten; *hell:* marine Arten; *schwarz* (an der Basis): Arten, die im Süßwasser wie im Salzwasser vorkommen. Die Artenzahl entspricht jeweils der vertikalen Ausdehnung der betreffenden Fläche. (Aus Remane, 1940)

bereits die Ionenregulation statt, die zu den bekannten elektrischen Phänomenen an der Oberfläche von Zellen führt. Weiterhin sind in den Zellen auch organische Substanzen (besonders Aminosäuren, in Pflanzenzellen vielfach Zucker) für die Aufrechterhaltung des osmotischen Druckes verantwortlich.

Tiere dieses Typs ertragen nur minimale Schwankungen des osmotischen Wertes, also des Salzgehaltes, in ihrem Milieu. Sie sind in ihrer Verbreitung daher auf das ozeanische Plankton oder auf tiefe Meeresgebiete beschränkt. Der überwiegende Teil der benthonischen Tiere, etwa der Echinodermen, Tunicaten, Crustaceen, Anneliden, Mollusken und Cnidaria gehört hierher. Flachwassertiere, Tiere des Gezeitenbereiches und Tiere, die in Flußmündungen leben, müssen Salzgehaltschwankungen ertragen können. Änderungen des osmotischen Wertes im Milieu, die sich sofort in die Interzellularflüssigkeit auswirken und von dort aus in die Zellen, müssen kompensiert werden. Eine Erniedrigung der Salinität im Milieu führt zu einem Wassereinstrom in das Tier und in die Zellen. Diese schwellen und platzen. Eine Erhöhung der Salinität hat dementsprechend eine Zellschrumpfung zur Folge. Diesen Prozessen kann nur durch aktive Änderungen des osmotischen Drucks in den Zellen und in der Interzellularflüssigkeit begegnet werden (Abb. 8). Wasser wird ausgeschieden, Ionen werden aktiv aufgenommen. In den Zellen werden osmotisch wirksame Aminosäuren auf- und abgebaut. Eine solche „Poikilosmotie" über einen weiten Bereich ist also kein passives Folgen, sie beruht vielmehr auf einer aktiven energieverzehrenden Leistung der Einzelzelle und des Gesamtkörpers. Hierher gehörende Tiere sind charakteristisch für Gebiete mit mäßig schwankenden Salinitätsbedingungen — sie dringen ins Gezeitengebiet ein, in Flußmündungen und in Brackwassergebiete. Dieser Typ stellt den Ausgangspunkt dar für die Entstehung der Land- und Süßwassertiere. Für beide Wanderrichtungen ist aber eine reine Poikilosmotie lebensgefährlich. Kein Tier vermag mit dem geringen osmotischen Druck des Süßwassers in den Zellen oder im Blut zu existieren. Neben der Ionenregulation, die wir soeben besprochen haben, muß hier also eine Osmoregulation einsetzen. Betrachten wir zunächst die Entwicklung zum Land hin (Abb. 9). Luftlebende Tiere sind infolge ihres meist geringen Bodenkontakts den osmotischen Drucken in der Substratflüs-

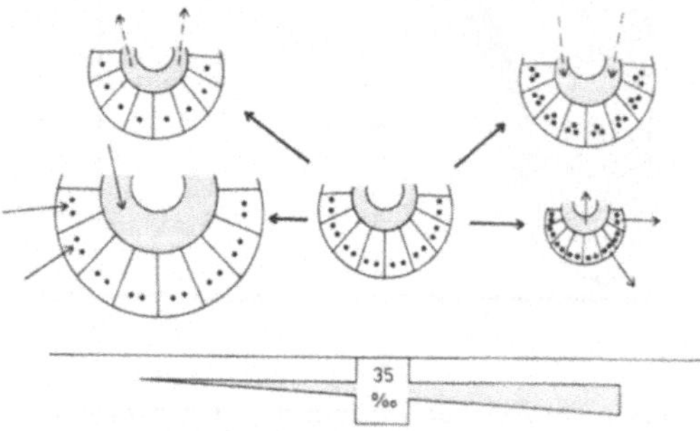

Abb. 8. Reaktion primärer Meerestiere auf rasche Änderung des osmotischen Druckes im Milieu. Im Zentrum das Ausgangstier bei normal marinem Salzgehalt. *Unten:* Reaktion einer streng auf bestimmte Salzgehalte beschränkte Art. *Oben:* Reaktion einer weniger streng an bestimmte Salzgehalte gebundene Art. →: passiver Wassereinstrom; →: aktiver Ionentransport; …: osmotisch wirksame organische Substanzen in den Zellen, die vom Organismus auf- und abgebaut werden können in Anpassung an herrschende Milieudrucke; : Interzellularflüssigkeit; Abszisse: Salinität im Milieu. (Aus Remmert, 1969)

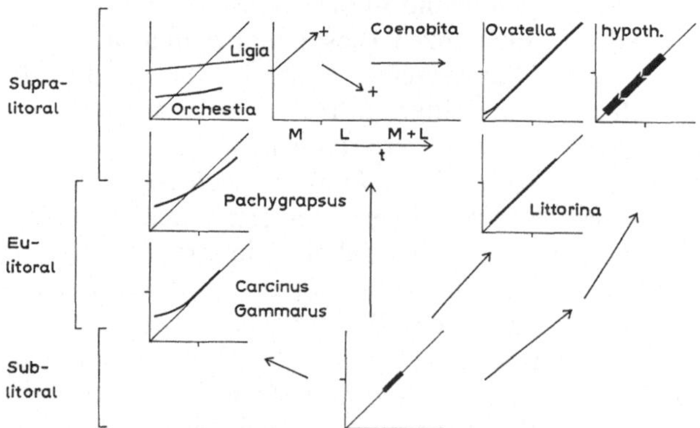

Abb. 9. Die phylogenetische Wanderung primärer Meerestiere aufs Land. Abszisse: osmotischer Druck im Milieu; Ordinate: osmotischer Druck in der Hämolymphe. Die Unterteilung von Abszisse und Ordinate weist auf einen Druck entsprechend etwa 30‰ hin (= Salinität des offenen Meeres). Die Winkelhalbierende ist die Linie, bei der Innen- und Außendruck gleich sind. Bei Coenobita bezeichnet die Abszisse die Zeit, in der den Tieren allein Süßwasser (*L*), Meerwasser (*M*) oder beides (*M + L*) geboten wurde. Die einzelnen miteinander verbundenen Tierarten sind Modelle für einen bestimmten physiologischen Zustand; eine phylogenetische Abstammung dieser Arten in der angegebenen Reihenfolge existiert nicht. (Aus Remmert, 1969)

sigkeit zwar weniger ausgesetzt, werden aber auf längere Zeiträume natürlich in der gleichen Weise wie Wassertiere durch Trinkwasser und durch osmotische Prozesse an den Körperteilen, die dem Bodenwasser ausgesetzt sind, beeinflußt. Die dargestellten Ergebnisse können daher nur auf langfristigen Zuchtexperimenten beruhen. Die phylogenetische Wanderung vieler Tiergruppen vom Meer auf das feste Land führte aus einem Milieu mit kaum schwankenden Salinitätsbedingungen durch eines mit extrem inkonstanten Bedingungen — das marine Supralitoral —, ehe im Binnenland wieder stabile, wenn auch völlig andere Verhältnisse erreicht wurden. Die meisten Krebse schützen sich gegen die starken Schwankungen im Küstenbereich zunächst durch Beibehalten eines gegenüber dem Außenmedium erhöhten osmotischen Drucks (Hypertonieregulation). Dann wird zusätzlich von den Strandformen auch eine Hypotonieregulierung erreicht — also die Fähigkeit, auch geringere Drucke im Innenmilieu aufrecht zu erhalten als im umgebenden Medium. Eine derartige Konstanz des Binnenmediums ist für die meisten oberhalb der Wasserlinie im Einflußbereich des Meeres lebenden Krebse (Uca, Ocypode, Carcinus, Talitrus, Orchestia, Ligia) typisch.

Auch die Landeinsiedlerkrebse (Coenobita) und einige Kurzschwanzkrebse scheinen ihr Binnenmedium konstant zu halten. Das geschieht physiologisch jedoch auf eine andere Weise. Offenbar brauchen die Tiere dauernd Süßwasser und Seewasser nebeneinander. Steht nur eine Wassersorte zur Verfügung, so steigt oder sinkt der Binnendruck, und schließlich sterben die Tiere. Der Zeitpunkt des Todes ist von vielen weiteren Faktoren (Häutungen sind besonders gefährlich) abhängig. Landeinsiedler bevorzugen beim Trinken also manchmal Süßwasser, manchmal Meerwasser. Ihr Binnendruck kann erheblich schwanken, kann aber durch rechtzeitige Aufnahme entsprechend salzhaltigen Wassers immer wieder reguliert werden.

Ganz anders haben die Schnecken das Supralitoral des Meeres erobert. An flachen Weichbodenstränden entwickeln auch sie eine Hypertonieregulierung. Der Erwerb dieser Regulierung läßt sich innerhalb von Gattungen verfolgen. So hat Limapontia capitata keinerlei Osmoregulation, wohl aber die höher am Strand lebende Limapontia depressa. Hohe Salinitäten werden bei Schnecken mit einer sehr breiten Poikilosmotie beantwortet, eine Hypotonieregulierung ist nicht erzielt worden. Damit ertragen Schnecken des Meeresstrandes überaus starke Schwankungen des Druckes im Binnenmedium und in der Zellflüssigkeit: Bei Ovatella und Assiminea konnten Drucke entsprechend einer Salinität zwischen 6 und 90‰ (bis manchmal 100‰) gemessen werden. Diese Tatsache erfordert ganz spezifische Anpassungen der Enzyme, die bei einem sehr unterschiedlichen Zellmilieu arbeitsfähig sein müssen. Dagegen scheint bei Schnecken von felsigen Küsten niemals eine Osmoregulation vorhanden zu sein. Sie schließen sich bei ungünstigen Bedingungen mit dem Operculum von der Außenwelt ab.

Natürlich ist eine Anpassung an wechselnde Salinitätsbedingungen nicht kostenfrei zu erreichen. Bei Tieren mit Homoiosmotie — wie Ligia oder Orchestia platensis — leuchtet das spontan ein. Sie haben im schwachsalzigen wie im hochsalzigen Bereich schwere osmotische Arbeit zu leisten. So ist es keineswegs verwunderlich, daß sich hinsichtlich ihres Wachstums und ihrer Fortpflanzungsrate ein deutliches Optimum im etwa isotonischen Bereich haben. Das gleiche gilt auch für poikilosmotische Arten. Auf- und Abbau der osmotisch wirkenden Substanzen kosten Energie. Auch die in einem breiten osmotischen Bereich wirkenden Enzyme (Sarkissian, 1974) stellen offenbar eine energetische Belastung dar. So zahlen dann auch poikilosmotische Arten für ihre Fähigkeit, einen breiten Salzgehaltsbereich zu ertragen, mit sehr unterschiedlichen Entwicklungsgeschwindigkeiten und Fort-

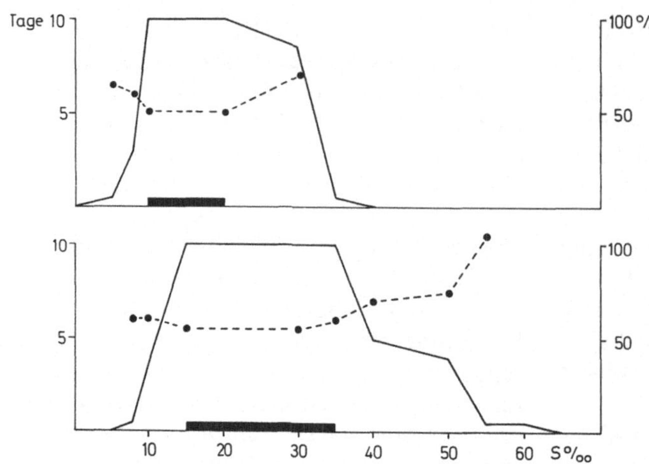

Abb. 10. Alderia modesta: Reaktion der Eier und Embryonen auf verschiedene Salinität: ———: Prozent der sich normal entwickelnden Eier und Larven (rechte Ordinate); —·—·— Entwicklungsdauer bis zum Schlüpfen der Larve in Tagen (linke Ordinate); ▬▬: Optimalbereich. *Oben:* Ostseepopulation. *Unten:* Nordseepopulation. Versuchstemperatur: 10° C. (Aus Seelemann, 1968)

pflanzungsraten (Abb. 10). Offenbar geht bei solchen Belastungen die Strategie der Organismen nicht in Richtung auf einen höheren Energieverbrauch (was höhere Nahrungsmengen bedeuten würde, die normalerweise nicht zur Verfügung stehen), sondern die Kosten drücken sich in geringerem Wachstum, geringerer Fortpflanzungsrate und einer geringeren Resistenz gegen allgemein schädigende Umweltfaktoren aus. So ertragen die poikilosmotischen Muscheln in der inneren Ostsee wesentlich weniger Kälte als in der Nordsee — obwohl doch gerade hier Stämme mit großer Kältetoleranz ausgelesen sein sollten. Wüstenpflanzen und Flechten sind gegen Umweltchemikalien besonders empfindlich.

Nur zwei der vier Typen können sich zu echten Landtieren weiterentwickeln. Die Landeinsiedlerkrebse und die Schnecken von Felsküsten brauchen zumindest zeitweise den marinen Salzgehalt. Ihre Entwicklung endet daher im Supralitoral. Bei den übrigen terrestrischen Krebsen und Schnecken wird nach der Weiterentwicklung zum echten Landtier der Regulationspegel bedeutend gesenkt. Er liegt bei terrestrischen Arthropoden entsprechend etwa 10‰, bei weichhäutigen Landtieren entsprechend etwa 6‰. Gleichzeitig wird das Ertragen hoher Salinitäten bei Arthropoden durch den Verlust der Hypotonieregulation stark eingeschränkt. Phylo-

genetisch junge Landtiere können eine solche Regulation noch besitzen (Landasseln) und damit hohe Drucke im Milieu tolerieren. Diese Tiere haben also eine physiologische Fähigkeit, die in ihrem heutigen Lebensraum sinnlos und nur historisch zu verstehen ist. Bei weichhäutigen Landtieren wird der poikilosmotische Ast reduziert und damit ebenfalls die Salinitätstoleranz stark eingeengt.

Die so entwickelten Schemata — ein konstanter entsprechend 10‰ liegender Regulationspegel ohne Hypotonieregelung bei Arthropoden und den (aus dem Süßwasser stammenden) Landwirbeltieren sowie ein entsprechend 6‰ liegender Pegel mit kaum vorhandenem poikilosmotischen Ast bei weichhäutigen Landtieren (Schnecken, Ringelwürmern) — bilden den Ausgangspunkt für die Rückbesiedlung des Meeres durch Landtiere (Abb. 11 u. 12). Prädisponiert für eine solche Rückkehr waren Wüstentiere, die an Salzseen Wasser aufnehmen und Salz abscheiden mußten, und Tiere aus Milieus mit abweichendem Chemismus (Jauchegruben). Offenbar wirkt ferner ein im Jahreslauf (als Kälteschutz) schwankender Regulationspegel bei Landtieren als Prädisposition. Das vergleichsweise starke Eindringen terrestrischer Tiere in arktische Meere (Insekten, Milben) spricht in diese Richtung. Arthropoden entwickeln beim Übergang vom Land zum Meer eine Hypotonieregulierung neu. Lediglich Collembolen scheinen wie die weichhäutigen Formen den poikilosmotischen Ast zu verlängern [Amphibien, Schnecken (Succinea), Enchytraeiden]. Die Erhöhung des osmotischen Druckes im Blut erfolgt bei dem einzig wirklich marinen Frosch (Rana cancrivora, Ostasien) nicht durch Salze, sondern durch gelösten Harnstoff. Damit sind solche sekundären Meerestiere zunächst in der Lage, im Meere wie im Süßwasser vorzukommen. Sie brauchen kein Salz, sie können es lediglich ertragen oder abscheiden. Eine wirkliche Bindung an marine

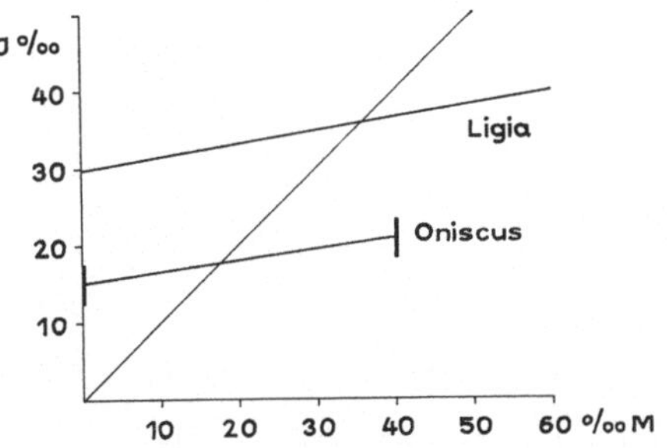

Abb. 11. Der osmotische Druck der Hämolymphe der Landassel Oniscus liegt stets viel tiefer als der der Strandassel Ligia. Bezeichnungen von Ordinate und Abszisse wie Abb. 9. (Aus Remmert, 1969)

Salinität kommt durch den Verlust der Hypertonieregulation zustande. Das ist bei der Strandfliege Coelopa erfolgt. Damit sind die Tiere vom Land und vom Süßwasser abgeschnitten, wie das etwa für Meeresmücken (wie die meisten Clunio-Formen) und für Halacariden (Meeresmilben) gilt. Bei diesen sehr alten Rückwanderern ins Meer ist von der alten Homoiosmotie kaum noch etwas zu erkennen. Die Tiere sind sekundär wieder beinahe poikilosmotisch geworden. Sie haben zudem ihren Regulationspegel sekundär wieder so stark erhöht, daß sie im Wasser der offenen Ozeane isoosmotisch sind und so eine geringe physiologische Belastung zu tragen haben.

Einfacher zu verstehen und nicht so vielfältig in der Typenbildung ist der Weg vom Meer über das Brackwasser zum Süßwasser. Zwar stellen Brackwasserbezirke Milieus mit Salinitätsschwankungen dar, aber diese sind gering, verglichen mit den Verhältnissen im Supralitoral. So hat auf diesem Weg keine Art eine Hypotonieregulierung entwickelt (Abb. 13). Typisch ist wiederum das Absenken des Regulationspegels, das hier noch viel stärker ausgeprägt ist als bei den Landtieren. Bei

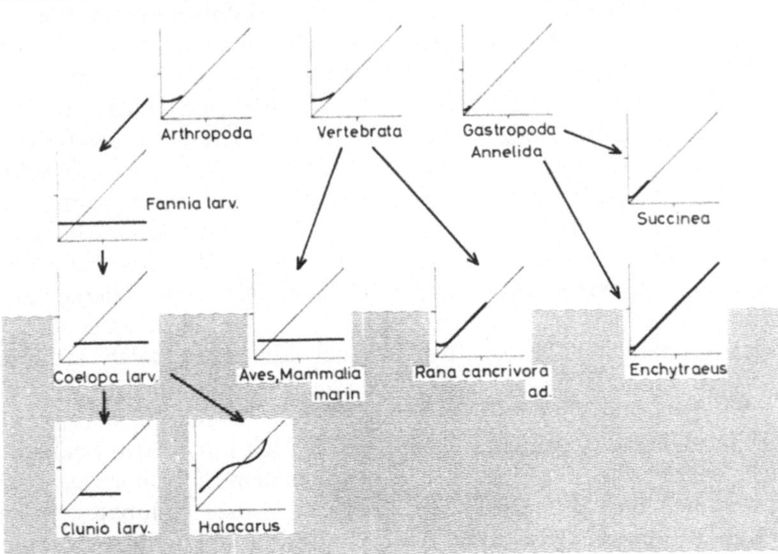

Abb. 12. Die phylogenetische Wanderung von Landtieren zurück ins Meer. Bezeichnung der Einzelkurven siehe Abb. 9. Der schraffierte Bezirk bei Rana cancrivora deutet auf den Harnstoffanteil am osmotischen Druck hin. (Aus Remmert, 1969)

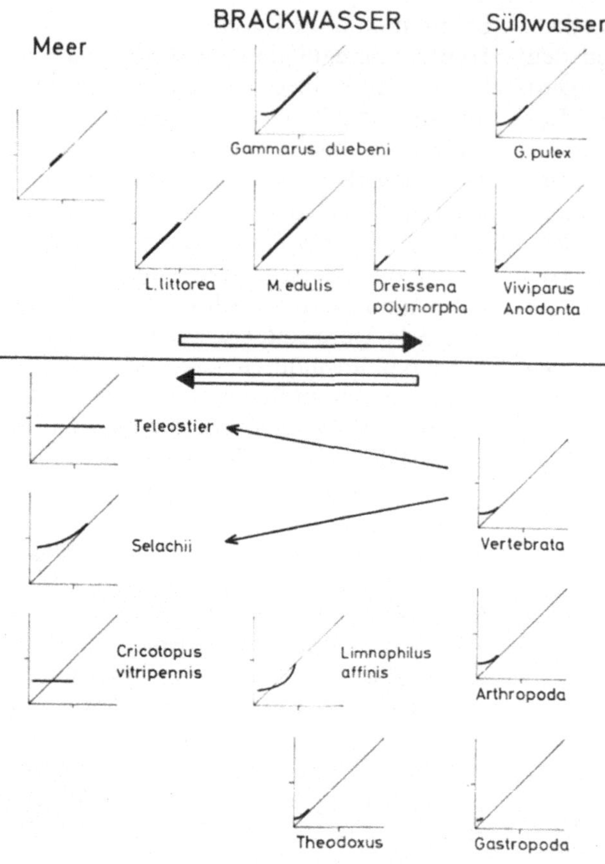

Abb. 13. Phylogenetische Wanderlinien zwischen Meer- und Süßwasser. *Oben:* vom Meer zum Süßwasser. *Unten:* Gegenrichtung. Bezeichnung der Einzeldarstellungen s. Abb. 9. Der schraffierte Bezirk bei den Selachiern deutet auf den Harnstoffanteil am osmotischen Druck hin. (Aus Remmert, 1969)

Gammarus-Arten aus dem Meere, dem Brackwasser und dem Süßwasser läßt sich das gut verfolgen. Weichhäutige Süßwassertiere (Muscheln, Schnecken) haben die geringsten Binnendrucke von allen Tieren überhaupt. Aufgrund dieses niedrigen Regulationspegels bereitet die Rückwanderung ins Meer Schwierigkeiten. Die Knochenfische (Teleostei) müssen im Meer dauernd Salz ausscheiden, sie haben eine Hypotonieregulation als Anpassung an den marinen Salzgehalt entwickelt. Zwar haben sie — gegenüber Knochenfischen im Süßwasser — auch ihren Regulationspegel sekundär erhöht, aber das genügt nicht, um eine solche energiezehrende Regulation unnötig zu machen. Das hat schwerwiegende Konsequenzen: Fische der Arktis gefrieren eher als das umgebende Medium. Selachier (Haie und Rochen) haben — wie Rana cancrivora und Lati-

meria — den poikilosmotischen Weg eingeschlagen. Sie erhöhen ihren Binnendruck auf Werte entsprechend dem Milieu ebenfalls mit Hilfe von Harnstoff. Diese Tatsache ist ein überaus starkes Indiz für die Süßwasserherkunft der Selachier, wenn nicht die starke Harnstoffproduktion sogar auf halbterrestrische Ahnen hinweist. Die Arthropoden des Süßwassers haben im Meer eine Hypotonieregulation erreicht. Das erfolgt schrittweise. Ein gutes Beispiel für einen solch typischen Brackwasserbewohner auf dem Rückweg zum Meer ist die Köcherfliege Limnophilus affinis. Jedoch nur relativ wenige Arten gingen aus dem Süßwasser ins offene Meer zurück (Wanze Halobates, Mücke Cricotopus). Eine sekundäre Erhöhung des Regulationspegels ist bei aus dem Süßwasser stammenden Arthropoden nicht beobachtet; der im Verhältnis zu an-

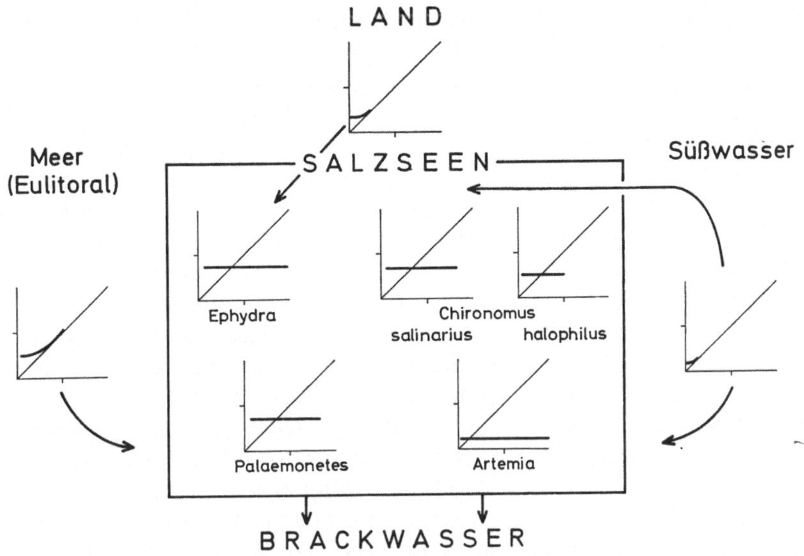

Abb. 14. Phylogenetische Wanderlinie zwischen Meer, Land, Süßwasser und Brackwasser über salzige Seen. Bezeichnungen der Einzeldarstellungen s. Abb. 9. (Aus Remmert, 1969)

deren Chironomiden wie Chironomus und Cricotopus relativ hoch liegende Pegel von Clunio dürfte auf die terrestrische Herkunft dieser Gattung zurückzuführen sein (über Chironomus vgl. weiter unten). Weichhäutige Süßwassertiere haben die Rückwanderung nur in ganz geringem Maße geschafft; zu nennen sind vor allem marine Rotatorien. Über ihren Wasserhaushalt wissen wir nichts. Bis in stärkere Brackwasser dringt die Flußdeckelschnecke Theodoxus vor, die eine geringe Verlängerung ihres poikilosmotischen Astes gegenüber limnischen Verwandten zeigt.

Neben diesen Wanderrichtungen vom Meer aufs Land, vom Land ins Meer, vom Meer ins Süßwasser und vom Süßwasser ins Meer gibt es viele andere. Hingewiesen sei nur auf eine, die mit Salzseen und Wüstengebieten in Beziehung steht. Salzseen und hochsaline Lagunen an ariden Meeresgebieten werden vom Land, vom Meer und vom Süßwasser aus besiedelt. Tiere mariner und limnischer Herkunft lassen sich anhand ihres unterschiedlichen Regulationspegels unschwer trennen. Die vom Land und vom Süßwasser her eingedrun-

genen Insekten entwickeln eine starke Hypotonieregulation. Gleichzeitig wird der Regulationspegel bedeutend erhöht, was sich in der Gattung Chironomus mit zunehmender Einwanderung in immer stärker salzhaltige Kleingewässer gut verfolgen läßt. Von den Salinen führen viele Wege zu Brackwassergebieten, deren Arteninventar sehr ähnlich ist (Abb. 14).

Der gleiche Milieufaktor löst also bei gleichzeitig im gleichen Lebensraum nebeneinander lebenden Tieren ganz verschieden gerichtete physiologische Reaktionen aus. Diese Reaktionen sind nur aufgrund der ökologischen Geschichte der Tiere verständlich. Diese Überlegungen haben auch für andere ökologische Faktoren Gültigkeit. Die Entwicklung physiologischer Funktionen steht offenbar kaum mit der Phylogenese der Tiere im Sinne einer Höherentwicklung im Zusammenhang. Physiologische Funktionen scheinen in ihrer Entstehung vielmehr überwiegend abhängig vom Wechsel des Lebensraumes im Laufe der Phylogenese. Bei Exkretion stickstoffhaltiger Stoffwechselschlacken ist das allgemein anerkannt. Die komplizierten Aufbauprozesse, die bei Landtieren am Ammoniak auftreten, sind von der ökologischen Geschichte der Tiere bestimmt. Das gilt für sinnesphysiologische Funktionen in gleicher Weise. Vielleicht ermöglichte die „kostengünstige" Anpassung der Ultraschallorientierung den Delphinen ihren großen Erfolg im Meer, in einem Lebensraum, in dem andere Tiere aufgrund von günstigeren osmotischen Verhältnissen und (oder) Kiemenatmung energetisch sehr viel günstiger dastehen. Man könnte sagen, daß die Delphine „aufgrund eines neu erfundenen technologischen Tricks" sich den höheren Energieverbrauch „leisten" können.

Deutlich wird aus dieser Besprechung, welche Kosten auf die Tiere zukommen, wenn sie der intraspezifischen Konkurrenz entgehen und andere Lebensräume erobern. Die Aufnahme gelöster organischer Substanzen, die im Meer bei einer großen Fülle von wirbellosen Tieren eine entscheidende Rolle bei der Ernährung spielen (Schlichter), ist unter den osmotischen Bedingungen des Süßwassers sehr erschwert, ja unmöglich (Bulnheim u. Siebers, 1976). Bei der Einwanderung in Süßwasser begaben sich die Meerestiere einer überaus ergiebigen Quelle energiereicher und qualitativ hochwertiger Nahrung, die sie nun konkurrenzlos den Mikroorganismen überlassen mußten. Die Hypertonieregulation erfordert ein dauerndes Herauspumpen osmotisch eindringenden Wassers und eine dauernde aktive Salzaufnahme gegen einen Konzentrationsgradienten. Spezifische Salzaufnahmeorgane und spezifische Wasserabscheidungsorgane wurden benötigt, um am Land und im Süßwasser existieren zu können. Das kostet Energie beim Aufbau solcher Organe und bei der Funktion dieser Organe. Hinzu kommen weitere Probleme: Die Salzaufnahmeorgane sind offenbar nicht so spezifisch, daß sie genau die richtigen Ionen im Wasser erkennen können. Sie „verwechseln" Schwermetalle mit Natrium- und Kaliumionen, werden auf die Weise von Schwermetallen blockiert,

was zum Tode der Tiere führt. Das gleiche Problem tritt bei der Rückwanderung zum Meer auf. Fische, Vögel und Säugetiere müssen im Meer dauernd Salz ausscheiden, sie müssen spezifische Organe zur Ausscheidung dieser Stoffe entwickeln und zur Aufnahme von Wasser, welches ihnen osmotisch verloren geht. Energetisch sind Fische und Vögel damit den primären Meerestieren unterlegen. Gemäß dem Dollo'schen Gesetz von der Nichtumkehrbarkeit der Entwicklung ist bei der Rückkehr in das an sich „kostengünstige" Gebiet nicht wieder der ursprüngliche physiologische Zustand evoluiert worden. Wie Warmblüter es schafften, dennoch im Meer einen großen Erfolg zu haben, ist eine Kosten-Nutzen-Analyse wert, die bisher allerdings nicht sauber durchgeführt worden ist.

Die beste Lösung beim Problem der Minimierung der Kosten auf dem Land haben die Gefäßpflanzen entwickelt: Ihre Wurzeln erstrecken sich in den feuchten und mineralreichen Boden, ihre Blätter in die trockene Luft. An den Blättern verdunstet daher dauernd Wasser und so entsteht ein Saftstrom, der in der Pflanze zunächst stets von den Wurzeln zu den Blättern gerichtet ist. Diese Stromrichtung ermöglicht ein kostenfreies Aufrechterhalten eines auch gegenüber dem Boden relativ hohen osmotischen Druckes im Inneren der Pflanze und eine kostenfreie Wasseraufnahme entgegen dem hier herrschenden osmotischen Gefälle. Stofffluß von den Wurzeln zu den Blättern und Osmoregulation werden hier also mit Hilfe der verschiedenen Dampfdrucke im Boden und in der Luft und verschiedener Strukturen der Pflanze im Boden und in der Luft zunächst auf rein physikalische Weise ohne Kosten für die Pflanze betrieben. Allerdings ist der Wasserverbrauch sehr hoch. Anders als im Tier gibt es keinen internen Wasserkreislauf.

Wir sind bei allen unseren Diskussionen über die Wirkung des marinen Salzgehaltes und des osmotischen Druckes von der normalen Zusammensetzung des Meerwassers ausgegangen. Diese ist auch in allen Meeresgebieten und in allen Gebieten, die unmittelbar mit dem Meer zusammenhängen, gegeben. Salzstellen des Binnenlandes haben durchweg eine andere ionale Zusammensetzung. Sie können daher meist nicht von primären Meeresformen, die wirklich auf das Salz angewiesen sind und entsprechend hohe Salzkonzentrationen in ihren Zellen und in ihrer Körperflüssigkeit aufweisen, besiedelt werden. Nur sekundäre Meeresorganismen, die nicht eigentlich auf das Salz angewiesen sind, sondern es lediglich hervorragend ausscheiden können, sind zur Besiedlung solcher Stellen in der Lage. Daher erklärt sich der große faunistische und floristische Unterschied zwischen Binnensalzstellen und eigentlichen Meeresgebieten. Besonders auffällig ist das Fehlen der meisten echten Meeresalgen (nur sehr verschmutzungstolerante Formen können in manchen Binnensalzstellen vorkommen) und empfindlicher Meerestiere, wie aller marinen Cnidaria, Echinodermen und Mollusken.

Die gleichen Betrachtungen gelten auch für Pflanzen. Die primär marinen Arten haben in ihrem Gewebe den gleichen osmotischen Druck wie im umgebenden Medium. Die Pflanzen des Süßwassers und des Landes müssen aktiv Salze aufnehmen und sich gegen osmotisch eindringendes Wasser schützen. Landpflanzen haben das ausgenutzt, indem sie Wasser einfach verdunsten und auf die Art und Weise einen Wasserstrom, der zugleich ein Nährstoffstrom ist, durch die Pflanzen in Gang setzen. Kehren Gefäßpflanzen an Salzstandorte zurück, so müssen sie wie

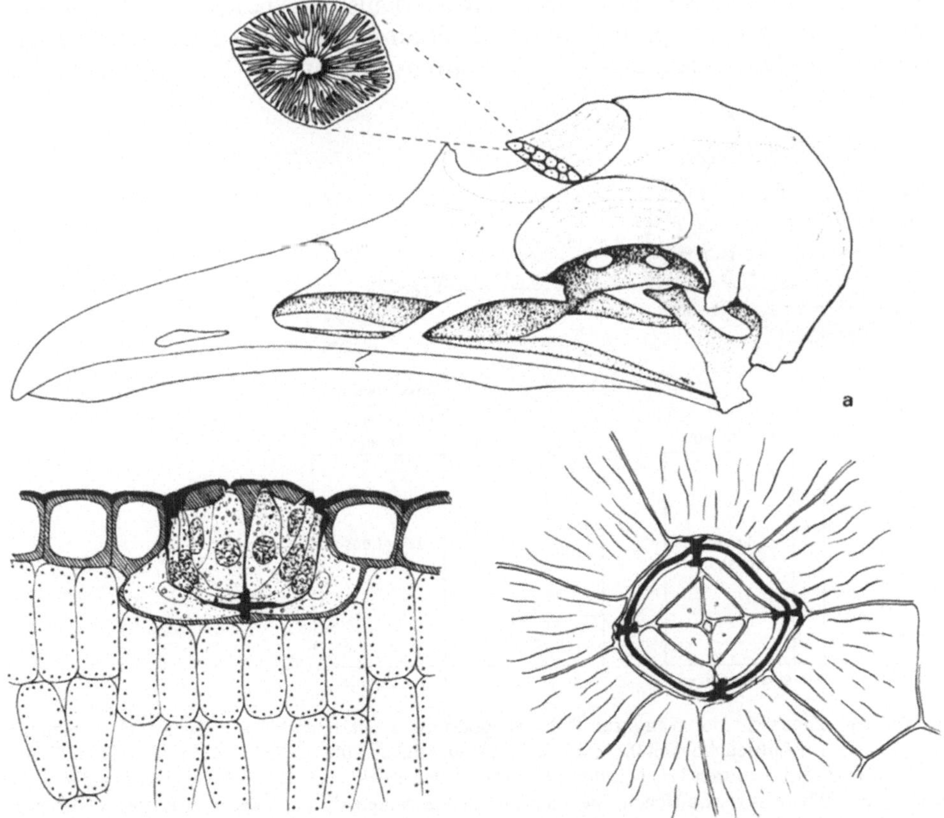

Abb. 15a u. b. Salzdrüsen als Salzausscheidungsorgane bei sekundären Meeresorganismen. **a** Salzdrüse einer Möwe (Larus). (Aus Schmidt-Nielsen, 1965.) **b** Salzdrüse von Statice gmelini. (Aus Ziegler u. Lüttge, 1966)

die Tiere das überschüssige Salz ausscheiden. Salzdrüsen werden dann genau wie bei Tieren entwickelt (Abb. 15). Auch Landpflanzen und Pflanzen des Süßwassers sind also energetisch von vornherein schlechter gestellt als Pflanzen des Meeres. Die Anpassung an den neuen Standort forderte ihren Preis. Und: Kehren diese Landpflanzen zum marinen Milieu zurück, so können sie nicht einfach wieder die alten Vorteile des Meeres wahrnehmen. Vielmehr müssen sie jetzt hier neue Kosten auf sich nehmen. Wollen sie in der Konkurrenz mit Meerespflanzen bestehen, so müssen sie auf andere Art und Weise konkurrenzfähig werden.

Derartige Optimierungen in neuen Lebensräumen können auf überraschende Weise erfolgen. Ein sekundäres Meerestier, welches dauernd Salz abscheiden muß, kann diese Salzabscheidung verringern durch spezifische Nahrung: Wer Meeresfische oder Meeresvögel frißt (wie viele Robben und Delphine), nimmt verhältnismäßig wenig Salz auf. Seine Salzabscheidung braucht daher nicht so stark zu sein wie die eines Tieres, das primäre Meerestiere frißt. Ein Wüstentier, welches von den dort vorhandenen sehr stark salzhaltigen Pflanzen selektiv salzarme Pflanzenteile frißt, ist energetisch günstig gestellt. So schabt die Taschenratte Dipodomys microps in den nordamerikanischen Wüsten salzarme Gewebe von Pflanzen mit spezifisch geformten Zähnen ab. Sie nimmt nur soviel Salz auf wie ein normales pflanzenfressendes Landtier (Kenagy, 1973). Ihre Verwandten nutzen das bei der Verbrennung der aufgenommenen Nährstoffe entstehende Süßwasser und brauchen daher nie zu trinken — trotz trockenen Futters (sie fressen in der Hauptsache sehr trockene, aber sehr energiereiche Samen von Pflanzen) (Abb. 16).

Besondere Probleme hinsichtlich des Wasserhaushaltes bestehen für landlebende Pflanzen und Tiere: Durch die Wasserverdunstung an der Luft entspricht ihr

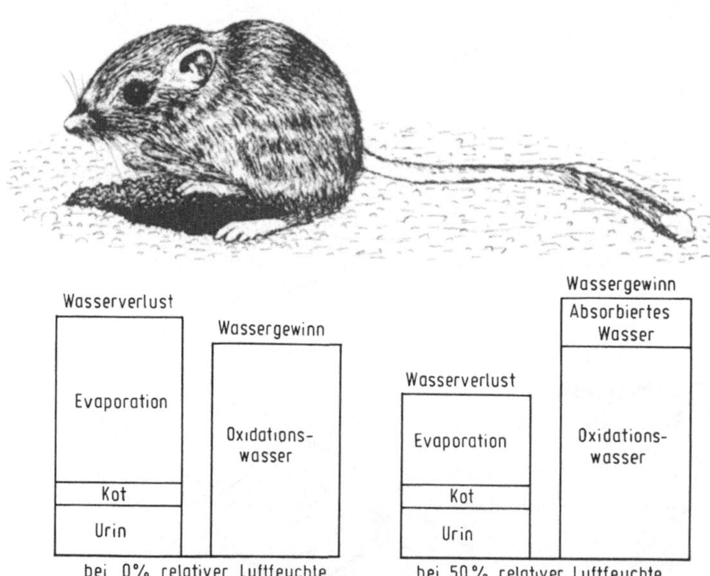

Abb. 16. Wassergleichgewicht der Känguruh-Ratte (Dipodomys spectabilis) bei unterschiedlicher relativer Luftfeuchte. *Links:* bei Luftfeuchtigkeit 0. *Rechts:* bei Luftfeuchtigkeit 50% bei 25° C. Die jeweils linken Blöcke geben die Wasserverluste durch Transpiration, Fäzes und Urin an, die rechten Blöcke zeigen das aufgenommene Wasser. Bei 50% relativer Luftfeuchte nehmen die Pflanzensamen, die der Känguruh-Ratte als Nahrung dienen, Feuchtigkeit auf, die wiederum von der Ratte verwendet werden kann (absorbiertes Wasser). Der Hauptanteil des Wasserbedarfs wird aus dem Oxidationswasser gedeckt. Unsere Ratten geben mit Urin, Fäzes und Transpiration sehr viel mehr Feuchtigkeit ab. (Nach Schmidt-Nielsen, aus Tischler, 1977)

Milieu in mancher Hinsicht einem hochsalzigen Milieu, in dem Wasser auf osmotischem Wege verlorengeht. Die Methoden, Wasser unter diesen Bedingungen zu sparen, sind daher zu diskutieren und die Frage, ob es möglich ist, die in der Luft vorhandene Feuchtigkeit zu nutzen und direkt aufzunehmen. Aus diesen Ausführungen geht hervor, daß der Wasserhaushalt letzten Endes nur ein Spezialfall des Salzhaushaltes und der Osmoregulation ist. Das Problem der Feuchte, welches in Lehrbüchern der terrestrischen Ökologie einen entscheidenden Platz einnimmt, kann daher in Darstellungen der allgemeinen Ökologie, welche auch das Meer einschließen, nur ein Teilbereich dieses Kapitels sein. Betrachten wir uns zunächst die Anpassungsstrategien von Tieren an unterschiedliche relative Luftfeuchtigkeit. Einfache Modellexperimente und Modellvorstellungen zeigen, daß eine kleinere Gelatinekugel einen relativ größeren Feuchtigkeitsverlust pro Zeiteinheit unter gleichen Bedingungen erleidet als eine größere. Eine kleinere Kugel ist rasch ausgetrocknet, eine größere behält ihre Feuchtigkeit über längere Zeiträume. Als Anpassungsstrategie an Gebiete mit niedriger Luftfeuchtigkeit werden wir daher relativ größere Tiere erwarten, die ihrerseits jedoch den Nachteil haben, daß sie lange Zeit brauchen bis zum Erreichen des geschlechtsreifen Stadiums. Ihre Fortpflanzungsrate ist von vornherein als geringer anzusehen als die eines kleineren Tieres. So sind in Gebieten, wo keine oder nur eine geringe Austrocknungsgefahr besteht, kleinere Tiere größeren in der Selektion überlegen. Von den Kältewüsten der Arktis bis zu den Trockenwüsten der Tropen steigt die mittlere Körpergröße der gefangenen Insekten deutlich an (kleine Arten weichen in die Nachtstunden aus). Auf der anderen Seite ist die Individuenzahl pro Flächeneinheit in kalten Wüsten größer als in heißen. Was für Wüsten gilt, gilt in gleicher Weise auch für andere Lebensräume. Feuchtkühle Gebiete beherbergen durchschnittlich kleinere Insekten

als Trockenhänge; ozeanische Gebiete, wie etwa die deutsche Nordseeküste oder die Britischen Inseln, haben im Mittel kleinere Insekten als kontinentale Gebiete wie etwa Ostpreußen oder Ungarn. Dies Schema hat einen Haken: Größere Insekten müssen kleine austrocknungsgefährdete Stadien durchlaufen. Diese Stadien sind in Trockengebieten besonders gefährdet. Die hier lebenden Tiere entwickeln vielfach eine Brutfürsorge oder durch eine ausgeprägte Brutpflege eine Verlagerung der Schlüpfzeit der jüngsten Stadien in eine Zeit relativ hoher Feuchtigkeit; ein aktives Auswählen besonders günstiger — d. h. feuchter — Elemente des Lebensraumes. So halten sich jüngste und damit kleinste Stadien von Grillen an feuchteren Stellen — in der Nähe der Basis der Pflanzen — auf; erwachsene Grillen dagegen bevorzugen freie Flächen zwischen den Pflanzen. Bei Wanzen findet im Laufe der Entwicklung eine Wanderung der Jungstadien von der Basis zu den exponierten Spitzen der Pflanzen statt. Auch der Übergang zur nächtlichen Lebensweise stellt einen Ausweg dar. Säugetiere erleiden besondere Verluste durch die Transpiration, wenn die Lufttemperatur höher liegt als ihre Körpertemperatur. Sie müssen dann Wasser verdunsten, um ihren Körper kühl zu halten. Manche Wüstensäugetiere sind daher in der Lage, bei extremer Hitze ihre Körpertemperatur zu erhöhen und damit auf eine Kühlung zu verzichten, so sparen sie Wasser. Bei den gleichen Arten wird das bei der Atmung abgegebene Wasser in der Nase durch einen spezifischen Kühlungsmechanismus zurückgehalten.
Dagegen ist die Möglichkeit, Wasserdampf aus der Luft aufzunehmen, außerordentlich selten realisiert. Sie ist nur bei ganz wenigen Tieren (Bücherläusen) und niederen Pflanzen bekannt geworden. Gefäßpflanzen sind dazu nicht in der Lage, sie können nur vielfach in Tröpfchen vorhandenes Wasser der Luft entnehmen — also etwa Nebel ausnutzen, wie das in den Hochwüsten der Anden der Fall ist. In-

sekten der Nebelwüste Südwestafrikas — der Namib — stellen sich in charakteristischer Weise in den Nebel, fangen so an exponierten Körperteilen Wassertröpfchen und trinken sie (Seeley, 1979).

Sehr hohe Luftfeuchtigkeiten sind für terrestrische Organismen unter allen Temperaturbereichen durchweg ungünstig. Das ist bei Pflanzen, die auf Transpiration angewiesen sind, selbstverständlich; warum aber Heuschrecken, Grillen, Schmetterlinge, Käfer und ihre Larven bei relativen Luftfeuchtigkeiten über 80% kaum wachsen und sich entwickeln, läßt sich derzeit nicht sagen.

2.3.2 Die Temperatur

Kein Faktor scheint so leicht meßbar und kein Faktor wird uns so leicht bewußt wie die Temperatur. Diese Tatsache hat zu einem Wust an Temperatur-Angaben geführt, die überwiegend in keiner Beziehung zu der ökologischen Arbeit stehen, in der sie publiziert wurden. Die Temperatur an der Stelle zu messen, wo sie für den Organismus wichtig ist, ist nämlich schwierig; die hier — im Organismus selbst — gemessene Temperatur hat am Lande meist nur wenig Beziehung zu der meteorologischen Temperaturmessung. Diese kann nur als ganz grober Richtwert dienen. Dementsprechend ist eine Beziehung zwischen Tier- oder Pflanzenverbreitung und der Temperatur wesentlich schwieriger herzustellen als zwischen der Verbreitung des Organismus und dem Salzgehalt des ihnen zur Verfügung stehenden Wassers.

Wie schwer die Beurteilung ist, mag folgendes Beispiel zeigen: In Bayern — dem kontinentalsten Bereich der Bundesrepublik Deutschland — kommt die Nachtigall nur an sehr wenigen Stellen vor, die sich durch ein besonders mildes Klima auszeichnen. In vielen anderen Teilen Deutschlands ist die Art dagegen häufig. Die Nachtigall kommt um den 20. April aus dem Winterquartier zurück, sie erträgt keine Nachtfröste, die in Bayern im allgemeinen bis Anfang Mai kräftig zu erwarten sind. Der Wiedehopf dagegen kommt in manchen Teilen Bayerns regelmäßig vor. Er beansprucht deutlich höhere Temperaturen als die Nachtigall. Er kommt später (erst Anfang Mai), wenn die Nachtfröste im allgemeinen bereits abgeklungen sind und nunmehr das kontinentale Klima sehr warme Tage und sehr geringe Regenmengen bringt. In den meisten übrigen Teilen Deutschlands (außer Baden-Württemberg) ist der Wiedehopf deutlich seltener, weil die Sommertemperaturen niedriger und die Niederschläge höher liegen. Dabei ist nicht klar, ob die Temperatur direkt oder über einen anderen Faktor wie etwa die Nahrung wirkt.

Die Temperatur wirkt auf alle chemischen Prozesse im Sinne des Vant'Hoff'schen Gesetzes: Eine Temperaturerhöhung um 10° C beschleunigt eine chemische Reaktion um den Faktor 2 bis 4. Wir sagen, diese chemische Reaktion hat einen Q_{10} von 2 bis 4. Die biochemischen Reaktionen der Organismen unterliegen natürlich diesem Gesetz. Bei den im Tagesverlauf häufig sehr stark schwankenden Temperaturen ist es verständlich, daß alle Organismen im Laufe der Evolution Mechanismen entwickeln, die sie mehr oder weniger stark aus dieser unmittelbaren Abhängigkeit lösten. Am weitesten haben es hier die warmblütigen Tiere gebracht, sie müssen daher getrennt später besprochen werden. Die wechselwarmen — ektothermen — Organismen (also Mikroorganismen, Pflanzen und wechselwarme Tiere) scheinen dagegen Spielbälle ihrer Umgebungstemperatur geblieben zu sein. Dennoch gibt es hier eine Fülle von Regulationsmechanismen und eine Fülle von Phänomenen, die auch bei wechselwarmen Organismen von der Temperatur offensichtlich nicht berührt ablaufen. Das einleuchtendste Beispiel dafür ist die physiologische Uhr der Pflanzen und Tiere, die mit einer Umlaufzeit von etwa 24 h ohne Rücksicht auf die herrschenden Temperaturverhältnisse abläuft. Das ist an sich selbstverständlich: Eine physiologische Uhr, die

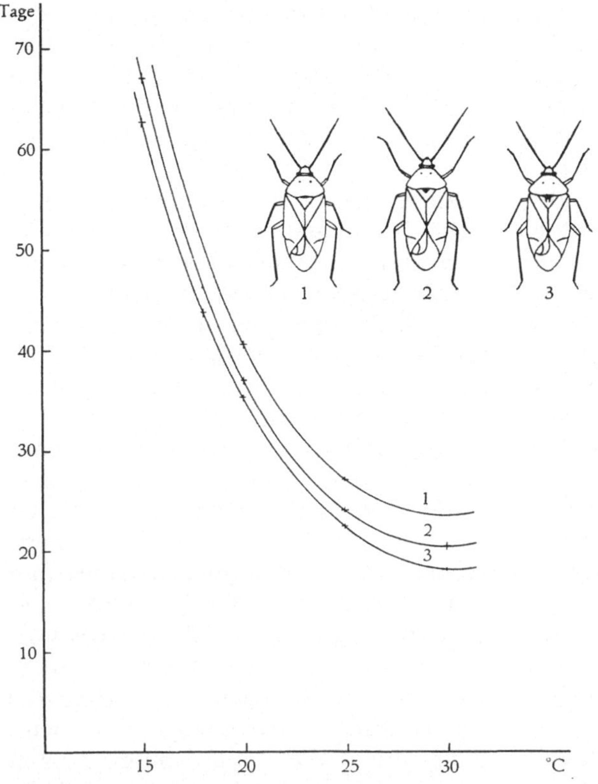

Abb. 17. Abhängigkeit der Entwicklungsdauer von der Temperatur bei 3 Arten der Wanzengattung Lygus (1 = maritimus, 2 = pratensis, 3 = rugulipennes). Die prinzipiell gleiche Abhängigkeit des Wachstums von der Temperatur besteht bei allen heterotrophen wechselwarmen Organismen. Das Produkt aus Entwicklungsdauer (T) und der über dem Entwicklungsnullpunkt (t_0) einer Art liegenden Temperatur (t) ist konstant (Thermalkonstante K). Somit ergibt sich die Formel $T(t-t_0) = K$. Den Entwicklungsnullpunkt kann man nach Versuchen bei zwei Temperaturen nach der Formel

$$t_0 = t_1 - \frac{T_2(t_2 - t_1)}{T_1 - T_2}$$

berechnen. (Nach Boneß, aus Tischler, 1965)

bei höheren Temperaturen rascher als bei niedrigen laufen würde, könnte keinen Vorteil im Kampf ums Dasein bringen und hätte sich daher von vornherein im Laufe der Stammesgeschichte nicht entwickelt. Wir sehen jedoch an diesem Beispiel, daß auch bei wechselwarmen Organismen Temperaturkompensationen möglich sind. Wenn wir generelle Aussagen machen wollen, müssen wir fragen, wie verbreitet derartige Phänomene sind, wir müssen nach ihren physiologischen Grundlagen fragen.

Erstaunlicherweise scheint sich eine echte Kompensation niemals bei Entwicklungsvorgängen entwickelt zu haben. Alle wechselwarmen Organismen scheinen in der Entwicklung vom Vant'Hoff'schen Gesetz abhängig zu sein. Ein Beispiel zeigt Abb. 17. Diese Abhängigkeit geht offenbar noch weiter: Organismen, die an tiefe Temperaturen angepaßt sind, können sich bei tiefen Temperaturen entwickeln, aber diese Entwicklung verläuft ungefähr eben-

so rasch wie die eines Tropentieres, wenn dieses sich überhaupt noch bei der Temperatur entwickeln könnte. Eine Anpassung an dauernd niedrige Temperaturen wird also grundsätzlich mit einer Verlängerung der Entwicklungszeit erkauft. Die Plecopteren und Eintagsfliegen unserer Bergbäche brauchen für das Wachstum auf die Größe einer Stubenfliege durchweg ein Jahr — nur, eine Stubenfliege könnte sich bei diesen Temperaturen nicht mehr entwickeln. Der antarktische Eisfisch Trematomus, der bei konstant $-1{,}6°$ C lebt, braucht etwa 10 Jahre, um auf die Größe einer kleinen Forelle heranzuwachsen. Damit aber sind die Kosten der Anpassung an niedrige Temperaturen noch nicht erschöpft. Ein Tier, welches diese Anpassung geschafft hat und nun mit einer stark verlängerten Entwicklung bezahlt, verliert gleichzeitig die Fähigkeit, bei höheren Temperaturen zu existieren. All die Eintagsfliegenlarven, Plecopteren und Amphipoden unserer Bergbäche sterben, wenn sie in Temperaturen kommen, die jeder Weiher im Sommer erreicht, also um etwa 25° C. Unsere typischen Wintertiere wie der Schnabelhaft Boreus können keine Temperaturen um 20° C langfristig ertragen. Der Preis für die Anpassung an derart niedrige Temperaturen ist also hoch. Den besten Beleg dafür bilden unsere Kühlschränke. Hätten die Mikroorganismen im Laufe der Jahrmillionen eine Möglichkeit evoluiert, bei niedrigen Temperaturen ebenso rasch zu gedeihen wie bei hohen, so würde uns die Aufbewahrung von Lebensmitteln in einfachen Kühlschränken nicht möglich sein. Von vornherein ist also kaum damit zu rechnen, daß wirklich temperaturkompensierte Entwicklungsvorgänge bei wechselwarmen Organismen gefunden werden.

Bis heute ist nicht völlig klar, wieso Organismen bei manchen Funktionen eine Temperaturunabhängigkeit entwickelten, während dies bei Wachstum und Entwicklung durchweg nicht erfolgte.

Vergleichende biochemische Analysen führen heute zu einer Hypothese, die vereinfacht etwa wie folgt aussieht:

1. Die normalen Enzyme eines Organismus sind auf einen Temperaturbereich zwischen 20 und knapp über 30° C optimal eingestellt: ihre Wirkung ist hier recht gut und ihre Lebensdauer groß.

2. Es gibt Enzyme, die bei höheren oder bei niedrigen Temperaturen genau so wirksam sind wie die „normalen" Enzyme bei 28–30° C. Diese Enzyme haben jedoch nur eine sehr kurze Lebensdauer, sie zerfallen sehr rasch und müssen daher dauernd neu aufgebaut werden. Der Besitz solcher Enzyme kostet Energie.

3. Daher ist es möglich, Funktionen bei hohen und bei niedrigen Temperaturen mit dergleichen Geschwindigkeit ablaufen zu lassen wie im normalen Temperaturbereich.

4. Wegen des hohen Energiebedarfs ist es jedoch nicht möglich, alle Funktionen mit diesen Enzymen auszustatten. Vielmehr ist das Setzen von Prioritäten notwendig. Durchweg werden Sinnesorgane und für

die Flucht notwendige Organe (Muskelkontraktion) eher mit solchen Enzymen ausgestattet und bleiben daher auch bei niedrigen Temperaturen voll funktionsfähig als Organe des Stoffwechsels (Wachstum!).

Diese grundsätzliche Hypothese hat heute weite Zustimmung gefunden, sie kann jedoch als nicht genügend belegt gelten, um den Rang einer Theorie zu erreichen.

Schließlich ergibt sich aus der Temperaturabhängigkeit im Sinne der RGT-Regel, daß diese Abhängigkeit einer Exponentialkurve folgt (Abb. 17 u. 22).

Sehr geringe Temperaturdifferenzen können daher extrem hohe oder recht geringe Wirkung haben. Wir können uns einen Organismus vorstellen, dessen Angehörige überwiegend in normalen Jahren ihre Entwicklung nicht vollenden können und die daher von Jahr zu Jahr seltener werden, bis schließlich einer der sehr seltenen, sehr warmen Sommer allen Tieren die vollständige Entwicklung ermöglicht. Nun springt die Populationsgröße von sehr niedrigen plötzlich auf sehr hohe Werte und die Art kann in den folgenden Normaljahren wieder „zusetzen". Wir werden ein solches Beispiel genauer auf den Seiten 196 ff. kennenlernen.

Dabei ist natürlich zu bedenken, daß nicht die Lufttemperatur, sondern die Körpertemperatur des jeweiligen Organismus für die Entwicklungsgeschwindigkeit entscheidend ist. Diese Körpertemperatur kann stark von der Lufttemperatur abweichen. Alle größeren Insekten erhöhen beim Fluge ihre Körpertemperatur aufgrund der Bewegung der Flugmuskulatur auf Werte über 35° C. Bienen können auf diese Weise ihren Stock erwärmen und Hummeln mit schwirrenden Flügeln ihre Brut; damit können sie in arktische Regionen vordringen. Ferner können sich sehr viele Tiere in der Sonne aufheizen. Heuschrecken setzen sich in der Morgenkühle quer zur Einfallsrichtung der Sonnenstrahlung und erreichen so sehr rasch hohe Körpertemperaturen. In der heißesten Mittagszeit wenden sie ihre Schmalseite

— den Kopf — der Sonne zu und nehmen so nur noch relativ wenig Wärme auf. Diese Aufheizung in der Sonne dürfte bei vielen Insekten für das Überleben in gemäßigten und kühlen Breiten absolut notwendig sein. Es ist charakteristisch für rote Waldameisen beim ersten Verlassen des Nestes im Frühjahr, für viele Schmetterlinge in arktischen und subarktischen Gebieten und wahrscheinlich für eine Reihe von Insektenlarven. Mit Hilfe der Sonnenstrahlung regulieren beispielsweise im Frühjahr die Feuerwanzen und später ihre Larven ihre Körpertemperatur. Man findet sie vor allem am Fuß von Bäumen in der Sonne sitzen. Zwingt man sie jedoch, an diesem Platz zu bleiben, so daß sie dauernd relativ hohe Körpertemperaturen aufweisen, so entwickeln sie sich sehr rasch, die Synchronisation ihres Entwicklungsablaufs mit dem Jahreslauf geht verloren und die Tiere sterben aus. In der freien Natur wandern die Tiere zwischen besonnten und schattigen Plätzen hin und her und bleiben so eng an den Jahreslauf der Bedingungen eingepaßt.

Die Entwicklung des großen braunen Rüsselkäfers Hylobius abietis dauert am Waldboden in Dänemark im allgemeinen drei Jahre. Bei dem durch Sonnenschein geheizten Waldboden auf Kahlschlägen ist die Entwicklung jedoch in zwei Jahren abgeschlossen. Dementsprechend sind die Schadwirkungen dieses Käfers an Nadelhölzern bei Kahlschlagwirtschaft wesentlich größer. Die Differenz in der Entwicklungsdauer entspricht einer Südversetzung um etwa 1500 km (Bejer-Petersen, 1975).

Wohl alle wechselwarmen Landtiere beginnen bei Körpertemperaturen über 34—35° C mit einer steil ansteigenden Wasserabgabe, was als Kühlungsmechanismus zu verstehen ist (Jakovlev, 1956; Jakovlev u. Krüger, 1954). Bei der Mittelmeerfeldgrille war es auch durch Bestrahlung nicht möglich, die Körpertemperatur über diesen Wert zu steigern; während tote Tiere unter diesen Bedingungen innerhalb von zwei Minuten eine Temperatur von etwa 45° C erreicht hatten. Viele physiologische Meßparameter (Transpiration, Atmung, Enzymaktivität verschiedener Organe) deuten darauf hin, daß all die eurythermen Tiere von ihrer biochemischen enzymatischen Ausstattung her an Temperaturen um etwa 27° C optimal adaptiert sind (Abb. 18).

Auch Reptilien können vielfach in kalte Gebiete nur vordringen, wenn sie die Sonnenstrahlung für ihre Entwicklung ausnutzen. Kreuzotter und Bergeidechse sind die am weitesten nach Norden hin vordringenden Reptilien überhaupt: Sie legen keine Eier, sondern sie bringen lebende Junge zur Welt. Sie lassen ihre Körper tagsüber durch die Sonnenstrahlen sehr stark aufheizen und transportieren auf diese Weise auch ihre Brut jeweils in wärmere Bezirke.

Pflanzen können durch Aufheizung infolge von Sonnenstrahlung Schaden leiden. Die dunkle Rinde von Bäumen kann sich bei intensiver Sonneneinstrahlung stark erwärmen. Das ist im Winter gefährlich, wenn sich starke Temperaturgradienten von der Schatten- zur Lichtseite aufbauen und im Sommer, wenn die Erwärmung sehr stark ist und damit der Saftstrom unterbrochen werden kann. Am Rande von Kahlschlägen und bei Straßenbauten treten derartige Schäden besonders an Buchen auf. Grüne Blätter werden durch Strahlung wenig aufgeheizt und können zudem durch Transpiration ihre Temperatur deutlich unter die Umgebungstemperatur senken (Abb. 20 u. 21). Das gleiche gilt selbstverständlich auch für Tiere: Durch hohe Transpirationsraten und durch spezifische Verhaltensmechanismen können auch wechselwarme Tiere ihre Temperatur unter die der Umgebung absenken. Wenn Wüstenvögel ihre Eier im Sand vergraben, so ist es vielfach ein Schutz vor Wärme ebenso wie das Aufsuchen des Schattens durch Insekten, Spinnen und Eidechsen.

Damit ist selbstverständlich, daß die Temperatur der Organismen noch stärker schwankt als die meteorologisch gemesse-

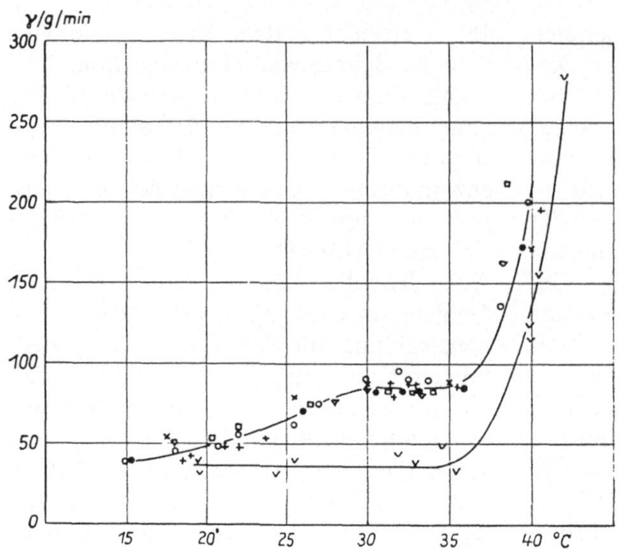

Abb. 18. Transpiration in Abhängigkeit von der Temperatur bei Feldheuschrecken. ∨ = Oedipoda coerulescens, die anderen Zeichen gehören je zu einer Art. Ordinate: Wasserdampf-Abgabe pro Zeiteinheit; Abszisse: Temperatur. (Aus Jakovlev, 1956)

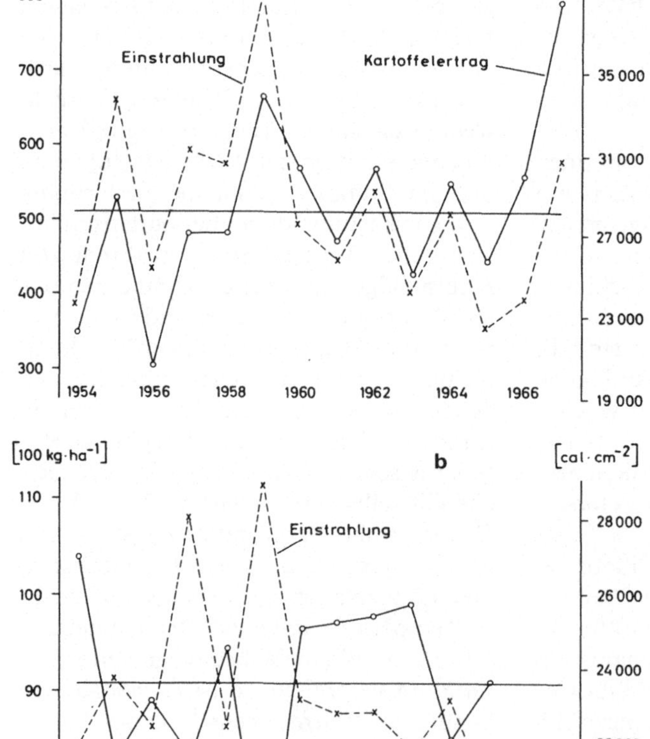

Abb. 19 a u. b. Beziehungen zwischen Ernteerträgen und Einstrahlung während der Vegetationszeit in einem Versuchsbetrieb in den Niederlanden. **a** Kartoffeln, **b** Flachs. Vegetationszeit: 3 Wochen nach dem Aufgang bis zur Ernte. (Nach Sibma, aus Baeumer, 1971)

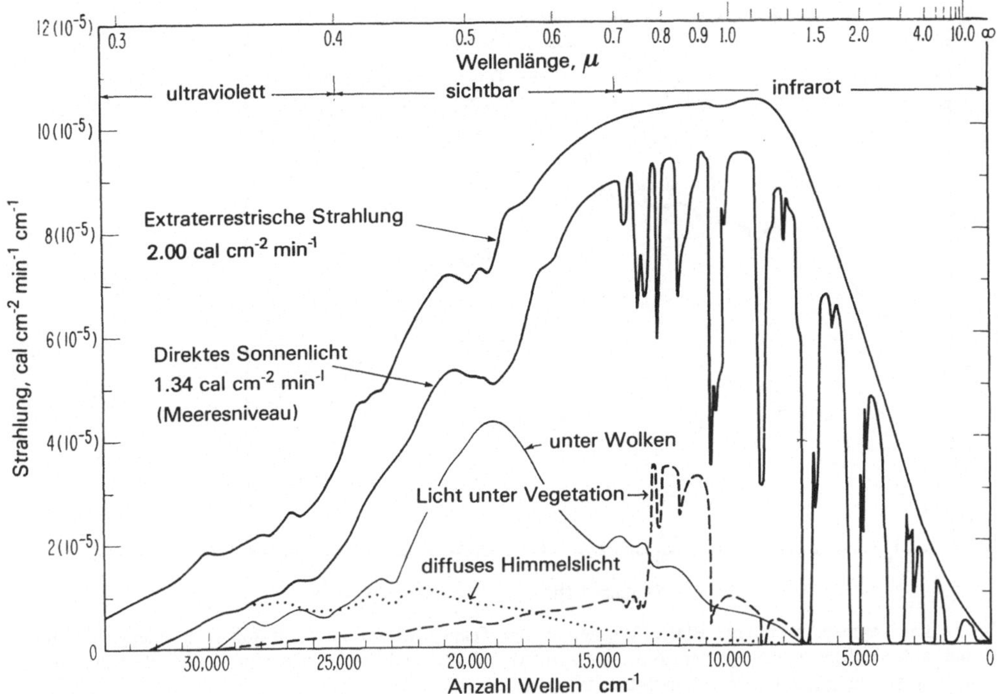

Abb. 20 a. Spektrale Verteilung der extraterrestrischen Sonnenstrahlung, der Sonnenstrahlung auf dem Erdboden bei klarem Wetter und bei bedecktem Himmel sowie unter einer Vegetationsdecke. (Aus Gates, 1965)

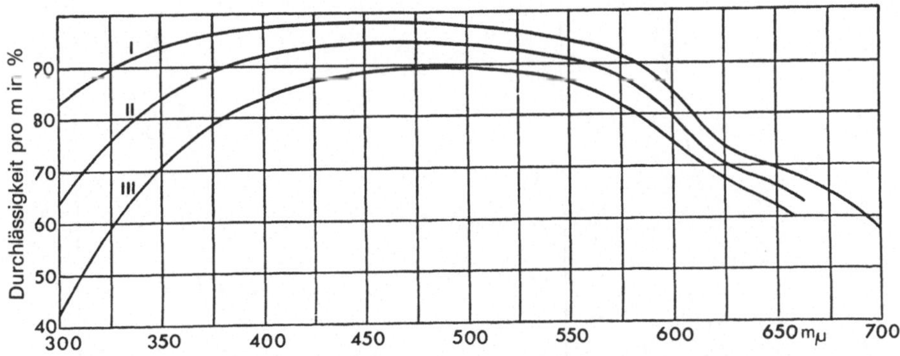

Abb. 20 b. Durchlässigkeit des Ozeanwassers für Licht verschiedener Wellenlänge. Sonne im Zenith. *I:* Klarstes Ozeanwasser, *II:* Subtropisches Ozeanwasser und tropisches Ozeanwasser mit hoher Turbulenz, *III:* Ozeanwasser der gemäßigten Breiten. In arktischen Gewässern dürfte die Durchlässigkeit noch geringer sein. (Aus Hedgpeth, 1957)

ne Temperatur. Sie kann an einem sonnigen Tag innerhalb kürzester Zeit auf sehr hohe Werte steigen, eine durchziehende Wolke kann diese Werte sehr rasch wieder absenken. Selbst an kühlen Frühlingstagen können Schmetterlinge und Eidechsen beim Sonnenbaden Körpertemperaturen über 35° C entwickeln, nachts kühlen Fröste die Tiere wieder sehr stark ab. Sind derartige Wechseltemperaturen mit unserem Wissen über die Wirkung konstanter Temperaturen unmittelbar vergleichbar? Aus der Zeit in Stunden oder Minuten, die ein Organismus jeweils einer bestimmten

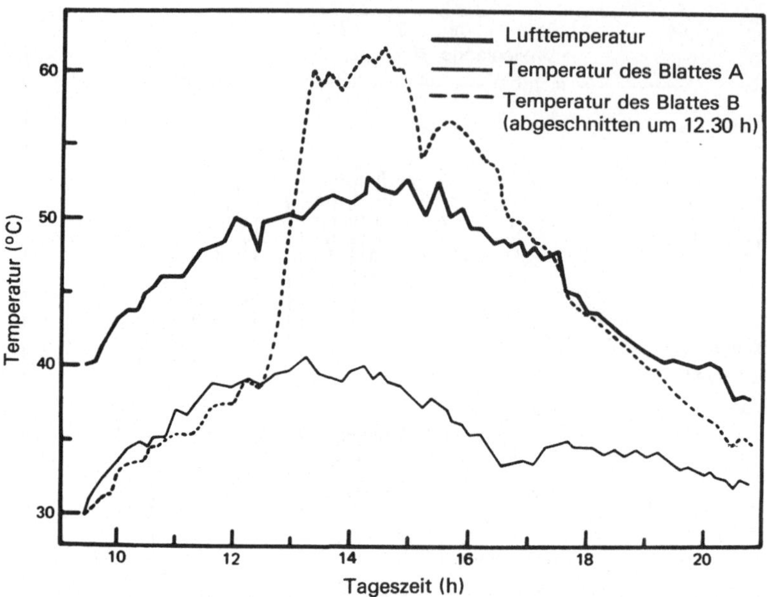

Abb. 21. Die Temperaturen eines Blattes können infolge Transpiration und der damit verbundenen Kühlung deutlich unter Lufttemperatur liegen. Ein abgeschnittenes Blatt wird infolge Wassermangels sehr rasch durch die Sonnenstrahlung hochgeheizt. (Nach Lange, aus Gates, 1975)

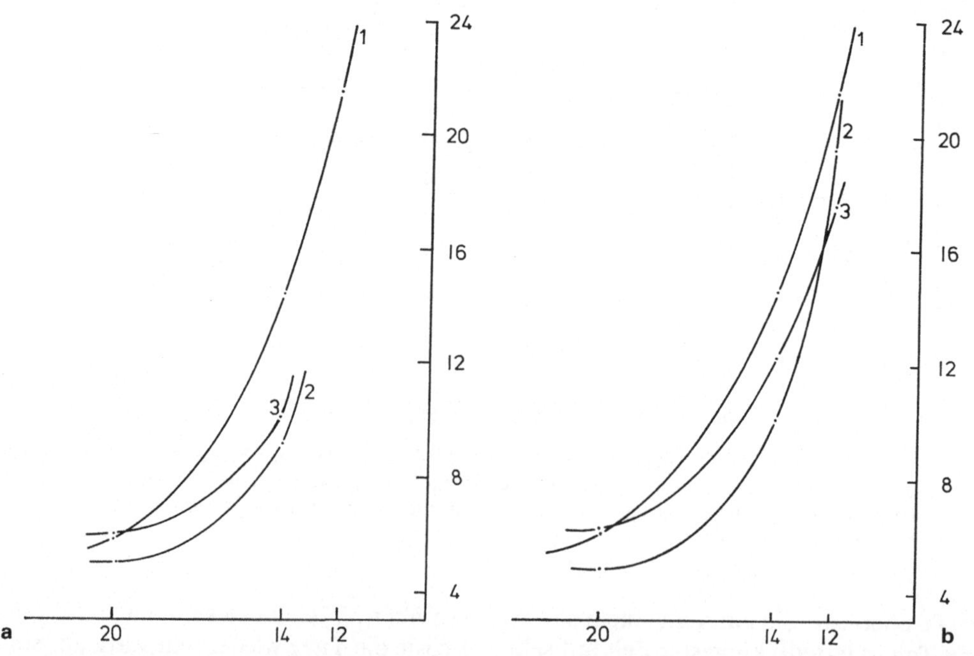

Abb. 22 a u. b. Zeit vom Schlüpfen der Imago bis zur ersten Eiablage bei verschiedenen konstanten und tagesperiodisch wechselnden Temperaturen bei Drosophila spec. Ordinate: Zeit in Tagen; Abszisse: Temperatur (°C). *1:* Konstanttemperaturen; *2:* tagesperiodisch um den entsprechenden Mittelwert schwankende Temperaturen; *3:* berechnete Kurve für die schwankenden Temperaturen. **a** Amplitude des Temperaturzyklus 8° C, **b** Amplitude 5° C. Bei niedrigen Temperaturen erfolgt die Entwicklung unter Wechseltemperaturen in einer kürzeren Zeit als unter den entsprechenden konstanten Temperaturen. (Aus Remmert u. Wünderling, 1970)

Temperatur ausgesetzt ist, bei Kenntnis der Entwicklungsgeschwindigkeit unter konstanten Temperaturen, müßte sich errechnen lassen, wie lange ein Organismus unter einem gegebenen Wechseltemperaturregime zu seiner Entwicklung benötigt. Derartige Berechnungen hat Kaufmann 1928 bereits durchgeführt. Diese Berechnungen sind in der letzten Zeit durch eine Fülle von Experimenten bestätigt worden. Im allgemeinen scheint es zu genügen, Experimente über konstante Temperaturen zu haben; von hier aus kann man die Entwicklungsdauer unter Wechseltemperaturen berechnen (Abb. 22). Allerdings gibt es ein paar bemerkenswerte Phänomene, die sich bisher nicht gut erklären lassen:

1. Bei vielen Pflanzen wird die Produktivität unter Wechseltemperaturen erhöht (Abb. 23) (natürlich wird dabei nur der oberirdische Teil der Pflanzen der Wechseltemperatur ausgesetzt). Vielleicht wirken niedrige Nachttemperaturen hohen Atmungsverlusten entgegen. Hierin könnte auch eine Erklärung für die tagesperiodischen Vertikalwanderungen von Planktontieren liegen, die außerhalb der Freßphase in kalte Wasserschichten absinken.

2. Bei vielen der bisher untersuchten wechselwarmen Tieren wird die Reproduktionsrate unter Wechseltemperaturen sehr stark erhöht (das gilt für das Rädertier Brachionus und verschiedene landlebende Insekten) (Abb. 24). So haben unter Wechseltemperaturen aufgezogene Schlupfwespen der Gattung Trichogramma bei einer Auflassung im Freiland wesentlich größere Effekte auf die zu bekämpfenden Insekten als unter Konstanttemperaturen herangezogene (Stein, 1960).

Bisher läßt sich nicht entscheiden, ob hier wirklich eine Regelhaftigkeit vorliegt, auch wissen wir über die physiologische Basis dieser Erscheinung noch zu wenig. Bei der ökologischen Bedeutung einer sol-

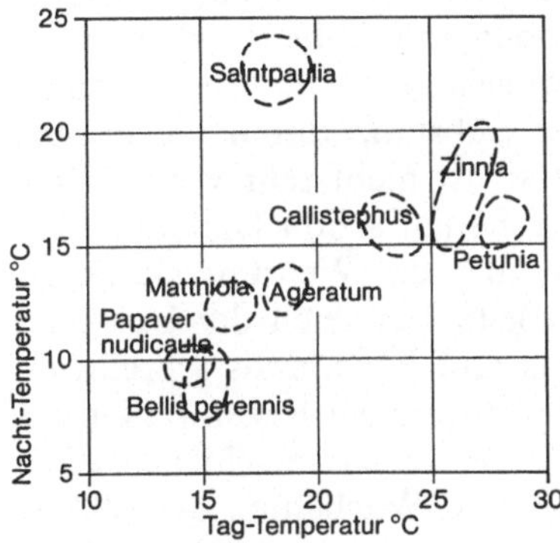

Abb. 23. Die angegebenen Zierpflanzen zeigen beste Gesamtentwicklung, wenn die Nachttemperaturen unter den Tagestemperaturen liegen. Die günstigste Temperaturdifferenz beträgt etwa 5–10° C. (Aus Geisler, 1971)

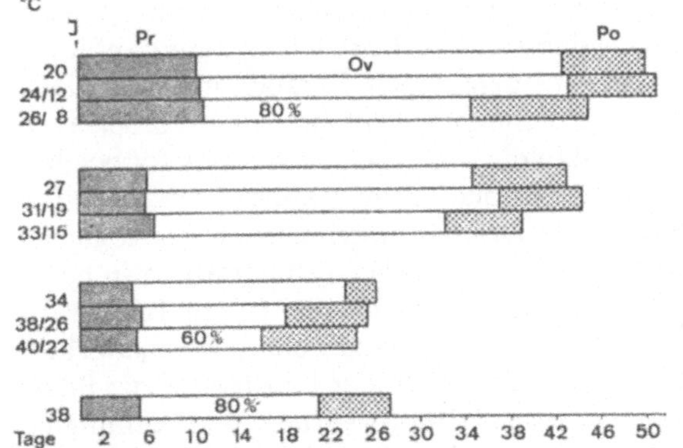

E /♀	E/♀ · T	SZ	SR	SG
276 ± 163	8,6	30	18	725 ± 47
745 ± 311	23,3	22	49	704 ± 30
821 ± 401	34,5	22	27	682 ± 51
850 ± 504	29,7	10	47	763 ± 50
1433 ± 509	45,9	11	50	696 ± 52
1324 ± 637	51,7	11	38	675 ± 14
999 ± 636	53,1	6	53	786 ± 49
719 ± 520	56,2	8	38	719 ± 44
274 ± 53	24,9	∞	0	-
265 ± 117	16,8	∞	0	-
Stck	Stck	Tage	%	µg

Abb. 24. Fertilität von Gryllus bimaculatus unter konstanten und tagesperiodisch alternierenden Temperaturbedingungen. *I* = Imaginalhäutung; *Pr* = Präovipositionszeit; *Ov* = Ovipositionszeit; *Po* = Postovipositionszeit; *E* = Eizahl pro Weibchen; *ET* = Eizahl pro Tier und Tag; *SZ* = Zeit bis zum Ausschlüpfen der Larven; *SR* = Schlüpfrate; *SG* = Schlüpfgewicht. (Aus Hoffmann, 1974)

chen Erhöhung der Produktivität an organischer Substanz oder an Eiern ist dieses Phänomen jedoch unbedingt weiter zu verfolgen. Schließlich wirkt Temperatur fast immer zusammen mit Wind und mit Feuchtigkeit (Regen!). Man kann diese Effekte kaum trennen.

Einfacher liegen die Dinge natürlich im Wasser: Hier ist im allgemeinen eine Aufheizung durch Sonnenstrahlen nicht möglich, da infrarotes Licht nicht tief genug ins Wasser eindringt. Es wird in den obersten Millimetern eines Wasserkörpers fast vollständig absorbiert. Diese obersten Millimeter können dann deutlich wärmer sein als der restliche Wasserkörper. Wenn in diesen obersten Millimetern schwarze, d. h. Wärmestrahlung absorbierende Körper, vorhanden sind, werden diese recht warm. Auf diese Weise schaffen es Aedes-Larven im Frühjahr, sich sehr rasch in Tümpeln zu entwickeln, in denen teilweise noch Eis vorhanden ist.

Von den geschilderten Verhältnissen weicht nur ein ökologisch sehr wesentlicher Vorgang deutlich ab: die Photosynthese der grünen Pflanzen. Die Photosyn-

these ist kein einfacher biochemischer, sondern zum erheblichen Teil ein photochemischer Vorgang und als solcher nicht so stark temperaturabhängig. Das Q_{10} der Photosynthese liegt daher unter 2, also deutlich tiefer als das allgemeiner biochemischer Reaktionen (diese haben ein Q_{10} von 2 bis 4). Die Photosynthese kann also bei niedrigen Temperaturen funktionieren, sie steigt bei höheren Temperaturen nicht in dem Maße wie etwa die Atmung oder alle Funktionen von Tieren und Mikroorganismen. Aus Abb. 25 ergibt sich eine wesentliche ökologische Erkenntnis: In feuchtwarmen Tropengebieten erfolgt der Abbau toter organischer Substanz rasch, während er in kühlen Gebieten nur langsam vor sich geht. Die Produktion an organischer Substanz durch die grünen Pflanzen aber ist nicht sehr verschieden. Diese Tatsache hat schon Darwin in seinem Buch über die Weltumseglung beschrieben. Beim Vergleich der Urwälder Amazoniens und Feuerlands schreibt er, daß ihm die tropischen Regenwälder wie das Sinnbild des Lebens erschienen seien: voller Kraft und Wachstum; die Wälder Feuerlands dagegen wie das Sinnbild des Todes: voller toter Baumstämme, voller toter Äste und Zweige. Ein Urwald mit toten Bäumen ist infolge der temperaturbedingten niedrigen Zersetzungsrate charakteristisch für gemäßigte und kühle Zonen. Im tropischen Regenwald vollzieht sich der Abbau gefallener Bäume so rasch, daß sie dem Beobachter kaum auffallen. Aus den beiden Geraden mit verschiedener Steigung läßt sich auch vorhersagen, daß die pflanzliche Produktivität bei dauernd hohen Temperaturen nicht viel höher sein kann — unter Umständen sogar geringer —, als bei Temperaturen in einem mittleren Bereich: Bei hohen Temperaturen sind die dauernden Atmungsverluste so groß, daß unter Umständen die Bilanz zwischen Photosynthese und Atmung negativ ausfällt. Dabei gelten natürlich wiederum nicht die meteorologisch gemessenen Temperaturen: Steht den Pflanzen reichlich Wasser zur Verfügung, so kön-

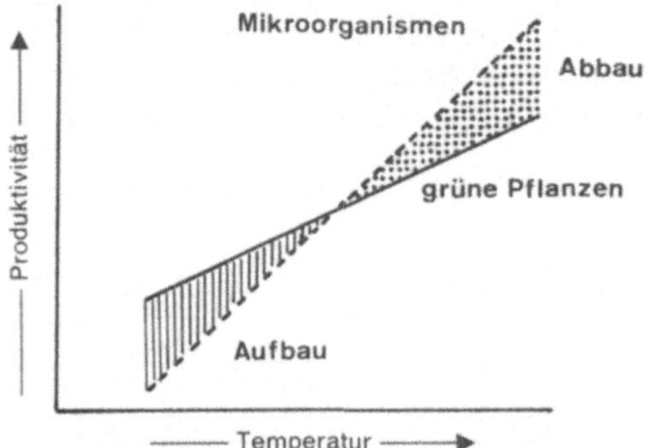

Abb. 25. Der Einfluß der Temperatur auf die Produktion der grünen Pflanzen und auf die Abbauprozesse durch Atmung bei Tieren und Mikroorganismen. Im tropisch feuchtheißen Klima erfolgt der Abbau der Pflanzensubstanz rascher als der Aufbau: Die humose Bodenschicht lagert als dünner Film dem Mineralboden auf und kann in wenigen Monaten vollständig erodiert werden. In kühlen Gebieten ist die Humusauflage potentiell viel stärker. (Nach Beck, aus Remmert, 1973; Belege für die relativ geringe Temperaturabhängigkeit der Photosynthese z. B. Ehleringer, 1978)

nen sie durch starke Transpiration die Temperatur ihrer Blätter sehr deutlich unter die Temperatur der umgebenden Luft senken. Eine Aufheizung der Blätter durch die Wärmestrahlung, wie wir es bei Tieren gesehen haben, spielt bei Pflanzen keine Rolle: Praktisch die gesamte Infrarotstrahlung geht durch ein Blatt ungehindert hindurch (Abb. 20) oder wird vom Chlorophyll reflektiert.

Diese Ausführungen bezogen sich auf die Aktivitätsperiode von Pflanzen und Tieren. In Klimaten mit einem kalten Winter stellt sich das Problem nach der Überdauerung auch bei Frost — unter Umständen bei starkem Frost. Zwar können viele Tiere dem Frost in nicht gefrierende Teile eines Gewässers oder des Bodens ausweichen, viele Tiere bleiben jedoch dem Frost ausgesetzt und in arktischen Gebieten mit einem Dauerfrostboden ist ein solches Vermeiden des Frostes überhaupt unmöglich.

Nur ganz wenige Organismen ertragen ein Gefrieren ihrer Körperflüssigkeit oder gar ihrer Zellen. Ein solches kommt daher nur in Ausnahmefällen vor. Nahezu alle Organismen erhalten auch bei tiefsten Umgebungstemperaturen ein ungefrorenes Innenmilieu. Aus dieser Tatsache in Verbindung mit der Natur der Photosynthese als photochemische Reaktion ist es zu erklären, daß grüne Pflanzen auch im Winter mit positiver Bilanz Kohlendioxid assimilieren können. Das ist beispielsweise für die Nadelwälder der Taiga und besonders für Flechten in der Antarktis erwiesen, gilt aber auch beispielsweise für den Gletscherhahnenfuß (Ranunculus glacialis). Wie wird diese Verhinderung des Gefrierens erreicht? Die Organismen produzieren Stoffe, die ein Gefrieren verhindern und akkumulieren sie in ihren Körperflüssigkeiten und Zellen. Besonders bekannt geworden als Frostschutzmittel bei Tieren ist Glycerin, bei Pflanzen z. B. der Zucker Hamamelose. Eine Reihe chemisch ähnlicher Stoffe wirkt in der gleichen Richtung. So können manche Käfer Temperaturen bis unter $-80°$ C ertragen. Für einen so angepaßten Organismus ist es zunächst gleichgültig, ob im Winter die Temperaturen über dem Gefrierpunkt bleiben oder ob sie auf -20 oder $-30°$ C absinken. In Wirklichkeit sieht die Sache sogar noch anders aus: Bei Temperaturen zwischen dem Gefrierpunkt und etwa $+10°$ C verbrauchen wechselwarme Tiere und Pflanzen ohne grüne Teile durch ihre Atmung sehr viel Energie, bei Temperaturen im Bereich zwischen 6 und 10° C können viele Tiere sogar aktiv umherlaufen. Nur räuberische Organismen können jedoch diese Verluste unter Umständen wettmachen, da der Aufschluß tierischer Substanz selbst bei niedrigen Temperaturen völlig unproblematisch ist. Pflanzenfresser und Detritusfresser können bei derartigen Temperaturen die aufgenommenen Stoffe nicht aufschließen. Für sie ist es wesentlich günstiger, wenn die Wintertemperaturen dauernd deutlich unter dem Gefrierpunkt liegen, da sie dann während des Winters keine gespeicherten Energien verbrauchen. So ist z. T. die Artenarmut ozeanischer Gebiete zu erklären (etwa Schleswig-Holstein oder die Britischen Inseln). Der Winter reicht nicht zur Nahrungsaufnahme aus, er verhindert jedoch ein Überdauern der Tiere mit dem gesamten gespeicherten Energievorrat. Kontinentale Klimate sind hier wesentlich günstiger. Die große Insektenvielfalt in den Nordstaaten der USA oder Zentralrußlands erklärt sich z. T. auf diesem Wege. Auf der anderen Seite sind die sehr warmen Sommer kontinentaler Klimate natürlich für wechselwarme Tiere wesentlich günstiger als die eher kühlen Sommer ozeanischer Klimate mit dem gleichen Jahresmittel (Abb. 26).

Eine besondere Schwierigkeit beim Überdauern des Winters stellt sich den Knochenfischen im Meer. Sie haben — wie besprochen — einen osmotischen Druck, der niedriger liegt als der ihrer Umgebung. Das Wasser des offenen Ozeans gefriert bei einer Temperatur von $-1,7°$ C. Ein Fisch würde schon bei etwa $-1°$ C gefrieren. Wir haben hier einen weiteren Preis

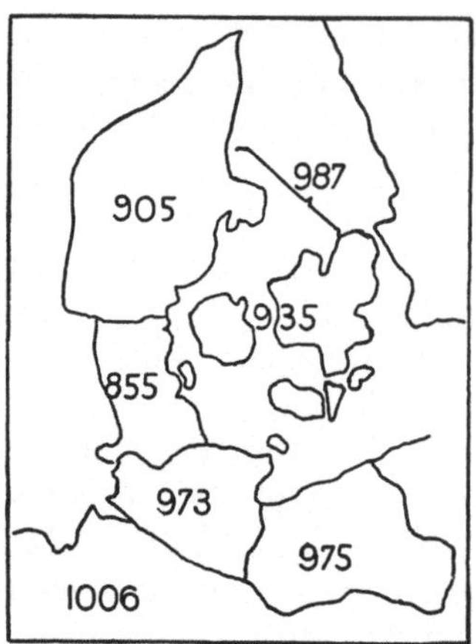

Abb. 26. Die Artenzahl wildwachsender Blütenpflanzen in Norddeutschland und Dänemark: Sie ist am geringsten in dem Gebiet mit dem stärksten ozeanischen Klima. (Aus Emeis, 1950.) Die Gebiete mit höherer Artenzahl haben Teilareale mit kontinentalem Klima; sie besitzen dementsprechend zusätzlich kontinentale Arten

der Anpassung an einen neuen Lebensraum vor uns. Arktische und antarktische Fische weichen daher während des Winters in sehr tiefe Wasserschichten aus, oder sie erhöhen den osmotischen Druck ihres Blutes auf Werte, die dem ihres Mediums nahe kommen und verhindern Eisbildung durch spezifische Schutzstoffe. Offenbar fallen sie dabei jedoch in eine Art Winterruhe und nehmen kaum Nahrung zu sich. Nicht oder wenig angepaßte Arten können bei bestimmten Situationen — wenn etwa Eiskristalle durch schwere Stürme in tiefe Wasserschichten gelangen — in Massen sterben. Ferner gehört hierher die Tatsache, daß Diffusionsprozesse weitgehend temperaturunabhängig verlaufen. Organismen, die eine Osmoregulation durchführen müssen, die also nicht mit ihrem Medium isoosmotisch sind, müssen daher in kaltem Wasser mit dem gleichen Aufwand für eine Osmoregulation rechnen wie in warmem Wasser. Nur: Da der Stoffwechsel aufgrund der RGT-Regel in kaltem Wasser stark herabgesetzt ist, steigt der Anteil der zur Osmoregulation benötigten Energie. Bei Fischen steigt der Anteil von den Tropen bis in die Ant-

arktis von unter 1 auf etwa 10% des Gesamtstoffwechsels. Dies sind Minimumwerte — die echten Werte dürften noch höher liegen. Damit wird klar, warum Knochenfische im antarktischen Ozean weitgehend durch die (mit dem Meerwasser isoosmotischen) Tintenfische und durch warmblütige und damit nicht temperaturabhängige Formen (Wale, Robben, Pinguine) ersetzt werden.

Die Hochtemperaturgrenze des Lebens, die um 1950 herum noch im Bereich um etwa 60° C angegeben wurde, hat sich heute bis über 110° C hin verlagert. In vulkanischen Gebieten existiert eine Fülle von Bakterien, die noch bei 110° C normal wachsen und die unter 80 Grad bereits Schädigungen haben (Stetter, 1987). Offenbar besteht das Prinzip, nachdem sie diese Temperaturen überleben, die ja eigentlich über der Denaturierungstemperatur des Eiweiß liegen, in einer sehr raschen, dauernden Neuproduktion von Eiweiß, welches also schneller produziert als bei diesen Temperaturen denaturiert wird. Damit gibt es auch in kochenden vulkanischen Quellen Leben, welches allerdings für die ökologischen Vorgänge auf unserer Erde im allgemeinen keine Bedeutung haben dürfte.

Ganz anders sind die warmblütigen Tiere zu beurteilen: Man kann sie als Organismen bezeichnen, die ihren Stoffwechsel einmal auf eine sehr hohe Geschwindigkeit gebracht haben, so daß der Energieverbrauch und die dabei entstehende Abfallwärme sehr hoch sind. Die Erwärmung des Körpers erfolgt durchweg durch Muskelkontraktionen, bei denen als Nebeneffekt Wärme gebildet wird. Diese Wärme wird für den Organismus genutzt. Der Mechanismus ist bei Insekten, Vögeln und Säugetieren völlig gleich. Nur selten hat sich im Tierreich eine zitterfreie Wärme entwickelt (nachgewiesen nur bei Hummeln und kleinen Säugetieren, wobei die kleinen Säugetiere auch Jungtiere größerer Arten sein können). Bei dieser zitterfreien Wärmebildung werden Zitronensäurezyklus und Atmungskette kurzgeschlossen, so daß ausschließlich Wärme entsteht, aber kein ATP gebildet wird. Die Abfallwärme wird nun durch geeignete Isolationsmechanismen nicht aus dem Körper abgeführt, sondern zurückgehalten. Durch Veränderung der Isolationsfähigkeit der Körperschale wird unter wechselnden Umweltbedingungen nun eine konstante Körpertemperatur zwischen 35 und 42° C — je nach Art verschieden — erreicht. Bei sehr hohen Außentemperaturen setzt eine Kühlung durch Verdunsten von Wasser ein. Die Tiere sind damit von der Temperatur ihrer Umgebung unabhängig, sie können auch bei tiefen Temperaturen volle Aktivität zeigen und Gebiete besiedeln, von denen wechselwarme weitgehend ausgeschlossen sind. Das gilt etwa für den antarktischen Kontinent und das gilt zu einem erheblichen Grade für hocharktische, d. h. im Gebiet des 80. Breitengrades liegende Tundragebiete, wo aufgrund der niedrigen Temperaturen und der geringen Sonnenbestrahlung wechselwarme Pflanzenfresser praktisch keine Rolle mehr spielen. Der Preis, den die Warmblüter dafür zahlten, war der sehr hohe Nahrungsbedarf gegenüber gleichgroßen wechselwarmen Tieren. Das ist tatsächlich allein eine Folge der Temperatur. Extrapoliert man den Energieverbrauch pro Zeiteinheit eines Flußkrebses bei 20° C auf Werte um 39° C, so erhält man exakt den Energieverbrauch eines ebenso schweren warmblütigen Organismus. Die Vorteile der Warmblütigkeit liegen jedoch auf der Hand. Schwer aufschließbare Nahrungsstoffe (alle Pflanzensubstanz!) werden in dem sehr warmen Darmtrakt eines Warmblüters unter Umständen mit Hilfe speziell angepaßter Mikroorganismen wesentlich besser aufgeschlossen als das bei allen wechselwarmen Tieren der Fall ist. Die Nahrungsausnutzung und das Wachstum eines warmblütigen Pflanzenfressers sind damit günstiger als die eines wechselwarmen Tieres. Auf der anderen Seite geht von der gewonnenen Energie viel durch das Aufrechterhalten der notwendigen Temperatur verloren. Im Effekt produziert daher ein wechselwarmer Organismus aus der gleichen Menge aufgenommener Pflanzensubstanz die gleiche Menge tierische Substanz wie ein warmblütiger.

Es liegt nahe, daß es an Versuchen, diesen hohen Energiebedarf zu senken, nicht gefehlt hat. Vollendet haben die Organismen ihre Isolation geschafft; arktische Tiere verbrauchen bei niedrigen Außentemperaturen kaum mehr Energie als bei hohen (Abb. 27). Wie bei den wechselwarmen Tieren stellt sich jedoch die Frage nach der Möglichkeit, ungünstige Zeiten mit geringem Energieverlust zu überdauern. Ein warmblütiges Tier, welches sich während einer ungünstigen Zeit zurückziehen würde, würde aufgrund seines hohen Stoffwechsels so viel Energie verlieren, daß es nur ganz kurz überleben könnte.

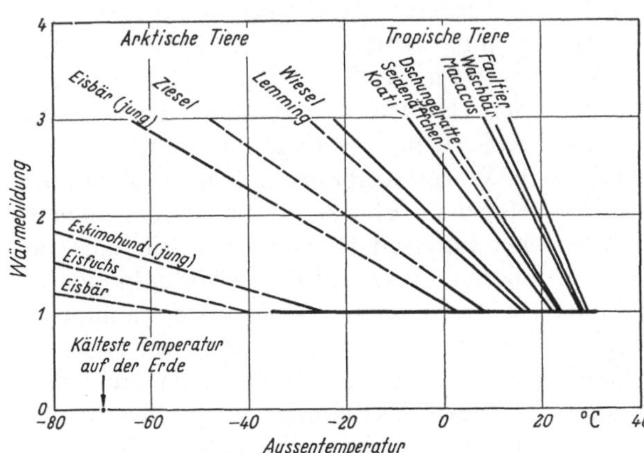

Abb. 27. Wärmebildung (= Energieverbrauch) arktischer und tropischer Tiere bei Körperruhe als Funktion der Außentemperatur. Der Minimalumsatz ist jeweils gleich 1 gesetzt. —— gemessene Mittelwerte; ——— extrapolierte Werte. (Aus Hensel, 1955)

Das große Geschehen des Vogelzuges und vergleichbare Wanderungen bei Fledermäusen zeigen einen Ausweg aus diesem Dilemma. Ein zweiter Ausweg besteht in einem periodischen Absenken der Körpertemperatur, wie es bei Winterschläfern der Fall ist. So können ohne sehr große Energieverluste ungünstige Jahreszeiten überdauert werden — allerdings wiederum um den Preis, daß der Vorteil der Warmblütigkeit, die dauernde Aktivitätsbereitschaft, nicht gewahrt bleibt. Winterschlafende Säugetiere brauchen daher besondere Verstecke, da sie einem Räuber nichts entgegenzusetzen haben. Kleine Tiere mit sehr hohem Energiebedarf (vgl. den Abschnitt über Nahrungsbedarf) können sich selbst die lange Ruhe während der Nachtstunden nicht leisten. Spitzmäuse sind daher in ganz regelmäßigen Abständen ohne Einhaltung eines Tag-Nacht-Rhythmus aktiv. Kolibris können im Tagesrhythmus ihre Körpertemperatur sehr stark verändern. Kolibris der Hochanden fallen jede Nacht in eine Art „Winterschlaf" (Torpor). Viele insektenfressende Vögel können bei Nahrungsverknappung für einige Tage ebenfalls in Torpor fallen. Das gilt besonders für ihre Jungtiere (Mauersegler, Schwalben). Aber auch Meisen können im arktischen Winter während der Nacht geringfügig ihre Temperatur absenken und damit Energie sparen. Allgemein wird bei Vögeln während der Ruhezeit der Grundumsatz um etwa 20% gesenkt. Besonders gefährdet sind wasserlebende Säugetiere im arktischen Winter. Extreme Körperteile (Füße von Vögeln; Nase, Schnauzen, Augen von Robben, Flossen von Robben) kühlen bei der hohen Wärmeleitfähigkeit des Wassers rasch aus. Tatsächlich sind diese Körperteile eher als wechselwarm als warmblütig zu bezeichnen. Sie zeigen auch in ihrer Enzymausstattung Anpassungen an diese Bedingungen. Ihnen vergleichbar sind Thunfische: Sie sind in ihrem Körperkern homoiotherm, sie haben keine Schwimmblase, ihre Muskulatur ist daher dauernd in Bewegung, die Tiere schwim-

men tags und nachts aktiv. Das liefert genügend Energie, um bei einer gewissen Isolation den Körperkern bei einer konstanten Temperatur zu halten. Ein Problem stellen jedoch die Kiemen dar, die als dünnhäutige Gebilde dem freien Wasser ausgesetzt werden müssen, damit hier der Sauerstoffaustausch erfolgt. Das Blut wird hier abgekühlt. Bei niedrigen Temperaturen nimmt Hämoglobin mehr Sauerstoff auf als es bei hohen zu binden vermag. Säugetier-Hämoglobin würde so viel Sauerstoff aufnehmen, daß dieser Sauerstoff im Körperinnern ausperlen und zu Embolien führen würde. Das Hämoglobin der Thunfische besitzt eine spezifische Anpassung, welches es in seiner Sauerstoffaffinität temperaturunabhängig macht. Nur so ist ein kiemenatmender Organismus warmblütig zu verstehen. Ebenso wie das Hämoglobin diese Temperaturkompensation ermöglichte, ermöglichen auch Enzyme in den Füßen, Flossen, Schnauzen, Augen von Robben und Seevögeln die volle Funktion trotz einer Temperatur dieser Organe, die im Bereich zwischen 2 und 6° C liegen kann (Hochachka u. Somero, 1973).

Vergegenwärtigt man sich all die hier aufgezählten Temperaturwirkungen, so ist selbstverständlich, daß außer einer gewissen großräumigen Temperaturabhängigkeit kaum irgendwelche Vorhersagen aufgrund vorliegender Klimadaten getroffen werden können. Will man Vorhersagen machen, so muß außer der Jahresmitteltemperatur die Wintertemperatur, die Sommertemperatur, die tägliche Temperaturamplitude, die Höhe der Sonne über dem Horizont und damit die mögliche Aufheizung von Organismen durch direkte Wärmestrahlung mit in die Rechnung eingehen. Ebenso ist die Topographie einer Landschaft wesentlich. Ein südexponierter Hang auf der Nordhalbkugel erhält wesentlich mehr Sonnenstrahlung als ein nordexponierter Hang. Der südexponierte Hang ist daher auch trockener, während des Sommers ist auf ihm die Verdunstungskälte geringer als auf dem nordexponierten und damit kann es hier sehr viel wärmer sein. Schließlich ist der Tagesgang der Temperatur zu berücksichtigen und die Fähigkeit sehr vieler Tiere, jeweils günstige Plätze aufzusuchen. Da diese Fähigkeit nicht alle Tiere haben und keineswegs Pflanzen, werden Vorhersagen über die Zusammensetzung der Organismen eines Lebensraumes aufgrund klimatischer Daten außerordentlich schwierig. Beispielsweise unterscheidet sich die Flora hocharktischer Tundragebiete (im Gebiet um den 80. Breitengrad) kaum von der subarktischer Montangebiete (Südnorwegen 60°). Infolge der unterschiedlichen Höhe des Sonnenstandes und damit der unterschiedlichen Einstrahlungsstärke der Sonne unterscheidet sich jedoch die Tierwelt extrem. Das gilt ganz besonders für Pflanzenfresser und für solche Arten, die durch ein spezielles Verhalten die unmittelbare Sonnenstrahlung ausnutzen können. Im Labor festgestellte Vorzugstemperaturen können daher nur sehr ungefähre Anhaltspunkte beim Versuch einer Vorhersage des Vorkommens im Freiland sein.

Da derartige Versuche über Präferenda in der Ökologie eine erhebliche Rolle spielen, seien sie hier kurz am Beispiel der Vorzugstemperatur diskutiert. Zunächst besteht die Frage, ob das Präferendum dem Optimum entspricht. Das muß keineswegs sein: Aus der Verhaltensforschung wissen wir, daß brütende Gänse ein viel größeres Ei im Wahlversuch bevorzugen als ihr eigenes. Das Präferendum ist hier also vom Optimum weit entfernt. Zumindest gibt es solche Fälle auch in der Ökologie. Die Mittelmeerfeldgrille Gryllus bimaculatus hat ein Temperaturpräferendum im Bereich um 34° C. Das Optimum für diese Art liegt jedoch sehr viel tiefer (zwischen 25 und 31° C). Dieser weite Bereich des Optimums muß angegeben werden, da für verschiedene Funktionen verschiedene Optima analysiert werden. Für die Eiproduktion, für die Menge der den Eiern mitgegebenen Reservestoffe, für die Entwicklungsgeschwindigkeit

bis zur Imago, für die erreichte Endgröße der Imago, für die Höhe der Mortalität wurden verschiedene Optimaltemperaturen ermittelt. Im Leben des Tieres aber gibt es solche Trennungen nicht. Man kann daher nur einen breiten Optimalbereich angeben, in dem alle lebenswichtigen Funktionen einigermaßen günstig ablaufen können. Hinzu kommt, daß die Tiere ja im Freiland Wechseltemperaturen ausgesetzt sind. Ziehen wir diese in unsere Überlegungen mit ein, so werden die Dinge noch deutlich komplizierter. Wechseltemperaturen wirken sich auf die Eiproduktion positiv aus. Die Tiere suchen jedoch nicht (wie das etwa beim Sandlaufkäfer der Fall ist) zu verschiedenen Tageszeiten verschiedene Temperaturbereiche auf. Schließlich kann die Nahrung die Temperaturwirkung modifizieren (S. 107). So stellt sich die Frage, ob Tiere überhaupt in ihrem Optimum leben oder wieweit sie unter den Bedingungen des Freilandes aufgrund anderer Faktoren vielleicht aus ihrem Temperaturoptimum in Bereiche ausweichen müssen, die von der Temperatur her nicht als optimal anzusehen sind. Diese Frage kann hier nicht weiter erörtert werden, sie wird bei der Konkurrenz (s. S. 75 ff.) näher besprochen.

2.3.3 Die Ernährung

Pflanzen beziehen ihre Nährstoffe zum Teil aus der Luft und zum Teil aus dem Boden. Zwischen der Aufnahme von Kohlendioxyd aus der Luft und der Aufnahme von Mineralien aus dem Boden muß ein vernünftiges Gleichgewicht bestehen — andernfalls „erstickt" die Pflanze in Kohlenwasserstoffen oder in Ionen. Da zeitweise der Einbau von Kohlendioxyd nicht erfolgen kann (etwa in der langen Polarnacht bei Tromsø in Nordnorwegen, wo der Boden durchaus eine Aufnahme von Ionen ermöglicht) und da es Pflanzenstandorte gibt, an denen vom Lichtklima her eine Photosynthese möglich ist, aber keine gleichzeitige Aufnahme von Ionen aus dem Boden (Wüstengebiete; immergrüne Pflanzen auf gefrorenem Boden), wird man hier eine Regulation der Photosyntheseleistung bzw. der Aufnahme von Ionen aus dem Boden erwarten müssen. Viel bedeutender ist dieses Problem jedoch auf reichen und armen Böden: einer Buche steht auf armem Sandboden das gleiche Licht zur Verfügung wie auf einem reichen Kalkboden. Auf dem armen Sandboden können möglicherweise nicht genügend Ionen der richtigen Qualität pro Zeiteinheit entnommen werden, so daß die Buche in ihren Photosyntheseprodukten „erstickt". Eine Regulation scheint unabweisbar. Eine Regulation, bzw. ein An- und Abschalten der Photosynthese scheint nur in ganz geringem Maße möglich zu sein, höchstens wird die Photosynthese über die Bereitstellung von Wasser gesteuert.

Algen im Wasser geben einfach Photosyntheseprodukte in die Umgebung ab, wenn der Mineralstoffnachschub bzw. der Aufbau neuer Zellen nicht mit der Photosynthese Schritt halten kann. Im Süßwasser werden diese Photosyntheseprodukte sofort durch Bakterien verarbeitet; im Meer spielen die Bakterien eine vergleichsweise geringe Rolle, und so enthalten alle Meere hohe Konzentrationen organischer Substanzen — ja, man hat ausgerechnet, daß die Menge der gelösten organischen Substanz im Meer die der aller Organismen im Meer übertrifft. So ernähren sich viele Meerestiere ausschließlich oder zusätzlich von diesen gelösten organischen Substanzen aus ihrer Umgebung. Das ist sofort einsichtig bei den relativ großen, aber darmlosen Pogonophoren, spielt aber bei vielen anderen ebenfalls eine große, wenn nicht entscheidende Rolle. So haben Aktinien auf ihrer Körperoberfläche ein resorbierendes Epithel mit Mikrovilli; auch Muscheln und Polychaeten nehmen gelöste Stoffe aus der Umgebung auf. Berechnungen von Schlichter zeigten, daß Seerosen aufgrund der Menge der im Wasser gelösten Stoffe in manchen Meeresgebie-

ten ohne weiteres in der Lage sind, sich allein auf diese Weise zu ernähren.

Am Land besteht diese Möglichkeit der Abgabe überschüssiger Photosyntheseprodukte nicht. Wie hier die Pflanzen reagieren, ist bisher keineswegs zufriedenstellend geklärt. Offenbar werden viele Photosyntheseprodukte in sekundäre Pflanzenstoffe (z. B. Gerbsäuren) weiterverarbeitet, und dies ist der Grund für die bekannte Tatsache, daß Lebensräume mit armen Böden über außerordentlich aromatisch riechende Pflanzen verfügen. Diese sekundären Pflanzenstoffe stellen dann zusätzlich die Basis für die Entwicklung von Stoffen dar, die bei der Konkurrenz (Allelopathie) eine Rolle spielen oder bei der Entwicklung von natürlichen Insektiziden.

Bei gleichem Wasserangebot, aber unterschiedlicher Ionenverfügbarkeit im Boden scheinen die Pflanzen durchweg mit unterschiedlicher Größe des Wurzelsystems zu reagieren: auf nährstoffarmen Böden werden wesentlich mehr Assimilate zum Aufbau eines sehr großen Wurzelsystems verwendet als auf nährstoffreichen Böden. Damit sind automatisch Pflanzen auf nährstoffreichen Böden stärker durch Trockenheit gefährdet als auf nährstoffarmen Böden; oberflächliche Bodenschichten können relativ leicht austrocknen. Auch können auf nährstoffreichen Böden stärkere Erosionserscheinungen auftreten (etwa bei Gewittern). Hier liegt ein Problem hoher Düngergaben in Kombination mit neuen Hochleistungssorten in der Landwirtschaft: da diese Hochleistungssorten ja über das gleiche Photosynthesesystem verfügen und somit nicht höhere Photosyntheseleistungen erbringen können als die alten Sorten, muß die Photosyntheseleistung auf Kosten anderer Teile der Pflanze gehen — und das erfolgt vorzugsweise zu Lasten des Wurzelsystems. Bei plötzlich einsetzenden Trockenzeiten oder bei plötzlichen Gewittergüssen ist daher die Ernte insgesamt viel stärker gefährdet als bei althergebrachten Sorten.

Die Entwicklung von Sproß und Blättern der höheren Pflanze kann daher als eine Optimierung der Aufnahme von Licht sowie von CO_2 und O_2 einerseits und der Minimierung der Abgabe von H_2O andererseits aufgefaßt werden. Die drei essentiellen Makroelemente C, H und O entstammen diesen Verbindungen. Die Gewinnung der übrigen 17 allgemein oder in speziellen Fällen als essentiell erkannten chemischen Elemente für die höhere Pflanze erfolgt, zusammen mit Wasser, über das Wurzelsystem, das damit qualitativ vor sehr viel größere Probleme gestellt ist. Strategien und Anpassungen an diese Aufgaben umfassen biochemische und morphologische Mechanismen sowie Interaktionen mit symbiontischen Mikroorganismen. Im einzelnen:

1. Die an Bodenkolloide und Schichtsilikate gebundenen Anionen und Kationen werden durch Ionenaustausch gewonnen (H^+ gegen Kationen, HCO_3^- und organische Säuren gegen Anionen).

2. In den wurzelnahen Zonen des Bodens (der Rhizosphäre) kommt es sehr schnell zu einer Verarmung an essentiellen Nährstoffen. Hochaffine Aufnahmesysteme für Ionen wurden daher in der Evolution entwickelt.

3. Der Wurzel-Bodenkontakt unter natürlichen Bedingungen ist oft sehr gering, da die Wurzeln bevorzugt in bereits vorhandenen Hohlräumen wachsen. Der Massenfluß des Wassers (Grundwasser, Regenwasser) ist daher, zusätzlich zur Besiedlung neuer Bodenschichten durch das wachsende Wurzelsystem, von erheblicher Bedeutung.

4. Durch die Ausbildung von Wurzelhaaren erhöht die wachsende Wurzel mit vergleichsweise geringem Aufwand die aktive Wurzeloberfläche. Die Länge der Wurzelhaare variiert zwischen 300 µm bei Luzerne (Medicago sativa) bis zu 1100 µm beim englischen Raygras (Lolium perenne). Die Erhöhung der aktiven Wurzeloberfläche durch Wurzelhaare kann bis zu 400% betragen und bei einer Getreidepflanze bis zu 400 m² betragen. Dies ist 10 bis 14mal mehr als die gesamte oberirdische Oberfläche dieser Pflanze einschließlich der Oberfläche der Blattinterzellularen. Damit bilden Wurzelhaare höherer Pflanzen, nach den Mikroorganismen, die bei weitem größten biologisch aktiven Oberflächen. Im Wurzelhaar wird die höhere Pflanze sozusagen wieder „einzellig". Dies kommt auch in der kurzen Lebensdauer von nur 3–8 Tagen zum Ausdruck.

5. Eine noch erfolgreichere Strategie zur Erhöhung der aktiven Wurzeloberfläche und einer optimalen Durchdringung des Bodenvolumens mit möglichst geringem Aufwand sind die verschiedenen Formen der Mycorrhiza (siehe Abb. 28). Am erfolgreichsten ist hier die VA-Mycorrhiza (vesikulär-arbuskuläre Mycorrhiza), die mit über 200 000 Arten, also mit über 90% aller Samenpflanzen, eine Symbiose eingehen kann. Der pilzliche Mikrosymbiont gehört zu einer ganz spezifischen Gruppe der Zygomyceten in der Ordnung der Endogonales. Charakteristische Merkmale dieser Symbiose sind die intrazelluläre Ausbildung von Arbuskeln, feinverzweigten, haustorialen Hyphen, die als Aus-

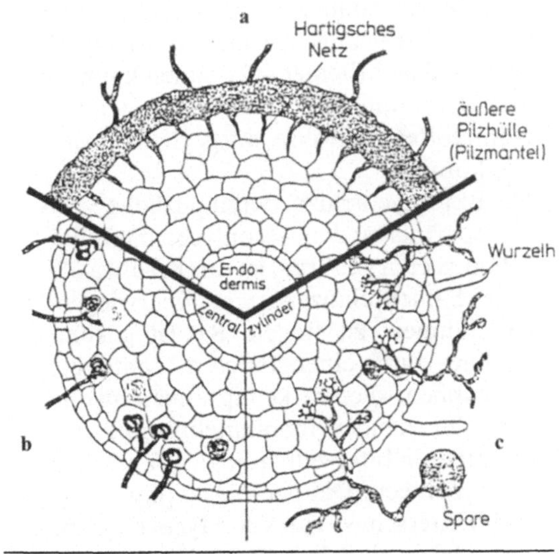

Abb. 28. Die Hauptformen der Mycorrhiza am Beispiel eines Wurzelquerschnitts. *a* Ektotrophe Mycorrhiza, *b* endotrophe Mycorrhiza der Orchideen, *c* vesikulär-arbuskuläre Mycorrhiza (VA-Mycorrhiza). (Nach Hock u. Bartunek, 1984)

tauschorgane zwischen Makrosymbiont und Mikrosymbiont dienen sowie die Ausbildung von Vesikeln, die als geschwollene Hyphen Speicherfunktionen haben. Darüber hinaus bilden viele VAM-Pilze auffallend große Sporen mit zwischen 50 und 300 μm $\varnothing$ bei verschiedenen Arten. Die Ausbildung einer VA-Mycorrhiza erhöht die Leistungsfähigkeit des Wurzelsystems in mehrfacher Hinsicht: Verbessert ist die Wasserversorgung, insbesondere nach Erholung bei einem Wasserstreß, die Phosphatversorgung in Böden mit schwer mobilisierbarem Phosphat, die Versorgung mit den Spurenelementen Zink und Kupfer sowie unter bestimmten Bedingungen auch eine Versorgung mit Sulfat und Ammoniumionen. Darüber hinaus kann die VA-Mycorrhiza den Befall mit Wurzelpathogenen wie Phythium, Phytophthora oder Fusarium signifikant reduzieren. Dies ist jedoch nur dann der Fall, wenn die VA-Mycorrhiza bereits etabliert ist, bevor die phytopathogenen Pilze angreifen.

Eine wichtige ökologische Funktion der VA-Mycorrhiza besteht sicher auch darin, daß Individuen verschiedener Arten miteinander verbunden werden und es über die Hyphenstränge zu einem Austausch verschiedener Elemente kommen kann, so daß kleinräumige Mangelsituationen von Nährstoffen teilweise ausgeglichen werden können.

Die Ektomycorrhiza, deren pilzliche Symbiosepartner zu den Ascomyceten und Basidiomyceten gehören, ist nur bei etwa 3% aller Samenpflanzenarten, überwiegend bei Bäumen, zu finden. Sie ist gekennzeichnet durch einen äußeren Mantel von Pilzhyphen, die die keulig angeschwollenen Wurzelenden ummanteln und nur in die äußeren Interzellularen der Wurzelrinde vordringen. Der wichtigste physiologische Unterschied zur VA-Mycorrhiza besteht darin, daß bei diesen Wurzeln alle mineralischen Nährstoffe durch den pilzlichen Hyphenmantel hindurch in die Wurzeln transportiert werden müssen. Der Pilzmantel dient damit zugleich als

Zwischenspeicher, insbesondere für Phosphate. Die günstigste Bodenform für die ektotrophe Mycorrhiza ist ein schwach saurer Mull mit einem niedrigen P- und N-Gehalt, einer guten Durchlüftung sowie einer ausreichenden Wasserversorgung. Unter diesen Bedingungen sind auch noch in 2 m Tiefe über 70% der Wurzeln von Fagus sylvatica mycorrhiziert.

6. Bei Nährstoffmangel kann das Wurzelsystem der Pflanzen selber auch weitere Anpassungen ausbilden: So wachsen bei Lupinen unter Phosphatmangel spezielle Wurzeltypen, die sogenannten Proteoidwurzeln aus, die spezifisch große Mengen von Citrat zur Mobilisierung von Phosphaten ausscheiden. Weiterhin gehören dazu die Ausscheidung von Phytosiderophoren, die speziell bei Gräsern nachgewiesen ist. Es handelt sich dabei um spezielle Aminosäuren, die sehr stabile Komplexe mit Eisen III-Verbindungen, jedoch nicht mit Fe-II-Verbindungen eingehen. Zu ihnen gehören die 3-Hydroxy-Mugineic-Säure, die beim Roggen nachgewiesen wurde, sowie die Avenasäure, die beim Hafer identifiziert wurde. Diese Phytosiderophore werden von den Wurzeln ausgeschieden, komplexieren im Boden die Eisen III-Verbindungen und werden anschließend in dieser Form von der Wurzel wieder aufgenommen. Mit diesen Verbindungen können die Gräser offenbar sehr erfolgreich mit sehr effizienten Siderophoren von Bodenpilzen und Bodenbakterien konkurrieren. Dikotyle Pflanzen scheiden demgegenüber bei Fe-Mangel phenolische Verbindungen aus, die im wesentlichen als Chlorogensäure und Kaffeesäure identifiziert wurden. Sie mobilisieren Fe-III-Verbindungen durch einen Reduktionsschritt.

7. Größe und Verzweigung des Wurzelsystems sind in hohem Maße genetisch festgelegt. So können bei Arten, die auf nährstoffarmen Böden wachsen, wie dem roten Straußgras (Agrostis tenuis), an fünf bestockten Laubtrieben über 90 Wurzeln ausgebildet sein, die bis zu 20 Seitenwur-

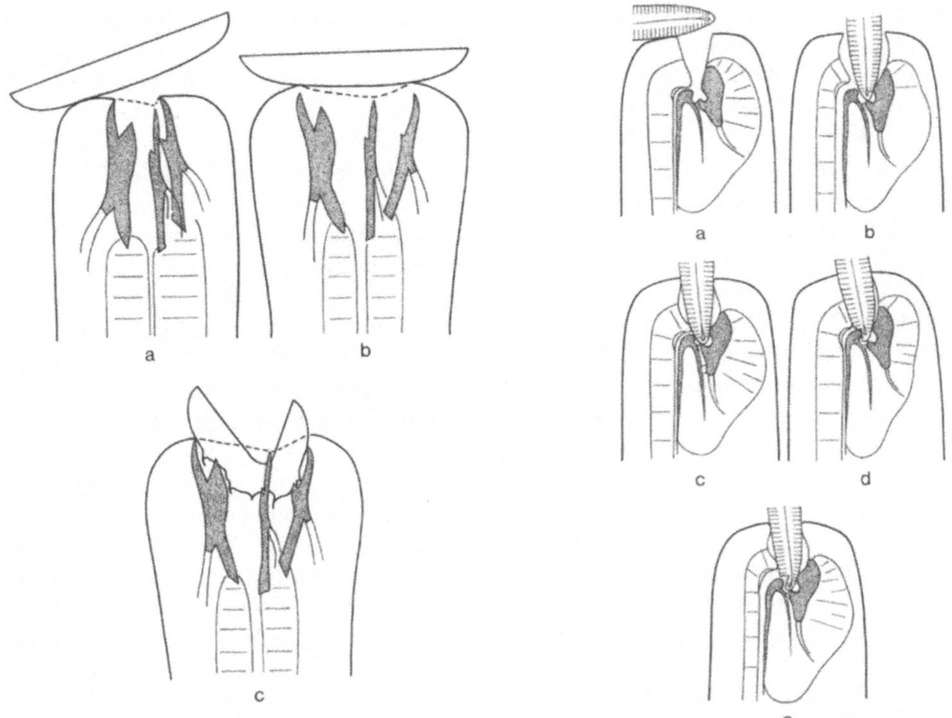

Abb. 29. Nahrungsspezialisierung bei Nematoden der marinen Sandfauna. *Links:* Adoncholaimos thalasso-
phygas. Ein Beutetier wird berührt, angesaugt, eingesaugt und aufgerissen. *Rechts:* Hypodontolaimus balticus.
Rezeption einer Diatomee; Aufnahme der Diatomee in die Mundhöhle, Schließen der Mundhöhle, Aufbeißen
der Diatomee, Aussaugen des Inhalts. (Nach von Thun, 1968)

zeln pro cm entwickeln. So sind über 90% der Biomasse der Gesamtpflanze im Wurzelbereich festgelegt. Demgegenüber kann bei der Ackerbohne bei guter Nährstoffversorgung das Sproß-Wurzelverhältnis umgekehrt sein, also über 90% der Biomase im Sproß festgelegt werden.

Bei Tieren stellt sich manches einfacher dar — wir haben es immer nur mit Abbauprozessen zu tun —, manches ist aber gerade aufgrund der Vielgestaltigkeit der Tiere wesentlich komplizierter. Grundsätzlich ist zu unterscheiden zwischen der Nahrungsqualität, die ein Tier beansprucht und der Menge, die es benötigt. Betrachten wir zunächst die Qualität. Spezialisierungen auf bestimmte Nahrungsarten sind meist am Bau von Tieren abzulesen: Fleischfresser haben durchweg einen kürzeren Darmkanal als Pflanzenfresser, selbst wenn sie der gleichen Art

angehören. Pflanzenfressende Kaulquappen haben einen sehr langen Darmkanal, die erwachsenen fleischfressenden Frösche einen sehr kurzen. Die Umformung der vorderen Extremitäten von Arthropoden zu Mundwerkzeugen der verschiedensten Art — beißenden, leckenden, stechend-saugenden — ist allgemein bekannt. Derartige Spezialisierungen können sehr hohe Grade annehmen, wie etwa bei der Ei-Schlange Dasypeltis scaber, die ausschließlich von Vogeleiern lebt oder bei manchen Nematoden, die spezifische Diatomeenfresser sind (Abb. 29). Besonders unter den Insekten gibt es eine große Zahl von Spezialisten, die auf eine oder wenige Pflanzenarten angewiesen sind. Diese Bindung kommt überwiegend aufgrund sekundärer Pflanzenstoffe zustande. Jedoch kann als sicher gelten, daß nur wenige Tiere diese sekundären Pflanzenstoffe wirklich brauchen: In Wirklichkeit haben sich die Alkaloide, Terpene und Phenole offenbar im Laufe der Evolution als Abwehrmechanismen gegen Tierfraß entwickelt. In einer Coevolution entwickelten spezifische Tiere einerseits Resistenz gegen die Abwehrstoffe, und auf der anderen Seite benutzen sie diese Abwehrstoffe als Erkennungszeichen ihrer spezifischen Pflanze. Zerstört man die Sinnesorgane auf den Mundwerkzeugen der Raupe des Tabakschwärmers, so frißt diese Raupe nicht wie bisher ausschließlich Tabak, sondern nimmt eine Fülle anderer Pflanzen. Diese Spezialisten haben „aus der Not eine Tugend gemacht". Sie vertragen die giftigen sekundären Pflanzenstoffe nicht nur, sondern sie lagern diese überwiegend in sich ein und werden damit für räuberische Tiere unschmackhaft, ungenießbar oder sogar giftig. Übrigens gibt es das nicht nur beim Fraß von Pflanzen: Meeresnacktschnecken, die sich von Nesseltieren ernähren, lagern vielfach deren Nesselkapseln unversehrt im eigenen Körper ein, wo sie dann als Kleptocniden den Feinden unserer Nacktschnecken das Leben schwer machen (vgl. S. 75 f.). Physiologisch sind die Tiere keineswegs auf diese sekundären Pflanzenstoffe angewiesen — wenn sie sich auch unter den verschärften Bedingungen des Freilandes hier der Konkurrenz anderer Pflanzenfresser entziehen und damit besser gedeihen.

Dieser generelle Grundsatz gilt jedoch nicht für alle sekundären Pflanzenstoffe. Bekanntlich haben die Tiere die Fähigkeit zur Synthese von einer Fülle biologisch wichtiger Stoffe verloren und müssen sie mit ihrer Nahrung aufnehmen. Ein paar bemerkenswerte ökologisch wichtige Fälle seien hier dargestellt. So können Seepocken (Balanus balanoides) mit Hilfe der verschiedensten toten oder lebenden Nahrung, die sie aus dem Wasser filtrieren, heranwachsen. Zur Geschlechtsreife brauchen sie jedoch die planktonische Kieselalge Sceletonema costatum. Ohne diese Alge werden sie zwar normal groß, vermehren sich jedoch nicht. Ebenso braucht die Meeresassel Idotea für ihr Wachstum in den ersten Stadien Grünalgen und darauf sitzende Kieselalgen, später genügen Grünalgen (Jansson, 1967). Der Segelfalter Iphiclides podalirius geht im Herbst bei kürzer werdenden Photoperioden in Diapause. Die Diapause-Auslösung funktioniert besser, wenn gleichzeitig (was in der freien Natur der Fall ist) Herbstlaub als Nahrung geboten wird. Herbstlaub kann auch unter länger werdenden Photoperioden Diapause-auslösend wirken. Männchen mancher Danaiden erwiesen sich im Labor als völlig unattraktiv für ihre Weibchen. Es stellte sich heraus, daß die männlichen Imagines an trockenen Boraginaceen (Heliotropium) saugen müssen, hier Vorstufen bestimmter Pheromone aufnehmen, aus denen sie dann selber die Weibchen stimulierende Pheromone aufbauen (Schneider, 1975 a, b). Normalerweise rechnet man die Nahrung, die ein erwachsener Schmetterling aufnimmt, kaum bei den ökologischen Ansprüchen dieser Art mit. Sie hat jedoch erhebliche Bedeutung über die Energiebeschaffung hinaus. Es zeigt sich, daß eine Pflanze, die weder Futterpflanze der Larven ist noch während der Flugzeit der Imagines lebend vorhanden (die Männchen saugen ja an den trockenen Stengeln), entscheidende Bedeutung für die Existenz der Art hat.

Diese diffizilen Qualitätsansprüche der Tiere an ihre Nahrung setzen sinnes- und neurophysiologische Anpassungen an den Lebensraum voraus, wie sie jetzt verstärkt von der Neurobiologie analysiert werden (vgl. die zusammenfassenden Darstellungen von Roeder, 1968, u. Ewert, 1976). So reagieren Kröten mit Beutefanghandlungen auf einen waagerechten, sich in seiner Längsachse bewegenden Strich (der einem Regenwurm ähnlich ist); sie sind jedoch völlig uninteressiert, wenn dieser Strich in anderer Richtung bewegt wird. Heuschrecken haben einen spezifischen Grasrezeptor (Boeckh, 1967); Totengräber (Necrophorus und Thanatophilus) haben spezifische Aasrezeptoren (Boeckh, 1967);

die Raupen des Oleanderschwärmers (Daphnis nerii) wachsen und gedeihen bei Ligusterblättern als Nahrung, wenn diese Ligusterblätter zu Beginn einmal mit einem Extrakt aus Oleanderblättern besprüht wurden: Offenbar erkennen die Tiere ihre Nahrungspflanze an einer chemischen Substanz in den Blättern, die sie dann für ihre Ernährung aber nicht unbedingt benötigen (Heinig u. Koch, 1978). Das komplizierte Ultraschallortungssystem der Fledermäuse und die Coevolution dieser Tiere mit von ihnen gejagten Nachtschmetterlingen ist ein weiteres Beispiel in dieser Richtung (vgl. S. 200), welches zeigt, daß zu einem Verständnis ökologischer Fragen nicht nur der stoffwechselphysiologische Aspekt (was wird gefressen und wieviel davon?) notwendig ist, sondern ebenso der neurobiologische (wie wird etwas erkannt?), der bisher in der Ökologie wie in der Sinnesphysiologie zu kurz gekommen ist (vgl. S. 91) (Zusammenfassung in Chapman u. Bernays, 1978).

Unsere Kenntnisse auf diesem Gebiet sind bisher außerordentlich bescheiden. Eine genaue Freilandbeobachtung reicht wohl nie für die Lösung der hier angeschnittenen Fragen aus. Experimente haben nur Sinn, wenn sie zur Zucht des Tieres über mehrere Generationen führen.

Wesentliche qualitative Anforderungen an die Nahrung gelten aber auch im Bereich der Grundnährstoffe Kohlenhydrat, Fett und Eiweiß (im Meer spielen Wachse eine große Rolle, Benson u. Lee, 1975). Diese Stoffe müssen in der für das Tier richtigen Aufschließbarkeit geboten werden, im richtigen Mengenverhältnis, und sie müssen in den richtigen Mengen die notwendigen essentiellen Aminosäuren und Fettsäuren enthalten. Eine entscheidende Frage bei der Qualität der Nahrung ist die Aufschließbarkeit des zur Verfügung stehenden Futters. Rehe beispielsweise können Gras oder gar Heu nicht oder nicht genügend rasch für die Energiegewinnung aufschließen; sie selektieren daher in ihrem Lebensraum Knospen, die sie vorzugsweise aufnehmen. Der Effekt von Rehen im Wald ist daher ungleich größer als nach ihrer reinen Energieaufnahme anzunehmen wäre. Diese „Selektierer" sind gegenüber den „Rauhfutterfressern", zu denen beispielsweise unsere Kuh (bzw. ihr ausgestorbener Vorfahre, der Auerochse) gehören, durch eine völlig verschieden strukturierte Pansenwand ausgezeichnet (Abb. 30). Mit der leichten Aufschließbarkeit von Knospen geht bei den Selektierern natürlich auch eine rasche Leerung des Pansens einher – damit sind bei den Selektierern die Pausen zwischen den einzelnen Fraßperioden sehr kurz, während bei den Rauhfutterfressern, wo die Fermentation der aufgenommenen Nahrung längere Zeit benötigt, große Abstände zwischen den einzelnen Fraßperioden liegen. Rauhfutterfresser können sich daher im allgemeinen besser auf den Menschen einstellen als Selektierer, denn sie können bestimmte Stunden meiden, während derer der Mensch in ihrem Lebensraum aktiv ist. Das ist bei den kurzen Pausen zwischen den einzelnen Nahrungsaufnahmen bei den Selektierern kaum möglich. Schließlich haben Selektierer aufgrund der Tatsache, daß sie ganz bevorzugt Knospen fressen, eine sehr viel größere Bedeutung im Ökosystem (Verbiß an jungen Bäumen!), als nach der reinen Energieaufnahme anzunehmen wäre.

Eine andere Form des Qualitätsanspruchs liegt in der Tatsache, daß Energie und die benötigten Mineralien vielfach nicht in ausgewogener Menge in der Nahrung des Tieres zur Verfügung stehen. Auf den sehr alten ausgelaugten Böden West- und Südafrikas beispielsweise wachsen Gräser, die einen sehr geringen Mineralgehalt haben. Diese Gräser werden von Weidegängern nur sehr zögernd gefressen. Man erkennt sie leicht am Ende einer Trockenzeit, wenn bereits Hungersnöte unter den Wildtieren auftauchen: diese Gräser sind auch dann vielfach noch nicht von den Tieren angegangen worden. Auf den reichen vulkanischen Böden Ostafrikas und — kleinräumiger — auf alten Siedlungen,

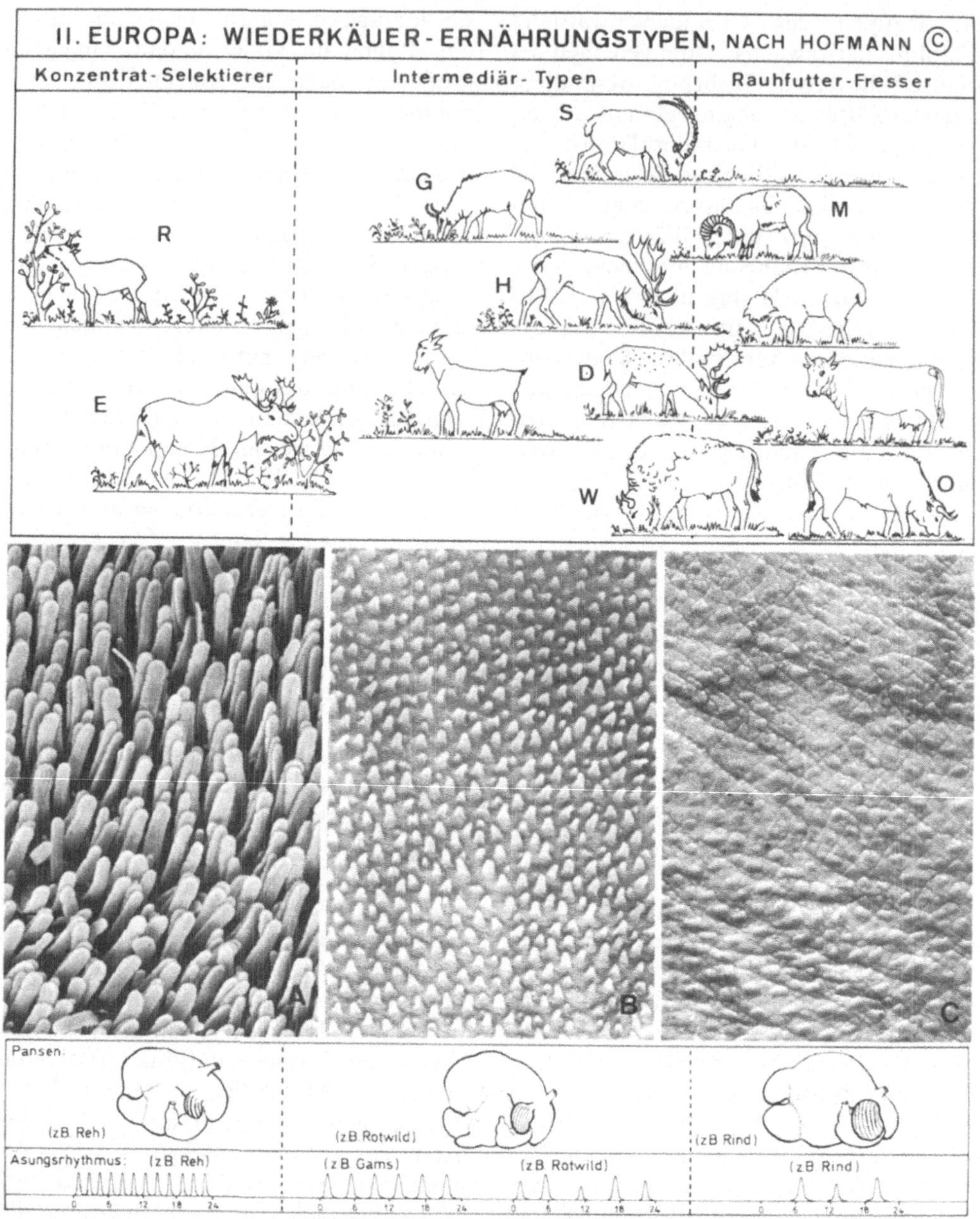

Abb. 30. Ernährungstypen von europäischen Wiederkäuern. *Oben links* Selektierer; *Mitte* intermediäre Typen; *rechts* Rauhfutterfresser. *Darunter:* typische Pansenwände dieser Tiere. *Darunter:* typischer Magen dieser Tiere. *Darunter:* der typische Äsungsrhythmus dieser Tiere. (Original R. Hofmann)

alten Termitenbauten usw. Süd- und Westafrikas, haben die Pflanzen durchweg einen höheren Mineralgehalt und diese Pflanzen werden ganz bevorzugt gefressen. Im Effekt müssen die Tiere, um ihren Mineralhaushalt zu decken, also viel mehr an Pflanzenmaterial aufnehmen als sie eigentlich für ihre Energiegewinnung brauchen. Dafür ist der Wiederkäuermagen relativ schlecht ausgestattet, da er die Aufnahme von weiterer Nahrung blockiert. Hier sind Pferdeartige im Vorteil, da sie zwar die Nahrung energetisch schlechter ausnutzen, aber über ein rasches Durchflußsystem verfügen, bei dem die Mineralien herausgelöst werden. Unter den Antilopen haben es beispielsweise die Rappenantilopen geschafft, mit diesen Bedingungen fertig zu werden. Hier liegt einer der Gründe für die vergleichsweise Artenarmut der westafrikanischen gegenüber den ostafrikanischen Steppen (S. 366 ff.).

Eine besondere Bedeutung kommt der angemessenen Zusammensetzung der Nahrung zu. Ist diese nicht gegeben, so vermögen sich Tiere durch Symbionten zu helfen (z.B. manche Pflanzensauger) oder es wird wesentlich mehr an Nahrung aufgenommen als es den Bedürfnissen des Organismus entspricht. Die überschüssigen Nahrungsbestandteile werden zwar im Darm resorbiert, dann aber wieder ausgeschieden. Berühmt geworden ist dies Phänomen bei Blattläusen, die einen stark zuckerhaltigen „Kot" ausscheiden, der zum Teil von Bienen als Blattlaushonig gesammelt wird. Aufgrund der sehr zukerhaltigen Nahrung mit sehr wenig Eiweiß bzw. Aminosäuren sind Blattläuse zu diesem Verfahren gezwungen. Derartige Verhältnisse gibt es in vielen Bereichen. Pflanzenfressende Säugetiere, die in Gebieten mit einem langen Winter oder einer langen Trockenzeit existieren, müssen über einen mehr oder weniger langen Zeitraum teilweise mit Futter sehr geringer Qualität auskommen. Dieses Futter besteht fast ausschließlich aus Lignin und Cellulose. In dem sehr warmen Darmkanal wird dieses Futter mit Hilfe von Symbionten aufgespalten und liefert genügend Energie, jedoch nicht genügend Eiweiß oder Aminosäuren. Bei Säugetieren mit gekammertem Magen (Känguruhs, Kamele und Lamas, Wiederkäuer) findet ein Recycling des Stickstoffs statt. Der in der Leber gebildete Harnstoff wird an den Magen transportiert, in den Pansen übernommen und hier von Mikroorganismen zu Aminosäuren und Eiweiß aufgearbeitet, die dann dem Tier wiederum zur Verfügung stehen. Der Urin solcher Tiere enthält somit fast keinen Stickstoff. Derartige Verhältnisse sind bei Känguruhs, Kamelen und den meisten Wiederkäuer-Gruppen nachgewiesen. Die Tiere sparen auf diese Weise gleichzeitig Wasser: Eine Urinproduktion zur Abscheidung stickstoffhaltiger Stoffwechselprodukte ist nicht notwendig. Natürlich funktioniert diese Methode nicht langfristig: Ein Wachstum ist nicht möglich. Nur ein Erhaltungsstoffwechsel kann über längere Zeiten gewährleistet werden (Abb. 31). Bei Brüllaffen (Alouatta palliata) konnten Nagy u. Milton (1979 b) zeigen, daß eine ausreichende Ernährung mit Mineralien nur möglich ist, wenn ein hochdiverses Nahrungsangebot besteht. Die Feigen und jungen Blätter von Ficus insipida, die das wichtigste Futter dieser Tiere während der Trockenzeit darstellen, enthalten nicht genug Kupfer, Natrium und Phosphor. Diese Mineralien müssen durch andere Nahrung herbeigeschafft werden. Viele tropische Tiere scheinen dazu die Kronenschicht zu verlassen und am Boden nach Mineralien zu suchen; Brüllaffen tun das nicht, sondern scheinen entsprechende Nahrungsstoffe in der Baumkrone zu finden. Die andere Möglichkeit, wie die Blattläuse eine Hyperphagie zu zeigen und die überschüssige Energie wieder auszuscheiden, scheint bei anderen Tieren nicht verwirklicht zu sein. Die Regulation der quantitativen Nahrungsaufnahme scheint allein über den Energiebedarf zu laufen. Natürlich wird das qualitativ beste Futter ausgewählt; hat dieses jedoch zu wenig Eiweiß, so findet entweder ein Recycling statt oder die Tiere erleiden Mangelerscheinungen. Bei Insekten ist die Frage nach der Hyperphagie nicht vollständig geklärt. Bei sehr eiweißarmem Futter fressen Grillen sehr deutlich mehr als bei Futter günstiger Zusammensetzung. Diese Hyperphagie kann jedoch den Eiweißmangel nicht ausgleichen, da sie erst bei extrem geringen Eiweißmengen in der Nahrung beginnt. Bei Blattkäfern ist z.T. eine echte Kompensation des geringen Stickstoffgehalts in Blättern durch Hyper-

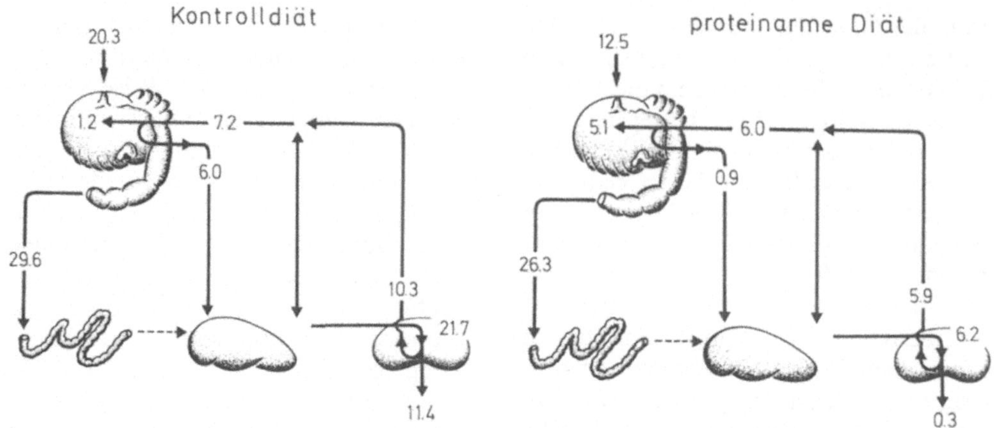

Abb. 31. Stickstoffaufnahme, Harnstoffwechsel und Proteinfluß aus den Vormägen beim Lama bei Kontrollfütterung und bei eiweißarmer Diät. Alle Angaben in g Stickstoff je 24 Std. Bei eiweißarmer Diät wird Harnstoff dem Magen wieder zugeführt, die Durchlässigkeit der Vormagenwand für Harnstoff wird erhöht. Trotz verringerter Harnstoffausscheidung durch die Nieren nahm dadurch die Harnstoffmenge im Körper ab. Der nicht verwertete Harnstoff-Stickstoff wird als Ammoniak rückresorbiert und in der Leber wieder zu Harnstoff synthetisiert. (Aus Ali, 1977.) Eine zusammenfassende Addition ist aufgrund der hier mit eingeschlossenen internen Flüsse und zusätzlicher Meßprobleme nicht möglich

phagie beschrieben worden. Diesem Komplex sollte in Zukunft wesentlich mehr Aufmerksamkeit gewidmet werden, da eine Fülle von Spurenstoffen in sehr unterschiedlicher Menge in möglichen Nahrungsstoffen vorhanden sind. Der ökologische Effekt von Tieren im System kann unter Umständen bei Hyperphagie ohne weiteres auf ein Vielfaches gesteigert werden, bisher sind jedoch keine Vorhersagen möglich.

Hahn und Aehnelt (1972) konnten zeigen, daß die Fruchtbarkeit von männlichen Hauskaninchen und Hausrindern stark verringert wird, wenn diese Tiere mit Heu von stark gedüngten, nur mit einer Pflanzenart bedeckten Wiesen gefüttert wurden. Bei Fütterung mit vielartigem Heu von ungedüngten Wiesen war die Fruchtbarkeit wesentlich größer. Die Suche nach Ionen, die für diese Differenz verantwortlich gemacht werden könnten, verlief in den verschiedenen Futtersorten negativ. Dies Beispiel zeigt die Problematik, der wir uns überall gegenüber sehen: Überaus geringe Unterschiede können sehr deutliche Effekte haben. Man kann von hieraus weiter spekulieren: Eine Massenvermehrung von Pflanzenfressern führt zu einer

Vereinheitlichung des Pflanzenbestandes. Ist die nun folgende Einseitigkeit der Nahrung mitverantwortlich für den Zusammenbruch einer Pflanzenfresserpopulation (S. 157 u. S. 275)?

Der quantitative Nahrungsbedarf der Tiere ist — besonders im Freiland — nur schwierig festzulegen. Immer wieder ist daher versucht worden, generalisierende Angaben zu machen, die zumindest gewisse Vorhersagen gestatten. Die Formel für allometrisches Wachstum läßt sich auch auf den Ruhestoffwechsel von Tieren anwenden (Abb. 32).

Ruhestoffwechsel pro Zeiteinheit (V)
$= N \times \text{Körpergewicht}^b$.

Der Exponent b ist eine die Oberfläche beschreibende Größe und liegt daher durchweg im Bereich um 0,75. Nur gelegentliche Ausnahmen weichen von diesem Wert stärker ab. Dagegen ist der Faktor abhängig von der Temperatur (bei Wechselwarmen) und von der gewählten Einheit für den Ruhestoffwechsel. Bei Säugetieren besteht nach Kleiber die Beziehung

Ruhestoffwechsel (Kalorien) pro Tag
$= 70 \times \text{Körpergewicht}^{0,75}$.

Aus diesem Ruhestoffwechsel läßt sich damit die Nahrungsmenge berechnen, die ein Tier minimal zu sich nehmen muß. Grobere Abschätzungen selbst in bisher nicht untersuchten Tiergruppen erscheinen möglich. Gelingt es ferner, den pro Tag abgesetzten Kot des Tieres zu sammeln, so müßte sich als Summe aus dem Brennwert des Kotes und dem errechneten Ruhestoffwechsel der Brennwert der pro Tag aufgenommenen Nahrung errechnen lassen. Jedoch treten dabei bereits größere Fehler auf, da bei Säugetieren häufig ein großer Teil der mit der Nahrung aufgenommenen Energie gasförmig (als Methan besonders bei Wiederkäuern) abgegeben wird. Immerhin ist eine untere Grenze des Nahrungsbedarfs einer Tierart so ungefähr festzulegen.

Für alle Tiere folgt aus der Formel für den Grundumsatz, daß kleine Organismen relativ mehr Energie und damit Nahrung benötigen als große. Deutlich dargestellt hat dies Kleiber beim Vergleich zwischen Rind und Kaninchen (Abb. 33). Aus dieser Abbildung folgt, daß wir in zwei Le-

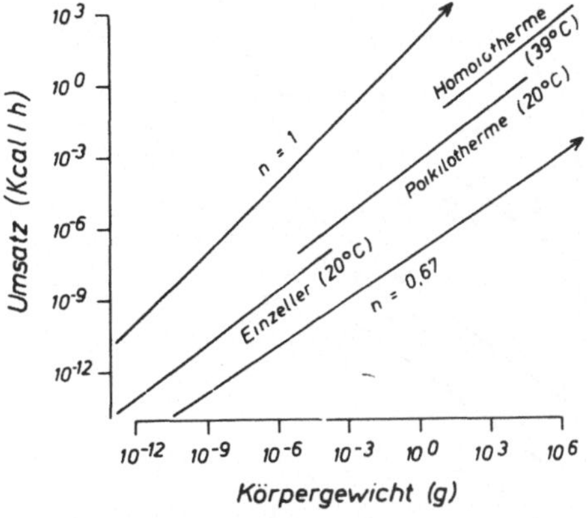

Abb. 32. Umsätze dreier Gruppen von Organismen als Funktion des Körpergewichts: n = Potenzfunktion in der Grundgleichung. Die Werte für wechselwarme Organismen und Einzeller wurden auf 20° C korrigiert. (Aus Aschoff u. Mitarb., 1971)

Tiere	1 Rind	300 Kaninchen
Gesamtkörpergewicht	600 kg	600 kg
täglicher Futterverbrauch	7,5 kg Heu	30 kg Heu
täglicher Wärmeverlust	20 000 kcal	80 000 kcal
tägliche Gewichtszunahme	0,9 kg	3,6 kg
Gewichtszunahme pro to Heu	108 kg	108 kg
Wiese mit 3 to Heu reicht theoretisch für	1 Jahr	90 Tage

Abb. 33. Ein Rind wiegt soviel wie 300 Kaninchen. Der ökologische Effekt ist jedoch sehr verschieden. (Nach Kleiber, 1967, verändert)

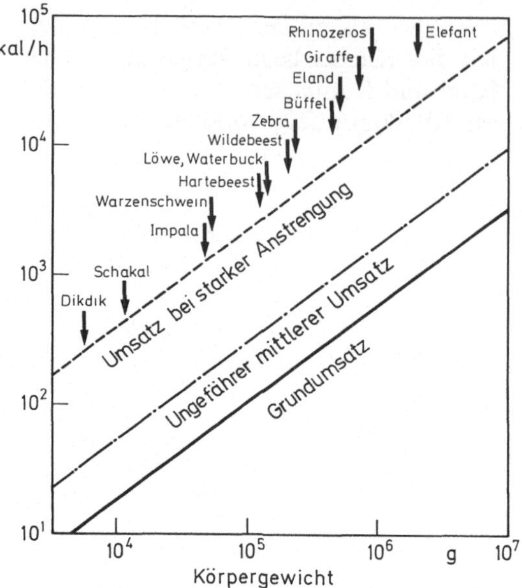

Abb. 34. Umsätze von Großsäugetieren Ostafrikas. Der Energiebedarf muß irgendwo zwischen dem Grundumsatz und der Linie für harte Arbeit liegen. Auch diese Darstellung befriedigt nicht: Die Fehlermöglichkeit ist zu groß; die angenommene Linie für einen mittleren Stoffwechsel beruht auf reiner Annahme. (Aus Lamprey, 1964)

bensräumen mit gleicher zur Verfügung stehender Nahrungsmenge nicht die gleiche Biomasse an Konsumenten erwarten können, wenn in einem Lebensraum diese Konsumenten sehr klein, im anderen sehr groß sind: Bei großen Tieren liegt die mögliche Biomasse pro Flächeneinheit sehr viel höher als bei kleinen Tieren. Um auf das Beispiel der Abbildung zurückzukommen: Auf einer Wiese, die täglich 7,5 kg Heu zur Verfügung stellt (im ganzen Jahr also 2738 kg Heu), können wir theoretisch ein Rind von 600 kg Gewicht das ganze Jahr über ernähren. Auf der gleichen Fläche könnten jedoch nur 75 Kaninchen mit zusammen 150 kg Gewicht das ganze Jahr über ernährt werden. Angaben über die Biomasse von Tieren in einem Lebensraum sagen also nichts. Dazu muß zumindest die mittlere Körpergröße der Arten gegeben werden (Abb. 34). Der relativ höhere Nahrungsverbrauch und die relativ höhere Stoffwechselrate

kleinerer Organismen gegenüber größeren drückt sich natürlich auch in anderen ökologisch wesentlichen Parametern aus. So wachsen kleine Organismen relativ rascher als große — was auch aus Kleibers Tabelle hervorgeht —: Damit ist die Produktivität pro Zeiteinheit größer, die Vermehrungsrate ist höher. Das alles hat zur Folge, daß kleinere Organismen leichter und rascher verhungern als große. Spitzmäuse müssen daher mindestens alle zwei bis drei Stunden Nahrung aufnehmen: Ein Wechsel von Aktivität und Ruhe im Tagesrhythmus ist nicht möglich. Auch Erdmäuse müssen ihren Bau mindestens alle 2–3 Std kurzfristig verlassen, wenn sie auch ihre Hauptaktivität während der Nachtstunden haben. Für die Ökologie ist das bedeutsam, da nur so nachts jagende Räuber (Eulen) und tagsjagende (Bussarde) von der gleichen Beute leben können. Auch sind kleine Tiere eher als große geeignet, plötzlich auftretende günstige Bedingungen zu nutzen und sich sehr rasch zu vermehren. Große Tiere sind dazu weniger in der Lage, dafür können sie ungünstige Bedingungen ohne größere Verluste besser überstehen. Wir werden auf diese Problematik bei Räuber-Beute-Beziehungen (S. 164 f.) zurückkommen.
Als nächster Schritt ist eine genaue Analyse des Nahrungsbedarfs im Labor bzw. in Gefangenschaft anzusehen. Hier kann zunächst die Gültigkeit der allgemeinen Formel geprüft werden, ferner der durch regelmäßige Bewegung verursachte höhere Nahrungsbedarf. Bei kleinen Tieren (etwa Insekten, Muscheln) kann so der im Freiland bestehende quantitative Nahrungsbedarf relativ genau festgelegt werden. Da dieser jedoch in komplizierter Weise temperaturabhängig ist, müssen hier wieder Korrekturfaktoren eingeführt werden: Bei höheren Temperaturen steigt die Aufschließbarkeit der Nahrung, steigt der Stoffwechsel und steigt daher die notwendige Nahrungsmenge (bei rascherer Entwicklung). Bei warmblütigen Tieren bestehen diese Probleme zwar nicht, jedoch stellt sich bei ihnen, noch mehr als bei den

meisten Wechselwarmen, die Frage nach der Übertragbarkeit dieser in Gefangenschaft ermittelten Werte auf das Freiland. Hier herrscht bei vielen Tieren größte Unsicherheit. Das gilt für die Strudelaktivität von Muscheln ebenso wie für den Bedarf von Fischen, Fröschen, Vögeln oder Säugetieren.

Bei manchen pflanzenfressenden Insekten läßt sich die genutzte Pflanzensubstanz auch unter Freilandbedingungen analysieren, ebenso die Kotproduktion. Unter günstigen Umständen kann man die Kotproduktion von Säugetieren und Vögeln im Freiland bestimmen und man kann daraus — wenn man die Verdaulichkeit der Nahrung kennt — auf den Verbrauch schließen. Das ist etwa bei Wildgänsen auf Island und Rentieren auf Spitzbergen angenähert gelungen.

Eine erfolgversprechende neue Methode zur Abschätzung des Energiebedarfs im Freiland entwickelten Nagy u. Milton (1979 a, b). Sie fingen Brüllaffen (Alouatta palliata) und injizierten ihnen schwach radioaktiv markiertes Wasser (Tritiummarkiert). Das Blut der Tiere hatte somit eine gewisse Radioaktivität. Da beim Stoffwechsel dauernd Wasser entsteht und dieses ausgeschieden werden muß, läßt sich aus der abnehmenden Radioaktivität im Blut auf den Stoffwechsel schließen. Danach beträgt der Energieverbrauch der Brüllaffen unter Freilandbedingungen etwa doppelt so viel wie im Ruhestoffwechsel.

Dennoch ist unser Wissen hier sehr lückenhaft. Das wird durch die Unsicherheit dokumentiert, mit der im Augenblick Verbrauchsabschätzungen bei Säugetieren durchgeführt werden. Vielfach multipliziert man einfach den Grundumsatz mit dem Faktor 3 und nimmt dies als Nahrungsverbrauch bei pflanzenfressenden Säugetieren an. Ohne besondere Begründung wird in letzter Zeit vielfach der Faktor 1,5 als ausreichend angesehen. Bei Rehen gibt es Hinweise darauf, daß der Faktor 4 wahrscheinlich realistischer ist. Aber wahrscheinlich ist überhaupt kein einheit-

licher Faktor möglich. Keineswegs muß die Bewegungsgeschwindigkeit linear mit dem Energieverbrauch gekoppelt sein. Bei Vögeln gibt es eine — gar nicht geringe — Optimalgeschwindigkeit des Fliegens und langsames Fliegen kostet mehr Energie; bei Känguruhs „kostet" relativ rasches „fünfbeiniges" Krabbeln bei der Futtersuche am Boden deutlich mehr Energie als das federnde, schwingende Springen, welches bei Wanderungen über lange Strekken angewandt wird.

Wahrscheinlich wird man hier zu keiner generalisierenden Lösung kommen können. Die Ernährungsstrategien der einzelnen Arten beeinflussen den Freilandverbrauch in sehr starkem Maße. Ein „Sitzund Wartetier" braucht kaum mehr als den Grundumsatz, wie an Wolfsspinnen wahrscheinlich gemacht werden konnte (Ford, 1977). Bei Netzspinnen kommt höchstens noch die Herstellung des Netzes als erschwerend hinzu. Bei einem SchneeEulen-Pärchen mit Jungen im Zoo fand Ceska den gleichen Nahrungsbedarf, wie er für Schnee-Eulen mit der gleichen Jungenzahl in Alaska ermittelt wurde (Tabelle 3). Zumindest bei Lemming-Massenvermehrungen haben die Eulen kaum körperliche Arbeit bei der Jagd zu leisten. Ganz anders liegen die Dinge beim Reh, welches für jeden einzelnen Biß eine spezifische Suche durchführt, da es nur die weichsten und frischesten Blatt- und Blütenknospen aufnimmt. Bei dieser Methode ist das Tier dauernd in Bewegung. Auch die bekannte Größenrelation des Stoffwechsels spricht gegen die Verwendung eines einfachen Faktors. Bewegung erhöht den Stoffwechsel eines kleinen Tieres wesentlich stärker als den eines großen.

Schließlich sagen kurzfristige Analysen über den Nahrungsbedarf von Tieren außerordentlich wenig aus. Selbst bei erwachsenen Formen ändern sich bei gleichbleibendem Futterangebot die Nahrungsansprüche im Jahreslauf stark. Das gilt für Vögel und Säugetiere in gleicher Weise (Abb. 35). Da sich im natürlichen Lebens-

Tabelle 3. Vergleich der Nahrungsaufnahme freilebender Schneeulen und Schneeulen im Tiergarten Nürnberg. (Nach Ceska, 1974)

	Alaska	TGN
Nahrungsaufnahme 1 adultes Tier/Jahr in kg Lebensgew.	600–1600 Lemminge $\varnothing$ 1 Lemming à 80 g $\mathrel{\hat=}$ 55–130 kg	2760 Mäuse $\varnothing$ 1 Maus à 25 g $\mathrel{\hat=}$ 69 kg
Nahrungsaufnahme 1 adultes Tier/Tag in g Lebensgew.	geschätzt 150–350 g	$\varnothing$ 219 g
Nahrungsbedarf der Jungen während der Aufzucht in kg Lebensgewicht	1300 Lemminge $\varnothing$ 1 Lemming à 80 g $\mathrel{\hat=}$ 100 g (9 Junge)	2360 Mäuse $\varnothing$ 1 Maus à 25 g $\mathrel{\hat=}$ 59 g (5 Junge)
Nahrungsaufnahme eines Jungen/Tag während der Aufzucht in g Lebensgewicht	160 g $\mathrel{\hat=}$ 2 Lemminge à 80 g	132 g $\mathrel{\hat=}$ 5,6 Mäuse à 25 g

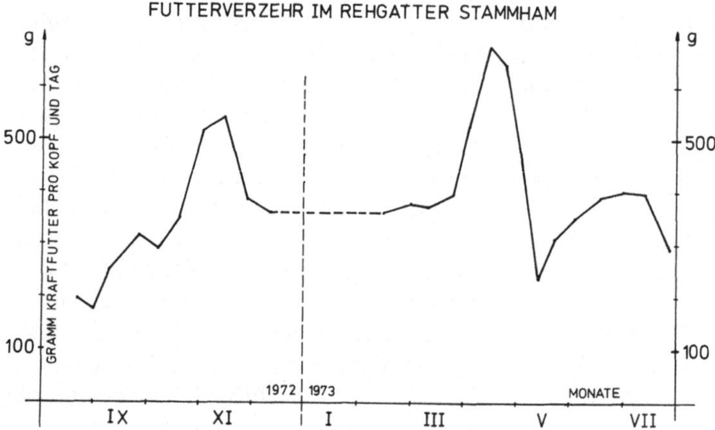

Abb. 35. Futterverzehr in einem Rehgatter im Jahreslauf. (Aus Ellenberg, 1974)

raum durchweg die Qualität der Nahrung im Jahreslauf ändert, werden Vorhersagen auch hier erschwert. Schließlich sind Ernährungsstrategie und Energiebedarf bei gleichartigen Tieren keineswegs immer gleich: In einem trockenen Sommer mußten die von Gyllenberg untersuchten Grashüpfer (Chorthippus parallelus) weiter als bisher wandern, um günstige Nahrung zu finden; Gyllenberg mußte sein Populationsmodell durch eine „activitybox" ergänzen. Das Treiben bei der Brunft des Rehes stellt Böcke und Ricken vor erheb-

liche Anstrengungen, entsprechend sinkt ihr Gewicht stark ab; später wird das durch erhöhte Nahrungsaufnahme ausgeglichen.

Erschwerend kommt bei all diesen Problemen hinzu, daß natürlich auch der Nährstoffgehalt der Nahrung — sei es ihre chemische Zusammensetzung, sei es ihr Brennwert — deutlichen Änderungen unterliegt. Bei frischgefangenen Mäusen steigt der Brennwert des Körpers schon nach wenigen Tagen in Gefangenschaft durch Fettanlagerung deutlich; Labormäuse haben einen höheren Brennwert (pro Gewichtseinheit) als Wildmäuse. Pflanzenteile ändern im Jahres- und Tageslauf ihre Zusammensetzung und ihren Brennwert.

So sind die quantitativen Aspekte der Ernährung von Tieren bis heute ein ebenso wichtiges wie unbefriedigend gelöstes Problem der Ökologie. Ganz grobe Abschätzungen sind aufgrund des überschlägig berechenbaren Grundumsatzes möglich, wenn man die Ernährungsstrategie des Tieres kennt und die notwendige Bewegungsaktivität in Rechnung setzen kann. Für eine genauere Abschätzung reicht das jedoch nicht aus. Notwendig wäre die Kenntnis eines Energiebudgets für jedes Individuum von der Geburt bis zu seinem Tode, wie wir sie bisher nur für manche pflanzenfressenden Insekten besitzen.

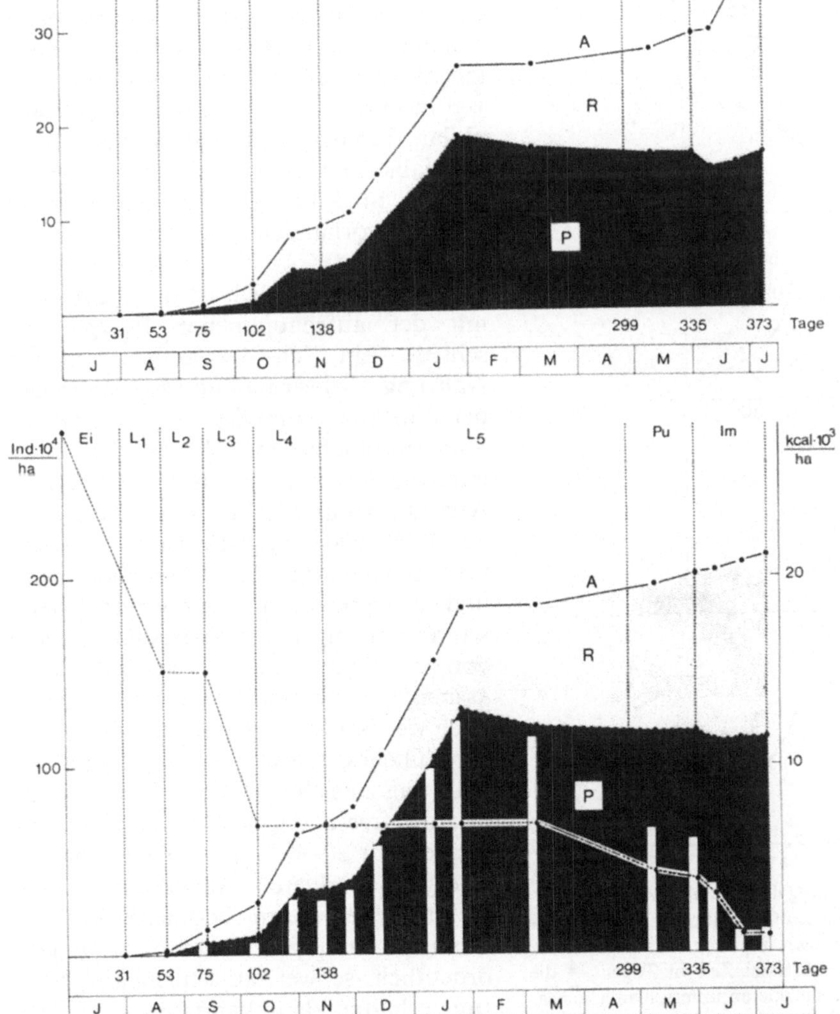

Abb. 36. Kumulative Energiebilanz eines Durchschnittsindividuums *(oben)* und der Population *(unten)* 1969, 1970 beim Rüsselkäfer Phyllobius argentatus. *Weiße Säulen* = Biomasse, *gestrichelt* = Überlebenskurve. *A:* Assimilation, *R:* Respiration, *P:* Produktion. (Aus Schauermann, 1973)

Nur auf dieser Basis, die während des internationalen biologischen Programms zusammen mit einer Reihe von Einheiten und Formeln geschaffen wurde, läßt sich eine Ökosystemanalyse beginnen (Abb. 36 u. 37).

Genauere Analysen über den Futterzustand freilebender Tiere gibt es kaum. Die wenigen Studien an wildlebenden Säugetieren, Vögeln, Collembolen und Grillen weisen jedoch darauf hin, daß „das normale Tier ein hungriges Tier ist". Zwar gibt es wohl überall Zeiten des Überflusses, aber diese Zeiten sind selten. Der normale Wolf ist in der freien Natur unterernährt, ebenso wie der normale Collembole.

Bei der Auswahl der geeigneten Nahrung für die Larven wird nicht nur nach Qualität entschieden, sondern gleichzeitig auch nach der Menge. Berühmt ist das vor allen Dingen für die parasitischen Schlupfwespen, die im allgemeinen sehr genau kontrollieren, ob ihr Opfer bereits parasitiert ist oder nicht. So legt Trichogramma an ein parasitiertes Wirtsei kein neues Ei hinzu. Das gleiche gilt aber auch für den überwiegenden Teil anderer Insekten. Reiskäfer (Oryzaephilus) legen nur soviel Eier an die Nahrung der Larven, daß etwa 16mal so viele Tiere sich entwickeln könnten. Bei Fliegen und Mücken, deren Larven in faulendem Substrat leben (Drosophila, Limosina, Pseudosmittia) wird ebenfalls die Ablage der Eier relativ genau dosiert. Sind bereits sehr viele Eier im Substrat vorhanden, wird die weitere Ablage gestoppt.

Ökologisch wesentlich ist die Frage, was mit der aufgenommenen Energie geschieht. Ein Teil der aufgenommenen Nahrung wird verdaut und zu körpereigener Substanz assimiliert, ein anderer als Kot ausgeschieden. Vereinfacht kann man die Assimilation als Produktion + Atmung definieren: $A = P + R$. In Zeiten der Welternährungskrise ist es natürlich nicht gleichgültig, welche Assimilationsfähigkeit Tiere haben. Sehr vereinfachend kann man sagen, daß warmblütige Tiere von der aufgenommenen Energie 80–90% assimilieren. Derart hohe Werte erreichen auch wechselwarme Raubtiere, die leichtverdauliches, eiweißreiches Fleisch als Nahrung zu sich nehmen. Wechselwarme Pflanzenfresser dagegen können im allgemeinen nur 20–40% der aufgenommenen Energie assimilieren. Abweichungen von dieser Regel treten beispielsweise auf, wenn warmblütige Pflanzenfresser außerordentlich schwer aufschließbare Nahrung erhalten: dann kann ihre Assimilationseffizienz bis auf 30% sinken. Von der assimilierten Energie muß ein Teil für die Aufrechterhaltung der normalen Lebens-

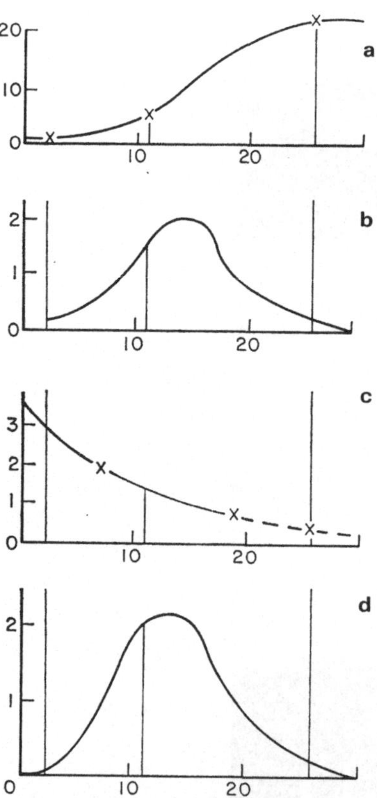

Abb. 37 a–d. Berechnung der Produktion bei Organismen mit klar getrennten Generationen oder klar getrennten Stadien. (Nach Winberg, aus Petrusewicz und MacFadyen.) Abszisse: Zeit in Tagen — die senkrechten Striche markieren unterschiedliche Stadien. a Wachstumskurve eines Individuums (Frischgewicht), b Gewichtszunahme pro Zeiteinheit (berechnet aus a), c Überlebenskurve, d Produktion pro Zeiteinheit (berechnet aus b und c)

prozesse verwendet werden, ein weiterer geht in die Produktion (Wachstum, Fortpflanzung). Die Aufrechterhaltung einer hohen Körpertemperatur kostet sehr viel Energie. Auf der anderen Seite liegt infolge der hohen Temperatur das Wachstum, also die Produktion, sehr hoch. Gelegentlich ist der Vorschlag gemacht worden, zur Fleischerzeugung anstelle von warmblütigen Haustieren wechselwarme Pflanzenfresser mit günstiger Nahrung zu versorgen und diese als Eiweißquelle zu nutzen. Dieser Vorschlag ist jedoch nicht realistisch. Aufgrund seiner anderen Zusammensetzung ist das Eiweiß wechselwarmer Tiere für uns nicht so günstig wie das von Warmblütern. Wir benötigen daher bei Ernährung mit wechselwarmen Tieren größere Eiweißmengen als wenn diese aus Warmblütern stammen würden. Damit wäre der erhoffte Effekt ins Gegenteil verkehrt (Tabelle 4, Kasten 1).

Angaben über ökologische Effizienzen sind nie zu wörtlich zu nehmen. Eulen präparieren ihre Beute bei reichlichem Nahrungsangebot und nehmen nur wenige Teile; der amerikanische Dachs (Taxidea taxus) hat bei geringem Nahrungsangebot eine Verdauungseffizienz von 85,6%, bei reichlichem Nahrungsangebot sinkt sie auf 72,2% (Lampe, 1977).

Stoffe, die weder verbrannt noch ausgeschieden werden können, reichern sich im Körper an. Solche Stoffe sind beispielsweise DDT, PCB's, Blei oder Quecksilber. Wird das erste Tier nun von einem zweiten gefressen und dies von einem dritten, so erfolgt eine zunehmende Anreicherung dieser Stoffe in der Nahrungskette. Das ist die physiologische Basis für die Gefährlichkeit moderner Umweltgifte (vgl. Ehrlich u. Mitarb.). Dies einleuchtende Konzept hat in den letzten Jahren seine Allgemeingültigkeit verloren. In Wirklichkeit besteht zwischen Pflanzen und Tieren des Wassers auf der einen Seite und ihrem Medium auf der anderen bei den meisten Stoffen ein Konzentrationsgleichgewicht — und damit bleibt die Schadstoffkonzentration in der Nahrungskette durchweg konstant. Die berühmten früheren Angaben haben sich nicht bestätigen lassen. Akkumulationen kommen (abgesehen von wenigen Spezialisten, die z. B. auch bei Planktonalgen vorhanden sind) nur beim Übergang in luftlebende Räuber oder wasserlebende Räuber mit geringem Ionenaustausch mit dem Medium (Fische, wasserlebende Säuger) vor. Aber selbst hier ist die Akkumulation nicht immer vorhanden; und unter bestimmten physiologischen Umständen verlieren selbst diese Tiere einmal akkumulierte Schadstoffe. Das einfache alte Konzept ist also nicht mehr tragfähig; mühsame neue Einzelforschung ist dringend notwendig.

Eine große Bedeutung hat die Verteilung der Nahrung im Raum. Eine dichtstehende Monokultur tierischer oder pflanzlicher Art ist für einen Pflanzenfresser oder Räuber leichter zu nutzen als eine sehr unregelmäßige Verteilung, bei der erhebliche Zeit und Energie für die Suche nach einer günstigen Nahrungsquelle aufgewandt werden muß (s. S. 164). Nahrung muß also in genügender Dichte zur Verfügung stehen, damit pro Zeiteinheit mit vertretbarem physiologischen Aufwand genügend herbeigeschafft werden kann. Wir haben hier wiederum das Problem einer Kostennutzenanalyse vor uns. Bietet man beispielsweise dem Wasserfloh Daphnia pulex als Futter die Alge Scenedesmus acutus, so filtrieren die Wasserflöhe diese Algen als Nahrung aus dem Wasser heraus. 1 mm lange Wasserflöhe bei einer Wassertemperatur von 10° C können noch überleben, wenn 0,04 mg Kohlenstoff pro Liter Wasser vorhanden sind (1 mg Kohlenstoff entsprechen ungefähr 8,3 mg frischer tierischer Substanz). 3 mm lange Wasserflöhe brauchen bei 25° C zu ihrer Erhaltung jedoch bereits 1,9 mg Kohlenstoff pro Liter. Copepoden filtrieren effektiver und sind daher auch in nahrungsarmen Seen, im Winter und in der Tiefe lebensfähig; sie sind hier Wasserflöhen überlegen (Lampert, 1976). Quantitative Daten dieser Art sind bisher nur in geringer Zahl beigebracht worden. Nur we-

Tabelle 4. Ökologische Effizienzen (in %) bei verschiedenen Tierarten. Warmblüter haben eine hohe Verdauungseffizienz (A/C, wechselwarme Tiere eine hohe ökologische Effizienz (P/C). (Daten nach Schwerdtfeger, Fische nach Fischer, 1979)

Art	A/C	P/C	R/C	P/A	R/A
Rotatoria					
Brachionus plicatilis	19	11	8	57	43
Annelida					
Borstenwurm Nereis virens	85	44	41	52	48
Enchytraeidae	54	36	18	67	33
Arachnida					
Weberknecht Mitopus morio	46	20	26	55	45
Webspinne Araneus quadratus	85	57	28	67	33
Wolfsspinne Pardosa lugubris	82	24	58	30	70
Crustacea					
Flohkrebs Gammarus pulex	37	24	13	65	35
Krabbe Menippe mercenaria	96	68	28	71	29
Asseln, mehrere Arten	25	4	21	16	84
Mauerassel Oniscus asellus	29	6	23	21	79
Insecta					
Eintagsfliege Stenonema pulchellum	53	15	38	28	72
Steinfliege Preronacys scotti	11	4	7	43	57
Libelle Pyrrhosoma nymphula	90	53	37	58	42
Heuschrecke Orchelimum fificinium	28	10	18	37	63
Heuschrecke Melanoplus sp.	33	5	28	16	84
Heuschrecke Chorthippus parallelus	40	17	23	41	59
Schmetterling Chimabacche fagella	24	11	13	47	53
Schmetterling Ennomos quercinaria	32	20	12	60	40
Schmetterling Hyphantria cunea	29	17	12	57	43
Wanze Leptopterna dolabrata	33	18	15	55	45
Zikade Neophilaenus lineatus	33	18	15	52	48
Mollusca					
Muschel Scrobicularia plana	61	13.	48	22	78
Schnecke Littorina irrorata	45	7	38	14	86
Teleostier					
Barsch Perca fluviatilis					
(Nahrung Tubificidae)	50,7	13,0	37,7	25,6	74,4
(Nahrung Fisch)	60,3	26,5	33,7	44,0	56,0
Forelle Salmo trutta	69,0	20,2	48,7	29,3	70,6
Karpfen Cyprinus carpio	84,4	35,2	48,2	41,6	58,3
Aves					
Ammer Passerculus sandwichensis	90,0	1,0	89,0	1,1	89,9
Mammalia					
Wasserbock Adenota kob thomasi	84,4	1,1	83,3	1,3	98,7
Elefant Loxodonta africana	32,6	0,5	32,1	1,5	98,5
Ziesel Citellus sp.	68,0	2,0	66,0	2,9	97,1
Maus Peromyscus polionotus	90,5	1,6	88,9	1,8	98,2

nige Beispiele lassen sich bringen: So ernähren sich Rotschenkel in manchen Gegenden überwiegend von dem Schlickkrebs Corophium. Dieser Krebs ist in Wattgebieten im allgemeinen überaus zahlreich vorhanden. Von einer Dichte von etwa 200 Tieren/m^2 an abwärts geht der Rotschenkel zur Nahrungssuche auf

Kasten 1. Symbole und Abkürzungen der Produktionsökologie, wie sie nach den Vorschlägen des Internationalen Biologischen Programms benutzt werden sollten. Schema des Stoff- und Energieflusses durch eine ökologische Einheit (Organismus oder Population)

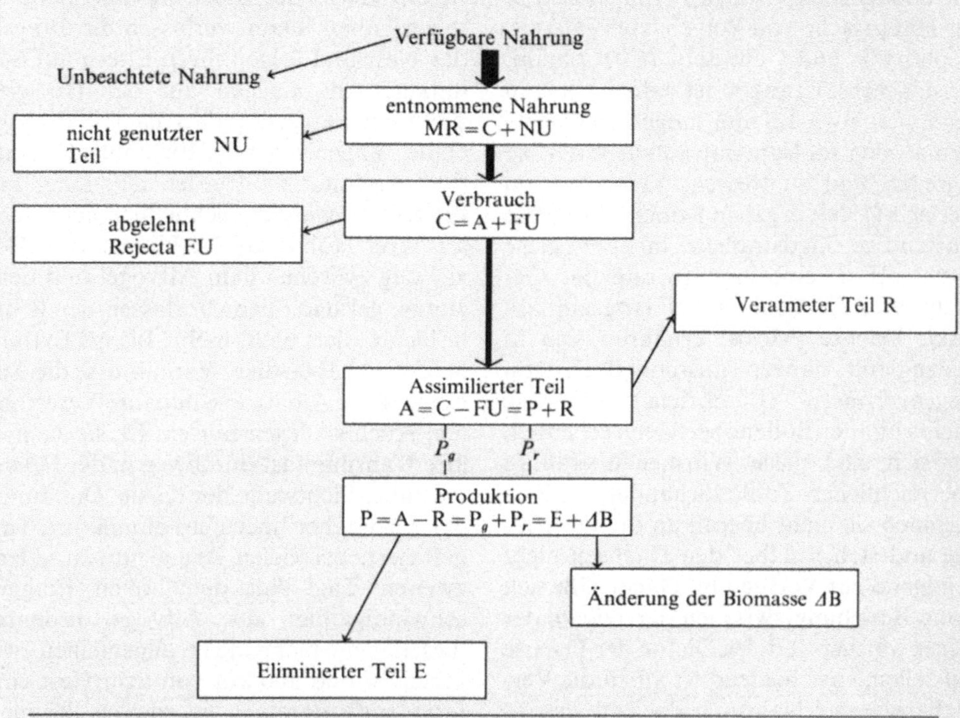

MR: aus dem System entnommene Nahrung
NU: nicht genutzter Teil davon
  C: Consumierter Teil davon
  F: Faeces
  U: Exkrete
  A: Assimilierter Teil der Nahrung
  D: Verdauter Teil der Nahrung

P: Produktion
R: Veratmeter Teil der Nahrung
E: Eliminierter Teil der Nahrung (Häutung, Mauser)
P_g: Produktion d. Wachstums
P_r: Produktion d. Reproduktion
ΔB: Änderung der Biomasse

Daraus ergeben sich eine Anzahl von Gleichungen, z. B.

$$MR = NU + C \quad\quad C = P + R + FU \quad\quad A = P + R$$

$$P = A − R = C − (R + FU)$$

Verhältniszahlen (meist in % angegeben) deuten die ökologische Effizienz an, beispielsweise

$$MR/P; \quad C/P; \quad C/A; \quad C/R; \quad R/P \quad \text{usf.}$$

Diesen Schemata sollte bei tierökologischen Arbeiten gefolgt werden, damit vergleichbare Daten erzielt werden; bei der ökologischen Effizienz sollte immer klar angegeben werden, welche der möglichen Effizienzen gemeint ist (s. Tabelle 4). (Nach Petrusewicz u. Macfadyen, 1970)

Borstenwürmer (Nereis, Nephtys) über, wo er nunmehr pro Zeiteinheit mehr Nahrung finden kann (Goss-Custard, 1977). Die Sandgarnele Crangon ernährt sich in der Hauptsache von Polychaeten (Nereis, Nephthys) und Krebsen (Corophium, Mysidaceen). Crangon ist jedoch auch in der Lage, etwa 1,5 mm lange freilebende Nematoden im Substrat aufzuspüren, zu ergreifen und zu fressen. Versuche von Gerlach (1969) ergaben jedoch, daß diese aufwendige Jagdstrategie mehr Energie kostet als sie einbringt, so daß das Gewicht von Crangon dabei langsam absinkt. Dachse (Meles) ernähren sich in Südengland nahezu ausschließlich von Regenwürmern (Lumbricus), die sie nachts auf der Bodenoberfläche erbeuten. An sich sind diese Würmer überall in überreichlicher Zahl vorhanden, jedoch kommen sie nicht überall an die Oberfläche und stehen daher den Dachsen nicht genügend zur Verfügung. Daher läßt sich keine Beziehung zwischen der Dichte der Regenwürmer und der Dichte der Dachse aufstellen; entscheidend ist allein die Verfügbarkeit der Nahrung, die von spezifischen geomorphologischen Faktoren abhängig ist (Kruuk, 1978).

Bei koloniebrütenden Seevögeln läßt sich eine Beziehung zwischen der Fortpflanzungsbiologie und der Entfernung, in der normalerweise das Futter gefunden werden muß, herstellen. Seeschwalben legen im allgemeinen drei Eier, sie füttern die Jungen bis zum Flüggewerden. Das ist nur erreichbar, wenn die Seeschwalben in höchstens 5 km Entfernung vom Neststandort günstige Nahrungsbedingungen vorfinden und hier ohne Zeitverlust fischen können. Innerhalb der Lummen läßt sich eine Reihe aufstellen. Die Gryllteiste hat als einzige Lumme zwei Eier, sie brütet einzeln in Küstennähe. Ihre Nahrung beschafft sie sich meist unmittelbar vor der Küste durch Tauchen im Wasser. Die gefangenen Fische bringt sie unmittelbar ihren Jungen, die sehr bald das Nest verlassen und mit auf Fischfang gehen. Die anderen Arten brüten in sehr großen Kolonien und legen nur ein Ei. Die Alten fischen meist relativ weit von der Küste entfernt und füttern ihre Jungen, bis sie etwa ein Viertel des Gewichtes der Erwachsenen haben. Dann verlassen die Jungen das Nest und folgen ihren Eltern auf See hinaus. Am meisten auf der Hochsee sucht der Papageitaucher nach Nahrung. Seine Jungen leben in Erdhöhlen besonders geschützt, sie werden sehr lange gefüttert und wandern schließlich bei Nacht aus ihrer Höhle auf See hinaus. Eine Beziehung zwischen dem Altvogel und dem Jungvogel nach dem Verlassen der Bruthöhle existiert nicht mehr. Bis ins Extrem getrieben haben diese Verhältnisse die Tubinares, die Albatrosse und ihre Verwandten. Auch sie legen nur ein Ei, sie suchen ihre Nahrung fast durchweg in der Hochsee außer Sichtweite der Küste. Das Jungtier wird daher höchstens einmal pro Tag gefüttert, bei vielen Arten nur an jedem zweiten Tag. Bei den hohen Fluggeschwindigkeiten der Altvögel bedeutet dies, daß die Nahrung im allgemeinen zwischen 30 und 200 km von dem Nest entfernt aufgenommen wurde; es können aber durchaus größere Entfernungen vorliegen. Bei großen Sturmvögeln dauert so die Periode der Jungenfütterung mehr als drei Monate. Das Junge ist nunmehr auf ein Gewicht herangewachsen, welches das des adulten Tieres übersteigt. Bei den meisten Arten verläßt es nun bei Nacht seine Bruthöhle und wandert selbst auf See hinaus. Erst hier wird es flügge. Einige andere Arten (z. B. der Eissturmvogel Fulmarus glacialis) werden noch im Nest unter starkem Gewichtsverlust flügge, während die Alten schon nicht mehr an den Nistfelsen kommen und nicht mehr füttern. Das Junge verläßt voll flügge den Nistplatz. Bei großen Sturmvögeln und Albatrossen ist nur in jedem zweiten Jahr eine Brut möglich, der Brutplatz wird dennoch Jahr für Jahr besetzt: Am Brutplatz findet man also abwechselnd verschiedene Paare. Der Preis für die Ausnutzung der Nahrungsquelle der Hochsee besteht also in einer Reduktion der Fortpflanzungsrate (nur ein Nachkomme pro Fortpflanzungsperiode) und in einem überaus langen Fortpflanzungsgeschäft; das wird ermöglicht durch eine sehr hohe Lebensdauer der Tiere.

Die Nahrungsbeschaffung ist also ein außerordentlich kompliziertes Feld für die Tiere, welches sinnesphysiologische Mechanismen ebenso einschließt wie biochemische und Mechanismen der Suche. Aus all dem hat sich in den letzten Jahren die "Optimal foraging Theorie" entwickelt, welche letzten Endes sagt, daß dasjenige Tier in der Selektion überlegen ist, welches die Beschaffung günstiger Nahrung optimiert. Das ist an sich eine Selbstverständlichkeit, die sich aus der Darwinschen Selektionstheorie ergibt. Sie im einzelnen zu belegen, ist jedoch außerordentlich schwer, da es vielfach kaum möglich ist zu differenzieren, ob das Tier sich gerade bei der Nahrungssuche (und nicht gerade bei der Partnersuche oder bei der Suche nach einem geeigneten Eiablageplatz oder Schlafplatz) befindet. Auch ist ein "Optimal foraging" sehr schwer zu quantifizieren bei allen Arten, die verschiedene Nahrungsstoffe benötigen. Schließlich kann bei der Hummel ein Flug auftreten, der wie ein Nahrungsflug aussieht, aber allein der Beseitigung von überschüssigem Wasser (aufgrund der wasserreichen Nektarnahrung und aufgrund des beim Stoffwechsel entstehenden Wassers) dient. Fast alle Belege für ein "Optimal foraging" enthalten daher bisher mehr Theorie und Spekulation als solide Ergebnisse — so interessant das Gebiet ist und so wichtig gute Ergebnisse hier wären.

2.3.4 Das Licht

Das Licht ist der Faktor, der das Leben auf der Erde überhaupt garantiert. Mit seiner Hilfe kann man jedoch kaum verschiedene Lebensräume voneinander abgrenzen. Licht ist auf der ganzen Erdoberfläche in genügender Menge gegeben, um den Pflanzen eine Produktion zu ermöglichen. Nur ganz wenige Lebensräume — die Tiefen des Meeres, die tiefen Zonen unserer Binnengewässer und Höhlen — erhalten nicht genügend Licht für die Photosynthese der Pflanzen. Sonst aber erreicht Licht überall in genügender Menge und in der richtigen spektralen Zusammensetzung unsere Biosphäre. So ist es nur natürlich, daß die quantitativ bedeutende Produktion organischer Substanz letzten Endes überall auf dem gleichen Mechanismus basiert: der Photosynthese mit Hilfe des Chlorophylls. Die verschiedenen Sorten des Chlorophylls unterscheiden sich in ihrer Produktivität nach heutigem Wissen kaum. Wir können sie als Einheit behandeln. Wir können zunächst davon ausgehen, daß Lichtenergie als Überfluß-Faktor anzusehen ist. So nutzen Pflanzen nur einen sehr geringen Teil der auf sie eingestrahlten Energie. Der Nutzeffekt liegt immer unter 5% und meist im Bereich um 1% der eingestrahlten Energie (Kasten 2). Daraus folgt, daß die Höhe der Produktion eines Lebensraumes meist nicht von der Lichtmenge abhängt: Licht ist in genügender Menge vorhanden. Vielmehr diktieren Temperatur- und Wasserangebot die Höhe der Produktion sowie das Vorhandensein von Mineralstoffen. Die Höhe der möglichen Produktion muß daher errechenbar sein (Tabelle 5). Unter gleichen Boden- und Nährstoffbedingungen bei gleichem Klima müssen daher alle Pflanzengesellschaften ungefähr die gleiche Produktion haben. Das ist auch tatsächlich der Fall. Untersuchungen im Solling-Projekt der Deutschen Forschungsgemeinschaft im Rahmen des Internationalen Biologischen Programms ergaben, daß die Produktion organischer Substanz auf einer Wiese, in einem Nadelwaldstück und in einem Buchenwaldstück auf gleicher Höhe lagen. Diese Tatsache fordert immer wieder zu Zweifeln heraus. Wir kennen doch Schattenpflanzen und wir kennen Lichtpflanzen. Wir kennen Pflanzen, die nur einen Teil des Jahres Photosynthese treiben, wie etwa unsere Frühlingsblumen, die dann ihre Blätter in den Boden zurückziehen.

Kasten 2. Produktion eines Maisfeldes. Beispiel für die Berechnung der Primärproduktion. (Nach Tischler, 1965)

Gesamttrockengewicht des Mais von 0,4 ha (= 1 acre) (10 000 Maispflanzen)	6000 kg
Asche (anorganische Bestandteile) abgezogen	− 300 kg
Gesamtgewicht organischer Bestandteile	5700 kg
Ihr Äquivalent in Glukose	6700 kg
Plus organische Substanz, die durch die der Jahreszeit entsprechende Transpiration verlorenging (ausgedrückt in Glukose-Äquivalent)	2000 kg
Gesamtgewicht der von 0,4 ha Mais gebildeten Glukose	8700 kg
Zur Synthese von 1 kg Glukose benötigte Energie	3800 K Cal
Zur Synthese von 8700 kg Glukose benötigte Energie	ca. 33 Mill. K Cal
Gesamte für 0,4 ha verfügbare Sonnenenergie	2040 mill. K Cal

$$\text{Ausnutzung der verfügbaren Energie in \%:} = \frac{33\,000\,000 \times 100}{2\,040\,000\,000} = 1{,}6\%$$

Wie vertragen sich diese Tatsachen mit der aufgestellten Behauptung von der gleichen Produktivität und dem gleichen biochemischen Basisvorgang?

Schattenblätter und Lichtblätter sind deutlich verschieden gebaut. Das gilt innerhalb der gleichen Art wie beim zwischenartlichen Vergleich in ähnlicher Weise. So sind Lichtblätter der Buchen fast doppelt so dick wie Schattenblätter im Inneren der Krone des gleichen Baumes; die dickeren Sonnenblätter besitzen eine stärkere Kutikula, eine geringere Zahl von Spaltöffnungen und mehrere Lagen chlorophyllführenden Palisadengewebes. Lichtblätter steigern ihre Photosynthese mit zunehmender Lichtaufnahme immer mehr; ein Sättigungspunkt wird erst bei sehr hohen Einstrahlungsstärken erreicht. Schattenblätter erreichen dagegen schon bei relativ geringen Lichtstärken ihre höchstmögliche Photosyntheseleistung. Wenn solche Schattenblätter plötzlich dem unmittelbaren Sonnenschein preisgegeben werden, erleiden sie im allgemeinen rasch starke Schäden: Dies ist durchweg auf ihre hohe Zahl von Spaltöffnungen und ihre dünne Kutikula zurückzuführen und damit eine Frage der Wasserversorgung: die Lichtschäden lassen sich meist vermeiden, wenn man eine reichliche Wasserversorgung zusammen mit dem direkten Lichtgenuß garantieren kann. Beim zwischenartlichen Vergleich zwischen Licht- und Schattenpflanzen gilt im Prinzip das gleiche, jedoch scheinen die meisten Pflanzen nicht — wie etwa die Buche — in der Lage zu sein, Licht- und Schattenblätter auszubilden. Vielmehr scheint die Fähigkeit, Licht- oder Schattenblätter zu bilden, genetisch bedingt zu sein, wobei in einer Population eine vergleichsweise große Variationsbreite vorhanden ist. Aus Samen kommen an dunklen Standorten daher nur die Genotypen

Tabelle 5. Theoretische Höchsterträge unter den geographischen Bedingungen verschiedener Standorte und theoretisch errechenbare Nutzung für einen Warmblüter. (Nach de Witt, aus Remmert)

Theoretisch möglicher jährlicher Höchstbetrag (kg Trockenmasse/ha nach de Witt aus Baeumer)	Ort	Reicht theoretisch energetisch für Schafe (pro h/Jahr)
25 000	Stockholm	68
30 000	Berlin	80
51 000	Puerto Rico	140
57 000	trop. Australien	156

hoch, die Schattenblätter ausbilden können, während aus den gleichen Samen an sonnigen Standorten nur diejenigen sich entwickeln können, die genotypisch Lichtblätter ausbilden können. Versuche mit kloniertem Pflanzenmaterial zeigen, daß hier die Variationsbreite erstaunlich gering ist (Horn, 1971; Björkman, 1981). Wesentlich ist jedoch, daß sie über keinen anderen Mechanismus der Photosynthese verfügen als die Lichtpflanzen. Die Behauptung von der gleichen Produktivität unterschiedlicher Pflanzengesellschaften unter gleichen Bedingungen bezieht sich ja nicht auf eine Einzelart. Keineswegs kann gesagt werden, daß unterschiedliche Arten die gleiche Produktivität aufweisen. Das ergibt sich aus ihrer unterschiedlich langen Vegetationszeit, die aufgrund von anderen Faktoren gesteuert wird. Es kann hier nur eine vielartige Pflanzengesellschaft mit einer anderen, ebenfalls vielartigen Pflanzengesellschaft verglichen werden. In verschiedenen Pflanzengesellschaften lösen sich ja zeitlich verschieden auftretende Pflanzen ab. Da in jedem Fall ihre Produktion über das gleiche biochemische System geht, bleibt die Produktion einer Pflanzengesellschaft pro Fläche und Zeiteinheit gleich. Unter sonst gleichen Bedingungen beruht die gleiche Produktivität verschiedener Pflanzengesellschaften also letzten Endes darauf, daß die dem Licht ausgesetzte Chlorophyllmenge unabhängig von der Artzusammensetzung gleich ist.

Moderne Hochleistungsrassen in der Kulturpflanzenzucht produzieren nicht mehr organische Substanz als die Wildsorten, sie verteilen die gebildete Substanz lediglich anders: Anstelle eines aufwendigen Wurzelsystems und starker Halme werden mehr für den Menschen nutzbare Körner produziert (vgl. S. 43). Die Behauptung gleicher Produktivität erfährt eine prinzipielle Ausnahme, die zu gering, aber deutlich erhöhter Produktivität führt. Neben den Pflanzen mit der normalen Photosynthese, bei denen als erstes Photosyntheseprodukt eine Triose, ein Zucker mit 3

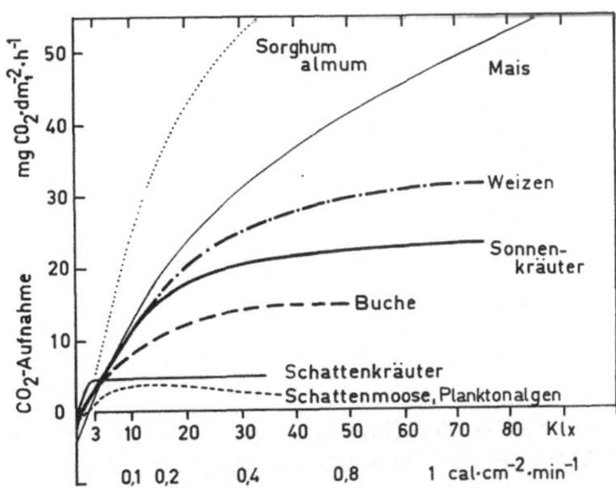

Abb. 38. Lichtabhängigkeit der Nettophotosynthese verschiedener Pflanzen und natürlichem CO_2-Angebot. Die C_4-Pflanzen Sorghum (Hirse) und Mais haben eine höhere Produktion als die C_3-Pflanzen. (Aus Larcher, 1973)

Kohlenstoffatomen, auftritt (daher sog. C_3-Pflanzen; Abb. 39), gibt es eine Reihe von anderen Pflanzen, bei denen das aufgenommene CO_2 zunächst an Phosphoenolpyruvat angekoppelt wird — also an einen C_3-Körper — und Oxalacetat (also einen C_4-Körper) bildet. Als erstes Produkt tritt damit ein C_4-Körper auf, wir sprechen von C_4-Pflanzen. Dieser C_4-Körper wird später jedoch wieder gespalten, das Kohlendioxid wird dem normalen Photosyntheseapparat zugeführt und wir kommen zu der ganz normalen — bereits besprochenen — Photosynthese. Dieses Verfahren ist energetisch aufwendiger als die normale Photosynthese — wohl deswegen sind C_4-Pflanzen auf Gebiete mit sehr intensiver Sonnenstrahlung beschränkt. Es hat jedoch auch Vorteile: Mangelfaktor für die Pflanzen ist Kohlendioxid. Die Phosphoenolpyruvat(PEP)-Carboxylase hat eine höhere Affinität zum Kohlendioxid als die Ribulose-Diphosphat-Carboxylase, die bei der normalen Photosynthese als Akzeptor für das Kohlendioxid-Molekül auftritt. Damit kann pro Zeiteinheit eine größere Menge Kohlendioxid aufgefangen werden und damit kann die Produktion erhöht werden. Beispiele für Pflanzen mit einem der-

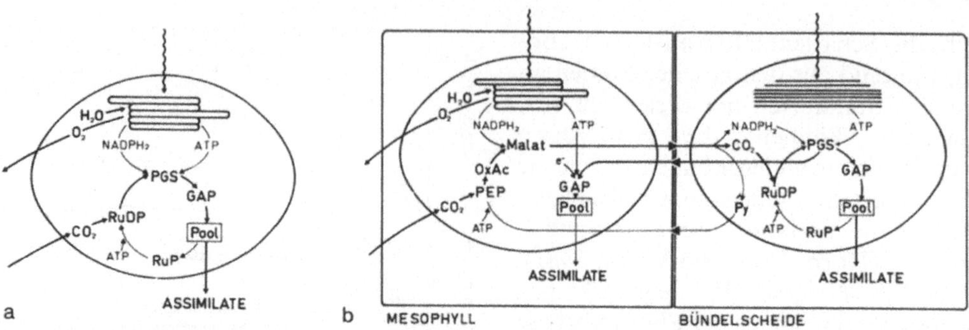

Abb. 39. a Vereinfachtes Schema der CO_2-Fixierung und Assimilatbildung bei C_3-Pflanzen. **b** C_4-Pflanzen. *PEP* Phosphoenolpyruvat, *RuDP* Ribulosediphosphat, *PGS* 3-Phosphoglycerinsäure, *GAP* 3-Phosphoglycerinaldehyd, *Pool:* Intermediäre C_3-C_7-Verbindungen, *RuP* Ribulose-5-Phosphat, *OxAc* Oxalacetat, *Py* Pyruvat. Die Regeneration von *PEP* aus *PGS* unter Wasserabgabe ist nicht eingetragen. (Aus Larcher, 1973)

artigen Photosynthesemodus sind unter Gräsern und unter Dikotylen (z. B. Melden) von Gebieten mit hoher Sonneneinstrahlung und (meist) unregelmäßiger Wasserversorgung zu finden. Berühmte Kulturpflanzen wie Mais und Zuckerrohr gehören hierher und aggressive, ausbreitungsintensive tropische Unkräuter. Da der Unterschied zwischen beiden Photosynthesetypen nicht absolut ist, sondern mehr graduell (alle Pflanzen können in geringem Maße Kohlendioxid an PEP binden), wird heute vielfach versucht, auch bei anderen Kulturpflanzen Stämme mit diesem Photosynthesetyp zu finden und zu kultivieren. Die Überlegenheit der C_4-Pflanzen gegenüber C_3-Pflanzen beruht noch auf einem weiteren Prinzip: C_3-Pflanzen zeigen eine sogenannte Lichtatmung: Sie veratmen tagsüber erhebliche Mengen an organischer Substanz — tatsächlich liegt die Atmung tagsüber etwa 5 mal so hoch wie nachts (Abb. 40). Die zugehörigen Enzyme sind nicht in den Mitochondrien lokalisiert, sondern in den sehr kleinen Peroxysomen. Man hat lange über die Bedeutung dieser Lichtatmung spekuliert, die bei C_4-Pflanzen nicht nachzuweisen ist. Nun stellt sich heraus, daß die Ribulose-Diphosphat-Carboxylase, die das Kohlendioxid an das Ribulose-Diphosphat-Molekül ankoppelt, häufig — besonders bei hoher Sauerstoffkonzentration — Sauerstoff mit Kohlendioxid „verwechselt". Damit wird Ribulose-Diphos-

phat oxidiert, es entsteht Phosphoglycerat und Phosphoglykolat. Dieses Phosphoglykolat wird nun zu Glyoxylsäure oxidiert, wobei Wasserstoffsuperoxid entsteht. Dieses wird durch Peroxidase in Wasser umgewandelt. Bei der Lichtatmung — der Oxidation von Glykolat — wird für die Pflanze keine Energie gewonnen, sie ist reine Verschwendung. Der ganze Weg ist wohl nur erklärbar als ein „historisches Relikt". Er stammt aus einer Zeit, wo die Sauerstoffkonzentration noch bedeutend niedriger und die Kohlendioxidkonzentration höher lag als heute (s. S. 1). Die C_4-Pflanzen mit ihrer höheren spezifischen Affinität zum Kohlendioxid haben das Problem des Kohlendioxidmangels gelöst, die C_3-Pflanzen jedoch nicht. Allerdings benötigen die C_4-Pflanzen für ihre eigentliche Photosynthese größere Energiemengen — d. h. eine höhere Sonnenbestrahlung pro Zeiteinheit. Sie können daher nicht in Regionen zu weit vom Äquator entfernt hin vordringen (Ehleringer, 1978).

Ein ganz ähnlicher Modus — jedoch mit zeitlichen Aufteilungen — liegt bei vielen sukkulenten Wüstenpflanzen vor. Sie öffnen ihre Spaltöffnungen nur bei Nacht und koppeln dann wie die C_4-Pflanzen Kohlendioxid an PEP an. Das Oxalacetat wird größtenteils in Malat verwandelt und in den Vakuolen gespeichert. Entsprechend sinkt der pH-Wert in den Vakuolen im Verlauf der Nacht drastisch ab: In den

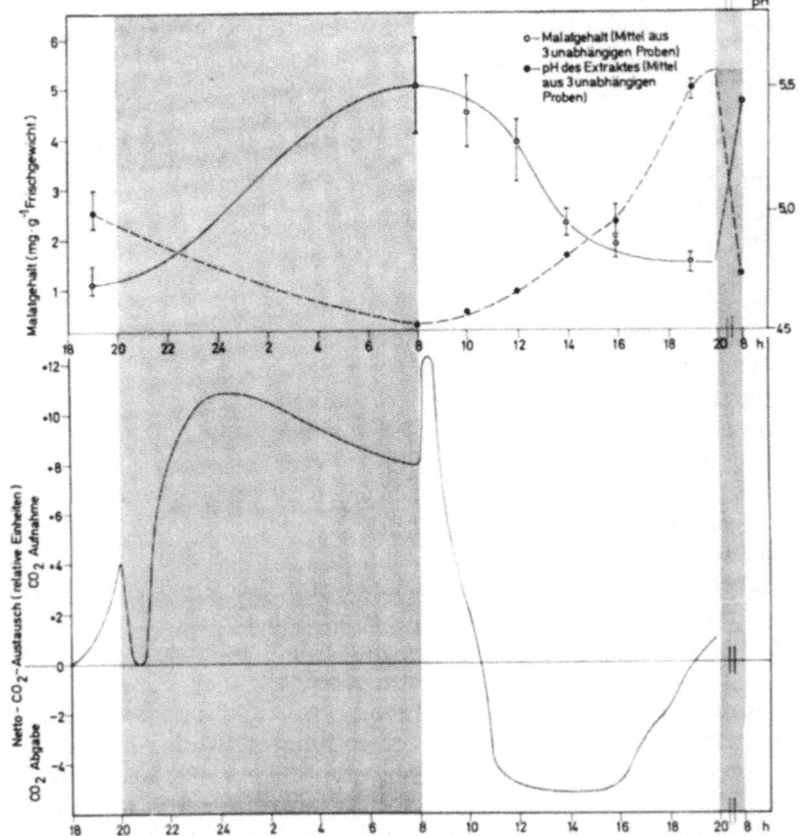

Abb. 40. Veränderungen des Malatgehaltes und des pH-Wertes der Vakuole von Tillandsia usneoides im Tagesgang. (Aus Kluge u. Mitarb. 1973)

Vakuolen werden die organischen Säuren gespeichert. Am Morgen schließen sich die Spaltöffnungen, vom Malat wird Kohlendioxid abgespalten und in die normale Photosynthese eingeschleust. Die Reaktion des Zellsaftes nähert sich nun wieder basischen Werten (diurnaler Säurerhythmus). Auf diese Weise verliert die Pflanze keinen Wasserdampf durch die Spaltöffnungen während der heißen Tageszeit mit ihrer geringen relativen Luftfeuchtigkeit. Die Pflanzen sparen Wasser.

Möglicherweise stellt der C_4-Weg der Photosynthese noch einen weiteren Selektionsvorteil dar. Bei den Hochleistungspflanzen erfolgt die Umwandlung der C_4-Säuren in Kohlendioxid und Pyruvat in spezifischen Bündelscheidenzellen, die für wechselwarme Pflanzenfresser faktisch unverdaulich sind. Grashüpfer, die solche Gräser fressen, scheiden die Bündelscheidenzellen unverdaut wieder aus. Die Pflanzen stellen also für wechselwarme Pflanzenfresser eine relativ unergiebige Futterquelle dar (Caswell u. Mitarb., 1973) (warmblütige Pflanzenfresser verdauen diese Bündelscheidenzellen problemlos). Der sehr starke Tagesgang des pH-Wertes in den Sukkulenten mag auch ein Schutz gegen Pflanzenfresser sein. Belege dafür gibt es bisher nicht.

Ökologisch von ganz wesentlicher Bedeutung ist die Frage, in welche Teile der Gefäßpflanzen die produzierte organische Substanz eingebaut wird. Ist es Nektar, sind es Samen, sind es Blätter, Wurzeln oder Holz? Diese wesentliche Frage läßt sich zur Zeit nur unbefriedigend beantworten. Offenbar verhalten sich hier verschiedene Gefäßpflanzen verschieden — annuelle anders als ausdauernde. Hier entsteht natürlich die Frage, wieweit Pflanzen durch eine höhere Photosyntheseleistung in der Lage sind, Tierfraß mehr oder weniger auszugleichen. Diese Frage birgt eigentlich zwei Probleme in sich: kann eine höhere Photosyntheseleistung erreicht werden bei gleichzeitiger entsprechender Erhöhung der Ionenaufnahme durch die Wurzeln? Damit wird bereits die Komplexität dieser einfachen Frage deutlich. Tatsächlich gibt es Hinweise dafür, daß Pflanzen kurzfristig in geringem Maße Tierfraß durch kompensatorische Photosynthese ausgleichen können — wenn dies auch fast nie wirkliche Schädigungen durch Pflanzenfresser ausgleichen kann. Meist geht solches neues Wachstum nach einem Kahlfraß (etwa der Johannistrieb bei Eichen nach Kahlfraß durch Eichenspinner) auf Kosten anderer Wachstumsvorgänge. Immerhin: neuere Beobachtungen (Novak u. Caldwell, 1984) zeigen doch, daß eine gewisse kompensatorische Photosynthese im Feld eindeutig möglich, wenn auch nicht von großer Bedeutung ist. Hinzu kommen endogene Steuerungen, wie das etwa bei zweijährigen Pflanzen auffällig und selbstverständlich ist. Schließlich hängt bei ein und der selben Pflanzenart diese „Recource allocation" sehr stark von Außenfaktoren ab. Eine gut gedüngte und gut bewässerte Pflanze bildet nur ein kleines Wurzelsystem, während durch Trockenstreß oder geringes Mineralangebot ein größeres und meist tieferes Wurzelsystem aufgebaut wird. Blüten und Samen werden bei sehr reichem Wasserangebot im Verhältnis zum Gesamtwachstum der Pflanze offenbar geringer gebildet als unter Bedingungen des Wassermangels. Das gilt möglicherweise für manche Arten auch absolut: Sie bilden Blüten und Samen nur unter Trokkenstreß-Bedingungen aus. Schließlich wird das Wachstum der Pflanze auch entscheidend durch die erhaltene Lichtmenge

beeinflußt (Photomorphogenese, regulierendes Hormon Phytochrom).
Diese Erscheinungen leiten schon zu den Bedingungen bei Tieren über. Licht dient hier fast nie als Energiequelle und hat damit seine wesentlichste Bedeutung bei der Orientierung der Tiere in Raum (Augen!) und Zeit (Licht-Dunkel-Wechsel als Zeitgeber für den Tagesrhythmus und den Jahresrhythmus der Tiere, s. dort). Insofern scheint Licht kein für den Stoffwechsel der Tiere notwendiger Faktor zu sein, und Tiere müßten sich also ohne weiteres unter sonst günstigen Bedingungen unter Dauerdunkel züchten lassen. Das ist nur mit wenigen Arten versucht worden, und die entsprechenden Versuche schlugen meist fehl. Die Mortalität unter Dauerdunkel ist etwa bei Drosophila, bei terrestrischen Chironomiden, bei Zikaden sehr hoch. Gründe dafür können bisher nicht angegeben werden.
Als Modell für die ökologische Wirkung des Lichtes im stoffwechselphysiologischen Sinn mag das Vitamin D dienen. Es wird als 7-D-Hydrocholesterol aufgenommen und in der Haut durch die Wirkung kurzwelligen Sonnenlichtes in Cholecalciferol umgewandelt. Die Umwandlung unterbleibt, wenn nicht genügend Licht auf die Haut einwirkt. Steht nicht genügend Vitamin D zur Verfügung, so erfolgt die Verknöcherung des Skeletts nur unvollkommen, bei Kindern tritt als typische Erscheinung Rachitis auf. Entsprechend finden wir Rachitis vor allen Dingen in nördlichen Breiten mit langen, dunklen Wintern und schwacher sommerlicher UV-Strahlung, während die Krankheit in tropischen Regionen mit starker Sonneneinstrahlung praktisch unbekannt ist. Menschen mit dunkler Hautfarbe sind in nördlichen Breitengraden der Rachitis besonders ausgesetzt, da ihre Pigmente das Eindringen der Sonnenstrahlen und damit die Umwandlung der Vorstufen in das fertige Vitamin zum Teil verhindern. Umgekehrt sind Hellhäutige in den Tropen bei sehr starker Sonneneinstrahlung einer gefährlichen Verkalkung ausgesetzt. Während

sich bei Dunkelhäutigen das Problem leicht durch Vitaminpräparate aus der Welt schaffen läßt, kann eine Überproduktion von Vitamin D bisher nicht so leicht verhindert werden.

Aus diesem Modell ergibt sich, daß möglicherweise die Verbreitung von Tieren sehr stark mit dem Licht in Zusammenhang gebracht werden muß, dafür fehlen jedoch noch nahezu alle Belege. Auch hinsichtlich der Strahlungsansprüche und der Strahlungstoleranz in Tälern und in Hochgebirgen wären nach diesem Modell Unterschiede möglich. Sie sind sehr häufig behauptet worden, doch bis heute so gut wie nicht belegt. Glück (1979) konnte eine klare Korrelation zwischen dem Standort erfolgreicher Bruten und der Lichtmenge, die auf solche Nester fällt, nachweisen. Die Nester von Buchfinken, Stieglitzen und Kernbeißern erhalten danach deutlich mehr Licht als die von Girlitz, Grünfink und besonders Hänfling.

Anders als bei Pflanzen gibt es auch dunkelaktive Tiere. Die Ursache für diese Dunkelaktivität liegt sehr häufig in der

Abb. 41. a Dichte Bestände von Pogonophoren (Riftia pachyptila); **b** dichte Bestände von Muscheln (Calyptogena magnifica) und Krebse.
Diese Organismengemeinschaft ist charakteristisch für Hydrothermalquellen in der Tiefsee; diese Organismen leben chemo-autotroph mit Hilfe von Bakterien. (Nach Jannasch, 1986)

nachts höheren relativen Luftfeuchtigkeit. Das Licht spielt hier also nur die Rolle eines Zeitgebers.

Neben der Photosynthese spielt die Chemosynthese eine so geringe Rolle, daß sie durchweg in Ökologiebüchern nicht beachtet wird. Tatsächlich läßt sich ihre Höhe derzeit wohl nicht abschätzen, und sie ist daher für ökologische Überlegungen derzeit unbedeutend. Es gibt einen Lebensraum, wo das anders ist: vulkanisch aktive Gebiete der Tiefsee. An den Rändern von Kontinentalschollen und anderen entsprechenden Gebieten mit hoher vulkanischer Aktivität tritt bei hoher Temperatur Schwefelwasserstoff aus dem Erdboden aus und ermöglicht hier im absoluten Dauerdunkel sehr tiefer Areale eine Chemosynthese, von der eine unglaubliche Vielfalt von Organismen lebt. Auf diese Verhältnisse ist man erst seit dem Januar 1977 aufmerksam geworden. In einer Tiefe von 2550 m wurden dichte Populationen wirbelloser Meerestiere entdeckt. Es war sofort klar, daß diese Biozönosen nicht auf photosynthetische Nahrungsstoffe angewiesen sein konnten. Es handelt sich im einzelnen um 1–2 m lange Röhrenwürmer aus der merkwürdigen darmlosen Gruppe der Pogonophora (Riftia pachyptila) und um Muscheln aus der Miesmuschelverwandtschaft, jedoch

weiß und sehr viel größer (Calyptogena magnifica) und blaue Muscheln (Bathymodiolus thermophilus). Diese Tiere leben in Symbiose mit Bakterien (Abb. 41), die das aus heißen Tiefseequellen ausströmende H_2S für ihre Chemosynthese nutzen. Heutzutage muß davon ausgegangen werden, daß überall in der Tiefsee, wo wir durch die Plattentektonik einen ähnlichen Vulkanismus haben, ein reiches Leben entwickelt ist mit einer für diese Tiefseebedingungen unglaublich hohen Produktion an organischer Substanz. All diese Organismen sind streng an die Bedingungen der Tiefsee angepaßt mit ihren sehr hohen Drucken; sie kommen also nicht im Flachmeer vor. Für den riesigen Lebensraum der Tiefsee bedeutet die Chemosynthese damit zweifellos die wichtigste Produktion überhaupt, denn von der Photosynthese her stammende Primärproduktion kommt in dieser Tiefe kaum noch an (Jannasch, 1986) (Abb. 42).

2.3.5 Das Sauerstoffangebot

Die meisten Organismen benötigen Sauerstoff beim Abbau der organischen Substanz. Da der Energiegewinn in Form von ATP aus dem sauerstoffabhängigen Citratzyklus und der oxidativen Phosphory-

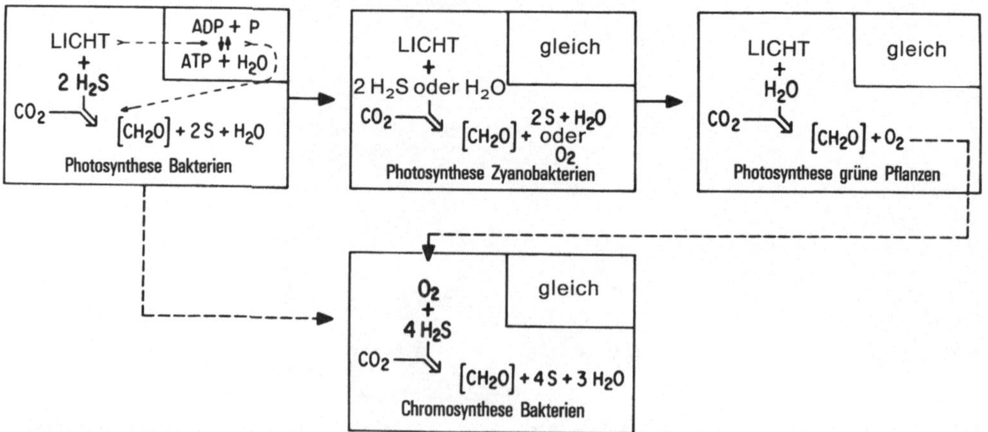

Abb. 42. Die Stellung der bakteriellen Chemosynthese gegenüber den photosynthetischen Bakterien, Zyanobakterien und grünen Pflanzen. Zur Synthese von ATP wird entweder Licht oder chemische Oxydationsenergie verwendet. (Aus Jannasch, 1986)

lierung in der Atmungskette (aerober Energiestoffwechsel) besonders hoch ist, benutzen Organismen immer diesen Stoffwechsel bei längerer, submaximaler Belastung. So verbraucht eine fliegende Heuschrecke 15 ml O_2 Gramm^{-1} h^{-1} oder eine fliegende Biene 100 ml O_2 Gramm^{-1} h^{-1}, während beide in Ruhe 50- bis 100mal weniger Sauerstoff aufnehmen. Die Notwendigkeit zur aeroben Energiegewinnung spiegelt sich besonders deutlich in der Plastizität der Skelettmuskulatur von Wirbeltieren wider. Solche Arten, die in der Lage sind, über weite Strecken zu laufen oder zu fliegen, besitzen Muskeln, von denen manche durch den Gehalt an Myoglobin und eine vorwiegend aerobe Enzymausstattung charakterisiert sind. Eine hohe aerobe Kapazität zeigt sich in der roten Brustmuskulatur von Tauben, Falken, Brachvögeln oder Möwen ebenso auffällig wie in der Beinmuskulatur von Hasen, Hirschen und Antilopen. Die Konzentration von Myoglobin ist in der Muskulatur von tauchenden Säugetieren besonders hoch (3,5–7%), daher auch die intensive Rotfärbung des Walfleisches. Myoglobin dient bei diesen Tieren, die ohne einen Luftvorrat in der Lunge tauchen, der Sauerstoffspeicherung und, wie auch bei den oben erwähnten Arten, der Erhöhung der Diffusionsgeschwindigkeit des Sauerstoffs vom Blut in die Muskulatur.

Bei beginnendem Sauerstoffmangel garantieren zunächst physiologische Mechanismen, wie z. B. die Erhöhung des Atem- und Herzminutenvolumens, eine Durchblutungssteigerung bestimmter Organe oder eine Veränderung der Sauerstoffaffinität der Blutfarbstoffe, eine weiterhin ausreichende Versorgung des Organismus mit Sauerstoff und damit einen aeroben Stoffwechsel. Bei sehr niedrigen Sauerstoffpartialdrücken (< 10–30 Torr) oder bei Fehlen von Sauerstoff können viele Organismen von einem aeroben auf einen anaeroben Stoffwechsel umschalten. Derartige hypoxe oder anoxe Zustände können einerseits für kurze Zeit durch plötzlichen, maximalen Energieverbrauch auf-

treten, andererseits können Organismen dauernd (manche Parasiten) oder für längere Zeit in sauerstoffarmem bis hin zu sauerstofffreiem Medium (fakultative Anaerobier) leben.

Funktionsbedingte Anaerobiosen treten nur bei Tieren auf. Die sehr hohe Leistung, zu der ein Hundert-Meter-Läufer oder ein durch das Wasser schießender Tintenfisch ebenso fähig ist wie eine schwimmende Pilgermuschel oder eine hüpfende Heuschrecke, kann immer nur kurzfristig erbracht werden. Die zu Höchstleistungen fähigen Muskeln dieser Tiere fallen schon durch ihre helle, fast weiße Farbe auf. Sie besitzen eine sehr niedrige aerobe Kapazität und kein Myoglobin. Sie gewinnen das zu dieser Leistung notwendige ATP aus der Spaltung energiereicher Phosphagene (z. B. Phosphocreatin oder Phosphorylarginin) und aus der anaeroben Glykolyse, d. h. aus dem ohne Sauerstoff ablaufenden Abbau des in der Muskulatur gespeicherten Kohlenhydrats Glykogen. Das Endprodukt dieses Stoffwechsels ist Laktat, das hauptsächlich bei Wirbeltieren, Krebsen und Insekten gebildet wird. Bei vielen Mollusken und Anneliden endet die anaerobe Glykolyse mit der Bildung von Opinen (Alanopin, Strombin und Octopin; s. Abb. 43), die durch die reduktive Kondensation von Pyruvat mit einer Aminosäure (L-Alanin, Glycin, L-Arginin) entstehen. Sie werden ebenso wie Laktat in den Organismen gespeichert und während der anschließenden, immer notwendigen, sauerstoffabhängigen Erholung in den aeroben Stoffwechsel eingeschleust (Gäde u. Grieshaber, 1986).

Der Energiegewinn aus der anaeroben Glykolyse beträgt 3 mol ATP pro 2 mol Laktat bzw. Opin gegenüber 38 mol ATP (ausgehend von einer Glykosyleinheit) des aeroben Stoffwechsels mit Glykogen als Substrat. Obwohl die Energie dieses Reservestoffes nur sehr unvollkommen ausgenützt wird, kann ATP innerhalb kürzester Zeit mit wenigen Reaktionen gewonnen werden. Oft genug gelingt es damit ei-

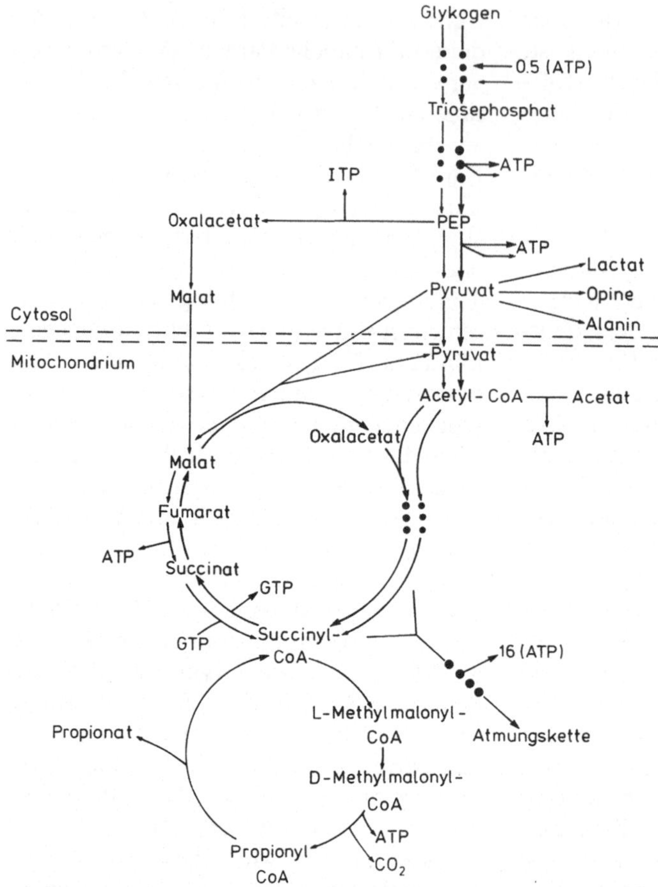

Abb. 43. Biochemische Wege der Energiegewinnung bei Tieren. Aerober Abbau des Glykogens im Embden-Meyerhof-Parnas-Weg, im Citratzyklus (Pfeile im Uhrzeigersinn) und in der Atmungskette mit einem theoretischen Energiegewinn von 38 Mol ATP pro Glykosyleinheit. Funktionsbedingte Anaerobiose bei kurzfristiger und höchster Muskelaktivität führt bei hohem Glykolyseflux (dicke Pfeile) zur Akkumulation von Laktat oder einem Opin und einem Energiegewinn von 3 Mol ATP pro Glycosyleinheit. Biotopbedingte Anaerobiose, d. h. Sauerstoffmangel im Biotop führt zunächst zur Transphosphorylierung eines Phosphagens und zu einem Abbau von Glykogen in der anaeroben Glykolyse und anschließend im Succinat-Propionat-Stoffwechsel, der mit der Ausleitung des Metabolitfluxes am Phosphoenolpyruvat (PEP) beginnt. Der Energiegewinn pro Glykosyleinheit beträgt 5 Mol ATP bis zum Zwischenprodukt Succinat und 7 Mol ATP bis zum definitiven Endprodukt Propionat. Die dünnen Pfeile symbolisieren den reduzierten Substratumsatz während einer biotopbedingten Anaerobiose, die Punkte nicht erwähnte Zwischenprodukte.

nem Beutetier, seinem Räuber zu entfliehen.

Biotopbedingte Hypoxien, also Sauerstoffmangel aufgrund niedriger Sauerstoffpartialdrücke im Lebensraum, treten hauptsächlich bei Organismen des Wassers oder des Bodens, nicht aber bei eigentlichen Landorganismen auf. An Land — d. h. in der Luft — ist Sauerstoff immer in genügender Menge vorhanden. Eine gewisse Begrenzung ist im Hochgebirge gegeben, wo der Sauerstoffpartialdruck mit zunehmender Höhe exponentiell abnimmt. Anpassungen an das Hochgebirge sind gegeben durch Hyperventilation, Erhöhung der Zahl der roten Blutkörperchen und damit des Hämoglobingehaltes, Modulation der Sauerstoffaffinität des

Hämoglobins, Steigerung der Kapillardichte und Änderungen der Enzyme des oxidativen Stoffwechsels. Zum Teil handelt es sich um einfache Adaptationen, die sich nach einigen Tagen Aufenthalt in größerer Höhe einstellen, zum Teil können auch genetische Faktoren eine Rolle spielen. Ob diese Mechanismen wirklich die einzige Antwort von Tieren auf das geringe Sauerstoffangebot in größerer Höhe darstellen, läßt sich im Augenblick nicht entscheiden. Die Untersuchungen werden derzeit mit besonderem Nachdruck von physiologischer Seite vorangetrieben. Spärlich sind die Daten über wechselwarme Tiere und über Pflanzen (Bouverot, 1985).

Ein weiterer Lebensraum, in dem Hypoxien auftreten können, ist das Wasser. Sein Sauerstoffgehalt stammt aus zwei Quellen. Einmal kann der Sauerstoff aus der Luft in das Wasser diffundieren. Dabei lösen sich unter normoxischen Bedingungen (Barometerdruck 760 Torr) und bei 15° C in einem Liter Süßwasser etwa 9,7 ml Sauerstoff. Dieser Vorgang ist allerdings langsam und bringt in die tieferen Schichten nur dann Sauerstoff hinein, wenn Oberflächenwasser in die Tiefe gelangt. In Seen ist dazu durchweg starker Wind notwendig. Da Wind während der warmen Sommermonate nur selten auftritt, ist zu einer Zeit mit hohen Temperaturen eine Umwälzung kaum vorhanden. Aber gerade jetzt ist der Stoffwechsel aller Organismen und damit auch der Sauerstoffverbrauch besonders hoch. Zum zweiten gelangt durch die Photosynthese der Wasserpflanzen Sauerstoff in das Wasser. Wesentlich sind dabei besonders die im freien Wasser, im Pelagial, schwimmenden Algen. Diese sind natürlich auf die lichtdurchfluteten Teile des Wasserkörpers beschränkt. Enthält dieser Wasserkörper sehr viele Nährstoffe für die Pflanzen, so entwickeln sich besonders viele Planktonalgen. Die Folge ist eine geringere Durchsichtigkeit des Wassers und eine Konzentration der Photosynthese in den oberen Schichten. Damit erhalten bei starker Düngung gerade die tiefer liegenden Wasserschichten keinen Sauerstoff mehr. Die Gefährdung nimmt dadurch zu, daß absterbende Planktonalgen bei einer solchen Massenvermehrung in großer Zahl in die Tiefe sinken und dort von Bakterien abgebaut werden — was natürlich Sauerstoff erfordert. Dabei kann der Sauerstoff am Fluß- und Seegrund völlig verbraucht werden, so daß alle hier lebenden Tiere absterben. Dies ist der Grund für die Gefahr einer Eutrophierung unserer Gewässer — eine Düngung hat hier also ganz andere Effekte als auf dem Land.

In einen nährstoffarmen See dringt das Licht sehr tief ein, Planktonalgen mit Photosynthese können noch in mehr als 50 m Tiefe auftreten und Sauerstoff produzieren. Damit liegt letzten Endes die Fischproduktion in einem nährstoffarmen See höher als in einem nährstoffreichen. Auch ohne Zutun des Menschen gibt es natürlich sehr nährstoffreiche Seen. An nährstoffreichen Inn-Stauseen konnte Reichholf (1975 b) zeigen, daß überwinternde Entenscharen sämtliche Wasserpflanzen abweiden. Sie entnehmen so dem Gewässer organisches Material, das ohne sie zu Boden sinken und hier verfaulen würde, wodurch dann Sauerstoffschwund aufträte. Da die Enten als Luftatmer bei ihrem Stoffwechsel jedoch keinen Sauerstoff aus dem Wasser entnehmen, gibt es hier keine Sauerstoffzehrung. Wesentlich ist dabei, daß die Enten nicht gestört werden, sondern in großer Zahl auftreten können. Sie verhindern so den Sauerstoffschwund und ein rasches Verlanden der Seen.

Auch in der Gezeitenzone der Meere müssen manche Tiere Perioden des Sauerstoffmangels überstehen. Während der Flut, wenn die Organismen mit Wasser bedeckt sind, können sowohl die auf dem Sediment (Epibionten) als auch in Röhren im Sediment (Endobionten) lebenden Arten ihre Kiemen mit frischem, sauerstoffreichem Wasser überströmen. Wenn jedoch das Meer während der Ebbe zurückweicht und die Gezeitenzone trockenfällt, können die Endobionten kaum noch Wasser durch ihre Röhren pumpen. Da auch das umgebende Sediment bei einem Redoxpotential von -100 bis -200 mV keinen Sauerstoff enthält, stellt sich bei fast allen im Bodensediment lebenden Arten innerhalb kurzer Zeit Sauerstoffmangel ein. Für manche epi- und endobiontischen Tiere ergibt sich zwar immer noch die Möglichkeit der Luftatmung, zu der auch einige Arten (z. B. die Napfschnecke Patella vulgata oder die Herzmuschel Cardium edule) tatsächlich übergehen, aber andere Arten (z. B. die Miesmuschel Mytilus edulis) schließen während des Niedrigwassers ihre Schalen und geraten somit in eine biotopbedingte Hypoxie (Brinkhoff u. Mitarb., 1983).

Schließlich sei als letztes Beispiel eines hypoxen Lebensraumes der Magen-Darm-Trakt der Wirbeltiere genannt, wo an manchen Stellen äußerst niedrige Sauerstoffpartialdrücke (<5 Torr) gemessen wurden. Von den dort lebenden Parasiten (z. B. Spulwurm Ascaris suum) weiß man schon lange, daß sie ihre Energie aus einem anaeroben Stoffwechsel gewinnen. Parasiten gaben übrigens auch den Anstoß, die biotopbedingte Anaerobiose bei freilebenden Tieren zu untersuchen (Saz, 1981).

Viele Organismen können bei biotopbedingter Hypoxie auf anaerobe Wege der Energiegewinnung umschalten. Diese Stoffwechselwege sind bereits bei Bakterien vorhanden, sie stellen also keine Neuerwerbung der Tiere dar. Vielmehr kann man annehmen, daß sie als „genetische Bürde" durch die Evolution mitgeschleppt wurden, bis ihre Nutzung plötzlich wieder in der Selektion vorteilhaft war (Thauer u. Mitarb., 1977).

Bekannt als anaerobe Wege der Energiegewinnung sind die Essigsäuregärung und die alkoholische Gärung bei Mikroorganismen oder der Succinat-Propionat-Stoffwechsel bei Würmern, die im Darmkanal parasitieren. Besonders Wasser- und Bodentiere sind sehr flexibel. Sie gewinnen in der Anfangsphase einer biotop-

bedingten Anaerobiose ihre Energie aus dem Abbau eines Phosphagens und der anaeroben Glykolyse. Bei längerfristigem, biotopbedingtem Sauerstoffmangel wenden sie neben der anaeroben Glykolyse vor allem den Succinat-Propionat-Stoffwechsel an. Das gilt etwa für die Teichmuschel, Anodonta cygnaea, Tubificiden oder den Regenwurm Lumbricus terrestris; auch viele Muscheln (z. B. Miesmuschel Mytilus edulis und Auster Crassostrea virginica) und Würmer (z. B. Pierwurm Arenicola marina) der Gezeitenzone überdauern mit diesen Mechanismen die Zeit des Trockenliegens (Bryant, 1991).

Als Substrat dient für die anaerobe Glykolyse und den Succinat-Propionat-Stoffwechsel das Glykogen. Es wird im Embden-Meyerhof-Parnas-Weg zunächst zu Pyruvat abgebaut. Bei beginnender biotopbedingter Hypoxie wird ein Teil des Pyruvats zu Laktat reduziert oder mit einer Aminosäure zu einem Opin kondensiert. Das verbleibende Pyruvat gelangt in die Mitochondrien, wo es über einige Reaktionen des Citratzyklus zu Succinat umgewandelt wird. Bei länger andauernder Anaerobiose kann der Embden-Meyerhof-Parnas-Weg bereits auf der Stufe des Phosphoenolpyruvats verlassen werden. Auch dann wird nach Carboxylierung des Phosphoenolpyruvats zu Oxalacetat und dessen Reduktion zu Malat in den Mitochondrien Succinat gebildet. Aus Succinat entsteht über einige Zwischenstufen Propionat, das im Gegensatz zu anderen anaeroben Endprodukten in das umgebende Medium ausgeschieden wird (Abb. 43).

Der Gewinn an ATP ist aus dem Succinat-Propionat-Stoffwechsel größer als aus der anaeroben Glykolyse. Pro mol Succinat werden zunächst im Cytosol 1,5 mol ATP gebildet. In den Mitochondrien wird bei der Reduktion von Fumarat zu Succinat ein weiteres mol ATP synthetisiert. Auch die Umsetzung von Succinat zu Propionat liefert 1 mol ATP. Insgesamt entstehen also pro mol Succinat 2,5 mol ATP und pro mol Propionat 3,5 mol ATP; auf eine Glykosyleinheit bezogen, entstehen 5 bzw. 7 mol ATP bei dem entsprechenden anaeroben Endprodukt. Mit diesem Energiegewinn ist sichergestellt, daß zumindest bei niedrigen Temperaturen viele Wasser- und Bodentiere bis zu mehreren Tagen ohne Sauerstoff im Medium leben können.

Man muß sich jedoch darüber im klaren sein, daß die ATP-Ausbeute relativ gering ist (13 bzw. 17% der theoretischen, aeroben Ausbeute). Die anaerobe Energiegewinnung würde deshalb etwa sechs- bis achtmal mehr an gespeichertem Glykogen verbrauchen als ein aerober Stoffwechsel. Ein weiterer grundlegender Mechanismus der Anpassung an eine biotopbedingte Hypoxie besteht daher in der Reduktion sämtlicher Aktivitäten und damit auch des Energieverbrauches (ca. 10 bis 20% der normoxischen Werte). Damit wird der Substratverbrauch erniedrigt, zumindest jedoch nicht erhöht. Aber selbst dieser verringerte Bedarf kann nicht durch verstärkte Nahrungsaufnahme kompensiert werden, da hierzu wiederum Energie benötigt würde. Da aber unter normoxischen Bedingungen den bislang untersuchten Arten Nahrung in ausreichender Menge zur Verfügung steht, sind die anaeroben Wege der Energiegewinnung eine brauchbare Lösung zur Überwindung von funktions- und biotopbedingten Hypoxien.

Besondere Probleme hinsichtlich der Sauerstoffversorgung entstehen für Pflanzenwurzeln. Hier liegt eine wichtige Funktion grabender Tiere im Ökosystem: Durch ihre Gänge und durch ihre Wühltätigkeit wird der Boden durchlüftet. Sauerstoffarme und sauerstofffreie Böden vermögen einen Pflanzenwuchs nur zu tragen, wenn die Pflanzen besondere Anpassungen an die Sauerstoffarmut besitzen. Solche Böden sind vor allem Böden in stagnierenden Sumpfgebieten, wo beispielsweise die Sumpfzypressen aus dem Südosten der USA Wurzelausläufer über die Oberfläche schicken, welche die Aufnahme von atmosphärischer Luft gewährleisten. Unser Schilf, Phragmites, kann nur gedeihen, wenn die Wurzeln aus dem Wasser Sauerstoff aufnehmen. Es kann daher nicht an der Uferzone von Gewässern überleben, wo die unteren Wasserschichten sauerstofffrei sind. Hier ist der Rohrkolben, Typha, bessergestellt. Er schickt seine Wurzeln über die Bodenoberfläche, so daß sie eigentlich auf dem sauerstofffreien Substrat liegen. Doch können Wasserbewegungen und Diffusion immer wieder etwas Sauerstoff zur Verfügung stellen. Hier liegt auch das Problem vieler großer Bäume in städtischen Regionen, wo der Boden völlig vom Pflaster bedeckt ist. Sie sterben vielfach, weil die Wurzeln keinen Sauerstoff mehr erhalten; wird jedoch sauerstoffangereichertes Wasser unter hohem Druck in den Boden gepumpt, können sie häufig gerettet werden. Das unter diesen Bedingungen schlagartig austretende Methangas oder Schwefelwasserstoffgas zeigt, unter welchen furchtbaren Bedingungen der Baum hier existieren muß.

2.3.6 Das Feuer

In viele natürliche Ökosysteme greift das Feuer sehr regelmäßig ein. Selbstentzündung oder Blitzschlag sind die häufigsten Ursachen dafür. Regelmäßige Brände werden aus trockeneren Tundragebieten beschrieben, aus dem Gesamtgebiet der Taiga, aus allen Savannen- und Steppengebieten, aus allen mediterranen Pflanzenformationen im weitesten Sinne — also etwa dem Chaparral Californiens genauso wie aus den Kiefernwäldern Floridas und den Hartlaubwäldern um das Mittelmeer-Gebiet. Ebenso sind manche Eukalyptus-Wälder Australiens regelmäßig natürlich entstehenden Feuern ausgesetzt. Besonders gut an das Feuer angepaßt sind die Grasbäume (Xanthorroea preissii), in Australien black boys genannt. Ihr Stamm, von vielen Feuersbrünsten schwarz verrußt, trägt an der Spitze einen großen, grasbüschelartigen Blattschopf. Zum Wachstum brauchen sie regelmäßige Feuer. In australischen Eukalyptuswäldern bilden sie oft den Unterwuchs (Autrum, 1988). Genaue Untersuchungen von Zackrisson über Brandwunden sehr alter Bäume ergaben, daß in der nordeuropäischen Taiga vor dem schützenden Eingriff des Menschen etwa zwei Feuer pro Jahrhundert durch den Wald gingen. Ähnliche Zahlen liegen für die kanadische Tundra und die Tundra Alaskas vor. Noch häufiger sind Feuer in Savannen, Steppen und in den mediterranen Gebieten. Im allgemeinen kann man vereinfachend sagen, daß Kiefern (die Gattung Pinus), Eichen (Gattung Quercus) und alle Ericaceen typische „Brandpflanzen" sind. An ihren natürlichen Standorten kommt regelmäßig Feuer vor und sie zeigen daher starke Anpassungen an derartige Bedingungen.

Ihre dicke Rinde ist ein ausgezeichneter Feuerschutz: Sie überstehen daher Feuer durchweg ohne Probleme. Wenn einmal große Teile der Rinde beim Feuer vernichtet werden, ist eine Regeneration fast immer unproblematisch. Die Samen von Kiefern und der Besenheide Calluna keimen besonders gut, nachdem sie einem Hitzestreß unterworfen wurden; die Zapfen vieler Kiefernarten geben die Samen erst frei, nachdem sie auf 70–80° C erwärmt worden sind. Die Keimung erfolgt dann auf konkurrenzfreiem Raum; die Keimlinge von Kiefern und Calluna sind gegenüber Konkurrenz sehr empfindlich. Die Flechten Lecidea anthracophila und Lecidea friesii wachsen nur auf Holzkohle und sind damit streng an Waldbrände gebunden. Ähnliche Anpassungen an das Feuer haben auch die hier lebenden Tiere. Eine Reihe von Käfern steuert für die Eiablage zielgerichtet sehr warmes Holz an — bei einem Prachtkäfer wurden sogar Infrarotsensoren gefunden, die ihm das Aufsuchen frischer Brandflächen ermöglichen.

Die nach einem Feuer keimende und rasch heranwachsende Heide stellt für sehr viele Vögel und Säuger (Hasen!) eine sehr viel bessere Nahrung dar als alte oder gemähte Heide. So wird seit Jahrhunderten in Schottland die Heide regelmäßig gebrannt, um einen hohen Bestand an Moorschneehühnern und Schneehasen zu erzielen; das gleiche gilt für Birkhuhnbestände. Nach einem Feuer frisch wachsende Heide enthält mehr Nährstoffe und scheint für Tiere schmackhafter zu sein als nach einer Mahd wachsende oder alte Heide. In Kiefernsavannen der südöstlichen Vereinigten Staaten enthielten die nun wachsenden Teile von Pflanzen nach einem Feuer und nach einer Mahd deutlich mehr N, P, K, Ca und Mg. Nach einem Feuer waren die Pflanzenteile reicher an N, Ca und Mg als nach einer Mahd. Erst nach 4–6 Monaten sank der Mineralgehalt der Pflanzenteile wieder auf das normale Maß (Christensen, 1977).

Andere Arten sind gegenüber Feuer außerordentlich empfindlich. Das gilt etwa für Fichten und die meisten Laubbäume wie etwa Buchen und Linden. In reinen Fichtenwäldern oder Buchenwäldern kommt Feuer nur dann vor, wenn zuvor ein Windwurf genügend brennbares Material am Boden gesammelt hat. Im allgemeinen kann man jedoch davon ausgehen, daß die meisten Laubwälder (von Eichen und mediterranen Hartlaubgebieten abgesehen) keine natürlichen Feuer haben.

Damit spielt das Feuer für die Zusammensetzung der Pflanzengesellschaften eine überragende Rolle. Der nordeuropäisch-sibirische Taigagürtel etwa aus Fichte und Kiefer ist in dieser wechselnden Zusammensetzung ein Produkt des Feuers. Ohne regelmäßige Brände würden wir hier — wenn es nicht gar zu trocken ist — allein einen Fichtenwald haben. Durch den regelmäßigen Brand werden die Fichten jedoch stark geschädigt; nur so können Kiefern sich halten. Man könnte Feuerresistenz direkt als Konkurrenzmechanismus ansehen: Kiefern geben sehr viel brennbares Material auf den Boden ab, welches sich dort locker anhäuft. Durch dieses Material geht das Feuer leicht hindurch. Es schädigt dabei die Fichten. Ein dichter

Fichtenbestand dagegen ist vor Feuer weitgehend sicher. Die kurzen Fichtennadeln bilden am Boden eine dichte Pakkung, die praktisch nicht entzündlich ist. Von einer gewissen Arealgröße an sind Fichtenwälder daher weitgehend vor dem Feuer geschützt. Ähnlich liegen die Dinge in der Eichensavanne Nordamerikas, wo die Eichen (entsprechend den Korkeichen des Mittelmeergebietes) spezifische Borken entwickelten, mit deren Hilfe sie selbst starke Feuer überstanden. Ihre Eicheln keimten auf konkurrenzfreiem Raum. Möglicherweise hängt das bekannte Oszillieren von Hasen(und damit Luchs-)populationen mit Feuerzyklen zusammen.

Der Mensch hat Feuer bekämpft, wo immer es ihm möglich war. Die Feuerfrequenz in allen vom Menschen besiedelten Gebieten sank daher sehr rasch stark ab. Damit ergab sich eine drastische Veränderung der pflanzensoziologischen Zusammensetzung dieser Gebiete. In Nordeuropa drang die Fichte vor, in der Eichensavanne Nordamerikas erfolgte eine Verbuschung und ein Zurückdrängen der ursprünglichen Eichen. In den Savannen Afrikas drangen ebenfalls Büsche vor. Spezifische Brandtiere wurden daher selten.

Aus diesem Grunde wird seit einiger Zeit kontrolliertes Feuer in Nordamerika, Südamerika, in Afrika und neuerdings auch in Europa im Naturschutz und in der Landespflege eingesetzt. Die Eichensavanne Nordamerikas konnte auf diese Weise vielfach wieder regenerieren. Das gleiche gilt für das Zurückdrängen der Fichte an unerwünschten Standorten Nordeuropas und in den Nationalparks Nordamerikas, wo aufkommende Fichten langsam die Keimung und das Wachstum der dort zu schützenden Mammutbäume verhinderten. Auch in den Everglades von Florida wurde und wird Feuer in großem Maße zur Erhaltung der natürlichen Vegetation eingesetzt (vgl. die Arbeiten von Riess sowie George, 1972), da sonst die natürlichen Kiefernbestände und Grassteppen verschwinden.

Erst mühsam mußte der Mensch lernen, mit derartigen Bränden umzugehen und zu leben. Man kann heute sehr kalte Feuer, die in ihrer Wirkung einer Mahd entsprechen, bei bestimmten Feuchtigkeiten entzünden, man kann sehr heiße Feuer legen, die Rohhumusschichten z. T. abbauen und die Umwandlung zu echtem Humus ankurbeln. Man kennt den Unterschied zwischen heißen Mit-Wind-Feuern und relativ kalten Feuern gegen den Wind. Die Insektenwelt wird von den verschiedenen Feuerarten in verschiedener Weise in Mitleidenschaft gezogen; die Effekte sind geringer als man im allgemeinen erwartet.

2.3.7 Zwischenartliche Konkurrenz

Für die Verteilung von Organismen im Raum wird vielfach zwischenartliche (interspezifische) Konkurrenz verantwortlich gemacht. Das geschieht besonders, wenn keine ökologischen Faktoren ersichtlich sind, die für das Fehlen einer Art in einem bestimmten Raum leicht verantwortlich gemacht werden können. Bei einer solchen Betrachtungsweise, wie sie vielfach üblich ist, macht man es sich jedoch zu leicht. Ohne einen wirklichen Beweis sollte man Konkurrenz nicht als ökologischen Faktor ins Gespräch bringen.

Zu unterscheiden ist in jedem Fall zwischen historischer und aktueller Konkurrenz. Es steht außer Frage, daß die Anpassungen der Organismen an verschiedene Lebensbedingungen durch Konkurrenz entstanden sind. Die Frage ist jedoch, ob heute, nachdem die Organismen an verschiedene Umwelten angepaßt sind, überhaupt noch aktuelle Konkurrenz besteht. Dieser Frage ist bei Tieren, Pflanzen und Mikroorganismen getrennt nachzugehen. Tiere sind aufgrund ihrer Beweglichkeit und ihrer Sinnesorgane zu einer sehr differenzierten Biotopwahl in der Lage. Diese Biotopwahl gilt nicht nur für das jeweils die Wahl durchführende Stadium, sondern aufgrund einer Brutfürsorge oder ei-

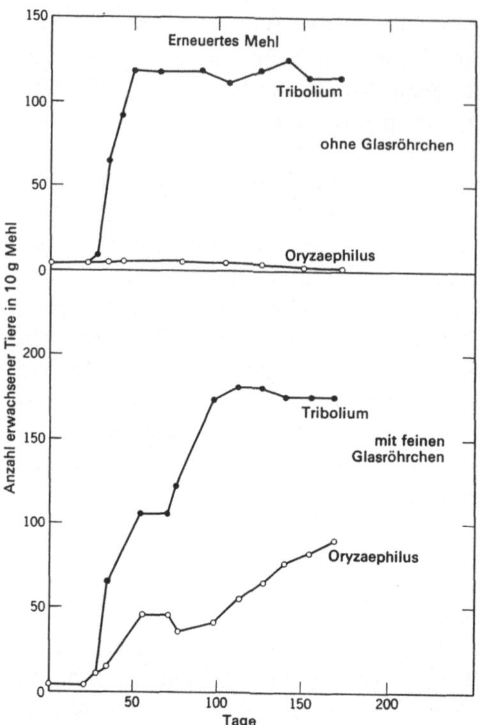

Abb. 44. Tribolium eliminiert Oryzaephilus in dauernd erneuertem Mehl. Werden feine Glasröhrchen zum Medium gegeben, so können beide Arten nebeneinander existieren. (Nach Crombie, aus MacArthur u. Connell, 1970)

ner Brutpflege auch für die nächste Generation. Die überwiegende Zahl der Landtiere treibt zumindest eine gewisse Brutfürsorge, indem die Eier an Stellen abgelegt werden, die für die nächste Generation günstige Entwicklungsmöglichkeiten bieten. Bei Fliegen der Gattung Limosina, deren Larven in faulendem Substrat von Dunghaufen über Bestandesabfall in Pflanzenbeständen bis zu dem Strandanwurf der Meeresküsten leben, werden die Eier sehr spezifisch nach Art der faulenden Pflanzen und nach dem Salzgehalt der Flüssigkeit zwischen diesen Pflanzen abgelegt. Die Libelle Leucorrhinia dubia legt ihre Eier nur in saures Wasser ab, obwohl die Larven auch in alkalischem Wasser ohne weiteres gedeihen können. So aber sind die Larven auf Gewässer mit einer sauren Reaktion beschränkt. Die hoch-

spezifische Wirtswahl der Schlupfwesen ist vielfach untersucht worden; nicht nur die jeweilige Wirtsart wird gefunden, sondern gleichzeitig wird untersucht, ob eine Parasitierung bereits vorliegt, die dem abzulegenden Ei vielleicht Konkurrenz machen könnte. Bei einer derartigen aktiven Differenzierung bei der Wahl des Lebensraums wird Konkurrenz auf ein Minimum herabgedrückt. Damit stellt sich die Frage, wie realistisch eigentlich Experimentalbedingungen sind, bei denen zwei Tierarten in einem künstlichen Lebensraum zusammengebracht werden. All diese Experimente führen zum Aussterben der einen oder anderen Art in mehr oder weniger kurzer Zeit. Unter natürlichen Umweltbedingungen würden die beiden Arten wahrscheinlich aufgrund ihres Wahlvermögens unterschiedliche Räume ausgesucht haben. Das läßt sich auch experimentell zeigen: Bringt man Reiskäfer der Gattungen Tribolium und Oryzaephilus zusammen in Mehl, so stirbt Oryzaephilus innerhalb relativ kurzer Zeit aus. Gibt man dem Medium feine Glasröhrchen zu, so wählen die Larven von Oryzaephilus diese als Versteck. In Wirklichkeit ist nun nicht mehr ein Lebensraum vorhanden, sondern zwei. Beide Käfer gedeihen durch viele Generationen nebeneinander (Abb. 44).

Damit dürfte aktuelle Konkurrenz zwischen verschiedenen Tierarten im Freiland aufgrund ihres Wahlverhaltens vielfach ausgeschlossen sein. Diese Experimente unterstreichen ein Prinzip, das in der Ökologie schon immer besondere Beachtung gefunden hat: das Exklusionsprinzip, wie es neutral genannt wird, das Monardsche Prinzip oder das Gausesche Prinzip, wie es nach ihren Entdeckern bezeichnet wird. Es besagt, daß zwei in einem Lebensraum nebeneinander vorkommende Tierarten sich dennoch ökologisch unterscheiden müssen. Da die Biologie sehr nah verwandter Arten — etwa zur gleichen Gattung gehörender Arten — im allgemeinen recht ähnlich ist, ist zu fordern, daß sehr nah verwandte Arten ent-

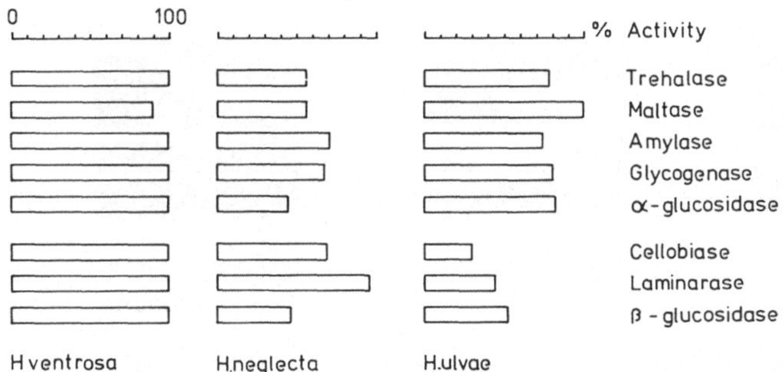

Abb. 45. Unterschiedliche Aktivitäten wesentlicher Enzyme bei drei zusammen existierenden Hydrobia-Arten. (Aus Hylleberg, 1976)

weder nicht im gleichen Lebensraum nebeneinander vorkommen oder dort doch ganz unterschiedliche Ansprüche besitzen — etwa im Sinne des eben genannten Beispiels.

Hervorragende Beispiele für die ökologische Sonderung sehr nah verwandter Tierformen bieten die Parasiten. Verschiedene Federlingarten und Milbenarten beispielsweise besiedeln am Körper von Wirbeltieren jeweils ganz spezifisch festgelegte Stellen (Abb. 5). Die systematische Grundlagenarbeit ist hier fast durchweg geleistet worden, experimentell ist man dem Problem bisher wenig nachgegangen. Dabei wären gerade hier besonders gute Ansätze für die experimentelle Erforschung der Ressourcennutzung in einem System gegeben. Es ist zu hoffen, daß bei dem vorliegenden hervorragenden Grundmaterial die experimentelle Forschung dieses für die Ökologie so wichtigen Gebietes bald in Angriff genommen wird.

Wie die ökologische Abgrenzung offensichtlich von der gleichen Nahrung im gleichen Lebensraum nebeneinander lebender, eng verwandter Tiere erfolgen kann, zeigte Hylleberg an drei kaum unterscheidbaren Hydrobia-Arten (Abb. 45). Diese drei Arten kommen in Salzwiesen nebeneinander vor. Sie sind auch für den Spezialisten kaum unterscheidbar. Sie unterscheiden sich jedoch deutlich durch ihre Entwicklung. Hydrobia ventrosa hat eine direkte Entwicklung, Hydrobia ulvae besitzt planktonische Larven. Zusätzlich ist auch die Ernährung der Erwachsenen verschieden — wenn diese auch im Feld

kaum beobachtet werden kann. Man muß dieses jedoch aus der unterschiedlichen Aktivität ihrer Verdauungsfermente schließen.

Besonderes Interesse haben in letzter Zeit Fälle gefunden, bei denen offensichtlich keine ökologische Unterscheidung der nebeneinander lebenden Arten möglich ist. Durch experimentelle Analyse und zusätzliche Rechnungen wurde die Hypothese wahrscheinlich gemacht, daß diese nebeneinander vorkommenden Arten aufgrund weiterer Faktoren (Räuber, Parasiten) nicht entfernt in der Häufigkeit auftreten, in der sie eigentlich nach dem Raum- und Nahrungsangebot auftreten könnten. Unter derartigen Umständen ist natürlich ein Nebeneinander nah verwandter ökologisch nicht unterschiedener Arten möglich. Eine Konkurrenz setzt ja erst ein, wenn die Zahl der Individuen die Kapazitätsgrenze des Lebensraums erreicht. Das ist hier nicht der Fall.

In neuerer Zeit wird die quantitative Beschreibung der Ansprüche einer Art in einem solchen System und die quantitative Beschreibung der Abgrenzung zwischen diesen Arten mit dem Ausdruck „Nische" belegt; man spricht bei dem Evolutionsvorgang von Einnischung. An sich handelt es sich um nichts anderes als eine quantitative Beschreibung der Lebensraumansprüche einer Art, wie sie schon vor Aufkommen des neueren Nischenbegriffs, etwa durch Strenzke oder Zahner, regelmäßig durchgeführt wurde. Der ursprüngliche Nischenbegriff Eltons hat daher eine ganz andere Bedeutung. Er be-

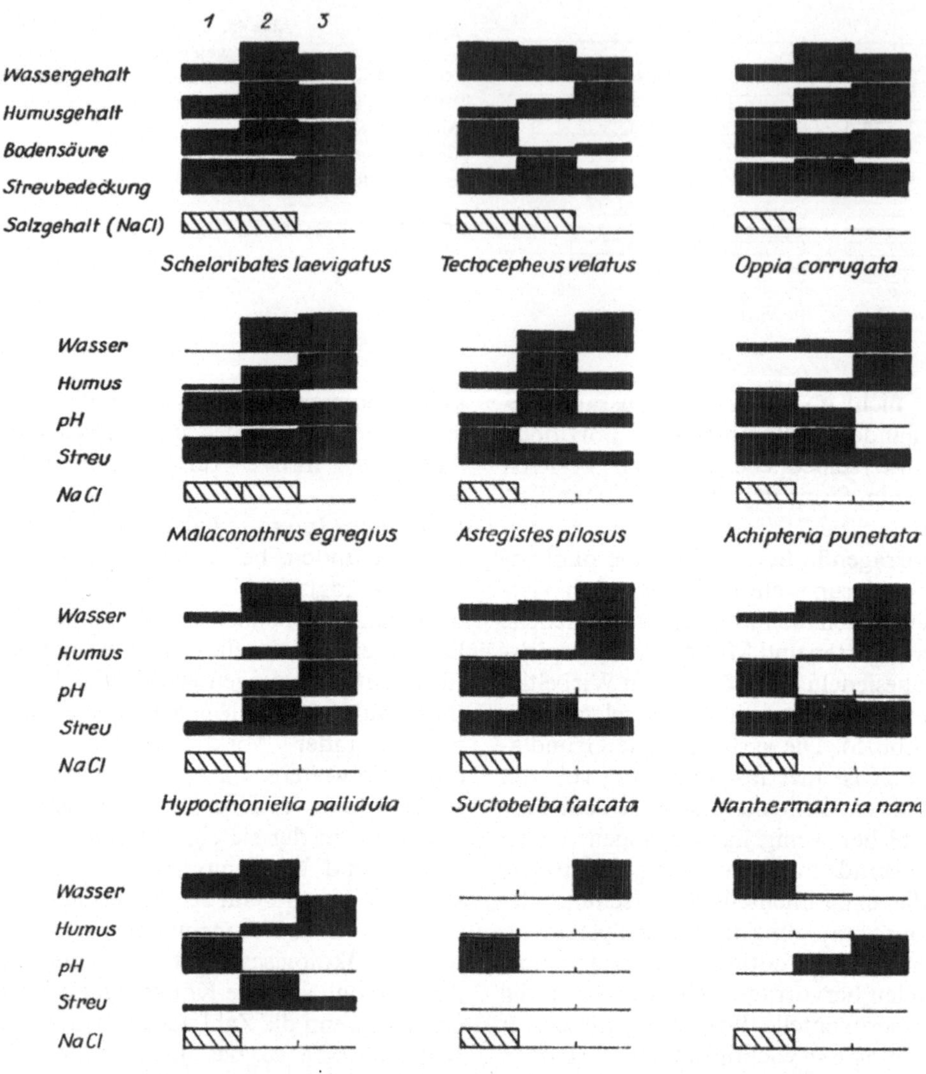

Abb. 46. Quantitative Beschreibung der Ansprüche von 12 Oribatiden-Arten gegenüber 5 edaphischen Faktoren. Die Höhe der schwarzen Säulen gibt Verhältniszahlen an; d. h. den prozentualen Anteil der Proben, in der die betreffende Art vorkam, bezogen auf die Gesamtzahl der aus dem betreffenden Intensitätsbereich der einzelnen Faktoren vorliegenden Proben. Damit die Zahlen leichter miteinander verglichen werden können, wird die jeweils höchste Prozentzahl für jede Art und jeden Faktor gleich 100 gesetzt (= 0,5 cm im Diagramm). Nur für NaCl wurden die Werte geschätzt. Diese quantitative Beschreibung des Vorkommens, wie sie Strenzke (1951) durchführte, wird heute oft mit dem Wort „Nische" belegt. Dieser Nischenbegriff unterscheidet sich wesentlich von dem Eltons (vgl. Abb. 1). (Aus Strenzke, 1951)

zeichnet mit „Nische" den „Beruf" eines Organismus im System, seine ökologische Funktion (Abb. 1 u. 46). Pinguine auf der Südhalbkugel und Lummen auf der Nordhalbkugel würden die gleiche ökologische Nische nach Elton einnehmen (man spricht heute vielfach von Stellenäquivalenz). Aufgrund dieser völlig unterschiedlichen und unvereinbarten Nischendefinitionen sollte der Begriff heute völlig eliminiert werden oder der Autor müßte jeweils sagen, welcher Definition er zuneigt.

Sehr starke Konkurrenz kann zwischen Tieren auftreten, die Erstbesiedler eines neu entstandenen Lebensraumes sind. Wer als erster den nach einem Regen entstandenen neuen Weiher oder die Regenpfütze besiedelt, ist weitgehend vom Zufall abhängig. Sehr viele Arten sind zu einer solchen Erstbesiedlung in der Lage. Diejenige jedoch, die als erste da ist, besetzt diesen Raum nahezu vollständig, später kommende werden weitgehend ausgeschaltet. So ist der Beginn eines neuen Lebensraumes durchaus nicht überall gleich (entsprechendes gilt auch für Pflanzen, siehe dort, vgl. auch S. 137 f. bei K- und r-Selektion).

Langfristige Bedeutung kann das bei der tierischen Besiedlung von Flachmeeren haben. Am Meeresboden der Nordsee stirbt in sehr strengen Wintern ein großer Teil der Tierwelt ab. Der Meeresboden ist nunmehr weitgehend unbesiedelt. Im Plankton sind jedoch Larven der verschiedensten Bodentiere vorhanden — Larven von Sandklaffmuscheln (Mya arenaria), von Schlangensternen (Ophiura albicans), von Herzmuscheln (Cardium edule), von Pierwürmern (Arenicola marina) und vielen anderen. Diese Larven sind nicht zufällig durcheinander verteilt, sondern sie treten in zusammengeballten Larvenschwärmen auf (Abb. 47). Läßt sich ein solcher Larvenschwarm nun zum Boden nieder, so entscheidet er, wie hier die Besiedlung in Zukunft aussehen wird. Ein Larvenschwarm der Sandklaffmuschel ergibt eine dichte Sandklaffmuschel-Besiedlung. Weitere Larvenschwärme haben hier keine Chance, da sie von den nun vorhandenen Sandklaffmuscheln eingestrudelt, abfiltriert und damit gefressen werden. Auf dem Meeresboden herrscht also eine beträchtliche Konkurrenz zwischen verschiedenen Arten; die zuerst gekommene scheidet folgende aus, bis sie durch einen neuen strengen Winter vernichtet wird.

Ferner müssen die Facetten des Lebensraumes und die Ansprüche des Tieres aufgegliedert werden. Die Ressourcen der afrikanischen Steppe sind auf die Bewohner dieser Steppe sehr genau verteilt. Konkurrenz gibt es zwischen den einzelnen Huftieren nur in ganz geringem Maße. Giraffen weiden die oberste Kronenschicht ab, Gerenuks weiter unten liegende Blätter, Spitzmaulnashörner streifen Blätter von den hohen Büschen ab, Zebras weiden im hohen Gras, ihnen folgen Gnus und schließlich kommen Thompsons Gazellen, die im kurzwüchsigen Rasen grasen. Bei der Nahrung ist damit jegliche zwischenartliche Konkurrenz so gut wie ausgeschaltet.

Alle diese Tiere müssen jedoch verschwinden, wenn nicht weit verteilt in der Landschaft Wasserstellen vorhanden sind, in denen die Tiere in größerem Abstand trinken können. An diesen Wasserstellen konkurrieren die genannten Arten gegen Ende der Trockenzeit unter Umständen in sehr starkem Maße miteinander. Es werden interspezifische Rangfolgen ausgebildet, die den bekannten Hackordnungen innerhalb einer Art ähnlich sind. Im allgemeinen dominieren Elefanten, dann kommen Nashörner und Nilpferde, schließlich folgen in festgelegter Reihenfolge Zebras und Antilopen. Charakteristisch ist jedoch, daß diese Reihenfolgen unter Umständen umgekehrt werden können. Rappenantilopen können Zebras und unter Umständen selbst Elefanten vertreiben (Abb. 48). Eine derartige aktuelle Konkurrenz um lebensnotwendige Ressourcen, die aber nur in größeren Abständen für kurze Zeit aufgesucht werden und daher weit verteilt in der Landschaft liegen können, ist bei Tieren sehr verbreitet. Ein paar Beispiele mögen das belegen:

In Nordamerika drillen Saftsaugerspechte (Sphyrapicus) Löcher in bestimmten Mustern durch die Rinde von Bäumen. Der austretende Saft wird vom Specht aufgeleckt. Die Vögel kehren regelmäßig wieder und fangen nun die Insekten, die sich an dem Ausfluß sammeln. Baumsaft und Insekten werden aber auch von einer Reihe anderer Wirbeltiere in Anspruch genommen. So entsteht an Saftsaugerbäumen ei-

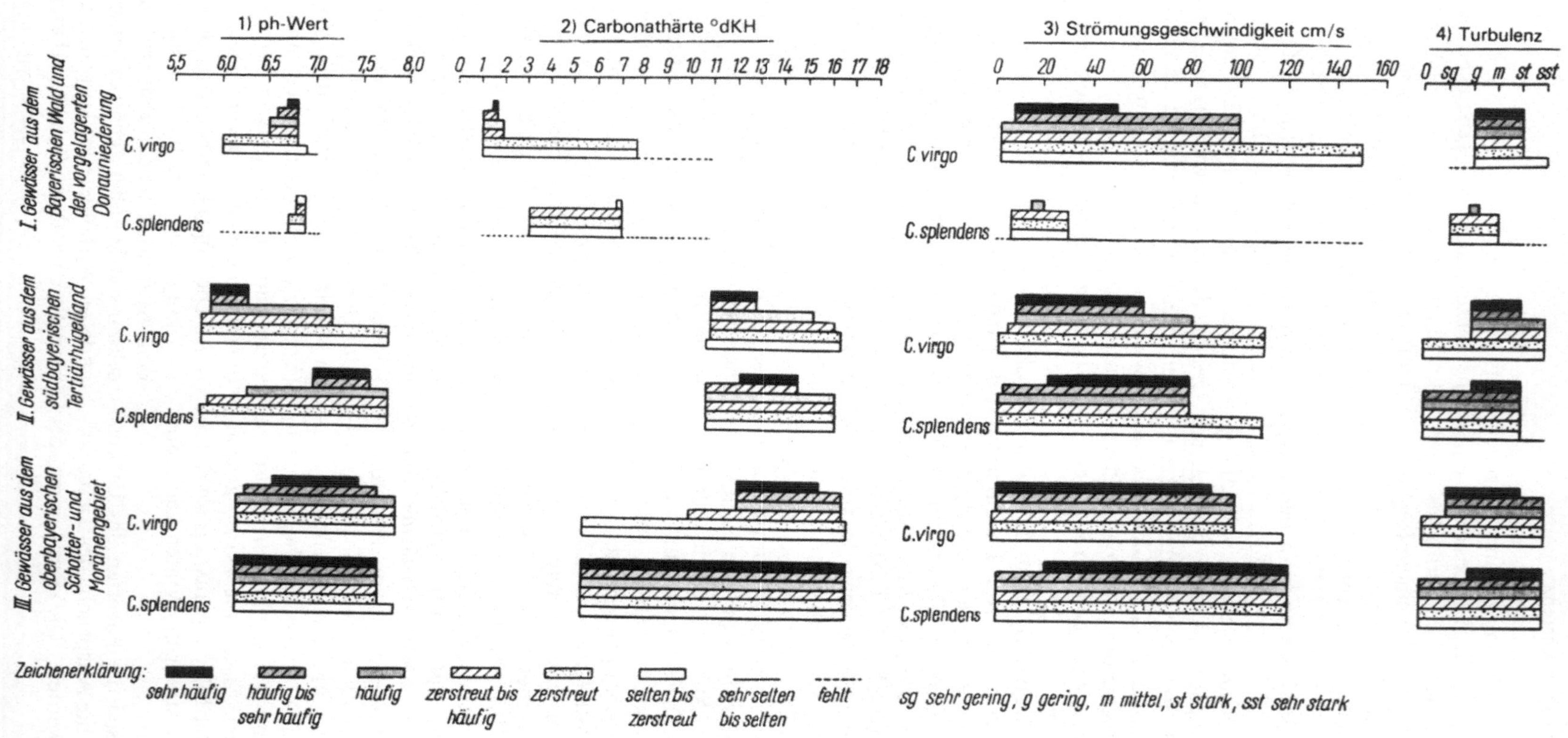

Abb. 47. Vorkommen von Calopteryx virgo und C. splendens — quantitative Beschreibung des Lebensraums der Larven. (Aus Zahner, 1959)

Abb. 48. Rappenantilope vertreibt Zebras von einer Wasserstelle. (Nach Klingel, aus Leuthold, 1977)

ne Rangordnung zwischen verschiedenen Arten, bei denen Eichhörnchen an oberster Stelle stehen. Erst danach kommen männliche und weibliche Saftsaugerspechte, dann Buntspechte, Kleiber und zum Schluß Kolibris. Dennoch bleibt für die Kolibris so viel übrig, daß ihr Vorkommen in Nordamerika weitgehend auf Bäume mit Bohrlöchern von Saftsaugerspechten angewiesen zu sein scheint (Abb. 49). An Baumsäften gibt es natürlich auch eine entsprechende Rangfolge zwischen den wirbellosen Tieren. Tagsüber rangieren Wespen an oberster Stelle. Dann kommen Fliegen aus den Gattungen Calliphora und Lucilia. Darauf folgen kleine Fliegen. Die große Mesembrina wird trotz ihrer Größe von allen anderen verjagt. Eine Reihe sehr kleiner Fliegen (vor allen Dingen Sepsiden) ist jedoch den großen Calliphoriden und den übrigen Musciden deutlich überlegen. Mit vom Körper abgespreizten Flügeln, die kreisend bewegt werden, rennen diese kleinen Fliegen auf die vielmals größeren zu, durch den dunklen Punkt an der Spitze des Flügels werden die Kreisbewegungen noch deutlicher, unweigerlich zieht sich jede große Fliege bei einem solchen Angriff zurück. Selten kommen auch Hornissen;

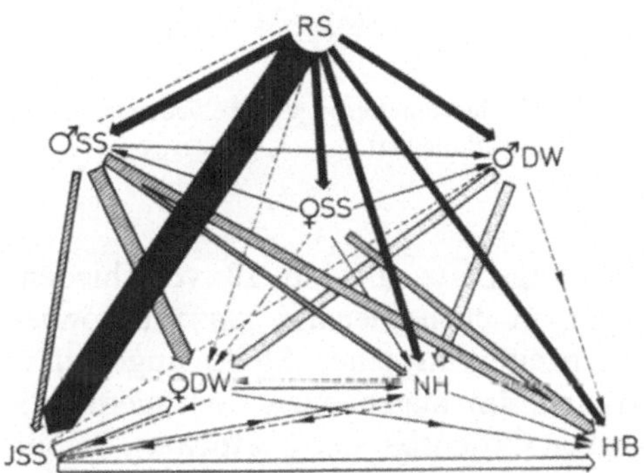

Abb. 49. Soziale Hierarchie an Saftflüssen, die durch Saftsaugerspechte ausgelöst wurden. *RS* = Eichhörnchen, *SS* = Saftsaugerspecht, *JSS* = Junger Saftsaugerspecht, *DW* = Buntspecht, *NH* = Kleiber, *HB* = Kolibri. (Aus Foster u. Tate, 1966)

sie sind dann allen anderen überlegen (Abb. 51 b). Nachts gibt es an Baumsäften drei Möglichkeiten: Entweder wird die Stelle völlig von Ameisen (Formica, Lasius) blockiert, oder Ohrwürmer (Forficula) vollbringen das gleiche. Beide Gruppen lagern sich in großer Menge rund um den Ausfluß zusammen und lassen kein anderes Tier in seine Nähe. Sind Ameisen oder Ohrwürmer jedoch nur in geringer Zahl vorhanden, so kommen vor allen Dingen Nachtschmetterlinge an diesen

Abb. 50. Nachtschmetterlinge verschiedener Art am austretenden Baumsaft

Nahrungsplatz. Bis zu 10 verschiedene Arten in etwa gleicher Anzahl können gleichzeitig an einer Stelle angetroffen werden. Im allgemeinen dominieren die großen Ordensbänder (Catocala), die üb-

rigen (meist Noctuiden) sind von ungefähr vergleichbarer Größe und weichen den Flügelschlägen der Ordensbänder aus. Nur wenn dann noch Raum ist, kommen Laufkäfer und Laubheuschrecken an diese Futterquelle (Abb. 50 u. 51 a). Durch das Vorhandensein von solchen Baumsäften können Artenzahl und Individuenzahl eines Gebietes deutlich gesteigert werden.

Wir haben schon mehrfach auf die großen Dichteunterschiede bei Tierpopulationen auf armen (granitischen) und reichen (basaltischen, kalkreichen) Böden hingewiesen (vgl. auch S. 309). Offenbar können Minimumstoffe im Boden ausgeglichen werden, wenn weiträumig in der Landschaft austretende Felsen (oder vom Menschen geschaffene Salzlecken) die notwendigen Spurenstoffe bereitstellen. Gorillas im afrikanischen Urwald unternehmen zu solchen Stellen ebenso weite Wanderungen wie Orangs in Südostasien (Mackinon, 1974). Für Elche wird postuliert, daß auf armen Böden allein die Aufnahme natriumreicher Wasserpflanzen das Überleben ermöglicht (Botkin u. Mitarb., 1973). Spezielle Lecksteine wurden in Mitteleuropa auf armen Böden schon seit dem Mittelalter für das Wild angelegt; den Forstbeamten wurde dies schon damals

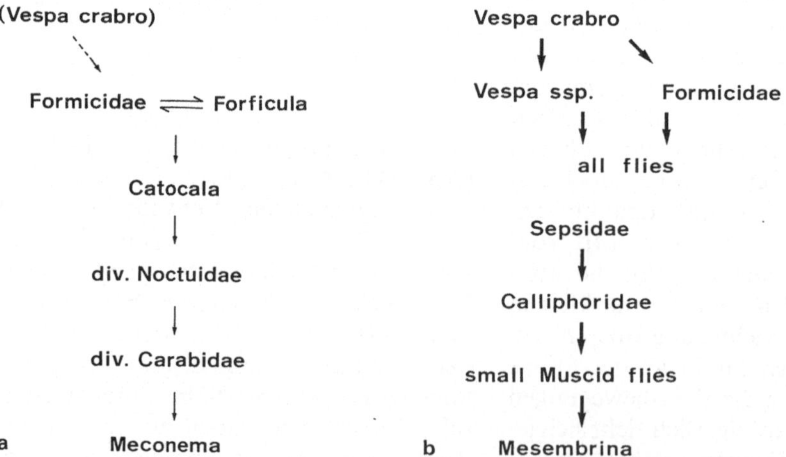

Abb. 51. a Soziale Hierarchie an Baumflüssen während der Nachtstunden, **b** während der Tagesstunden

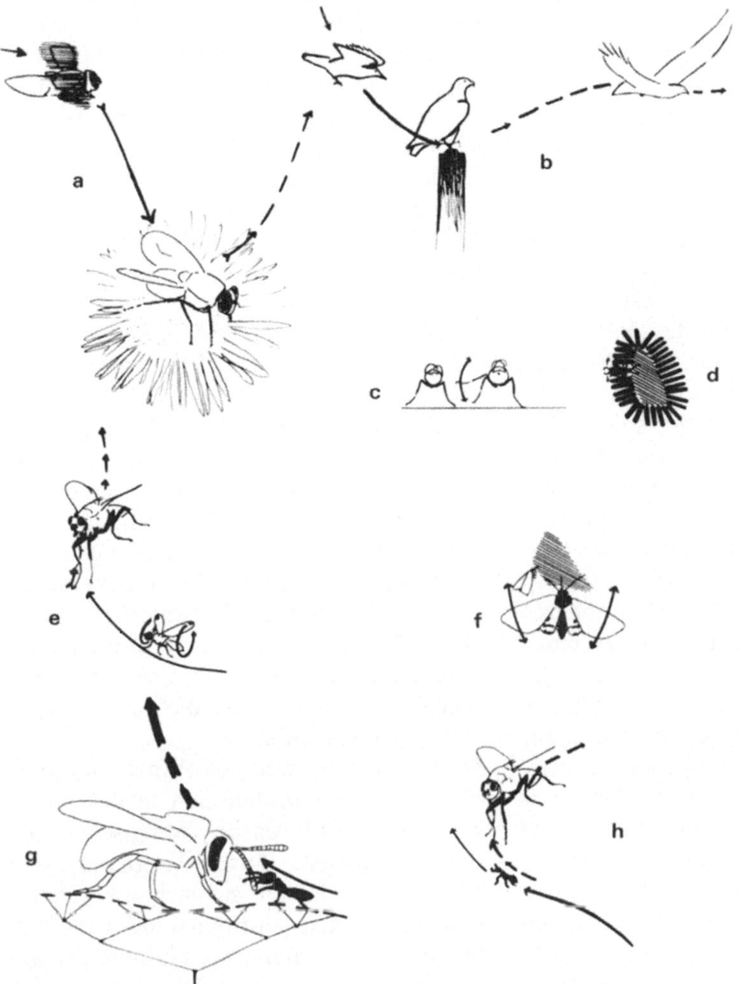

Abb. 52 a–h. Verhaltensmechanismen der Konkurrenz. **a** Eine Fliege schwebt hinter einer anderen auf einer Blüte sitzenden Fliege und vertreibt sie dadurch von der Blüte. **b** Entsprechende Situation beim Angriff einer Krähe auf einen Bussard. Anschließend sitzt die Krähe auf dem Pfahl. (Als Konkurrenz kann das nur gelten, wenn Aussichtswarten Mangelfaktoren darstellen.) **c** Abstandsmechanismus zwischen zwei nebeneinander sitzenden Fliegen durch Bewegung des Mittelbeins. **d** Abstandsmechanismus zwischen nebeneinander sitzenden Ohrwürmern (Forficula) durch Schlagen mit dem Hinterleib. **e** Eine Sepside läuft flügelschlagend auf eine Calliphoride zu, welche sich zurückzieht. **f** Eine Catocala vertreibt durch Flügelschläge andere Nachtschmetterlinge aus ihrer Umgebung. **g** Eine Ameise beißt eine Wespe in den Fühler, die Wespe entflieht. **h** Eine Fliege zieht sich vor einer Ameise zurück

zur Pflicht gemacht. Ebenso scheint in Afrika eine Beziehung zwischen salzhaltigem Material und Tierdichte zu bestehen, das gleiche gilt für Australien (Blair-West u. Mitarb., 1968). Um solche Salzstellen kann erhebliche Konkurrenz bestehen; salzhaltige Pflanzen wie Salicornia bilden für Kaninchen und Hasen im Binnenland eine bevorzugte Nahrung. Diese Befunde sind nicht unwidersprochen geblieben, immer wieder wurde auf das hohe Na-Retentionsvermögen der Niere von Tieren hingewiesen. Wahrscheinlich besteht ein enger Zusammenhang nur auf sehr mineralarmen Böden, wie sie in der heutigen Kulturlandschaft (mit winterlichem Salzstreuen und sommerlichem Düngen) kaum mehr gegeben sind (vgl. auch Weeks u. Mitarb., 1976).

Man kann in diesen Fällen von „Gemeinschaftseinrichtungen" im Lebensraum sprechen, die für viele Arten wichtig sind, die von all diesen Arten in ihrem Lebenszyklus aber nur verhältnismäßig kurze Zeit genutzt werden und an denen eine Rangordnung besteht. Wasserstellen, Salzlecken, Aussichtspunkte, Nahrungsplätze [Blüten für Insekten, Honigtau (Reichholf, 1973)], Überwinterungsmöglichkeiten sind Beispiele für solche Gemeinschaftseinrichtungen im Lebensraum, die für eine große Artenmannigfaltigkeit verantwortlich sind. Konkurrenz an unerwarteter Stelle kann über das Vorkommen von Tieren entscheiden.

Ganz anders liegen die Dinge bei höheren Pflanzen. Sie sind nicht in der Lage, einen geeigneten Lebensraum auszuwählen. An der Stelle, wo der Samen keimt, müssen sie wachsen oder untergehen. Nur ganz wenige sind zu geringfügigen Ortsbewegungen durch Wachstum in der Lage (Cuscuta), und damit zu einem ganz geringfügigen Wahlvermögen. Die Verteilung der Gefäßpflanzen ist daher weitgehend das Resultat einer starken zwischenartlichen Konkurrenz. An das betreffende Milieu besser angepaßte Arten verdrängen weniger angepaßte, obwohl diese von ihren physiologischen Fähigkeiten her zu einem Überleben ohne weiteres in der Lage wären (Abb. 53a). Wir nutzen das aus, indem wir in unseren Gärten viele Pflanzen problemlos kultivieren. Alle Arten gedeihen, solange wir sie vor der Konkurrenz durch andere schützen. Bei Tieren sind die Probleme ungleich schwieriger. Die Tatsache einer konkurrenzbedingten Verteilung höherer Pflanzen hat eine wesentliche Konsequenz. Eine größere festverwurzelte Pflanze kann in einem Lebensraum überdauern, in dem sie eigentlich nicht vorkommt. Sie kann die Ansiedlung wesentlich besser geeigneter Formen verhindern. Überall in unseren Parks und vielfach in unseren Wäldern stehen Bäu-

me, die sich bei uns in der Regel nicht halten würden. Der Mensch hat sie in ihrer Jugend vor dem Konkurrenzdruck anderer Arten geschützt, nun gedeihen sie ohne weiteren Schutz und sind ohne weiteres konkurrenzfähig (wenn auch nicht ihre Samen). Eine einmal geschaffene künstliche Pflanzengesellschaft kann außerordentlich stabil sein und ihrem Ersatz durch die natürlicherweise hier vorkommende Gesellschaft erfolgreich Widerstand entgegensetzen. Viele vom Menschen in Mitteleuropa geschaffene Trockenrasengebiete können sich möglicherweise über viele Jahrzehnte halten, ehe sie ganz langsam über Zwischenstufen wieder der natürlichen Vegetation Platz machen. Nur ganz geringe Hilfestellungen des Menschen können solche Trockenrasen unbegrenzt lange am Leben erhalten und die natürliche Vegetation verhindern. Am besten angepaßt ist hier also nicht eine spezifische Art, sondern die im Boden gut verwurzelte Altpflanze.

Damit wird ein weiteres Prinzip deutlich. Viele Pflanzen finden sich in der Natur keineswegs an ihren physiologischen Optimalstandorten. Durch Wegnahme der Konkurrenz lassen sie sich an solchen physiologischen Optimalstandorten halten und sie liefern hier weit höhere Erträge als an ihren natürlichen Standorten. Physiologisches und ökologisches Optimum sind also durchaus verschiedene Dinge.

Ähnlich liegen die Dinge bei Mikroorganismen. Auch ihre Verteilung ist weitgehend das Resultat zwischenartlicher Konkurrenz. Auch sie müssen an der Stelle keimen und wachsen oder untergehen: Eine wirkliche Wahlmöglichkeit besteht für sie nicht.

Bei all diesen Diskussionen stellt sich die Frage nach den Mechanismen dieser zwischenartlichen Konkurrenz. Worauf beruht sie? Nach den verschiedenen Mechanismen der Konkurrenz sind hier Unterteilungen getroffen worden, etwa Interferenz bei gegenseitiger Störung der Tiere oder Exploitation bei Vernichtung der Nahrungsressourcen eines Tieres durch

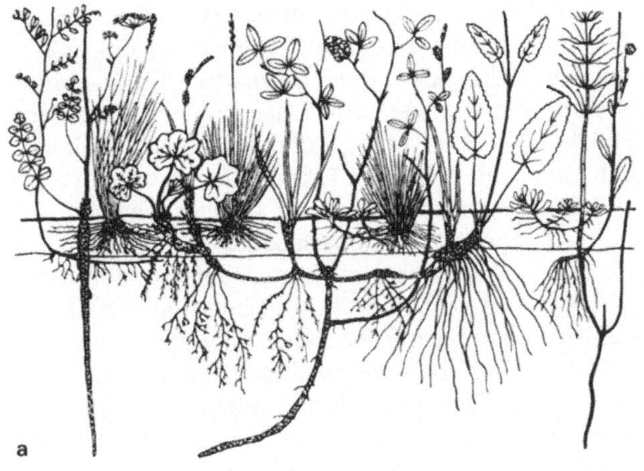

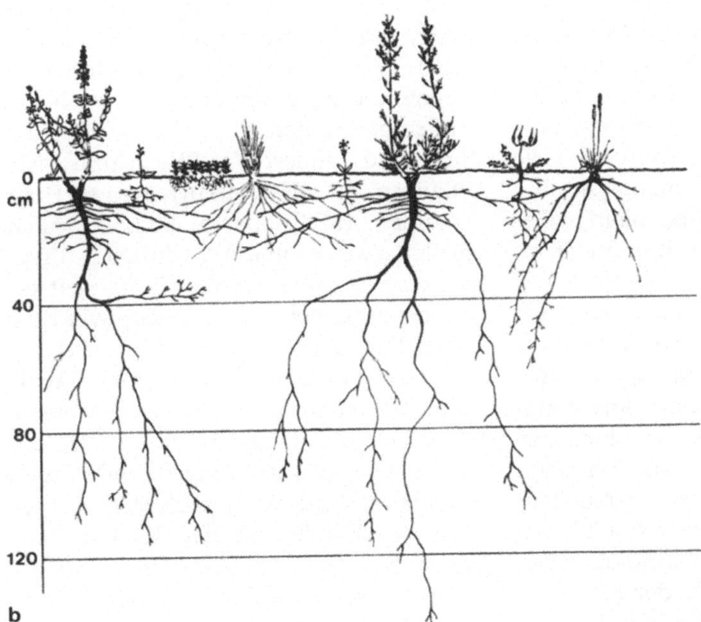

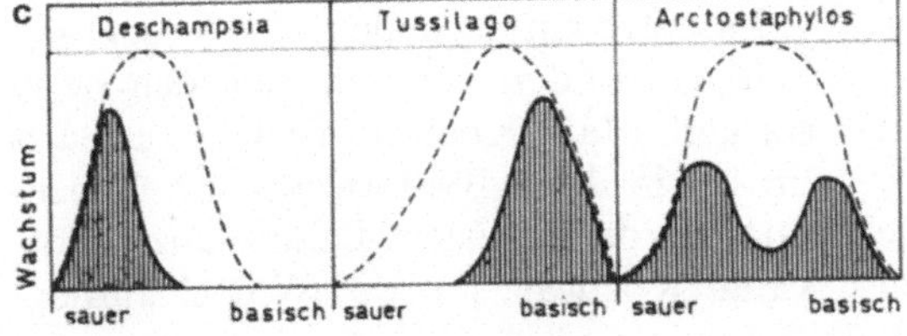

Abb. 53 a–c. Minderung der Wurzelkonkurrenz in Pflanzenbeständen durch Wurzelschichtung. (Nach Walter, 1973). **c** Schema des pH-abhängigen Verhaltens verschiedener Pflanzen in Einzelkultur („physiologische Optimumkurve", gestrichelt) und unter natürlichen Konkurrenzbedingungen (ökologische Optimumkurve, ausgezogen und schraffiert). Im Bereich zwischen gestrichelter und ausgezogener Kurve können die einzelnen Arten nur dann gedeihen, wenn sie im Reihenbestand kultiviert werden und keinem Konkurrenzdruck anderer, besser angepaßter Arten ausgesetzt sind. (Nach Ellenberg u. Knapp, aus Larcher, 1973)

ein anderes. So wichtig derartige Unterscheidungen im allgemeinen sind, so wenig sind sie in einer kleinen Einführung brauchbar, zumal sie jeweils für bestimmte Tiergruppen entwickelt wurden und daher weder auf Mikroorganismen noch auf Pflanzen noch auf manche anderen Tiergruppen übertragbar sind.

Besonders eindrucksvoll ist die Methode, mit chemischen Mitteln Konkurrenten auszuschalten, wie das besonders bei Mikroorganismen berühmt geworden ist (Penizillin!). Die berühmten Algengifte stellen wohl auch letzten Endes nichts anderes als einen Konkurrenzmechanismus dar. Das hochgiftige Toxin aus dem Dinoflagellaten Gonyaulax ist einer der für den Menschen giftigsten Stoffe überhaupt. Dies Toxin wird aber nun von Meerestieren genutzt: strudelnde Muscheln (z. B. Mytilus, Modiolus und Mya) akkumulieren nach Massenauftreten von Gonyaulax dieses Toxin und werden dann für viele Tiere hochgiftig. Ganz verlieren sie ihre Giftigkeit das ganze Jahr über nicht in Gebieten, wo Gonyaulax vorkommt (Kremer, 1978).

Bei all diesen Stoffen sind hemmende Effekte die Regel und keineswegs die Ausnahme: 1965 isolierten Vaartaja u. Salisbury Pilze und Actinomyceten aus Waldböden, trennten sie nach verschiedenen Arten und brachten sie dann auf Agar zum Wachsen. Jeweils zwei verschiedene Arten wurden zusammengebracht. In 1205 verschiedenen Kombinationen ergab sich in weit über der Hälfte der Fälle eine gegenseitige Hemmung. Nur in ganz wenigen Fällen war eine Stimulation festzustellen. Auch beim Konkurrenzkampf zwischen höheren Pflanzen bzw. zwischen höheren Pflanzen und Mikroorganismen scheinen chemische Substanzen eine wesentliche Rolle zu spielen (in der botanischen Literatur meist unter dem Namen Allelopathie geführt). Das Heidekraut (Calluna vulgaris) produziert in seinen Wurzeln und seinen Blättern Substanzen, die Mycorrhiza-Pilze schädigen. Da alle Bäume im normalen Vorkommensbereich

der Heide auf solche Mycorrhizen angewiesen sind, werden gleichzeitig konkurrierende Bäume geschädigt. Entfernt man die Heide, so wachsen Bäume bedeutend rascher und gesünder heran. Die Heiden mit mehreren Erica-Arten in der norwestspanischen Provinz Galicia scheinen aufgrund allelopathischer Wirkungen die Wiederbesiedlung des Gebietes durch den an sich hier heimischen Eichenwald zu hindern. Erica scoparia beispielsweise enthält 10 wasserlösliche Phenole, z. B. Vanillinsäure, deren allelopathische Wirkung im Keimversuch eindeutig nachweisbar ist (Ballester u. Mitarb., 1977). Berühmt geworden sind allelopathische Effekte der Walnuß (Juglans regia) und ihrer Verwandten. In Blättern, Früchten und anderen Geweben kommt ein nichttoxisches Chinon vor, welches aus toten Geweben und Früchten durch Regen in den Boden gewaschen wird. Hier wird es oxidiert und hindert das Wachstum vieler Pflanzen, die als Konkurrenten in Frage kommen. Im Chaparral Südkaliforniens spielen zwei aromatisch duftende Pflanzen eine besondere Rolle. Es handelt sich um einen Salbei (Salvia leucophylla) und einen Beifuß (Artemisia californica). Auf manchen Lehmböden können konkurrierende Arten nur auf ein bis zwei Meter an diese Pflanzen herandringen. Durch eine Reihe von Beobachtungen und Experimenten konnte ausgeschlossen werden, daß die Hinderung der Konkurrenten durch Schatten, Trockenheit, Nährstoffe oder tierische Effekte zustande kommt. Auch handelt es sich nicht um Substanzen im Boden. Vielmehr sind es von den Pflanzen in die Luft abgegebene Terpene, die auf andere Pflanzen toxisch wirken (Muller, 1967; Sondheimer u. Simeone, 1970). Eine merkwürdige Form der Allelopathie hat die Gattung Tamarix. Selbst wenn diese Pflanzen auf normalen, also kaum salzhaltigem Boden wachsen, scheiden sie in starkem Maße Kochsalz (NaCl) aus Salzdrüsen in ihren Blättern aus. Im Gegensatz zu den meisten Landpflanzen, die kaum Kochsalz mit der Wurzel aufnehmen, transportieren sie aus großen Bodentiefen auf diese Weise Kochsalz an die Oberfläche. In ariden Gebieten wird so die Bodenoberfläche unter den Kronen der Tamarisken zunehmend salzhaltiger und die eigentliche Vegetation macht einer Salzvegetation Platz. Diese Salzvegetation muß allgemein als weniger konkurrenzkräftig gelten als die eigentlich normalerweise hier existierenden Pflanzen. Besonders andere Büsche und Bäume, die hier gedeihen könnten, werden durch das Salz beeinträchtigt. Tamarisken produzieren also die Schadstoffe nicht selbst, sondern sie benutzen bereits vorhandene Stoffe, indem sie diese akkumulieren.

Wie weit im Gesamtgebiet der Pflanzenökologie eine solche Allelopathie bedeutsam ist, wird derzeit sehr stark diskutiert. Eine endgültige Entscheidung läßt sich nicht fällen. An sich ist zu erwarten, daß zwischen allelopathischen Pflanzen und resistenten eine Coevolution stattfindet, so wie sie zwischen giftigen Pflanzen und phytophagen Tieren bekannt ist; sie müßte zu ganz typischen Vergesellschaftungen führen. Darüber ist jedoch so gut wie nichts bekannt. Ob die „Wurzelkonkurrenz", die immer wieder beschrieben wird, auf allelopathischen Effekten beruht oder wie sie zustande kommt, läßt sich nicht sagen; dieses Wort kennzeichnet eben nur, wo Konkurrenz stattfindet, sagt aber nichts über den Mechanismus aus. Daß Konkurrenz im Wurzelhorizont eine ganz wesentliche Rolle spielt, kann nicht bestritten werden. Wie stark diese Rolle ist, geht aus einem Experiment in den Vereinigten Staaten hervor. In einem dichten Wald wurde ein Brunnen gegraben, die ausgehobene Erde von alten Wurzeln befreit und wiederum in den Brunnen eingefüllt. Gegen die Umgebung war der Brunnen durch Betonringe gesichert, so daß Baumwurzeln in diesen Bereich nicht eindringen konnten. In der Folgezeit wurde die Vegetationsentwicklung an dieser Stelle beobachtet. Es stellte sich eine ungewöhnlich reiche Flora ein, deren Fehlen man bisher auf die starke Beschattung

durch die großen Bäume zurückgeführt hatte. Nun erwies sich, daß die Beschattung gar nicht so effektiv war, sondern daß die Wurzeln die wesentlichen Konkurrenten darstellten. Natürlich darf die Wirkung einer Beschattung nicht unterschätzt werden. Eine solche Beschattung von Konkurrenten ist ganz sicher ein wesentlicher Konkurrenzfaktor. Der hohe Wuchs der Bäume dürfte als Anpassung an andere beschattende Konkurrenten entstanden sein. Schwer zersetzbares Laub schaltet viele Konkurrenten der Bäume aus.

Ebenso ist die Schicht modernden Laubes am Boden als Konkurrenzmechanismus anzusehen, der andere Arten ausschließt. Diese Schicht muß in jedem Wald auf bestimmter Höhe gehalten werden: Die eigenen Samen müssen zum größten Teil durch diese Schicht hindurchkeimen und wachsen können; fremde Samen müssen jedoch weitgehend ausgeschaltet werden. Ist die Schicht zu hoch infolge zu langsamer Zersetzung, so unterbleibt eine Naturverjüngung des Waldes. Wird die Schicht infolge zu rascher Zersetzung zu niedrig, so besiedeln andere Pflanzen dicht den Waldboden und hindern nun ihrerseits die Keimung der Samen der Waldbäume. Auch damit unterbleibt eine Verjüngung.

Bei Tieren sind Konkurrenzmechanismen noch unbefriedigender analysiert als bei Pflanzen. Auch bei ihnen gibt es chemische Mechanismen, die vor allem in kleineren Gewässern eine Rolle spielen. Laich von Fröschen und Kröten kann das Wachstum von Fischen verlangsamen. Jedoch sind hier bisher nur wenig zufriedenstellende Untersuchungen durchgeführt worden, und bis zu einer chemischen Analyse der wirkenden Substanzen ist es wohl nie gekommen.

Dagegen spielt in der Konkurrenz von Tieren Räuberei eine wesentliche Rolle. Die bereits beschriebene Konkurrenz zwischen Tribolium und Oryzaephilus beruht darauf: Die jungen Oryzaephilus-Larven werden einfach von Tribolium-Larven gefressen. Dies Prinzip gilt eigentlich überall. Es gibt fast kein Tier, welches eine eiweißreiche Kost verschmäht, wenn sie sich bietet. Auch die Konkurrenz zwischen verschiedenen Erstbesiedlern am Meeresboden beruht ja auf diesem Faktor. Schließlich gibt es Konkurrenz durch einfache Störung. Der stärkere, aggressivere treibt den Konkurrenten davon (Abb. 52). Bei diesem Mechanismus ist eine Reihenfolge vielfach umkehrbar, da die Aggressivität je nach Ernährungszustand, Durst usw. abnimmt oder zunimmt.

Fassen wir zusammen: In der ökologischen Literatur wird zu wenig zwischen dem historischen und dem aktuellen Aspekt der Konkurrenz unterschieden. Die Mechanismen aktueller Konkurrenz sind weitgehend unklar. Die ökologische Bedeutung einer Konkurrenz muß sicher sehr hoch eingeschätzt werden. Das gilt bei Tieren vor allen Dingen, wenn diese Konkurrenz sich an Gemeinschaftseinrichtungen im Ökosystem abspielt, die weitverteilt voneinander liegen und von den Tieren nur selten besucht werden müssen. Bei Tieren ist Konkurrenz und Räuberei manchmal nicht sauber trennbar. Raumkonkurrenz, Wurzelkonkurrenz und andere Ausdrücke sind keine Erklärungen, sondern deuten nur die Stelle an, an der die Konkurrenz auf ungeklärte Weise erfolgt.

2.3.8 Der Artgenosse als Umweltfaktor

Wir sind davon ausgegangen, daß der Organismus im Lauf der Evolution immer besser an seine Umwelt angepaßt wird, daß die Evolution einen Optimierungsprozeß darstellt. Schwierig erscheint dabei die Erklärung mancher Phänomene, die uns immer wieder entgegentreten: Warum beispielsweise entwickelt an der Grenze seines Vorkommensareals, in einem Gebiet mit einer Vegetationszeit von weniger als einem Monat, bei knappen Energie- und Mineralressourcen das Rentier auf Spitzbergen jedes Jahr ein neues Geweih von mehr als 4 kg Gewicht, das dann auch

in jedem Jahr wieder abgeworfen wird? Wieso lebt ausgerechnet in der lebensfeindlichen Arktis damit der einzige Hirsch, bei dem Männchen *und* Weibchen sich den „Luxus" eines solchen Geweihes leisten — die Renkuh sogar parallel zum Austragen des Jungtieres?

Diese Frage vernachlässigt die Tatsache, daß zur Umwelt eines jeden Organismus auch Artgenossen gehören — und die Evolution vollzog sich auch unter dem Selektionsdruck dieser schärfsten aller möglichen Konkurrenten.

Bleiben wir beim Rentier. Dominant in der Gruppe und daher zuerst am Futter ist das Tier mit dem stärksten Geweih. Im Frühjahr beginnt bei den männlichen Tieren das Geweih früher als bei den weiblichen zu wachsen; die männlichen Tiere werfen die Stangen nach der Brunst im Herbst — also vor dem Beginn des eigentlichen Winters — ab; bei den weiblichen nichttragenden Tieren beginnt das Wachstum des Geweihes später, sie werfen es erst um die Jahreswende ab. Damit sind diese Tiere in der ersten Winterhälfte dominant, können sich gegenüber den männlichen behaupten und erhalten ausreichend Futter. Das ist besonders wichtig, da diese Tiere ja nun im allgemeinen trächtig geworden sind. Besonders spät, nämlich erst lange nach der Geburt der Kälber, beginnt das Wachstum der Geweihe bei den Muttertieren. Wenn das Geweih der Hirsche schon voll entwickelt ist, ist bei den Muttertieren noch kaum etwas zu sehen. Schließlich bilden sie doch ein relativ kleines Geweih aus. Dies aber werfen sie erst unmittelbar vor der Geburt der nächsten Kälber ab. Sie erhalten dadurch deutliche Gruppendominanz in der nahrungsärmsten Zeit, gegen Ende des Winters, wenn sie in der letzten Phase der Tragzeit besonders auf Nahrung angewiesen sind. Der zunächst paradox erscheinende Fall, daß ausgerechnet in der lebensfeindlichen Arktis auch weibliche Tiere sich den Luxus eines Geweihes leisten, findet so als eine mögliche Strategie der Umweltbewältigung seine Erklärung.

Gleichzeitig wird die Behauptung der intraspezifischen Konkurrenz deutlich. Forschungen zu diesem Themenkomplex sind seit etwa 20 Jahren in den Vordergrund vieler Arbeiten getreten. Eine erste Zusammenfassung gab das überaus anregende, in der Theorie vielfach nicht mehr haltbare Buch von Wynne-Edwards (1962), neueste wesentliche Zusammenfassungen gibt Wilson über die Insektenstaaten (1971) und in der Synthese der Soziobiologie (1975). Wesentliche theoretische Grundlagen dieses an der Grenze zwischen Autökologie und Populationsökologie stehenden Feldes sind bei Dawkins (1978) nachzulesen. Die Untersuchungen schlagen damit eine Brücke zwischen Populationsökologie und Autökologie. Damit steht auch die Analyse der Lebensweise von Tieren nicht mehr isoliert da, sondern ist ein wesentlicher Bestandteil der Ökologie geworden. Ein paar Beispiele mögen das belegen.

Leuthold hat die Anpassungsstrategie der afrikanischen Antilopen an ihren Lebensraum untersucht. Die Waldbewohner unter ihnen sind überwiegend relativ klein und vorn meist niedriger gebaut als hinten. Sie ernähren sich überwiegend von Knospen und Früchten (also hochwertiger Nahrung), sie haben daher wie das Reh einen kleinen Pansen und können dementsprechend mit zellulosereicher Nahrung nicht gedeihen. Eine Flucht ist bei Gefahr selten; vielmehr versuchen die Tiere unbemerkt zu bleiben, indem sie sich „drücken". Meist leben sie einzeln oder in Paaren, entweder der Bock oder das Paar besitzt ein Territorium und damit sind die Tiere sehr standorttreu. Diese Territorien werden verteidigt, sie sind gleichzeitig Nahrungsterritorien. Die Tiere brauchen das ganze Jahr über ein gleichmäßiges Angebot von der geschilderten hochwertigen Nahrung. Die Steppenantilopen dagegen stellen an die Nahrung nicht so hohe Ansprüche und kommen langfristig auch mit Pflanzen sehr geringer Aufschließbarkeit und damit sehr geringer Qualität aus. Dementsprechend haben sie einen großen Pansen. Bei Gefahr flüchten die Tiere über weite Strecken — z. T. können sie sogar angreifen. Man findet sie durchweg in Herden, die weit umherschweifen; Territorien werden nur vom Männchen zeitweilig besetzt. Diese Territorien haben mit Nahrungsterritorien nichts zu tun, sondern sind ausschließlich Fortpflanzungsgebiete der Männchen. Das Nahrungsangebot kann im Jahreslauf bei diesen Tieren sehr ungleich sein. Aufgrund der guten Beweglichkeit ist es notwendig, daß die Jungtiere nach der Geburt sehr rasch mit der Herde weiterwandern und vor Feinden flüchten können. Bei den Waldantilopen ist das Jungtier geradezu als „Nesthocker" zu bezeichnen.

Wald- und Steppenantilopen werden also in ganz verschiedener Richtung selektiert. Nicht gesagt ist damit, daß all die Tiere wirklich diametral verschieden sind: Die verschiedenen Arten sind verschieden weit evolutiert worden und ebenso, wie es zwischen Wald und Steppe einen gleitenden Übergang gibt, so gibt es den auch innerhalb der Antilopen. Die Strategien der Selektion sind jedoch überall die gleichen. Wir können dieses Beispiel auf Hirsche übertragen, wo die Rentiere der Tundra große Herden bilden, die Waldrentiere dagegen einzeln leben, wo die Tundrarentiere große Fluchtdistanzen haben, die Waldrentiere dagegen Feinde relativ nah herankommen lassen, da sie sich „drücken". Auch Raubtiere dürften sich in dieses Schema eingliedern lassen: Der steppenbewohnende Löwe bildet Rudel, während Tiger und Leopard Einzelgänger sind (vgl. auch Hendrichs, 1978).

Aus ganz anderer Sicht sind skandinavische Eulen durchgearbeitet worden. Die Waldohreule ist ein strenger Nahrungsspezialist, der von Wühlmäusen lebt. Diese sind bei einer hohen Schneedecke im Winter nur schwer zu erjagen. Die Waldohreulen sind daher Zugvögel, der Zusammenhalt der Paare ist gering, meist dauert eine Ehe nur eine Brutzeit hindurch. Wenn die Tiere im Frühjahr wieder ins Brutgebiet kommen, finden sie überall im Wald zahlreiche Nistmöglichkeiten in Krähennestern oder anderen entsprechend großen Horsten. Schwieriger liegen die Dinge beim Rauhfußkauz. Auch er lebt so gut wie ausschließlich von Wühlmäusen, und für ihn würde daher eigentlich das gleiche gelten. Er brütet jedoch in Baumhöhlen, und diese sind im allgemeinen knapp, so wandern nur Weibchen und Jungvögel im Winter nach Süden, während das Männchen das Revier mit der Bruthöhle besetzt hält. Für einen Einzelvogel scheint auch im Winter das Angebot an Nahrung auszureichen. Auch geht der Rauhfußkauz leichter als die Waldohreule auf Vogelnahrung über. Noch weiter ist die Entwicklung beim Uralkauz gediehen. Dieser Vogel nistet in sehr großen hohlen, alten Bäumen. Höhlen, die für den Uralkauz groß genug sind, stellen den wesentlichen Minimumfaktor dar. Die Tiere leben daher in Dauerehe. Sie bleiben das ganze Jahr in ihrem Revier und verteidigen es gegen Artgenossen und sonstige Interessenten ihrer Bruthöhle. Eine Nahrungsspezialisierung ist damit nicht möglich. Uralkäuze sind Generalisten, die Mäuse, Vögel und Säugetiere bis Tauben- und Eichhorngröße regelmäßig zu sich nehmen.

Diese Betrachtungsweise ermöglicht, wie wir gesehen haben, letzten Endes auch eine Erklärungsmöglichkeit für den an sich paradoxen Fall, daß Tiere Herden und Kolonien bilden. Eigentlich müßten solche Herden und Kolonien wegen der Schwierigkeiten der Nahrungsbeschaffung und wegen ihrer leichten Zugänglichkeit durch Räuber und leichten Übertragsbarkeit von Parasiten kaum möglich sein. Die sozio-biologische Betrachtungsweise kann einen Teil dieser Probleme ausräumen (vgl. dazu auch S. 145 ff.).

2.3.9 Ökologische Neurobiologie

Ein Tier muß seinen Lebensraum, seine Nahrung, seine Feinde finden und erkennen können. Es muß sich in seinem Lebensraum orientieren können. Das setzt Sinnesleistungen voraus, die wir an verschiedenen Stellen kurz angesprochen haben. Dabei interessiert den Ökologen zunächst weniger die Funktionsweise einer Sinneszelle und die Primärprozesse, die zu einer Erregung führen. Hier liegt das Schwergewicht der modernen Sinnes- und Neurophysiologie. Vielmehr interessiert den Ökologen die Anpassung des Sinnesorgans an die Lebensweise, an die Ökologie des Tieres. Seit den berühmten Arbeiten von Karl von Frisch über die Bienen hat sich hier ein für die Ökologie überaus wichtiges Feld entwickelt: die Neurobiologie. Und ebenso wie wir selbstverständlich biochemische Ökologie (Hochachka u. Somero, 1973; Sondheimer u. Simeone, 1970), stoffwechselphysiologische Ökologie (Larcher, 1973; Schmidt-Nielsen, 1975) als ganz wesentliche Grundlage der Ökologie hier mitbehandelt haben, ebenso müssen wir auch die ökologische Neurobiologie als wesentliche Grundlage besprechen, ohne die kein Verständnis zoologisch-ökologischer Phänomene möglich ist.

Merkwürdigerweise ist dieser Ansatz in der theoretischen und allgemeinen Ökologie vielfach unbeachtet geblieben, während er in der angewandten Ökologie seit Jahren eine immer größere Rolle spielt: Die Kenntnis der Faktoren und Mechanismen, die eine Wirtswahl bei Schadinsekten und ihren Feinden (Parasiten) steuern und beeinflussen, sind heute selbstverständliche Notwendigkeiten bei der Pflanzenzucht und jeder Schädlingskontrolle. [Eine ganz ausgezeichnete moderne Zusammenfassung dieses Forschungsbereichs gibt das Buch von Chapman u. Bernays (1978)]. So brauchen die Raupen des Seidenspinners Bombyx mori für die Nahrungsaufnahme einen Anlockfaktor, einen Beißfaktor und einen Schluckfaktor in der Nahrung, und all diese Faktoren müssen einzeln erkannt werden: Spezifische Sinnesorgane sind nötig. Viele Pflanzen enthalten offenbar „appetitanregende" Stoffe für Insekten: Sie wachsen und fressen auf solchen Pflanzen deutlich rascher als ohne diese Stoffe. Damit werden unerwartete Stoffklassen wie etwa Phenole plötzlich für Insekten notwendig und erhalten so eine immense ökologische Bedeutung.

Studiert man die drei Amphipoden Pontoporeia affinis, Gammarus duebeni und Gammarus oceanicus in Luftfeuchtigkeitsgradienten, so vertrocknet Pontoporeia, ohne irgendeine Reaktion zu zeigen. Die beiden Gammarus-Arten aber suchen Bereiche um 100% relative Luftfeuchte auf, wo sie langfristig überleben können. Pontoporeia ist ein Tier des tiefen Wassers, während die beiden Gammarus-Arten im Litoral leben, wo sie gelegentlich bei tiefen Wasserständen aufs Trockene geraten müssen (Lagerspetz, 1963). Die Reaktion der Tiere ist hier also nur aufgrund ihrer ökologischen Verbreitung verständlich, sie ist an das Funktionieren bestimmter Sinnesorgane gebunden und das Auftreten dieser Sinnesorgane wiederum ist auch nur aufgrund der Ökologie der Tiere erklärbar. Chemische Sinnesorgane ermöglichen das Finden und Erkennen spezifischer Nahrung, des Geschlechtspartners und eine Revierabgrenzung.

Der Junglachs, der nach dem Schlüpfen aus dem Ei langsam stromabwärts wandert, registriert den Duft seines Heimatbaches, den Duft seines Heimatflusses, ehe er aufs hohe Meer hinausgeht. Der erwachsene Lachs, der zum Laichen auf dem Meer ins Süßwasser schwimmt, erkennt so aufgrund chemischer Stimuli seinen Heimatstrom, seinen Heimatfluß, seinen Heimatbach wieder. Eine überaus komplizierte chemische Sprache haben staatenbildende Hymenopteren, vor allen Dingen Ameisen, entwickelt: Es gibt spezifische Gerüche für Alarm, für Attraktion, für die Wege und viele andere mehr (Wilson, 1971; Hölldobler, 1970, 1977). Daß all dies ein Kopieren durch Parasiten in Insektenstaaten nicht verhindern konnte, ist eine andere Sache.

Auf mechanische Reize reagierende Sinnesorgane nutzen das Medium (Luft oder Wasser) oder das Substrat (Wasseroberfläche, Bodenoberfläche, Baumstämme) (Markl, 1972; Markl u. Hauff, 1973; Markl u. Mitarb., 1973). So reagiert eine an der Wasseroberfläche hängende Stechmücke sehr genau auf die Wellen, die ein heranschwimmender Rückenschwimmer (Notonecta) an dieser Oberfläche produziert; auf der anderen Seite kann ein an der Wasseroberfläche hängender Notonecta aufgrund der Oberflächenwellen, die von einer an der Wasseroberfläche hängenden Stechmückenlarve ausgehen, diese erkennen und genau orten (Abb. 54). Schmetterlingsraupen erkennen mit spezifischen Borsten, die auf Luftvibrationen reagieren, eine sich nähernde fliegende

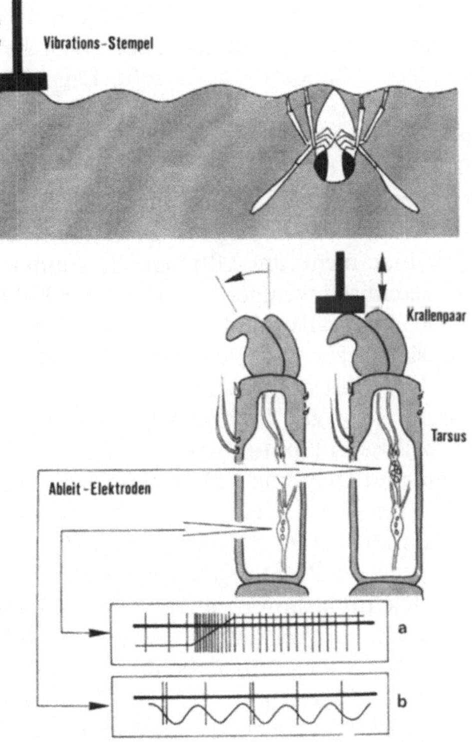

Abb. 54. Der Beutefang des Rückenschwimmers. *Oben*: Prinzip der Versuchsanordnung zur Erzeugung von Oberflächenwellen, *unten*: *a* Phasisch-tonische Antworten von Neuronen des proximalen Skolopariums bei Auslenkung des Krallenpaares, *b* phasische Antworten von Neuronen des distalen Skolopariums auf Vibrationsreize bei direkter Kopplung des Vibrationsstempels mit einer Kralle. (Aus Ewert, 1976)

Schlupfwespe, rollen sich zusammen und lassen sich von der Futterpflanze fallen (Markl u. Tautz, 1978). Das Seitenliniensystem der Fische funktioniert nur in ruhigem Wasser und ist daher bei auf Bergbäche spezialisierten Arten nicht entwickelt. Die Schnurrhaare am Kopf von Raubtieren spielen vielfach eine ganz wesentliche Rolle beim Messen der Weite eines Durchschlupfs: Stoßen die Schnurrhaare an, so ist das Tier für diesen Durchschlup´ zu groß.

Neben diesen passiven Ortungs- und Orientierungsmechanismen gibt es aktive, die letzten Endes auf den gleichen Prinzipien basieren wie das technische Radar und Sonar. Fledermäuse geben Ultraschallaute ab und orientieren sich nach deren Echo. Dieses Problem wird im Zusammenhang mit der parallel erfolgten Co-evolution von Nachtschmetterlingen besonders behandelt (vgl. S. 200). Das gleiche Prinzip hat die südamerikanische Nachtschwalbe Steatornis, die in sehr tiefen Höhlen brütet und nachts auf der Suche nach Palmenfrüchten aus dieser Höhle herauskommt. Allerdings handelt es sich hier nicht um Ultraschall, sondern um technisch weniger günstige, sehr hohe Töne. Ebenfalls mit Ultraschall orientieren sich Wale und Delphine. Sie können mit Hilfe ihres Ultraschallortungssystems Fische sehr gut lokalisieren, aber auch wirbellose Planktontiere. Dazu haben Wale und Delphine wohl überwiegend im hörbaren Bereich ein sehr differenziertes Kommunikationssystems entwickelt. Für all das ist ein Richtungshören unerläßlich. Ein Richtungshören hat sich jedoch im Wasser nie entwickelt, die Wale und Delphine brachten es als Erbe ihrer terrestrischen Vorfahren mit. Sie sind damit die einzigen Organismen, die im Wasser zu einem Richtungshören in der Lage sind. Gibt es dafür eine Erklärung? Ein Richtungshören basiert auf einer unterschiedlichen Information der beiden Ohren — entweder was die Ankunftszeit oder die Ankunftsstärke der Signale betrifft. Im Wasser liegt die Schallgeschwindigkeit mit etwa 1500 m/sec wesentlich höher als in der Luft. Ferner wird ein Schall unter Wasser nahezu ungedämpft weitergegeben und ist daher sehr viel weiter als auf dem Lande hörbar. Diese Tatsachen erschweren ein Richtungshören im Wasser ungemein. Die Signale kommen an beiden Ohren im gleichen Augenblick und gleich stark an. Dazu haben Organismen ungefähr die gleiche Dichte wie das umgebende Wasser. Damit wird ein Schall nur sehr schlecht reflektiert, er geht durch den Körper glatt hindurch. Ein von einer Seite kommender Schall braucht also keinen „Umweg" um das Tier zu machen, um an das gegenüberliegende Ohr zu kommen und so erreicht er das zweite Ohr wirklich überaus rasch und ungedämpft. Die Delphine und Wale haben daher ganz spezifische Anpassungen ihres Hörapparats: Die Basis ist relativ breit, da die Tiere groß sind, und der gesamte reizaufnehmende und reizleitende Apparat ist von einer sehr auffälligen Knochenschicht umgeben. Während ihre Schädelknochen im allgemeinen weich und fettreich sind (und damit grau erscheinen), besteht die Panzerung des Gehörapparates aus schimmernd weißen, überaus harten Knochen (die bei der Präparation meist verlorengehen und an den Schädeln normalerweise nicht mehr zu finden sind) (vgl. Abb. 55). Diese sehr harten in den sonst weichen Schädel eingelagerten Gehörpanzerungen verhindern die praktisch gleichzeitige Erregung durch Schallwellen, die den Körper einfach durchdringen (und nun wissen wir, warum Fische so ein ideales Anpeilobjekt darstellen: Ihre Schwimmblase reflektiert den Schall ausgezeichnet und wir wissen auch, warum die Aufgabe einer Schwimmblase für manche Hochseefische einen Selektionsvorteil darstellen konnte).

Ein anderes aktives Ortungssystem haben die schwach elektrischen Fische entwickelt. Sie bauen um sich ein elektrisches Feld auf, erkennen die „Verbiegungen" der Feldlinien und können so Gegenstände, Feinde oder Beute (= gute oder

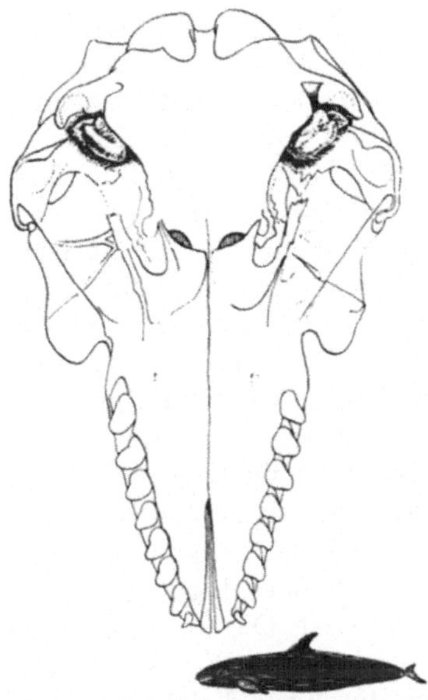

Abb. 55. Unterseite des Schädels eines kleinen Mörders. (Nach Slijper, 1966)

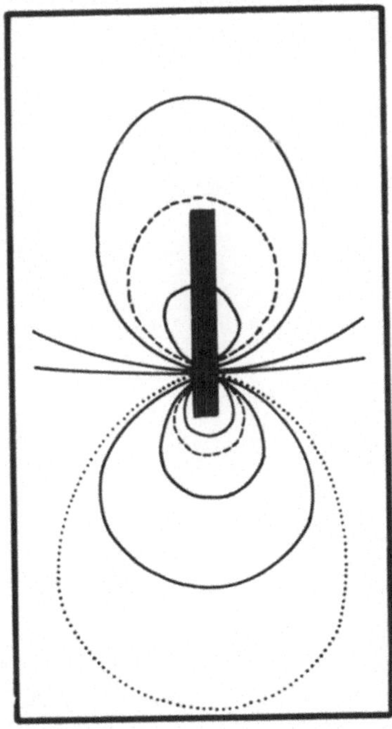

Abb. 56. Die Äquipotentiallinien um einen elektrischen Fisch (Gnathonemus petersii) in einem Aquarium von 30,4 × 58,5 cm Grundfläche. Blick von oben. (Nach Harder, 1965)

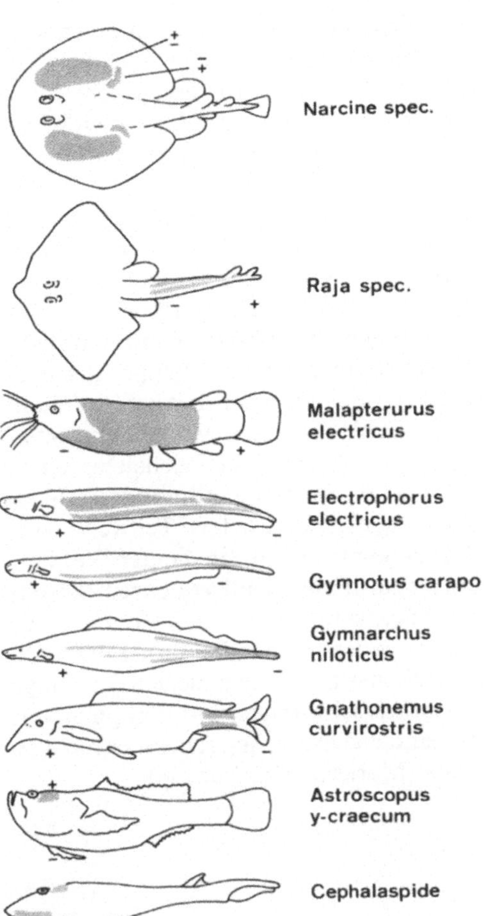

Abb. 57. Einige typische elektrische Fische. Die elektrischen Organe sind entsprechend hervorgehoben. (Nach Harder, 1965). Cephalaspiden sind nur fossil bekannt; aufgrund des Schädelbaues vermutet man elektrische Organe

schlechte elektrische Leiter) im Wasser orten. Das ist nur im Süßwasser möglich, da die hohe Leitfähigkeit des Meerwassers den Aufbau eines derart schwachen elektrischen Feldes nicht ermöglichen würde. [Auch zum Töten von Beutetieren und bei der Verteidigung kann Elektrizität eingesetzt werden, auch hier bestehen besondere Schwierigkeiten im Meer. Der Zitterrochen muß sich über seine Beute stürzen und sie vollständig mit seinem Körper bedecken, ehe er sie durch einen elektrischen Schlag tötet; Abb. 56 u. 57; Harder (1965)]. Dieser Orientierungsmodus ist vor allem in ruhigen, schlammigen Gewässern von verschiedenen Fischfamilien entwickelt worden. In diesen schlammigen Gewässern verstopft das Seitenliniensystem und ein Sehen ist nicht mehr möglich.

Die Möglichkeit, akustische Signale zu verwerten, ist über Wasser und unter Wasser sehr verschieden. Vielleicht ist sie auch in verschiedenen terrestrischen Lebensräumen verschieden. Kann ein dichter Wald einer offenen Steppe gleichgesetzt werden? Dieser Frage ist gerade in letzter Zeit in starkem Maße nachgegangen worden, weil sie vielleicht einen Schlüssel für das Verständnis unterschiedlicher Vogelgesänge liefert. Teilweise wurde angenommen, daß ein dichter Wald für ganz spezifische Tonfrequenzen besonders durchlässig sei und daß Vögel gerade diese Frequenzen zum Reviergesang nutzten. Offensichtlich aber liegen die Dinge wesentlich schwieriger und komplizierter, eine einfache Erklärung scheint es nicht zu geben (Marler, 1978; Abb. 58).

Der·Unterschied zwischen Luft und Wasser gilt auch beim Sehen. Aufgrund der ungefähr gleichen Dichte von Organismus und Medium muß ein Auge, welches an der Luft wie im Wasser scharfe Bilder liefern soll, sehr starke Akkommodationsmöglichkeiten besitzen. Das ist etwa bei tauchenden Vögeln der Fall. Robben haben dagegen ein Unterwasserauge entwickelt, welches an der Luft nur unscharfe Bilder liefert. Taumelkäfer (Gyrinus) haben für ihr Schwimmen unmittelbar an der Wasseroberfläche ihr Facettenauge in ein Überwasserauge und ein Unterwasserauge geteilt. Ganz ällgemein gilt, daß unter Wasser eine höhere Lichtstärke der Augen notwendig ist. Die Facettenaugen von im Wasser lebenden Krebsen zeichnen sich daher durchweg durch einen größeren Bildwinkel aus — im Vergleich zu Überwasseraugen. Ferner sind die Augen von Wassertieren — wie etwa Fischen — durchweg in der Ruhe auf die Nähe eingestellt, während Landtieraugen — etwa die von Säugetieren und Vögeln — in der Ru-

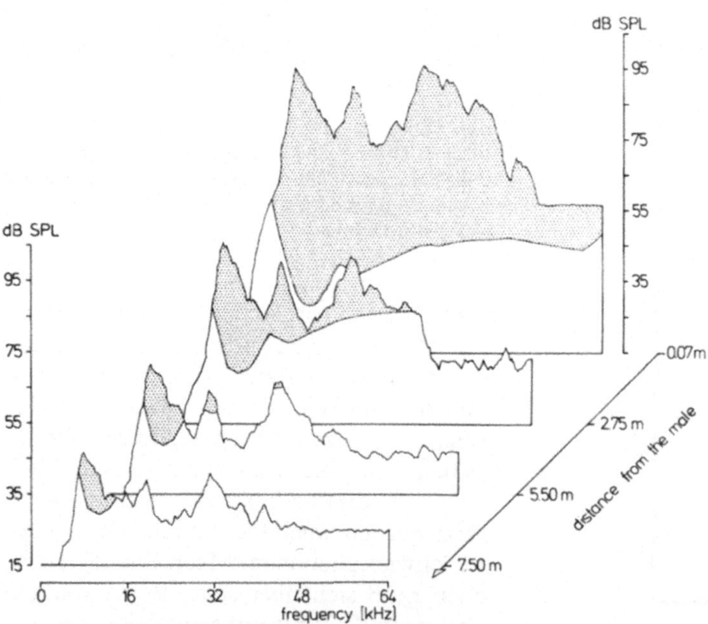

Abb. 58. Vom Gesang einer Laubheuschrecke (Tettigonia cantans) bleiben nach 7,5 m nur die niedrig-frequenten Teile übrig; die hochfrequenten Teile werden durch das Laub weggefiltert. *Schraffiert:* der für die Heuschrecke hörbare Bereich. (Nach Keuper u. Kühne, 1983)

he fernakkommodiert sind. Schließlich wird immer wieder der Fehler gemacht, daß die Farben, die etwa die modernen Bilder von Korallenriffen auszeichnen, wirklich seien und manchmal wird sogar bei auffällig weiß-rot gefärbten Tieren über Warntrachten spekuliert. Nichts ist falscher als das. Rotes Licht wird vom Wasser sehr rasch vollständig absorbiert und daher erscheint Rot schon in einigen Metern Tiefe als grau oder sogar als bläulich. Die Farben, die unter Wasser sichtbar sind, unterscheiden sich sehr wesentlich von dem, was normalerweise auf einem (mit dem Blitzgerät gemachten) Farbfoto oder einem frisch ans Land geholten Tier zu sehen ist.

Aber ebenso wie es diese Probleme in den beiden großen Medien Land und Wasser gibt, gibt es sehr unterschiedliche Probleme im Verlauf von Tag und Nacht oder in verschiedenen Lebensräumen. Wenn wir mit dem Auto bei niedrig stehender Sonne durch eine Allee fahren, so haben wir Probleme mit dem raschen Wechsel von plötzlichem Licht und plötzlichem Schatten: Unser Auge ist auf so rasche Bewegungen von Licht und Schatten nicht evoluiert. Das Auge von fliegenden Vögeln oder von fliegenden Insekten scheint jedoch hier viel rascher adaptieren zu können. Besonders in tropischen Trockenwäldern mit ihrem sehr intensiven und nicht nur morgens und abends auftretenden Gegensatz von Licht und Schatten sind hier Anpassungen zu erwarten. Ebenso gibt es natürlich Anpassungen an dunkle Lebensräume: Der Tiefseeostracode Gigantocypris hat kein Linsenauge sondern ein Spiegelauge, welches bei kürzerer Bauweise hohe Lichtstärke ermöglicht. Spiegelnde Schichten hinter der lichtempfindlichen Schicht des Auges sind typisch für viele Nachtinsekten und nächtlich lebende Amphibien, Reptilien und Säugetiere: Das ist die Basis für die „leuchtenden" Augen der Nachttiere. Auf diese Weise wird ein einfallender Lichtstrahl ins Auge zurück reflektiert und reizt die Retina noch einmal. Das geht zwar auf Kosten der Bildschärfe, aber das Tier erhält überhaupt eine Information.

Von hier aus führt dann der Weg zur Sonnenorientierung der Strandtiere (Strandamphipoden, Strandisopoden, Strandkäfer, Strandspinnen), die Orientierung in ihrem Lebensraum und das Bleiben in einem günstigen Feuchtebereich ermöglicht (Pardi u. Papi, 1960; Remmert, 1965), ebenso wie die Sonnenorientierung den Bienen die Kenntnis ihres Heimatgebiets ermöglicht (von Frisch, 1965). Dann geht der Weg bis zu der bis heute weitgehend ungeklärten Fernorientierung der Tiere (Schmidt-Koenig u. Keeton, 1978).

2.3.10 Weitere ökologische Faktoren

Für die Verteilung von Tieren und Pflanzen können kleine, wenig beachtete Faktoren ausschlaggebend sein. Im folgenden seien dafür einige Beispiele dargestellt: Die Flußdeckelschnecke Theodoxus fluviatilis lebt am Ufer von Seen, am Ufer von Brackgewässern und in nicht zu schnell fließenden Bächen und Flüssen auf Steinen, sie lebt von Diatomeen. Ihre Ansprüche hinsichtlich des osmotischen Druckes sind relativ wenig festgelegt. Von Süßwasser bis Brackwasser von knapp 10‰ kommt sie vor. Auch ihre Temperaturansprüche sind recht wenig festgelegt. Dennoch fehlt sie an vielen Stellen, wo man sie an sich erwarten würde. Genaue Experimente von Neumann lehrten, daß sie nicht im Stande ist, die von den Steinen abgeschabten Diatomeen in ihrem Darmkanal aufzuschließen. Sie muß beim Abschaben die Diatomeen gleichzeitig zerbrechen. Das wiederum ist nur möglich, wenn die Oberfläche der Steine sehr rauh ist. Im Experiment verhungern die Schnecken, wenn sie auf Glasscheiben mit Diatomeenkulturen leben müssen. Sie gedeihen ausgezeichnet, wenn die Glasscheibe vorher mit Flußsäure angeätzt worden ist, so daß die Oberfläche rauh wurde (Neumann, 1961).

Meinertzhagen ist der Frage nachgegangen, warum so viele Zugvögel im Winter die Taiga verlassen. Alle Experimente deuten darauf hin, daß viele Arten die herrschenden Wintertemperaturen ohne weiteres überstehen würden. Nahrung ist genauso reichlich vorhanden wie in den etwas weiter südlich liegenden Wäldern, Nahrungsmangel kann also kaum der Grund sein. Auch die Erreichbarkeit der Nahrung dürfte kaum unterschieden sein. Meinertzhagen konnte wahrscheinlich machen, daß bei der hohen Schneedecke die Vögel nicht in der Lage sind, den für sie notwendigen Bestand an Magensteinen aufrecht zu erhalten. Damit können sie die gefundene Nahrung nicht aufschließen. Schneefrei gehaltene Straßen in derartigen Regionen sind daher ein günstiges Überwinterungsrefugium für eine Reihe von Vögeln; selbst Rauhfußhühner können sich hier sammeln.

Ein ganz wichtiger ökologischer Faktor ist der Regen. Durch Regen werden pflanzenfressende Insekten in großem Maß von den Blättern gespült: ein Sturzregen kann 80–90% der Insekten von den Baumblättern auf den Waldboden herunterspülen und diese müssen dann erst wieder fliegend oder an den Stämmen kletternd in den Kronenbereich gelangen. Das gilt für unsere Buchenwälder wie für tropische Regenwälder in gleicher Weise.

Seit etwa 15 Jahren spielen Pheromone in der Schädlingsbekämpfung eine sehr große Rolle. Der Grund dafür liegt in der Bedeutung der Pheromone von Insekten bei der Biotopwahl dieser Tiere. Hat beispielsweise ein Borkenkäfer (Ips typographus) einen günstigen Wirtsbaum gefunden, d. h. einen solchen, bei dem der Saftfluß ein wenig gestört ist, so sendet er ein „Aggregationspheromon" aus, welches männliche wie weibliche Borkenkäfer von weither anlockt. Der Baum wird dann von großen Mengen dieser Tiere befallen und normalerweise getötet. In trockenen Jahren können so sehr große Schäden in der Forstwirtschaft entstehen. Die Aufstellung von Fallen mit diesem Pheromon an solch gefährdeten Plätzen führt zu dem Fang sehr großer Borkenkäfermengen.

Da der Lockstoff ja ein Stoff ist, der normalerweise natürlicherweise hier vorkommt, ist dies eine sehr günstige Methode des Forstschutzes. Auf der anderen Seite haben sich eine Fülle von speziellen Feinden der Borkenkäfer genau in dieses System eingeklinkt: sie reagieren auf den Lockstoff, weil dieser sie normalerweise zu ihrer Beute führt. Das gilt für Ameisenbuntkäfer (Thanasimus) und Nemosoma in gleicher Weise. Bisher gibt es keine Fallen, die diese spezifischen Borkenkäferfeinde am Eindringen hindern, und man fängt daher mit den Lockstoff-Fallen ausgerechnet die spezifischen Räuber gleichzeitig mit (die früher angewandten weißen Pheromonfallen sind heute verboten, da sie ganz allgemein Blütenbesucher anlockten und in großem Maß fingen).

Besondere ökologische Probleme und Faktoren liegen im Bereich des offenen Ozeans vor, der immerhin ja den größten Teil der Oberfläche unseres Planeten bedeckt. Die im Plankton lebenden Krebse häuten sich ja regelmäßig und stoßen die alte Haut ins freie Wasser ab. Sie besteht überwiegend aus Chitin, welches nur schwer remineralisierbar ist; Berechnungen haben ergeben, daß am Tiefseeboden unter großen antarktischen Krillschwärmen jedes Jahr eine meterhohe Exuvienablagerung erfolgen müßte. Es gibt jedoch gerade in der Tiefsee kälteliebende und den hohen Druck dort verlangende Bakterien, die in das umgebende Wasser sehr effektive Chitinasen abgeben, welche diesen Abbau vollständig leisten. Im Flachwasser und bei höheren Temperaturen sind diese Bakterien und die Chitinasen nicht lebensfähig. Der hydrostatische Druck ist also als Faktor notwendig — und wir wissen so wenig über diesen Faktor, der den größten Teil der Oberfläche unserer Erde beherrscht (Helmke u. Weyland, 1986).

Daß Pflanzenfresser, insbesondere pflanzenfressende Insekten, zu einem erheblichen Teil streng an bestimmte Pflanzen gebunden sind, ist allgemein bekannt und geradezu selbstverständlich. Die Bindung geht, wie man allgemein annimmt, über die Ernährung der Tiere. Aber ist das immer richtig? Bei Spinnen konnte Barth nachweisen, daß das Paarungssystem nur funktioniert, wenn die Tiere miteinander kommunizieren können. Diese Kommunikation erfolgt durch Substratschall, indem die Pflanze den Schall leitet, der in der Luft nicht hörbar ist. Dementsprechend werden ganz bestimmte Pflanzenarten, die als Leiter für Substratschall geeignet sind, von den Tieren bevorzugt: Räuber sind damit an spezifische Pflanzen gebunden. Auch viele Pflanzenfresser verständigen sich mit Hilfe des Substratschalls durch die von ihnen bewohnte Pflanze. Nun kann man ja, und das ist bei vielen Pflanzenfressern nachgewiesen, diese Tiere auch sehr erfolgreich im Labor auf anderen Pflanzenarten züchten als denen, die sie im Freiland extrem bevorzugen. Es erscheint nicht ausgeschlossen, daß auch viele Pflanzenfresser nicht über die Nahrung, sondern über die Eignung der Pflanze als Schalleiter an ihre Lebenspflanze gebunden sind.

2.3.11 Periodische Veränderungen im Lebensraum

Ein großer Teil der ökologisch bedeutsamen Faktoren unterliegt mit der Erddrehung korrelierten zyklischen Änderungen: Licht, Temperatur, relative Luftfeuchtigkeit, Aktivität von Räubern und Konkurrenten gehören dazu. Damit sind offensichtlich optimale Bedingungen im normalen Lebensraum für eine Art nur zu bestimmten Tageszeiten oder zu bestimmten Jahreszeiten vorhanden. Das leuchtet bei der lichtabhängigen Photosynthese der Pflanzen ebenso ein wie bei der Aktivität — ob es sich nun um Nahrungsaufnahme, Fortpflanzungsverhalten, Revierverteidigung oder die Suche nach einem günstigen Lebensraum bei lichtaktiven, dämmerungsaktiven, dunkelaktiven Tieren handelt —. Der Organismus muß also in seinem Lebensraum regelmäßig auftretende ungünstige Perioden überdauern können. So stellt sich die Frage, wie lange die mindeste tägliche Aktivitätszeit sein muß, um die erzwungene Ruheperiode während der ungünstigen Tageszeit zu überdauern, wie lange die Aktivitätszeit im Jahreslauf sein muß, um die ungünstigen Bedingungen während der Trockenzeit, während des Winters zu überdauern. In nördlichen Breiten beispielsweise sind die hellen Stunden während des Winters vielfach zu kurz, um Vögeln eine angemessene Nahrungssuche zu gestatten. Wegen des hohen Energieverbrauches bei den herrschenden niedrigen Temperaturen vermögen solche Arten den Winter in diesen Breiten nicht zu überstehen. Das gilt etwa für den Ortolan (Emberiza hortulana), wie Walgren zeigen konnte.

In Wirklichkeit liegen die Verhältnisse im allgemeinen jedoch nicht so einfach. Pflanzen und Tiere haben sich an diesen zyklischen Wechsel der Umweltbedingungen angepaßt, und sie benötigen vielfach diesen Wechsel der Umweltbedingungen für ein normales Leben. Nur ganz wenige Pflanzen der Tropen und der gemäßigten Breiten sind in der Lage, bei Dauerlicht zu existieren: Sie benötigen die Dunkelheit für ein normales Wachstum. In Dauerlicht zeigen sie Nekrosen, ebenso wie viele Tiere in Dauerlicht Verhaltensstörungen oder Fortpflanzungsstörungen zeigen. Im Jahreslauf unterliegt das Gewicht von Vögeln und Säugetieren charakteristischen regelmäßigen Schwankungen, die der Speicherung von Nährstoffen für die ungünstige Jahreszeit dienen. Ebenso unterliegt die Kältetoleranz bei Insekten, Warmblütern und Pflanzen einem regelmäßigen Jahresrhythmus. Vögel und Säugetiere entwickeln ein Winterkleid, welches etwa beim Hausspatz um 30% schwerer ist als das Sommergefieder. Die Eiproduktion vieler wechselwarmer Tiere steigt unter tagesrhythmischen Bedingungen ebenso an wie die Produktivität der meisten Pflanzen (vgl. S. 35 f.). Manche Ameisen und manche Schnecken scheinen den regelmäßigen Anstoß ihres Stoffwechsels durch tagesrhythmisch schwankende Bedingungen zu benötigen. Viele

Arten unter Pflanzen und Tieren brauchen winterliche Bedingungen, wenn ihre Samen im Frühjahr keimen oder ihre Larven im Frühjahr schlüpfen sollen.

Diese sehr starke Einklinkung in die rhythmische Umwelt ist durch die Evolution eines physiologischen Zeitmeßsystems für die verschiedenen Periodizitäten der Umwelt dokumentiert. Pflanzen und Tiere besitzen eine physiologische Uhr mit einer Umlaufzeit von etwa 24 Std. Bringt man die Organismen in konstante Bedingungen, so läuft diese Uhr weiter, sie wird jedoch nicht mehr durch die Außenfaktoren „gestellt". So wie ein alter Wecker nach einiger Zeit von der normalen Umlaufzeit der Erddrehung von 24 Std abweicht und vom Menschen neu gestellt werden muß, so weicht auch die physiologische Uhr von Pflanzen und Tieren nach wenigen Tagen von der durch die Erddrehung gegebenen Zeit ab. Wir sprechen daher von einer physiologischen Uhr mit einer Umlaufzeit von ca. 24 Std, von einer circadianen Uhr.

Ähnlich funktioniert auch eine innere Jahresuhr, eine circaannuale Uhr. Beide Uhren sind bei Pflanzen und Tieren exakt nachgewiesen. So keimen die Samen der meisten mitteleuropäischen Pflanzen besonders gut zu bestimmten Monaten im Jahreslauf. Bewahrt man sie unter konstanten Bedingungen auf, so tendieren sie in jedem kommenden Jahr ungefähr um die gleiche Zeit zur Keimung. Vögel der gemäßigten Breiten geraten ziemlich regelmäßig alle 12 Monate in Fortpflanzungs-Stimmung. Dabei funktioniert diese physiologische Uhr offenbar bei Zugvögeln, die regelmäßig den Äquator überqueren, besser als bei Arten, die bei uns überwintern oder nur ein kurzes Stück südwärts wandern. Bei der Tages- und Jahresuhr scheint es sich also um Oszillationen zu handeln, also um eine Schwingung im Organismus, die über lange Perioden anhält (Abb. 59).

Dazu gibt es auch Anpassungen an die Gezeiten: Es gibt semilunare Uhren, lunare Uhren, tidale und bitidale Uhren. Diese

scheinen z. T. nicht auf Schwingungsvorgängen zu beruhen, sondern nach dem Sanduhrprinzip zu arbeiten: Einmal angestoßen, laufen sie ab, sind aber dann zu keinem zweiten Zeitmessen ohne ein neues Anstoßen in der Lage.

Diese physiologischen Uhren werden durch Umweltfaktoren „gestellt". Durchweg scheint dabei der Licht-Dunkel-Wechsel die Hauptrolle zu spielen. In hocharktischen Breiten tritt an die Stelle des Licht-Dunkel-Wechsels offensichtlich ein Wechsel in der spektralen Zusammensetzung des Lichtes: Während der sehr hellen „Nacht" enthält das Licht mehr langwellige, also rötliche Anteile als während des kaum helleren Tages (Krüll, 1976; Abb. 60). Die Temperatur kann bei manchen wechselwarmen Organismen die Rolle als Zeitgeber übernehmen, niemals jedoch bei warmblütigen Tieren. Auch manche wechselwarmen Tiere reagieren nicht auf Temperaturänderungen als Zeitgeber. Noch weitere mögliche Zeitgeber sind bisher nur in Einzelfällen wahrscheinlich gemacht worden (akustische Signale wie Vogelsang; Luftfeuchtigkeit; Turbulenz), sie scheinen nur in Einzelfällen eine wesentliche Rolle zu spielen. Den Zeitgeber für die Jahresuhr scheint durchweg die im Jahreslauf wechselnde relative Länge von Licht- und Dunkelzeit zu spielen. Das ist bei den Pflanzen (Langtagspflanzen und Kurztagspflanzen) seit langem gut belegt, bei Tieren ist die Bildung von Saisonformen auf diesen Faktor zurückzuführen, ebenso wie das Eintreten der Geschlechtsreife und der Beginn der Wanderung im Frühjahr bei Vögeln (vgl. Remmert, 1965).

Die Evolution einer physiologischen Uhr als Anpassung an die regelmäßig wechselnden Bedingungen der Umwelt leuchtet ohne weiteres ein. Jeder Organismus kann sich in jedem Augenblick bereits auf die Bedingungen des folgenden Augenblicks einstellen. Dennoch fehlen für diese einleuchtenden Überlegungen nahezu alle Belege. Die Evolution einer so komplizierten und bis heute keineswegs in ihrem Me-

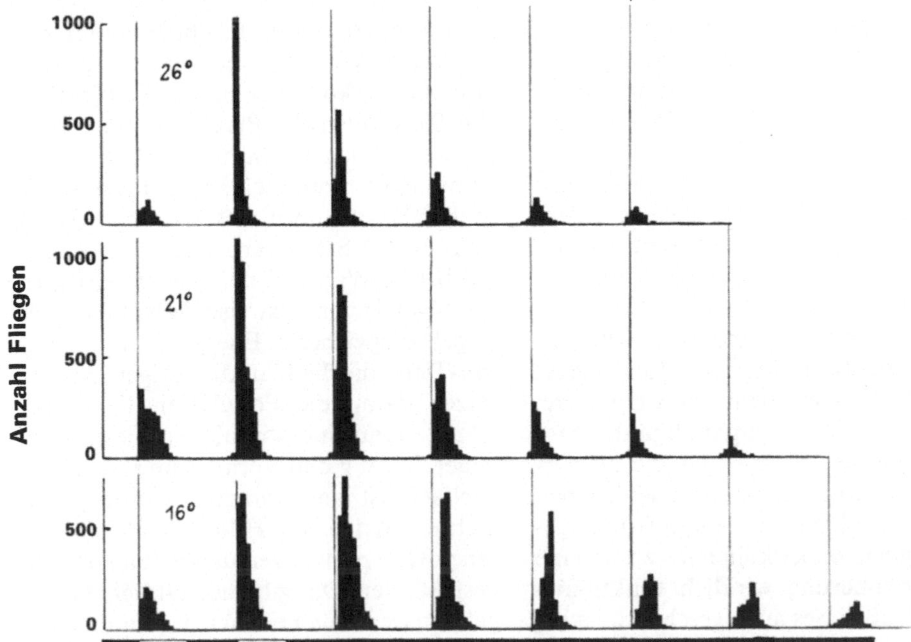

Abb. 59. Schlüpfen von Drosophila pseudoobscura in konstanten Bedingungen bei verschiedenen konstanten Temperaturen. Trotz Dauerdunkel und sehr verschiedenen Temperaturen sind die Schlüpfgipfel immer etwa 24 Std voneinander entfernt: Die Tiere haben eine physiologische Uhr. (Nach Pittendrigh, aus Remmert, 1965)

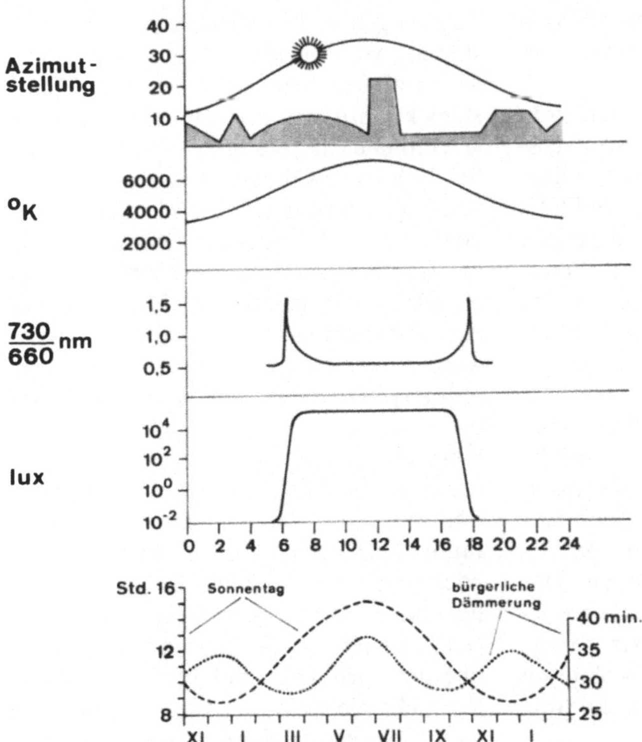

Abb. 60. Aufgliederung des Zeitgebers Licht-Dunkel-Wechsel. *Von oben nach unten:* Azimutstellung der Sonne in Beziehung zu Landmarken in der Hocharktis (Sommer). Farbtemperatur des Lichtes in der Hocharktis (Sommer). Dunkelrot-Hellrot-Verhältnis des Lichtes im Tageslauf (Juni, Washington D. C.). Helligkeit in Lux; extrem heller Tag auf etwa 40° n. B. im Juni, schematisch. Theoretische Länge des Sonnentages und der bürgerlichen Dämmerung auf 45°. (Aus Remmert, 1977)

chanismus aufgeklärten physiologischen Uhr erscheint nicht ohne weiteres plausibel, wenn man bedenkt, daß offensichtlich auch durch einfache Reaktion auf Umweltfaktoren — unter Umständen unter Einschaltung einer kurzfristig ablaufenden Sanduhr — doch der gleiche Effekt erreicht werden könnte. Dennoch scheinen sämtliche Pflanzen und Tiere eine nach dem gleichen Prinzip funktionierende und temperaturkompensiert arbeitende Uhr zu besitzen. Ihre Funktion ist ganz klar bei der Sonnenorientierung der Tiere: Eine Sonnenorientierung muß ja den täglichen Gang der Sonne und die zu verschiedenen Stunden auf verschiedenen Breiten verschiedene Azimutwinkelgeschwindigkeit einkalkulieren, wenn eine Sonnenorientierung wirklich funktionieren soll. Daß dieses auch geschieht, ist bei den verschiedensten Tiergruppen sehr genau belegt. So finden Bienen ihre Futterpflanzen und ihren Stock nach diesem Prinzip, Eidechsen finden ihr Revier; Krebse, Käfer, Spinnen des Meeresstrandes bestimmen auf diese Weise ihre Fluchtrichtung. Auch Meeresschildkröten und Fische sind zur Sonnenorientierung in der Lage.

So sind nahezu alle Funktionen von Pflanzen und Tieren an bestimmte Tageszeiten gekoppelt. Das Öffnen und Schließen von Blüten, die Produktion von Duftstoffen bei Blüten, das Heben und Senken der Blätter bei vielen Pflanzen sind ebenso Beispiele dafür wie das fast immer an eine bestimmte Tageszeit gebundene Schlüpfen der Insekten aus der Puppe (Remmert, 1962), die allgemeine Aktivität von Tieren, die Ruhezeit von Tieren. Bei vielen Arten sind offenbar auch sehr spezifische Aktivitätsformen an bestimmte Tageszeiten gebunden: Kopulation, Eiablage, Nahrungsaufnahme scheinen nur zu bestimmten Tageszeiten stattzufinden. Das ist für eine Reihe von Insekten nachgewiesen. Im ganzen aber wissen wir gerade über diesen letzten Punkt, der ökologisch interessant und bedeutsam sein könnte, außerordentlich wenig.

Planktontiere führen regelmäßig tagesperiodische Vertikalwanderungen durch: Nur nachts kommen sie an die Oberfläche. Sie können also Planktonalgen nur zu der Zeit konsumieren, in der diese Algen keine Photosynthese, keine Produktion treiben können. Auf diese Weise wird eine sehr hohe Sekundärproduktion erzielt (Abb. 62). Während der Nacht veratmen die Algen ja vorzugsweise die während des Tages gespeicherte Energie. Die Plankton-Tiere, die die Plankton-Algen fressen, setzen damit die Populationsdichte der Algen herab und stimulieren diese so zu neuer Teilung und Vermehrung.

Vielfach ist angenommen worden, daß mehrere Arten mit Hilfe der physiologischen Uhr zeitlich genau aufeinander eingestellt seien. Das gilt auch tatsächlich ungefähr, wenn man einfach Tag und Nacht gegenüberstellt (Abb. 61). Aber selbst in einem solchen Fall sind durch Arten, die sowohl bei Tag wie bei Nacht aktiv sind, wie etwa Mäuse und Spitzmäuse, unmittelbare Verknüpfungen zwischen einer Nahrungskette bei Nacht und einer bei Tage gegeben. Eine wirklich präzise Einstellung verschiedener Arten aufeinander ist im allgemeinen nicht gegeben. Höchstens könnte man hier die jahres- und tageszeitliche Staffelung der Reviergesänge bei Vögeln erwähnen: Würden alle diese Arten gleichzeitig singen, würden die Revierverhältnisse genauso undurchschaubar für die Revierinhaber wie für den, der Vogelstimmen lernen will. Durch Singen zur festgelegten Jahres- und Tageszeit werden die Revierkämpfe auf ein Minimum reduziert, ebenso werden die Abgrenzungsmöglichkeiten optimiert.

Über die eingangs gestellte Frage jedoch, wie kurz die Aktivitätszeit eines Organismus sein kann, damit er in einem Lebensraum überdauern kann, wissen wir jedoch nach wie vor fast nichts. Da, wie wir gehört haben, die Länge der täglichen Lichtzeit nunmehr auch Zeitgeberfunktionen übernommen hat, sind hierher gehörige Versuche nicht einfach durchzuführen, da zwei Lichteffekte einander beeinflussen.

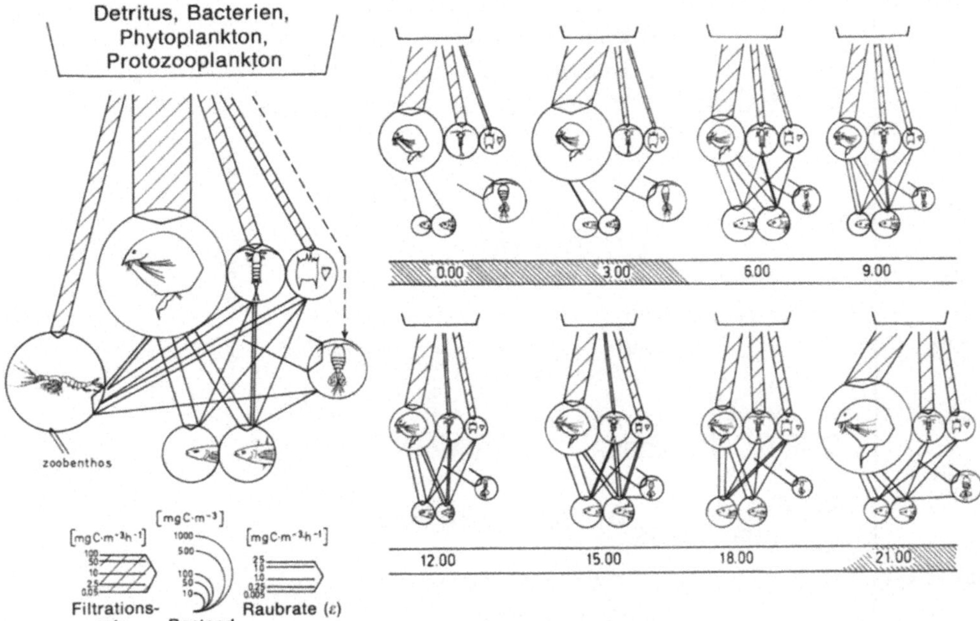

Abb. 61. Unterschiedlicher Stoff-Fluß im Tagesverlauf im Brackwasser vor der Küste von Mecklenburg. Links: Mittelwert (unter Einschluß von Neomysis nach Angaben von Janssen, 1983, aus einem anderen Untersuchungsgebiet). Rechts die Veränderungen im Tageslauf (wobei Mysideen nicht untersucht wurden) (Nach H. Arndt et al., 1984)

2.3.12 Das Zusammenwirken der Umweltfaktoren

Der Autökologe und Physiologe ist gezwungen, Faktor für Faktor unter kontrollierten Bedingungen im Labor einzeln zu untersuchen, wenn er wirklich Aussagen machen will, die Vorhersagen gestatten. Nur wenn die physiologische Basis der Reaktionen von Organismen auf Umweltfaktoren bekannt ist, lassen sich solche Vorhersagen mit Sicherheit durchführen. Die verschiedenen Stadien eines Organismus (oder ein Organismus während verschiedener physiologischer Zustände) aber reagieren auf den gleichen Faktor in verschiedener Weise. Schließlich sind durch die nicht-lineare Dosis-Response-Beziehung und durch die Möglichkeit prinzipieller Differenzen zwischen konstanten und wechselnden Bedingungen (wie wir sie bei Wechseltemperaturen und beim Tagesrhythmus besprachen) selbst die Analysen eines einzigen Faktors erschwert. In der freien Natur wirken Um-

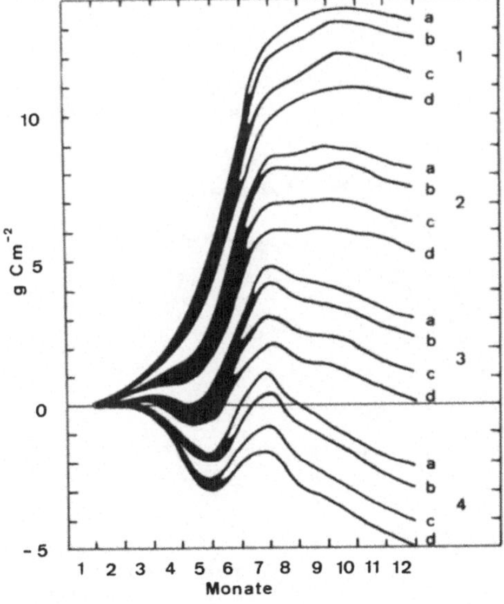

Abb. 62. Kumulative Sekundärproduktion von Planktoncrustaceen unter der Annahme verschiedener Respirationsraten (1–4) und verschiedener Freßzeiten. *a:* Freßzeit erste Nachtstunden, *b:* Freßzeit erste Nachthälfte, *c:* Freßzeit ganze Nacht, *d:* Freßzeit konstant tags und nachts. Ordinate: Produktion in g C pro Quadratmeter. (Nach MacAllister, aus Remmert, 1977)

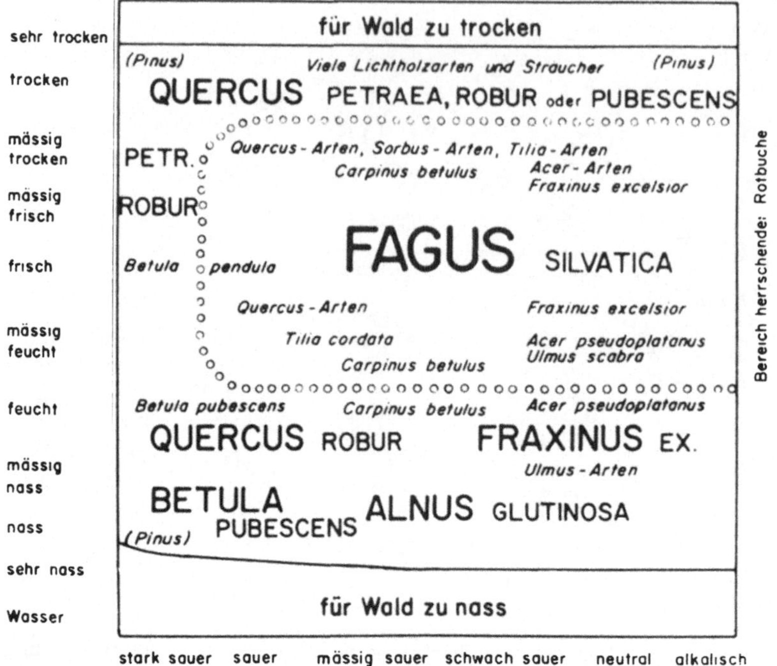

Abb. 63. Wahrscheinliche natürliche Holzartenzusammensetzung der submontanen Stufe des westlichen Mitteleuropa in Abhängigkeit von Wasser und Nährstoffhaushalt. Die Größe der Schrift deutet auf den Anteil an der Baumschicht hin. *Eingerahmter Bereich:* Standortsbereich mit herrschender Rotbuche. Zwei Faktorengruppen sind hier einander gegenübergestellt. (Nach Ellenberg, 1978)

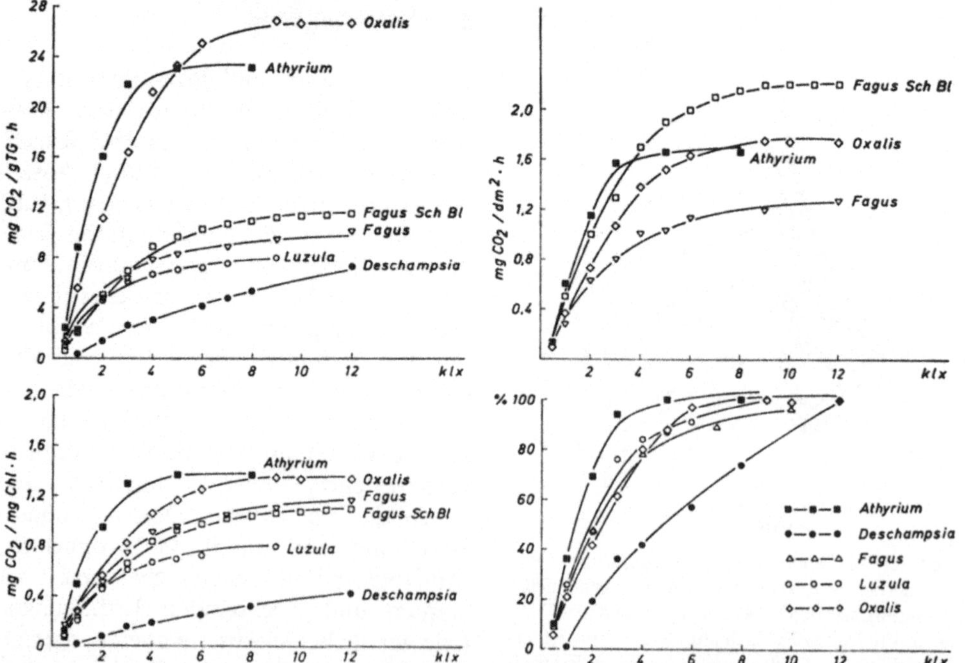

Abb. 64. Die Lichtabhängigkeit der Nettophotosynthese bezogen auf Trockengewicht, Oberfläche und Chlorophyll-Gehalt der Assimilationsorgane und die maximalen Raten der CO_2-Aufnahme der Versuchspflanzen und von F. silvatica Schattenblättern. (Aus Schulze, 1972)

weltfaktoren nie für sich, sondern stets sind viele Faktoren gemeinsam beteiligt. Hier liegt das ganz große Problem der Ökologie. Alle denkbaren Faktorenkombinationen im Labor durchzutesten ist unmöglich. So stellt sich die Frage, wie weit man aus den in der Einzelanalyse gewonnenen Resultaten auf die Verhältnisse bei Faktorenkombinationen schließen kann. Theoretisch sind drei Möglichkeiten denkbar.

1. Zwei Faktoren wirken völlig unabhängig voneinander. Eine Übertragung der im Experiment gewonnenen Daten auf Freilandverhältnisse ist damit problemlos möglich.
2. Die beiden Faktoren beeinflussen sich gegenseitig in vorhersagbarer Weise (Temperatur und Sauerstoffgehalt des Wassers, Temperatur und Wassergehalt der Luft). Hier sind Experimente leicht möglich, die Vorhersagen gestatten.

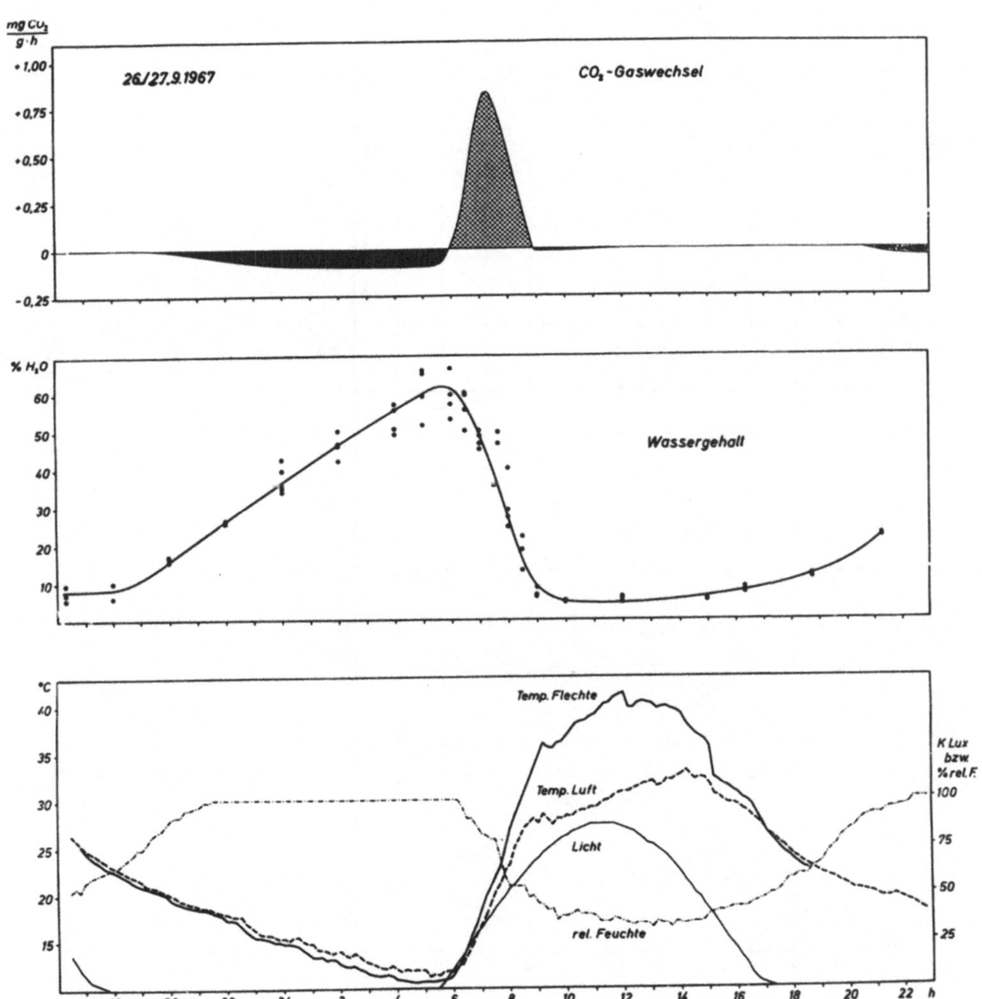

Abb. 65. CO₂-Gaswechsel *(oben)* der Flechte Ramalina im Tageslauf bei Taubenetzung, Wassergehalt der Thalli *(Mitte)*, Beleuchtungsintensität, relative Luftfeuchtigkeit, Flechten- und Lufttemperatur *(unten)*. In der Negev-Wüste, wo diese Untersuchungen durchgeführt wurden, können die Flechten nur in den frühen Morgenstunden Photosynthese durchführen. (Aus Lange u. Mitarb., 1970)

3. Bei der Kombination von zwei Faktoren treten Sonderbedingungen auf, die sich nicht vorhersagen lassen.

Für alle drei Möglichkeiten gibt es Beispiele:

1. So läßt sich die Verbreitung vieler Pflanzenarten unmittelbar mit Klimabedingungen in Beziehung setzen; und natürlich kommen die Pflanzen nur auf ihnen zusagenden Böden vor. Zwei unabhängige Faktoren wirken unabhängig (Abb. 63). Ebenso kann man das Vorkommen von marinen Bodentieren in Abhängigkeit vom Salzgehalt und von der Korngröße des Substrates auftragen. Die Herzmuschel Cardium edule findet sich

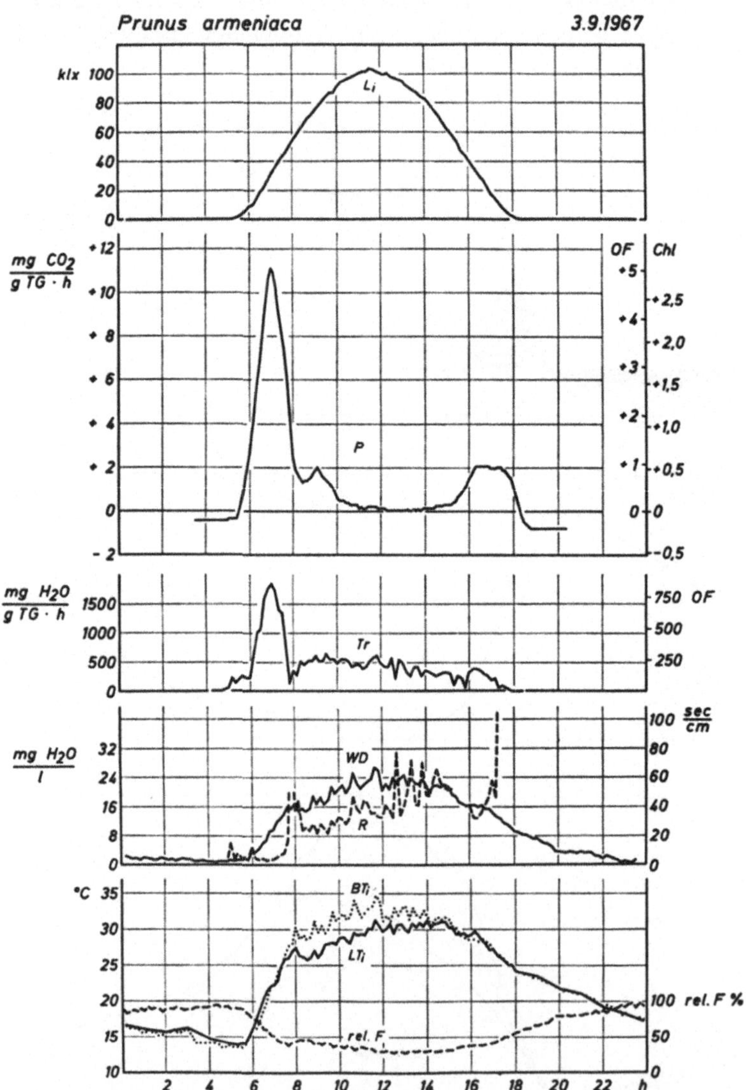

Abb. 66. Tagesverlauf der Lichtintensität *(oben)*, der Kohlendioxid-Aufnahme, der Transpiration, der Wasserdampfdifferenz zwischen Blatt und umgebender Luft *(WD)*, Diffusionswiderstand für Wasserdampf *(R)*, Lufttemperatur *(LT_i)*, Blattemperatur *(BT_i)* und relative Luftfeuchtigkeit bei der Aprikose in der Negev-Wüste. Bei zu hohen Blattemperaturen wird Transpiration und Photosynthese eingestellt. (Vgl. auch Abb. 64; aus Schulze u. Mitarb., 1972)

bevorzugt in feinkörnigem Sand, während die Sandklaffmuschel Mya arenaria eine gewisse Schlickbeimengung braucht. Beide sind in einem Salzgehaltsbereich zwischen knapp über 10 und knapp über 38‰ lebensfähig. Hier läßt sich also das Vorkommen beider leicht vorhersagen.

Das klassische Beispiel für das unabhängige Zusammenwirken verschiedener Faktoren stellt die Produktion organischer Substanzen durch grüne Pflanzen dar. Für die Photosynthese ist Licht erforderlich, ferner Wasser und Kohlendioxid. Die Photosynthese steigt daher mit zunehmender Lichtstärke bis zu einem Sätti-

gungswert an, wenn die Temperatur im günstigen Bereich liegt (Abb. 64). Im Tageslauf ergibt sich daher eine eingipflige Kurve (Abb. 67). Zweigipflige deuten auf zusätzliche Probleme hin: Entweder kann die Wasserversorgung nicht ausreichen oder infolge der hohen Lufttemperatur werden die Spaltöffnungen geschlossen, die Pflanze spart jetzt Wasser und nimmt zugleich kein CO_2 mehr auf (Abb. 66). Sind die Temperaturen für zu lange Zeit hoch, so arbeitet die Pflanze mit Verlust: Die Photosynthese kann die Atmungsverluste (die natürlich mit steigender Temperatur stark steigen) nicht mehr kompen-

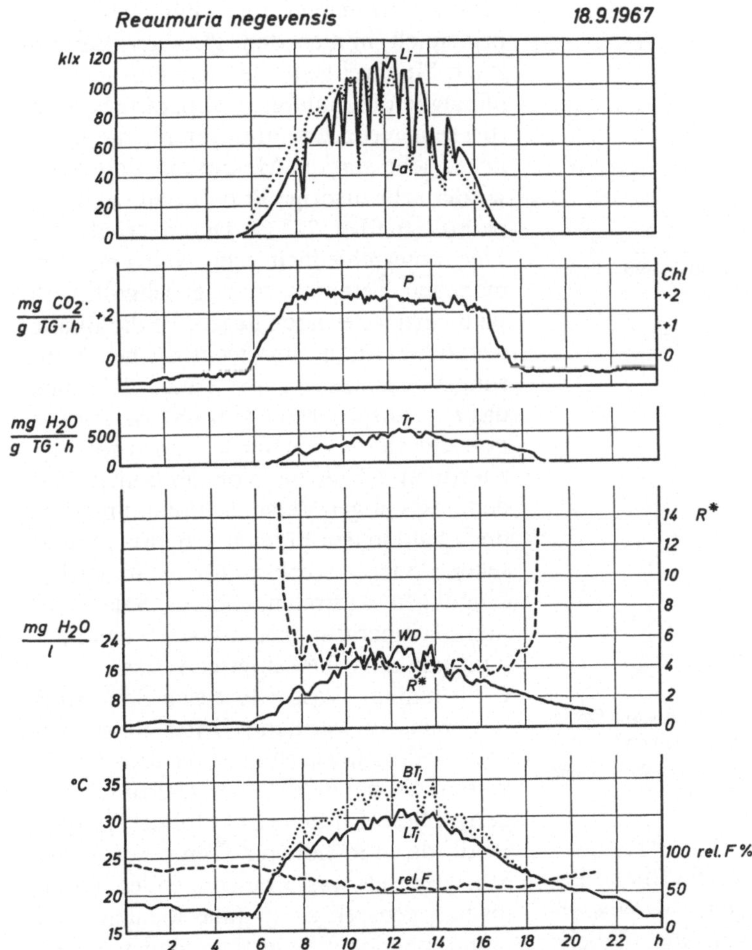

Abb. 67. Wie Abb. 66: Eine typische Wüstenpflanze kann den ganzen Tag über mit Gewinn Photosynthese treiben, obwohl die Blattemperaturen 35° C erreichen. (Aus Schulze u. Mitarb., 1972)

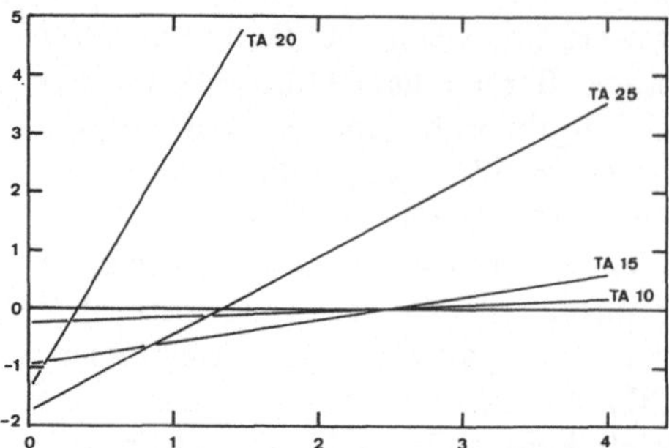

Abb. 68. Tägliche Gewichtsänderung von Austern bei unterschiedlichen Nahrungskonzentrationen im Medium (µg C/ml) und bei verschiedenen Akklimatisationstemperaturen *(TA)*. (Aus Newell u. Mitarb., 1977)

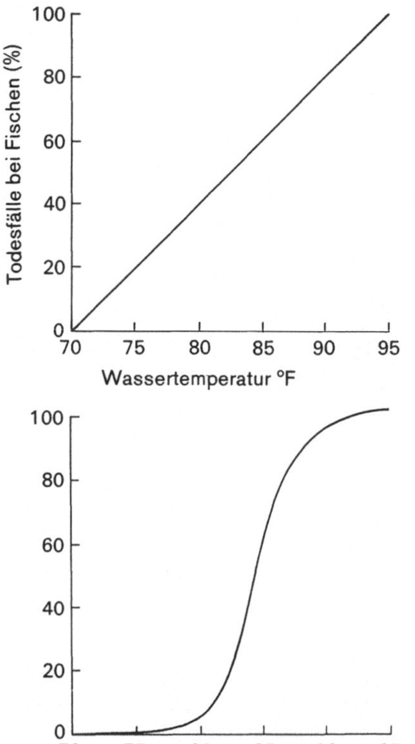

Abb. 69. Idealisierte lineare und nicht-lineare Dosis-Response-Beziehung. In der Natur kommen faktisch nur nicht-lineare Beziehungen vor. Die obere Kurve ist also falsch. (Nach Ehrlich u. Mitarb., 1975)

sieren. Das hat starke wirtschaftliche Bedeutung in Wüstengebieten, wo Wasserknappheit und Temperatur die tägliche Photosynthese einschränken. Echte Wüstenpflanzen haben hier weniger Proble-

me als wirtschaftlich wichtige Arten wie die Aprikose, die selbst bei einigermaßen hoher Wasserversorgung nur zeitweise mit Gewinn arbeiten kann (Abb. 66). Flechten der Negev-Wüste trocknen tagsüber aus, nachts nehmen sie Wasser auf. Photosynthese ist daher nur während der frühesten Morgenstunden möglich (Abb. 65).

Gut übersichtlich — wenn auch schon komplizierter — ist das folgende Beispiel. Die Atmung — und damit der Nährstoffverbrauch — der Auster steigt mit steigender Temperatur gleichmäßig an. Die Menge des durch den Kiemenapparat gepumpten Wassers aber zeigt eine Optimumkurve, die in geringem Maße von der Adaptationstemperatur abhängig ist, aber prinzipiell immer den gleichen Verlauf zeigt: Eine weitgehende Temperaturunabhängigkeit im unteren Temperaturbereich (bei sehr niedrigen Pumpraten), ein plötzliches sehr starkes Maximum, und dann wieder sehr niedrige Pumpraten bei Temperaturen über 25° C. Damit erhält das Tier unterschiedlich viel Nahrung. Bei manchen Temperaturen, gleichgültig ob sie niedrig oder hoch liegen, ist die Bilanz negativ. Durch unterschiedliche Nahrungskonzentration im Wasser läßt sich das z. T. ausgleichen (Abb. 68). Man kann nun eine vierte, eine fünfte Dimension hier zuordnen. Abgesehen von der hohen Zahl der langfristigen Versuche kommt man jedoch bald in den Bereich, wo unvorhergesehene oder unvorhersehbare Sonderbedingungen auftreten. Schon Salzgehalt und Temperatur beeinflussen einander häufig in unvorhersehbarer Weise.

2. In kaltem Wasser löst sich Sauerstoff besser als in warmem. Unter sonst gleichen Bedingungen steht also einem Tier in kaltem Wasser mehr Sauerstoff zur Verfügung. Diese Tatsache ist besonders gravierend, da mit höherer Temperatur der Stoffwechsel wasserbewohnender Organismen generell steigt (alle kiemen- und hautatmenden Wassertiere sind wechselwarm!). Ihr Sauerstoffbedarf steigt also, während die Menge des zur Verfügung

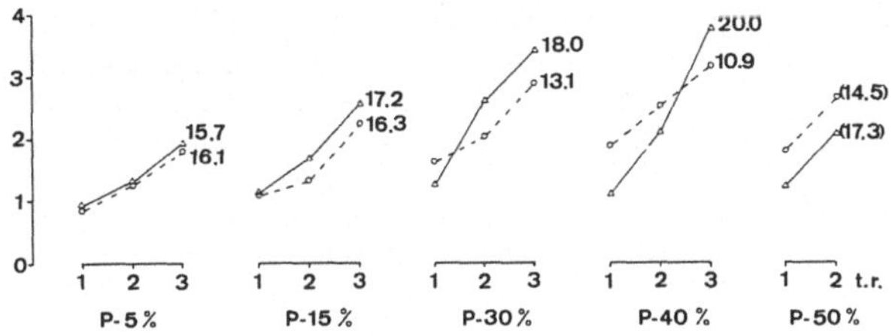

———: konstante Temperaturen, – – – –: um den Mittelwert tagesperiodisch schwankende Temperaturen. Die Zahlen neben den Kurven geben den Entwicklungsnullpunkt an. L:D = 16:8, die Temperatur schwankte entsprechend. Mit steigendem Proteingehalt der Nahrung bei Wechseltemperatur sinkt der Entwicklungsnullpunkt der Art. (Aus Merkel, 1977)

Abb. 70. Entwicklungsgeschwindigkeit ($100 \times$ Entwicklungsdauer^{-1}) von Gryllus bimaculatus bei verschiedenen Temperaturen und verschiedenen Futtersorten. Die Futtersorten P 5–P 50 bezeichnen den Anteil an Protein in der Nahrung der Grillen; die Zahlen 1–3 die verwendeten Temperaturen:

1	2	3	Bereich
29/11 °C	35/15 °C	37/19 °C	Wechsel-temperatur
23 °C	27 °C	31 °C	Konstant-temperatur

stehenden Sauerstoffs sinkt. Die im technischen Umweltschutz häufig vorgebrachte Meinung, daß Temperaturerhöhungen um ein weiteres Grad in einem Flußsystem unerheblich seien, ist daher als Voraussage falsch. Vor jeder derartigen Behauptung muß eine genaue Untersuchung durchgeführt werden (Abb. 69). Immerhin läßt sich manches auf Grund der physikalischen Löslichkeit von Sauerstoff in Wasser vorhersagen. Ähnliches gilt für die relative Luftfeuchtigkeit.

3. Schließlich gibt es Fälle, in denen Organismen bei Faktorenkombinationen in unvorhersehbarer Weise reagieren (Abb. 70). Auch diese Reaktionen sind natürlich physiologisch erklärbar, theoretisch müßte also eine Voraussage möglich sein. In der Praxis ist das in der Regel jedoch viel zu schwierig. Außerdem kennen wir in vielen Fällen die physiologische Basis bisher nicht und Voraussagen sind daher schwierig. Das ist bereits so mit schwankenden Bedingungen: Eine Wechseltemperatur erhöht — wie beschrieben — die Eiproduktion vieler wechselwarmer Tiere, es läßt sich jedoch bisher nicht sagen, woher das kommt.

Die Meeresassel Ligia oceanica läßt sich — ohne Fortpflanzung — lange Zeit ausgezeichnet halten, wenn von den Faktoren Substrat, Salzgehalt und Nahrung mindestens zwei im Optimalbereich sind. Sie läßt sich also beispielsweise auf Süßwasser halten, wenn ihr Futter mit einem hohen Salzgehalt (also beispielsweise Meeresalgen) und als Substrat grober Sand bzw. Kies geboten werden. Sie läßt sich auf Watte oder Schlamm halten, wenn dieses Substrat mit Seewasser befeuchtet wird und sie zusätzlich Meeresalgen oder Meerestiere als Nahrung erhält. Auf mit Seewasser befeuchtetem groben Sand genügen für sie Haferflocken, Apfel oder in Süßwasser aufgeweichtes Brennesselpulver als Nahrung (Abb. 71).

Die Wirkung karzinogener Substanzen auf den Menschen multipliziert, ja potenziert sich, wenn die Atemluft SO_2 enthält. Schwefeldioxid stoppt die Bewegung der die Lunge reinigenden Wimpern; auf diese Weise bleiben eingeatmete karzinogene Substanzen sehr lange in der Lunge, ihre Wirkung kann sich voll entfalten.

Die Besiedlung der Ostsee läßt sich in groben Zügen mit Hilfe experimenteller Befunde erklären. Mit zunehmendem Süßwassereinfluß im östlichen und nördlichen Ostseebecken verlagern viele Tiere ihr Vorkommen aus den oberflächlichen Schichten in die Tiefe oder die Arten besiedeln nicht nur die Oberfläche, sondern auch die tiefen Schichten. Dieses als Brackwassersubmergenz bekannte Phänomen (Remane, 1940; 1955) blieb lange unerklärt. Die Gründe dürften in folgendem zu suchen sein:

a) Tiere der oberen Wasserschichten bzw. der Gezeitenzone ertragen größere Schwankungen des Salzgehaltes als Tiere

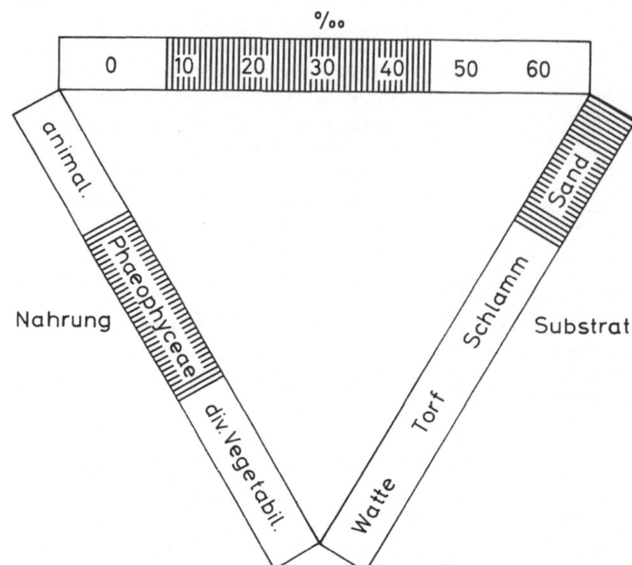

Abb. 71. Schema der ökologischen Ansprüche adulter Ligia oceanica. Jeweils zwei der dargestellten drei Faktoren-Komplexe müssen im Optimalbereich *(schraffiert)* sein, um adulten Tieren ein Überdauern zu ermöglichen. (Aus Remmert, 1967)

der Meerestiefe. Mit zunehmender Aussüßung des Ostseebeckens werden daher Tiere der Meerestiefe stärker betroffen als Tiere der oberflächlichen Schichten, die nahezu unvermindert bis in sehr stark ausgesüßtes Brackwasser vordringen können. Das gilt besonders für Arten, die über eine Hyperosmotieregulierung verfügen.

b) Durch den Ausfall der brackwasserempfindlichen Tiefenbewohner steht allen Arten, die diesen geringen Salzgehalt noch ertragen, ein konkurrenzfreier Raum in der Tiefe der Ostsee zur Verfügung. Zudem sind die Salzgehalt-Schwankungen in diesem tiefen Becken wesentlicher geringer als an der Oberfläche. Ein Aussüßen, wie es an der Oberfläche vorkommen kann, ist praktisch ausgeschlossen. Arten, die nicht auf die Oberfläche angewiesen sind und damit in dunkle Tiefen vordringen können, können diesen konkurrenzfreien Raum nunmehr nutzen. Arten, die die starken Schwankungen und das gelegentliche ungefähre Aussüßen an der Oberfläche nicht ertragen, verlagern daher ihr Vorkommen ganz in die Tiefe. Andere, die etwa auf Photosynthese, auf photosynthetische Symbionten oder auf grüne Pflanzen als Nahrung angewiesen sind, können diese Verlagerung nicht durchführen. Eine dritte Gruppe schließlich, die

über eine Hyperosmotieregulation verfügt oder mit anderen Mechanismen langfristig auch eine Aussüßung erträgt, kann nun von der Oberfläche bis in die Tiefe hinein vorkommen. Trotz zunehmend ungünstiger Bedingungen wird also der Lebensraum einer Reihe von Tieren hier in zunächst unvorhersehbarer Weise erweitert. Natürlich ist das hinterher erklärbar, Voraussagen sind jedoch schwierig (Remmert, 1968).

Noch schwieriger sind derartige Faktorenkombinationen am Lande zu verstehen. So hat eine Luftbewegung bekanntlich eine kühlende Wirkung auf feuchte Oberflächen und damit auf alle Pflanzen und Tiere. Die gemessene Temperatur bedeutet für sich allein nur relativ wenig. Das mag eine Tabelle veranschaulichen (Tabelle 6). Die Wirkungen werden noch extremer mit steigender Meereshöhe. Ebenso gibt es eine Beziehung der Temperatur und der Feuchtigkeit — sei es als Wolke, Nebel, Regen oder relative Luftfeuchtigkeit. Einige Beispiele dazu wurden auf S. 26 f. dargestellt. Es ist also ein Unterschied, ob wir von der Luft als ruhendem oder der Luft als bewegtem Medium ausgehen. Das gleiche gilt natürlich für das zweite große Medium der Pflanzen und Tiere: für das Wasser. Auch hier ha-

Tabelle 6. Kühleffekt des Windes. Bei einer Temperatur von $-29°$ C und einer Windgeschwindigkeit von 40 km/Std empfindet der Mensch eine Temperatur von $-60°$ C. Eingerahmt sind die Werte, die für einen Menschen lebensgefährlich sein können. (Aus Weiß, 1975)

Windgeschwindigkeit in km/Std	Temperatur in $-°$C															
	9	12	15	18	21	24	26	29	31	34	37	40	42	45	47	51
8	12	15	18	21	24	26	29	31	34	37	40	42	45	47	51	54
16	18	24	26	29	31	37	40	42	45	51	54	56	60	62	68	71
24	24	29	31	34	40	42	45	51	54	56	62	65	68	73	76	79
32	24	31	34	37	42	45	51	54	60	62	65	71	73	79	82	84
40	29	34	37	42	45	51	54	60	62	68	71	76	79	84	87	93
48	31	34	40	45	47	54	56	62	65	71	73	79	82	87	90	96
56	34	37	40	45	51	54	60	62	68	73	76	82	84	90	93	98
64	34	37	42	47	51	56	60	65	71	73	73	82	87	90	96	101

ben wir deutlich zu unterscheiden zwischen unbewegtem Wasser (in der Natur meist nur in sehr kleinen Gewässern gegeben); turbulenten Wasserkörpern (alle größeren Seen und die Meere: in nichtturbulentem Wasser sinken Planktonorganismen relativ rasch zu Boden); in einer Richtung strömendem Wasser (Bäche und Flüsse mit all den hier notwendigen Anpassungen der Bachfauna und ihren Schutzeinrichtungen gegen ein Verdriftetwerden) und schließlich kräftig hin und her bewegtem Wasser, wie das etwa an Brandungsufern der Fall ist. Die sich hier hin und her bewegenden Wassermassen stellen die Basis für die Durchströmung und damit für die Ernährung von vielen Wassertieren — etwa Schwämmen — dar. Ganz ähnliches gilt für die Bauten vieler Landtiere, die so angelegt werden, daß sich hin und her bewegende Luftströmungen über dem Boden eine Zirkulation der Luft im Bau gewährleisten (Vogel, 1978; Abb. 72).

Wie außerordentlich komplex die Faktoren zusammenwirken können, zeigt die Verbreitung nordamerikanischer Hirsche. Mit dem Vordringen des Menschen, mit seinem Straßen- und Wegebau, mit seinem Eingriff in die großen geschlossenen Waldungen und mit seiner Vernichtung der Wolfpopulationen konnten die relativ schwachen, bisher weit südlich verbreiteten Odocoileus-Arten bis über die kanadische Grenze hinaus nach Norden vordringen (Maultierhirsch und Weißwedelhirsch). Die von ihnen besetzten Gebiete waren bisher vom Waldkaribu, vom Wapiti und vom Elch bewohnt. Diese Großhirsche verschwanden sehr rasch nahezu überall, wo die Wedelhirsche eindrangen. Vielleicht ist dafür ein Parasit (ein Nematode) der Wedelhirsche verantwortlich. Zwischen ihm und den Wedelhirschen hat sich ein funktionierendes Wirt-Parasit-Verhältnis ausgebildet. Für die Großhirsche jedoch wirkt der Parasitenbefall tödlich. Die an sich konkurrenzunterlegenen Wedelhirsche sind also aufgrund ihrer Coevolution mit einem Parasiten den Großhirschen konkurrenzüberlegen. Wenn der Mensch ihnen zusagende Bedingungen schafft — sie können in wirklich großen geschlossenen Urwaldgebieten mit einer starken Wolfspopulation nicht gedeihen —, sind sie in der Lage, die Großhirsche mit Hilfe ihres Parasiten aus ihrem Lebensraum herauszukonkurrieren. Ähnliche Fälle treten infolge von Populationsverlagerungen durch den Menschen gar nicht selten auf. Ein wirtschaftlich bedeutender Fall der letzten Jahre aus dem Gebiet der Bundesrepublik ist die Einschleppung der Varroa-Milbe (Varroa jacobsoni) aus Südostasien nach Mitteleuropa. Diese Milbe parasitiert auf Bienen. In Südostasien ist sie unauffällig und harmlos. Bei unserer Honigbiene wirkt sie töd-

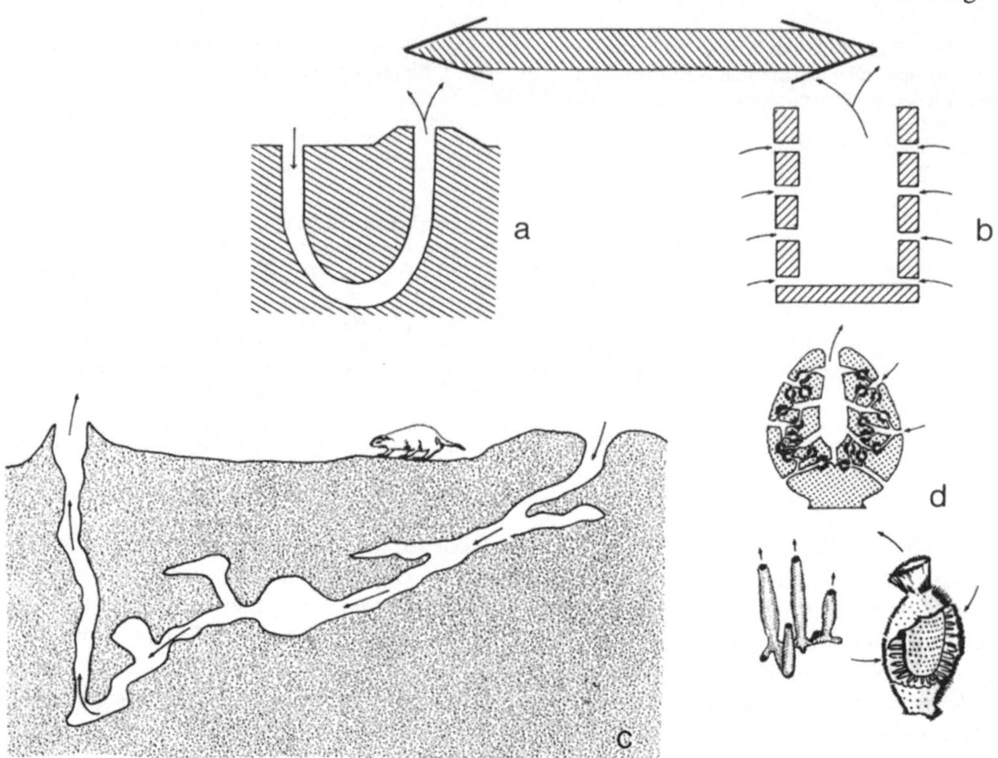

Abb. 72 a–d. Ausnutzung von ungerichteter (beidseitig zeigender Pfeil oben) Luft- und Wasserbewegung durch Tiere. **a** Schema des Wind- oder Wasserlaufs durch ein U-Rohr mit einem erhobenen Ende. **b** Schema des Luft- oder Wasserlaufs durch ein Gefäß mit vielen kleinen und einer großen Öffnung (dieses Prinzip befindet sich bei Windkraftwerken in der technischen Erprobung). **c** Praktisches Beispiel für **a**. Durchlüftung des Wohnbaus eines Präriehundes (Cynomys). **d** Beispiel für **b**. Durchströmung eines Schwammes (Porifera). (Kombiniert und gezeichnet nach Vogel, 1978)

lich und stellt im Augenblick eine echte Gefahr für die Bienen Mitteleuropas dar. Der Unterschied liegt zum Teil daran, daß die Varroa-Milbe auf unserer Honigbiene auch die Maden der künftigen Arbeiterinnen befällt, während sie in ihrem Ursprungsland allein bei Drohnenmaden nachweisbar ist. Hier liegt vielfach die Grenze der physiologischen Ökologie. Nur in Zusammenarbeit zwischen physiologischem Experiment und Freilandbeobachtung läßt sich eine Klärung erreichen. Aufgrund dieser teilweise unvorhersehbaren Wirkungen kombinierter Umweltfaktoren läßt sich das Vorkommen einer Organismenart nicht mit Sicherheit voraussagen und ebenso läßt sich nicht mit Sicherheit aufgrund des Vorkommens einer

Art auf die Umweltfaktoren schließen. Diese Aussage ist zwar theoretisch richtig, in der Praxis, innerhalb eines begrenzten Gebietes, kann man jedoch davon ausgehen, daß der gleiche Umweltfaktorenkomplex zusammenwirkt. So kann man die genannten Voraussagen machen. Das hat besonders durch die Arbeit der Vegetationskunde sehr große praktische Bedeutung erlangt. Im begrenzten Bereich Mitteleuropas beispielsweise läßt sich aufgrund von Umweltbedingungen das Vorkommen von Pflanzenarten fordern (und so können Karten der potentiellen natürlichen Vegetation erstellt werden). Auf der anderen Seite kann aufgrund des Vorkommens von Pflanzen sehr genau auf Wasserverhältnisse, auf Bodenverhältnisse und auf Klimaverhältnisse geschlossen werden. Einfacher als mit Hilfe von meteorologischen Daten kann aufgrund des Vorkommens von Pflanzen abgeschätzt werden, welche Nutzpflanzen gedeihen würden oder welche Parks möglich sind. So war es möglich, die Gefäßpflanzen Mitteleuropas hinsichtlich ihrer Zeigerwerte zusammenzufassen (Ellenberg, 1974) und sie in ganz großem Maße bei der Landesplanung — im Städtebau ebenso wie bei der Planung von Schutzgebieten und Nationalparks — heranzuziehen. Aufgrund ihrer Ortsfestigkeit und vergleichsweise leichten Bestimmbarkeit sind Pflanzen besser geeignet als Tiere; autökologische Analyse hat hier eine wesentliche Bedeutung für die Praxis erlangt (Miyawaki u. Tüxen, 1977).

2.3.13 Probleme

Ganz allgemein dürfte die Bindung an eine bestimmte Lebensstätte genetisch festgelegt und durch Umwelteinflüsse nicht veränderbar sein. Es gibt jedoch eine Reihe von bemerkenswerten Ausnahmefällen, die weitere Untersuchungen interessant erscheinen lassen. Besonders wichtig ist dabei die Zehrwespe Trichogramma, die in den Eiern vieler Insekten parasitiert. Ihre Gestalt und ihre Färbung sind dabei weitgehend vom Wirt determiniert, auch können die Tiere nach Aufwachsen in den Eiern mancher Wirte flügellos sein. Das hat zu einem verständlichen großen Wirrwarr in der Systematik geführt. Diese Systematik wurde durch Quednau (1957) aufgeklärt. Es handelt sich in der Hauptsache um eine einzige Art (evanescens), die durch Zucht auf einem bestimmten Wirtstier auf dieses Wirtstier „geprägt" werden kann. Besonders nach mehreren Passagen durch eine Wirtstierart bevorzugen die Weibchen zur Eiablage ganz eindeutig dieses Wirtstier. Wir haben es also offenbar mit einem Fall von Dauermodifikation bei der Wahl des Lebensraums zu tun. Der Fall ist wirtschaftlich interessant, weil die Art benutzt wurde und benutzt

werden kann zur biologischen Schädlingsbekämpfung: Sie kann in Massen herangezüchtet werden und auf einen ganz spezifischen Wirt eingestellt werden. Das Beispiel zeigt, wie vorsichtig man hinsichtlich der Biotopbindung von Tieren sein muß; möglicherweise sind solche Fälle häufiger als bisher angenommen. So gibt es beim Reh (Capreolus capreolus) ausgeprägte Traditionen bei der Wahl der Futterpflanzen; die Kitze übernehmen von ihrer Mutter die bevorzugten Arten und Pflanzenteile. Damit ist der Verbiß mancher Pflanzen regional sehr unterschiedlich (Ellenberg, 1974). Weitere Untersuchungen sind dringend notwendig.

Wenn die ökologischen Ansprüche von Jungtieren und Erwachsenen nicht identisch sind, können merkwürdige Phänomene entstehen. In unabhängigen Untersuchungen konnten Ribaut in Lausanne auf der einen Seite und Erz in Dortmund und Kiel auf der anderen Seite (beide Arbeiten 1964) zeigen, daß Städte für erwachsene Amseln ein günstiges Milieu darstellen. Die Mortalität ist geringer als im Wald; besonders die Überwinterungsmöglichkeiten sind besser. Auf der anderen Seite geht eine größere Anzahl von Nestern mit oder ohne Eier bzw. Jungvögeln zugrunde als in der freien Natur. Damit kann sich der Bestand von Stadtamseln nicht selbst erhalten, er ist in vielen Städten auf dauernden Zuzug von Vögeln aus günstigeren Aufzuchtbiotopen angewiesen (man ist versucht, hier Parallelen zum Menschen zu sehen).

Solche Areale, in denen zwar die Adulten gut leben, sich jedoch nicht oder nicht genügend fortpflanzen können, bezeichnet man in der Tiergeographie seit langem als „sterile Zerstreuungsgebiete". Viele Meerestiere scheinen sich bei dem herabgesetzten Salzgehalt der Ostsee nicht fortpflanzen zu können; Larven aber werden regelmäßig in großer Zahl aus der Nordsee eingeschwemmt. Sie setzen sich problemlos fest, und so ist ein hoher Bestand vorhanden. Auch viele Schmetterlinge kommen im Sommer nach Mittel- und Nordeuropa; eine Fortpflanzung gelingt bei manchen häufigen Arten jedoch niemals. Ökologisch ist diese Problematik bisher kaum angegangen worden.

Selbst innerhalb eines einheitlich erscheinenden Stadiums können sich die ökologischen Ansprüche deutlich ändern. So fressen die Raupen des Schmetterlings Euphydryas maturna gesellig in Nestern an Esche, Pappel oder Buche; nach der Überwinterung aber gehen sie als Einzeltiere an Wegerich, Skabiosen oder Veronica. Innerhalb der Gattung Euphydryas ist ein solches Umschlagen des Sozialverhaltens und der Nahrungsansprüche keineswegs selten. Noch stärker kann dieser Umschlag bei Bläulingen sein. Die meisten Raupen sezernieren eine Flüssigkeit, die für Ameisen anlockend wirkt; die Tiere werden von den Ameisen gegen Räuber geschützt. Beim schwarzgefleckten Bläuling (Lycaena arion) frißt die Raupe bis zum 3. Stadium an Thymian, um sich dann beim Lecken einer Ameise zu verformen (in ein Paket, welches einer Ameisenpuppe ähnelt). Dies Paket wird nun von der Ameise ins Nest eingetragen, wo die Raupe räuberisch weiterlebt und Ameisenlarven frißt. Nach Vollendung des Wachstums verpuppt sich das Tier und überwintert im Ameisennest; hier schlüpft auch die Imago, die das Nest verläßt (und niemand weiß, warum die Imago nicht von den Ameisen gefressen wird).

2.4 Fallstudien zur Autökologie

2.4.1 Tilman's Hypothese zur Konkurrenz

Phytoplankter benötigen im wesentlichen dieselben mineralischen Nährstoffe (Ausnahme: der Si-Bedarf der Kieselalgen und einiger Chrysophyceae sowie die Unabhängigkeit N$_2$-fixierender Blaualgen von Nitrat bzw. Ammonium), die sie aus einem gemeinsamen Ressourcen-Pool (im Wasser gelöste Nährstoffionen) beziehen. Daher ist zu erwarten, daß es bei Zehrung eines oder mehrerer Nährstoffe zum Auftreten interspezifischer Konkurrenz

kommt. Wegen ihrer leichten Kultivierbarkeit, ihrer kurzen Generationszeit und der Möglichkeit, sie in homogener Suspension zu kultivieren, boten sich die planktischen Algen als Modellorganismen für die Untersuchung des Phänomens der interspezifischen Konkurrenz an, das bereits seit Jahrzehnten die theoretische Ökologie beschäftigt. Dementsprechend standen bei der seit Tilman's Experimenten zur Si- und P-Konkurrenz zwischen Asterionella und Cyclotella (Tilman, 1977) mit zunehmender Intensität betriebenen experimentellen Konkurrenzforschung theoretische Fragen im Vordergrund, insbesondere die Auseinandersetzung mit Hutchinson's „Paradoxon des Planktons" (Hutchinson, 1961). Die konkrete Vorhersage des Erfolges von bestimmten Arten unter bestimmten Konkurrenzbedingungen war demgegenüber von untergeordneter Bedeutung. Dennoch kristallisierten sich einige eindeutige taxonomische Trends heraus, die im folgenden nach einer Einführung in die theoretischen Grundlagen dargestellt werden sollen.

Theorie: (vgl. Tilman, 1982).

Konkurrenz um einen Nährstoff im steady-state. Die von D. Tilman, P. Kilham und S. S. Kilham entwickelte Konkurrenztheorie geht von Gleichgewichtsbeziehungen aus, wie sie experimentell in der Chemostatkultur (Monod, 1950) verwirklicht werden. Dabei stellt sich ein Fließgleichgewicht zwischen der Neuproduktion und der Elimination von Organismen sowie zwischen der Aufnahme und der Nachlieferung von Nährstoffen ein. Zwischen der per capita Reproduktionsrate (μ) und der in der gelösten Phase verbleibenden Nährstoffkonzentration (S) besteht ein eindeutiger Zusammenhang:

$$\mu = \mu_{max} \cdot S/(S + k_s) \tag{1}$$

wobei μ_{max} und k_s artenspezifische Parameter sind. Unter zwei Arten, die um einen Nährstoff konkurrieren, setzt sich diejenige durch, die unter den gegebenen

Bedingungen die Externe (= verfügbare) Nährstoffkonzentration am tiefsten herabsetzen kann (Abb. 73). Diese Konzentration wird durch den Schnittpunkt der Monod-Kurve (Gl. 1) mit der Verlustrate (= Reproduktionsrate) definiert. Die andere Art kann bei dieser Nährstoffkonzentration nur mehr eine Reproduktionsrate erzielen, die unter der Verlustrate liegt, und wird daher verdrängt. Ein gemeinsamer limitierender Nährstoff erlaubt daher unter Gleichgewichtsbedingungen nur die Persistenz einer Art. Allerdings ist es möglich, daß sich der Konkurrenzvorteil bei veränderten Verlustraten verschiebt, vorausgesetzt die durch Gl. 1 definierten Kurven haben einen Schnittpunkt. Auch bei artenspezifisch verschiedenen Verlustraten setzt sich jeweils die Art durch, die die externe Nährstoffkonzentration unter den gegebenen Bedingungen am tiefsten herabsetzen kann (Abb. 74).

Konkurrenz um zwei Nährstoffe. Die Reproduktionsrate einer Art wird in einem homogenen Medium stets von dem Nährstoff limitiert der in der gegenüber dem Bedarf relativ geringsten Konzentration verfügbar ist (Liebigs „Gesetz des Minimums"). Das stöchiometrische Verhältnis zweier Nährstoffe, bei dem der Übergang von Limitation durch den einen zu Limitation durch den anderen Nährstoff stattfindet, wird Optimalverhältnis genannt. In einem Koordinatensystem, in dem die beiden Achsen die Konzentrationen zweier potentiell limitierender Nährstoffe darstellen, läßt sich die Gleichgewichtsbeziehung zwischen Nährstoffkonzentration und Reproduktionsrate durch rechtwinkelige Isoplethen darstellen (Abb. 75). Das Optimalverhältnis der beiden Nährstoffe wird durch die Eckpunkte der Isoplethen definiert.
Für die Vorhersage des Konkurrenzerfolges unter Gleichgewichtsbedingungen kommt es dabei auf jene Isoplethe an, die einem Netto-Null-Wachstum entspricht, d. h. die eine Reproduktionsrate bezeich-

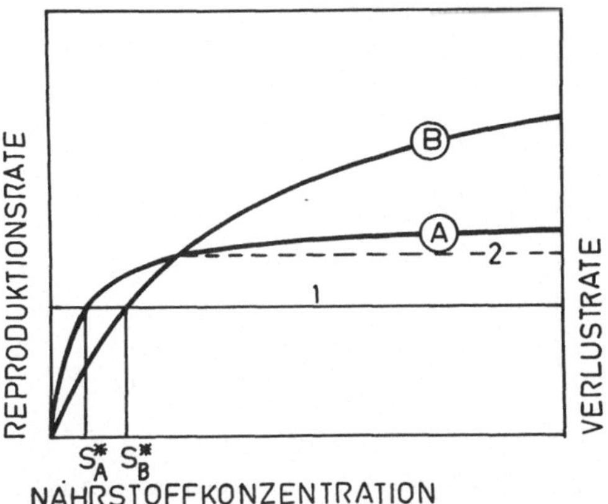

Abb. 73. Konkurrenz der Arten A und B um einen gemeinsamen limitierenden Nährstoff bei einer gemeinsamen Verlustrate (1). Am Beginn der Besiedlung erzielen beide Arten eine Reproduktionsrate über der Verlustrate. Die Populationen nehmen zu, der limitierende Nährstoff wird gezehrt. Sinkt die Konzentration unter S^*_B fällt die Reproduktionsrate von B unter die Verlustrate. A kann zunächst noch zunehmen und erzielt sein Gleichgewicht bei S^*_A, B wird verdrängt. Steigt die Verlustrate über das Niveau 2, gewinnt A

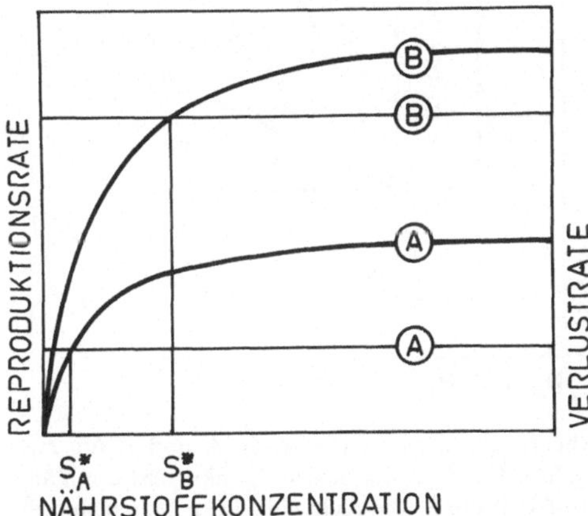

Abb. 74. Konkurrenz der Arten A und B um einen gemeinsamen limitierenden Nährstoff bei verschiedenen Verlustraten. A gewinnt gegen B, obwohl es bei gleichen Verlustraten für beide Arten nie gewinnen kann (nach Abb. 11 in Tilman, 1982)

net, welche mit der Verlustrate im Gleichgewicht ist (ZNGI, „zero net growth isocline"). Haben die ZNGI's zweier Arten keinen Schnittpunkt, ist stets diejenige der Gewinner, deren ZNGI näher bei den Achsen liegt. Haben die ZNGI's jedoch einen Schnittpunkt, bestehen drei Möglich-

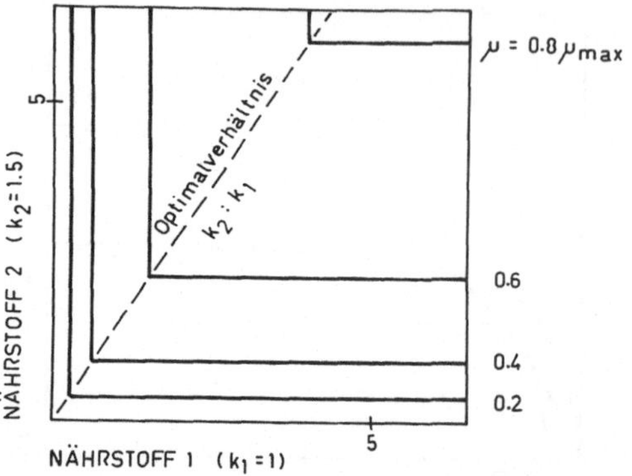

Abb. 75. Isoplethen der Reproduktionsrate in Abhängigkeit von 2 potentiell limitierenden, nicht substituierbaren Nährstoffen. Definition des Optimalverhältnisses der beiden Nährstoffe (nach Abb. 5 in Tilman, 1982)

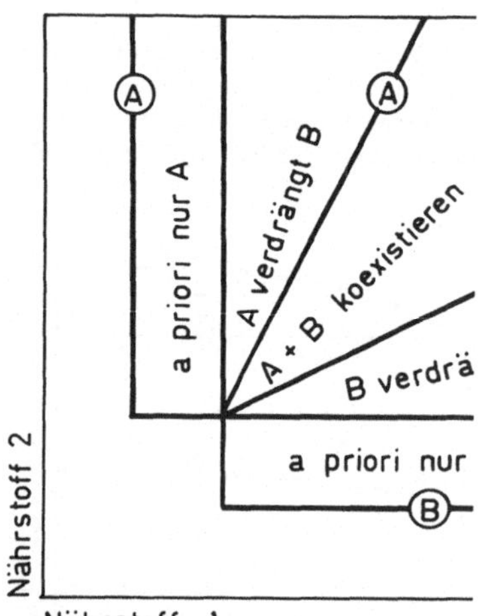

Abb. 76. Konkurrenz der Arten A und B um zwei Nährstoffe. A ist der bessere Konkurrent um Nährstoff 1, B um 2. Die rechtwinkeligen Linien sind die netto-Nullwachstumslinien (ZNGI's), die diagonalen Vektoren haben die Steigung des Optimalverhältnisses der beiden Nährstoffe. Koexistenz bzw. Verdrängung hängen von der kombinierten Konzentration beider Nährstoffe vor jeglicher Zehrung durch Organismen ab (nach Abb. 24 in Tilman, 1982)

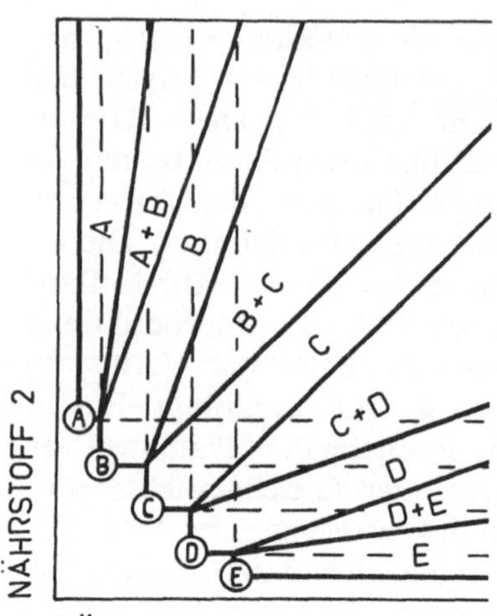

Abb. 77. Fünf Arten konkurrieren um 2 Nährstoffe. Die Rangordnungen der Konkurrenzfähigkeit um beide Nährstoffe sind umgekehrt (A ist der beste Konkurrent um 1, der schlechteste um 2, B der zweitbeste um 1, der zweitschlechteste um 2, ...). Die Regionen der Koexistenz und Dominanz der Arten sind entlang des Verhältnisses Nährstoff 1 : Nährstoff 2 sortiert (nach Abb. 36 aus Tilman, 1982)

den Optimalverhältnissen der beiden Nährstoffe für beide Arten entspricht, ist Koexistenz im Gleichgewicht möglich. Beide Arten sind dann jeweils durch einen anderen Nährstoff limitiert: d. h. zwei limitierende Nährstoffe ermöglichen die Koexistenz von zwei Arten. Die in Lösung verbleibenden Restkonzentrationen beider Nährstoffe werden durch den Schnittpunkt der ZNGI's definiert. Liegt die kombinierte Maximalkonzentration links vom Koexistenzbereich siegt diejenige Art, deren ZNGI näher bei der y-Achse liegt, rechts diejenige, deren ZNGI näher bei der x-Achse liegt. Es ist auch möglich, daß mehr als zwei Arten der Gradienten des Nährstoffverhältnisses teilen, vorausgesetzt die Rangordnungen der Konkurrenzfähigkeit um beide Nährstoffe sind genau umgekehrt (Abb. 77).

Abweichungen vom Gleichgewichtszustand. Unter zeitlich und/oder räumlich variabler Zufuhr von gelösten Nährstof-

keiten (Abb. 76). In einem Bereich der kombinierten Nährstoffkonzentrationen (Maximalkonzentrationen vor jedem Konsum durch Organismen), der durch den Schnittpunkt der ZNGI's und zwei Vektoren begrenzt wird, deren Steigung

fen bricht der von der Monod-Gleichung postulierte eindeutige Zusammenhang zwischen der Reproduktionsrate und der Nährstoffkonzentration zusammen. Unter sättigenden Bedingungen kann der inkorportierte Pool einiger Nährstoffe (z. B. P und N) schneller verdoppelt werden als die Biomasse und die Zellzahl. Es ist daher möglich einen intrazellulären Reservepool aufzubauen, der bei nachfolgender Abnahme der externen Nährstoffkonzentration für einige Zeit die Aufrechterhaltung einer Reproduktionsrate ermöglicht, die höher ist, als nach der Monod-Gleichung erwartet werden könnte (Droop, 1973, 1983). Variable Nährstoffzufuhr ermöglicht daher eine größere Variabilität kompetitiver Strategien als ein konstantes Nährstoffregime: 1) Ausnutzung von Nährstoffpulsen für starke Populationszunahmen (bei hoher μ_{max}), 2) Ausnutzung von Nährstoffpulsen für den Aufbau von Reservepools, 3) Anpassung an Konkurrenz unter nährstoffarmen Bedingungen. Gleichzeitig kann es in einem System heterogener Nährstoffzufuhr auch zu zeitlicher Variabilität der Nährstoffverhältnisse kommen und damit zu zeitlichen Verschiebungen im Konkurrenzvorteil zwischen Arten, die einen Gradienten des Verhältnisses zweier Nährstoffe teilen. All dies führt dazu, daß unter zeitlich und/oder räumlich variablen Nährstoffbedingungen, mehr Arten koexistieren können, als es limitierende Ressource gibt (Armstrong u. McGehee, 1976; Tilman, 1982; Sommer, 1984a)
Ergebnisse der Konkurrenzexperimente in kontinuierlicher Kultur.

Allgemeine Ergebnisse. Phytoplankton-Konkurrenzexperimente wurden entweder als 2-Art Experimente mit Algen aus Reinkulturen (z. B. Tilman, 1977; 1981; Holm u. Armstrong, 1981; Kilham, 1984) oder mit natürlichem Mischplankton (z. B. Sommer, 1983; Tilman u. Kiesling, 1984; Kilham, 1986) durchgeführt. Dabei zeigte sich ein hohes Maß an Übereinstimmung zwischen den an verschiedenen Seen und von verschiedenen Labors durchgeführten Experimenten sowie zwischen den experimentellen Ergebnissen und den aus der Theorie abgeleiteten Erwartungen:
Unter strikten Gleichgewichtsbedingungen (Chemostatkultur) können tatsächlich nur soviele Arten koexistieren, wie es verschieden limitierende Ressourcen gibt. Das Ergebnis von Konkurrenzversuchen folgt den Vorhersagen, die von den physiologischen Parametern der Monod-Gleichung hergeleitet werden können. Daraus folgt, daß die einzige stattfindende Interaktion der Konsum gemeinsam benötigter Ressourcen ist (also keine Allelopathie).
Das Endergebnis eines Konkurrenzversuches ist unabhängig von der Anfangsabundanz der Konkurrenten; auch eine zunächst sehr kleine Population eines überlegenen Konkurrenten kann eine anfangs zahlen- oder biomassemäßig dominante Population eines unterlegenen Konkurrenten verdrängen (Tilman u. Sterner, 1984).
Viele der bisher untersuchten Arten zeigen weltweit ein konsistentes Verhalten, d. h. sie sind in gleicher Weise entlang konkurrenzrelevanter Umweltgradienten sortiert.

Konkurrenzerfolg von Algenarten in Abhängigkeit vom Verhältnis der limitierenden Nährstoffe. Der bisher am besten untersuchte konkurrenzrelevante Gradient ist der Gradient des Si:P Verhältnisses. Die erste publizierte Versuchsserie waren Tilman's (1977) Konkurrenzversuche mit den Kieselalgen Asterionella formosa und Cyclotella meneghiniana. Dabei konnten die beiden Arten bei stöchiometrischen Si:P Verhältnissen im Medium von 6:1 bis 90:1 koexistieren, mit steigendem Anteil von Asterionella bei steigendem Si:P Verhältnis. Oberhalb von Si:P = 6:1 setzte sich Cyclotella durch. Auch bei allen folgenden Experimenten erwiesen sich pennate Kieselalgen aus der Familie Fragilariaceae als konkurrenzstärkste Phytoplankter bei hohen Si:P Verhältnissen

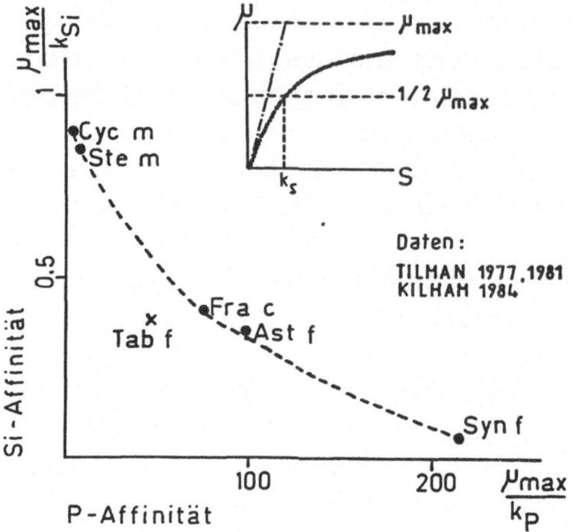

Abb. 78. Anfangssteigungen der Monod-Funktion für Si- und P-limitiertes Wachstum von Kieselalgen. Fünf Arten zeigen die in Abb. 77 hypothetisch veranschaulichten umgekehrten Rangordnungen der Konkurrenzfähigkeit (Cyclotella meneghiniana, Stephanodiscus minutus, Fragilaria crotonensis, Asterionella formosa, Synedra filiformis). Nur Tabellaria tanzt aus der Reihe

(d. h. wenn nur mehr P limitierend war: Asterionella formosa gegen Microcyst aeruginosa (Holm u. Armstrong, 1981), Synedra sp. gegen Stephanodiscus minutus (Kilham, 1984), Synedra acus in einem natürlichen Planktongemisch aus dem Bodensee (Sommer, 1983), Synedra acus in einem natürlichen Planktongemisch aus dem Lake Mephremaggog (Smith u. Kalff, 1983), Synedra filiformis in einem natürlichen Planktongemisch aus dem Lake Michigan (Kilham, 1986). Bemerkenswert ist vor allem die Tatsache, daß bei Konkurrenzexperimenten mit natürlichem Plankton sich stets Synedra spp. in Abwesenheit von Si-Limitation als stärkste Konkurrenten um Phosphor erwiesen.

Ein Vergleich der Anfangssteigungen der Monod-Funktionen (μ_{max}/k^s) für Si-limitiertes und P-limitiertes Wachstum mehrerer Kieselalgen (Abb. 78) zeigt, daß für 5 von 6 untersuchten Arten die Rangordnung der Konkurrenzfähigkeit um Si und um P genau umgekehrt sind.

Bei sehr niedrigen Si : P Verhältnissen (unter 4 : 1) setzten sich in Konkurrenzversuchen mit natürlichem Plankton Grünalgen durch: Bei 10° C und einem Inokulum aus dem L. Michigan eine unbestimmte einzellige Chlorococcale (Kilham, 1986), bei 18° C und einem Inokulum aus dem Bodensee Mougeotia thylespora (Sommer, 1983). Der Übergang von Grünalgen- zu Kieselalgen-Dominanz fand in beiden Versuchsserien bei annähernd gleichen Si : P Verhältnissen statt (Abb. 79). Andere Paare potentiell limitierender Nährstoffe wurden bisher wesentlich seltener untersucht. Tilman u. Kiesling (1984) fanden, daß bei niedrigen N : P Verhältnissen Blaualgen und bei hohen N : P Verhältnissen Grünalgen dominieren. Die Kombination von Si und N als potentiell limitierende Nährstoffe wurde bisher nur bei antarktischen, marinen Kieselalgen eingesetzt (Sommer, 1986 b). Ähnlich wie bei der Konkurrenz um Si und P erwiesen sich auch hier die stärksten Konkurrenten um Silikat als die schwächsten Konkurrenten um Phosphat und umgekehrt. Theoretisch können derartige Verhältnisse auch bei der Faktorenkombination Licht mit einem gelösten Nährstoff bestehen, da auch Licht eine aufzehrbare Ressource ist („Selbstbeschattung"). Allerdings liegen dazu noch keine experimentellen Untersuchungen vor.

Konkurrenzerfolg von Algenarten in Abhängigkeit von der Durchflußrate. Chemostatversuche mit konstantem Nährstoffverhältnis, aber variabler Durchflußrate testen, ob die Monod-Kurven verschiedener Arten einen Schnittpunkt haben, d. h. ob Arten, die eine niedrigere maximale Wachstumsrate haben als andere, gleichzeitig eine höhere Anfangssteigung haben können. Smith u. Kalff (1983) führten derartige Experimente mit natürlichem Plankton aus dem Lake Mephremaggog und Phosphor als limitierendem Nährstoff durch und kamen zur Schlußfolgerung, daß es bei Durchflußraten von 0,06 d^{-1} bis 0,9 d^{-1} zu keiner Verschie-

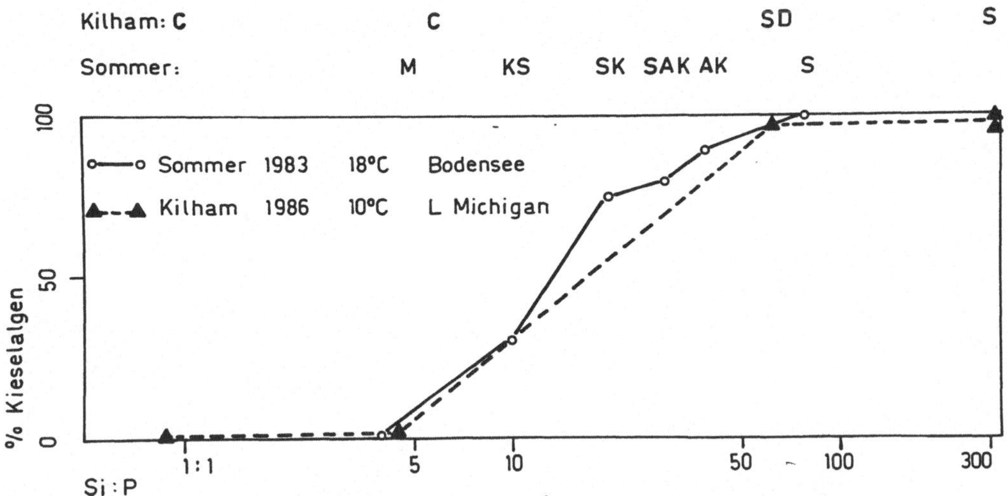

Abb. 79. Chemostat-Konkurrenzexperimente mit natürlichem Phytoplankton bei verschiedenen Si : P Verhältnissen. Biomasse-Anteil der Kieselalgen bei Beendigung der Experimente, der Rest waren fast ausschließlich Grünalgen. Abkürzungen in den beiden oberen Zeilen: C: unbestimmte Chlorococcale, M: Mougeotia, K: Koliella, S: Synedra, A: Asterionella, D: Diatoma

bung in der kompetitiven Dominanz kam. Diese Schlußfolgerung wurde jedoch angezweifelt (Sommer u. Kilham, 1985), da es nach den publizierten Ergebnissen den Anschein hatte, als würde mit der biomassemäßig dominanten Synedra acus noch jeweils eine weitere Art koexistieren, was die Behauptung einheitlicher Limitation durch P in Frage stellte. Unter den subdominanten Arten kam es zu einer Aufteilung des Gradienten der Durchflußraten. Später wiederholte ich dieses experimentelle Programm mit Material aus dem Bodensee (Sommer, 1986). Dabei wurde in einer Versuchsserie zum totalen Ausschluß von Si-Limitation ein sehr hohes Si : P Verhältnis (800 : 1) geboten; in der anderen Versuchsserie wurde überhaupt kein Si geboten, um Kieselalgen total auszuschließen. In der Si-reichen Serie setzte sich Synedra acus bei allen Durchflußraten bis 1,6 d^{-1} als einzige Art durch, bei 2,0 d^{-1} setzte sich Achnanthes minutissima durch. In der Si-freien Serie setzten sich bei den Durchflußraten 0,3 und 0,5 d^{-1} Mougeotia thylespora bei 0,7 und 0,9 d^{-1} Scenedesmus acutus und bei 1,2 und 1,6 d^{-1} Chlorella minutissima durch.

Das heißt, verschiedene Algenarten können den Gradienten der Durchflußraten teilen, wenngleich die Aufteilung dieses Gradienten nicht so fein zu sein scheint, wie die Aufteilung des Gradienten des Si : P Verhältnisses.

Konkurrenz unter fluktierenden Nährstoffbedingungen. Für Abweichungen vom strengen Fließgleichgewicht, wie es idealtypisch in der Chemostatkultur verwirklicht ist, trifft die Konkurrenztheorie Tilman's (1982) zwei Voraussagen: 1) Bei den Fluktuationen des Nährstoffangebots um einen langfristigen Durchschnitt können mehr Arten koexistieren, als es limitierende Ressourcen gibt. 2) Die dominanten Arten bleiben dieselben wie bei einem konstanten Nährstoffregime mit identischem langfristigem Durchschnitt des Nährstoffangebots.
Konkurrenzexperimente mit natürlichem Plankton, bei denen ein (P) oder zwei (P und Si) Nährstoffe nicht kontinuierlich, sondern in diskreten, wöchentlichen Pulsen zugegeben wurden (Sommer, 1985), bestätigen zwar die erste, nicht aber die zweite Prognose. Tatsächlich nahm die

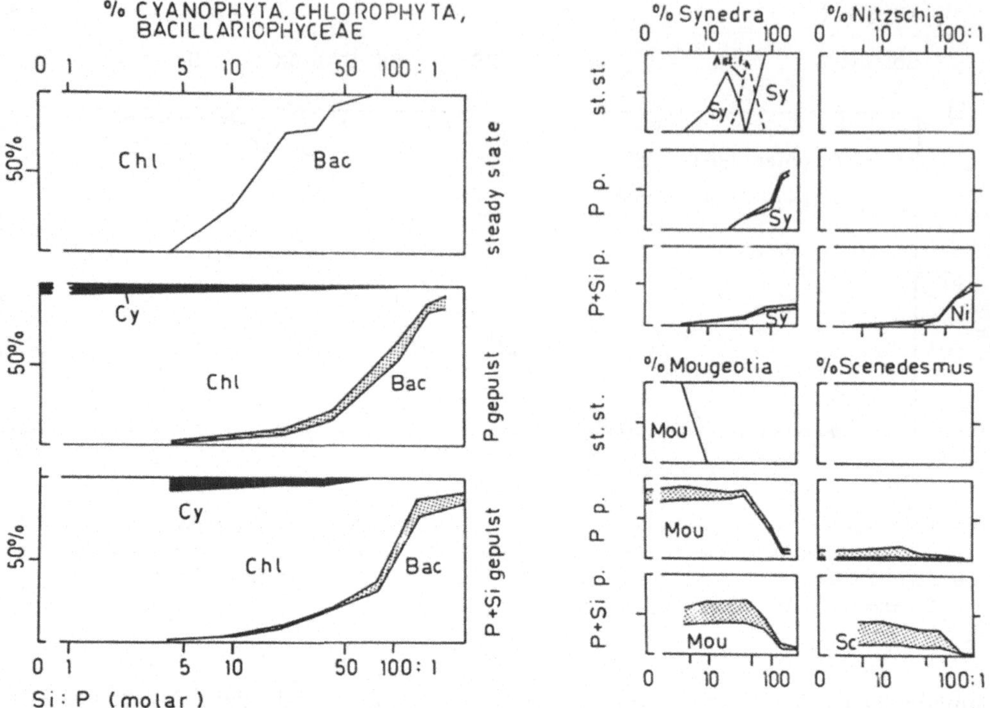

Abb. 80. Verschiebung des taxonomischen Ergebnisses der Nährstoffkonkurrenz bei Übergang von Steady-State Bedingungen zu gepulster Zugabe von nur P oder von P und Si. Schattierung: Schwankungsbereich im Zeitintervall zwischen zwei Pulsen (7 Tage)

Artenzahl gegenüber Steady-State Experimenten zu. Andererseits verschob sich jedoch der Übergang von Grünalgen- zu Kieselalgendominanz sehr deutlich entlang des Gradienten des Si:P Verhältnisses (Abb. 80). Außerdem traten teilweise ganz andere Arten als erfolgreiche Konkurrenten auf, z. B. Nitzschia acicularis, die in den Steady-State Versuchen überhaupt keine Rolle gespielt hatte.

Die Unfähigkeit des Tilman'schen Konkurrenzmodelles, den Gewinner von Nährstoffkonkurrenz unter fluktuierenden Bedingungen korrekt vorherzusagen, liegt daran, daß eine der Ausgangsannahmen dieses Modells, nämlich die Existenz einer eindeutigen Beziehung zwischen der Reproduktionsrate und der Nährstoffkonzentration, bei fluktuierenden Bedingungen nicht zutrifft (siehe oben). Unter fluktuierenden Bedingungen muß das ein-

stufige Monod-Modell durch ein mehrstufiges Modell ersetzt werden: Aufnahmeraten des limitierenden Nährstoffs als Sättigungsfunktion der externen Konzentration. Abnahme der externen Konzentration durch Aufnahme in die Zellen, Zunahme der Zellquote des limitierenden Nährstoffes durch Aufnahme, Wachstum als Sättigungsfunktion der Zellquote, Ausdünnung der Zellquote durch Wachstum, negative Rückkoppelung von der Zellquote auf die Aufnahmerate (Droop, 1983).

Vorhersage der Artenzusammensetzung in natürlichen Gewässern. Konkurrenzexperimente in kontinuierlicher Kultur sind ein geeignetes Mittel zur vergleichenden Untersuchung der kompetitiven Fähigkeiten verschiedener Algenarten, vor der direkten Ableitung von Prognosen für die

Artenzusammensetzung aus Nährstoffverhältnissen muß jedoch gewarnt werden.

Erstens wurden alle bisherigen Konkurrenzexperimente bei gleichen Verlustraten (= Durchflußrate des Chemostaten) für alle Konkurrenten durchgeführt, in situ sind die Verlustraten jedoch artspezifisch verschieden.

Zweitens kann mit Sicherheit angenommen werden, daß unter natürlichen Bedingungen keine zeitliche Konstanz der Nährstoffzufuhr besteht. Die Experimente mit gepulster Nährstoffzugabe haben eindeutige Verschiebungen im taxonomischen Ergebnis der Konkurrenz gegenüber Gleichgewichtsexperimenten gezeigt.

Drittens besteht im natürlichen Gewässer neben der zeitlichen Heterogenität auch eine räumliche Heterogenität der Umweltbedingungen. Die auffälligste Komponente davon ist der vertikale Gradient des Lichts, der Temperatur und der Nährstoffe. Bezeichnenderweise haben sich mobile Algenarten, die solche Vertikalgradienten durch Wanderung ausnützen können (Salonen, Jones u. Arvola, 1984), unter den homogenen Bedingungen der Konkurrenzexperimente nie durchsetzen können.

Von allen Ergebnissen der Konkurrenzversuche lassen sich noch am ehesten die qualitativen Aussagen, daß hohe Si:P Verhältnisse Verschiebungen zugunsten der Kieselalgen, insbesondere der Fragilariaceae, und niedrige N:P Verhältnisse Verschiebungen zugunsten der Blaualgen fördern (Smith, 1983). Andere Faktoren können jedoch ähnliche Ergebnisse haben: Große Durchmischungstiefen, niedrige Temperaturen und Lichtlimitation können Kieselalgen fördern, während eine geringe Durchmischungstiefe für diese relativ stark von Sedimentationsverlusten betroffenen Algen ungünstig ist (Reynolds, 1984). Die zur Vertikalwanderung befähigten Blaualgen werden hingegen von starker vertikaler Schichtung gefördert. Gegen Grazingverluste sind die Blaualgen sehr resistent, die großen Kieselalgen zumindest relativ resistent.

2.4.2 Zeitliche Einklinkung in die Bedingungen des Lebensraumes

Im Küstengebiet der Meere treffen eine Fülle von sehr präzisen Umweltrhythmen zusammen: Der Tagesrhythmus, der Rhythmus der Gezeiten, regelmäßige Wechsel von Spring- und Nippgezeiten und schließlich der Jahresrhythmus. Für die Organismen der Gezeitenzonen stellen alle diese rhythmischen Änderungen ihres Lebensraumes tiefgreifende Eingriffe in ihr Dasein dar. Dietrich Neumann hat die Einklinkung der auf felsigen Substraten lebenden Mücke Clunio untersucht. Diese Mücke schlüpft nur bei extremem Niedrigwasser aus der Puppe. Die Imagines leben dann nur ganz kurze Zeit: Das Männchen schlüpft etwa 20 min vor dem Weibchen, sucht die weibliche Puppe, befreit das Weibchen aus der Puppenhaut (Abb. 81), es erfolgt die Kopulation und die Eiablage. Die Eier werden an Steinen angeklebt. Etwa 1 Std später sind die meisten Tiere bereits gestorben, das Wasser steigt und bedeckt den Lebensraum von Clunio erneut. Clunio braucht also eine sehr präzise zeitliche Programmierung für die Entwicklung: Die Imagines müssen schlüpfen, wenn zur Zeit der Springtiden eine besonders tiefe Ebbe auftritt und das Habitat der Mücke für kurze Zeit trocken fällt. Dann müssen wirklich alle schlüpfreifen Puppen in wenigen Augenblicken Imagines liefern, da die Weibchen nicht allein zu schlüpfen vermögen, da die Kopulation erfolgen muß und da die Eier an die Steine angeklebt werden müssen.

Theoretisch ist eine solche Programmierung denkbar durch einen semilunaren Rhythmus, der die Tiere auf die Tage tiefster Ebbe vorprogrammiert. Hinzu muß ferner ein Tagesrhythmus kommen: Zwischen Tagesrhythmus und Gezeitenrhythmus entsteht eine Schwebung, aufgrund derer eine gegebene Flutsituation — beispielsweise extremes Niedrigwasser — alle

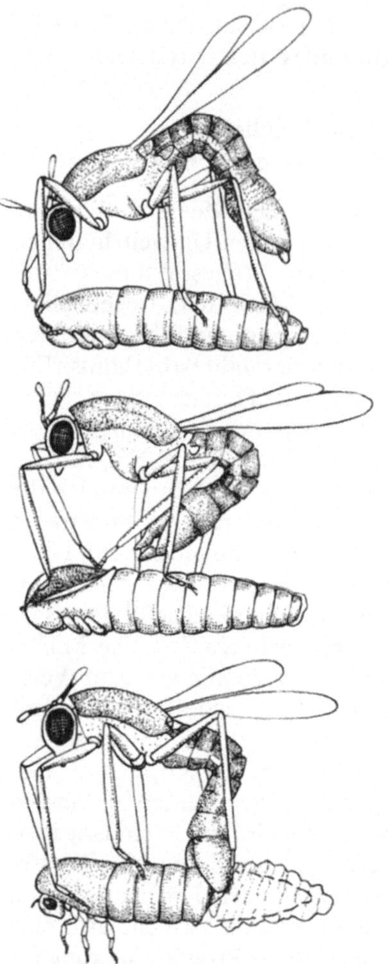

Abb. 81. Das Männchen von Clunio hilft dem Weibchen aus der Puppe. (Nach Hashimoto, aus Remmert, 1962)

14 Tage um die gleiche Uhrzeit auftritt. Semilunarer Rhythmus und Tagesrhythmus gemeinsam könnten theoretisch also ausreichen für die geschilderte Leistung. Ein Gezeitenrhythmus brauchte von den

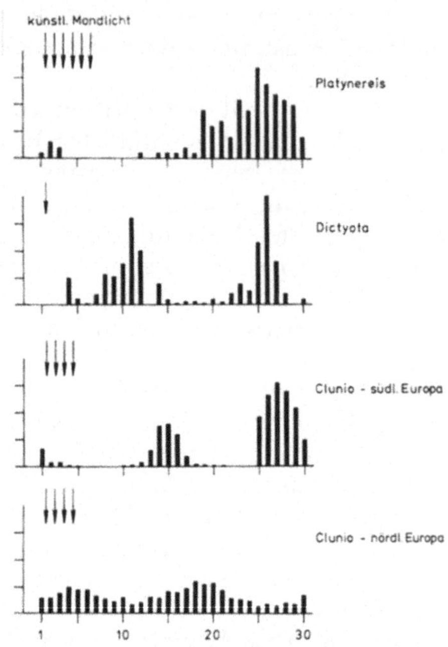

Abb. 83. Der Einfluß von künstlichem Mondlicht auf die Fortpflanzungszeiten mariner Organismen. Die Pfeile markieren die Nächte mit künstlichem Mondlicht (etwa 0,3 Lux), das mehrere Male in 30tägigen Abständen während einer Nacht oder während mehrerer aufeinander folgender Nächte geboten wurde. (Aus Neumann, 1977)

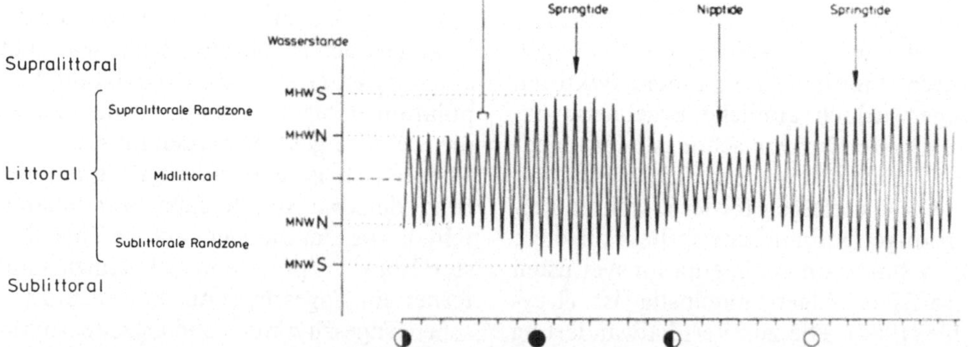

Abb. 82. Die ökologische Gliederung der Gezeiten-Zone in Beziehung zu den Gezeiten und Mondphasen. *MHWS, MNWS:* mittleres Hoch- bzw. Niedrigwasser bei Springtiden; *MHWN, MNWN:* mittleres Hoch- bzw. Niedrigwasser bei Nipptiden. (Aus Neumann, 1977)

Tieren nicht entwickelt zu werden (Abb. 82 u. 83).

Das ist auch tatsächlich der Fall. Hält man die Tiere im Aquarium, so erfolgt das Schlüpfen der Imagines stets um eine bestimmte Uhrzeit in Abhängigkeit vom Licht-Dunkel-Zyklus. Man kann außerdem die Existenz eines semilunaren Rhythmus nachweisen. Man hält die Larven in Aquarien und gibt in wenigen Nächten zusätzlich „künstliches Mondlicht". Dies künstliche Mondlicht ist nichts weiter als eine schwache Zusatzbeleuchtung während der Nacht, die den Licht-Dunkel-Wechsel des Tagesrhythmus weniger kräftig erscheinen läßt. Unter diesen Bedingungen werden die offenbar vorhandenen endogenen semilunaren Uhren der Larven und Puppen miteinander synchronisiert, und nun erfolgt ein Schlüpfen alle 14 Tage um die gleiche Uhrzeit — selbst wenn nun ein normaler, stets gleicher Licht-Dunkel-Wechsel oder Dauerlicht gegeben wird (Abb. 83).

Der Ballungsmechanismus, der die Einklinkung in die zeitliche Struktur des Lebensraumes ermöglicht, scheint damit klar. Er birgt jedoch eine Fülle von Problemen. Hochwasser und Niedrigwasser treten an den verschiedenen Stellen der Küste nicht gleichzeitig auf (Abb. 84). Wir behaupten also nicht mehr und nicht weniger, als daß sehr nahe benachbarte Clunio-Populationen um verschiedene Tageszeiten schlüpfen. Genau das ist der Fall (Abb. 85). Für jede Population ist die Tageszeit des Schlüpfens genetisch festgelegt. Eine Kreuzung zweier Populationen

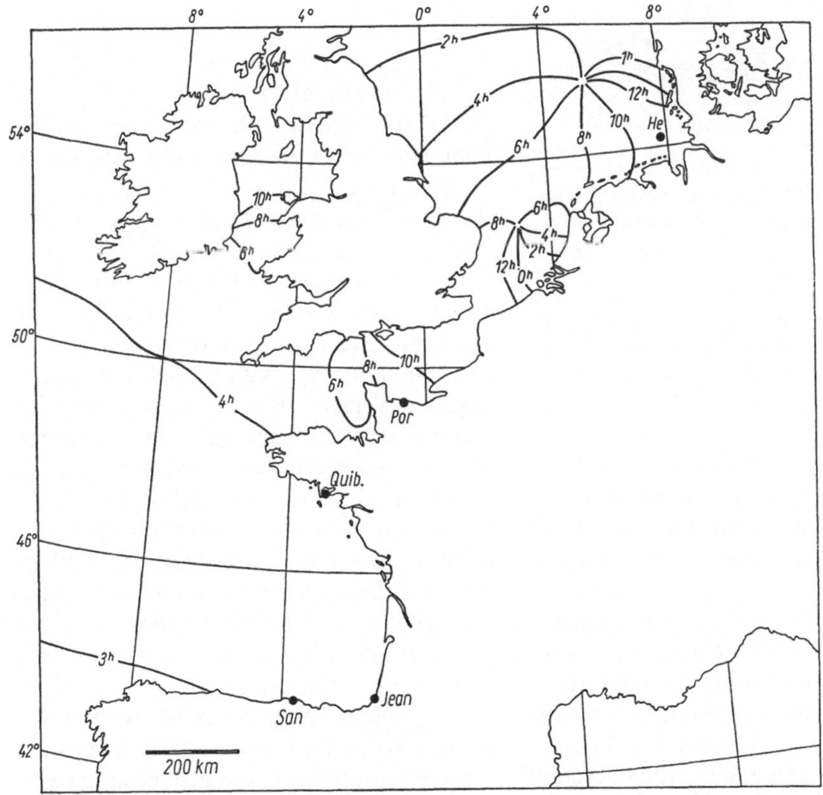

Abb. 84. Die Herkunft geprüfter Clunio-Stämme und die Verteilung der Flutstundenlinien (= Linien gleichen mittleren Hochwasserzeiten-Unterschiedes gegen den Meridian-Durchgang des Mondes in Greenwich). (Aus Neumann, 1965)

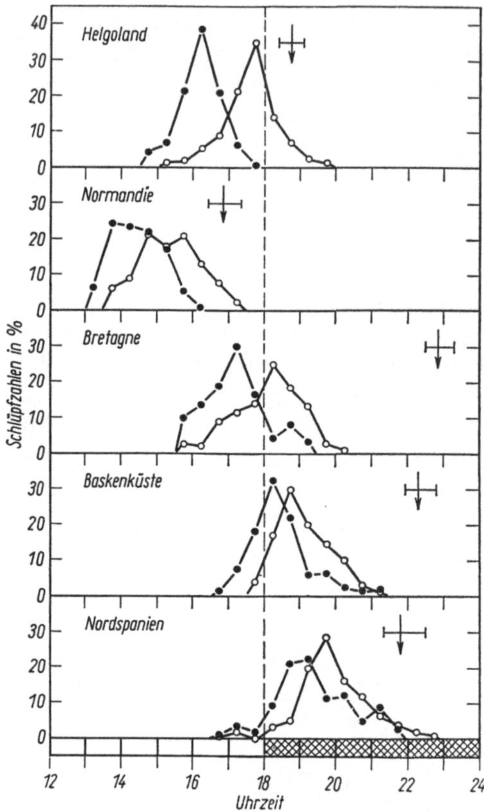

Abb. 85. Clunio marinus. Die tägliche Schlüpfverteilung der Imagines von 5 Stämmen im künstlichen Tag (LD 12:12, Lichtzeit 6–18 Uhr, 20° C). ●: Männchen, ○: Weibchen. In dem nicht abgebildeten Tagesbereich (0–12 Uhr) schlüpften keine Imagines. →: Die mittlere örtliche Niedrigwasserzeit am ersten Tag nach Voll- und Neumond (zweites Tagesniedrigwasser in Ortszeit, Mittelwert von 1963 mit Variationsbereich). (Aus Neumann, 1965)

mit verschiedener Uhrzeit des Schlüpfens resultiert in einer Nachfolge-Generation mit intermediärem Schlüpftermin. Offenbar sind einige wenige Gene dafür verantwortlich.

Eine solche Programmierung wäre auch möglich mit Hilfe eines endogenen lunaren Rhythmus — also eines Rhythmus von knapp 30 Tagen. Eine der untersuchten Populationen — die von der Baskenküste — besitzt tatsächlich einen solchen lunaren Rhythmus.

Dabei wird vorausgesetzt, daß der Mond wirklich ein zuverlässiger Zeitgeber ist. Ist das wirklich der Fall oder werden die hellen Nächte, die jeden Monat durch Vollmond auftreten, durch Wind und Wetter oder durch die hellen Nächte des Sommers überlagert? Tatsächlich scheint der Mond in südlichen Breiten ein zuverlässiger Zeitgeber zu sein. In nördlichen Gebieten dagegen, mit ihren hellen Nächten während der Sommermonate, ist das nicht der Fall. Schon die Tiere auf Helgoland reagieren kaum auf den Zeitgeber „künstliches Mondlicht". Hier konnte nachgewiesen werden, daß die Turbulenz auflaufenden und ablaufenden Wassers als Zeitgeber wirkt — ein Zeitgeber, der an der französischen und spanischen Küste nicht mehr wirksam ist. Im Experiment lassen sich die Helgoländer Mücken durch entsprechende Turbulenzen während der Larvalentwicklung genauso synchronisieren wie die spanischen durch künstliches Mondlicht.

Wiederum anders verhalten sich arktische Populationen (aus der Gegend von Tromsö, Norwegen, etwa 300 km nördlich des Polarkreises). Hier leben die Tiere abweichend von den übrigen Populationen in einem Sandwatt, der auf Granit aufgelagert ist. Die Imagines schlüpfen im Sommer bei jeder Ebbe. Bei jedem Trockenfallen ihres Lebensraumes erhöht sich die Temperatur des Sandes um etwa 2–3 Grad. Hält man die Tiere im Labor bei konstanter Temperatur, so schlüpfen die Imagines regellos verteilt. Gibt man einmal eine Temperaturerhöhung in dem genannten Bereich, so schlüpfen unmittelbar einige Mücken. Vor allem aber schlüpfen 12 Std später sehr viele Tiere (Abb. 86). Dann erfolgt wieder ein unregelmäßiges Schlüpfen. Bei dieser arktischen Population haben wir demnach eine ganz andere Uhr als die, die uns bisher begegnete: Die bisherigen Uhren liefen auch unter konstanten Bedingungen weiter. Sie beruhen auf einer Schwingung. Hier dagegen programmiert ein einmaliger Reiz — eine einmalige kurze Temperaturerhöhung — ein Schlüpfen 12 Std später voraus. Dies Prinzip einer zeitlichen Einklinkung ist mit einer Sand-

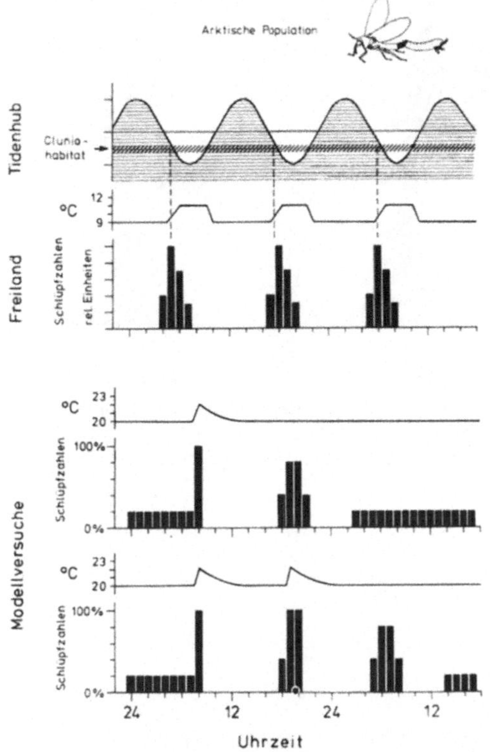

Abb. 86. Die gezeitenperiodischen Schlüpf- und Fortpflanzungszeiten der arktischen Population von Clunio marinus (Tromsö/Norwegen) im Freiland und im Versuch mit 1–3 Temperaturerhöhungen (Zeitgeberreiz). (Aus Neumann, 1977)

uhr vergleichbar. Eine offensichtlich andere Art lebt in der Ostsee. Hier gibt es keine Gezeiten, die Ostseetiere leben in 5–10 m Tiefe in Rotalgen. Ihre Eier brauchen nicht an Steinen angeheftet zu werden, sie flottieren nicht an der Oberfläche, sondern sinken nach der Eiablage zu Boden. In der Gegend von Bergen (Westnorwegen) kommt die Ostsee-Clunio zusammen mit der norwegischen Population von Clunio marinus vor. Beide Populationen haben hier unterschiedliche Schlüpfzeiten. Eine Zusammenfassung der Mechanismen zeigt die Abb. 87. Innerhalb einer Art haben sich also außerordentlich verschiedene Mechanismen zur Einpassung in die zeitliche Struktur des Lebensraums entwickelt. Verschiedene Populationen verhalten sich unterschiedlich. Diese Differenz ist genetisch gesteuert. Eine derartige Anpassung dürfte in ähnlicher Weise für sehr viele Organismen des Gezeitenbereichs gelten.

2.4.3 Wildbiologie: Auerhahn und Reh

Eines der bekanntesten Tiere der europäischen Wälder ist der Auerhahn. Sein Bestand geht derzeit überall drastisch zurück. Naturschutzorganisationen und Jä-

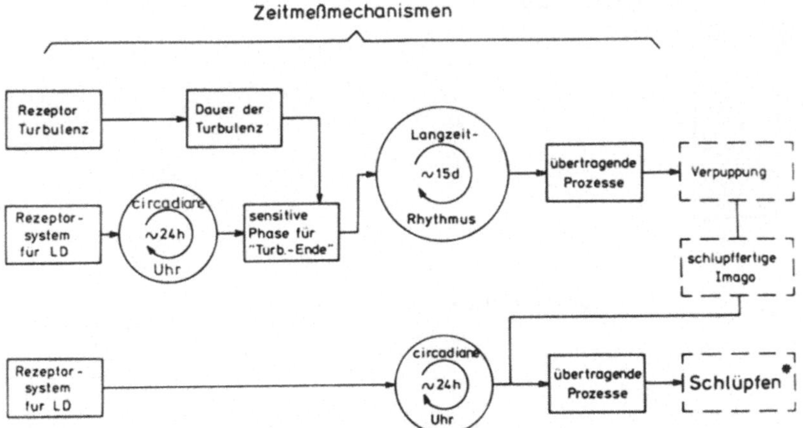

Abb. 87. Clunio marinus, Helgoland-Stamm. Schematische Darstellung der kombinierten Zeitmeßmechanismen und ihrer Komponenten. Der semilunarperiodische Mechanismus (obere Hälfte) kontrolliert den Verpuppungsbeginn, die Puppenruhe dauert 3–5 Tage. Der circadiane Zeitmeßmechanismus (untere Hälfte) kontrolliert die tägliche Schlüpfzeit der schlupffertigen Imagines. Die Schlüpfzeit ist die unmittelbar an die Umweltsituation (Springniedrigwasser) angepaßte Leistung. (Aus Neumann, 1977)

Abb. 88. Schema eines Auerhuhn-Biotops; dargestellt am Beispiel des naturnahen Bergmischwaldes. *1:* Jungfichte als Winternahrung des Hahns, *2:* Balzbaum, *3:* Heidelbeere, *4:* Bodenbalzplatz, *5:* Steinchenaufnahme von Wurzeltellern, *6:* Bedeckter Schlafplatz, *7:* Geschützter Brutplatz, *8:* Fichtenzweige als Winternahrung der Henne, *9:* Huderpfanne, *10:* Freier Schlafplatz, *11:* Ameisenhaufen, *12:* Buchenlaub als Sommer- und Herbstnahrung. (Aus Scherzinger, 1977)

Auerhuhn – Balzbäume

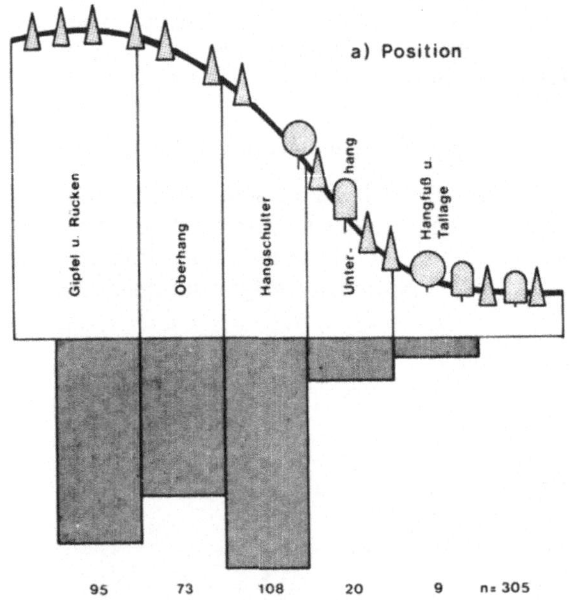

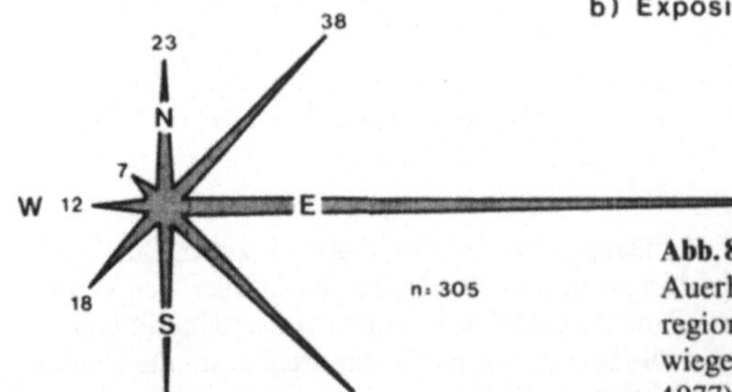

Abb. 89 a u. b. Position und Exposition der Balzbäume. Der Auerhahn bevorzugt deutlich die Hangkante und die Gipfelregion gegenüber tieferen Lagen. Der Balzbaum steht vorwiegend auf ostexponierten Hängen. (Aus Scherzinger, 1977)

ger sind gleichermaßen bestrebt, diesen Rückgang aufzuhalten. Dazu ist eine detaillierte Kenntnis der Lebensraum-Ansprüche dieses Tieres notwendig. Die ermittelten Resultate ergeben ein komplexes Bild (Müller, F.J., 1974; Scherzinger, 1976; Brüll u. Mitarb., 1977).

Der Hahn braucht einen einigermaßen isolierten Raum, auf dem er seinen Balztanz ausführen kann. Das Tier fliegt relativ schlecht; der Baum ist für den Hahn nur erreichbar, wenn keine gleichmäßige Kronenschicht vorhanden ist. Vielmehr müssen die Bäume von ungleicher Höhe sein. Nach Möglichkeit muß dieser Baum einen weiten Ausblick gewähren (Abb. 88). Er steht daher bevorzugt an einem Hang (Abb. 89 u. 90). Nach der Balz in der Baumkrone geht der Hahn auf den Boden und balzt hier weiter. Dazu ist eine Tenne mit niedriger Vegetation und ebenem Grund notwendig. Um dies mit dem vorherigen in Übereinstimmung zu bringen, muß der Balzbaum also an einem Hang stehen, aber selber eine ebene Fläche von mindestens 20 × 30 m ohne höheren Bewuchs unter sich aufweisen. Am Rand dieser Tenne ist jedoch dichter Unterwuchs notwendig, in dem sich die Hennen verstecken können, und in dem sie in nicht zu weiter Entfernung vom Balzplatz ihre Nester bauen können. Diese Nester werden stets im Schutz eines dichten Gebüschs angelegt. Die Jungen werden bald aus dem dichten Gebüsch herausgeführt, kehren aber zur Ruhe immer in dieses Gebüsch zurück. Die Jungen sind empfindlich gegen Regen: Regen in den ersten Lebenstagen führt häufig zum Tod der gesamten Brut (Abb. 91). Ferner benötigen die Jungen in der ersten Lebenszeit nicht zu kleine Insekten als Nahrung, während die Tiere später auf Pflanzennahrung übergehen. Im Winter werden vor allen Dingen Nadeln von Koniferen gefressen, im Frühjahr spielen Knospen von Blättern und Blüten sowie Weidekätzchen eine wesentliche Rolle. Im Sommer werden in großem Maße Beeren von Ericaceen (Moosbeere, Preiselbeere, Heidelbeere

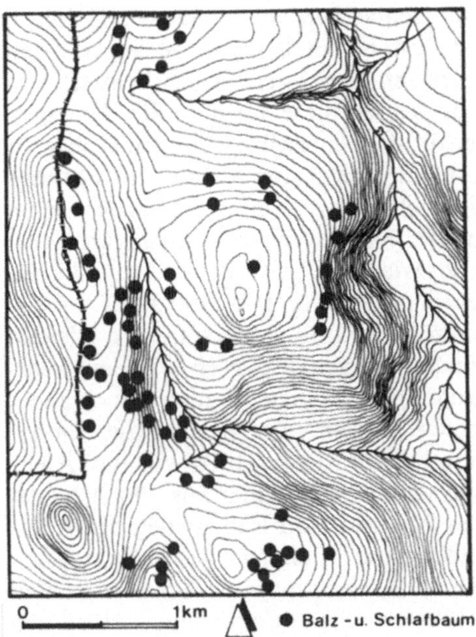

Abb. 90. Verteilung der Balzbäume im Gelände. Durch die Bevorzugung ostexponierter Hänge (Bayerischer Wald) kommt es zu auffälligen Häufungen der Schlaf- und Balzbäume an allen Rücken, Schneisen und Kuppen mit dieser Himmelsrichtung. (Aus Scherzinger, 1977)

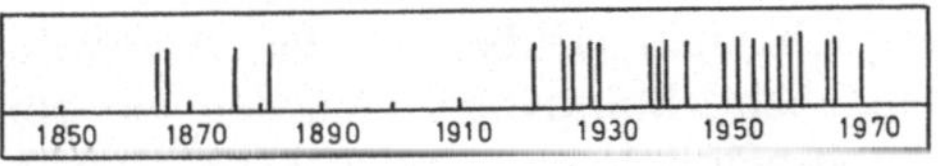

Abb. 91. Häufigkeit von Jahren mit einem Niederschlagsüberschuß von wenigstens 100 mm. (Aus Brüll u. Mitarb., 1977). Die Zunahme von Jahren mit einem so hohen Niederschlagsüberschuß geht einher mit der Reduktion der Auerwildbestände: Kücken ertragen keinen Regen

und ihre Verwandten) aufgenommen. Derartige Ansprüche sind nicht ohne weiteres erfüllbar. Nur im Urwald oder im Plenterwald kann Auerwild überdauern. Altersklassenwald mit geschlossener Kronenschicht bringt das Auerwild um. Zur Balz und zur Nahrungsaufnahme den ganzen Winter über halten sich die Tiere in den Kronen der Nadelbäume auf. Eine dichte Kronenschicht hindert sie am Fliegen. Auch fehlt in einem Altersklassenwald im allgemeinen die notwendige Strauch- und Krautschicht für den Nestbau. Schließlich ist in unseren Wäldern der Bestand an Rotwild im allgemeinen überhöht. Trotz reichlicher Winterfütterung fressen diese Tiere an den Knospen der für das Auerwild wichtigen Gebüschsorten und zerstören dadurch die notwendigen Nistplätze. Ferner gibt es gerade im Frühjahr eine gewisse Nahrungskonkurrenz zwischen Rehwild und Rotwild auf der einen Seite und Auerwild auf der anderen. Rehe und Hirsche fressen Weiden mindestens genauso gern wie der Auerhahn, ohne auf diese Weiden jedoch angewiesen zu sein. Ein gleichzeitiger hoher Bestand von Reh- und Rotwild und Auerwild schließt sich daher aus. Nach massivem Abschuß von Rehen stieg der Auerwildbestand in einigen Revieren steil an. Dieses Beispiel mag die Schwierigkeiten autökologischer Forschung selbst bei wohlbekannten Tieren demonstrieren. Ansprüche an Klima, an Nahrung, an bestimmte Topographie-Verhältnisse, an die Struktur der Vegetation, gehen einher mit Konkurrenz durch Hirsch und Reh. Diese ist einmal eine Nahrungskonkurrenz und zum anderen bezieht sie sich auf Versteckmöglichkeiten. Dabei ist das Auerwild weitgehend Standvogel: Würden wir ein Tier gewählt haben, welches im Winter entweder in den Süden wandert oder — wie viele Insekten — ganz spezifische Überwinterungsbedingungen benötigt, würden die Verhältnisse noch wesentlich komplexer sein. Für die theoretische Ökologie wie für den praktischen Naturschutz ist jedoch eine genaue Kenntnis all dieser Einzelfaktoren und Einzelfacetten der Lebensraumansprüche unseres Organismus notwendig. Wir kommen auf diese Verhältnisse bei der Besprechung der Aufteilung der Ressourcen zwischen den Mitgliedern einer Art und bei Räuber-Beute-Systemen noch zurück.

Im Gegensatz zum Auerhuhn fanden Rehe in den Kulturlandschaften Mitteleuropas während der vergangenen 150 Jahre zunehmend günstige Lebensmöglichkeiten. So liegt der Rehbestand heute in Mitteleuropa sicher sehr viel höher als er sein

würde, wenn der Mensch in das Landschaftsbild nicht eingreifen würde. Dennoch sind wichtige Aspekte der Biologie und Ökologie des Rehes erst in den letzten Jahren erforscht worden (Ellenberg, 1974; Ellenberg, 1978).

Diese Bindung der Rehe an die Kulturlandschaft hängt mit ihrer spezifischen Ernährungsweise zusammen: sie sind Verdaulichkeits-Selektierer, d. h. sie suchen im Pflanzenbestand besonders leicht verdauliche Nahrung und das sind vor allen Dingen frische Triebe. Ältere Blätter sind für Rehe weitgehend wertlos; bei Fütterung mit bestem Wiesenheu verhungern sie. Gerade aber derartig frisches Grün steht in einer Parklandschaft, die vom Menschen stark beeinflußt wird, regelmäßiger und in größerem Maße als in einer Naturlandschaft zur Verfügung. Durch mehrfache Aussaat im Jahr, durch den Forstbetrieb und durch andere Maßnahmen wird immer wieder für frisch austreibendes Grün während der Monate April–August (und vielleicht sogar noch etwas länger) gesorgt.

Damit haben Rehe ernährungsphysiologische Probleme größten Ausmaßes im Jahreslauf zu überstehen. In diesem Jahreslauf sind sie exakt physiologisch eingebunden. Während der Monate September bis Ende März verbrauchen sie zur Aufrechterhaltung ihres Stoffwechsels relativ wenig Energie. Sie nehmen verhältnismäßig wenig Nahrung auf und stellen diese Nahrungsaufnahme bei großer Kälte und hoher Schneelage nahezu ganz ein. Sofort nach Austreiben des frischen Grüns im April beginnt jedoch eine sehr starke Nahrungsaufnahme, die bis in den August anhält, soweit frisches Grün vorhanden ist. Die Nahrungsaufnahme in den Wintermonaten beschränkt sich auf Knospen und Rinde von Weichhölzern und ähnlichen Pflanzen sowie auf Samen (Eicheln). Dieser Rhythmus des Stoffwechsels wird auch unter Gefangenschaftsbedingungen bei reichlicher Futtergabe beibehalten: Im Winter fressen die Rehe deutlich weniger als im Sommer. Diesem Rhythmus der

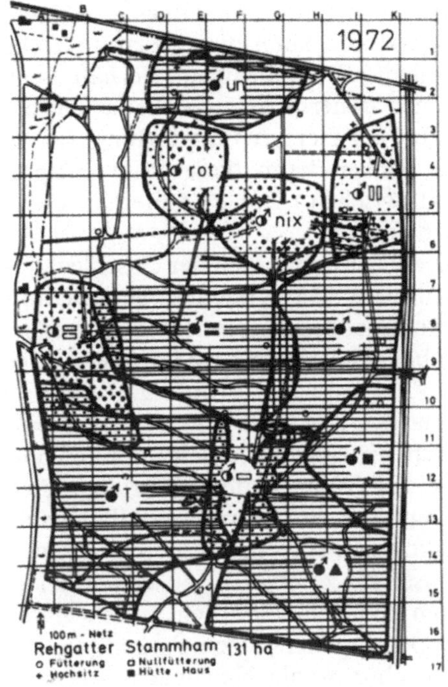

Abb. 92. Die Bockterritorien in einem größeren Rehgehege. (Aus Ellenberg, 1979)

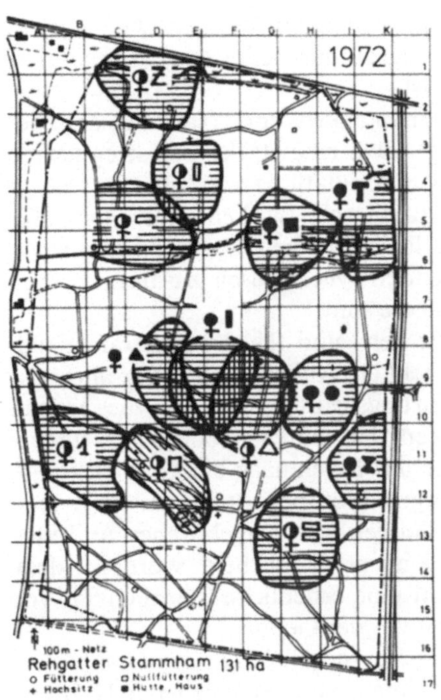

Abb. 93. Die Kitzaufzucht-Gebiete liegen vielfach in Bockterritorien. (Aus Ellenberg, 1979)

Nahrungsaufnahme entspricht ein Rhythmus des Gewichtes mit hohen Werten im Herbst und niedrigen im Frühjahr. Diesem Rhythmus entspricht auch, daß der Rehkeim nach der Befruchtung im Juni–Juli seine weitere Entwicklung einstellt und erst im Frühjahr wieder zu wachsen beginnt. Das Kitz wird dann im Mai in die futterreichste Zeit geboren, in der für die Mutter und das bald selbständig werdende Jungtier Nahrung reichlich zur Verfügung steht. Die Überlebensrate der Jungtiere ist besonders hoch, wenn sie in einem Territorium eines starken Bockes geboren und aufgezogen werden.

Die Böcke beginnen im Februar mit der Markierung und Verteidigung ihrer Reviere. Die alten Böcke beginnen damit früher als die jungen und bleiben daher über die Jahre territorial. Zunehmend verlegen alte Böcke ihre Reviere in Gebiete bester Nahrungsbedingungen und damit sind die Reviere alter Böcke kleiner als die schwä-

cherer und jüngerer Böcke. Die schwächeren und jüngeren Böcke müssen daher mehr Energie bei der Verteidigung ihres großen Revieres mit langen Grenzen und bei der Suche nach Nahrung in einem Revier mit schlechter Nahrungsgrundlage verbrauchen als ein alter Bock in einem optimalen, sehr kleinen Revier. Zur Zeit der Kitzaufzucht sind die Böcke jedoch weitgehend mit den Vorbereitungen für die Fortpflanzungszeit und einer strengen Revierabgrenzung beschäftigt; sie haben nach dem Winter genügend Nahrung aufgenommen, um die sehr kräftezehrende Brunftzeit zu überstehen und treten jetzt nicht sehr stark als Nahrungskonkurrenten für Muttertier und Kitz in Erscheinung. So kommt es zu den hervorragenden Aufzuchtserfolgen von Jungtieren in den Territorien starker Böcke.

Ebenso in diesem Jahreslauf eingeklinkt ist die Dispersion der Jungtiere, die mit dem Beginn der Reviermarkierung und nach Abschluß der sommerlichen starken Nahrungsaufnahme im August besonders hoch ist.

In Abhängigkeit vom Nahrungsangebot erfolgt auch eine starke Selbstregulation bei der Populationsgröße des Rehes. In der Hauptsache wirken drei Mechanismen, die logisch getrennt werden müssen, die jedoch synergistisch zusammenarbeiten. Diese sind:

1. Die peri- und frühe postnatale Kindsterblichkeit. Auf sie wirken vor allem die Ernährungsbedingungen für die Mutter zur Zeit der späten Trächtigkeit und in den ersten Tagen nach der Geburt. In ungünstigen Biotopen ist bis zu etwa 75% Sterblichkeit bei Neugeborenen und kleinen Kitzen beobachtet worden; dazu kommt eine erhebliche Sterblichkeit von Kitzen vor der Geburt.

2. Die Veränderlichkeit der Ovulationsrate. Günstige und ausreichende Nahrung für die zukünftige Mutter in den etwa 10–14 Tagen vor der Brunft führt zu hohen, mangelhaften aber zu geringen Ovulationsraten. Damit sind die Geburtenraten im kommenden Frühjahr weitgehend festgelegt. Bei jungen Müttern in schlechter Kondition kann die Ovulation völlig ausfallen. Bei günstigen Verhältnissen kommen daher pro Jungricke im Durchschnitt zwei Eier zur Entwicklung. Bei älteren Ricken kann diese Rate entsprechend zwischen 1,2 und 2,5 Eiern pro Rikke schwanken.

3. Die Beeinflußbarkeit der Geschlechterverhältnisse. Das Geschlechterverhältnis der kommenden Kitzgeneration wird bereits bei der Befruchtung festgelegt. Eine zum Zeitpunkt der Brunft gut ernährte Mutter bringt vorwiegend weibliche, eine schlecht ernährte überwiegend männliche Kitze zur Welt. Unter kontrollierbaren Bedingungen und in freier Wildbahn sind bei Kitzen entsprechende Geschlechtsverhältnisse bis zu etwa 1:3 in beiden Richtungen beobachtet worden. In schlechten Biotopen mit schwachen Ricken, die ohnehin schon wenig Nachwuchs zur Welt bringen, werden die Verhältnisse noch verschärft. Durch die höhere Sterblichkeit kleiner weiblicher Kitzen im Vergleich zu männlichen, wird dann das Geschlechterverhältnis zusätzlich verschoben.

3. Populationsökologie

3. Populationsökologie

3.1 Theorie
der Populationsökologie

Die Population, von Individuen derselben Art gebildet, die miteinander im genetischen Austausch stehen, ist die Grundeinheit der ökologischen Vorgänge. Die Definition ist locker: Man kann von der Uhupopulation der fränkischen Alb sprechen, wenn man ganz regelmäßigen genetischen Austausch in den Vordergrund stellt; man kann von der mitteleuropäischen Uhupopulation sprechen, wenn man den vorhandenen, aber relativ seltenen Austausch mit der thüringer und der alpinen Population mit ins Auge faßt.

Alle Organismen erzeugen normalerweise mehr Nachwuchs als zur Konstanthaltung der Population notwendig wäre. So ergibt sich eine exponentielle Vermehrung, bei der nach einigen Generationen der ganze Erdball mit diesem Organismus bedeckt wäre. Somit sind Regulationsprozesse notwendig. Diese können in einer dichteabhängigen Beeinflussung der Geburtsrate oder der Sterberate bestehen. Wenn Geburtsrate und Sterberate gleich sind, bleibt die Population konstant. Eine Fülle verschiedener Faktoren und Mechanismen können diese dichteabhängige Regulation bewirken, der Ausdruck „dichteabhängig" ist zunächst nur ein logisches Postulat ohne Erklärungsmöglichkeit.

Eine Beeinflussung der Mortalität und eine Regulation der Populationsdichte über Mortalität hat einen wesentlichen Vorteil: Durch Selektion der jeweils geeignetsten Genotypen können ununterbrochen die Anpassungen der Individuen an ihre Umwelt kontrolliert und verbessert werden. Durch den Trick der Diploidie können Pflanzen und Tiere die zunächst durchweg rezessiv auftretenden Mutationen „testen", sie als „genetische Bürde" durch viele Generationen erhalten, ehe sie schließlich eliminiert oder in die ganze Population übernommen werden. Die Sichelzellanämie des Menschen, eine Veränderung des Hämoglobins in den roten Blutkörperchen, führt beispielsweise bei Homozygotie zu einer Totgeburt oder zum Sterben des Säuglings. Im heterozygoten Zustand leistet sie jedoch Resistenz gegenüber Malaria und ermöglicht dem Menschen damit überhaupt die Besiedlung malariagefährdeter Bezirke. Ein als genetische Bürde mitgeschlepptes Gen wird damit in entsprechenden Gebieten in fast die ganze Population übernommen.

Mortalität als Populationsregulans hat jedoch einen Nachteil: Durch nicht ganz exakte Steuerung der Mortalitätsgröße können für die Population wichtige Individuen zu einer wichtigen Zeit (Fortpflanzungsfähige zur Fortpflanzungszeit) eliminiert werden. Diese Gefahr besteht besonders bei der Dichteregulation über Räuber im weitesten Sinne. Hier sind spezifische Adaptationen evoluiert, die solchen Zufällen entgegenwirken.

Dabei stellt sich die Frage, auf welchem Niveau eine Population einreguliert wird. Zweifellos gibt es ein Optimum — weder eine zu geringe noch eine zu hohe Dichte ist optimal. Die Definition dieses Optimums ist jedoch schwierig. Handelt es sich um den Bereich, in dem die Organismen die höchste Produktion zeigen oder den Bereich mit der geringsten Mortalität? Beide brauchen nicht zusammenzufallen. Ist eine konstante Populationsgröße optimal oder sind schwankende Populationen eher als optimal zu bezeichnen?

Die Populationsökologie hat in den letzten Jahrzehnten durch weitgehende Mathematisierung einen starken Aufschwung erfahren. Viel mehr als bei der Autökologie, die weitgehend auf Physiologie und Biochemie basiert, ist Populationsökologie heute eine mathematische Wissenschaft mit einem ähnlich universellen Anspruch. („Alle biologischen Probleme, die sich mit mehr als einem Organismus beschäftigten, gehören zum Themenkreis der Populationsbiologie" — so ein Zitat.) Hier liegt auch eine Gefahr: Ähnlich aussehende Phänomene, die ganz verschiedene Ursachen haben, werden unter der gleichen mathematischen Beschreibung subsummiert — ohne daß man sieht, daß es sich eben nur um eine Beschreibung und keine kausale Erklärung handelt.

3.2 Populationsgenetik

Die Organismen einer Population gehören einem gemeinsamen Gen-Pool an. Nicht jedes Individuum verfügt über die gesamte genetische Information, die in der Population gespeichert ist. Die Individuen einer Population sind also genetisch nicht einheitlich. Faßt man die gesamte genetische Information einer Population zusammen, so ergeben sich für verschiedene Gene unterschiedliche Häufigkeit. Unter der Voraussetzung, daß die Individuen sich zufallsgemäß miteinander paaren, daß also keine bevorzugten Paarungen stattfinden und unter der Voraussetzung, daß keine Selektion in irgendeiner Richtung stattfindet und unter der dritten Voraussetzung, daß wir es mit einer großen Population zu tun haben, bleiben diese unterschiedlichen Genhäufigkeiten (vielfach auch Genfrequenzen genannt) unbegrenzt lange erhalten (Hardy-Weinberg-Gesetz). Das gilt bei diploiden Organismen ebenso wie bei haploiden. Man kann sich das leicht klarmachen. Nehmen wir an, wir hätten sechs Mäuse, von denen eine die genetische Information AA hätte, drei die genetische Information Aa und zwei die

genetische Information aa. Bildet jedes dieser Individuen zwei Gameten, so erhalten wir sechs Eier und sechs Spermien. Drei Eier haben die Information A, drei Eier die Information a, zwei Spermien haben die Information A und vier Spermien die Information a. Bei zufallsgemäßer Paarung ergeben sich in der nächsten Generation wiederum sechs Tiere, von denen eins die Information AA hat, zwei die Information aa und drei die Information Aa. In Wirklichkeit wird bei einer so kleinen Population kaum der Zufall in dieser Weise wirken. Es könnten auch zwei Individuen AA, drei Individuen aa und ein Individuum Aa entstehen. Diese Erscheinung kommt jedoch nur in kleinen Populationen vor, wir bezeichnen sie als genetische Drift. In großen Populationen, wie wir sie normalerweise vor uns haben, verschieben sich die Genfrequenzen infolge der Selektion. Unter wechselnden Umweltbedingungen sind jeweils unterschiedliche Individuen im Vorteil und haben daher größere Chancen im Kampf ums Dasein. So verschieben sich in aufeinanderfolgenden Generationen am gleichen Ort Genfrequenzen: Bei Organismen mit vielen Generationen im Jahr nehmen im Laufe des Sommers immer mehr die Individuen zu, die an sommerliche Verhältnisse angepaßt sind. Mit sinkenden Temperaturen im Herbst nimmt ihre Zahl wieder ab, um für Individuen, die an kühlere Bedingungen angepaßt sind, Platz zu machen. Im Laufe eines Jahres wird also die genetische Information, die das Durchschnittsindividuum einer Population mit vielen Generationen pro Jahr hat, verschoben. Bei Drosophila-Arten ist dies an vielen Stellen der Erde nachgewiesen (Abb. 94). Auch bei dem Marienkäfer Adalia bipunctata haben wir solche Verhältnisse. Eine optimale genetische Anpassung an die wechselnden Bedingungen wird auf diese Weise garantiert. Die Population kann unter wechselnden klimatischen Bedingungen eine hohe Vermehrungsrate erzielen. Die gleiche Beobachtung macht man auch bei Organismen, die nur eine Generation pro Jahr oder weniger durchmachen. Beim Ergrünen der Waldbäume fällt regelmäßig auf, daß einzelne Baumindividuen der Masse vorhereilen und einzelne sehr viel später kommen. In günstigen Jahren ohne späte Nachtfröste sind die Vorläufer genetisch begünstigt und erreichen eine vergleichsweise hohe Produktion. In Jahren mit späten Frösten laufen sie Gefahr, überhaupt keine Produktion zu erleben, da all ihre Knospen und Blätter irreversibel geschädigt werden. Diese Individuen stellen gleichzeitig das genetische Reservoir unseres Waldes dar für langfristige großklimatische Änderungen, denen die Art begegnen muß. Bei einer Verkürzung der Vegetationsperiode im Laufe der Jahrhunderte und bei einer Verlängerung vermag die Population zu reagieren, ohne daß eine einzige Mutation notwendig wäre. Bei der geringen Wahrscheinlichkeit einer günstigen Mutation bei so langlebigen Organismen wie Bäumen ist dies eine wesentliche Grundlage des Anpassungsverhaltens. Auch in all unseren Tierpopulationen finden wir Individuen, die von der Norm abweichen. Unsere Feldgrille geht normalerweise im vorletzten Larvenstadium im Herbst in Diapause. Die beiden letzten Häutungen werden erst nach der Diapause im Frühjahr durchgeführt. In sehr warmen Sommern kann jedoch ein sehr geringer Teil der Population Mitteleuropas — unter 1‰ der Tiere — ohne Diapause sich sofort zur Imago verwandeln. Diese Tiere überleben bei uns den Winter nicht. Sie stellen jedoch das Reservoir der Population dar, mit dem langfristigen klimatischen Schwankungen begegnet wird. Noch deutlicher wird dieses Prinzip bei Arten, die über viele Breitengrade hinweg vorkommen. Sie sind hinsichtlich ihres Zugverhaltens, ihres Winterschlafs oder ihrer Diapause durchweg über die im Jahreslauf wechselnde Photoperiode in die wechselnden Jahreszeiten eingeklinkt. Berühmt geworden ist das Beispiel der Ampfereule Acronycta rumicis, die vom Schwarzen Meer bis an die finnische

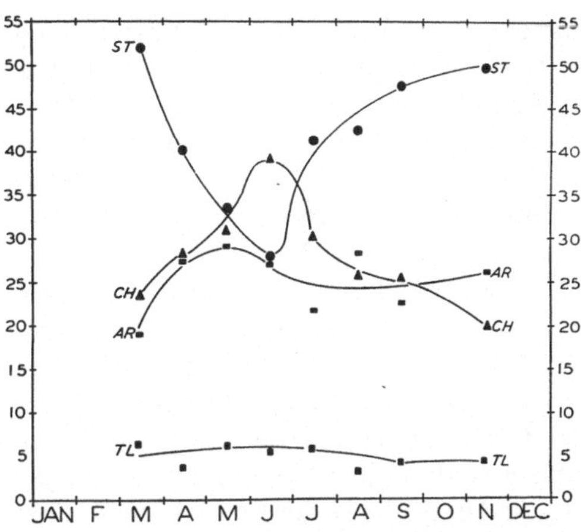

Abb. 94. Änderungen der genetischen Information einer Population in Raum und Zeit. Drosophila pseudoobscura. Verschiebungen von Gen-Häufigkeiten im Jahreslauf an einem Ort (Kalifornien). Diese Verschiebungen ähneln geographischen Verschiebungen quer durch die Vereinigten Staaten von Texas bis Kalifornien. (Aus Dobzhansky, 1974)

Grenze in Rußland vorkommt. In Leningrad durchläuft diese Eule nur eine Generation pro Jahr und geht bereits in Diapause, wenn die Tage auf dieser nördlichen Breite noch sehr lang sind: Dann nämlich wird es bereits Herbst, die Raupen finden keine Nahrung mehr, und es wird kalt. Am Schwarzen Meer werden drei bis vier Generationen durchlaufen, die Tiere gehen bei sehr kurzen Tageslängen erst spät im Jahr in Diapause. Sie erwachen aus dieser Diapause auch bei sehr kurzen Tageslängen im Frühjahr, während die Leningrader Population lange Tageslängen für das Erwachen benötigt. Die dazwischen liegenden Populationen verhalten sich Schritt für Schritt intermediär. Eine Bastardierung zwischen Angehörigen zweier verschiedener Populationen führt jeweils zu einem intermediären Verhalten. Daraus ist zu schließen, daß diese Einklinkung in den Jahreslauf polygen gesteuert wird. Diese Angaben betreffen natürlich nur den größeren Teil jeder Einzelpopulation. In jeder Population sind jedoch einzelne Individuen vorhanden, die nach ihrer photoperiodischen Reaktion einer ganz anderen Population zugerechnet werden müßten. Welche gewaltigen Effekte unterschiedliche Genotypen haben können, sei am Beispiel des Menschen dargestellt. Für den Mitteleuropäer ist Milch und sind Milchprodukte eine wichtige normale und regelmäßige Nahrung. Fast für alle Menschen außerhalb Mitteleuropas kann das jedoch nicht gelten: Milchzucker kann von den meisten Menschen nur in früher Jugend gespalten werden. In Mitteleuropa können 2–10% der Erwachsenen ebenfalls keinen Milchzucker spalten, in Afrika und Asien dagegen sind es 90–98% der Erwachsenen. Der mit der Milch bzw. ihren Produkten aufgenommene Milchzucker gelangt über Diffusion in das Blutgefäßsystem und wird hier unkontrolliert abgebaut. Diese Abbauprodukte stören das Säuren-Basen-Gleichgewicht im Blut und führen zu Erkrankungen. Ebenso wird der im Darm vorhandene Milchzucker unkontrolliert abgebaut, die Abbauprodukte führen zu unkontrollierten Gärungen, welche Darmkrankheiten verursachen. Ähnliches gilt für die Abhängigkeit von Vitamin D (Calciferol) (vgl. S. 66).

Die unterschiedliche genetische Struktur der Einzelindividuen in der Population führt also unter sich ändernden Umweltbedingungen aufgrund der Selektion zu einer adaptiven Veränderung der Reaktionsnorm der Population — zu einer Evolution. Diese Evolution ist möglich ohne eine einzige Mutation. Durch Abtasten der genetischen Information in aufeinanderfolgenden Monaten, in aufeinanderfolgenden Jahren oder an verschiedenen Orten ist es daher möglich, auf unterschiedliche Umweltbedingungen zu reagieren (Abb. 94 u. 95). Damit eine derart lokale Anpassung des Genoms sich in der Population durchsetzen kann, ist eine gewisse Inzucht notwendig. Auf der anderen Seite sind die Schattenseiten einer solchen Inzucht wohlbekannt. In der Population,

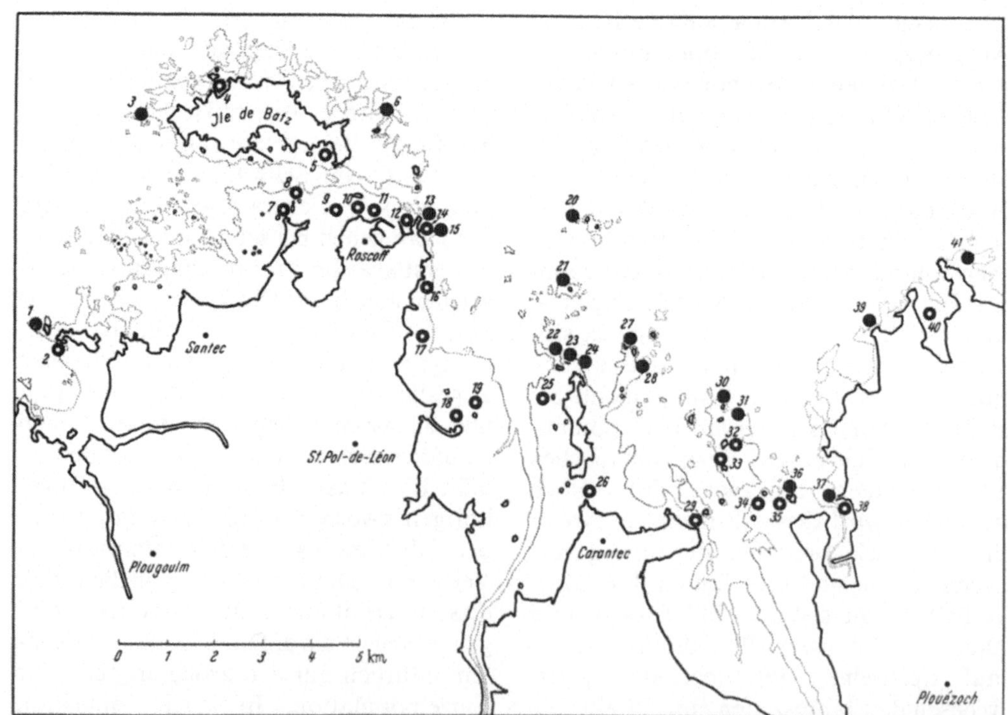

Abb. 95. Verteilung verschiedener genetischer Formen von Purpura lapillus an der französischen Küste. ● Kolonie mit 13 Chromosomen auf geschützten Flächen, ○ Kolonie mit 18 Chromosomen auf brandungsexponierten Flächen. (Aus Staiger, 1954)

so muß daher theoretisch gefordert werden, sollte eine Balance zwischen Inzucht und Inzuchtvermeidung bestehen. Bisher gibt es dafür keine experimentellen Belege.

Theoretisch gilt dies Prinzip nur für unendlich große Populationen — also in Wirklichkeit für sehr große Populationen. Bei sehr kleinen Populationen kann man aus einer gleichsinnigen Populationsänderung im Laufe mehrerer Generationen jedoch nicht ohne weiteres auf eine adaptive Änderung, wie soeben besprochen, schließen. Bei kleinen Populationen kann vielmehr genetische Drift auftreten — eine Zufallskombination von Genen kann sich über mehrere Generationen hin zufällig fortsetzen und damit eine gerichtete Veränderung der Population über mehrere Generationen bewirken. Bei sehr großen Populationen ist das höchst unwahrscheinlich — so gut wie unmöglich. Ein berühmtes Beispiel für eine solche genetische Drift in einer kleinen Population sind die Kolkraben der Färöer-Inseln. Um die Jahrhundertwende war die Population berühmt, da sie relativ häufig gescheckte Individuen enthielt, die sich rezessiv vererbten. Heute sind die Raben der Färöer schwarz wie ihre Verwandten in Schottland und Island. Ganz sicher hat es für die weißen Raben der Färöer um die Jahrhundertwende keinen Selektionsvorteil gegeben. Wir können sicher sein, daß es sich hier um eine genetische Drift in einer kleinen Population handelte (vgl. Salomonsen, 1935).

Diese Tatsache hat für den modernen Naturschutz erhebliche Bedeutung. Naturschutzgebiete werden immer engräumiger, die hier überlebenden seltenen Pflanzen- und Tierformen stellen nur noch sehr kleine Restpopulationen einer einstmals sehr großen zusammenhängenden Population dar. Beim Auftreten genetischer Drift in kleinen Populationen ist nie auszuschließen, daß ganz plötzlich diese Population zusammenbricht und ausstirbt: Durch die genetische Drift, die Zufallsänderung in der Population, sind hier die wesentlichen

genetischen Informationen für das Überleben verlorengegangen. Der Verlust einer genetischen Information in einer großen Population ist dagegen so gut wie unmöglich. Damit haben natürliche große Populationen ein großes Reservoir an genetischer Information, die normalerweise gar nicht benötigt wird, die vielleicht sogar als schädlich erscheint: die genetische Bürde. Aber: Diese genetische Bürde kann unter bestimmten Umweltbedingungen von ausschlaggebender positiver Bedeutung sein. Als genetische Bürde sind in jeder Population eine Fülle von offensichtlich überaus schädlichen gefährlichen Erbinformationen vorhanden. Sie kommen normalerweise nicht zum Tragen, da sie rezessiv sind und so ihre Wirkung fast immer durch ein dominantes Gen überdeckt wird. Beispiele für solche schädlichen, ja gefährlichen Erbanlagen sind beim Menschen Rot-Grün-Blindheit, Bluterkrankheit oder Galaktose-Anämie (vgl. Sperlich, 1973).

Wenn aber alle Individuen in der Population verschieden sind, so hat das ganz sicher seine Bedeutung für die Neubesiedlung eines Lebensraums — etwa einer Insel. Die Besiedlung eines solchen Raums erfolgt ja durch einige wenige Individuen. Damit hat die sich entwickelnde neue Inselpopulation nur einen Teil der genetischen Information der Ursprungspopulation. Von vornherein ist daher ein anderes Aussehen der Inselpopulation gegenüber der Ausgangsnorm wahrscheinlich — und wenn kein anderes Aussehen, so eine andere Reaktionsform im physiologischen Verhalten. Dieser Gründereffekt erklärt die starke Tendenz zur Rassenbildung auf gar nicht weit voneinander entfernten isolierten Inseln.

Letzten Endes haben wir also in jeder Population einen äußerlich im allgemeinen nicht sichtbaren Polymorphismus vor uns, der bei sich nicht ändernden Umweltbedingungen relativ konstant bleibt. Dieser Polymorphismus kann auch im äußeren Aussehen der Tiere und Pflanzen seinen Niederschlag finden. Die große Variabilität des Mäusebussards, des Kampfläufers, der Schnirkelschnecken (Cepaea), vieler Zikaden (Mocydiopsis) sind Beispiele dafür. Wesentlich ist, daß in der Population rein zufällige Paarungen erfolgen und nicht Paarungen, die aufgrund des Aussehens gesteuert werden. Auch ist wesentlich, daß keine dieser Typen im Kampf ums Dasein deutlich überlegen oder unterlegen ist. Bei den Schnirkelschnecken können auf verschiedenen Wirtschaftsflächen jeweils bestimmte Typen den Vögeln besonders leicht zugänglich sein und damit in der Selektion benachteiligt. Bei dem in Mitteleuropa üblichen Wechsel der angebauten Pflanzen werden jedoch in einem Jahr die einen, in dem anderen Jahr die anderen Typen bevorzugt.

Allerdings hat sich bei diesen Diskussionen in der letzten Zeit ein unerwarteter neuer Aspekt ergeben. Theoretisch wurde gesagt, daß in einem sehr alten, schon seit sehr langer Zeit am gleichen Ort existierenden Lebensraum eine Anpassung nahezu optimal vollzogen sein müsse. Unter diesen Bedingungen müßten alle Angehörige einer Art genetisch faktisch identisch sein und Inzucht wäre das Mittel der Wahl, um diese optimale Anpassung von Generation zu Generation weiterzugeben. Dieser Gedanke, zunächst als theoretische Spekulation weitgehend abgetan, hat sich in jüngster Zeit als offenbar real erwiesen. So erscheinen die Gepardpopulationen im gesamten Verbreitungsgebiet des Geparden faktisch identisch zu sein. Moderne genetische Untersuchungen brachten keine Differenzen zutage. Organaustausch ist bei Geparden wegen dieser Identität, die der Identität eineiiger Zwillinge entspricht, kein Problem und es gibt keine Abstoßungsreaktion. Diese Tatsache wurde zunächst so gedeutet, daß man annahm, der Gepard sei in seiner Evolution einmal auf ein winziges Gebiet beschränkt gewesen, er sei „durch einen Flaschenhals" gegangen. Dabei habe sich diese Situation durch erzwungene Inzucht ergeben. Dementsprechend seien auch die

Fortpflanzungsmöglichkeiten des Geparden sehr begrenzt und es gebe in großer Zahl Fehlgeburten, die Jungensterblichkeit sei hoch. Diese letzten Punkte haben sich als falsch erwiesen: in den entsprechenden Zuchtgruppen wurde ein ungünstiges Futter gegeben, welche die Jungenmortalität hervorrief. Andere Zuchtgruppen, in denen die gleiche genetische Identität gegeben ist, florieren ohne bemerkenswerte Jungensterblichkeit. Tatsächlich kann der Gepard in Schafzuchtgebieten Südafrikas zu einer Pest werden. Sein dauerndes Seltenwerden in Nationalparks des übrigen Afrika beruht z. T. auf Touristen, die ihn an der Beute stören, z. T. an sehr hoher Hyänen- oder Löwenpopulation, die ebenfalls ihm die Beute streitig machen. Ein Gepard ist ja so schnell, weil er keine Reservestoffe mit sich führt und daher nur etwa 6–8mal einen Spurt durchführen kann. Hat er dann keine Beute geschlagen, so verhungert er. Das gleiche geschieht natürlich, wenn er von der Beute vertrieben wird. Das ist natürlich in den Schafzuchtgebieten nicht der Fall, weil dort weder Touristen noch Hyänen noch Löwen vorkommen.

Von hier aus hat man eine Reihe weiterer afrikanischer Tiere untersucht, so etwa die berühmten Nacktmulle (Heterocephalus glaber) Ostafrikas. Diese Tiere leben dauernd unterirdisch in Kolonien, sie sind die einzigen Säugetiere mit einem sehr großen fortpflanzungsfähigen Weibchen, kleinen Arbeitern, die nie zur Fortpflanzung kommen und Zwischentieren. Die Tiere einer Kolonie sind genetisch faktisch vollständig identisch. Ein genetischer Austausch mit anderen Kolonien scheint nie stattzufinden. Ähnliches hat Rasa bei Zwergmungos gefunden, wo allerdings der molekularbiologische Beweis der genetischen Identität noch aussteht. Faktisch nie kommt hier ein Austausch zwischen den einzelnen Gruppen vor.

Durch diese Ergebnisse ermuntert, hält man es derzeit für möglich, daß viele Tiere der ostafrikanischen Steppen, insbesondere soziallebende Tiere, zumindest innerhalb einer Kolonie oder innerhalb eines Rudels, genetisch faktisch identisch sind und daß, wie bei Geparden, wie bei Zwergmungos und wie bei Nacktmullen faktisch nur Inzucht vorkommt und daß Inzucht nicht schadet.

Bisher läßt sich überhaupt nicht übersehen, wie weit diese Annahme richtig ist und wie weit sie eventuell an andere Stelle übertragen werden kann. Sie könnte für den praktischen Naturschutz eine geradezu dramatische Bedeutung gewinnen.

Bewohner langfristig konstanter Lebensräume sind in Richtung auf größtmögliche gleichmäßige Nutzung dieses Lebensraumes ohne seine Beeinflussung selektiert worden; Bewohner rasch entstehender und wieder vergehender Habitate sind auf rasche Besiedlung, rasche vollständige Ausnutzung dieser Habitate und ebenso rasches weitverbreitetes Suchen nach einer neuen günstigen Stelle selektiert. Im ersten Fall sprechen wir von K-Strategen (sie sind an die Kapazität ihres Lebensraums angepaßt), im zweiten von r-Strategen (sie haben sehr hohe Fortpflanzungsraten entwickelt, sehr hohe Entwicklungsgeschwindigkeiten und eine starke Tendenz zum Verlassen des Lebensraums). Zwischen beiden existieren natürlich beliebig viele Übergänge. Im allgemeinen kann man große langlebige Tiere und Bäume als K-Strategen auffassen, kleine Tiere und Pionierarten unter den Pflanzen als r-Strategen. Daher finden sich r-Strategen vor allen Dingen in rasch entstehenden und rasch vergehenden Lebensräumen (Regenwassertümpel, Erdhaufen an den Höhlen bodenbewohnender Säugetiere); sie pflanzen sich vielfach parthenogenetisch fort (Daphnia, Rotatorien, Blattläuse). All diese Formen können in kurzer Zeit eine große Population aufbauen, sie können sich jedoch im Gegensatz zu den K-Strategen nicht gegen eine starke Konkurrenz halten. Sie sind nur in einem konkurrenzarmen oder konkurrenzfreien Lebensraum wirklich existenzfähig. Die rasche Besiedlung von Lebensstätten, die im Frühjahr für wechselwarme Tiere gün-

stig werden, erfolgt vielfach auch über r-Strategen. K-Strategen dagegen zeichnen sich durch Konkurrenzfähigkeit aus, hohe Lebensdauer, geringe Nachkommenzahl. Ihre Artenzahl ist besonders hoch in Lebensräumen, die durch Jahrhunderte existieren. Als Beispiel mag die Tabelle 1 dienen, aus der deutlich hervorgeht, daß langlebige Pflanzen vor allem in Wald- und Steppengebieten dominieren, während einjährige, also rasch siedelnde Formen in Wüsten und Halbwüsten stark vertreten sind, wo nach plötzlichen Regenfällen rasches Wachstum notwendig ist.

Rasch vergehende und langfristig konstante Lebensräume sind natürlich wiederum relative Begriffe: in sehr lebensfeindlichen Gebieten wie in der Spritzwasserzone des Meeres, im hochalpinen und im polaren Bereich, in extremen Wüstengebieten erfolgt eine starke mechanische Verwitterung, die Felsen offenlegt und auf denen r-Selektionisten rasch siedeln können. Die Flechten, die dies tun, tragen die typischen Merkmale von r-Selektionisten: Sie haben eine sehr hohe Vermehrungsrate und sind praktisch allgegenwärtig. So können sie überall als Erstbesiedler, als Pionierpflanzen auftreten. Viele verschiedene Arten können nebeneinander auf dem gleichen Felsen zu finden sein, ohne daß ökologische Unterschiede zwischen ihnen erkennbar würden. Aber in diesen lebensfeindlichen Gebieten wachsen die Flechten dann äußerst langsam und hier existieren Pionierpflanzen über sehr lange Zeiträume: Bis 4000 Jahre alte Flechtenindividuen sind beschrieben worden. Daher darf man nicht übersehen, daß auch in sehr konstanten Lebensräumen Untersysteme mit r-Strategen existieren. Tierkot und Tierleichen im Urwald stellen beispielsweise solche Untersysteme dar. Auch kann eine Art vom r-Strategen zum K-Strategen werden: Die Wasserflöhe unserer großen Seen vermehren sich im Frühjahr massenhaft (Parthenogenese), bei Erreichen der Kapazität des Lebensraumes schalten sie auf bisexuelle Vermehrung um (K-Strategie), das gleiche gilt

Tabelle 7. Einige Konsequenzen von r- und K-Selektion. (Aus Stern u. Tigerstedt, 1974, verändert)

	r-Auslese	K-Auslese
Klima	Variabel und/oder nicht voraussagbar, unsicher	ziemlich konstant und/oder voraussagbar, sicherer
Mortalität	oft katastrophisch, nicht gerichtet, Dichte-unabhängig	mehr gerichtet, Dichte-abhängig
Populationsgröße	in der Zeit variabel, kein Gleichgewicht, normalerweise weit unterhalb K der Umwelt, unsaturierte Ökosysteme oder Teile davon, ökologische Vakuums, jährliche Wiederbesiedlung	ziemlich konstant in der Zeit, Gleichgewicht bei oder nahe K der Umwelt, saturierte Ökosysteme, wiederbesiedeln nicht notwendig
Intra- und interspezifische Konkurrenz	Variabel, oft lax	normalerweise intensiv
Auslese begünstigt:	1. rasche Entwicklung 2. hohes r_{max} 3. frühe Reproduktion 4. kleines Körpergewicht 5. Semelparitie: Einmalige Reproduktion	1. langsame Entwicklung 2. größere Konkurrenzeignung 3. niedere Schwellen der Ressourcen 4. verzögerte Reproduktion 5. größeres Gewicht 6. Iteroparitie: wiederholte Reproduktion
Länge des Lebens	kurz, gewöhnlich weniger als 1 Jahr	lang, gewöhnlich mehr als 1 Jahr

für Rotatorien. K- und r-Strategien sind also nur graduell verschieden, an Extremfällen kann man Probleme gut veranschaulichen. Sie sind jedoch keine absoluten Größen (vgl. Sperlich, 1973; Stern u. Tigerstedt, 1974). Wir sprechen daher von einem r–K-Kontinuum.

In diesem Kontinuum sind nicht alle Eigenschaften eines Organismus gleichmäßig in eine Richtung hin selektiert. Langlebige festsitzende Formen (Bäume, Muscheln, Endoparasiten) haben eine an r-Selektionisten erinnernde hohe Vermehrungsrate, obwohl sie in ihrem sonstigen Verhalten eindeutige K-Strategen sind.

Wie rasch unter Umständen die Evolution erfolgen kann, zeigt die Veränderung von Pflanzen, die zu Ackerunkraut wurden. Der Leindotter Camelina sativa linicola (Cruciferae) ist mit seinen dünnen unverzweigten Stengeln und den kleinen blassen Blättern dem Flachs (Linum usitatissimum, Linaceae) sehr ähnlich. Beide Pflanzen kommen zusammen vor, der Leindotter also in den Flachsfeldern. Er stammt von einer wilden, nicht so hochwüchsigen Pflanze (C. gabrata) ab, die als Unkraut in die Flachsfelder geriet, aber nicht sehr auffiel und sich so zufällig als geschützte Kulturpflanze getarnt in die Pflege des Menschen einschlich. Sie wurde natürlich ebenso behandelt wie der Flachs. Längere Stengel mit weniger Verzweigungen sind in einem Feld hochwüchsiger Pflanzen wichtig; der Flachsleindotter zeigt dieses Merkmal heute erblich auch da, wo er allein wächst. Aber auf diese Ähnlichkeit kommt es gar nicht an, wo es um die Pflege durch den Menschen geht. Denn man kann aus einem Getreidefeld selbst auffälliges Unkraut nicht entfernen (wie etwa Mohn oder Kornblumen aus Getreidefeldern); die Felder sind zu groß und man würde zuviel Schaden anrichten, wollte man das Unkraut beseitigen. Etwas anderes ist wesentlicher: Ursprünglich springen die Klappen der reifen Früchte glatt und leicht vom kräftigen Rahmen der Scheidewand ab; das ist für die Pflanze unter natürlichen Bedingungen zum Ausstreuen und zur Verbreitung notwendig. In den Feldern aber wurden vom Menschen gerade diejenigen Samen zusammen mit dem erntereifen Flachs eingesammelt, die noch in den Früchten saßen. Diese Samen gelangten dann beim Dreschen in die Leinsaat und damit unter die Obhut des Menschen. Sie hatten also sehr viel größere Verbreitungschancen als die Wildform. Beim Flachsleindotter bleiben die Klappen der Früchte geschlossen. In die Aussaat kamen natürlich nur diese Sorte Samen. Man benutzt Worfelmaschinen, um die Körner von der Spreu zu trennen. Wichtig beim Worfeln ist eine Kombination von Größe und Gewicht. Und diese Kombination entspricht beim Leindotter der der Flachssamen. Die Worfelmaschinen schleuderten daher die Leindottersamen genauso weit wie die Flachssamen. So kommen diejenigen Samen automatisch in die Flachssaat, die von der Maschine entsprechend weit geworfen werden. Bei diesem Zusammenwirken von Faktoren stellt sich die Ähnlichkeit im ausgelesenen Merkmal ganz von selbst ein, ohne irgend eine Absicht von seiten der Pflanze, der Maschine oder des Menschen. Rückkreuzungen des Leindotters mit seinen Verwandten zeigten, daß auch hier die mimetischen Merkmale genetisch verankert und mehrere Gene dafür verantwortlich sind.

So wie es den Flachsleindotter gibt, so gibt es entsprechende Varietäten auch für verschiedene Getreidearten und ähnliche Beispiele würden sich auch für andere Ackerunkräuter beibringen lassen (Wickler, 1973).

3.3 Demographie

Registrieren wir alle Angehörigen einer Organismenart in einem gegebenen Raum, so erhalten wir (wenn diese Art nicht Wanderungen zwischen verschiedenen Lebensräumen durchführt) durchweg eine charakteristische Altersklassenverteilung (Abb. 96 u. 97): Junge Organismen sind in sehr viel höherer Anzahl als alte vorhanden. Das Überwiegen der jugendlichen Stadien ist um so größer, je höher die Vermehrungsrate des Organismus ist. Aus diesen Altersklassenverteilungen ist zu schließen, daß die Mortalität nicht während des gesamten Lebenszyklus gleichmäßig erfolgt, sondern daß jugendliche Organismen eine besonders hohe Mortalität haben. Die Abb. 96 zeigt die üblicherweise dargestellten Beziehungen zwischen Alter und Mortalität. Nur die Kurve C dürfte realistisch sein. Die Kurve B erhalten wir lediglich, wenn (etwa bei Vögeln) Eier und Nestlinge bzw. noch nicht flugfähige Kücken aus der Diskussion gelassen werden. Bisher ist kein Beispiel für die Kurve B sicher belegt, in dem wirklich alle Altersklassen berücksichtigt wurden. Die Kurve A ist in der freien Natur vermutlich nur selten realisiert. Man kann sie bis zu einem gewissen Grade für den heutigen, in einer technisierten Umwelt lebenden Menschen annehmen: Unter diesen Bedingungen ist die sonst hohe Säuglings- und Kindersterblichkeit sehr gering; sie dürfte auch für staatenbildende Insekten gelten. So dürfte im allgemeinen nur die Kurve C übrig bleiben (Abb. 96 c).

Modifizierungen dieses Typs sind nicht gerade selten. Häufig überwiegen ganz bestimmte Altersklassen, wie das in Deutschland beim Maikäfer und in Nordamerika bei den berühmten 13- und 17jährigen Zikaden der Fall ist. In einem „Maikäferjahr" können sehr viel mehr Adulte vorhanden sein als insgesamt Larven — da die folgenden drei Jahrgänge sehr schwach zu sein pflegen. Extreme Fälle dieser Art sind aus der Fischereibiologie bekannt, wo ein Jahrgang über viele Jahre hinaus den Hauptanteil der Fänge bilden kann (Abb. 98).

Für die Interpretation einer solchen Kurve ist also nicht nur die Kenntnis der Altersklassen wichtig, sondern ebenso welche Stadien sich in welcher Höhe fortpflanzen. Meist haben wir das bekannte Bild vor uns, welches sich durch die Schlagworte — Ei — Larve — ge-

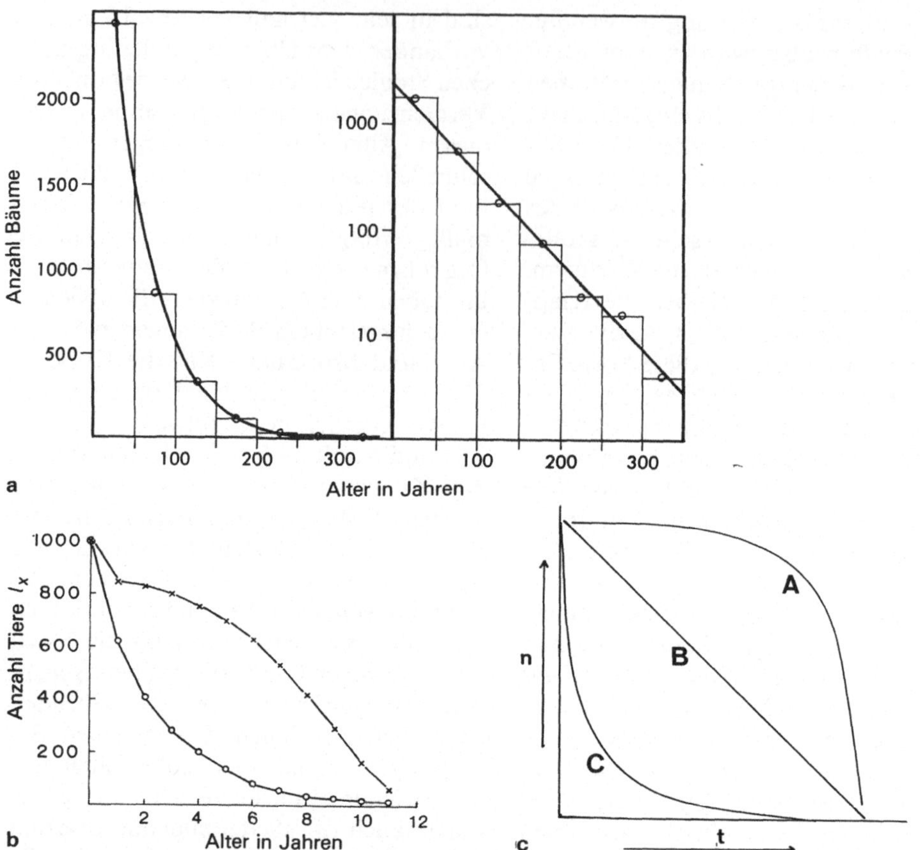

Abb. 96a–c. Mortalitätskurven. **a** Alterszusammensetzung von Eichen in einem Urwald Nordamerikas. *Links:* Arithmetische Skala, *rechts:* logarithmische Skala. (Aus Whittacker, 1970). **b** Überlebenskurven von Kiebitzen (×) und Hausschafen (○). (Aus Pielou, 1974). **c** Die drei üblicherweise dargestellten Mortalitätskurven schematisch

schlechtsreifes Tier — kennzeichnen läßt. Von dieser Regel gibt es jedoch viele Abweichungen. Manche Arten vermehren sich auf verschiedenen Stadien (etwa parasitische Formen wie Echinococcus unter den Bandwürmern oder die digenen Trematoden).

Bei vielen Arten werden unter Bedingungen hoher Populationsdichte viele adulte Individuen nicht geschlechtsreif (vgl. S. 299). Auch spiegelt diese einfache Angabe den weitverbreiteten Irrtum, daß die Bedeutung eines Individuums für die Population und für das Ökosystem mit der Fortpflanzung erloschen sei. Bei vielen Arten — bekannt von Fliegen, Schmetterlingen und Säugetieren — aber dauert das

Leben nach der reproduktiven Altersphase länger als die Entwicklung bis zur Geschlechtsreife. Bisher gibt es zu diesem Phänomen nur Spekulationen; möglicherweise haben diese Individuen eine erhebliche Bedeutung bei der Ablenkung von Räubern von den eigentlich fertilen Individuen; bei Säugetieren kann ein erfahrenes „Gelttier" eine wesentliche Führungsrolle im Sozialverband übernehmen.

Dabei sind Lebenserwartung, Wachstum, Alter und Sterblichkeit nur zum Teil genetisch bedingt. Die genetische Bedingtheit kann durch Außenfaktoren vielfach überspielt werden. Bei Bäumen beispielsweise führt eine Entwicklung ohne Konkurrenzdruck unter günstigen Klimabedingungen

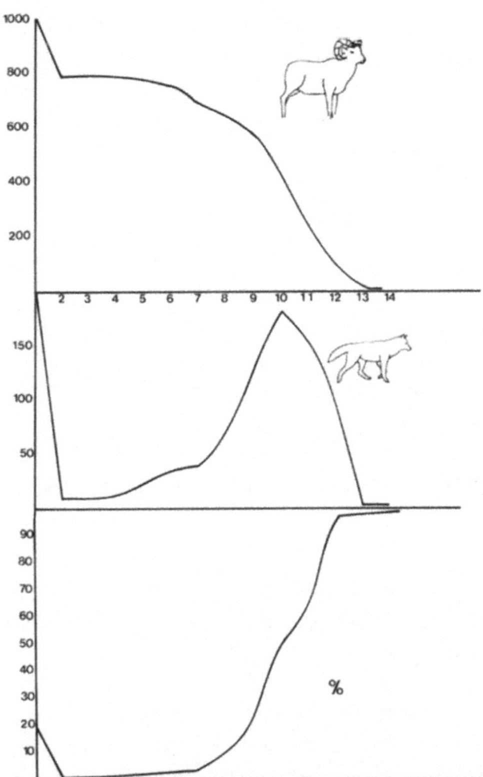

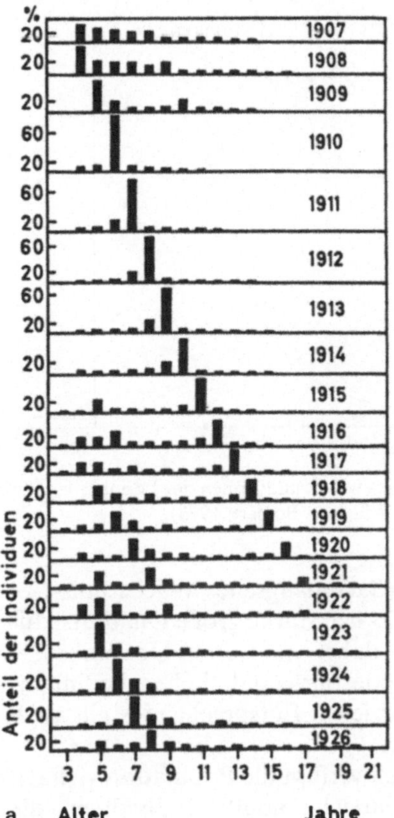

Abb. 97. Überlebenskurve des Bighorn-Schafes in Nordamerika *(oben)*, Zahl der von Wölfen erbeuteten Bighorn-Schafe aus verschiedenen Altersklassen *(Mitte)* und Anteil der von Wölfen erbeuteten Bighorn-Schafe an den verschiedenen Altersklassen. Sehr alte Bighorn-Schafe werden praktisch hundertprozentig vom Wolf erbeutet, bei Tieren zwischen 2 und 7 Jahren hat der Wolf praktisch keine Chance. (Nach Daten von Geist, umgezeichnet und zum Teil neu berechnet)

zu einem sehr raschen Wachstum. Dies Wachstum stagniert jedoch relativ frühzeitig, die Bäume werden nicht sehr alt. Unter dem Konkurrenzdruck des natürlichen Urwaldes lebende Bäume zeigen zunächst ein sehr viel langsameres oberirdisches Wachstum, sie werden jedoch auf die Dauer sehr viel größer und leben sehr viel länger. Entsprechendes gilt auch für Bäume in der Kampfzone zwischen Taiga und Tundra. Hier können Kiefern vielfach ein Alter von über 1000 Jahren erreichen, während sie in der Monokultur des heute überwiegend praktizierten Kahlschlag-Betriebes nur etwa 300 Jahre alt

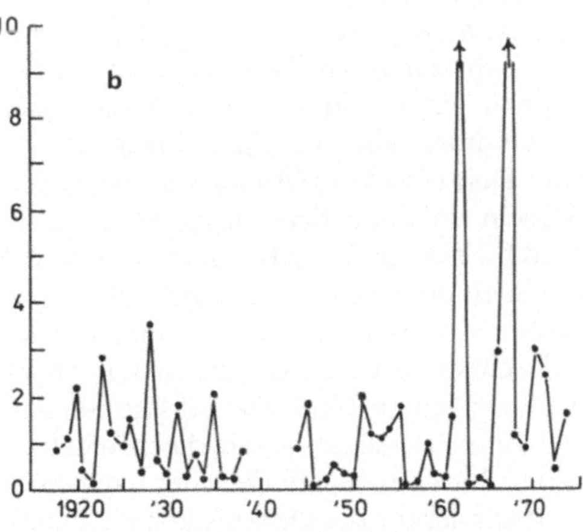

Abb. 98 a u. b. Abweichungen vom üblichen Populationsschema durch Hervorstechen eines Jahrgangs. **a** Altersaufbau der Fänge vom Hering in 20 aufeinanderfolgenden Jahren. (Aus Schwerdtfeger, 1968.) **b** Fluktuation in der Jahrgangsstärke beim Nordseeschellfisch, gemessen als Anzahl der Fische (in 1000) bei 10 Std Fischerei schottischer Forschungsschiffe. (Aus Hempel, 1977)

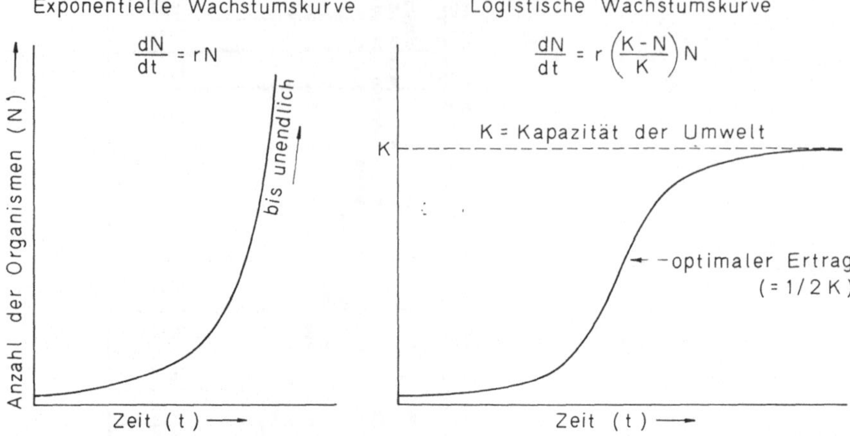

Abb. 99. Die zwei Grundformen des Populationsanstieges: Exponentielles Wachstum und logistisches Wachstum. (Aus Wilson u. Bossert, 1973)

werden (Backmangsches Wachstums-Gesetz). Wirklich starke große Qualitätsbäume sind daher nur unter Urwaldbedingungen oder urwaldähnlichen Bedingungen zu erzielen. Entsprechendes gilt auch für Tiere.

Bei Tieren verfügt die Population vielfach über zahlreiche adulte Individuen, die nicht zur Fortpflanzung schreiten. Erst wenn der Bestand der sich vermehrenden Individuen unter eine Schwelle absinkt, kommen auch diese Tiere in entsprechender Zahl zur Fortpflanzung. Der Altersaufbau einer Population sagt hier also nichts über sein Fortpflanzungspotential aus. Derartige Verhältnisse sind bei vielen Vögeln und Säugetieren nachgewiesen, sie sind für eine große Zahl anderer Tiere (etwa Schlupfwespen) wahrscheinlich.

Ohne Mortalität vor Erreichen der Geschlechtsreife würde sich die Art exponentiell vermehren (Abb. 99, Kasten 3). Dabei ist es gleichgültig, ob die Mortalität am Geburtsort stattfindet oder nach einer Auswanderung der Organismen an andere Stellen. Diese Tatsache stellt die Basis für die Selektionstheorie Darwins dar. Jedoch kommt in der freien Natur offenbar nicht zu selten eine derart exponentielle Vermehrung vor.

Verdacht auf eine solche, nahezu ohne Mortalität erfolgende Exponentialver-

mehrung besteht immer, wenn ein Organismus einen konkurrenzfreien Lebensraum besiedelt, den er aus irgendwelchen Gründen bisher nicht erobert hatte. Die Vermehrung des Eissturmvogels — eines Tieres, bei dem das Pärchen pro Jahr höchstens ein Junges aufziehen kann — in den letzten 100 Jahren auf den Britischen Inseln stellt ein Beispiel dafür dar (Abb. 100). Die Gründe dieser plötzlichen Besiedlung der Britischen Inseln sind nicht klar. Ähnliche Verhältnisse liegen bei der Eroberung Europas durch die Türkentaube vor und vollziehen sich bei Massenauftreten von Schadinsekten. Selbst so empfindliche Arten wie das Birkhuhn können unter günstigen Umständen zu einer Massenvermehrung in diesem Sinne kommen. Offensichtlich ist das bei den Anfängen der Moorkultivierung, die dem Birkhuhn ausgezeichnete Lebensmöglichkeiten eröffnete, in Norddeutschland geschehen und ebenso im Gebiet des Reichswaldes um Nürnberg, als dieser ausschließlich aus Kiefern bestehende Kunstforst einer Massenvermehrung von Kiefernspannern zum Opfer fiel (Sperber, 1968). In all diesen Fällen steht den Tieren offenbar ein Raum ohne Konkurrenz und ohne Feinde offen.

Ein derart exponentielles Wachstum ist notgedrungen nicht unbegrenzt möglich.

Kasten 3. Einige Daten zum exponentiellen Populationswachstum

---

Eine Population bleibt konstant, wenn die Geburtsrate der Todesrate gleicht. Kommen auf eine Population von 1000 Individuen pro Zeiteinheit 25 Geburten, so haben wir eine Geburtsrate von 25 pro tausend. Wenn in der gleichen Zeitspanne 15 Menschen starben (Sterberate 15 pro tausend), so wächst die Population um 10 pro tausend. Das ist der Malthusische Parameter oder die spezifische Vermehrungsrate, meist „klein r" genannt. Er ist hier also 0,01.

Nach empirischer Bestimmung von Geburtsrate und Sterberate kann man berechnen, wie sich die Population verändern wird — gleiche zukünftige Verhältnisse vorausgesetzt. Dafür wird im allgemeinen die Differentialgleichung

$$\frac{dN}{dt} = rN \qquad r = (b-d).$$

angegeben;

Dabei ist
t = die Zeit, gleichgültig, in welcher Einheit sie gemessen wird;
N = die Anzahl der Individuen einer Population zu einem gegebenen Zeitpunkt;
b = Geburtsrate
d = Sterberate

Die Populationsgröße zu einem bestimmten Zeitpunkt läßt sich leicht mit Hilfe der Zins- und Zinseszins-Rechnung berechnen.

$$N_t = N_0(1+r)^t \text{ oder } N_t = N_0 \left(\frac{N_1}{N_0}\right)^t$$

N_t = Populationsgröße nach der Zeit t
N_0 = Ausgangsgröße der Population
N_1 = Größe der Population nach 1 Zeiteinheit
    In unserem obigen Beispiel haben wir also, wenn wir als t 1 Jahr annehmen, nach einem Jahr
$N_t = 1000\,(1+0,01)^1 = 1010$
    nach 8 Jahren
    $1000\,(1+0,01)^8 = 1083$

Es handelt sich also um exponentielles Wachstum. Da ein solches durch konstante Verdoppelungszeiträume gekennzeichnet ist (in unserem Beispiel verdoppelt sich die Population alle 70 Jahre), ist die Kenntnis dieser Verdoppelungszeit notwendig. Sie beträgt allgemein:

$$\frac{70 \text{ Zeiteinheiten}}{r \times 100}$$

Diese Rechnungen erhalten Bedeutung für Vorausschätzungen der menschlichen Bevölkerung (s. Ehrlich, 1975); ferner kann man mit ihrer Hilfe kontrollieren, ob und in welchem Maße r mit wechselnden Bedingungen schwankt.

Wäre es unbegrenzt, so würde nach kurzer Zeit die Erde gleichmäßig mit diesem Organismus bedeckt sein und sich dann schließlich mit Lichtgeschwindigkeit ausdehnen. Die Exponentialkurve schwenkt daher in eine logistische (sigmoide) Kurve ein (Abb. 99). Der Bereich, bei dem dies geschieht, ist die Kapazität des Lebensraums für unsere Art.
Das sind jedoch rein formale Beschreibungen. Was die Kapazität ist und welche Faktoren sie limitieren — Konkurrenten, Räuber, Parasiten, abiotische Faktoren, Nahrung, Raum — ist dabei genauso offen wie die Mechanismen, die das Einschwenken in die logistische Kurve bewirken. Wird die Mortalität erhöht? Sinkt die Fortpflanzungsrate? Wandern die Tiere aus ihrem Gebiet aus? Wenn die Mortalität erhöht wird, ist das auf Hunger, auf Parasiten, auf Räuber, auf abiotische Faktoren zurückzuführen? Auf welchem

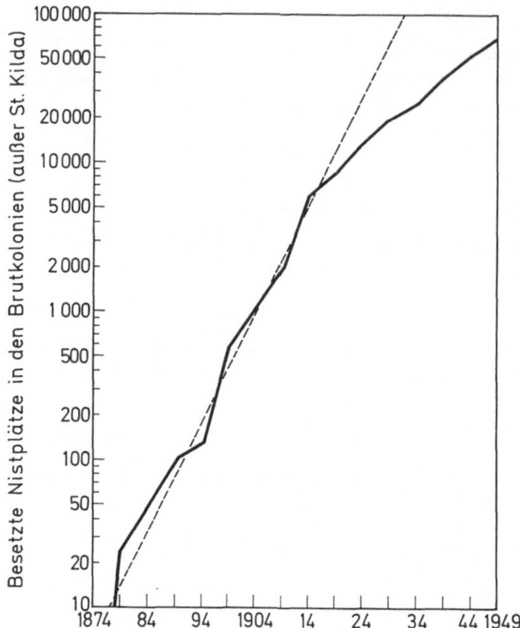

Abb. 100. Anzahl der besetzten Brutplätze in den Brutkolonien des Eissturmvogels auf den Britischen Inseln (logarithmische Darstellung). Die Gerade bezeichnet die Zunahme, die man errechnet, wenn die Eissturmvögel unsterblich und unbegrenzt fortpflanzungsfähig wären. (Aus Fisher, 1952)

Stadium tritt die Mortalität ein? Werden — etwa bei Vögeln — die Eier noch in Nester gelegt und bebrütet oder werden sie „verlegt"? Für eine Voraussage ist die Kenntnis dieser Einzelheiten notwendig. Auch verändert sich die Kapazität eines Lebensraumes im Jahreslauf. Schließlich wird die Kapazität verschieden stark genutzt. Eine Art kann in manchen Jahren den Lebensraum übernutzen und damit weit über die Kapazität des Lebensraumes hinausschießen, während sie in anderen selten bleibt und die Kapazität des Lebensraumes nicht erreicht.

So können Zyklen entstehen, wie sie auf der Nordhalbkugel vielfach beschrieben sind. Formal kann man diese Zyklen beschreiben als Totzeit nach Überschreiten der Kapazität eines Lebensraumes: Die Tiere reagieren auf das Überschreiten der Kapazität mit Verspätung. Der Lebensraum wird übernutzt und der Zusammen-

bruch der Population erfolgt auf ein sehr niedriges Niveau. Je nach der Länge dieser Totzeit und dem damit verbundenen Übernutzungsgrad des Lebensraumes werden die Fluktuationen mehr oder weniger groß. Wiederum ist dies nur eine formale Beschreibung. Im einzelnen sind außerordentlich viele und verschiedene Ursachen an der Zyklenbildung beteiligt.

Solche Zyklen sind von Mäusen und Lemmingen, Schneehasen, Luchsen, Schneehühnern und vielen anderen Tieren auf der Nordhalbkugel beschrieben worden. Die Dauer eines Zyklus beträgt entweder recht genau vier Jahre (der überwiegende Teil der Arten in der alten Welt) oder neun Jahre (der überwiegende Teil der Arten in der neuen Welt, nur Mäuse und Lemminge haben hier einen Vierjahreszyklus). Durchweg kann man alle Arten mit solchen Zyklen als r-Selektionisten bezeichnen, wenn auch auf dem r–K-Kontinuum die Position je nach Phasenlage des Zyklus schwankt. Merkwürdigerweise sind derartige Zyklen nur aus dem borealen und arktischen Bereich der Nordhalbkugel bekannt geworden, weniger aus den gemäßigten Breiten (auch aus dem Hochgebirge nicht gut belegt), nicht aus den tropischen und nicht von der Südhalbkugel. Sie laufen auf der Nordhalbkugel überwiegend regional synchron. Manchmal aber ist im größten Teil Norwegens der Lemmingzyklus bei einem Hoch angelangt, während er im verbleibenden kleinen Teil beim Minimum liegt (Myrberget, 1973).

Andere Arten halten die Kapazität ihres Lebensraumes sehr genau ein und zeigen nur geringe Schwankungen oder nur Schwankungen, die durch geänderte Umweltbedingungen induziert und dadurch unregelmäßig sind. Man nimmt an, daß die Tiere des tropischen Regenwaldes überwiegend zu solchen K-Selektionisten gehören. Allerdings liegen bisher nicht genügend langfristige Untersuchungen vor. Massenauftreten von Tukanen im zentralamazonischen Urwald sprechen dafür, daß auch die Populationsdichte im tropischen Regenwald, zumindest bei manchen Arten, unter manchen Bedingungen relativ starken Schwankungen unterworfen sein kann.

3.4 Die Verteilung der Organismen im Raum

Naiv stellt man sich normalerweise vor, daß — zusagende Situationen vorausgesetzt — die Organismen gleichmäßig im Raum verteilt sind, daß die Entfernung von einem Individuum zum nächsten über weite Strecken gleich ist. Eine solche Verteilung ist jedoch nicht die Regel. Findet man sie, so ist das wohl immer ein Hinweis auf ein territoriales Verhalten der untersuchten Art. Viel häufiger findet man zwei andere Verteilungsmuster: die sogenannten Cluster — vielfach in deutsch mit „geklumpte Verteilung" übersetzt. In einem solchen Fall kann man davon ausgehen, daß die Organismen entweder eine soziale Attraktion aufeinander ausüben, so daß Neuankömmlinge in der Nähe der bisherigen Bewohner sich niederlassen oder daß eine Fülle anderer Faktoren für eine solche Klumpung sorgt. So transportieren Spechte Zapfen von Kiefern und Fichten zu Spechtschmieden, unter denen dann große Mengen der Koniferenzapfen liegen können. Auf die Dauer entsteht hier eine ganz enge Dickung von Jungkoniferen, die — wegen zu dichten Bestandes — jedoch bald wieder absterben. Auch Ameisen können bestimmte Samen (Chelidonium) in der Nähe ihrer Baue akkumulieren. Die dritte Möglichkeit ist die einer zufälligen Verteilung. Ob man wirklich immer von Zufall sprechen kann, läßt sich im Augenblick nicht sicher entscheiden. In manchen Fällen kann der durch eine zufällige Verteilung gegebene Selektionsvorteil genutzt werden (s. Abb. 101). Beim Studium der räumlichen Verteilung einer Population muß man also zunächst die Abstände zwischen den einzelnen Individuen messen und einer Analyse unterziehen. Gleichmäßige Abstände deuten auf Territorialität hin, Abstände mit zwei Maxima deuten auf geklumpte Verteilung hin und eine irreguläre Beziehung auf zufallsgemäße Verteilung. (Definition der Verteilungsmuster: 1. Zufallsverteilung = Varianz = Mittel; 2. geklumpte Verteilung = Varianz größer als Mittel; 3. regelmäßige Verteilung = Varianz kleiner als Mittel.) Gute Beispiele für geklumpte Verteilung stellen beispielsweise die Seepocken des Meeres (Balanus) dar. Diese festsitzenden Krebse sind zwittrig, sie brauchen jedoch eine Fremdbefruchtung. Diese ist nur möglich, wenn die Tiere nahe beieinander siedeln. Hat die Larve eine bereits festsitzende Seepocke gefunden, so versucht sie, sich möglichst dicht dabei zu verwandeln. So entstehen Klumpen. Einzelne Individuen, die keine Seepocken finden, setzen sich isoliert an anderer Stelle nieder. Um sie herum können dann weitere Klumpen entstehen. Ähnliche „Cluster" bei höheren Tieren sind Kolonien bzw. Herden: Die Kolonien der Saatkrähe, der Wacholderdrossel, des Präriehundes, die Herden des Rentieres oder des Gnu, des Löwen sind Beispiele dafür (vgl. S. 88 ff.).

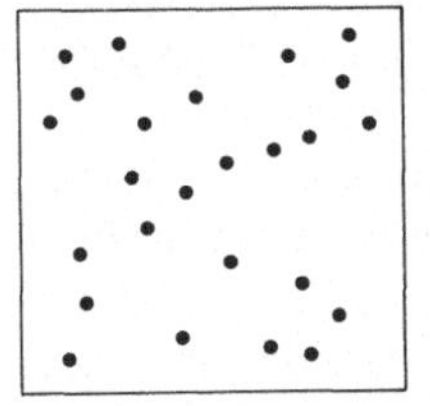 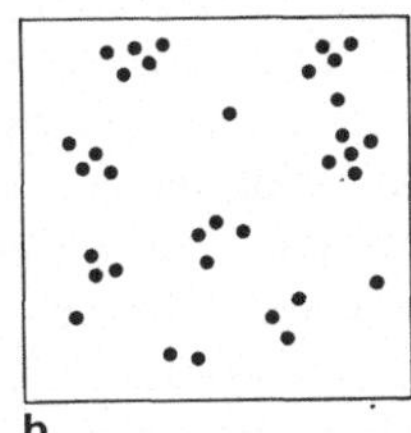 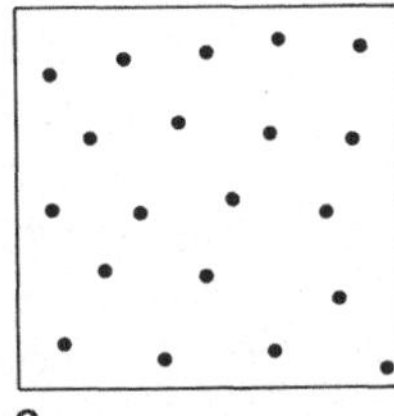 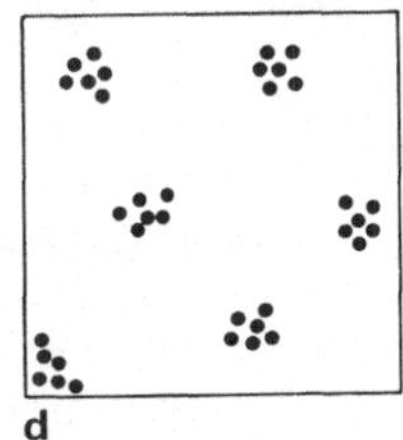

Abb. 101 a–d. Vier Typen der Populationsverteilung im Raum. **a** Zufallsverteilung, **b** geklumpte Verteilung, **c** gleichmäßige Verteilung, **d** geklumpte gleichmäßige Verteilung. (Aus Whittaker, 1970)

Über die Bedeutung von Einzeltieren auf der einen Seite und Herden bzw. Kolonien auf der anderen Seite für die Ökologie sind wir trotz allem bisher nur unzureichend informiert. Bei Meeresvögeln — Möwen und dem Eissturmvogel — konnte nachgewiesen werden, daß die Reproduktionsrate mit zunehmender Koloniegröße zunahm. In kleinen Kolonien ist die Fortpflanzungsrate gleich 0, d. h. es werden weniger Nester gebaut, werden weniger Eier abgelegt, die Eier werden zum Teil unvollständig bebrütet, so daß der Schlüpferfolg gering ist, und die Jungen werden zum Teil unregelmäßig gefüttert, so daß sie nicht flügge werden. Mit zunehmender Koloniegröße werden alle diese Funktionen der Eltern verbessert und die Reproduktionsrate steigt daher. Weiter-

hin besteht bei all diesen Arten ein Hang zur großen Kolonie: Nach Jahren mit hoher Mortalität werden kleine Kolonien aufgegeben, und die Restpopulationen schließen sich an der Stelle einer großen Kolonie zusammen. Damit treten Bevölkerungsschwankungen in der großen Kolonie kaum auf, sie sind deutlich in kleinen Randkolonien. Zwei mögliche Erklärungen wurden für die höhere Vermehrung in großen Kolonien vorgebracht: Auf der einen Seite soll die Ansteckungsfähigkeit der Handlung ausschlaggebend sein. Tiere, die der Balz, dem Nestbau, dem Brutgeschäft, der Jungenfürsorge nachgehen, stimulieren ihre Nachbarn, das gleiche zu tun. Belege in dieser Richtung sind innerhalb der Vögel vielfach erbracht. Auf der anderen Seite wurde argumentiert, daß alte bruterfahrene Vögel sich in den großen Kolonien zusammenschließen und jüngere Tiere in die weniger günstigen kleinen Randkolonien abgedrängt werden. Beide Erklärungen sind möglich, beide können nebeneinander zutreffen. Sollte sich etwas ähnliches bei Säugetieren ergeben?

Besonderes Interesse hat in letzter Zeit das territoriale Verhalten von höheren Tieren und seine Bedeutung für die Ökologie gefunden. Säugetiere und Vögel bewegen sich in dem von ihnen bewohnten Gebiet keineswegs regellos, sondern auf recht präzis festgelegten Wegen, und es existieren vielfach ebenso präzis festgelegte Grenzen. So wird eine optimale Nutzung der Ressourcen erreicht und die Anfälligkeit, zumindest gegen manche Räuber, die die Folge einer gleichmäßigen Verteilung nun einmal ist, wird zumindest teilweise durch sehr genaue Kenntnis der Topographie des bewohnten Gebietes wettgemacht. Drei Typen von „Hoheitsgebieten" sind besonders klar umreißbar:

1. Das Wohngebiet umfaßt das Areal, welches ein Tier während seines Lebens normalerweise besucht. Es kann bei Zugvögeln und wandernden Huftieren außerordentlich groß sein, aber auch bei relativ stationären Arten, wie etwa dem Auerhuhn (Abb. 102), kann es recht beträchtli-

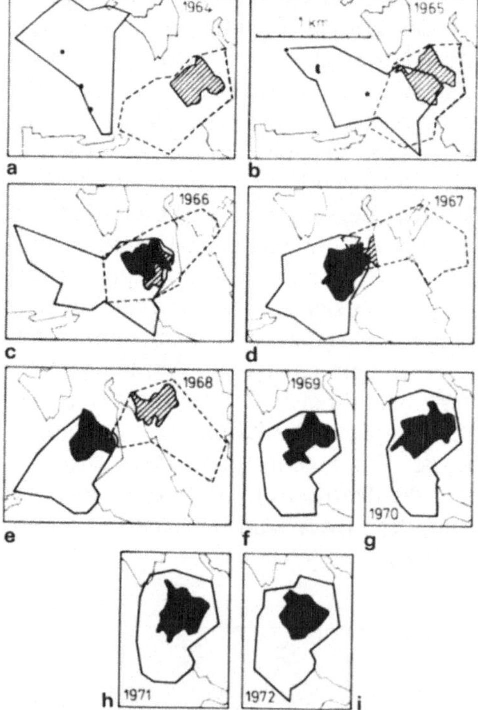

Abb. 102 a–i. Revierverhältnisse bei zwei Auerhähnen in aufeinanderfolgenden Jahren. *Gestrichelte Linie:* Wohngebietsgrenze; *schraffiert:* Revier des Hahns 4; *ausgezogene Linie:* Wohngebietsgrenze; *schwarz:* Revier des Hahnes 12. Der Hahn 12 besetzt nach und nach Wohngebiet und Revier des zunächst dominanten Hahnes 4. (Aus Müller, F.J., 1974)

che Größen erreichen. Das Wohngebiet wird jeweils nur zu einem Teil genutzt (Schneehühner schließen sich im Winter zu Flügen zusammen, die dann das gesamte Wohngebiet abstreichen, welches im Sommer zu Territorien aufgegliedert wird). Das Wohngebiet wird nicht gegen andere Tiere verteidigt.

2. Wichtiger sind die Territorien (= Reviere), die besonders bei Singvögeln gut bekannt sind. Ein Paar oder eine Kleinfamilie besetzt ein festes Gebiet. Bei Singvögeln verteidigt meist das Männchen dieses Gebiet gegen eindringende und nicht zur Familie gehörende Artgenossen. Das Territorium bietet genügend Raum und Nahrung für die Aufzucht der Jungen. Seine Größe wird daher weniger durch vielleicht genetisch festgelegte Größenansprüche der Besitzer festgelegt als durch die Nahrungsmenge, die es voraussichtlich bietet. In armen Wäldern sind die Territorien der gleichen Singvögel größer als in reichen, zur Arktis nehmen die Territorien der gleichen Strandläufer an Größe gegenüber subarktischen Bereichen deutlich zu. Auf armen Böden (Granit, etwa skandinavische Halbinsel oder Teile Schottlands) sind die Territorien von Schneehühnern und Schneehasen groß; damit ist ihre Siedlungsdichte gering. Auf reichen Böden (vulkanische Böden Islands und Schottlands) haben die gleichen Arten viel kleinere Territorien, ihre Siedlungsdichte ist damit viel höher (die Primärproduktion der Hauptfutterpflanze — Calluna — ist dabei etwa gleich hoch, jedoch unterscheidet sich ihr Phosphorgehalt). Durch Zufütterung kann die Größe der Territorien wesentlich verringert werden und der Tierbestand erhöht — was in Parks und auf Friedhöfen deutlich ist.

Die Revierbesitzer kennen einander gut. Zwischen ihnen gibt es eine echte Rangfolge. Beim Auerhuhn etwa besetzt der ranghöchste Hahn das optimale Revier, während rangniedere in umliegende Reviere abgedrängt werden. F.J. Müller (1974) hat derartiges über viele Jahre verfolgt (Abb. 102). Auch bei Rehen besetzen

die stärksten Tiere nach und nach die am besten strukturierten Teile des Lebensraumes mit der besten Nahrung — ihre Wohngebiete und Territorien werden dabei kleiner, während in den Randbereichen mit schlechter Nahrungsbasis Wohngebiete und Territorien sehr groß sind (Ellenberg, 1974, 1978; Abb. 92 u. 93). Territorien können aus mehreren untereinander nicht verbundenen Teilen bestehen, und sie brauchen auch nicht nur einer Familie zur Jungenaufzucht zu dienen, sondern ein kleiner Familienverband kann „Eigentümer" eines solchen Territoriums sein. Berühmt geworden ist das bei Feldmäusen: Bei geringer Populationsdichte hält ein Pärchen ein Territorium besetzt, mit zunehmender Populationsdichte wird das Territorium dann von einer kleinen Familiengruppe gehalten und schließlich von einer Großfamilie. Bei den Vicugnas der südamerikanischen Hochanden hat jede Kleinfamilie ein Nahrungsterritorium mit Wasserstelle und ausreichend Weideplatz sowie ein Schlafterritorium einige hundert Meter entfernt. Tiere ohne Territorium können zu den Wasserstellen nur frühmorgens gelangen, wenn die Revierbesitzer noch an ihren Schlafplätzen weilen. Diese Tatsache illustriert die Schwierigkeiten der nicht revierbesitzenden Individuen bei allen territorialen Organismen (Geist u. Walther, 1974). Die Abgrenzung der Reviere erfolgt durch Stimmen, durch chemische Merkmale (Kot) oder durch bestimmte Drohgebärden. Bekannt geworden ist vor allen Dingen der Gesang unserer Singvögel als Reviermarkierung. Jedoch ist auffällig, daß das Abspielen eines Tonbandes sehr rasch keinerlei Wirkung mehr zeigt. Während auf das erste Abspielen eines fremden Gesangs im Revier der Revierinhaber mit heftigen Angriffen reagiert, erlöschen seine Reaktionen nach kurzer Zeit. Nur ein regelmäßig variierter Gesang ist für den Revierinhaber ein wirklicher Gegner. Nur wenn der Gesang nicht stereotyp nach dem gleichen Schema immer wieder wiederholt wird, erkennt der

Vogel in ihm einen Rivalen. Dabei kennen sich die Nachbarn gegenseitig sehr genau mit all ihren Gesangsvariationen und verbrauchen so außerordentlich wenig Energie für ihre Revierabgrenzung. Die Nachbarn kennen die Grenzen. Markierung durch Kot und Urin ist vor allen Dingen bei Säugetieren weit verbreitet. Die bereits genannten Vicugnas setzen ihren Kot stets an ganz bestimmten Stellen ab. Die im gleichen Revier im Laufe vieler Jahrhunderte aufeinanderfolgenden Tiere benutzen jeweils den Kotplatz des Vorgängers, so daß hohe, ganz charakteristisch geformte Kotpyramiden entstehen. Drohgebärden sind bei sehr vielen Tierklassen verbreitet und ebenso Demutsstellungen. Solche Demutsstellungen ermöglichen beispielsweise Zebras den Durchtritt durch andere Reviere auf dem Weg zur Wasserstelle. Damit ist eine Problematik von Revieren in manchen Gegenden deutlich. Die Tiere haben Ansprüche, die sie nicht in jedem Fall in ihrem Revier befriedigen können. Wenigstens von Zeit zu Zeit müssen sie ihr Revier verlassen, um irgendwo Trinkwasser, um spezielle Ionen aufzunehmen (vgl. S. 81 f.). Bei Vögeln, die das Revier des Nachbarn überfliegen können, ist das verhältnismäßig einfach, bei Säugetieren darf die Revierabgrenzung nicht zu starr sein. Die hier beschriebenen Territorien gelten jeweils nur für die eigene Art. Den Reviergrenzen einer Art brauchen Reviergrenzen anderer Arten keineswegs zu entsprechen. Projiziert man auf einen Wald mit den Reviergrenzen der Buchfinken etwa die der Kohlmeisen, so ergibt sich ein völlig anderes Bild. Dennoch kommen in sehr seltenen Fällen sogenannte „interspezifische Territorien" vor. In manchen Teilen der skandinavischen Birkenwaldzone verhalten sich Fitis und Buchfink, als ob sie zur gleichen Art gehörten und grenzen ihre Reviere gegeneinander ab. Diese Revierabgrenzung ähnelt der zwischen Pflanzen: Nimmt man etwa die Verteilung ungefähr gleich dicker Bäume in einem Urwald auf, der aus vielen Baumarten zusammengesetzt ist, so er-

gibt sich ein verhältnismäßig regelmäßiges Muster. Nach unserer Definition müssen wir hier also mit einem Revierverhalten rechnen. Das ist auch tatsächlich der Fall. Durch Wurzelkonkurrenz — wie sie auch immer funktionieren mag — hält jeder große Baum einen anderen Baum seinem Wurzelbereich fern. Bestimmt man nun jedoch die einzelnen Arten in diesem Muster, so ergibt sich eine Zufallsverteilung. Eine sehr exakte Ausnutzung der Ressourcen ist hier also mit der denkbar besten Abwehr gegen Infektionen korreliert (vgl. S. 164).

3. Als dritter wichtiger Territorientyp ist der unmittelbare Nestbereich etwa eines Vogels anzusehen. Aus diesem Bereich werden nicht nur Eindringlinge der gleichen Art, sondern alle Eindringlinge etwa vergleichbarer Größe abgewehrt. Koloniebrütende Vogelarten und dauernd in großen Herden lebende Säugetiere haben in der Regel wohl nur dieses Territorium, für die Nahrungsaufnahme gibt es einen Raum, der allen gemeinsam zur Verfügung steht. Bei Vögeln ist derartige Koloniebildung vor allen Dingen bei Arten die Regel, welche am Meeresstrand oder am Süßwasser leben und ihre Nahrung weit vom Brutbiotop entfernt auf dem offenen Meer in der Überflutungszone und dergleichen suchen.

Besonderes Interesse hat in den letzten Jahren eine verblüffende Neuentdeckung erfahren: die alte Anschauung, daß ein Vogelpärchen ein Territorium besetzt und es gegen Individuen der gleichen Art verteidigt, ist in dieser einfachen Form vielfach nicht haltbar. Bei den verschiedensten Vogelgruppen — bei Singvögeln, Greifvögeln, Eulen und vielen anderen — haben sich Helfersysteme entwickelt, bei denen an Brut- und Jungenaufzucht weitere Individuen beteiligt sind. Überwiegend scheint es sich dabei um ganz nahe Verwandte des Brutpaares zu handeln, aber es können auch fremde Tiere sein. Über mitteleuropäische Vögel wissen wir hier sehr wenig. Doch muß als sicher gelten, daß auch bei uns derartige Helfersy-

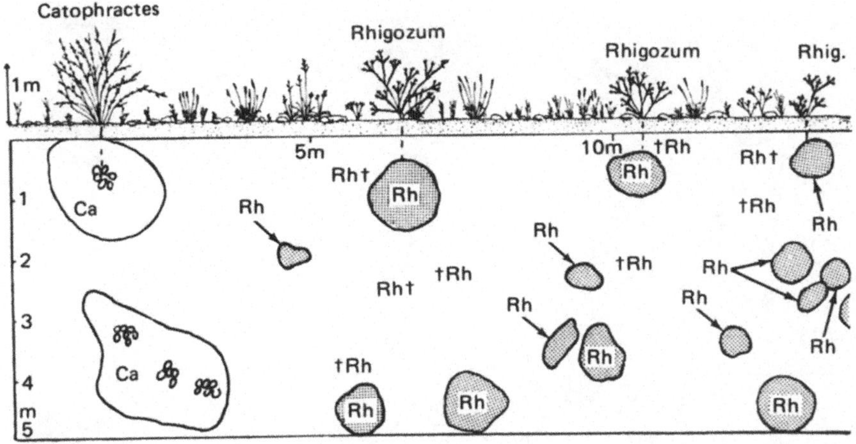

Abb. 103. Verteilung der Pflanzen im Übergangsgebiet Steppe–Wüste von Südafrika. (Aus Walter, 1973 b)

steme eine große Rolle spielen, sind doch beim Zaunkönig, bei Schwanzmeisen und bei anderen Meisen (Gattung Parus) außerhalb von Deutschland solche Helfersysteme beschrieben worden. Derartige Helfersysteme leiten natürlich über zu den „Überschußindividuen", die bei Räuber-Beute-Systemen eine wichtige Rolle spielen (Emlen in Krebs u. Davies, 1978; Brown, 1978).

Damit sind natürlich nicht die verschiedenen Formen der Territorien erschöpft. Die Böcke mancher Populationen des ostafrikanischen Topi bilden zur Fortpflanzung kleine Männchen-Reviere, in denen die Begattung der Weibchen erfolgt. Diese Männchenreviere sind über lange Zeiträume außerordentlich starr. Ähnlich ist das Revierverhalten unseres Rehbocks. Viele Zugvögel errichten während des Zuges und im Winterquartier ein Revier für sich als Einzelvögel. Weibchen zeigen unter diesen Bedingungen männliches Verhalten, Gesang und Drohstellungen — wie das Männchen am Nestplatz. Libellen der Gattung Aeschna, Anax und viele andere haben ein zeitliches Territorialverhalten, bei dem ein Männchen jeweils für einige Minuten bis zu einer Stunde ein Revier besetzt hält (Kaiser, 1974). Wir können auf diese Unzahl verschiedener Revierformen hier nicht näher eingehen; für die Ökologie besonders bedeutend ist der zweite Fall des Wachstums- und Fortpflanzungsreviers.

Besondere Probleme stellt die zufällige Verteilung dar. Sie kann, wie auf S. 174 ff. ausgeführt, einen Selektionsvorteil darstellen — einen Vorteil, der sicher nur aufgegeben wird, wenn die Vorteile der gleichmäßigen Ressourcennutzung (Territorien), oder wenn die Vorteile der großen Gemeinschaft (Kolonien) größer sind. Zufallsverteilung kommt bei vielen Organismen vor (Abb. 103, 130 u. 131). Die hier auftretenden Probleme seien an einigen Beispielen näher geschildert:

Zunächst wird durch das Mosaik-Zyklus-Konzept (vgl. S. 220 ff.) von vornherein der Lebensraum in Zufallsareale unterteilt, die je nach System dieses Lebensraums von weniger als einem ha bis zu vielen km^2 betragen können. Zum zweiten bestimmt ja nicht der Organismus allein wo er leben will, sondern diese Bestimmung wird durch andere Organismen mitbestimmt.

Untersuchungen von Ellenberg (1984) im Saarland zeigten deutlich, daß die Verteilung von Krähen, Sperbern und Ringeltauben sehr stark durch die Verteilung des Habichts bestimmt wird, der seinerseits natürlich wieder von passenden Lebensräumen, passenden Hausbäumen und dergleichen abhängig ist. Krähen meiden als Brutplatz die Nähe von Habichthorsten

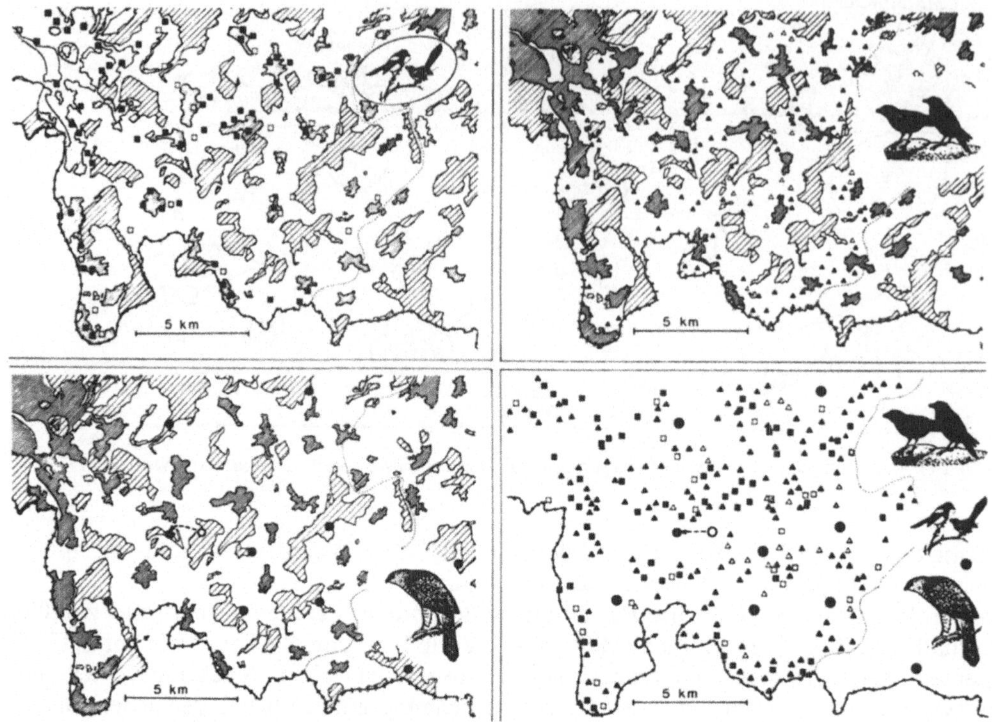

Abb. 104. Verteilung von Elstern, Krähen und Habicht in einem Areal im Saarland. Um den Horst eines Habichts herum kommen Elstern und Krähen kaum vor. (Nach Ellenberg, 1984)

— offenbar weil Jungkrähen sehr häufig die Beute von Habichten werden. Krähen ihrerseits plündern sehr gern die Nester von Ringeltauben, die daher in der Nähe von Krähenbrutplätzen besonders gefährdet sind. Der Habicht, der kaum je als Nesträuber auftritt, gefährdet Ringeltauben dagegen kaum und so haben wir eine Konzentration der Ringeltaubennester um den Habichtbrutplatz. Auch Sperber meiden die Nähe eines Habichtbrutplatzes. So entsteht das Bild der Abb. 104.

Bei der zufälligen Verteilung der Baumarten in einem vielartigen Urwaldgebiet liegen verschiedene Strategien miteinander in Widerstreit: Windblütigkeit ist in einem vielartigen System von Nachteil, da der Pollen nicht zielgerichtet verdriftet wird, sondern allein dem Wind folgt. Bestäubung durch Wind haben wir daher vor allen Dingen in Wäldern vor uns, die über eine beschränkte Zahl von Baumarten verfügen oder natürliche Monokulturen

sind. Mit zunehmender Artenzahl und unvorhersehbarer Verteilung hat sich dagegen immer mehr eine zielgerichtete Bestäubung durch Tiere (Insekten, Vögel, Fledermäuse) evoluiert. Auf S. 164 ff. wird dargelegt, daß eine zufällige Verteilung im System gegenüber Angriffen von Räubern im weitesten Sinne günstig ist. Auf der anderen Seite darf die Verteilung insektenblütiger Bäume nicht zu heterogen sein, damit die bestäubenden Tiere wenigstens gelegentlich für einen Genfluß sorgen können. Gleichzeitig ist es notwendig, daß die Samen nicht einfach vom Baum herunterfallen: Die Samen müssen möglichst weit verstreut werden, damit die heterogene, zufällige Verteilung im System erhalten bleibt. Wiederum sind Tiere notwendig. Durch Anheften von Samen am Körper des Tieres, durch Unverdaulichkeit des eigentlichen Samens und durch Mitgabe von Fruchtfleisch (wie bei der Mistel) läßt sich eine solche weite Samenverbreitung durchführen. Die dritte Möglichkeit ist die Produktion von genügend Samenmengen, so daß die Tiere fressen können, aber dennoch genügend übrigbleibt. Mehr noch: Wenn Tiere dazu gebracht werden können, an entfernten Stellen Verstecke anzulegen, ist eine weite Verbreitung der Samen gewährleistet. Die unregelmäßige, aber dann sehr hohe Produktion von Samen bei unseren Waldbäumen ist wohl eine Anpassung in dieser Richtung. Bei der sehr hohen Produktion legen vor allen Dingen Eichelhäher in großem Maße Vorratsstellen an, zu denen Bucheckern weithin verfrachtet und damit von den Eichelhähern „gesät" werden. Erst eine Coevolution von Pflanzen, Bestäubern und Samenverbreitern ermöglichte die Entwicklung der heutigen vielartigen Waldökosysteme (Regal, 1977). In Costa Rica sind mehr als 90% der Baumarten auf Tierbestäubung angewiesen und ebensoviele haben fleischige Früchte, die an Verfrachtung durch Vögel angepaßt sind. In einem tropischen Regenwald mit seiner starken Konkurrenz werden diejenigen Samen am ehesten Keimlinge liefern, die am schwersten sind, die also am meisten Nährstoffe für den Keimling bereitstellen. Auf der anderen Seite reduziert ein erhöhtes Samengewicht die Anzahl der Samen und ihre Verfrachtbarkeit. In der Selektion dürften daher solche Früchte bevorzugt werden, die für „Verfrachter" attraktiv sind, welche Samen weit transportieren — denn unmittelbar unter dem Mutterbaum hat kein Samen eine Chance. Ferner dürften in der Selektion „Verfrachter" bevorzugt werden, die Samen an Stellen absetzen, an denen eine große Chance zur Keimung und zum Wachstum besteht. Damit fördert die Selektion die Evolution eher spezifischer Fruchtfresser als die von Generalisten.

Dauernd entstehen Lebensräume neu, die an anderer Stelle vergehen. Aufgrund der zyklischen Umbildung von Ökosystemen und ihrer mosaikartigen Wiederherstellung (S. 220 ff.) müssen letztendlich alle Organismen darauf eingestellt sein, ir-

gendwann einen neuen Lebensraum zu suchen und zu finden. Bei manchen Arten, den R-Selektionisten, geschieht das außerordentlich rasch und häufig, bei anderen Arten ist diese Suche nach einem neuen Lebensraum und die Eroberung eines neuen Lebensraumes langsam, aber ohne ein Suchen nach einem neuen Lebensraum und ohne ein Finden eines solchen Lebensraums ist keine Art existenzfähig. Jede Art muß daher über irgendwelche Strategien verfügen, neue Lebensräume zu finden. Das gilt für Bakterien, Pilze, Pflanzen und Tiere in gleicher Weise.

Betrachten wir vorweg ein Fallbeispiel: Auf den Lahnbergen bei Marburg, einem trockenen Höhenrücken oberhalb des Lahntals wurde der dort vorhandene Wald in einer Größe von etwa 1,5 km² geschlagen für den Botanischen Garten der Universität und neue Institutsgebäude und Kliniken. Zwischen diesen Flächen wurden Leitungen verlegt, Parkrasen angesät und Alleen gepflanzt. Im Botanischen Garten entstand auf dem trockenen Höhenrücken ein Bach, der durch mehrere Seen fließt, durch eine Farnschlucht in ein Becken stürzt und von hier über einen Sandfilter wieder nach oben gepumpt wird, so daß ein kreisförmiger Verlauf entsteht. Es gibt keinerlei Verbindungen dieses aquatischen Systems zu anderen natürlichen Wasserläufen. Ebenso entstanden ein paar weitere Weiher mit Feuchtflächen durch die Verdichtung des Bodens. Auch sie haben keinerlei Verbindung zu natürlichen Wasserläufen. In einem trockenen, geschlossenen Waldsystem war also nun eine Lichtung entstanden und in dieser Lichtung waren Lebensmöglichkeiten für Wassertiere geschaffen worden. Erreichbar waren diese Gebiete nur durch den Wald, auf Straßen, an Straßenrändern oder durch die Luft.

Schon 10 Jahre später war etwa die Hälfte der deutschen Libellenfauna hier aufgetaucht und ein Drittel der deutschen Libellenfauna pflanzte sich hier fort. Dazu gab es die an Fließgewässer gebundenen Kriebelmücken (Simuliiden), Grasfrösche, verschiedene Molche und (durch Einsetzung) Fische, Grünfrösche und amerikanische Schmuckschildkröten. Nach 14 Jahren tauchten die ersten Ringelnattern auf und sind jetzt relativ häufig. Nach fast 20 Jahren tauchten die ersten Wasserspitzmäuse und die ersten Zwergmäuse auf; sie bilden jetzt offenbar eine gute Population. Feldmäuse waren sehr rasch aufgetaucht; sie bilden jetzt eine stark schwankende Population am Rande der angelegten Rasenflächen.

Bei all dem muß man sich klar darüber sein, daß Ringelnatter, Feldmaus, Wasserspitzmaus und Zwergmaus entweder auf dem schmalen Grünstreifen am Waldrand, an einer stark befahrenen Straße oder durch den Wald vermutlich ca. 2 km weit haben wandern müssen bis sie wieder einen artgemäßen Lebensraum fanden. Die Begegnung mit einem solchen Tier in irgendeinem völlig ungeeigneten fremden Lebensraum dürfte daher nichts Besonderes sein. Damit muß man offenbar rechnen. Libellen haben dieses große, für die meisten Arten ungünstige Stück überflogen oder durchflogen. Auch das ist problematisch und eine Tatsache, mit der man zunächst nicht rechnet. An den Gebäuden haben sich viele Flechten angesiedelt: auch sie müssen auf unerwartetem Wege hierher gelangt sein. Bei den höheren Pflanzen läßt sich derzeit noch wenig sagen, da durch den Botanischen Garten und durch die gärtnerischen Arbeiten eine Fülle von Arten mit in die Insel gebracht worden sind.

Es ist die Frage, ob sich bei solchen Besiedlungsvorgängen Regelhaftigkeiten aufzeigen lassen.

Bei den meisten Pflanzen und Tieren ist das Verbreitungsstadium ein morphologisch gut erkennbares Stadium im Lebenszyklus des Tieres. Bei höheren Wirbeltieren — vor allem bei Säugetieren und Vögeln — ist das nicht der Fall. Hier ist die Aufstellung von Regeln im Rahmen einer allgemeinen Ökologie schwierig. Bei Säugetieren können Jungtiere ebenso die Verbreitung übernehmen wie alte Männ-

chen, wie das in der Bundesrepublik nach dem Krieg besonders bei Wölfen beobachtet wurde: es waren vor allem alte männliche Tiere, die von Osten her in die Bundesrepublik eindrangen. Bei Moschusochsen sind Fälle bekannt, wo ein abgeschlagener erwachsener Bulle einen Teil der Kühe mit sich nahm und nach einer Wanderung, die über mehrere hundert Kilometer führte, ein neues Territorium mit diesen Tieren besetzte. Beschränken wir uns daher hier auf die Fälle, wo morphologisch abgegrenzte Stadien die Verbreitung übernehmen.

Der wohl bekannteste Fall in dieser Richtung sind die Angehörigen der marinen Benthosfauna — also marine Bodentiere aus den Gruppen der Polychaeten, Nemertinen, Mollusken, Chinodermen und den Verwandten dieser Tiere. Ihre Fortpflanzung erfolgt durchweg über planktonische Larvenstadien (Abb. 105), die z. T. sehr kurzfristig, z. T. sehr langfristig im marinen Plankton mit den Meeresströmungen treiben und sich schließlich — vielfach wolkenweise wie ein größerer Niederschlag — am Boden niederlassen und verwandeln. Normalerweise haben diese Tiere kein Glück: sie werden am Boden von den dort in großer Vielfalt lebenden Strudlern (letzten Endes den Erwachsenenstadien der gleichen Arten) eingestrudelt und verzehrt. Da diese Strudler aber normalerweise einem einzigen Altersjahrgang angehören und daher auch gleichzeitig absterben (s. S. 202 zur Mosaik-Zyklus-Hypothese der Ökosysteme) können sie auch riesige Gebiete gleichzeitig besiedeln und dann wieder eine gleichaltrige Population erwachsener Tiere bilden. Die Richtung, in der die Larven gespült werden, ist natürlich von den Meeresströmungen inclusive der Gezeitenströmungen und stochastischen Strömungen abhängig. So gelangen in die Ostsee bei besonderen Bedingungen ganz regelmäßig große Schwärme solcher Larven mit Nordseewasser hinein, und es entstehen dann in der Ostsee große Populationen von Nordseetieren, die vielfach hier infol-

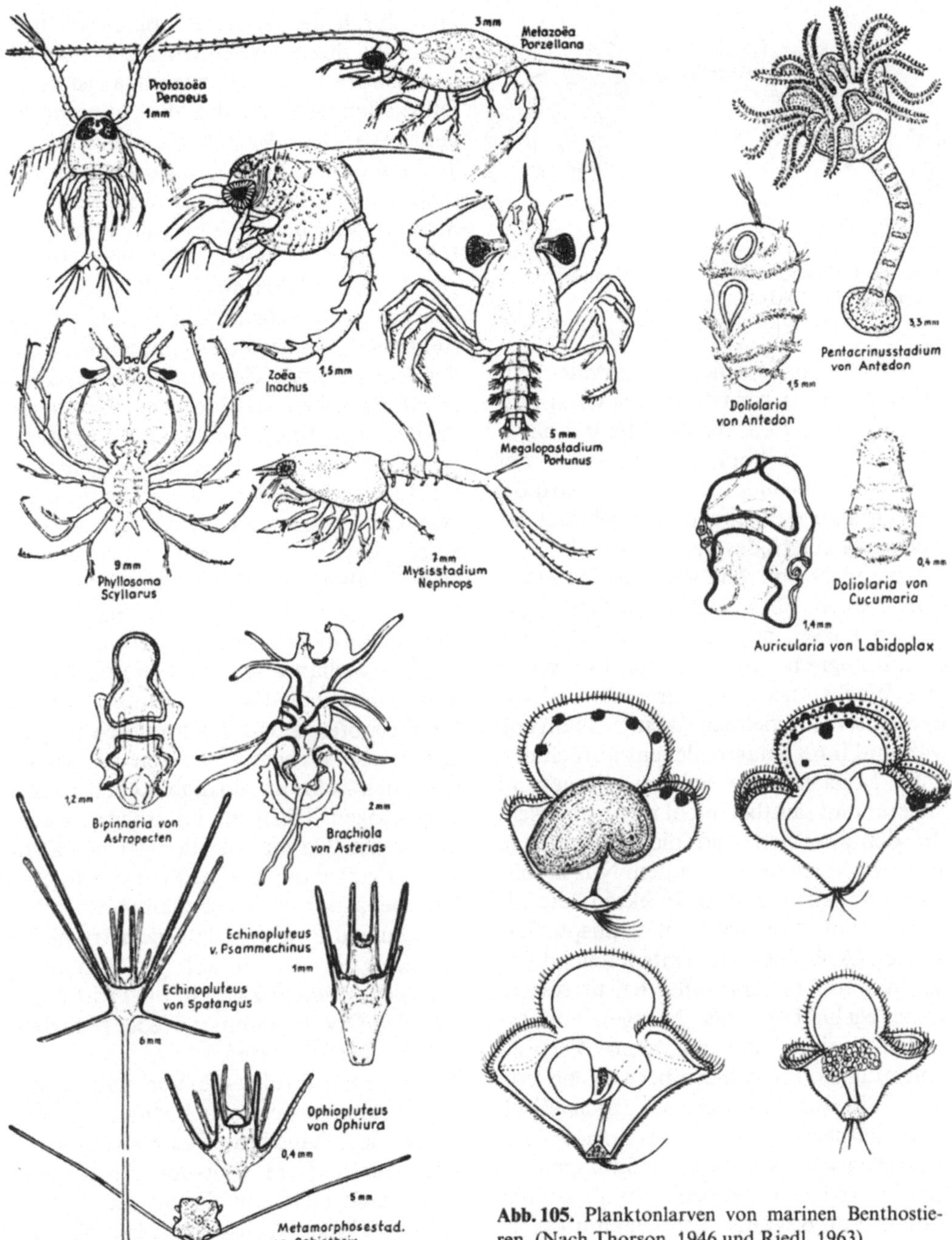

Abb. 105. Planktonlarven von marinen Benthostieren. (Nach Thorson, 1946 und Riedl, 1963)

ge des herabgesetzten Salzgehaltes nicht zur Fortpflanzung schreiten können. Das gilt beispielsweise für Seesterne und Seeigel in der mittleren Ostsee.

Faktisch alle marinen Benthostiere verfügen über solche Larven als Verbreitungsstadien, die vielfach während der Larvalzeit kaum Nahrung zu sich nehmen. Die Larvalphase wird zugunsten einer direkten Entwicklung gelegentlich bei Arten aufgegeben, die ins Supralitoral — also in die oberste Wasserschicht zum Land hin

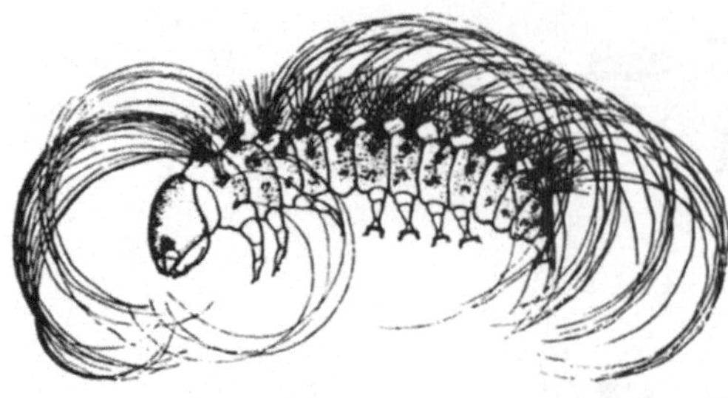

Abb. 106. Luftplanktonlarve des Schwammspinners. (Nach Tischler, 1963)

— vorgedrungen sind; die larvale Entwicklungsphase wird durchweg völlig aufgegeben bei Arten, die die Meiofauna — also die mikroskopische Fauna — des Meeresbodens bilden und ebenso wird die Larvalphase weitgehend rückgebildet bei vielen Vertretern des polaren Benthos.
Ganz anders sind die Larven der Insekten einzuordnen. Diese stellen im Gegensatz zu den Larven des marinen Benthos die morphologisch abgegliederte Freßphase und Wachstumsphase dar, während die Erwachsenen vielfach keine Nahrung während ihres Imaginallebens aufnehmen (viele Mücken, viele Schmetterlinge und andere) und sämtlich nicht mehr wachsen. Bei den Insekten sind die erwachsenen Tiere die Verbreitungsstadien. Nur in sehr seltenen Fällen gibt es Insekten, die als Larven im Luftplankton transportiert werden (Abb. 106). Dementsprechend findet man auf Feuerschiffen beispielsweise ganz regelmäßig große Mengen von Insektenimagines, die auf dem Verbreitungsflug sind und hier überwiegend von den Windverhältnissen so stochastisch verdriftet werden wie die marinen Planktonlarven von den Wasserströmungen.
Ein besonders interessanter Fall ist der Kolonisationszyklus von Bachinsekten, wie er von Müller gefunden und beschrieben wurde (letzte Zusammenfassung: Müller, 1982). Schon lange war es bekannt, daß mit der Wasserströmung in Bächen eine Fülle von Tieren transportiert werden. Diese Erscheinung hat man lange Zeit für Unglücksfälle gehalten, bei denen die Tiere durch die Strömung ein-

fach durch das Substrat abgerissen und dann aus ihrem eigentlichen Lebensraum heraustransportiert wurden. Das ist zweifellos auch der Fall, aber dies ist nicht die ganze Wahrheit. Vielmehr lassen sich viele Tiere der Bachfauna — also auch Insektenlarven — gelegentlich weit von der Strömung treiben. Auslöser dafür können Hochwässer, können Algenvermehrungen, kann der Überfall eines Räubers sein, vielfach auch Nahrungsmangel. Die Drift steht also offenbar in Zusammenhang mit der Aktivität der Tiere und so ist es auch leicht erklärlich, daß der Tagesrhythmus bei der Drift eine bedeutende Rolle spielt. In jedem Fall: auf diese Weise gelangen die Larven bachabwärts und man sollte vermuten, daß auf die Dauer der Oberlauf eines Baches vollständig insektenleer wird. Müller — und in seiner Folge viele andere — konnten jedoch zeigen, daß die Imagines einen gerichteten Kompensationsflug bachaufwärts machen und die Eiablage im oberen Bachteil erfolgt. Das gilt für Plecopteren und Trichopteren in gleicher Weise. Dabei werden von den Imagines auch sehr ungünstige Lebensräume durchflogen. Übrigens unterliegen Bachflohkrebse (Gammarus) der gleichen Drift und es gibt dann gelegentlich regelrechte Kompensationszüge bachaufwärts. Wie allerdings die vielen Diatomeenarten, die ebenfalls der Drift unterliegen und ebenfalls sich offenbar aktiv in die Drift begeben, den Oberlauf immer wieder besiedeln können, bleibt unklar.
Bei Pflanzen erfolgt die Verbreitung natürlich fast ausschließlich durch Samen, die mit dem Wind, mit Wasserströmungen oder durch Tiere transportiert werden. Dabei sind nicht nur die uns gewohnten Tiere wichtige Transportmedien für Samen: im Amazonasgebiet werden Samen auch durch Jaguare oder durch Fische in großem Maße transportiert. Der Tiertransport hat den großen Vorteil, daß er unter Umständen sehr zielgerichtet erfolgen kann, so daß die Evolution vielfach einen Tiertransport bevorzugt. Pflanzen auf ozeanischen Inseln sind hier durchweg

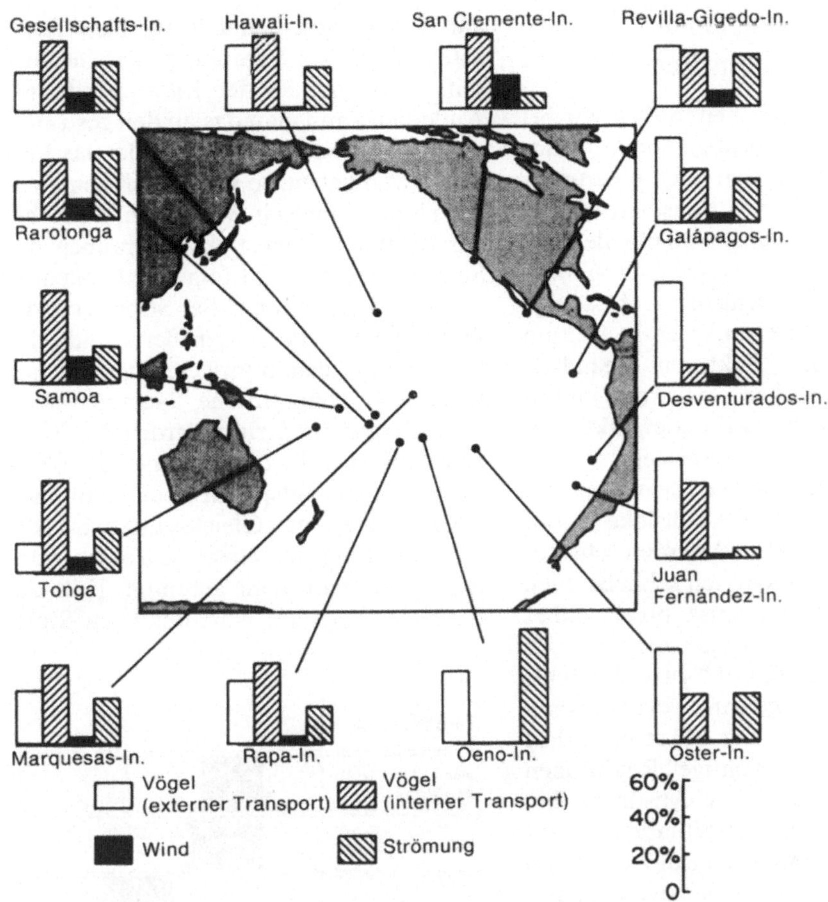

Abb. 107. Die Pflanzen der Inseln Ozeaniens: Vögel haben offensichtlich eine sehr große Rolle bei der Besiedlung dieser Inseln durch Pflanzen gespielt. (Nach Carlquist, 1965)

durch Tiertransport hergekommen (Abb. 107). Bei Transport durch den Wind ist natürlich eine sehr viel höhere Samenproduktion notwendig, wobei dann den Samen nicht entfernt die Reservestoffe mitgegeben werden können, die bei einem zielgerichteten Tiertransport möglich sind. Wenn dieser zielgerichtete Tiertransport wirklich funktioniert, sind die Kosten für eine Pflanze infolge der relativ geringen Samenmenge durchaus niedriger als die Kosten, die bei Windtransport für eine Pflanze entstehen (Fenner, 1985). R-Selektionisten haben daher im allgemeinen sehr leichte Samen, K-Selektionisten relativ schwere Samen. Von

der Sukzession der Besiedlung von Brachland bis zu der schließlichen Waldbesiedlung nimmt daher das Samengewicht der Pflanzenarten deutlich zu. In dem Systemzyklus eines Waldes (vgl. S. 220) haben die nach dem Zusammenbruch der Klimaxbäume in der Altersphase zunächst ankommenden Arten (Birken, Pappeln, Weiden) die leichtesten Samen und diese werden durch Wind verdriftet. Die dann folgenden (Esche, Ahorn) haben durchaus schwerere, aber auch noch windverdriftete Samen und die den Hauptteil des Zyklus einnehmenden Buchen und Eichen sehr schwere Samen, die nicht durch Wind verbreitet werden.

3.5 Die Einhaltung einer mittleren Populationsdichte

Auf längere Sicht gesehen, haben wir bei allen Organismen bei ungefähr konstanten Umweltbedingungen auch eine ungefähr konstante Populationsdichte. Die Faktoren und Mechanismen, die hier verantwortlich sind, werden vielfach in dichteabhängige und nicht-dichteabhängige unterteilt. Bei ganz sauberer Definition aber dürften alle Faktoren irgendwie dichteabhängig wirken. So werden im folgenden verschieden wirkende Faktorengruppen nacheinander vorgestellt.

Über die anzuwendenden Termini ist viel gestritten worden. Die Ausdrücke „Kontrolle" und „Regulation" werden sehr unterschiedlich gebraucht; ich schließe mich Wilbert und Enright an und spreche daher neutral von der Einhaltung einer mittleren Dichte. „Selbstregulation" ist vielfach als anthropomorph abgelehnt worden; wenn ich diesen Terminus hier benutze, so darf daraus nicht auf „einsichtige" Reaktionen geschlossen werden. Der Ausdruck beschreibt nur einfach eine Situation.

Über optimale Populationsdichten kann hier nur nebenbei gesprochen werden, und nur zum Teil über Vor- und Nachteile konstanter und schwankender Populationen. Dieses Phänomen kann nur im Zusammenhang mit Ökosystemen gesehen werden, es wird dort z. T. wieder behandelt. Besonders interessante Probleme mußten ausgeklammert werden: Mimikry beispielsweise kann nur funktionieren, wenn der Nachahmer seltener als sein Vorbild ist. Wie gelingt es dem Nachahmer, seine Populationsgröße mit der des Vorbildes in Beziehung zu bringen?

3.5.1 Selbstregulation

Hält man ein Tupaja-Pärchen (Tupaja glis) in einem Käfig, so bekommt das Weibchen unter günstigen sonstigen Bedingungen in regelmäßigen Abständen Junge. Die Population wird größer. Der zur Verfügung stehende Raum bleibt konstant. Wird das erste Junge geschlechtsreif, so löst das bei den Eltern Streß aus. Äußerlich kann man das an den gesträubten Schwanzhaaren erkennen. Ist das Junge ein Männchen, so wird Streß beim Vater, ist das Junge ein Weibchen, Streß bei der Mutter ausgelöst. Das Sträuben der Schwanzhaare ist auf folgende Ursachenkette zurückzuführen: Bei Streß wird die Nebennierenrinde vergrößert und das Hormon Adrenalin ausgeschüttet. Dieses reizt das sympathische Nervensystem. Von hieraus wiederum werden die Muskeln aktiviert, die die Schwanzhaare aufstellen — das entspricht beim Menschen einer Gänsehaut. Gleichzeitig wird die Durchblutung der Niere gedrosselt. Das Blut wird nicht mehr gereinigt. Hält der Streß zu lange an, wird der beim Stoff-

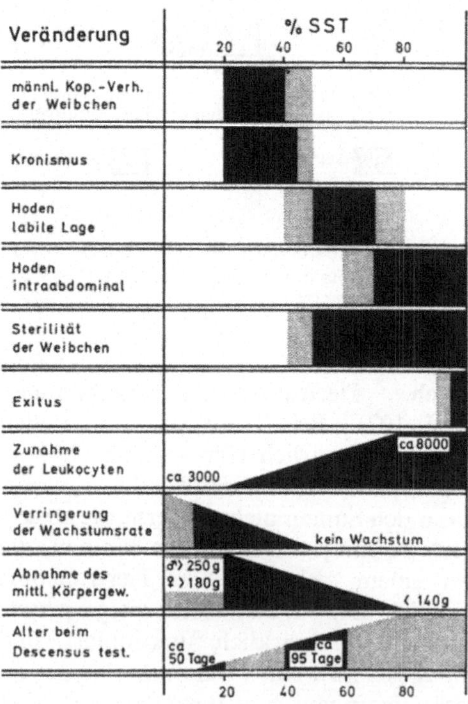

Abb. 108 a. Schematische Darstellung der ethologischen und physiologischen Änderungen beim Tupaja bei verschiedener Populationsdichte und der dabei gemessenen Schwanzsträubewerte (SSt-Werte). Gesicherte SSt-Werte schwarz, wahrscheinliche Beziehungen grau dargestellt

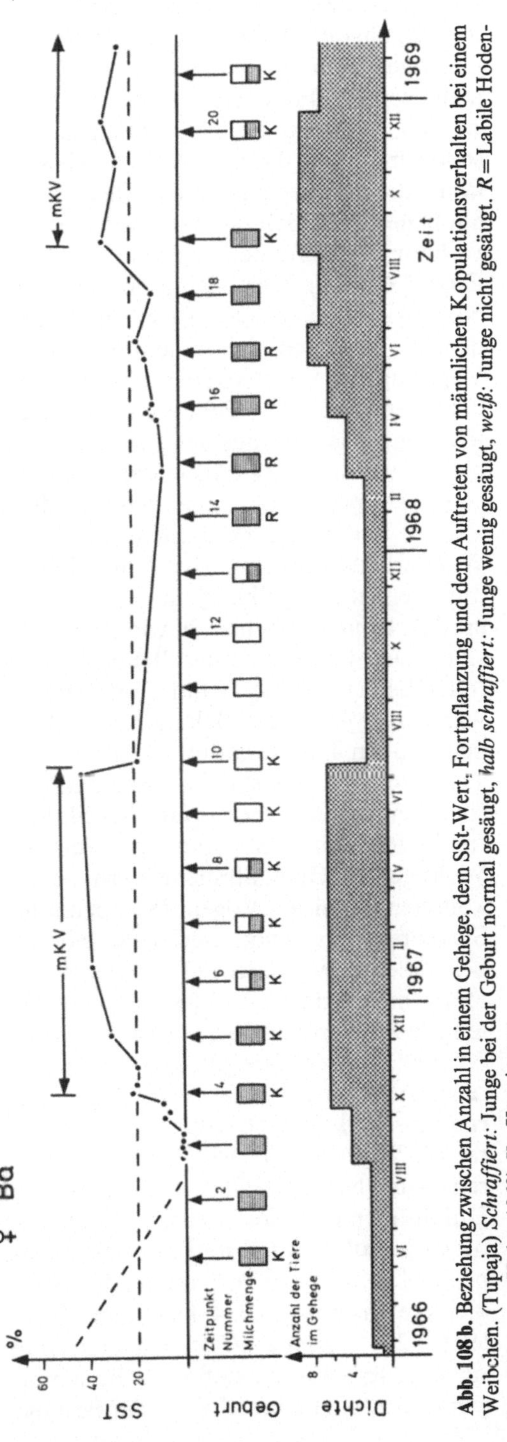

Abb. 108 b. Beziehung zwischen Anzahl in einem Gehege, dem SSt-Wert, Fortpflanzung und dem Auftreten von männlichen Kopulationsverhalten bei einem Weibchen. (Tupaja) *Schraffiert:* Junge bei der Geburt normal gesäugt, *weiß:* Junge nicht gesäugt. *R =* Labile Hodenlage. (Aus von Holst, 1969) *K =* Kronismus, *halb schraffiert:* Junge wenig gesäugt

wechsel auftretende Harnstoff nicht mehr abgegeben, das Tier stirbt an innerer Vergiftung (Abb. 108, v. Holst).

Soweit kommt es hier allerdings nicht. Bei den folgenden Jungen wird nämlich die Geschlechtsreife stark hinausgezögert oder unterbleibt überhaupt. Das Wachstum wird gehemmt, schon geschlechtsreife Tiere können ihre Geschlechtsorgane zurückentwickeln. Die Mutter markiert ihre Jungen nicht mehr mit dem Sekret der Sternaldrüse. Die Jungen werden daher nicht als solche erkannt, sie werden als Nahrung behandelt und gefressen. Das Ergebnis ist eine konstant hohe Population, ohne einen Eingriff von außen bei reichlicher Nahrung. Nur wenn man den Streß noch verstärkt, indem man den Käfig verkleinert und damit die Population zwingt, auf einem noch kleineren Raum nebeneinander zu leben, oder wenn man ein zusätzliches Tier hinzugibt, kann der Streß so stark werden, daß die innere Vergiftung zum Tode von Tieren führt.

Dies ist ein typisches Beispiel für Selbstregulation einer Population. Es läßt gleichzeitig die physiologischen Grundlagen der Selbstregulation erkennen. Trotz reichlicher Nahrung, ohne Feinde und ohne Parasiten, hält hier also eine Organismenart seine Population langfristig auf einigermaßen gleicher Höhe.

Dies Konzept der Selbstregulation ist aus vielen Gründen immer wieder umstritten gewesen. Tatsächlich besteht die Frage, ob dieser im Labor ermittelte Befund für das Freiland Gültigkeit hat. Im Labor sind immer viel höhere Dichteverhältnisse als im Freiland gegeben. Dort brauchen sich in die Fläche eines ha höchstens 4 Tupaja-Pärchen zu teilen, im Labor stehen höchstens 5 m^2 pro Pärchen zur Verfügung. Sind unsere Ergebnisse übertragbar? Aus der freien Natur sind eine Fülle von Beobachtungen bekannt, die sich am besten im Sinne der Selbstregulationshypothese deuten lassen. Das Beispiel der Insekten, die die Eizahl der Menge des vorhandenen günstigen Substrates anpassen, wurde bereits genannt (S. 52).

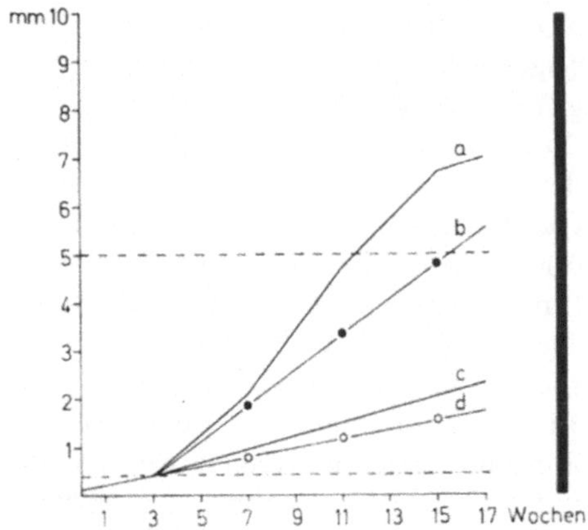

Abb. 109. Unterschiedliches Wachstum der Strandschnecke Ovatella myosotis (Mittelmeerpopulation). *a:* Einzeln gehaltene Tiere; *b, c, d:* enge Population, *b:* größtes Tier, *d:* kleinstes Tier, *c:* Mittelwert. (Aus Seelemann, 1968)

Schnecken wachsen bei hoher Dichte langsamer (Abb. 109).

Der Wapiti hat bei geringer Populationsdichte bei 25% der Geburten Zwillinge, bei hoher aber unter 1%. Der Weißwedelhirsch hat bei geringer Dichte eine höhere Zahl tragender Weibchen (92% gegenüber 78%), bei geringer Dichte werden 33% Einzeljunge geboren, 60% Zwillinge und 7% Drillinge; bei hoher Dichte dagegen sind 81% Einzeljunge und 18% Zwillinge. In einem Revier in den Niederlanden war infolge ungenügender Nistmöglichkeiten der Kohlmeisenbestand sehr gering. Es wurden reichlich Nistkästen aufgehängt, und die Anzahl der Brutpaare stieg auf das 3fache. Gleichzeitig aber sank die durchschnittliche Gelegegröße: Sie hatte nun im allgemeinen 2 Eier weniger als bisher. Dazu sank die Zahl der Zweitbruten. War bisher von 64% aller Brutpaare eine Zweitbrut durchgeführt worden, so zogen jetzt nur noch 16% der Paare eine zweite Brut auf.

Dazu kann in Abhängigkeit von der Dichte einer Population das Geschlechtsverhältnis der Jungen verschoben werden: Bei niedrigen Beständen des Rehes liegt es bei 1:2 (Männchen zu Weibchen) und verschiebt sich bei höherer Dichte zugunsten

der männlichen Kitze bis zum Wert von 3:1. Dazu kommt eine allgemeine Ovulationshemmung — also eine geringe Kitzzahl im Gesamtbestand; eine relativ hohe Mortalität der Kitze und ein sehr langsames Wachstum der Jungtiere, die bei ungünstigen Bedingungen erst im Alter von mehreren Jahren fortpflanzungsfähig werden, während sie in Optimalgebieten schon im ersten Jahr geschlechtsreif sein können. Auch bei einigen Insekten ist eine ähnliche Verschiebung des Geschlechtsverhältnisses gefunden worden.

Dazu kommen Massenemigrationen aus dem Wohngebiet. Derartige Emigrationen, die im Gegensatz zu dem bekannten Vogelzug zu verschiedenen Jahreszeiten beginnen können, in nicht voraussagbarer Richtung das Wohngebiet verlassen und nicht mit einer Rückkehr in das Wohngebiet gekoppelt sind, kennen wir vor allen Dingen von Wanderheuschrecken. Diese Wanderheuschrecken sind im Labor durch einen Spiegelkäfig, in dem sie dauernd Artgenossen sehen, obwohl sie allein sind, oder durch dauernde Beunruhigung (oder beides) in die Wanderform umzuwandeln, wenn diese Behandlung auf einem frühen Larvenstadium beginnt. Die Tiere, die normalerweise Einzelgänger sind, zeigen nun eine soziale Attraktion, sie bilden Schwärme und verlassen ihr Wohngebiet. Ganz ähnliche Verhältnisse kommen bei vielen Vögeln (Steppenhuhn Syrrhaptes paradoxus und viele andere), bei vielen Säugetieren (Teile der Lemmingwanderungen) und bei vielen Insekten (Prozessionsspinner, Heerwurm) vor. Auf der anderen Seite gibt es Arten, die ihre Population offenbar über lange Zeiträume sehr konstant halten. Dazu gehören die Wölfe auf der Isle Royale im Oberen See (Nordamerika) (Mech, 1966). Durch über 10 Jahre intensiver Beobachtung war auf der Insel stets nur eine Gruppe mit 15–16 Tieren vorhanden, dazu eine kleinere Gruppe mit 3–4 Tieren und (vielleicht) 2–4 einzelne Wölfe. Dabei konnte sichergestellt werden, daß keine Beziehungen zum Festland bestehen — der Bestand konnte also nicht durch Abwanderung so konstant gehalten werden.

Nach einer langen Zeit der relativen Konstanz geriet dieses System um 1973 aus den Fugen und erreichte eine gewisse Stabilität erst 1983 wieder (s. S. 301).

Wie bei den Tupajas kam in der Gruppe nur ein Teil der erwachsenen Tiere zur Fortpflanzung. Die Fortpflanzungsrate war daher außerordentlich gering. Im Wolfsrudel werden offenbar stets nur einzelne, durch ihre Stellung in der sozialen Hierarchie charakterisierbare weibliche Tiere läufig. Unter definierbaren Bedingungen — wie z.B. knapp ausreichende Ernährungsbasis — kann ein Wolfsrudel so über Jahre ohne irgendwelchen Nachwuchs bleiben. Gesteuert durch die Ernährungsbasis über das Sozialverhalten wird hier also eine Selbstregulation ausgelöst. Auch dieser Fall ist im Freiland allerdings bisher nur unbefriedigend analysiert. Die Übertragung der Befunde an halbzahmen Tieren auf Freilandverhältnisse ist hier kaum möglich. Eine wirkliche Analyse, die auch das Sozialverhalten voll mit einschließt, über die Mechanismen einer strengen Konstanthaltung eines Bestandes im Freiland steht nach wie vor aus. Mech vermutet, daß eine derartig ausgezeichnet funktionierende Selbstregulation vor allen Dingen bei Tieren zu erwarten ist, die keine natürlichen Feinde haben (es wären also typische K-Strategen).

Gegen die Verwendung dieser Beispiele im Sinne der Selbstregulationshypothese lassen sich eine Reihe von Argumenten ins Feld führen. Es ist nämlich kaum auszuschließen, daß in diesen Fällen Nahrungsmangel der auslösende Faktor ist. Besonders beim Reh konnte nachgewiesen werden, daß der eigentlich steuernde Faktor Nahrungsmangel ist. Bei den diffizilen Ansprüchen des Rehes hat es unter Normalbedingungen nie wirklich genügend zu fressen. Die Tatsache, daß die Reviere aller territorialen Tiere bei günstiger Nahrungsversorgung kleiner werden, deutet sehr stark in diese Richtung. Auf der an-

deren Seite läßt sich eben bei den Wanderheuschrecken die Wanderform allein durch Beunruhigung und den Spiegelversuch bei reichlich Nahrung auslösen. Dementsprechend existieren auf diesem Feld sehr starke Kontroversen. Viele Wissenschaftler, die sich mit der Selbstregulation befaßt haben, beanspruchen für sie alleinige Gültigkeit. Räuber im weitesten Sinne, Nahrungsmenge und Außenfaktoren sollen nach dieser Hypothese niemals eine langfristige Populationsbegrenzung gewährleisten. Auf der anderen Seite wird der Selbstregulationshypothese folgendes entgegengestellt: Wanderheuschrecken vermehren sich unter günstigen Bedingungen sehr stark. Es kommt zur Bildung der Wanderphase und zur Emigration. Eine Rückkehr gibt es nicht. Nur einzelne Tiere bleiben zurück und bauen eine neue Population auf. Damit entsteht eine Schwierigkeit. Nur die Tiere, die trotz der Massenvermehrung in ihrem Wohngebiet bleiben, die also keine Selbstregulation zeigen, sind die Gründer der neuen Population. Die Fähigkeit zur Selbstregulation sollte daher nach wenigen Generationen aus der Population herausselektiert sein. Nach all unseren Kenntnissen der Genetik ist das unmöglich. Dies Beispiel gilt entsprechend für alle Fälle der Selbstregulation.

Damit entsteht ein Dilemma für die theoretische Erklärung jeglicher Selbstregulation. Dawkins hat nunmehr eine Hypothese vorgelegt, die dieses Problem aus der Welt schaffen soll. Im Gegensatz zur bisherigen Evolutionslehre nimmt Dawkins nicht an, daß die Evolution an Individuen oder an Populationen angreift, sondern er nimmt an, daß die Evolution unmittelbar am Gen ansetzt. Das Gen aber, sagt er, ist die wesentliche Maschinerie eines Organismus; lediglich für die dauernde Erhaltung dieses Gens schafft sich das Gen die Hilfsstrukturen, die wir als Organismus sehen. Zellen, Organe, physiologische Funktionen und Verhalten — all das sind nur Hilfsmittel des egoistischen Gens, sich durch die Zeiten zu erhalten. Bei diesem

Konzept könnte man annehmen, daß es für das Gen durchaus vorteilhaft ist, einen Weg einzuprogrammieren, bei dem viele Träger des Gens aufs Spiel gesetzt werden, wenn dadurch nur die Sicherheit gegeben ist, daß einige Träger des Gens dieses garantiert für die Zukunft erhalten (Dawkins, 1976, 1978). Ob man dieser Hypothese zustimmt oder nicht: Wir können nach dem Prinzip „daß nicht sein kann, was nicht sein darf" die offenbar vorhandene Tatsache der Selbstregulation zumindest unter Laborbedingungen nicht leugnen, weil wir sie nicht erklären können. Das gilt vor allem, da in jüngster Zeit einige wohl unbestreitbare Beispiele für das Funktionieren der Selbstregulation unter Freilandbedingungen gefunden worden sind. Es handelt sich dabei vor allen Dingen um den Nachweis hoher Harnstoffgehalte im Blut von Tieren bei Massenvermehrungen. Dieser Nachweis ist beispielsweise beim Lemming gelungen. Die Tiere befinden sich also unter Streßbedingungen, obwohl sie selbst auf dem Gipfel einer Massenvermehrung in wesentlich geringerer Populationsdichte leben als all die Organismen, die im Labor entsprechend getestet wurden. Im Augenblick bleibt vielleicht nur die folgende Hypothese übrig:

Ein territoriales Tier wird in einem nahrungsarmen Gebiet mehr und weitere Strecken auf der Suche nach Nahrung un-

terwegs sein als in einem nahrungsreichen Areal. Bei gleichhoher Dichte dieser Tierart pro Flächeneinheit werden sich bei geringer Nahrungsmenge mehr soziale Kontakte (notwendigerweise durchweg mit Aggressionsverhalten) ergeben als in einem sehr nahrungsreichen Areal. Damit wird bei Nahrungsarmut der Streß, der ja unmittelbar von sozialen Kontakten abhängt, größer sein. Die Reviergröße wird also nicht in Längen-, Breiten- oder Flächenmaßen festgelegt, sondern in der Zahl der tolerierbaren noch nicht streßauslösenden sozialen Kontakte. Bei dauernder Fütterung im Labor wird daher Streß erst bei sehr viel höherer Dichte als unter Freilandbedingungen ausgelöst (Abb. 110).

Hinzu kommt ein weiterer Befund. Bei der amerikanischen Feldmaus Microtus pensylvanicus beginnt ein Zyklus im Frühsommer, die Populationsgröße ist mit etwa 5 Tieren pro ha sehr gering. Nun folgt eine Populationszunahme, so daß die Dichte im nächsten Frühjahr auf 125 bis 750 Tiere pro ha angestiegen ist. Im Anschluß daran fällt die Population auf ungefähr die Hälfte ihrer Größe zurück, erholt sich während des Sommers ein wenig, bleibt im nächsten Winter fast konstant und fällt im Frühjahr erneut drastisch ab. Dann kann ein neuer Anstieg erfolgen, oder die Population kann noch weiter zurückgehen. Jungtiere und Erwachsene zeigen während der Wachstumsphase der Population eine sehr geringe Mortalität. Im Maximum und während des Populationszusammenbruchs steigt die Sterberate der Jungen stark an. Die Sterberate der erwachsenen Tiere nimmt erst während der Abnahmephase zu. Parallel zu der erhöhten Sterblichkeit geht eine verminderte Fortpflanzungsrate. Krebs untersuchte nun während verschiedener Stadien der Populationsentwicklung verschiedene Enzyme in der Mäusepopulation und fand charakteristische Unterschiede im Verteilungsmuster. Das gilt vor allen Dingen für das Eisen transportierende Protein Transferrin (s. Abb. 111). Aus diesen Unterschieden formten Myers und Krebs die

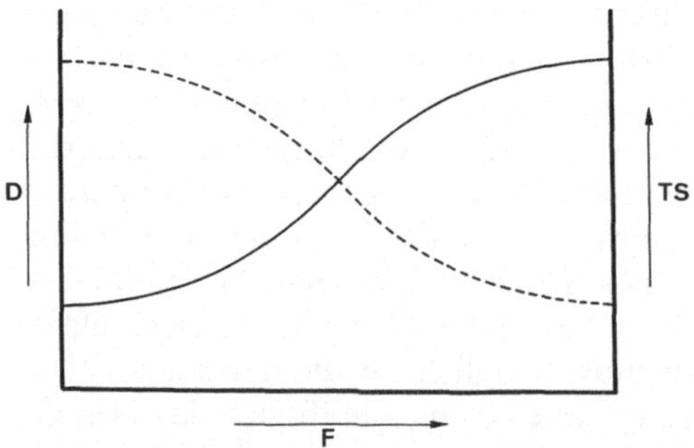

Abb. 110. Mit steigender Nahrungsmenge *(F)* im Lebensraum steigt die Dichte *D* (———) von einem Minimalwert zu einem Sättigungswert an und sinkt die Territoriengröße *TS* (————) von einem Maximalwert zu einem Minimalplateau ab

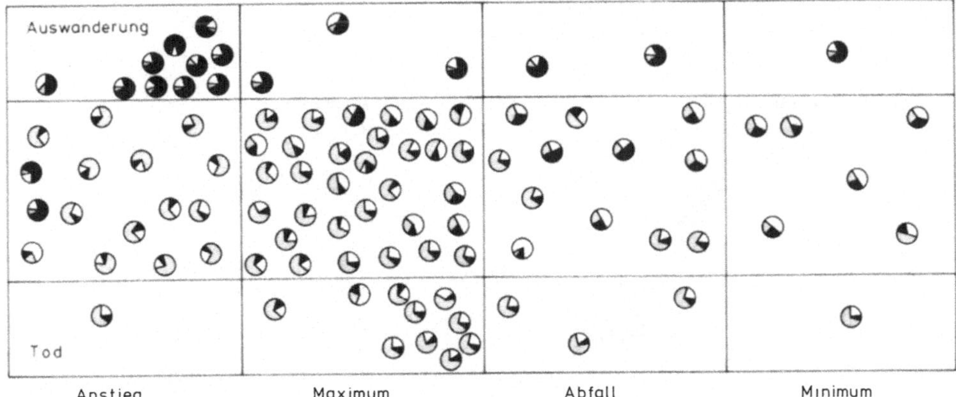

Abb. 111. Versuch, das Auftreten von Populationszyklen bei der Feldmaus zu deuten. Dargestellt sind die Genotypen der Individuen. *Schwarz* = hohe Fortpflanzungsrate, hoher Auswanderungstrieb, *grau* = Aggressivität, hohe Fortpflanzungsrate, hohe Sterberate, *weiß* = Aggressivität, geringe Fortpflanzungsrate, niedrige Sterberate. (Nach Myers u. Krebs, aus Sengbusch, 1977)

folgende Hypothese: Während der Zunahmephase wandern relativ viele Weibchen im Fortpflanzungsalter aus dem Heimatbereich aus. Ausgewanderte Tiere können damit den Genpool benachbarter Populationen maßgeblich beeinflussen. Während der Abnahmephase ist der Verlust durch Auswanderung sehr gering. Das Auswandern scheint selektiv die Tiere aus der Population zu entfernen, die einer Überbevölkerung gegenüber intolerant sind. Dieser Effekt ist aber nur während der Zunahmephase von Bedeutung. Zurück bleiben vorwiegend die Genotypen, die auf Überleben bei hoher Dichte adaptiert sind, die aber nur eine geringe Fortpflanzungsrate und eine hohe Sterberate haben. Für sie ist Aggressivität ein höherer Selektionsvorteil als hohe Fortpflanzungsraten. Innerhalb einer Art, die man als r-Strategen bezeichnen würde, treten hier also Genotypen auf, die in Wirklichkeit K-Strategen sind. Als Folge der großen Zahl dieser K-Strategen nimmt die zahlenmäßig abnehmende Population noch weiter ab. Nahe dem Populationsminimum gewinnen langsam wieder die Genotypen die Oberhand, die eine hohe Fortpflanzungsrate haben.

Eine vielleicht verwandte Hypothese wurde beim schottischen Alpenschneehuhn entwickelt (Moss u. Mitarb., 1974). Auch sie geht von unterschiedlich reagierenden Individuen während eines Populationszyklus aus und bringt Belege dafür, daß die Individuen wirklich unterschiedlich reagieren (Abb. 112). Im Frühling produzieren gut ernährte Hennen eine große Zahl wenig aggressiver Kücken, welche gut durch den nächsten Winter kommen. Damit steigt die Dichte, das Brüten im nächsten Jahr wird vorverlegt, und die Nahrungsmenge sinkt. Im folgenden Frühjahr sind die Hennen schlecht ernährt, sie produzieren nur wenige, aber aggressive Nachkommen. Auch im Brutschrank ist die Schlüpfrate der Jungen aus den Eiern sehr gering. Die Kücken zeigen eine hohe Wintermortalität, die Dichte sinkt, das Brüten wird in den Sommer zurückverlegt, die Pflanzen erholen sich und gut ernährte Hennen können im folgenden Frühjahr den Zyklus von neuem beginnen. Anders als bei Myers und Krebs wird hier eine unmittelbare Wirkung der Nahrung angenommen. Allerdings wurde inzwischen auch gezeigt, daß genetische Unterschiede zwischen Populationen auf

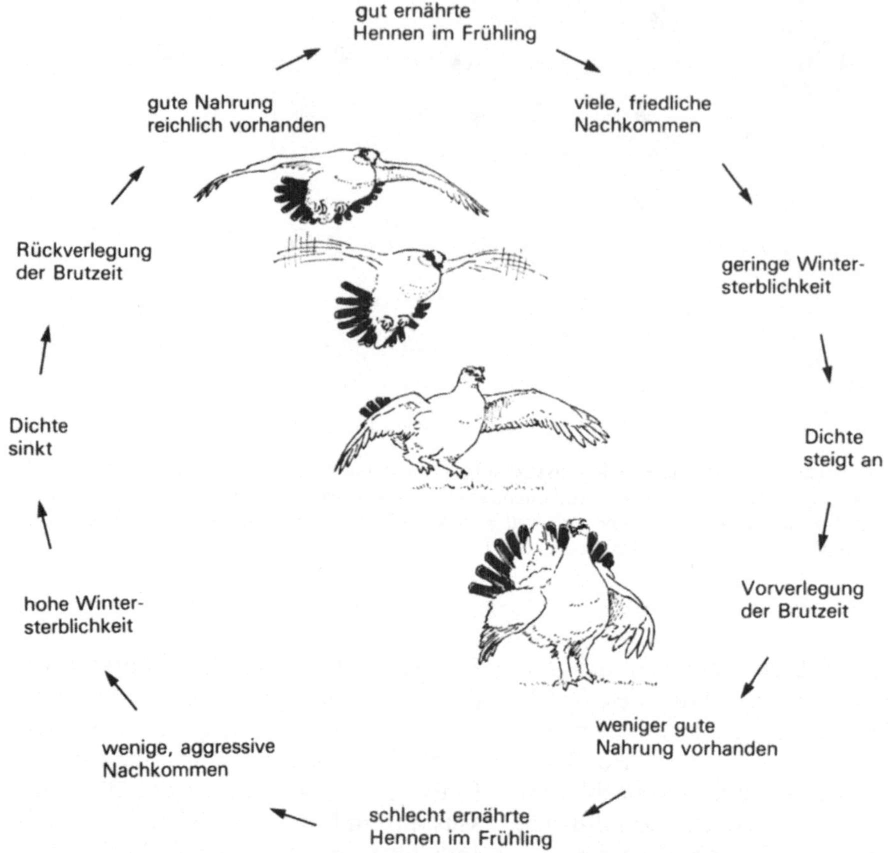

Abb. 112. Populationszyklus des Schneehuhns. (Aus Moss u. Mitarb., 1974)

dem Gipfel des Maximums und im Tal bei Schneehühnern bestehen.

Ganz sicher sind damit jedoch nicht alle Faktoren, die einen Populationszyklus steuern, erschöpft. Möglicherweise spielt bei manchen Arten die Aufnahme von Blüten im Frühjahr eine große Rolle: Pollen enthält sehr große Mengen an Steroiden, die den Geschlechtshormonen ähnlich sind und gleiche Wirkungen zeigen. Das kann zu einer erhöhten Vermehrung führen. Bei einem Populationszusammenbruch können außer Nahrungsverknappung auch Räuber eine Rolle spielen. Das gilt etwa für Wiesel, die etwa die gleiche Größe haben wie Mäuse und Lemminge und daher mit ihrer Vermehrung Schritt halten können. Ein gravierender Effekt von Wieseln auf den Zusammenbruch wurde in Alaska und Nordkanada sehr wahrscheinlich gemacht. Ferner treten beim Populationszusammenbruch innerhalb eines Zyklus fast regelmäßig bakterielle oder parasitäre Erkrankungen auf, die zumindest den Zusammenbruch beschleunigen.

Derart fluktuierende Arten können leicht unter das kritische Minimum geraten, wenn die Zusatzfaktoren bei einem Populationszusammenbruch zu stark werden. Das ist vermutlich der Grund für das Aussterben der Wandertaube in den Vereinigten Staaten. Offensichtlich war diese Taube in normalen Jahren ein Einzelgänger, der sich nur zu Zeiten der Massenvermehrung zu den bekannten großen Flügen zusammenschloß. Man vermutet, daß der Mensch beim normalen Zusammenbruch einer Population zu stark beteiligt war, so daß die Art unterhalb eine kritische Grenze gelangte. Tatsächlich brauchen ja Arten, die zu solchen Zyklen neigen, ein sehr viel größeres Areal als K-Strategen; will man solche Arten schützen, so muß man sehr große Areale für sie bereitstellen.

Zusammenfassend bleibt festzuhalten, daß bei vielen Tieren eine Selbstregulation offenbar hervorragend funktioniert und daß ähnliche Prinzipien auch für Pflanzen gelten. Der in der Praxis entscheidende Punkt scheint, zumindest bei höheren Tieren, das Verlassen des Lebensraums und das Aufsuchen anderer, meist weniger günstiger Räume, zu sein. Wie weit diese Selbstregulation durch Emigration in diesem Maß auch für wirbellose Tiere gilt, läßt sich im Augenblick schwer abschätzen. Immerhin deuten viele Untersuchungen an Insekten in diese Richtung und teilweise lassen sich auch die Käfigversuche in dieser Weise interpretieren.

Diese so einfach erscheinende Feststellung hat eine geradezu dramatische Bedeutung: wenn keine Möglichkeit zur Emigration gegeben ist, muß der Bestand höher liegen als in Gebieten mit der Möglichkeit zur Emigration und es müssen dann andere Faktoren der Populationsregulierung wirksam werden. Auf Inseln ist daher mit einer höheren Dichte zu rechnen als im umgebenden Festland. Das läßt sich auch auf kleinen Inseln in Süßwasserseen bei Mäusepopulationen zeigen — so in den Masurischen Seen oder in Nordamerika.

Damit sind wir bei einer geradezu noch dramatischeren Situation, denn Naturschutzgebiete und Nationalparks sind Inseln in einer feindlichen Umgebung, in die kein Tier auswandern kann. Es ist daher von vornherein vorherzusagen, daß Naturschutzgebiete und Nationalparks eine höhere Bevölkerungsdichte haben als die gleiche Gegend, bevor der Mensch in diesem Maß eingegriffen hatte und Emigrationsmöglichkeiten stoppte. Die Schutzgebiete und Nationalparks sind auf diesen höheren Besatz jedoch nicht eingerichtet wie alte Inselfaunen und es ist mehr als fraglich, ob sie diesen höheren Besatz an Tieren ohne größere Probleme ertragen.

Auch bei Pflanzen kommt eine entsprechende Selbstregulation vor: Die größte Wahrscheinlichkeit für den Ort, an dem ein Same auf den Boden fällt, ist unmittelbar unterhalb der erwachsenen Pflanze. Je langlebiger jedoch die produzierende Pflanze ist, um so unwahrscheinlicher ist es, daß der Keimling an dieser Stelle auch wirklich gedeihen kann. Je weiter entfernt der Same von der Mutterpflanze ist, um so höher ist die Wahrscheinlichkeit, daß er wirklich eine große Pflanze liefern kann. Gründe dafür liegen z. T. darin, daß der Keimling unter dem schattigen Kronendach der erwachsenen Pflanze aufwachsen müßte; z. T. spielen möglicherweise auch allelopathische Effekte eine Rolle. Zwischen der Menge der Samen am Boden und der Keimlinge besteht also ein deutlicher Unterschied, der noch größer wird, wenn wir wirklich wachsende Jungpflanzen mit in die Diskussion einbeziehen.

Die zu einer Selbstregulation führende intraspezifische Konkurrenz läßt sich bei Pflanzen in ihrer Wirkung etwa folgendermaßen zusammenfassen:

1. Die Gewichte der Keimpflanzen zeigen zunächst eine Normalverteilung, unter starker intraspezifischer Konkurrenz entsteht dann eine geschraubte Verteilung mit mehreren Gewichtsmaxima. Eine sehr geringe Zahl wächst sehr rasch heran und ist sehr viel schwerer als der Durchschnitt, eine sehr große Zahl ist etwas leichter als der Durchschnitt.

2. Dichteabhängige Mortalität spielt eine große Rolle; Keimlinge, die einander sehr nahe stehen, haben nur geringe Überlebenschancen.

3. Strukturelle Änderungen treten auf: Das Längenwachstum nimmt zu, das Blattgewicht pro Blattfläche steigt an, das Gewicht der Samen relativ zu den vegetativen Teilen sinkt.

4. Das Resultat ist eine gleichförmige räumliche Verteilung der erwachsenen Pflanzen.
5. Überlegene Individuen zeigen eine sehr große Wachstumsleistung.
Wahrscheinlich können diese Kriterien auch bei dauernd wachsenden Tieren des Meeresbodens (Muscheln!) angewandt werden.

3.5.2 Räuber-Beute-Systeme

Kann sich ein Tier ungestört vermehren, so wird es relativ bald von einem Räuber entdeckt werden und dieser Räuber wird sich ebenfalls vermehren. Mit der Vermehrung des Räubers wird die Vermehrung der Beute zum Stehen kommen, die Menge der Beute wird sogar sinken und damit auch die Menge der Räuber. Damit kann die Beute sich wiederum vermehren und dem wird wieder mit einiger Verzögerung der Räuber folgen. Dieses Bild eines Räuber-Beute-Systems, bestehend aus zwei zyklisch ansteigenden und abfallenden Kurven — im Idealfall zwei gegeneinander um 90° verschobene Sinuskurven — leuchtet spontan ein, es wurde mathematisch durch Lottka u. Voltera untermauert und hat lange Zeit alle Diskussionen um Räuber-Beute-Systeme beherrscht. Heute wissen wir, daß dies Bild in seiner Einfachheit falsch ist. Selbst als Schema ist es nicht tauglich. Praktisch alle Versuche, ein derartiges System im Labor zu demonstrieren, sind fehlgeschlagen oder es traten Sonderbedingungen auf; jetzt sagen uns auch die Mathematiker, daß die Gleichungen von Lottka u. Voltera viel zu wenig robust sind, um für das Freiland angewendet werden zu können.
Wenn wir also Räuber-Beute-Systeme besprechen wollen, müssen wir ganz von vorn anfangen. Dabei macht uns als erstes die Definition von Räuber und Beute einige Probleme: natürlich ist ein Rädertier, welches eine Planktonalge fängt, ein Räuber. Aber ist auch der gut 4 cm lange Krill, der Planktonalgen aus dem Wasser filtriert, ein Räuber? Natürlich werden wir ihn als Räuber ansehen müssen und eben-

so werden wir damit den großen Wal, der Millionen von Krillindividuen aus dem Wasser filtriert, als Räuber bezeichnen müssen. Auf der anderen Seite gibt es speziell unter den in Rudeln jagenden Räubern solche, die eine Beute überwältigen, welche viel schwerer ist als sie selber — Hyänenhunde in der afrikanischen Steppe sind ebenso Beispiele dafür wie Wölfe, die einen Elch stellen. Und wie ist das eigentlich mit Schlupfwespen und Raupenfliegen — oft als Parasitoide bezeichnet — unterscheiden sie sich eigentlich prinzipiell von einer Wespe, die ihr Opfer lediglich lähmt und ihren Jungen als erste Nahrung bringt? Damit müssen wir uns fragen, ob nicht in Wirklichkeit auch alle Parasiten Räuber sind und damit, ob nicht alle Krankheitserreger, bis hinuter zu Viren, als Räuber zu bezeichnen sind.
Tatsächlich gibt es zwischen all diesen Formen keinerlei scharfe Grenzen, und wir wollen daher hier bei der Besprechung von Räuber-Beute-Systemen all die Beziehungen zusammenfassen, bei denen ein Organismus durch Schädigung eines anderen dessen Populationsentwicklung hemmt, indem er sich von diesem, oder Teilen von diesem, ernährt.
Wir haben soeben die ungeheure Spannweite in der Größenrelation zwischen Räuber und Beute (im eben definierten Sinne) kennengelernt. Da im großen und ganzen die Generationenzahl pro Zeit — die Vermehrungsfähigkeit eines Organismus — linear korreliert ist mit der Größe eines Organismus, da im großen und ganzen ein Bakterium sich rascher vermehrt als der Mensch, den dieses Bakterium befällt, und da auf der anderen Seite ein Mäusebussard sich langsamer vermehrt als die Mäuse, von denen er lebt, kommt dieser Größenrelation eine entscheidende Bedeutung zu. Ist tatsächlich eine Mäusepopulation aufgrund besonders günstiger Bedingungen in eine starke Vermehrung eingetreten, so können diesem die Bussarde prinzipiell nicht durch eine entsprechende Vermehrung entgegentreten: dazu ist die Fortpflanzungsgeschwindigkeit der

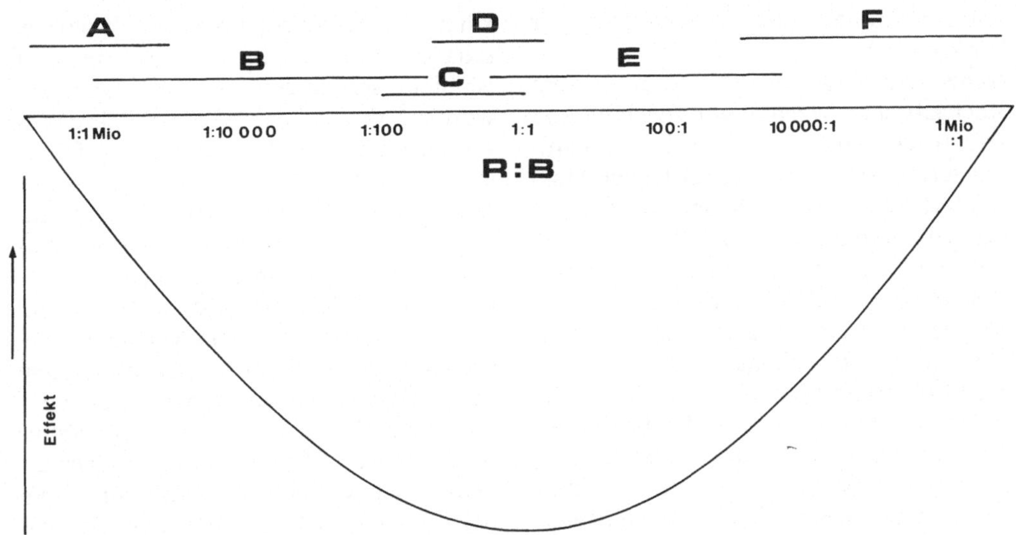

Abb. 113. Größenverhältnis von Räuber zu Beute ($R:B$) und der Effekt verschieden großer Räuber auf die Reduktion der Beute-Populationen. Eine Reduzierung ist bei extremen Größendifferenzen zwischen Räuber und Beute möglich; sie erfolgt jedoch kaum, wenn Räuber und Beute etwa gleich groß sind. A = Krankheitserreger; B = Parasiten; C = Parasitoide; D = Rudeljäger; E = Jäger; F = Filtrierer

Bussarde viel zu gering. Auf der anderen Seite werden wir erwarten, daß bakterielle Feinde oder parasitische Feinde mit ihrer möglichen hohen Vermehrungsrate einer möglichen Mäusemassenvermehrung viel früher und viel effektiver entgegentreten können als der Bussard. Auf der anderen Seite hat sich bei Untersuchungen der letzten Jahre im Wasser gezeigt, daß die hier vorkommenden ungeheuren Größenunterschiede zwischen Filtrierern und ihrer Beute (wie sie am Land nie vorkommen) einfach durch die große Menge der pro Zeiteinheit aus dem Wasser herausfiltrierten Beuteorganismen wiederum eine exakte Kontrolle der Beuteorganismen ermöglicht. Wir kommen damit zum Schema der Abb. 113, aus dem ein sehr starker Einfluß sehr kleiner Rauborganismen (Krankheitserreger) auf die Populationsentwicklung ihrer Beute abzulesen ist, ein relativ geringer Effekt der Räuber, die wir hier vielleicht Jäger nennen können und ein sehr großer Effekt wiederum der Filtrierer. Wir wollen uns einige Beispiele anschauen, um diesem theoretischen Schema ein wenig Leben zu geben.

Wir kennen kaum Beispiele über populationsbegrenzende Wirkungen von Parasiten und Krankheitserregern aus vom Menschen nicht oder kaum beeinflußten Lebensräumen. Der aus dieser Tatsache oft gezogene Schluß, daß solche Phänomene mit dem Menschen korreliert seien, ist sicher falsch. Krankheiten beim Zusammenbruch von zyklischen Mäusepopulationen (S. 206 f.) und Massenvermehrungen von pflanzenfressenden Insekten im nordischen Birkenwald und in der nordischen Taiga deuten ebenso wie theoretische Überlegungen in diese Richtung. Auch die regelmäßigen Zusammenbrüche der Eiderentenpopulation infolge eines kombinierten Massenbefalls durch Bakterien und pathogene Einzeller in der nördlichen Ostsee sind hierher zu rechnen. In der nördlichen Ostsee erreichen Eiderenten infolge der für sie besonders günstigen Bedingungen sehr hohe Populationsdichten und die im ganzen ja kaum verbreitungsfähigen Parasiten und Krankheitserreger, die infolge ihrer geringen Verbreitungsfähigkeit ja eine hohe Dichte der Population für einen wirksamen Eingriff benötigen, kommen dann regelmäßig zur Wirkung.

Neben den abiotischen Faktoren — dem stochastischen Wechsel von feuchten und sehr trockenen Perioden in der afrikanischen Steppe — sind hier für riesige Massensterben vor allen Dingen die Erreger des Milzbrandes verantwortlich gewesen und sind es großen Teils heute noch. Besonders wenn in Dürreperioden das Wasser knapp wird und immer mehr Tiere sich um die letzten Wasserlöcher drängen, wird Milzbrand übertragen und läßt Tausende von Tieren sterben: der Effekt der Trockenheit wird verstärkt und verkürzt. Ein anderes Beispiel: Massenentwicklungen mancher Meeresalgen — meist in warmen Meeren als Red-Tide bekannt — können selbst im offenen Ozean zu Massensterben von Meerestieren führen. Das ist schon aus der Frühzeit der Entdeckungsreisen bekannt und taucht in Sagen seefahrender Völker Amerikas und des Pazifik auf. In neuerer Zeit ist eine solche Massenvermehrung schuld am Massensterben der Mönchsrobbe von Hawaii geworden, die ihrerseits sowieso schon extrem bestandsgefährdet ist.

So kennen wir vor allen Dingen Beispiele für die Wirksamkeit kleiner Organismen gegen große Organismen aus der biologischen Schädlingsbekämpfung. In Australien wurden die als Zaunersatz eingeführten Opuntien zu einer Plage. Sie breiteten sich ungehemmt aus und besiedelten fruchtbares Land. In einer gewaltigen wissenschaftlichen Kraftanstrengung untersuchten australische Wissenschaftler alle möglichen biologischen Bekämpfer. Schließlich wurden mehrere Arten freigelassen. Ein Kleinschmetterling erwies sich als besonders günstig. Er schaffte eine nahezu vollständige Kontrolle der Kakteen und drängte sie auf wenige kleine Bereiche zurück; inzwischen scheint ein Gleichgewicht eingetreten zu sein. Das aus Europa nach Amerika verschleppte durchlöcherte Johanniskraut Hypericum perforatum breitete sich dort ungeheuer aus und wurde zu einem echten Schädling. Ein Blattkäfer, der aus Europa nachgeholt wurde, schaffte die Kontrolle: das Johanniskraut ist nicht gerade eine seltene Pflanze geworden, aber sie hat jeglichen Schrecken für die amerikanische Landwirtschaft verloren (Franz u. Krieg, 1972). Die Einfuhr des Erregers der Myxomatose nach Australien stoppte den Vormarsch der Kaninchen in diesem Erdteil und ließ erstmalig wieder von ihnen benutztes Weideland für die Schafwirtschaft zur Verfügung stehen. In Forst- und Landwirtschaft werden unerwünschte Schmetterlinge vielfach mit Hilfe eines Bakteriums bekämpft (Bacillus thuringiense). Forstschädlinge werden heute auch vielfach mit Hilfe von Viren bekämpft, die sehr spezifisch wirken und vielfach im Bekämpfungsgebiet heimisch werden (Bulla, 1973). Kernpolyeder-Viren haben sich bei Fichtenblattwespen (Diprion hercyniae) bei der Nonne (Lymantria monacha) und beim Schwammspinner (Lymantria dispar) gut bewährt. Vom Hubschrauber aus versprühte Viren können diese Tiere spezifisch selbst in einer Massenvermehrung stoppen und zum Absterben bringen (Franz u. Krieg, 1972; Ohnesorge, 1976).

Wesentlich komplexer liegen die Dinge bei den Jägern — wie wir hier Räuber nennen wollen, die ungefähr so schwer, meist aber schwerer sind als ihre Beute. Ein besonders eindrucksvolles Beispiel sind Untersuchungen an Moor- und Alpenschneehühnern in Schottland. Hier haben die Schneehühner eine Fülle von Feinden: Marder, Wildkatze, Fuchs, Kornweihe und Steinadler. Die Schneehühner schließen sich im Winter zu Flügen zusammen, die durch das Wohngebiet streunen. Im Frühjahr besetzt der Hahn ein Revier, dessen Grenzen er gegen Nachbarn verteidigt. Die Größe des Reviers ist von verschiedenen Faktoren abhängig, die wir zum Teil bereits besprochen haben (S. 146). Nach Jahren mit guter Fortpflanzung der Schneehühner können nicht alle Hähne ein eigenes Revier in einem günstigen Lebensraum besetzen. Die überschüssigen Hennen und Hähne wandern in weniger gute Lebensräume ab oder sie bleiben im Lebensraum, werden jedoch von den revierbesitzenden Hähnen dauernd attackiert. Sie können sich daher nur auf den Grenzen zwischen den einzelnen Territorien aufhalten, werden jedoch auch hier gestört und sind daher fast ununterbrochen in Bewegung. Die gehetzten, revierlosen Tiere werden, ebenso wie die in ungünstige Biotope abgedrängten Individuen, von den Räubern erbeutet. Diese Tatsache hat für den Naturschutz große Bedeutung: eine infolge Biotopveränderung selten gewordene Art, die nun in suboptimalen Lebensräumen existieren muß, ist hier einem höheren Feinddruck ausgesetzt als in ihrem Optimalbereich. Die sehr hohen Verluste von Auerhühnern durch Raubfeinde in suboptimalen Wirtschaftswäldern können so wahrscheinlich erklärt werden und möglicherweise auch zum Teil der Rückgang der Rebhühner in unserer modernen technisierten Agrarlandschaft. Die Revierinhaber dagegen erleiden kaum Verluste. Die Tiere kennen ihr Revier ganz genau. Sie kennen jede Versteckmöglichkeit, und sie sind auch nicht dauernd mit Kämpfen beschäftigt. So können sie die Umgebung nach Feinden genügend absuchen. Diese genaue Kenntnis macht sie gegen den Angriff eines Jägers nahezu immun. Dem Jäger steht also aus der Beutepopulation nicht jedes Individuum zur Verfügung. Dies ist eine Tatsache, die alle Überlegungen stark kompliziert. Bei Wegfall der Jäger nach einem günstigen Fortpflanzungsjahr der Beute bleiben die revierbesitzenden Tiere in dauernde Kämpfe mit revierlosen Artgenossen verwickelt. Auch die Revierinhaber leiden unter dauernder Störung. Der Fortpflanzungserfolg unter diesen Bedingungen sinkt ab. Die Jäger, die die „Überschußtiere" dezimieren, erhöhen also die Produktion der Beute. Dies Beispiel scheint sich verallgemeinern zu lassen. Entsprechende Daten wurden an verschiedenen Mäusen und an Bisamratten gesammelt. Für eine Verallgemeinerungsmöglichkeit dieser Befunde spricht auch die folgende Untersuchung: seit langem wird berichtet, daß Raubvögel in der Nähe ihrer Horste eine „Schutzzone" haben, in der sie keine Beute schlagen. Das Nisten vieler Vögel in unmittelbarer Horstnähe von Raubvögeln ist vielfach beschrieben und gut bekannt. Experimente von Wyrwoll zeigten, daß dieser Befund anders gedeutet werden muß: Habichte schlagen jede ihnen erreichbare Beute auch in unmittelbarer Horstnähe. Die in der Nähe des Habichthorstes brütenden Vögel kennen jedoch den Habicht und seine Flugschneisen ganz genau. Sie werden von ihm daher nicht überrascht und sind so vor ihm weitgehend sicher. Auf der anderen Seite sind sie auch gegenüber fremden Eindringlingen in diesem Gebiet einigermaßen sicher: fremde Eindringlinge, die sich nicht so genau im Revier auskennen, werden vom Habicht sofort attackiert.

Fängt man aus einem Wald die revierbesitzenden Singvögel weg, so werden diese überaus rasch durch andere Artgenossen ersetzt. Ganz allgemein scheinen sich bei Singvögeln — und wohl auch bei revierbildenden Säugetieren — sehr viele revierlose Tiere zwischen den eigentlichen Revieren aufzuhalten oder in weniger günstigen Lebensräumen. Zumindest bei Vögeln hat sich wohl in allen größeren systematischen Gruppen ein „Helfersystem" entwickelt, bei dem solche revierlosen Tiere bei der Jungenaufzucht der revierbesitzenden Individuen helfen. Meist handelt es sich dabei um nächste Blutsverwandte der Revierinhaber. Bei Bakterien ist die Möglichkeit nicht auszuschließen, daß ein großer Teil der Individuen weitgehend inaktiv im Boden lebt, während nur einige wenige Vollaktivität zeigen. Möglicherweise haben wir es hier mit einem generellen Prinzip zu tun, welches sich als Regulans einer Mortalität zum — für die Art — falschen Zeitpunkt und am falschen Ort evoluiert hat.

Bei der letzten großen Gruppe, den Filtrierern, haben sich in den letzten Jahren die Anschauungen infolge neuer Experimente, neuer Beobachtungen und neuer

Berechnungen sehr stark gewandelt. Heute wissen wir, daß Filtrierer sehr wohl in der Lage sind, ihre Beutepopulation zu kontrollieren und auf einem niedrigen Niveau zu halten — ja sogar, wenn dieses hohe Niveau überschritten ist, die Beutepopulation wieder auf ein niedriges Niveau zurückzuführen. Wasserflöhe (Cladoceren) und Copepoden sind in der Lage, Planktonalgen in ihren Gewässern kurz zu halten — wobei Copepoden noch bei niedrigeren Dichten von Planktonalgen existieren können als Cladoceren, aber dafür bei höheren Dichten nicht mehr durchhalten. Ebenso werden Copepoden und Cladoceren durch Fische auf niedrigem Niveau gehalten, wobei einschränkend festzuhalten ist, daß offenbar allgemein Fische vom Hering bis zur Maräne (Coregonus) nicht eigentlich Filtrierer sind, sondern gezielt nach jedem einzelnen Plankter schnappen. Hier liegt der Grund für ein Phänomen, welches möglicherweise am Land weniger verbreitet ist und welches unter dem Namen „Planktonparadoxon" bekannt geworden ist: in dem offenbar einheitlich freien Wasserkörper lebt eine Fülle verschiedener Arten von Algen und recht ähnlichen Planktontieren nebeneinander. Da die Dichte einer jeden Art jedoch wesentlich geringer ist als nach dem autökologischen Experiment zu erwarten, haben hier verschiedene Arten unter gleichen Bedingungen nebeneinander Platz. Bei noch größer werdenden Unterschieden zwischen Räuber und Beute wird die Effizienz noch größer — man denke an Riesenhai, Bartenwale oder im Boden lebende Muscheln, die kleines Plankton aus bodennahen Wasserschichten herausfiltrieren. Diese Situation gibt es offenbar am Lande nirgendwo und sie ist ein Spezifikum aquatischer Systeme.

Mit unterschiedlichen Größenverhältnissen von Räuber und Beute läßt sich also in erheblichem Maße ein Räuber-Beute-System in erster Annäherung vorhersagen. Eine Reihe wichtiger Ausnahmen muß jedoch besprochen werden.

So verarbeiten bei unterschiedlichem Beuteangebot alle Räuber ihre Beute sehr verschieden. Auf die unterschiedliche Verdauungseffizienz bei unterschiedlichem Nahrungsangebot des amerikanischen Dachses wurde bereits hingewiesen, ebenso auf die Neigung aller Räuber, bei reichlicher Nahrung nur bevorzugte Teile zu fressen, während bei knapper Nahrung die gesamte Beute aufgenommen wird. Hierher gehört auch die von Filtrierern bekannte Tatsache, daß bei einem Überangebot von Nahrung das Wasser lediglich filtriert, die Beute abgefangen und eingeschleimt und als „Pseudofäces" wieder ausgeschieden wird. Es ist klar, daß bei all diesen Phänomenen der Eingriff in die Beutepopulation besonders groß ist. Auch spielt natürlich eine Rolle, welche Teile der Beute angegriffen werden. Man geht normalerweise in gemäßigten Breiten davon aus, daß am Land höchstens 10% der produzierten Pflanzensubstanz von Tieren gefressen werden. Aber dies ist zu einfach: wenn diese 10% gleichzeitig 100% der produzierten Samen sind (und das ist sehr häufig der Fall) oder wenn ein ansonsten unscheinbarer Parasit genau die Geschlechtsorgane seines Wirtes lahmlegt (wie das bei tierischen Parasiten, z. B. dem bei der Strandkrabbe parasitierenden Sacculina der Fall ist) dann wird der Eingriff langfristig natürlich ungleich größer.

Schließlich müssen Systeme, die aus einem Warmblüter und aus einem wechselwarmen Tier bestehen, aus dem übrigen Schema herausfallen. Warmblütige Tiere benötigen pro Zeiteinheit und Gewichtseinheit mehr Nahrung als wechselwarme — eine Maus mehr als ein gleich schwerer Fisch oder Frosch. Dazu kommt, daß warmblütige Tiere das ganze Jahr über aktiv sein können, während wechselwarme unter Umständen (in tropischen Savannen ebenso wie in gemäßigten Zonen mit einem langen Winter) eine lange Ruhepause einlegen müssen, die sie an bestimmten Plätzen in bestimmten Stadien überstehen. Über das Jahr gerechnet, liegt damit die Generationenzahl eines kleinen wechselarmen Tieres kaum höher oder nicht höher als die eines warmblütigen Räubers — und dieser, der ja die wechselwarmen Tiere an ihren Winterquartieren aufsuchen und finden kann, dezimiert die Population das ganze Jahr über. Damit ist der Einfluß von Singvögeln auf die Populationsgröße von Insekten und Spinnen deutlich höher als nach dem einfachen ersten Größenschema zu erwarten wäre (Abb. 114) (wenn man auch den „Nutzeffekt" von Singvögeln im Wald vielfach überbewertet — unterscheiden Singvögel doch nicht zwischen „schädlichen" Insekten und „nützlichen" Insekten und Spinnen). Auch die auffällige Dominanz warmblütiger Tiere in den kalten Meeresgebieten — heute vor allem deutlich im antarktischen Ozean — hat hier seine überwiegende Begründung.

Schließlich ist einschränkend festzuhalten, daß eigentlich all die hier gemachten Überlegungen nur für Zwei-Artenssysteme gelten können — für eine spezialisierte Beute und einen spezialisierten Räuber. Für Generalisten, die auf etwas anderes ausweichen können, können eigentlich all diese Überlegungen nicht wirklich zutreffen. Ein theoretisches Beispiel: ein Spezialist, der auf eine einzige Beute angewiesen ist, kann diese Beute prinzipiell nicht ausrotten: er wird sehr selten werden oder gar aussterben, ehe seine Beute auf dem Nullpunkt angelangt ist. Ein Generalist kann das. Nehmen wir an, wir hätten einen Räuber, der besonders gern und besonders erfolgreich ein bestimmtes Insekt a frißt, dem aber ohne weiteres noch die Insekten b bis z in ausreichender Menge zur Verfügung stehen. Ein solcher Räuber kann Insekt a ausrotten, ohne daß sein Bestand im geringsten gefährdet wird. Deutlich wird dies Prinzip aufgrund von Untersuchungen von Holling 1966. Auf eine Vermehrung einer Beute erfolgt zunächst die sogenannte numerische Reaktion (Abb. 115): die Anzahl der Räuber pro Flächeneinheit wird erhöht. Dies kann in der freien Natur durch Zuwanderung oder durch Vermehrung des Räubers ge-

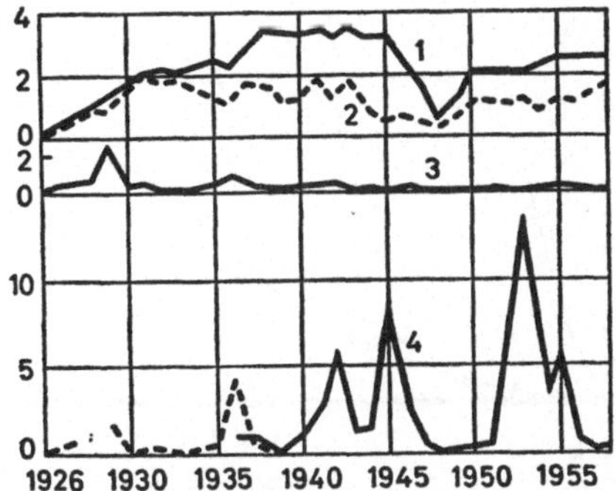

Abb. 114. Zahl der Nisthöhlen *(1)* und Brutpaare *(2)* höhlenbrütender Vögel je ha sowie der überwinternden Puppen *(3)* von Bupalus piniarius je qm im Vogelschutzgebiet Steckby, ferner der Bupalus-Puppen *(4)* in benachbarten Kiefernwäldern ohne Vogelschutz im Zeitraum 1926–1958. (Nach Herberg, aus Schwerdtfeger). Auf der anderen Seite sind die Ergebnisse mit Vogelansiedlungen zwiespältig. Im allgemeinen sinkt die Zahl der Zweitbruten und Drittbruten, so daß die Produktivität der Vögel kaum erhöht ist. Zum zweiten konnte zwar (Stein, 1960a u. b) durch Vogelschutzmaßnahmen die Anzahl der Vögel pro Flächeneinheit auf die drei- bis vierfache Anzahl erhöht werden und damit eine Reduktion der Insekten um ein Drittel. Aber: Pflanzenfressende Insekten waren um 33% reduziert, Räuber um 28%, Abfallfresser um 26% und Parasiten um 54%. Damit wurden durch die verstärkte Vogelansiedlung gerade die am meisten „Schützenswerten" im Sinne der Forstwirtschaft betroffen

schehen. Diese Bestandeserhöhung des Räubers kann jedoch nicht unbegrenzt sein. Fast überall haben wir eine gewisse Territorialität, die eine zu dichte Räuberbesiedlung von vornherein ausschließt. Dann erfolgt eine funktionelle Reaktion (Abb. 115). Der Räuber nimmt von der nun zahlenreicher werdenden Beute relativ mehr als normalerweise. Nehmen wir an, daß dem Räuber 10 Beutetierarten zur Verfügung stehen, die alle gleich häufig sind, so wird er von jeder Art gleich viele verzehren. Nimmt nun eine Beuteart stark zu, so nimmt auch ihr Anteil an der Beute des Räubers zu. Bis zu einem gewissen Maße erfolgt das stärker, als rechnerisch anzunehmen wäre. Offenbar lernt der Räuber, diese häufige Beute nun besonders schnell und effizient zu finden und er macht davon Gebrauch.

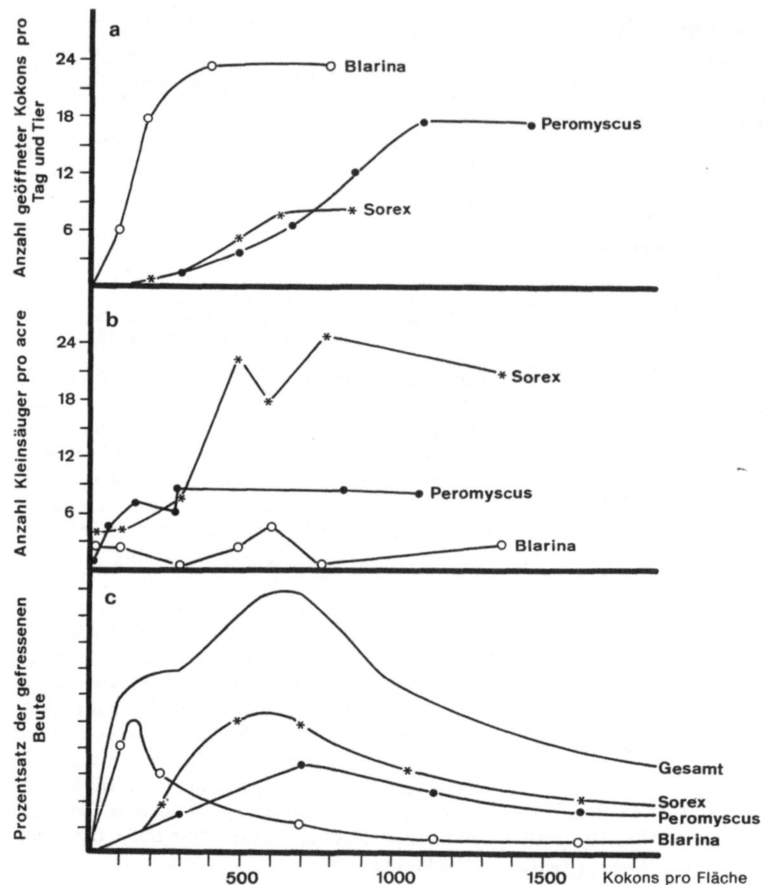

Abb. 115 a–c. Numerische und funktionelle Reaktion bei Räuber-Beute-Systemen. **a** Die Mäuse und Spitzmäuse öffnen bei größerer Kokondichte eines Waldinsekts mehr Puppenkokons als zunächst zu erwarten wäre. **b** Die Zahl der Spitzmäuse, aber auch der Mäuse, nimmt mit höherer Populationsdichte (gemessen an den Puppenkokons) eines Schmetterlings zu. **c** Das Resultat von (**a**) und (**b**): Mit steigender Dichte der Puppenkokons nimmt zunächst der Prozentsatz der durch Räuber vernichteten Puppenkokons deutlich zu, erreicht einen Maximalwert, um dann wieder rasch abzusinken. (Nach Holling, aus Schröder, 1974, verändert)

Allerdings haben wir auch hier wieder zu sehr vereinfacht. Auf der einen Seite greift der Räuber gerade die Beute, die er zu erkennen gelernt hat, ganz bevorzugt und läßt andere mögliche Beute unbeachtet. Auf der anderen Seite greift er gerade auffällige, vom allgemeinen Bild abweichende Organismen.

Dies sind zwei einander widersprechende Befunde. Für beide sind gut belegte Beispiele gefunden worden. Auch kann eine Beute durch den Verzehr von einer häufigen zu einer seltenen Form werden. Ein Huhn, welches gerade gelernt hat, gelbe Körner aufzupicken, sucht diese gezielt aus einem Körnerhaufen heraus und läßt andersfarbige liegen. Sind die gelben bei weitem in der Überzahl, so haben wir die typische funktionelle Reaktion vor uns. Nach einiger Zeit aber werden die gelben nahezu verzehrt sein und nun sucht das gleiche Huhn nicht mehr die häufigste „Normalfarbe", sondern es sucht die wenigen zurückgebliebenen „Seltlinge". Dies einfache Experiment lehrt, daß aus Freilandbeobachtungen keineswegs einfach geschlossen werden darf, ob ein Tier die „normale" oder die „abnorme" Beute bevorzugt. Die unmittelbare Vorgeschichte des Räubers muß dazu bekannt sein (vgl. Curio, 1976). Hier ist noch sehr viel Arbeit auf dem Grenzgebiet zwischen Ethologie und Ökologie zu leisten.

Auf alle Fälle: durch die Addition von numerischer und funktioneller Reaktion des Räubers ist der Feinddruck auf die Beute bei einem mittleren Beuteniveau besonders hoch. Überschreitet die Beute das kritische mittlere Niveau, so kann die Dichte des Räubers nicht mehr erhöht werden und gleichzeitig nimmt im allgemeinen die Anzahl der von dem häufigsten Beutetier gefressenen Individuen überproportional ab. Das ist eine Reaktion, die uns Menschen, die wir auch nicht täglich das gleiche essen mögen, sehr verständlich ist. Bei sehr hoher Dichte der Beute ist also der Effekt des Jäger-Generalisten sehr begrenzt. Hier kann nur der Spezialist eingreifen. Man wird also eigentlich bei Räuber-Beute Betrachtungen zwischen Modellen bei Spezialisten und Generalisten unterscheiden müssen.

Läßt sich nach all dem demonstrieren, was im Freiland geschieht, wenn alle Räuber — große und kleine — ausgeschaltet werden? Im Prinzip sind derartige Versuche möglich — sie sind jedoch nur im Bereich des marinen Benthos mit einigen Vorbehalten praktisch möglich gewesen. Hier hat man alle Jäger aus dem Boden herausgesammelt und dann einen Drahtkäfig über das System gestülpt. Mit einem gleichen Käfig hat man unbehandelte Flächen abgedeckt. Entsprechende Versuche wurden an Felsküsten, auf Sandböden und auf Schlickböden gemacht. Tabelle 8 zeigt das Ergebnis eines solchen Versuches aus dem deutschen Wattenmeer. Deutlich wird der Effekt der Jäger demonstriert. Ohne die Jäger tritt sehr rasch eine Vervielfachung der Individuenzahl auf.

Ähnliche Versuche sind in Kanada gelaufen, wo man die Wölfe extrem dezimierte und damit eine Erhöhung des Bestandes an Elchen und Karibus erhielt. Nahezu identische Befunde gibt es aus Afrika, wo eine Reduktion der Löwen zu einer Erhö-

Tabelle 8. Der Effekt des Ausschlusses von Räubern durch Überstülpen eines Gaze-Käfigs über ein Stück Wattenmeer. Die Individuenzahl steigt auf mehr als das 4fache an. (Aus Reise, 1976)

Sandwattbesiedlung	Kontrolle	Käfig
Hydrobia	21	30
Muscheljunggut:		
Cardium	8	747
übrige (3 Sp.)	6	25
Muscheln (adult) (4 Sp.)	3	1
Pygospio	183	764
Spio	15	21
Thyrax	8	15
Microphthalmus	3	27
Capitella	4	16
Scoloplos <1,0 mm breit	115	113
≥1,0 mm breit	3	8
übrige Polychaeten (9 Sp.)	20	27
Peloscolex	22	35
Amphipoden (2 Sp.)	5	2
Carcinus (juv.)	1	26
Artendichte	21	22
Individuendichte	417	1827

hung des Bestandes anderer Tiere führt: meistens sind das Antilopen, manchmal aber auch andere Raubtiere wie etwa Hyänen.

Vielleicht hat man dabei aber etwas ganz Wichtiges übersehen: den Vertreibeeffekt von Räubern. Wir haben ja bisher nur berücksichtigt, was der Raubfeind als Nahrung auch wirklich aufnimmt. Ganz offensichtlich genügt das nicht. Bei Kohlweißlingsraupen konnte gezeigt werden, daß sie sich beim Brummen einer Schlupfwespe hastig zusammenrollen und von der Futterpflanze fallenlassen. Das Fluggeräusch des Raubfeindes stört also. Genau das gleiche geht von Raub-Säugetieren auf ihre Beute aus. Luchse haben unter anderem den Effekt, daß sich Rothirsche von Plätzen fernhalten, wo der Luchs leicht jagen kann. Da der Luchs ebenso wie der Rothirsch durch hohen Schnee behindert wird, stehen in Luchsgebieten die Rothirsche im Tiefschnee von Bäumen entfernt, wo der Luchs kaum greifen kann. So erleiden die Rothirsche einfach durch den Tiefschnee, durch den Zwang zum Aufenthalt in einem für sie ungünstigen Revier, Verluste und diese Verluste gehen deutlich über das Maß hinaus, welches allein durch die Jagdtätigkeit des Luchses zu erklären wäre (hierauf beruht auch der große Effekt von Jägern und Anglern: die von ihnen ausgehende Störung ist viel größer als das Wegfangen oder das Abschießen von Tieren). Dieser Vertreibeeffekt ist außerordentlich schwer zu quantifizieren, aber man muß davon ausgehen, daß seine Wirkung unerhört groß ist. Eine Schlupfwespe, die dreimal pro Tag einen Kohlbusch umkreist und dabei hundert Raupen in die Tiefe fallen läßt, verhindert das Fressen dieser Raupen für den einen Tag und kann damit bereits hundert Raupen getötet haben. Unter diesem Aspekt wird man all die Räuber-Beute-Systeme noch einmal überdenken müssen.

So läßt sich wohl die folgende allgemeine Beschreibung der Räuber-Beute-Wirkungen vertreten:

Bei einem geringen (und wohl als normal anzusehenden) Niveau der Beutetiere halten in der Hauptsache etwa gleich große oder etwas größere Jäger die Beutetierpopulation auf einem vergleichsweise niedrigen Niveau. Kommt es zu einer gewissen Erhöhung der Beutetierdichte, so nehmen auch die Räuber zu (numerische Reaktion) und es erhöht sich ihre Bevorzugung der nun häufiger gewordenen Beute (funktionelle Reaktion). Wird auch diese Schwelle durchbrochen, so nimmt der Anteil der Spezialisten gegenüber dem der Generalisten zu und gleichzeitig nimmt die Körpergröße der nun effektiven Räuber ab (ohne daß die Jäger der ersten Gruppe deswegen verschwinden). Bei sehr hoher Dichte sind es dann vor allen Dingen Krankheitserreger und Parasiten, die eine effektive Bestandsregulierung der Beutetiere durchführen.

Im Wasser liegen die Dinge durch die Existenz von Filtrierern mit ihrem sehr erheblichen Größenunterschied zwischen Beute und Räuber anders; Parasiten und vor allen Dingen Krankheitserreger spielen offenbar eine geringerere Rolle und hohe Dichten können durch Filtrierer kontrolliert werden.

Bei all dem haben wir bisher die Strategien völlig außer acht gelassen, mit denen eine mögliche Beute dem möglichen Angriff eines Gegners entgeht. Hier sind zwei grundsätzliche Strategien zu unterscheiden.

a) Strategie der Selektion für Spezialisten.

b) Strategie der Unvorhersehbarkeit.

Beide Strategien sind keine Gegensätze sondern treten in der Regel gemeinsam nebeneinander auf.

Strategie der Selektion für Spezialisten

Die Entwicklung einer Tarntracht, die Entwicklung charakteristischer chemischer Abwehrsubstanzen, die Entwicklung eines schnellen Fluges oder eines raschen Laufes schalten zufällig vorbeikommende Räuber als Feinde aus. Mit der Entwicklung einer Tarntracht werden sich jedoch Spezialisten entwickeln, die mit dem Gehör, mit der Nase oder mit Hilfe von Infrarotsensoren ihre Beute aufspüren. Mit der Entwicklung eines chemischen Abwehrsystems werden Spezialisten auftauchen, die nicht nur diese chemischen Substanzen ertragen, sondern möglicherweise daran sogar ihre Futterpflanze erkennen und unter Umständen diese Substanzen selber als eigene Feindabwehr verwerten. Mit der Entwicklung eines schnellen Fluges werden sich Feinde einstellen, die ebenfalls rasch zu fliegen vermögen und die Entwicklung eines schnellen Laufes führt lediglich zur „Zucht" eines rasch laufenden Gegners. Dennoch bedeutet all dies für die Beute einen Vorteil, da der Spezialist ja nie seine Beute ausrotten kann, sondern höchstens auf ein bestimmtes Niveau senken; der Generalist, der die Beute nur bevorzugt, nicht aber benötigt, weil er auch andere Nahrungsarten aufnehmen kann, ist viel gefährlicher und er wird auf diesem Wege ausgeschlossen. Nur „technologische Durchbrüche" können dem Räuber auf gewisse Zeit einen Vorsprung sichern — der unter Umständen allerdings für den Räuber selber tödlich ist. Die Rückkehr der Selachier und der Teleostier aus dem Süßwasser ins Meer — die Erfindung, wieder mit dem Salzgehalt des Meeres fertig zu werden — brachte, ebenso wie die Rückkehr der Landraubtiere ins Meer, größte „technologische Neuerungen" bei den Sinnesorganen in das Meer hinein. Das Seitenliniensystem, die leistungsfähigen Augen und das große ZNS sind Beispiele dafür. Diesem technologischen Neuland hatten die ursprünglichen Meerestiere zunächst nichts entgegenzusetzen. Das Verschwinden der Tintenfischverwandten (Ammoniten) gleichzeitig mit dem Auftreten der Fische ist wohl so zu erklären. Ein solcher „technischer Durchbruch" war wohl auch die Erfindung der Warmblütigkeit, auch bei kleinen Tieren: diese waren bei kühlen Wetterlagen den ebenso großen, wechselwarmen Reptilien weit überlegen. Die großen Dinosaurier waren, wie wir heute wissen, wohl auch warmblütig einfach aufgrund ihrer riesigen Dimensionen. Wieweit aber eine echte Regulation erfolgte, ist unsicher.

Die Erfindung des Menschen, die ihn aus den Mikroorganismen heraushob und ihm eine völlig neue Qualität verlieh, war die Erfindung der komplizierten Sprache und damit eines komplizierten Informationssystems, welches viel schneller als die organismische Evolution erlaubt, Informationen durch Familien, Stämme, Kontinente hindurchzutragen. Plötzlich konnten Informationen über Pfeil und Bogen, über Giftpfeile, über Fallenbau innerhalb von Minuten weitergegeben werden und sich mit großer Geschwindigkeit über die Länder ausbreiten. Damit erhielt der Mensch einen entscheidenden Vorsprung vor all den Tieren seines Lebensraums, den er schon als Jäger und Sammler bis heute weitestgehend genutzt hatte.

Immerhin setzen, wie wir sehen, derartige Strategien eine bemerkenswerte Selektion in Gang, die durch viele Glieder gehen kann und die man gelegentlich als „Lohn-Preis-Spirale" in der Biologie bezeichnet hat. Bildet eine Pflanze etwa einen sekundären Pflanzenstoff (etwa ein Alkaloid) aus, so wird diese Pflanze für den Generalisten unter den Pflanzenfressern damit zunächst wenig schmackhaft. Eine Reihe von Pflanzenfressern werden ausgeschaltet, ein anderer Teil wird bestehen bleiben. Bildet die Pflanze weitere Alkaloide aus, so werden fast alle Pflanzenfresser diese Pflanze meiden. Auf regelmäßig vorhandene Alkaloide aber werden sich einzelne Arten in einer Evolution einstellen. Sie werden diese Alkaloide entweder speichern, ausscheiden oder abbauen. Im allgemeinen scheint bei Tieren die Speicherung das Normale zu sein. Aus einer Pflanze mit sehr vielen Feinden ist so im Laufe einiger Evolutionsschritte eine Pflanze geworden, die nur einen einzigen Feind, einen Spezialisten, hat. Daß dies Vorteile hat, haben wir bereits gesehen. Der Räuber speichert das Alkaloid wie beschrieben. Er wird damit seinerseits für Räuber ungenießbar. Die Raupe des Tabakschwärmers ist für Häher wenig schmackhaft. Unerfahrene Häher, die eine solche Raupe verschluckt haben, erbrechen sie und rühren die gleiche Art in Zukunft nicht mehr an. Damit schützt die Pflanze nunmehr ihren eigenen Spezialisten vor Feinden — es sei denn, auch hier stellt sich wiederum ein Spezialist ein, der mit dem Alkaloid fertig wird. Das ist natürlich der Fall: Schlupfwespen, die gegen bestimmte Alkaloide immun sind, gibt es bei fast all diesen Spezialisten. Ferner stellt unser Spezialist nunmehr den Ausgangspunkt für Mimikry dar. Da er ungenießbar ist und von Generalisten unter den Räubern gemieden wird, bedeutet es für andere Arten einen Selektionsvorteil, ihm ähnlich zu sehen. Das bekannteste Beispiel liefern die an giftigen Wolfsmilcharten und ebenso giftigen Asclepiadaceen fressenden Danaiden-Raupen, die ihrerseits giftige Imagines liefern. Auf der ganzen Welt hat sich eine Fülle von Schmetterlingen entwickelt, die diesen giftigen Danaiden ähnlich sind (so in Amerika nach dem Vorbild des Monarchen Danais plexippus der Viceroy oder Vizekönig Limenites archhippus). Auch durch Blausäure schützen sich manche Pflanzen gegen das Gefressenwerden. Das gilt etwa für Kleearten (Trifolium repens) und Verwandte (Lotus). Nur an klimatischen Optimalstandorten sind jedoch diese Pflanzen in der Lage, selbst mit ihrem eigenen Gift fertig zu werden. Beide Arten können dies nur unter dem Einfluß eines ozeanischen Klimas. Heute hat diese Tatsache eine wesentliche wirtschaftliche Bedeutung. Alkaloide als Pflanzenschutzstoffe schätzen wir als Gewürz, wir schätzen sekundäre Pflanzenstoffe allgemein in unserer täglichen Nahrung jedoch nicht. Die moderne Pflanzenzüchtung geht daher dahin, all den Massenkulturpflanzen (Reis, Mais, Weizen, Hirse, Kartoffeln, Soja, Futtergräser), die sekundären Pflanzenstoffe zu nehmen. Damit wird die Produktivität erhöht, damit werden jedoch unsere Kulturpflanzen zunehmend empfindlicher gegen den Angriff beliebiger Pflanzenfresser. Der Mensch braucht daher zunehmend mehr Insektizide. Hier liegt eine schleichende Gefahr für unsere Ernährung. Auch Tiere haben chemische Verteidigungswaffen entwickelt. Unmittelbar den sekundären Pflanzenstoffen vergleichbar sind die Nesselzellen der Cnidarier. Sie schützen vor Generalisten, aber nicht vor den speziell angepaßten Meeresnacktschnecken, die ihrerseits die Nesselkapseln funktionsfähig in der eigenen Haut speichern (Kleptocniden) und damit sich vor Feinden schützen. Weitere chemische Abwehrwaffen von Tieren fallen meist unter die Strategie der Unvorhersehbarkeit und sollen dort besprochen werden.

Strategie der Unvorhersehbarkeit

Eine zweite Strategie der Feindvermeidung ist die Strategie der Unvorhersehbarkeit — das räumliche oder zeitliche Auftreten eines Beuteorganismus wird für den Räuber unvorhersehbar, oder selbst die Qualität als Nahrung wird für den Räuber unvorhersehbar.

Das ist besonders eindrucksvoll bei den 13- und 17jährigen Zikaden Nordamerikas (Alexander u. Moore, 1962). Im gleichen Gebiet ist meist nur eine Brut vorhanden. Damit kommen nur alle 13 bzw. alle 17 Jahre Zikaden an die Erdoberfläche. Die Larven leben, wie bei Singzikaden üblich, im Boden. Tiere, die von den zahlreichen Larven leben würden, sehen sich ganz plötzlich sämtlicher Nahrung beraubt und müssen verhungern. Auf der anderen Seite tauchen ganz plötzlich in sehr großer Zahl die Imagines in den Baumkronen auf, es sind ihrer viel zu viele, um noch eine numerische oder funktionelle Reaktion der Räuber auszulösen. Durch den Gesang der Zikaden wird die Territorialmarkierung der Singvögel nahezu unmöglich, die Brutvogeldichte eines so von Singzikaden überfallenen Waldgebietes liegt deutlich niedriger als in einem normalen Wald. Für uns Menschen ist das ein regelmäßiger 13- bzw. 17jähriger Zyklus. Für andere Feinde ist das eine unvorhersehbare Massenvermehrung bzw. ein unvorhersehbarer Populationszusammenbruch. Eine Evolution auf derartige Verhältnisse ist nicht möglich.

Das gleiche gilt letzten Endes auch für die Massenvermehrungen der Wanderheuschrecken, die bekannten Zyklen von Lemming, Schneehase und Mäusen. Sie sind entweder so zahlreich, daß sie jenseits der numerischen und funktionellen Reaktion des Räubers stehen oder so selten, daß eine Suche nach ihnen kaum lohnend ist. Die Zahl der von ihnen lebenden Räuber ist daher deutlich geringer, als sie rechnerisch aufgrund des rechnerischen langjährigen Durchschnitts der Populationsgröße sein würde.

Unter diesen Bedingungen ist ein synchrones Oszillieren verschiedener Arten von der Selektion begünstigt. Bei uns erscheinen die verschiedenen Maikäferarten, deren Imagines an den gleichen Bäumen fressen, gleichzeitig. Das ist an sich ein

Verstoß gegen das beschriebene Exklusionsprinzip. Hier jedoch schalten sie durch sehr große Individuenzahlen den Feinddruck aus, so ist das gleichzeitige Vorkommen ein Selektionsvorteil. Eine Konkurrenz zwischen ihnen könnte erst wirksam werden, wenn die Käfer sowieso nicht mehr am Leben sind. Eine zeitliche Unvorhersehbarkeit des Auftretens von Beutetieren mit all den dazugehörigen Anpassungen (langjährige auf bisher unbekannte Weise exakt programmierte Entwicklung bei Zikaden; Mechanismen zur Steuerung von Populationswellen bei Schneehühnern, Schneehasen, Mäusen und Lemmingen, genügendes Fortpflanzungspotential zur Durchbrechung des durch Räuber gegebenen Dichteniveaus) ist also eine Strategie der Feindvermeidung.

Vergleichbare „Populationsschwankungen" als Anpassung an Räuber im weitesten Sinne haben wir bei Waldbäumen vor uns. Diese produzieren im normalen Bestand nur in mehr oder weniger großen Abständen Samen. In Mitteleuropa produziert ein Buchenwald alle zwei bis vier Jahre Bucheckern (Abb. 116), ein Eichenwald alle 3 bis 15 Jahre. Das ist jedoch eine statistische Aussage. In extremen Fällen können auch zwei Eichelmastjahre aufeinander folgen, denen dann wieder 15–20 Jahre ohne jegliche Eichelproduktion nachfolgen. Nach einem guten Samenjahr sind die Markstrahlen der Bäume — die Speicherorgane — weitgehend geleert, und selbst unter guten klimatischen Bedingungen ist ein zweites Samenjahr kaum auslösbar. Jedes Jahr wird nun wieder Energie in den Markstrahlen gespeichert. Durch gute klimatische Verhältnisse läßt sich nun zunehmend leichter wieder ein Eichelmastjahr auslösen. In einem Jahr ohne Bucheckern- und Eichelproduktion kann man auf Quadratkilometern Wald so gut wie keine einzige Frucht finden. In Mastjahren kann ein überhöhter Rehbestand ganz allein von Bucheckern oder Eicheln den Winter überdauern (Burschel, 1966). Solche für die Tiere unvorherseh-

baren Schwankungen haben zur Folge, daß nur ein verhältnismäßig geringer Prozentsatz der leicht angreifbaren und sehr energiehaltigen Samen durch Tiere gefressen wird. Vielmehr legen viele Tiere sich Vorräte an, die sie dann z. T. vergessen und sorgen damit für eine weite Verbreitung der Beute. Im Mittelalter spielten Eichel- und Buchenmastjahre für die Schweinemast und damit für die menschliche Ernährung eine entscheidende Rolle. Im sehr lockeren Bestand, wie er im Urwald nicht vorkommt, produzieren Eichen und Buchen in jedem Jahr große Samenmengen. Dies ist die Basis für manche unserer sogenannten „Urwälder". Die hier vorliegenden Verhältnisse sind jedoch anthropogen bedingt, die Wälder hat es in diesem Aufbau natürlicherweise nie gegeben.

Bei all diesen Zyklen ist festzuhalten: Sie stellen einen Selektionsvorteil dar, da sie für Räuberpopulationen unvorhersehbar sind. Damit sind die Verluste geringer als bei einer Populationsdichte, die konstant beim Mittelwert der Zyklen liegt. Ferner besteht ein Selektionsvorteil darin, diese Zyklen möglichst großräumig synchron ablaufen zu lassen und mit denen anderer, gegen etwa das gleiche Räuberspektrum empfindlicher Arten zu synchronisieren (Abb. 117, vgl. auch Lahti u. Mitarb., 1976; Hörnfeld, 1978).

Über die Ursachen solcher Zyklen gibt es eine immense Literaturfülle. Dabei lassen sich verschiedene Richtungen des Ansatzes unterscheiden: Zum einen wird angenommen, daß die Zyklen auf endogenen, also in den betroffenen Arten selbst liegenden Programmen beruhen. Wir haben bei der Besprechung der inneren Uhr gesehen, daß endogene Zyklen nur als endogen nachweisbar sind, wenn alle möglicherweise steuernden Außenfaktoren ausgeschaltet werden, und wenn dann der Zyklus mit einer leicht abweichenden Periodenlänge weiterläuft. Ein solches Experiment ist bei den großräumigen Zyklen der Säugetiere und Vögel nicht möglich. Immerhin gibt es eine Reihe von Anhalts-

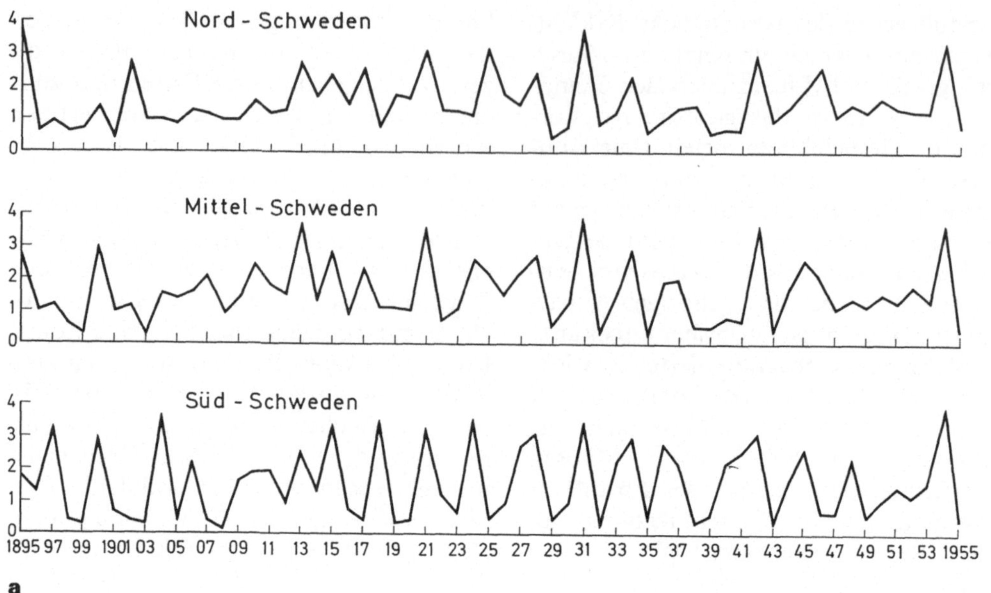

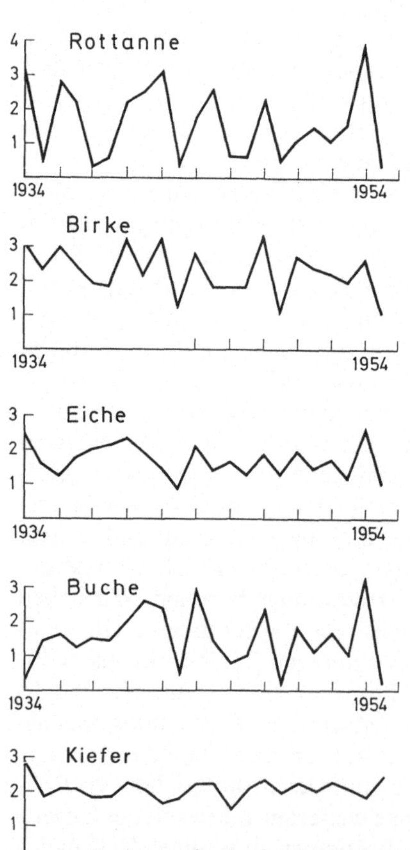

Abb. 116 a–c. Schwankungen der Samenproduktion von Bäumen. **a** Samenproduktion der Fichte von 1895–1955 in Schweden. (Aus Svärdsson, 1957). **b** Samenproduktion (von oben nach unten) der Rottanne, der Birke, der Eiche, der Buche und der Kiefer in Südschweden von 1934–1954. (Aus Svärdsson, 1957). **c** Samenproduktion von Buche und Eiche in Süddeutschland während der letzten 100 Jahre. (Aus Maurer, 1964)

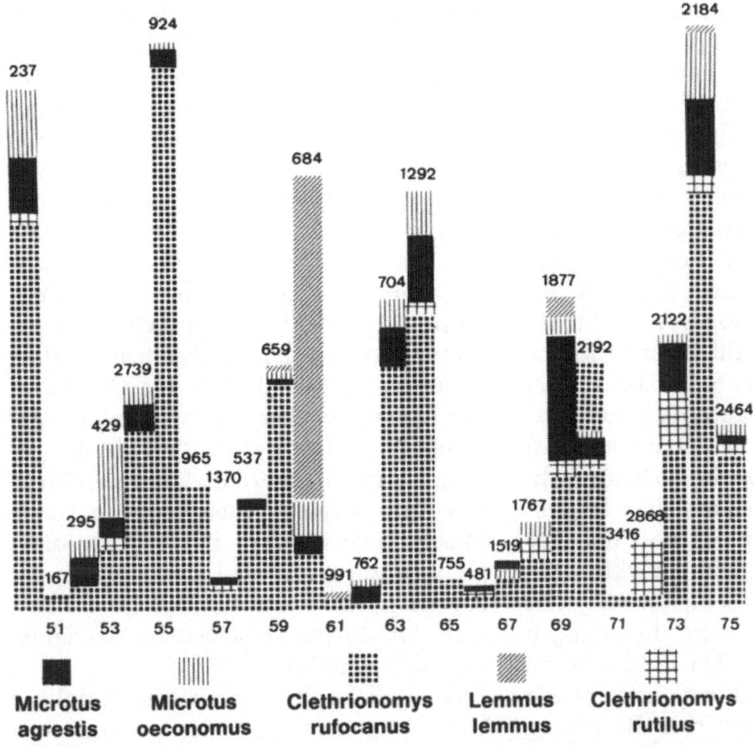

Abb. 117. Populationszyklen von Kleinsäugern in Nordfinnland. Daten nach Fallenfängen. (Nach Lahti u. Mitarb., 1976). (Zahlen: Anzahl Nächte × Fallen). Unterschiedliche Raster: verschiedene Kleinsäugerarten

punkten, die eine derart endogene Steuerung bei manchen Arten als wahrscheinlich erscheinen lassen. Dabei ist sehr wahrscheinlich stets eine genetische Änderung der Population im Zyklusverlauf gegeben. In einem solchen Fall würden Außenfaktoren nur die Funktion von Zeitgebern spielen — also von Faktoren, die die genaue Terminierung bewirken können, ohne für das Phänomen selbst verantwortlich zu sein. Derartige Außenfaktoren können dann Wetterbedingungen, Ernährungsbedingungen, Feinddruck, Krankheiten und vieles andere mehr sein, ebenso wie bei den Zeitgebern für die physiologische Uhr. Die vielfach widerspruchsvollen Resultate entsprechender Forschungen über die gleichen Arten im gleichen Gebiet in verschiedenen Jahren sprechen in diese Richtung. So konnte einerseits keine Beziehung zwischen Lemmingzyklen und Ernährungsbasis in Finn-

land gefunden werden (Kalela), auf der anderen Seite wurde eine solche Beziehung beschrieben (Lahti u. Mitarb., 1976). — Als zweite Möglichkeit wird die unmittelbare Steuerung durch direkte ökologische Faktoren angesehen wie Nahrung, Klima, Krankheitserreger. Die vielfach geringe Präzision der Rhythmen wird hierfür als Argument herangezogen. Vielfach aber ist das nur eine Verschiebung des Problems: Wieso steht Nahrung in rhythmischen Abständen zur Verfügung? Dieser Frage ist Svärdsson nachgegangen. Er kommt zu dem Ergebnis, daß die Bäume Fennoskandiens notgedrungen in einigermaßen gleichmäßigen Abständen fruchten müssen (und ebenso die Ericaceen). Sie verbrauchen dabei angesammelte Reservestoffe, die erst nach einigen Jahren wieder vorhanden sind. Sind diese Reservestoffe vorhanden, so ist die Temperaturschwelle für die Ausbildung weiblicher Blüten niedrig; sind keine Reservestoffe vorhanden, so liegt die Schwelle hoch. Zusammen mit einem ungefähr gleichmäßigen Klima muß hier also endogen ein Rhythmus der Samenproduktion erfolgen. Aber — wie gesagt — vielfach wurde keine Beziehung zwischen Nahrungsangebot und Zyklus gefunden. Bei der Problematik dieser Feststellung ist auch das kein Gegenbeweis. Ein Mastjahr bei der Samenproduktion von Waldbäumen basiert ja nicht auf einer erhöhten Produktion organischer Substanz (und ist damit nicht mit den Methoden zur Messung der Produktion erfaßbar), sondern auf einem Umschleusen der im Stoffwechsel gebildeten Stoffe und auf einer Mobilisierung von Reserven. Kalela fand eine Beziehung zwischen Lemmingzyklen und der Anzahl von Insektenblüten mit Schauapparaten, die von Lemmingen gern gefressen werden. Da Pollen Stoffe enthält, die als Sexualhormone wirksam sein können, kann hier eine Beziehung nicht ausgeschlossen werden, die dann auf unterschiedlicher Nahrungsqualität, nicht aber auf unterschiedlicher Nahrungsmenge beruhen würde.

Eine dritte Gruppe hat vielfach Beziehung zwischen Sonnenflecken, Klima und Zyklen beschreiben wollen. Diese Versuche haben nur wenig Widerhall gefunden. Da die unmittelbare Klima-Zyklus-Beziehung nicht klar erkennbar ist und die Synchronisierung der verschiedenen Arten als Strategie der Feindvermeidung erklärbar ist, dürfte dieser Ansatz heute keine reale Chance mehr haben.

Dabei muß man sich darüber klar sein, daß die steuernden Faktoren für die einzelnen Arten zu verschiedenen Zeiten ganz verschieden sein können; Extrapolationen sollten vermieden werden.

So scheinen die Lemming-Zyklen sehr abrupt zu verlaufen, mit steilem Anstieg und ebenso plötzlichem „Zusammenbruch"; ähnlich dürften die Verhältnisse bei nordischen Wühlmäusen der offenen Landschaft liegen (Microtus oeconmus, M. arvalis), während Verwandte in buschrei-

chen Gebieten eher eine Massenwechselbildung zeigen, d. h. eine Wellenform mit gedämpftem Ausklingen (M. agrestis, M. terrestris); ähnlich, wie das von Wendland 1975 für Apodemus flavicollis gezeigt werden konnte. Massenemigrationen, wie sie für Steppenhühner und manche Waldhühner (Bonasa umbellus) beschrieben wurden, und wie sie als Populationszusammenbrüche zu kennzeichnen sind, dürften bei den meisten Waldhühnern (Tetraonidae) nur in sehr seltenen Fällen vorkommen; hier dürften die Oszillationen ebenfalls eher den Charakter gedämpfter Wellen haben. Das gleiche gilt beim Vergleich innerhalb von Heuschrekken: Nur wenige Arten zeigen extreme Massenvermehrungen mit Emigrationen (= sehr abrupte Populationswellen), der überwiegende Teil einfache Wellen. Es ist klar, daß überall verschiedene Mechanismen wirken müssen.

Eine ähnliche Strategie ist die räumliche Unvorhersehbarkeit. Viele Organismen sind nicht gleichmäßig über ihren Lebensraum verteilt, sie erscheinen uns zufallsgemäß verteilt. Das gilt etwa für einzelne Pflanzenarten in einer Pflanzengesellschaft. Wo in einem tropischen Regenwald ein bestimmter Baum steht, ist letzten Endes eine Frage des Zufalls (Abb. 103). Eine nicht zufällige gleichmäßige Verteilung deutet immer auf spezifisches Revierverhalten der untersuchten Organismen hin. Ein Organismus, der von einem zufällig verteilten anderen Organismus lebt, muß ganz spezifische Mechanismen entwickeln, um seine Nahrungsquelle zu finden. Vielfach wird das nicht gelingen.

In Wirklichkeit ist also zufällige räumliche Verteilung im Lebensraum nicht eigentlich Zufall, sondern von der Selektion her begünstigt. Das haben Burdon und Shilvers an der Infektion von Getreide mit pathogenen Pilzen gezeigt. Bei einem Anbau des Getreides in klassischer Form erfolgt der Pilzbefall an den Wurzeln im Boden sehr rasch über die gesamte Fläche. Dieser Befall kann stark aufgehalten werden, wenn wir anstelle der klassischen Saatmethode ein Verfahren anwenden, welches die Pflanzen zufallsgemäß im Feld verteilt. Werden zwischen den Getreidepflanzen noch andere Pflanzenarten angesät, so wird die Befallsgeschwindigkeit und die Befallsrate noch weiter vermindert. Bei Experimenten mit der Känguruhmaus (Onychomys torridus) konnte Taylor (1977) prinzipiell das gleiche zeigen: In einem Gehege mußten die Mäuse viel mehr Zeit und Arbeit aufwenden, um „geklumpt" verteilte Mehlwürmer zu finden, als wenn diese Larven einigermaßen gleichmäßig verteilt waren. Der Preis, der für diese räumliche und zeitliche Unvorhersehbarkeit gezahlt werden muß, ist wiederum der Verlust einzelner Individuen, die zufällig gefunden werden. Im Durchschnitt aber ist jeglicher Feind vor eine besonders schwierige Situation gestellt, da ihm keine Evolution auf den Zufall möglich ist.

Eine dritte Form der Unvorhersehbarkeit wollen wir hier provisorisch als „chemische Unvorhersehbarkeit" bezeichnen. Werden die sekundären Pflanzenstoffe einer Pflanze polygen vererbt, so ist auch für den Spezialisten nicht vorhersehbar, welche Pflanzeninhaltsstoffe in einem bestimmten Pflanzenindividuum vorhanden sind. Eine Evolution auf eine unvorhersehbare Kombination von sekundären Pflanzenstoffen ist nicht möglich. Allerdings sind bei diesem System immer einzelne Individuen ungeschützt, sie sind völlig frei von sekundären Pflanzenstoffen. Sie stehen dann dem Angriff nahezu aller Pflanzenfresser offen. Das ist der Preis dieser Anpassung (Dolinger u. Mitarb., 1973).

Auch angeborene Resistenz gegen Parasiten und Krankheitserreger basiert offenbar auf derart polygenen Systemen. Bestimmte Mutanten mancher Drosophila-Arten können in ihnen abgelegte Eier von Schlupfwespen mit einem spezifischen Gewebe einschließen und sie damit zum Absterben bringen — für eine Schlupfwespe ist die Frage, ob sie Erfolg hat oder nicht, nicht vorhersehbar. Allerdings gibt es Mutanten von Schlupfwespen, die das Einschlußgewebe durchbrechen können. Auch für die Fliegenmade ist nicht vorhersehbar, ob ihre Gegenmaßnahmen Erfolg haben werden.

Etwas anders liegen die Dinge beim Wechsel mancher Tiere zwischen verschiedenen Lebensräumen. Wanderfische wie Stör, Lachs und Maifisch laichen im Süßwasser und wandern zum Wachstum ins Meer hinaus — andere wie Aal und die Stichlinge wandern zum Laichen ins Meer. Diese Wanderung führt zu einem vollständigen Wechsel der gesamten Parasitenfauna, die den mit dem Wechsel verbundenen osmotischen Schock weder vorhersehen noch ertragen können. Wahrscheinlich liegen ganz ähnliche Verhältnisse bei den entsprechenden Wanderungen vieler Krebse (Wollhandkrabbe!) und dem Wechsel zwischen Wasser- und Luftleben bei vielen Insekten vor.

Gerade solche für Tiere unvorhersehbare Phänomene sind natürlich auch für den Menschen ganz allgemein schwierig zu untersuchen. Man sieht hier und da Massenvermehrungen — aber bis man die Ursache so weit erkannt hat, daß eine wirkliche wissenschaftliche Analyse erfolgen kann, ist diese Massenvermehrung lange vorüber und meist auch der Sommer, in dem untersucht werden kann. Im nächsten Jahr können die Verhältnisse dann ganz anders aussehen.

Offenbar können nämlich Pflanzen auch schlecht angreifbar werden aufgrund eines massiven Tierfraßes. Das ist bei Arven in den Schweizer Alpen gut belegt, die nach einem massiven Tierangriff dickere und kürzere Nadeln bilden, die von Schmetterlingsraupen kaum attackiert werden. Die Massenvermehrung bricht zusammen, und in den folgenden Jahren werden die Nadeln nun immer angreifbarer, bis nach etwa zehn Jahren ein neuer Angriff erfolgt, der wiederum zu kürzeren und dickeren Nadeln führt. (Würde man gegen die Schädlinge spritzen, würde die Verdaulichkeit der Nadeln weiter erhöht und

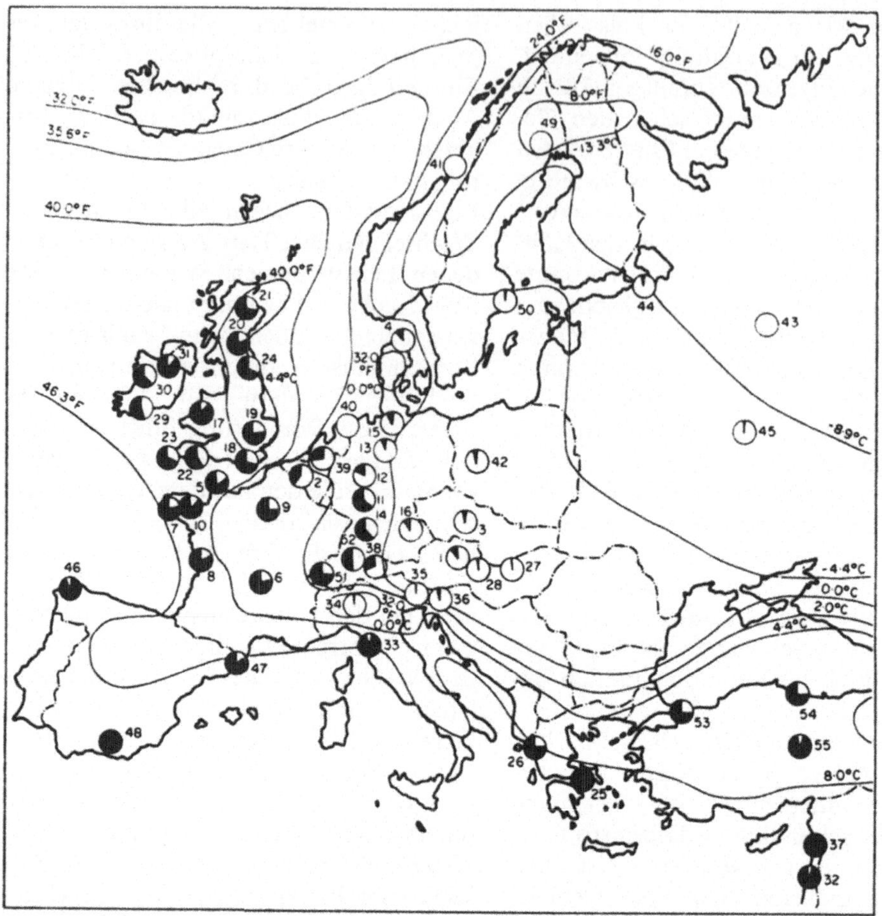

Abb. 118. Verbreitung und Frequenz der cyanogenen Form wilder Populationen von Trifolium repens. Der schwarze Anteil deutet auf den Anteil der cyanogenen Form an der Gesamtpopulation hin. Dazu die Januar-Isotherme. (Nach Daday, aus Jones, 1973)

man müßte unbegrenzt spritzen — die Kosten wären höher als bei einer Entnadelung alle zehn Jahre.) Ähnliche Fälle sind heute vielfach belegt, so etwa bei den Massenvermehrungen von Oporinia autumnata im nordischen Birkenwald.

Als unmittelbare Reaktion auf Tierfraß können Pflanzen sehr rasch Giftstoffe entwickeln; auf der anderen Seite können solche Giftstoffe nach einer Insektenmassenkalamität auch in den folgenden Jahren weiter gebildet werden, so daß auch in den folgenden Jahren an sich relativ wenig Insekten überhaupt zur Entwicklung kommen.

Eine Fülle von parasitischen Pilzen ist im Lauf der Evolution zu einem wichtigen Symbiosepartner der höheren Pflanzen geworden und die nun vom Pilz produzierten Giftstoffe dienen als Schutz gegen Tierfraß.

Noch vor wenigen Jahren galt, daß Tiere in geringerem Maße als Pflanzen (s. Abb. 118) sekundäre Stoffe, Abwehrstoffe, entwickelt hätten. Wo solche oder verwandte Stoffe (Pheromone) auftraten, wurden diese meist als weiterverwendete sekundäre Pflanzenstoffe angesehen. Heute wissen wir: Tiere produzieren mindestens in gleichem Maße wie Pflanzen sekundäre Stoffe als Pheromone und als Abwehrstoffe. Vielfach wird zwar ein sekundärer Pflanzenstoff als Basis genommen, aber die Synthesefähigkeit der Tiere steht hinter der der Pflanzen nicht zurück, und die Vielfalt der Stoffgruppen ist mindestens der Vielfalt der Stoffgruppen von Pflanzen vergleichbar. Einer der aufregendsten neuen Funde ist die Analyse natürlicher Halogenverbindungen in marinen Wirbellosen (Weber et al., 1988), die manchen nicht abbaubaren synthetischen Pestiziden ähnlich sind, und die offenbar von Meereswürmern wie Lanice conchilefera synthetisiert werden. Es handelt sich um Bromphenole. Man wird hier in diesem völlig unerwarteten Gebiet auf mehr Überraschungen gefaßt sein. Aber auch Insekten — wie etwa Heuschrecken, Kurzflügelkäfer, Laufkäfer und viele andere — haben eine Fülle von Abwehrstoffen sehr unterschiedlicher chemischer Art entwickelt (z. B. Dettner et al., 1982, 1985) (Abb. 119, 120). Blausäure ist etwa bei Diplopoden (Julus) bekannt; die Verteidigungsstrategie des amerikanischen Stinktiers ist berühmt. Besonderes Interesse hat

Abb. 119. Überraschende Fluchtstrategien. Der Wasserläufer Velia sezerniert ein Entspannungsmittel auf die Wasseroberfläche und wird von dem sich rasch ausbreitenden Film schlagartig aus der Reichweite des Räubers entfernt. (Aus Linsenmair u. Jander, 1963)

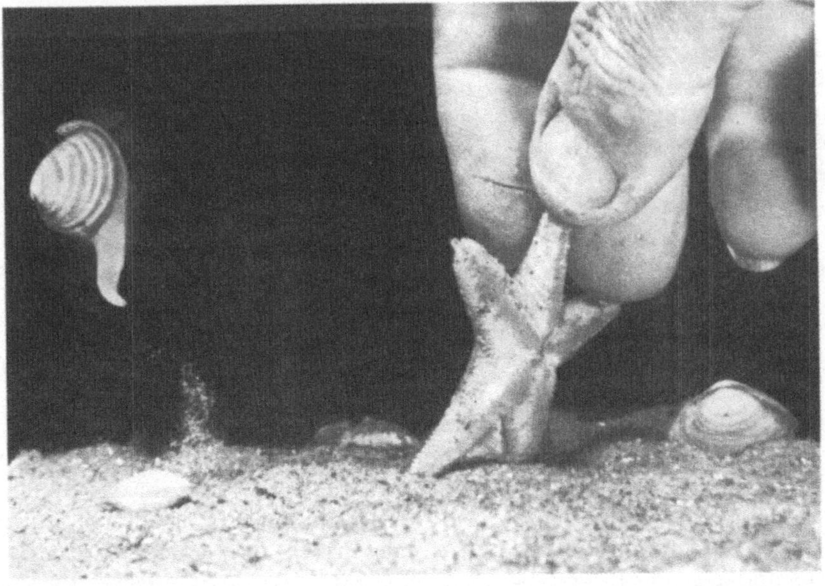

Abb. 120. Kommt der Seestern Astropecten in die Nähe von Spisula, so springt die Muschel aus dem Sand. (Nach Thorson, 1957)

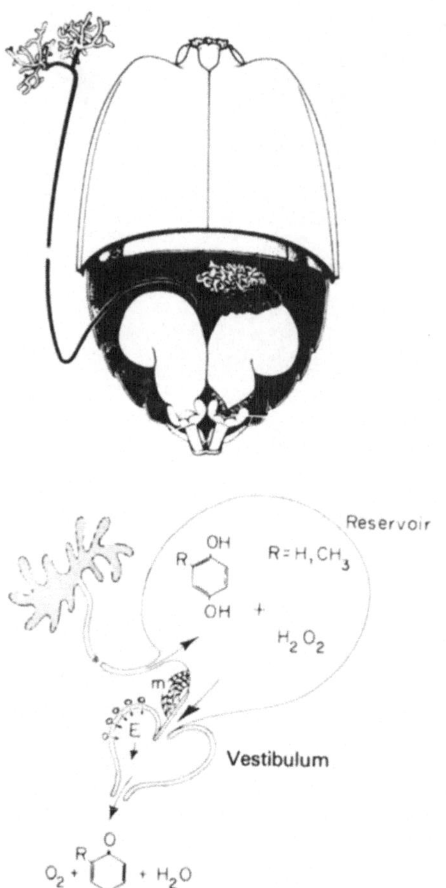

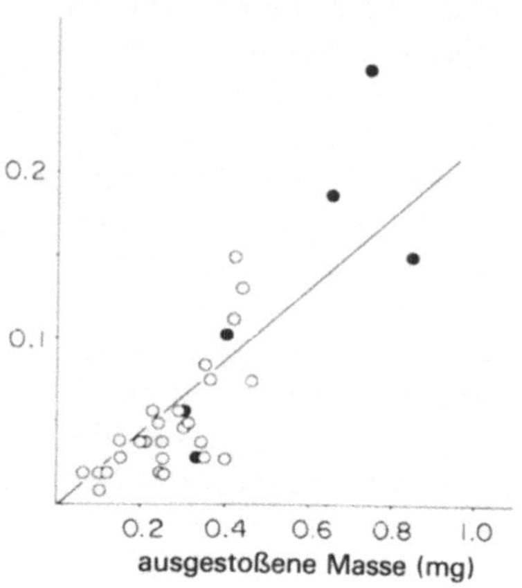

Abb. 121. Der Mechanismus der Feindabwehr des Bombardierkäfers. (Nach Schildknecht, aus Eisner, in Sondheimer u. Simeone, 1970)

in letzter Zeit der mitteleuropäische Bombardierkäfer (Brachyinus) gefunden, der bei Gefährdung unter heftigem Knallen heiße Chinone ausstößt (Abb. 121). Die Temperatur des aus den Drüsen ausströmenden Gases beträgt gut 100° C. In einer Drüse werden Chinone produziert, diese werden in einem Reservoir mit Wasserstoffsuperoxid zusammengebracht. Bei Gefährdung werden beide Bestandteile in eine Brennkammer gebracht, in der katalytisch das Wasserstoffsuperoxid zu Sauerstoff und Wasser gespalten wird und die Hydrochinone zu den entsprechenden Chinonen oxidiert werden. Andere Laufkäfer benutzen Formaldehyd als Verteidigungsmittel.

Wir haben hier Grundlagen der Beziehungen zwischen Räubern im weitesten Sinne und ihrer Beute im weitesten Sinne diskutiert. Ehe man sie auf Verhältnisse in der freien Natur anwendet, muß man sich darüber klar sein, daß es sich nur um Grundlagen handelt, von denen nahezu beliebige Abweichungen möglich sind. Ein kleiner Räuber, der sehr lange Zeiträume, etwa von der Photoperiode gesteuert, in einem Ruhestadium verbringt, hat natürlich eine geringere Vermehrungsrate als seine vielleicht sogar etwas größere Beute, die mehrere Generationen pro Jahr hervorbringt.

Dazu haben wir es in der freien Natur nur selten mit Zweiart-Systemen zu tun, fast immer greifen viele Arten in das System ein. Dies kann auf höchst überraschende Weise geschehen. Die Schlupfwespe Orgilus obscurator ist ein spezifischer Parasit von Rhyacionia buoliaa (Kieferntriebwickler, Lep.). Das gleiche gilt auch für 4 weitere Schlupfwespen-Arten. Gemeinsam haben sie aber einen geringeren Effekt auf den Wirt als die erste allein: Die letzten 4 können ihre Beute nämlich nur finden, wenn sie den Spuren der ersten folgen und so die von der ersten bereits parasitierte Beute finden. Sie legen ihr Ei dazu, dieses entwickelt sich rascher als das des ersten Parasiten und ist somit konkurrenzüberlegen (Zwölfer u. Mitarb., 1976). Unsere Überlegungen konnten also nur eine Hilfestellung bei der Frage sein, was vielleicht möglich ist. Untersucht werden muß der Einzelfall. Gerade bei der Bedeutung, die der biologischen Schädlingsbekämpfung heute zukommen sollte, kann vor Extrapolationen aus Grundlagenüberlegungen nicht stark genug gewarnt werden. Rückschläge der biologischen Schädlingsbekämpfung sind überwiegend auf solche Extrapolationen zurückzuführen.

Das Problem des optimalen Ertrages. Räuber-Beute-Systeme haben unter der Bezeichnung „Das Problem des optimalen Ertrages" große wirtschaftliche Bedeutung erlangt. Der Mensch möchte für seine Bedürfnisse aus künstlichen und natürlichen Populationen möglichst viele Individuen bzw. möglichst viel Biomasse entnehmen, ohne dabei diese Population zu schädigen, ohne das System zu schädigen und damit langfristig möglichst hohe Erträge zu gewährleisten. Der Mensch entspricht hier einem Räuber im weitesten Sinne, so wie wir es in diesem Kapitel aufgefaßt haben. Bei den vom Menschen kontrollierten Populationen — also Haustieren und Nutzpflanzen — ist die Frage relativ einfach und stellt kein besonderes Problem dar. Lediglich eine Reihe von Randproblemen, die nicht minder gravierend sind, aber nicht unmittelbar in unseren Zusammenhang gehören, spielen eine Rolle: Die großen Monokulturen sind in hohem Grade anfällig gegenüber Schädlingen aller Art. Die große Hungersnot zu Beginn des 19. Jahrhunderts in Irland, der ein Drittel der irischen Bevölkerung zum Opfer fiel, ist dafür ein Beleg: Die irische Bevölkerung ernährte sich zu der Zeit durchweg von Kartoffeln, die einem Pilz zum Opfer fielen. Eine derartige Katastrophe ist heute die Schreckensvision aller Ernährungswissenschaftler. Eine solche Katastrophe erscheint heute durch die Züchtung und Verwendung sehr einheitlicher Rassen besonders leicht auslösbar. Zum zweiten sind die Hochleistungsrassen wie beschrieben gegenüber Nährstoffmangel und Wassermangel besonders empfindlich (S. 42). Zum dritten sind bei modernen landwirtschaftlichen Methoden Erosionsgefahren besonders groß, ebenso wie die Gefahr der Lateritisierung tropischer Böden.

Anders liegen die Dinge im Meer, wo der Mensch heute noch Jäger und Sammler geblieben ist, wo er noch heute kein Management irgendwelcher Art betreibt. Immerhin ist bemerkenswert, daß ein ungedüngter Lebensraum ohne irgendwelche Schädlingsbekämpfungsmittel noch heute etwa 15% des der Menschheit zur Verfügung stehenden Eiweißes liefert: das Meer. Diese Lieferungen langfristig aufrecht zu erhalten, ist das Ziel der modernen Fischereibiologie. Sie hat Modelle und Methoden entwickelt, die dieses Ziel heute weitgehend sicherstellen können (die zur Durchsetzung bedeutsamen politischen Probleme können die Wissenschaftler allerdings auch nicht lösen).

Neuerdings stellt sich immer mehr ein entsprechendes Problem auch am Lande: Möglicherweise sind manche großen Steppengebiete weniger durch Landwirtschaft mit Getreidebau oder Viehzucht als durch ein Management der natürlicherweise vorkommenden großen Säugetiere nutzbar. Die Tundragebiete Nordeuropas mit ihren Rentieren sind ein altes Beispiel dafür; die Steppen Südrußlands mit ihren Saiga-Antilopen demonstrieren das gleiche und heute wird diskutiert, die großen Steppensäuger Ost- und Südafrikas in gleicher Weise zu nutzen. Sie produzieren pro Fläche und Zeit offenbar wesentlich mehr Eiweiß als Haustiere, und sie zerstören, anders als Rinder, die Steppe nicht. Probleme dabei sind im Augenblick vor allem die Abneigung der Bevölkerung gegen das ungewohnte Wildfleisch und die Bevorzugung des von den Weißen bevorzugten Rindfleisches. Derartige Nahrungsumstellungen, wie sie in Europa unter dem Druck des Nahrungsmangels ja vielfach vorgekommen sind — man denke nur an Kartoffeln — sollten kein Hinderungsgrund sein. Ein weiteres Hindernis sind derzeit Transport- und Lagerungsprobleme der erlegten Tiere in dem warmen Klima.

Prinzipielle Strategien zur Entwicklung eines optimalen Ertrages sind natürlich einfacher und genauso gut an kleinen Labortieren zu entwickeln. Vor allen Dingen eine Studie von Slobodkin und Richman (1956) über die Abfischung fester Prozentsätze neugeborener Daphnien aus Laborkulturen ist hier zu nennen. Daphnien wurden in Laborkulturen eingesetzt und konstant mit einzelligen Algen gefüttert. Alle vier Tage wurden 0, 25, 33, 50, 66, 75 und 90% der Jungtiere der Kultur entnommen. In Abhängigkeit von der gebotenen Nahrungsmenge entstand eine Population, deren Größe stark schwankte. Mit steigendem Entnahme-Prozentsatz wurden die Populationsschwankungen deutlich geringer. Ebenso sank mit steigender Entnahme die Populationsgröße ab. Die kleine Population lieferte jedoch weitaus höhere Erträge als die große Population: Die Kurve der Erträge verläuft genau entgegengesetzt zur Kurve der Populationsgröße.

Dieses Bild haben wir aufgrund all unserer Überlegungen bei Räuber-Beute-Systemen zu erwarten. Ein hoher Bestand schließt eine hohe Produktion aus. Ein niedriger Bestand garantiert eine hohe Produktion. Die Gefahr bei einem niedrigen Bestand ist jedoch das Zusammentreffen einer normalen Nutzung zusammen mit ungünstigen Außenfaktoren, was zu einer extremen Übernutzung und unter Umständen zum Verschwinden des genutzten Organismus führen kann. Hier

den Umweltbedingungen ihres Vorkommens untersucht werden, wie hoch die Ernte sein muß, um eine optimale Produktion zu erzeugen und wie hoch die Ernte sein darf, um die Art bei starker Vermehrung zu halten. Patentrezepte sind nicht möglich; die gleiche Art verhält sich unter verschiedenen Umweltbedingungen und damit in verschiedenen Teilen ihres Verbreitungsgebietes verschieden, und verschiedene Arten sind auch nicht unmittelbar vergleichbar.

Außerdem entsteht die Frage, wie weit durch eine so starke Absenkung der Population, bei der alle Nachkommen (ohne intraspezifischer Konkurrenz ausgesetzt zu sein) sehr stark heranwachsen (Abb. 122), ein maximaler, aber kein optimaler Ertrag erreicht wird. Infolge der mangelnden intraspezifischen Konkurrenz werden nicht mehr die widerstandsfähigsten Genotypen ausgelesen, sondern die raschwüchsigen. So entsteht das gleiche Problem wie in der Forstwirtschaft, wo wirkliches Qualitätsholz nur von sehr alten Bäumen, die im gemischten Bestand unter starker Konkurrenz aufgewachsen sind, erzielt werden kann. Hier einen Mittelweg zu finden ist außerordentlich schwierig und ist die Hauptaufgabe der modernen Fischereibiologie (vgl. Bückmann, 1963; Hempel, 1977). Hier wurde aufgrund vieler Freiland- und Laboruntersuchungen ein Schema entwickelt, welches die im einzelnen zu beachtenden Parameter sehr gut darstellt (Abb. 123). Welches nun jedoch das produktionsbiologische Maximum ist, muß nach Einzelversuchen und Einzelanalysen für jede Tierart und jeden Raum getrennt analysiert werden.

Wie schwierig die Verhältnisse ins Freiland übertragen werden können, zeigt gerade das Beispiel Fischereibiologie. Hier unterscheidet man drei verschiedene Typen der Überfischung. Die Wachstumsüberfischung ist davon die bekannteste. Durch die Fischerei wird der Bestand alter, ausgewachsener Individuen gelichtet und damit werden günstige Bedingungen für junge Fische mit hoher Wachstumsra-

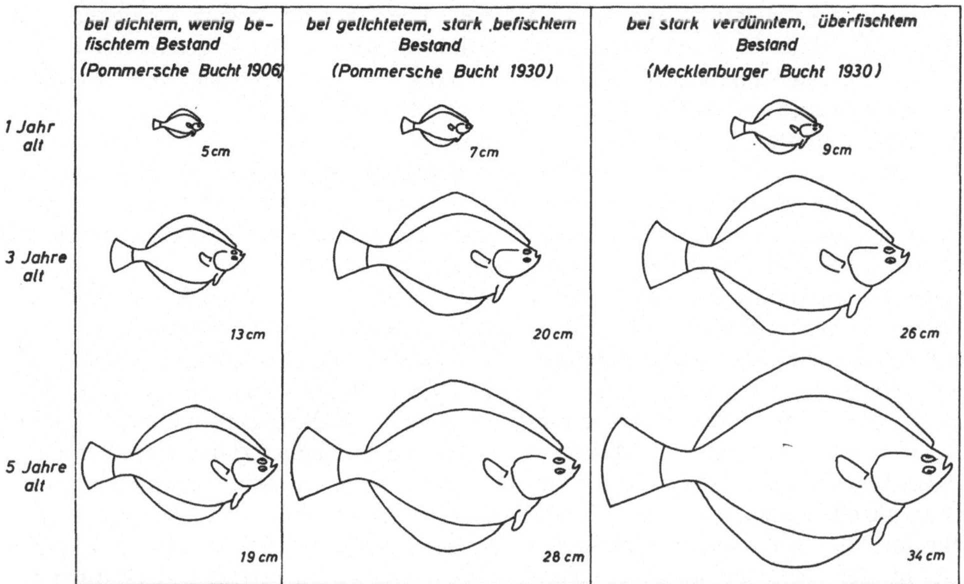

Abb. 122. Wachstumsverhältnisse der Scholle in der Ostsee. (Nach Kändler, aus Bückmann, 1963)

liegt das Problem: Für jede Art muß unterte und geringer natürlicher Sterblichkeit geschaffen. Der so reduzierte und verjüngte Bestand besitzt eine höhere Produktionsleistung. Eine Überfischung dieser Art führt also, wenn sie nicht zu intensiv betrieben wird, zu einer höheren Produktion und damit zu höheren Erträgen. Anders liegen die Dinge bei einer Nachwuchsüberfischung. Bei Arten, die eine kurze Lebenszeit haben oder die nach Erreichen der Geschlechtsreife nicht mehr nennenswert wachsen und infolgedessen dann rasch abgefischt werden können, oder die eine geringe Fruchtbarkeit aufweisen, läßt sich ein Dauerertrag allein über eine Regulierung der Größe der gefangenen Tiere (mit Hilfe bestimmter Maschenweiten der Netze) nicht erzielen. Hier braucht man im allgemeinen Schutzzonen. Sonst werden alle geschlechtsreifen Tiere abgefischt, die Fortpflanzung sinkt und damit die Bestandesgröße. Schließlich gibt es die Ökosystemüberfischung. Hier wird ein Bestand in einem Ausmaß von der Fischerei überbeansprucht, daß er seine Bedeutung als Ressource in einem Ökosystem verliert. Er kann dann durch andere Arten irreversibel ersetzt werden. Das ist offenbar bei der kalifornischen Sardine (Sardinops caerulea) geschehen. Das Ökosystem hat sich irreversibel geändert. Die überfischte Sardine ist heute sehr selten und durch andere wirtschaftlich unwichtige Arten ersetzt worden (Nellen, 1978).

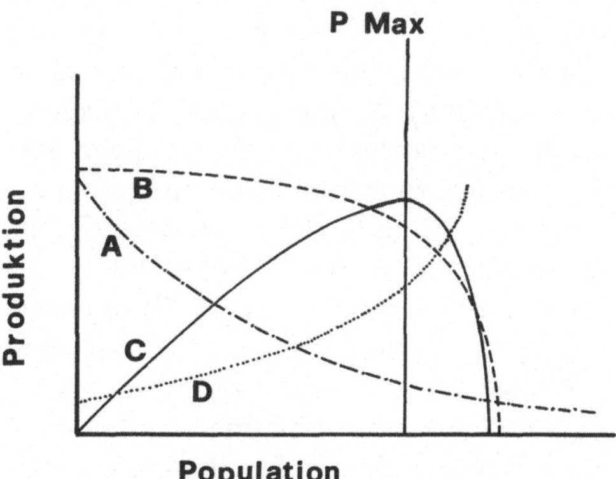

Abb. 123. Änderungen produktionsbiologischer Größen bei steigender Populationsdichte der Fische (Nach Schäperclaus, 1967, aus Nellen, 1978). *Abszisse:* Populationsdichte; *Ordinate:* Produktion. P_{max} maximal mögliche langfristige Produktion, *B* Individualwachstum, *A* nicht genutztes Nahrungspotential, *C* Gesamtfischproduktion, *D* Energieverbrauch des Einzelfisches für die Nahrungssuche

In der marinen Fischereibiologie werden die Dinge also dadurch kompliziert, daß wir Mehrartensysteme haben, die von einander abhängig sind und daß wechselseitige Räuberei auftritt: Heringe fressen in großem Maße Eier und Larven des Kabeljau; erwachsene Kabeljaue dezimieren Heringsbestände. Dementsprechend hatte eine sehr starke Befischung der Herings- und Makrelenbestände in der Nordsee zwar einen Zusammenbruch dieser Fischarten zur Folge, gleichzeitig aber einen gewaltigen Anstieg der Bestände der dorschartigen Fische (deren Eier und Larven nun nicht mehr von Heringen und Makrelen gefressen wurden). So blieb der Fischereiertrag gleich und ebenso blieb der Gesamtbestand der wirtschaftlich wichtigen Fische in der Nordsee auch ungefähr gleich. Schutzmaßnahmen für den Hering könnten also darin bestehen, den Dorschbestand durch sehr starke Befischung drastisch zu reduzieren und damit die Fortpflanzung der Heringe und Makrelen zu fördern; dies aber würde zur Folge haben, daß Hering und Makrele ihrerseits wieder den Dorschbestand reduzieren. Noch komplizierter werden die Dinge durch den bei diesen Fischen weitverbreiteten Kannibalismus: Dorsche fressen viele Jungdorsche, Heringe fressen auch Heringslarven. In der Nordsee gibt es derzeit kaum einen Kannibalismus bei Dorschen (= Kabeljau), da die großen Dorschbestände den Jahren mit sehr geringen Heringsbeständen entstammen und daher etwa gleich alt und gleich groß sind. Die ganzen komplizierten Wechselspiele haben Anderson und Ursin (1977) in einem sehr aufwendigen mathematischen „Nordseemodell" entwickelt und dargelegt, welches wohl das erste umfassende großräumige Modell für derart komplizierte Räuber-Beute-Systeme darstellt.

Bei der Ernte muß jeweils berücksichtigt werden, wie weit die Störung durch den Menschen die Ernteerträge beeinflußt. Das hat Reichholf (1975) besonders bei dem Einfluß des Jagddrucks auf die Wasservogelgesellschaften am Inn zeigen kön-

nen. Die Zahl der erlegten Wasservögel während der Jagdzeit ist gering und könnte von den Populationen ohne weiteres verkraftet werden. Die mit der Jagd verbundene Störung, die die Entenschwärme von den günstigen Nahrungsplätzen immer wieder vertreibt und sie gerade während der Nahrungsaufnahmezeit in Bewegung hält, wirkt sich jedoch außerordentlich nachteilig aus. Das gilt vor allem, da alle günstigen Gewässer in dieser Gegend gleichzeitig bejagt werden, und damit die Schwärme überhaupt keinen Platz für Ruhe und Nahrungsaufnahme finden. Schutzgebiete haben daher vor allen Dingen den Sinn, Störungen gering zu halten — die entnommene Ernte des Jägers wäre vernachlässigbar. Bisher läßt sich nicht sagen, wie weit derartige Effekte auch bei anderen Organismen berücksichtigt werden müssen.

3.5.3 Nahrungsmenge und Populationsdichte

Jede Population kann sich nur bei einer genügenden Nahrungsbasis erhalten. In nahrungsarmen Gebieten liegt die Populationsdichte von Tieren niedriger als in nahrungsreichen. Der Vergleich der Siedlungsdichte von Vögeln in verschiedenen Wäldern mit unterschiedlichem Nahrungsangebot zeigt dies deutlich (Tabelle 9). Wir haben gesehen, daß „ein normales Tier ein hungriges Tier" ist. Dennoch ist eine Beziehung zwischen Nahrungsangebot und Populationsdichte von Tieren nur sehr schwer herzustellen. Man kann dabei nicht von der im Lebensraum vorhandenen Nahrung ausgehen, sondern nur von der für das Tier verfügbaren Nahrung. Daß nicht die gesamte Mäusepopulation, die gesamte Lemmingpopulation, die gesamte Schneehuhnpopulation den entsprechenden Räubern zur Verfügung steht, sondern letzten Endes nur die „Überschußtiere", ist bei der Besprechung der Räuber-Beute-Systeme gezeigt und begründet worden. Daß einem Reh nicht die Gesamtheit der Pflanzen seines Lebensraumes als Ernährungsbasis dienen kann, sondern nur die außerordentlich seltenen, zarten Knospen von verschiedenen Pflanzen, wurde ebenfalls dargestellt. Ihre Menge jedoch zu quantifizieren ist schwierig, und vor allen Dingen ihre Menge in Beziehung zu bringen zu dem energetischen Aufwand, den ein Reh treiben muß, um diese Knospen abzuäsen. Und aus Fütterungsversuchen geht hervor, daß die Nahrung eine entscheidende Rolle bei der Populationsdichte von Tieren spielt. Ellenberg konnte durch Zufütterung eines speziell für Rehe entwickelten Kraftfutters die Dichte der Rehe in einem Gehege auf ein Vielfaches des sonst tragbaren Wertes erhöhen, ohne daß irgendwelche Probleme auftraten, die sonst mit höherer Dichte gekoppelt sind. Auch Mäuse lassen sich bei genügender Ernäh-

Tabelle 9. Anzahl der Brutvögel pro Flächeneinheit in verschiedenen Lebensräumen. Die angegebenen Zahlen dürfen nicht wörtlich genommen werden, da außerordentlich starke Schwankungen vorkommen (vgl. beispielsweise Abb. 166). Die Zahlen können daher nur einen ungefähren Eindruck von der Größenordnung vermitteln. (Nach Tischler, 1955)
In tropischen Regenwäldern ist die Vogelwelt quantitativ gesehen nicht reicher als in temperierten Lebensräumen. In den Regenwäldern von Panama, Gabun oder im peruanischen Manu-Nationalpark in Amazonien leben etwa 1800 bis 1900 Vögel/km² mit einem Gewicht zwischen 131 und 190 kg. Die Artenzahl liegt allerdings mit 260—360 Arten/km² deutlich höher als in gemäßigten Breiten (Terborgh, 1990).

	Biotope	Brutpaare/km²
Hohe Siedlungsdichte 1000–3000 Brutpaare/km²	Gehöft-Gartenkomplex in der Kulturlandschaft (Rheinland)	2700–2000
	Altbestand eines Eichen-Hainbuchenwaldes in Dorfnähe (NW-Deutschland)	2386
	Erlenbruchwald der Samlandküste (Ostpreußen)	2080
	Friedhof in Berlin	1630
	Tiergarten Frankfurt	1459
	Erlenbruchwald in NW-Deutschland	1159
	Altbestand eines Eichen-Hainbuchenwaldes (in NW-Deutschland)	1100

	Biotope	Brutpaare/km²
Mittlere Siedlungsdichte 250–1000 Brutpaare/km²	Eichen-Hainbuchenwälder mittlerer Altersbestände (NW-Deutschland)	926–315
	Wald-Kulturland-Seenplatte (in Ostholstein)	759–682
	Nordamerikanischer Buchen-Ahornmischwald	570
	Nordamerikanische Laubmischwälder	550
	Hainartige Laubmischwälder in Finnland	530
	Feldgehölze im Rheinland	442–400
	Verschiedene Wälder um Hannover	379
	Laubwälder des Oxalis-Myrtillustyp (Finnland)	360–340
	Obstgärten im Rheinland	384–334
	Industriegelände einer westdeutschen Großstadt	338
	Lichtere Partien eines Auwaldes der Spree (Brandenburg)	284
Niedrige Siedlungsdichte 1–250 Brutpaare/km²	Fichten und fichtenbeherrschte Nadelmischwälder (Finnland)	240–180 190–150
	125–200jähriger Kiefernwald in Brandenburg	236
	Laubmischwald (Stangenholz) in NW-Deutschland	197
	Feld mit Hecken (Rheinland)	168–112
	Kiefernwald (Vacciniumtyp) in Finnland	145
	Dichtere Partien eines Auwaldes der Spree (Brandenburg)	119
	Kiefernwald (Brandenburg)	96
	Trockenwälder der Lüneburger Heide (NW-Deutschland)	73
	Kulturlandschaft in Berlin (Riesenfelder)	69
	Felder ohne Hecken im Rheinland	96–40
	Kiefernwälder (Callunatyp) in Finnland	40

rung auf Populationsdichten bringen, die mehr als den 20fachen Wert eines Populationsgipfels im Freiland ausmachen. Selbst unter diesen Bedingungen geht die Fortpflanzung noch weiter.
Demnach scheint nicht die Selbstregulation, sondern die spezifische Ernährungsbasis im Freiland der ausschlaggebende Faktor zu sein. Aber dieser Schluß ist

falsch. Zum einen würden — trotz genügender Ernährung — die Mäuse größtenteils aus dem Gehege auswandern, wenn eben die Umgrenzung nicht bestehen würde. Zum zweiten scheint die Territoriengröße (und damit die kritische Dichte) einer Population unter anderem eine Funktion der Nahrungsbasis zu sein. Sie ist also nicht art- oder populationsspezifisch festgelegt, sondern sie kann in erheblichen Grenzen in Abhängigkeit vom Nahrungsangebot schwanken. Damit sind die Wirkungen der — natürlich dichteabhängigen — Nahrungsbasis und der ebenfalls dichteabhängigen Selbstregulation im Freiland in der Regel kaum voneinander zu trennen. Sie scheinen in der Regel gemeinsam zu wirken und gemeinsam die Populationsgröße zu determinieren. Welchem von beiden Faktoren im speziellen Fall die ausschlaggebende Rolle zukommt, kann nur die Einzeluntersuchung entscheiden, die dann auch nur für diesen Einzelfall gilt und nicht für andere Fälle mit den gleichen Organismenarten.

Die klassischen Beispiele für eine exponentielle Vermehrung mit Einschwenken auf eine sigmoide Kurve nach Erreichen der Kapazität des Systems stellen Bakterien- und Algenkulturen dar. Merkwürdigerweise sind sie jedoch kaum in populationsökologischer Richtung untersucht worden. Wie auch bei den Tieren, sind für das Einschwenken in die Kapazität des Systems eine Fülle von Ursachen verantwortlich, die sich vorwiegend in drei Komplexe gliedern lassen.

1. Mindestens ein entscheidender Nährstoff im Medium ist verbraucht; nach dem Liebigschen Gesetz vom Minimum hört damit die weitere Vermehrung auf.

2. Die Algen geben Stoffe ins Medium ab, die von einer gewissen Konzentration an die weitere Vermehrung stoppen.

3. Einfache Raumprobleme hindern die weitere Entwicklung der Kultur. Dies Phänomen hat sich erst in neuester Zeit aufgrund von rasterelektronenmikroskopischen Aufnahmen von Algenoberflächen (vor allen Dingen Diatomeen) erwei-

sen lassen. Viele Algen besitzen außerordentlich zarte Plasmaausläufer, die weit ins Medium hineinragen. Ein regelmäßiges Stören dieser Ausläufer scheint die Algen negativ zu beeinflussen, so daß die Vermehrung gestoppt wird. Dabei macht die eigentliche Algenmasse immerhin erst rund 5% der Masse des Mediums aus.

Wie bei den Tieren wirken also außerordentlich unterschiedliche Mechanismen in der gleichen Richtung und sind letzten Endes durch die gleiche mathematische Formulierung zu beschreiben. Gleichzeitig aber scheinen sich die Organismen zu verändern. In zoologischen Kulturexperimenten wurde schon vor langer Zeit festgestellt, daß Algen der stationären Phase der Entwicklung ein wesentlich schlechteres Futter für Planktontiere wie Rädertiere und Wasserflöhe darstellen als Algen während der exponentiellen Phase der Entwicklung. Pigmente sind aus stationären Kulturen nur schwer zu extrahieren, da offenbar die Zellwände stark verdickt sind.

Die Verwandlung planktonischer Larven von marinen Wirbellosen zum erwachsenen Stadium scheint durch Bakterien der stationären Phase eher als durch solche der exponentiellen Vermehrungsphase induziert zu werden.

Dennoch scheinen systematische Untersuchungen über Differenzen zwischen Algen oder Bakterien der exponentiellen Vermehrungsphase und der stationären Phase, die diese Phänomene erklären könnten, vollkommen zu fehlen. Im allgemeinen scheint man zu der Annahme zu neigen, daß Zellen durch Raumknappheit, Lichtknappheit oder durch Knappheit an einem wichtigen Element in die gleiche stationäre Phase gebracht werden, daß keine systematischen Unterschiede zwischen Zellpopulationen bestehen, die auf so verschiedene Weise in die stationäre Phase gebracht werden.

Besonders gute Modelluntersuchungen, in denen man den Einfluß unterschiedlicher Nahrungsbestandteile testen könnte, dürften bei Kulturen planktonischer Algen möglich sein. Mit Licht, Sauerstoff, Stickstoff, Phosphor oder anderen Mineralien im Minimum lassen sich offensichtlich Kulturen mit geringerer Zellzahl pro Volumeneinheit heranzüchten als mit Medienqualität und Lichtgaben im Optimum. Wirklich quantitative Angaben dazu scheinen jedoch nicht vorzuliegen. Unter anaeroben Bedingungen scheinen die ATP-Konzentrationen von Bakterien höher zu liegen als unter aeroben (Ibrahim, 1973); bei Fehlen von Pantothensäure enthalten Hefezellen weniger Serin (Tokuyama u. Mitarb., 1973), und auch eine Reihe von Diatomeen scheint beim Fehlen wichtiger Nährstoffe Umkonstruktionen in ihrer chemischen Zusammensetzung zu zeigen. Bei diesen Formen einmal wirklich den Einfluß einzelner Nährstoffe auf die Vermehrungsrate und auf die Populationsgröße festzulegen, wäre eine wichtige Aufgabe.

3.5.4 Abiotische Faktoren und Populationsdichte

Jeder Freilandökologe und jeder Tierbeobachter weiß: Je mehr man sich aus dem Optimum einer Art entfernt, um so seltener wird diese Art. Nicht schlagartig endet das Vorkommen, sondern die Art „dünnt aus" und verschwindet schließlich ganz. So kommt auf Bornholm noch die Meerstrandsassel Ligia oceanica vor, zusammen mit dem Flohkrebs Orchestia platensis und der Strandschnecke Littorina saxatilis. Die drei Arten sind jedoch im Vergleich zur westlichen Ostsee oder zur Nordsee außerordentlich selten, und man muß schon sehr suchen, um sie zu finden. Auch die Strandfliegen Coelopa frigida und Fucellia werden mit abnehmendem Salzgehalt in der Ostsee immer spärlicher. Das gleiche gilt, wenn wir das marine Supralitoral die norwegische Küste entlang bis nach Spitzbergen hin verfolgen. Auch hier werden die gleichen Arten in ganz ähnlicher Weise seltener. Ihre Häufigkeit läßt sich hier jedoch nicht zum Salzgehalt, sondern nur zum Klima in Beziehung setzen (Remmert). Die außerordentlich unterschiedliche Tierdichte in den Tundren Islands und Skandinaviens läßt sich zur Bonität des Bodens in Beziehung setzen — die schottischen Hochmoore auf Granit und Basalt stellen dafür einen Modellfall dar. Ähnliches gilt für die unterschiedliche Tierbesiedlung der Kalkalpen und Zentralalpen.

Im allgemeinen gilt dabei die Regel, daß mit ungünstiger werdenden abiotischen Bedingungen — vor allem Klimabedingungen — die Tiere immer mehr an günstige Standorte gebunden sind. Das Problem ist als „regionale Stenökie" seit langem in der Literatur bekannt. So sind Grillen (Gryllus campestris) in den meisten Gebieten Süddeutschlands auf allen trockenen Wiesen häufig. Ihr Vorkommen in Norddeutschland beschränkt sich immer mehr auf Südhänge mit spezifischer Vegetation, mit Windschutz, einem leicht erwärmbaren Boden und günstiger, nicht zu dichter und nicht zu lockerer Vegetation.

Aber selbst völlig unabhängig von der Beschränkung auf optimale Kleinstareale an den Grenzen des Verbreitungsgebietes wird, wie jeder Freilandbiologe weiß, eine Art einfach seltener: Ihre Individuenzahl pro Flächeneinheit wird immer geringer, bis sie schließlich ganz verschwindet. Singzikaden erreichen noch in Burgund sehr hohe Populationsdichten, während sie in Deutschland nur noch an günstigen Stellen und dort in sehr geringer Anzahl pro Fläche anzutreffen sind; die großen Laubheuschrecken (Tettigonia) sind in Süddeutschland bis etwa zum Nordrand der Mittelgebirge überaus zahlreich, während in Schleswig-Holstein oder im nordwestlichen Niedersachsen ihre Zahl pro Fläche sehr gering ist. Der sukzessive Ausfall von Baumarten mit steigender Meereshöhe oder weiterem Fortschreiten zu höheren Breitengraden ist dafür ein weiteres Beispiel; ein anderes stellen Bäume an der Kampfzone des Waldes zur Tundra und zur Savanne hin dar. Diese Betrachtungen gelten natürlich nicht nur für Pflanzen und wechselwarme Tiere, sondern ebenso für warmblütige. Bei ungünstigen Klimaten pendelt sich der Bestand von Hasen auf einen niedrigeren Wert ein als unter günstigen Klimaten. Ähnliches gilt für das Auerhuhn, bei dem vor allem die Kücken gegen Regen empfindlich sind. All diese Befunde scheinen im Widerspruch zur ökologischen Theorie zu stehen. Enright (1976) hat diese Tatsache als das Dilemma des Biogeographen bezeichnet. Eine Population kann an sich auf einer bestimmten Höhe nur gehalten werden, wenn irgendwelche dichteabhängigen Mechanismen dabei eingreifen. Dichteabhängig scheinen jedoch nur Selbstregulation, Räuber im weitesten Sinne und Nahrungsmenge (nicht aber Nahrungsqualität) zu sein. Ohne eine solche dichteabhängige Regulation müßte auf die Dauer ein Organismus sich überall auf die gleiche Häufigkeit vermehren. Ist dies der Fall?

Diese Hypothese von Enright (1976) sei im folgenden kurz dargestellt. Selbstverständlich haben wir eine konstante Population nur, wenn Sterberate und Geburtsrate im groben Durchschnitt der Zeit einander gleich sind. So ergibt sich die Abb. 124. Der Schnittpunkt von dichteabhängiger Sterberate und Geburtsrate bezeichnet die Populationsdichte. Dabei ist gleichgültig, ob eine oder ob beide dieser Funktionen dichteabhängig sind. Als Beispiel greifen wir nun die Mortalitätsrate als dichteabhängigen Parameter heraus und stellen ihm eine dichteunabhängige Geburtenrate gegenüber (Abb. 125). Wie sich aus der ersten Abbildung ergibt, würde Geburtsrate auch gegen Sterberate austauschbar sein bzw. würde kein prinzipiell anderes Bild entstehen, wenn wir auch die Geburtsrate einer dichteabhängigen Än-

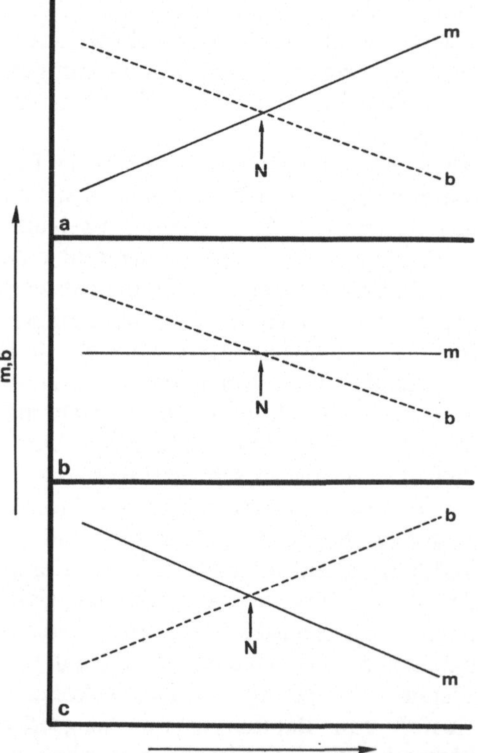

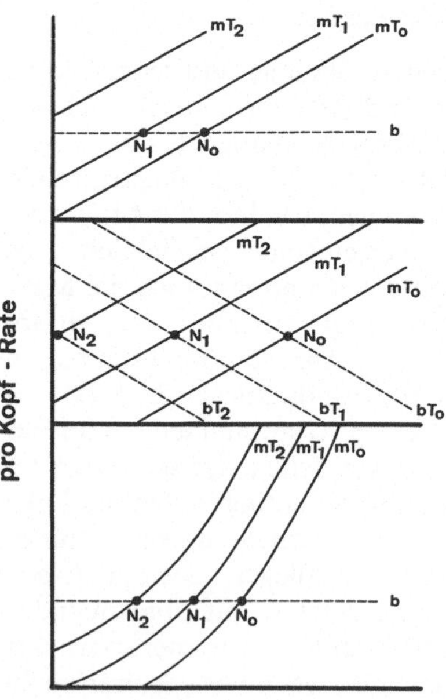

Abb. 124 a–c. Die Größe einer Population, die Dichte von Organismen pro Flächeneinheit (N) wird determiniert durch den Schnittpunkt der Linien von Geburtsrate (b) und Sterberate (m). Dabei ist es gleichgültig, wie die beiden Parameter mit der Dichte korreliert sind. (Nach Enright, 1976)

Abb. 125. Der Schnittpunkt von Geburtsrate und Sterberate liegt bei Optimalbedingungen (mT_0, bT_0) bei höchster Dichte der Population; bei weniger guten Bedingungen (mT_1, bT_1; mT_2, bT_2) liegt er bei niedriger Populationsdichte. Näheres siehe Text. (Nach Enright, 1976)

derung unterliegen lassen würden. Bei einer Optimaltemperatur (T_0) würden wir damit die Kurve mT_0 erhalten, die im Punkt in N_0 die Gerade der Geburtsrate schneidet. Dieser Punkt wäre also die Gleichgewichtspopulation bei dieser Optimaltemperatur. Ändern wir nun die Temperatur — ob nach oben oder nach unten, jedenfalls aus dem Optimalbereich heraus —, so erhalten wir eine dichteunabhängige, allein von der Temperatur diktierte Erhöhung der Mortalitätsrate. Da diese dichteunabhängig ist, muß sie mit einer parallel verlaufenden Geraden beschrieben werden. Ist der Temperatursprung zu groß (T_2), so schneidet diese Mortalitätsgerade die Ordinate links von der Populationsdichte Null. Das heißt, bei dieser Temperatur ist unser Organismus nicht mehr existenzfähig. Bei einer mittleren Temperatur schneidet die Mortalitätsgerade die Gerade der Geburtsrate bei einem Mittelwert: Und damit muß notgedrungen die Populationsdichte bei ungünstigen Temperaturen bei einem mittleren Wert liegen.

Wie gesagt ist es selbstverständlich gleichgültig, ob wir anstelle von Mortalität in diesem Fall Natalität (Geburtsrate) nehmen, ob wir Natalität wie Mortalität dichteabhängig sein lassen, oder ob wir anstelle von Temperatur einen anderen Faktor wie Salzgehalt, Feuchte oder dergleichen heranziehen.

Natürlich ist dies ein extrem vereinfachtes Modell. Es gilt jedoch auch, wenn die Geburtsrate oder Todesrate nicht lineare Funktionen, sondern etwa kurvilineare Funktionen der Dichte sind (Abb. 125). Mit diesem Modell ist das Dilemma des Biogeographen aus der Welt geschafft. Von einem Optimalstandort wird jede Art immer seltener, je mehr man sich der Grenze des Vorkommens nähert; die Beobachtung des Freilandbiologen wird damit auch theoretisch untermauert.

Als gut belegtes Beispiel für eine solche Änderung der Populationsdichte in Abhängigkeit von einem abiotischen Faktor sei hier noch einmal die Populationsdichte

von Schneehasen und Moorschneehühnern auf schottischen Mooren mit verschiedenem Untergrund dargestellt (Watson u. Mitarb. 1973). Auf Mooren mit basaltischem, mineralreichem Grund sind im allgemeinen 50–100 Hasen pro Quadratkilometer vorhanden, während auf solchem mit granitischem Grund (bei gleicher Höhe der Primärproduktion!) nur etwa 5 (1–10) gezählt werden können. Nicht ganz so groß sind die Unterschiede bei den Schneehühnern — immerhin ist auch hier der Bestand im allgemeinen auf reichen Mooren doppelt so hoch wie auf armen. Das alles scheint allein eine Folge des Mineralreichtums der Pflanzen zu sein, nicht aber der Menge der zur Verfügung stehenden Nahrung (Abb. 126). Auch die extrem verschiedene Vogeldichte Islands (vulkanisches Gestein) und Skandinaviens (granitischer Boden) dürfte mit der Nahrungsqualität zusammenhängen. Ähnlich, wenn auch bisher nicht gut quantifiziert, scheinen die Verhältnisse in den Zentralalpen (Urgestein) und den Kalkalpen zu liegen. Auch die Tatsache, daß Mäuse bei Kochsalzmangel bei einer niedrigen Dichte verharren und keine Massenvermehrungen zeigen, gehört wohl hierher (Aumann u. Emlen, 1965); ebenso die bekannte Erscheinung, daß in Buchenwäldern auf armen Böden nur etwa 1000 streuverzehrende Tiere pro Quadratmeter leben, während auf reichen Böden im gleichen Waldtyp über 3000 zu finden sind (Thiele, 1968), ist hier zu nennen. Berühmt geworden ist in diesem Zusammenhang der Unterschied zwischen Zentralamazonien mit seinen überaus armen Böden und Gewässern und den Randgebieten Amazoniens mit wesentlich reicheren Böden und Wasserläufen (z. B. Fittkau, 1973, 1974; Fittkau u. Klinge, 1973; Fittkau u. Mitarb., 1975 a, b). Das zentrale Amazonien — vom Amazonas selbst und der Hauptstadt Amazoniens, Manaos, am besten erreichbar — hat ganz besonders arme Böden, es hat damit eine sehr geringe Anzahl von Tieren, die Pflanzen wachsen sehr langsam, eine landwirtschaftliche Kultur ist

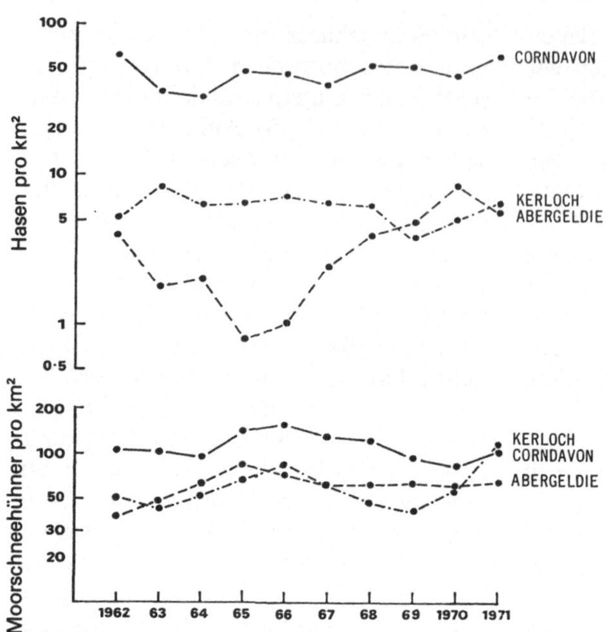

Abb. 126. Populationsdichten von Schneehasen und Schneehühnern auf Moorgebieten verschiedenen geologischen Untergrundes in unmittelbarer Nachbarschaft in Schottland. Die höchste Dichte findet sich auf reichen vulkanischen Böden, die geringste auf armen granitischen. (Aus Watson u. Mitarb., 1973)

hier ganz sicher nicht möglich. Etwas anders liegen die Dinge in den peripheren nördlichen, südlichen und westlichen Teilen, wo die Böden reicher sind, die Bäume rascher wachsen, die Tierdichte wesentlich höher liegt und in gewissem Maße landwirtschaftliche Kultur möglich erscheint.

Auch stochastisch auftretende Wetterbedingungen können einen relativ konstanten Tierbestand zur Folge haben. Bei den Nationalparks in Afrika merkte man relativ bald nach der Gründung dieser Schutzgebiete, daß die geschützten Großtiere sich unaufhaltsam vermehrten, den Lebensraum übernutzten und schließlich zerstörten. Es blieb nichts anderes übrig, als wieder mit der Flinte den Bestand zu regulieren. Ein Gleichgewicht hatte sich nicht eingestellt, obwohl die Gebiete riesig — im Durchschnitt von der Größe des Bundeslandes Hessen, also ungefähr 20 000 km² waren. Inzwischen hat sich die Erklärung einigermaßen herausgestellt. Um große Tierverluste während enormer Dürrezeiten zu verhindern, hat man Wasserstellen geschaffen, die auch in Dürreperioden stets Wasser liefern. Außerhalb der Nationalparks ist die Landschaft vom

Menschen bewohnt, vorbeikommende Tiere werden abgeschossen, die Landschaft ist tierfeindlich geworden. In Zeiten vor der Einwanderung von Weißen war die Besiedlung Afrikas sehr viel dünner und der schwarze Landwirt hatte den in sein Areal einfallenden Wildtieren nichts entgegenzusetzen. In regenreichen Jahren vermehrten sich daher die Wildbestände stark und sie wanderten aus ihren Optimallebensräumen in andere Gebiete aus, die nun in diesem Jahr ebenfalls optimal waren. In anschließenden Dürrejahren starben sie dort vollständig wieder aus. In Kerngebieten blieb ein ungefähr konstanter Bestand erhalten. Nicht Gleichgewicht, sondern das Hin- und Herwandern mit den vorherrschenden Wetterbedingungen sicherten also das Überleben der Steppe mit ihren Tieren. Ähnlich geht es mit dem Moschusochsen im kanadischen Archipel: durch winterliche Regengüsse, die dort sehr selten sind, können Tausende von Moschusochsen getötet werden. Selbst sehr große Inseln können dann völlig frei von Moschusochsen sein und erst im Lauf der nächsten Jahrzehnte wandern über das Eis neue Moschusochsen zu der entvölkerten Insel herüber und gründen hier eine neue Population. Nicht Gleichgewicht, sondern Katastrophen regeln den Bestand langfristig auf ein ungefähr gleichmäßiges Niveau.

Allerdings kommen zwei Dinge hinzu: eine Territorialität von Tieren, die nur eine gewisse Maximaldichte erlaubt und dann eine Auswanderung in suboptimale Gebiete erzwingt (also letzten Endes ein Selbstregulationsphänomen) und ein verstärkter Räuberdruck (im weitesten Sinne) unter schwierigen und schwieriger werdenden Bedingungen. Wasserstellen in Afrika während einer Dürreperiode werden von Tieren aller Art belagert und immer wieder kommt es vor, daß Tiere in dem Wasser ertrinken. Bei immer geringer werdenden Wassermengen kommt es hier natürlich zur Vergiftung des Wassers — im allgemeinen durch Milzbrandbazillen. Diese hat es immer dort gegeben — auch bevor der Mensch eine entscheidende Rolle hier spielte. An den letzten Wasserstellen holen sich also die Wildtiere zusammen mit dem lebensrettenden Wasser einen todbringenden Bazillus, der große Herden tötet.

Ein Sonderproblem. Seeschwalben brüten in Kolonien; solche sind vor allem von den Meeresküsten bekannt. Nach günstigen Brutjahren mit starker Nachwuchsproduktion wird im allgemeinen die Zahl der Tiere in den Kolonien nicht vergrößert, vielmehr gründen die jungen Tiere neue Kolonien. Nach schlechten Brutjahren werden diese Kolonien wieder aufgegeben, die Tiere kehren überwiegend zu der „Mutterkolonie" zurück. Wir haben also eine große Kolonie mit relativ geringerer Schwankung der Brutpaarzahl und viele weitere, in denen der Brutbestand zwischen null und mehreren hundert, ja mehreren tausend schwanken kann (offenbar steht dies zum Frazer-Darling-Effekt in Beziehung, nach dem in großen Kolonien die Fortpflanzungsrate pro Kopf höher liegt als in kleinen).

Es gibt Hinweise dafür, daß ähnliche Beziehungen auch für andere Tiere — etwa

für Insekten — gelten. Solide Untersuchungen dazu fehlen; doch ist anzunehmen, daß nach sehr günstigen Fortpflanzungsjahren viele Tiere in suboptimale Gebiete auswandern, aus denen sie in schlechten oder nach schlechten Jahren wieder zurückkehren (bzw. ihre Nachkommen). So erscheint der Bestand einer Art in einem „Optimalbiotop" als konstant, während er sich in Wirklichkeit nur halten kann, wenn in und nach schlechten Jahren eine Konzentration des Restbestandes hier stattfindet. Genauere langfristige Untersuchungen sind hier dringend notwendig, besonders auch im Hinblick auf die Bedeutung dieser Frage für die Größe von Schutzgebieten.

3.6 Fallstudien zur Populationsökologie

3.6.1 Euphydryas oder die Aufspaltung einer Art in getrennte Populationen

Paul Ehrlich und seine Mitarbeiter untersuchten über viele Jahre hinweg Schmetterlinge der Art E. editha auf dem Gelände der Stanford University, Kalifornien. Das Vorkommen der Art war dort seit 1934 bekannt. Nach dem ersten Untersuchungsjahr (1960) zeigte sich, daß die „Population" aus drei Populationen bestand, obwohl die Tiere in einem gleichförmig erscheinenden Grasland, das von „Chaparal" — also einem dornigen Buschland — umgeben war, lebten. Die drei Populationen wanderten nur sehr wenig, und so gab es zwischen ihnen, obwohl keine Barrieren vorhanden waren, so gut wie keinerlei Kontakt. In den vier Generationen von 1960–1963 wurden 97,4% der Wiederfänge im Bereich der eigenen Population wiedergefunden. Durch die 15 Untersuchungsjahre blieben die Populationen getrennt — obwohl die eine von ihnen zweimal ausgestorben zu sein schien und sich jeweils wieder erneuerte. Überhaupt machten die drei Populationen sehr erhebliche Schwankungen ihrer Bestandsgröße

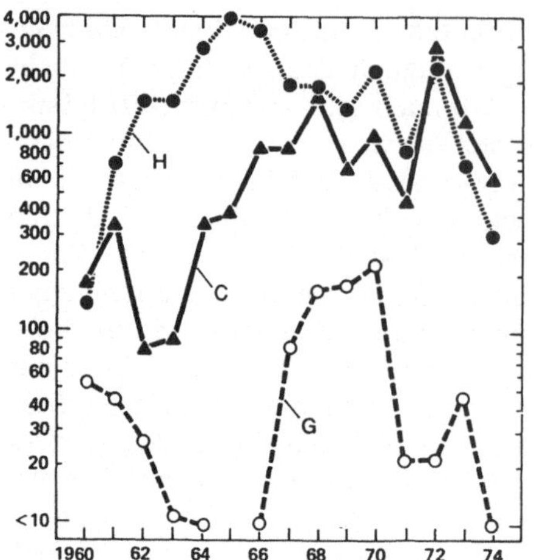

Abb. 127. Größe der drei Populationen von Euphydryas, die die Gruppe um Paul Ehrlich untersuchte

durch (Abb. 127), die keineswegs synchron verliefen. Selbst wenn ein Tier aus
seiner Population in eine andere Population kommen würde, würde es kaum Gele-
genheit haben, seine genetische Information weiterzugeben. Die meisten Weibchen
werden unmittelbar nach dem Schlüpfen
aus der Puppe begattet; ein Pfropf ver-
schließt nun die Geschlechtsöffnung des
Weibchens und verhindert weitere Begat-
tungen. Ein Männchen, das nach Beginn
der Flugzeit abwandert und in eine neue
Population hineinkommt, findet also nur
bereits begattete und damit nicht mehr be-
gattungsfähige Weibchen vor. Ein Weibchen, welches sich auf die Wanderschaft
begibt, ist bereits begattet. So sollte man
erwarten, daß genetische Unterschiede
zwischen den einzelnen Populationen existieren können. Es galt daher, diese Populationen näher zu analysieren. Woher kamen die beobachteten großen Schwankungen, die zudem nicht synchron verliefen? Von vornherein war wahrscheinlich,
daß die Erwachsenen-Mortalität eine relativ geringe Rolle bei der Festlegung der
Populationsgröße spielte. Auch eine
künstliche Weibchen-Mortalität, bei der
die Weibchen weggefangen wurden, hatte
keinerlei Effekt. Allerdings war es den
Forschern nicht möglich, mehr als 5–25%

der offenbar vorhandenen Weibchen zu
erbeuten. Das Interesse wandte sich daher
den Jugendstadien zu. Diese hatten Parasiten — allerdings nie mehr als 3–24%,
und das konnte für die großen Populationsschwankungen nicht ausreichen. Die
Hauptfutterpflanze der Raupen ist Plantago erecta. Sie kommt überall vor, sowohl auf Serpentin- wie auf Sandboden.
Raupen findet man jedoch nur auf Plantago, wenn es auf Serpentin gedeiht. Chemische Unterschiede zwischen den Pflanzen
in Abhängigkeit vom Bodentyp ließen
sich nicht nachweisen. Dagegen ergab sich
ein neuer Aspekt. Genaue Analysen ergaben, daß mehr als 90% der Larven, die auf
der einzigen Futterpflanze gezogen wurden, abstarben. Ein besseres Ergebnis
konnte nur erhalten werden, wenn die Eier sehr früh im Jahr gelegt wurden. Dann
ist P. erecta noch grün und frisch. Auch
wenn die Eier auf P. erecta gelegt wurden,
die in der Nähe von Bauten der Taschenratte Thomomys bottae wuchsen, ist das
Ergebnis besser. Diese Pflanzen hatten tiefere Wurzeln und blieben länger grün.
Auch wenn die Raupen außer Plantago
noch den Halbparasiten Orthocarpus
densiflorus erreichen konnten, auf dem sie
außerdem fraßen, war die Mortalität gering. Dabei erscheint die Verfügbarkeit
von Orthocarpus als der kritische Faktor
bei der larvalen Mortalität. Gute Jahre für
Orthocarpus haben große Euphydryas
editha-Populationen zur Folge, schlechte
Jahre nur kleine Populationen. Außerdem
ist damit das Zusammentreffen der Verbreitung von Euphydryas editha und Serpentinboden erklärt, denn im Untersuchungsgebiet kommt Orthocarpus nur auf
Serpentinboden vor. Wesentlich ist dabei
ein anderer Punkt: Alle Literaturangaben
sagen, daß die Futterpflanze von E. editha
P. erecta ist und, von dieser sicheren Annahme ausgehend, brauchten die Autoren
Jahre, bis sie überhaupt gewahr wurden,
daß für das Vorkommen ihres Schmetterlings eine andere Pflanze entscheidend ist.
Solche Fakten sind in der Ökologie überall zu erwarten und führen immer wieder

Tabelle 10. Ökologische Situation verschiedener Populationen von Euphydryas edithae-Populationen in Kalifornien (Bendon liegt in Oregon). (Aus Ehrlich u. Mitarb., 1975)

Charakteristik	Jasper Ridge	Del Puerto	Arroyo Bayon	Agua Fria	Mud Creek	Ebbet', Pass	Sulfur Springs	Lower Otay
Meereshöhe (m)	170	450	720	610	610	2730	150	180
Flugzeit	März-April	Mai-Juni	Mai-Juni	April-Mai	Mai-Juni	Juni-Juli	April-Mai	Februar-März
Eiablagepflanze	Plantago erecta	Pedicularis densiflora	Pedicularis densiflora	Collinsia tinctoria	Collinsia tinctoria	Castilleja nana	Plantago lanceolata	Plantago insularis P. hookeriana
Sekundäre Futterpflanzen	Orthocarpus (obligat.)	einige, weniger wichtig	nicht bekannt	manchmal Lonicera	einige, oft notwendig	Postdiapause-Raupen nutzen Penstemon heterodoxus	keine bekannt	in den meisten Jahren nicht
Flug-gewohnheiten	Sedentär, 1–5% wandern um 600 m zwischen den Fängen	bis 1200 m auf der Suche nach Nektar	nicht bekannt	kurze Flüge am Fluß entlang	einige Wanderlust	Stationär	unbekannt	in trockenen Jahren weite Wanderungen, in feuchten stationär
Populations-größe	wenige hundert bis wenige tausend	>1000	höchstens einige hundert	200–600	mehr als 1000 in den meisten Jahren	einige hundert	höchstens einige hundert	1000 bis viele 1000
Faktoren der Populations-kontrolle	Regen im Frühjahr Dichte der Hauptfutter-pflanzen im Frühjahr	Intraspezifische Nahrungs-konkurrenz	Interspezifische Konkurrenz mit A. chalcedona	Durch Parasiten 40% Mortalität	Regen im Mai und Juni Dichte der Nahrungspflanze intraspezifische Konkurrenz	Kombination aus Räubern, Parasiten u. intraspez. Konkurrenz	nicht bekannt	Spätwinterregen, Dichte der Futterpflanzen, deutliche Nahrungs-konkurrenz
Länge des Vorderflügels (δ) (mm)	22,5±0,2	20,9±0,2	21,6±0,4	24,4±0,1	22,7±0,2	18,2±0,8	20,7±0,1	19,7±0,1 bis 21,1±0,2
Eigewicht (mg)	0,227±0,005	0,229±0,004	0,226±0,004	0,251±0,004	0,209±0,006	0,231±0,006	0,277±0,05	0,181±0,005
Eizahl pro Eigelege	113 (Labor)	52,3±4,1	85,1±12,6 (Labor)	39,1±4,8	17,9±1,6	14,0±1,5	70 (Labor)	39,2
Nektarspendende Blüten	lokal sehr dicht	häufig an Wegen und Gräben	häufig, aber nicht dicht stehend	häufig und dicht	lokal dicht	lokal dicht	nicht dicht	dicht bis sehr selten in Abhängigkeit von Regenfällen

zur Revision wohlbelegt erscheinender Hypothesen.

Dazu kam jedoch noch etwas anderes: Zumindest in einem Areal der drei kleinen Populationen blühten während einiger Jahre Lomatium-Arten nur sehr wenig. Diese Blüten stellen die Hauptfutterquelle für die erwachsenen Schmetterlinge dar. Alles spricht dafür, daß Nahrungsarmut für die Erwachsenen bei der einen Population eine weitere Ursache für die Populationsdynamik war.

Die Frage ist, ob diese Ergebnisse für alle Euphydryas editha-Populationen in Kalifornien zutreffen. Wie die Tabelle zeigt, ist das keineswegs der Fall. Vielmehr haben wir auf sehr engem Raum außerordentlich unterschiedliche Mechanismen für die Populationskontrolle, wir haben ganz unterschiedliche Futterpflanzen: Voraussagen sind überaus schwierig.

3.6.2 Die Populationsdynamik von Feldgrillen und ihre Ursachen

Das Walberla ist ein sicher seit vorgeschichtlicher Zeit waldfreier Berg im Vorfeld der fränkischen Schweiz nördlich von Nürnberg. Seine grasigen und felsigen Steilhänge und sein teilweise landwirtschaftlich genutztes, z. T. als gelegentliche Schafweide genutztes Plateau ist mit einem typischen Mesobrometum bestanden. Daß dieses so einheitliche System von Jahr zu Jahr unerwartet starke Verschiedenheiten zeigt, wird auf Seite 283 f. und in den Abb. 180 ff. dargestellt. Feldgrillen als typische Bewohner der grasigen Hänge sollen hier in ihrer Populationsdynamik näher analysiert werden.

Im Juni 1972 waren die gesamte Hochfläche des Walberla und die südostwärts exponierten grasigen Steilhänge dicht mit Grillen besiedelt. Der mittlere Abstand zwischen singenden Männchen betrug knapp 2 m. Die Populationsgröße sank in den folgenden Jahren stark ab. Im Juni 1976 waren nur noch die Steilhänge und auf dem Plateau ein kleineres Gebiet dünn besiedelt. Der Abstand zwischen singen-

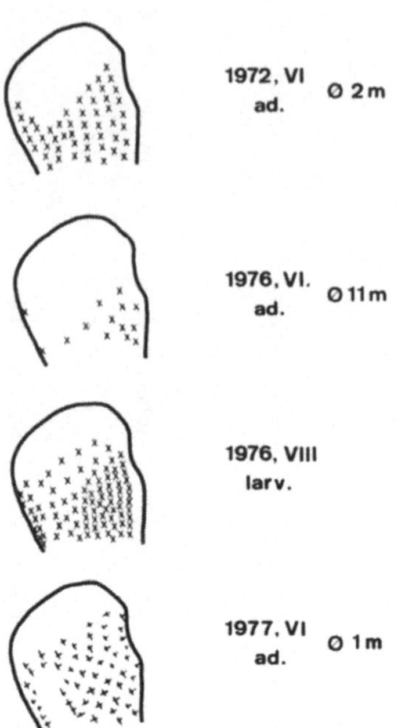

Abb. 128. Verteilung der Grillen auf dem Plateau des Walberla. Der Steilhang, an dem sich 1976 ebenfalls noch Grillen hielten, schließt sich unmittelbar links an. Ø = mittlerer Abstand singender ♂♂

den Männchen betrug in den Restgebieten etwa 10 m. Maximal waren auf dem Plateau noch 100 singende Männchen vorhanden, am Steilhang etwa die doppelte Zahl. Bei einem Geschlechtsverhältnis von 1:1 bestand also die Population nur noch aus etwa 600 Tieren (Abb. 128).

Dieser Rückgang basierte auf hoher Mortalität während der Winter 1972/73, 1973/74 und 1974/75; auf schlechten Fortpflanzungsbedingungen (kühl und feucht) und auf schlechten Wachstumsbedingungen während der Sommer 1973, 1974 und 1975. Im Sommer 1975 erlitt der Restbestand durch zweimalige heftige Wolkenbrüche Einbußen, die mehr als 50% des Bestandes hinwegrafften. Diese Bestandesreduktion wurde auch an anderen Plätzen mit Grillenvorkommen aufgrund der gleichen Regenschauer beobachtet. Der Winter 1975/76 war kühler, die Restpopulation scheint ihn gut überstanden zu haben. Der außerordentlich trockene und heiße Sommer 1976 führte dann von dem geringen Restbestand auf den Restarealen zu einer vollständigen Neubesiedlung des gesamten Walberla-Plateaus mit Fängen von Larven in nie gekannter Höhe. Bei Kontrollen im September auf dem gesamten Plateau konnte mindestens eine Larve pro m² gefunden werden; in den Ausgangsgebieten war die Dichte wesentlich höher. Geht man davon aus, daß etwa hundert Weibchen im Juni 1976 zur Fortpflanzung geschritten sind, so können sich bei einer mittleren Eizahl von 250 Stück pro Weibchen maximal 25 000 Junggrillen im Sommer entwickelt haben. Bei einer mittleren Dichte von 2,5 pro m² halberwachsenen Larven auf dem Plateau, welches mehr als 3 ha umfaßt, aber waren 75 000 Grillen vorhanden. Diese können, wie die Überschlagsrechnung zeigt, nicht alle von dem Reststamm aus dem Plateau abstammen. Ein Teil von ihnen muß von den Reststämmen an den Steilhängen kommen. Da der Ausgangsbestand aber auch hier nicht sehr hoch war, muß damit gerechnet werden, daß der neue Bestand ohne Mortalität aufgebaut wurde: Er schnellte also in einem Jahr von 200 auf 25 000 (bzw. von 600 auf 75 000) herauf. Dieser Bestand hat den folgenden kühlen Winter offenbar gut überlebt, im Sommer 1977 waren pro Quadratmeter 2 singende Männchen vorhanden. Aufgrund der in den fünf Jahren gesammelten Erfahrungen lassen sich die Populationsdynamik der Grillen kontrollierenden Faktoren zusammenfassen.

1. Räuber sind regelmäßig anzutreffen. Im Frühjahr patrouillieren Dohlen das Gelände auf der Suche nach Grillen ab. Mäuse, Wühlmäuse und Spitzmäuse wurden mit erbeuteten Grillen beobachtet. Ein quantitativ ins Gewicht fallender Effekt dieser Räuber konnte jedoch nicht festgestellt werden. Parasiten wurden während der Beobachtungszeit auf dem Walberla nicht festgestellt.

2. In feuchten und kühlen Sommern kommen die Grillen kaum zur Aktivität. Man hört selbst bei relativ hoher Dichte kaum Grillengesang. Die Balz und die Ei-

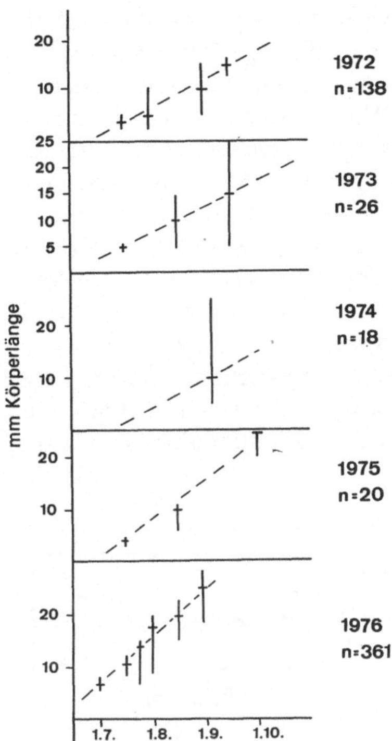

Abb. 129. Wachstum der Grillenlarven 1972–1976 auf dem Plateau des Walberla. Angegeben ist die Gesamtvariabilität der gefundenen Grillenlarven und der Mittelwert

ablage ziehen sich über einen langen Zeitraum hin. Ebenso erfolgt das Schlüpfen der Jungen über einen langen Zeitraum. Das Wachstum der Larven erfolgt sehr langsam (Abb. 129), und viele Tiere erreichen nicht die zur Überwinterung notwendige Endgröße.

3. Als Folge von 2 treten bei kühlen und feuchten Sommern sehr erhebliche Unterschiede in der Größe der Larven auf (Anfang September von 5–2,5 mm). Ist aufgrund einer hohen Populationsdichte der Adulten und einer hohen Eizahl eine große Zahl von Larven vorhanden, so gibt es jetzt einen Kannibalismus, bei dem größere Tiere kleinere greifen und verzehren. Die sowieso aufgrund des kühlen Sommers nicht sehr hohe Populationsdichte wird hierdurch noch weiter verringert. Vielleicht hat dieser Selbstregulationsmechanismus dennoch eine positive Wir-

kung: Die großen Larven machen auf diese Weise sehr günstige Beute von hohem Nährwert und können so mit Sicherheit über den Winter kommen. Bei Gryllus bimaculatus setzt eiweißreiche Kost den Entwicklungsnullpunkt — also die Temperatur, bei der keine Entwicklung mehr erfolgt — herab (vgl. S. 107 und Abb. 70). In Jahren mit sehr geringer Populationsdichte ist Kannibalismus von vornherein ausgeschlossen.

4. In warmen Wintern mit kaum Frost können die überwinternden Grillen auch im Dezember und Januar aktiv sein und in

den Fallen gefangen werden. Nach solchen milden Wintern ist die Zahl der Adulten im Mai sehr stark herabgesetzt. Offenbar verbrauchen die überwinternden Larven unter diesen Bedingungen sehr viel mehr Energie als sie möglicherweise im Winter aufnehmen. Die Mortalität ist hoch. Für diese Erklärung sprechen auch experimentelle Befunde, nach denen eine Nahrungsaufnahme und eine Nahrungsverwertung unter 10° C so gut wie ausgeschlossen erscheinen. Dieser Faktor eines warmen Winters ist bisher in der ökologischen Literatur zu wenig berücksichtigt worden. Er ist wahrscheinlich mit für die Insektenarmut boreal-ozeanischer Gebiete (Schleswig-Holstein; s. Tischler, 1949; Emeis, 1952; Abb. 26) verantwortlich.

5. In der Literatur werden manchmal Populationen beschrieben, bei denen die mittlere Entfernung der Grillenlöcher voneinander nur etwa 50 cm beträgt. Unter solchen Bedingungen fand Klopffleisch (1976) eine Massenabwanderung (Abb. 130, 131). Eine gravierende Veränderung innerhalb der Population trat am 5. Juni 1972 ein. An diesem Tag kam es, wohl bedingt durch die Dichte der Population, um 12.00 Uhr zu einer Begegnung zweier oder mehrerer Männchen direkt oberhalb des abgesteckten Areals. Leider war es nur möglich, diesen Vorgang akustisch zu verfolgen. Es ertönte sehr heftiger und schriller Rivalengesang. Daraufhin verließen viele Tiere fluchtartig ihre Wohnhöhlen bzw. ihre Höhlenvorplätze und liefen hangabwärts. Schon zwei Minuten später war die Massenabwanderung beendet. Die Geschwindigkeit, mit der der Vorgang ablief und die große Zahl der Abwanderer ließ es nicht zu, festzustellen, wohin die Tiere liefen. Da aber alle sich im Gebiet befindlichen Tiere markiert waren, konnte anhand der noch zurückgebliebenen Tiere die Anzahl der Abwanderer und ihre Standorte genau festgestellt werden. Es flohen insgesamt 42 männliche Tiere (von 59 auf einem Testareal von 35 m²), aber kein einziges

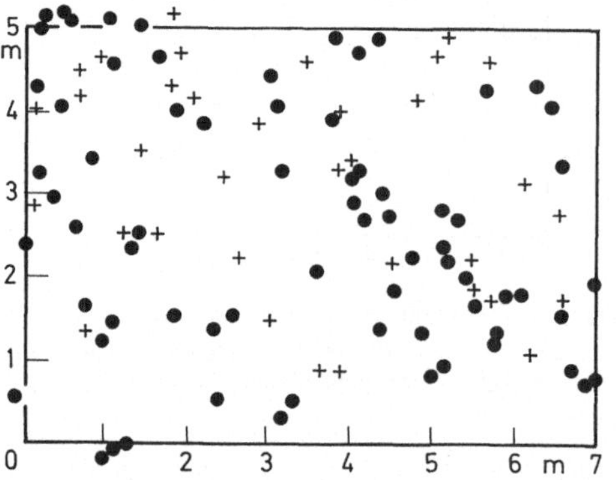

Abb. 130. Standorte männlicher (●) und weiblicher (+) Grillen in einer sehr dichten Grillenpopulation in der schwäbischen Alb. (Nach Klopffleisch, unpubl.)

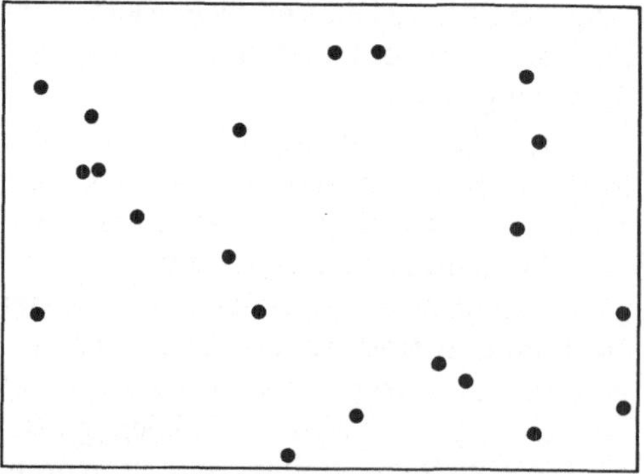

Abb. 131. Standorte männlicher Grillen, nachdem aus der Population Abb. 130 ein Großteil der Männchen in einer Massenemigration ausgewandert waren. (Die Weibchen blieben davon unberührt). Datum der Massenabwanderung: 5. 6. 72. (Nach Klopffleisch, unpubl.)

Weibchen. Eine derart hohe Besiedlungsdichte wurde in den Untersuchungen im Walberla nicht erreicht. Eine Abwanderung wurde nicht beobachtet.

6. In sehr günstigen Sommern kann die Population durch plötzliche schwere Regenfälle dramatisch geschädigt werden. Nach solchen Regenfällen ist die Anzahl der Tiere oft auf weniger als $^1/_{10}$ reduziert. Die Tiere scheinen in den Höhlen zu ertrinken. Obwohl die Höhlen in wasserdurchlässigen Böden angelegt werden, scheint bei schweren Regenfällen die Wasserdurchlässigkeit nicht auszureichen. Welche Tiere von dem Regen besonders betroffen werden, hängt allein vom Zufall ab. Höhlen, die gegenüber Räubern besonders widerstandsfähig sind, erweisen sich bei plötzlichen Regenfällen als gefährlich, da aus ihnen das Wasser weniger leicht ablaufen kann. Die Windrichtung und damit die Richtung des Regens spielt eine wesentliche Rolle.

7. Ein weiterer Grund für Mortalität liegt in der genetischen Heterogenität der Population. Die letzte oder vorletzte Larve geht in obligatorische Diapause. In dem warmen Sommer 1976 entwickelten sich einige Tiere jedoch zur Imago weiter: Im September waren auf dem Gesamtgebiet fünf singende — also erwachsene Männchen — vorhanden. Es kann als sicher gelten, daß — ähnlich wie dies Danilewsky bei Schmetterlingen und Sauer bei Panorpa gezeigt hat — die Population aus einer Reihe unterschiedlich auf Photoperioden reagierenden Genotypen besteht, die in verschiedenen Jahren, je nach den Witterungsbedingungen verschieden selektioniert werden. Selektioniert werden bedeutet jedoch Mortalität aufgrund von Außenfaktoren. In unserem Fall müssen wir mit 75 000 Individuen Anfang September auf dem Untersuchungsgebiet des Walberla rechnen. Davon haben 5 Männchen die Entwicklung bis zum Adulten durchgeführt. Nimmt man die gleiche Anzahl Weibchen an, so ergibt sich, daß 0,013% der Population ohne Diapause sich direkt weiterentwickeln kann und damit unter den anscheinend günstigen Bedingungen des Jahres 1976 noch im Herbst — d. h. zu früh — erscheinen. So dürften in jedem Jahr — je nach Art der herrschenden Umweltbedingungen — jeweils andere Genotypen herausselektioniert werden.

8. Ein warmer, trockener Sommer begünstigt adulte Tiere und ihre Larven. Die Eiablage erfolgt sehr massiert, ebenso erfolgt das Wachstum der Larven rasch und synchron.

9. Ein synchrones Wachstum der Larven, wie es für den Faktor 8 gegeben ist, verhindert larvalen Kannibalismus und steigert damit die Populationsdichte.

10. Kalte Winter mit einer Schneedecke senken die Wintermortalität. Die Fänge des Winters 1972/73 deuten darauf hin, daß hier die Mortalität zu vernachlässigen war, während sie in den folgenden Wintern sehr stark war.

11. Eine dichte Vegetation hindert Räuber (Faktor 1) beim Verfolgen von Grillen. Grillen suchen regelmäßig Gebiete mit dichter Vegetation von 15–30 cm Höhe auf. Gemähte oder abgeweidete Flächen werden weitgehend verlassen. Das gleiche gilt, wenn unter bestimmten Bedingungen (warme Winter) die Vegetation aufreißt und ein Deckungsgrad von nur 60–80% erreicht ist. Derartige Gebiete werden von den Grillen gemieden.

Eine Zusammenfassung dieser Faktoren nach ihrer Wichtigkeit ist nicht möglich. Lediglich die Rolle der Räuber kann als unwesentlich eingestuft werden. Andere Faktoren können nur zusammen gesehen werden (warme und trockene Sommer mit synchronem Wachstum der Larven; kühle und feuchte Sommer mit differenziellem Wachstum der Larven). Günstige Jahre können durch einen einzigen Regenguß zur ungünstigen Zeit in ungünstige verkehrt werden. Die Dichteregulierung der Grillen scheint daher überwiegend allein durch das Klima zu erfolgen. Die Mortalität ist allein aufgrund klimatischer Bedingungen fast immer sehr hoch. Tatsächlich wird die im Labor ermittelte Optimaltemperatur (27–34° C) so gut wie nie erreicht.

In Gebieten mit dieser Temperatur wird Gryllus campestris bereits durch Gryllus bimaculatus ersetzt, die hier konkurrenzüberlegen ist. Hinsichtlich ihrer Temperaturansprüche besiedelt also Gryllus campestris suboptimale Gebiete — obwohl das Walberla eigentlich als der typische Grillenbiotop zu gelten hat. Eine dichteabhängige Emigration dürfte nur außerordentlich selten auftreten. Dazu sind eine Reihe von günstigen Faktoren über mehrere Jahre hinweg notwendig: Aufgrund eines kalten Winters muß eine hohe Larvenpopulation überwintert haben. Diese muß in einem warmen und trockenen Sommer, ohne plötzliche Regenfälle, synchron viele Eier und Larven mit synchronem Wachstum hervorgebracht haben. Ein zweiter strenger Winter muß ohne wesentliche Mortalität diese dichte Population über den Winter hinübergebracht haben. Dann muß ein zweiter warmer Sommer eine derart hohe Population bis zur Hauptbalz ermöglicht haben. Das dürfte nur als seltener Ausnahmefall zu werten sein. In der Regel dürfte in Gebieten mit derartigen Bedingungen Gryllus bimaculatus anstelle von Gryllus campestris auftreten. Dies Beispiel zeigt die unerhörte Komplexität von Wetterfaktoren und anderen, die Populationsgröße beeinflussenden Mechanismen. Die überraschende Tatsache, daß Kannibalismus — im allgemeinen ein typischer Selbstregulationsfaktor bei zu hoher Dichte — gerade bei geringer Dichte auftritt, als ein Mechanismus, mit dem das Überleben weniger Tiere ermöglicht wird, zeigt die Problematik von Verallgemeinerungen.

Zugleich wird deutlich, welche geradezu ungeheuren Schwankungen der Populationsgröße unter ganz normalen Bedingungen vorkommen. Es sei noch einmal wiederholt: Durch drei Jahre waren die Bedingungen derart, daß der Bestand ziemlich gleichmäßig sank — um dann aufgrund eines günstigen Sommers in einer Generation von 200 auf 25 000 Tiere pro ha heraufzuschnellen! Gebiete, die zu klein für solche Schwankungen sind, de-

ren Populationen also nicht mehrjährige drastisch suboptimale Bedingungen überstehen können, scheiden als Vorkommen aus (tatsächlich sind Feldgrillen in vielen Gebieten Oberhessens in diesen Jahren ausgestorben). Jahre, die in ihrem Klima sehr genau unserem langfristigen Mittel gleichen, führen auf die Dauer zum Aussterben der Grillen. Infolge der exponentiellen Temperaturabhängigkeit der Wachstumsvorgänge der Insekten bewirkt ein „zu warmer" Sommer die geschilderte starke Vermehrung — die ausreicht, mehrere „normale" oder „kalte" Sommer zu überdauern.

3.6.3 Fledermaus-Schmetterling: Die Coevolution eines Räuber-Beute-Systems

Nur wenige Tiere haben den Zoologen so viele Rätsel aufgegeben wie die Fledermäuse. Wie sie sich mit ihrem gering entwickelten Gesichtssystem bei Nacht orientieren und sogar Beute machen konnten: Das war die große Frage. Erst als vor 40 Jahren Griffin der Nachweis eines aktiven Ortungssystems durch Ultraschallpeilung ähnlich dem technischen Radar oder Sonar gelang, war das Prinzip gelöst. Die Einzelforschung brachte dann jedoch noch weiter so erstaunliche Dinge ans Licht, daß die Fledermäuse heute zu den best analysierten und faszinierendsten Versuchstieren der Neurobiologie gehören.

Eine normal jagende Fledermaus fliegt — wie man leicht beobachten kann — sehr genau die gleiche Bahn immer wieder ab. Sie tut das „blind", und man kann sie durch in den Weg gestellte Netze relativ leicht fangen. Denn auf diesem dem Tier gut bekannten Flugweg stößt sie normalerweise keine Ortungslaute aus. Ortungslaute, die ihr ein Hindernis verraten könnten, werden nur dann ausgestoßen, wenn sie wirklich aktiv auf Nahrungssuche ist oder in einem unbekannten Areal. Dann hat jede Art ihr eigenes artspezifisches Lautmuster (Abb. 132). Diese Töne wer-

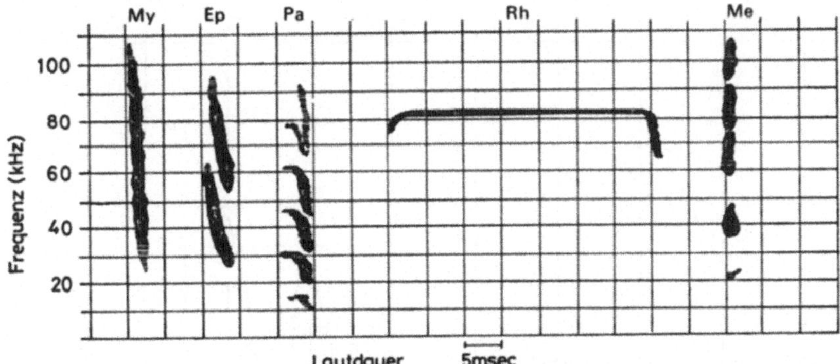

Abb. 132. Ortungslaute von 5 verschiedenen Fledermausarten: MY = Myotis myotis (FM-Lauttyp), EP = Eptesicus fuscus, PH = Paphozous melanopogon, RH = Rhinolophus ferrumequinum (CF-FM-Lauttyp), ME = Megaderma lyra (HF-Lauttyp). (Nach Neuweiler, 1978)

den teilweise durch den Mund, teilweise durch die Nase ausgestoßen. Die Tonabgabe durch die Nase ist durchweg mit der Ausbildung eines Nasenaufsatzes korreliert, der die Töne bündelt. Dieser Aufsatz ist allgemein bekannt: Die Hufeisennasen haben ihren Namen danach. Diese Tiere behalten das Maul für das Ergreifen von Beutetieren frei, während die anderen ihre Beute auf andere Weise erhaschen müssen. Die Zwergfledermaus beispielsweise „schaufelt" ihre Beute in die Flughaut des Schwanzes und nimmt sie dann mit dem Maul aus dieser Tasche heraus.

Wir werden uns im folgenden auf die große Hufeisennase (Rhinolophus ferrumequinum) beschränken, die durch die Arbeiten der Gruppen von Neuweiler und Schnitzler gut bekannt ist (Neuweiler, 1978; Schnitzler, 1978). Das Tier stößt also einen Ultraschall-Ortungsruf aus. Es orientiert sich — wie allgemein bekannt — nach dem Echo. Ultraschall ist günstig, weil sich die Schallwellen relativ geradlinig ausbreiten im Gegensatz zu dem für uns hörbaren Schall, der in alle Richtungen ziemlich gleichmäßig streut. Ultraschall hat den Nachteil, daß „man" ihn nicht hören kann. Die Fledermäuse können es: Sie hören in dem Normalbereich, der eigentlich für alle Tiere wesentliche Informationen bietet, gut, dann zwischen 40 und 80 kHz praktisch nicht; knapp ober-

halb von 80 kHz ist das Gehör jedoch wieder extrem empfindlich, um jedoch schon bei etwa 86 kHz wiederum nicht mehr zu reagieren. Die Tiere sind also ganz spezifisch geräuschempfindlich in der Tonhöhe, die ihrem eigenen Ortungslaut entspricht (Abb. 133). Aus der Geschwindigkeit, mit der die Laute zum Gehörorgan zurückkommen, kann die Fledermaus auf die eigene Fluggeschwindigkeit in Beziehung zu einem anderen Objekt schließen. Sie tut das auf besonders raffinierte Weise. Wenn uns ein Eisenbahnzug entgegenkommt und er dabei ein Signal gibt, erscheint uns das Signal sehr hoch, entfernt sich der Zug, so sinkt die Tonhöhe des Signals ab. Dieses Phänomen heißt nach seinem Entdecker Doppler-Effekt. Fliegt die Fledermaus auf einen stehenden Gegenstand zu, so hört sie höhere Töne als sie selbst ausstößt. Sie senkt nunmehr ihre Sendefrequenz von etwa 83,4 kHz auf einen niedrigeren Wert ab, so daß sie wieder ein Echo erhält mit einer Frequenz von 83,4 kHz (Abb. 134). Aus der notwendigen Verlagerung der Stimmhöhe kann sie auf ihre Geschwindigkeit schließen und gleichzeitig schafft sie sich eine konstante Trägerfrequenz.

Diese konstante Trägerfrequenz ist notwendig, weil die Töne nunmehr zusätzlich in einer Weise verändert werden, die die Fledermaus weder kompensieren kann

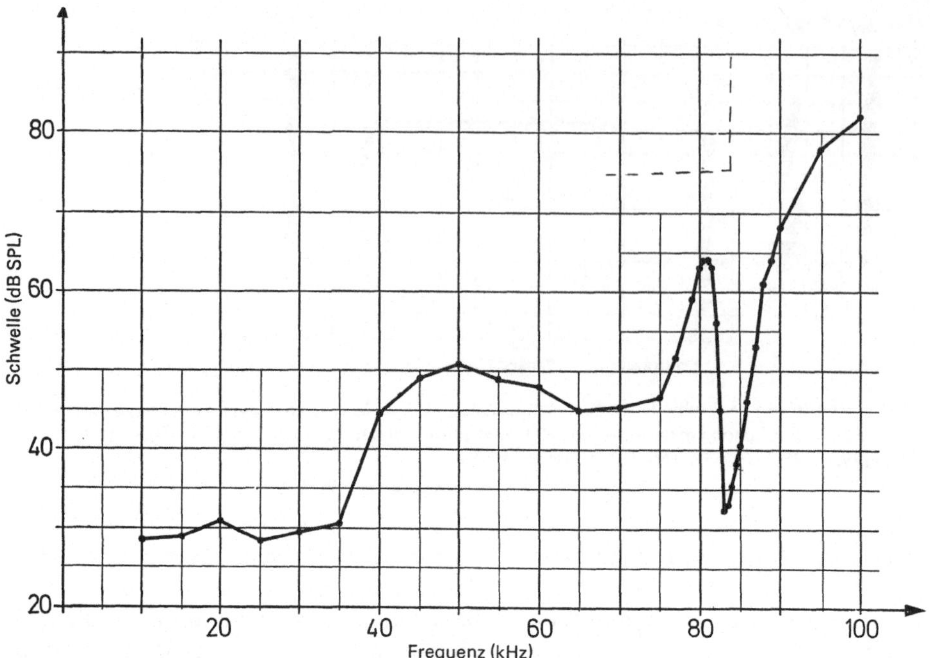

Abb. 133. Die Hörschwellenkurve von Rhinolophus ferrumequinum. Jeder Meßpunkt ist der Mittelwert aus Colliculus inferior — Ableitungen von 10 Tieren. (Nach Neuweiler, 1978)

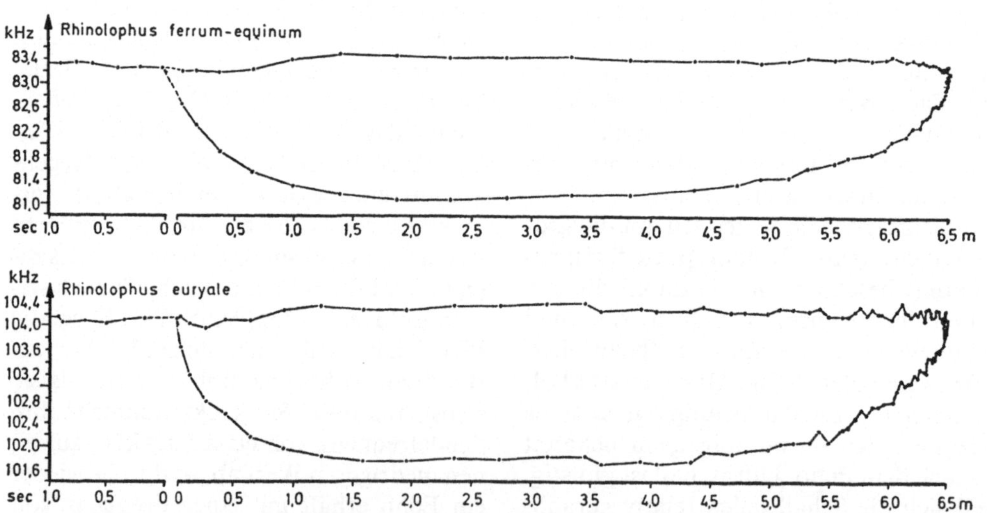

Abb. 134. Frequenzen der CF-Teile des Echos *(obere Kurve)* und der ausgesandten Laute *(untere Kurve)* von Rhinolophus Arten beim Flug über eine 6 km lange Flugstrecke und in der letzten Sekunde vor dem Start (-o-o-o). Die durch die eigene Fluggeschwindigkeit verursachten Dopplerverschiebungen der Echofrequenz werden durch Absenken der Aussendefrequenz kompensiert, so daß die Echofrequenz konstant bleibt. (Nach Schnitzler, 1978)

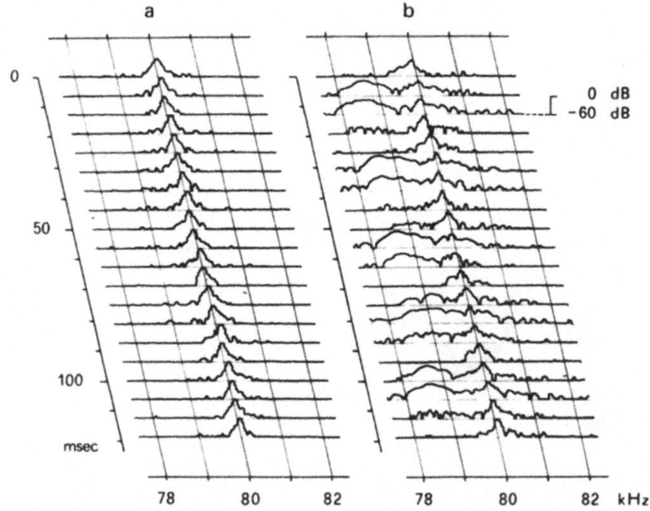

Abb. 135 a u. b. Echtzeitspektren der von einem nichtfliegenden **a** und einem fliegenden **b** Oleanderschwärmer (Daphnis nerei) zurückkommenden Echos bei Beschallung mit einer Trägerfrequenz von 80 kHz aus 45° C seitlich vorn. (Nach Schnitzler, 1978)

noch will. Je nach beschalltem Objekt wird nämlich nunmehr diese Trägerfrequenz moduliert. Das geschieht besonders, wenn das beschallte Objekt in sich noch einmal Bewegungen zeigt. Jedes fliegende Insekt ist aber nun gerade durch diese Eigenbewegung charakterisiert: durch seinen Flügelschlag. Die Flügel des Insckts sind verschieden groß, verschieden geformt. Sie schlagen je nach Art mit verschiedener Geschwindigkeit auf und nieder. Dies alles moduliert die Trägerfrequenz (Abb. 135), und die Fledermaus sollte in der Lage sein, aus diesen Modulationen recht genau die Art der Beute zu bestimmen. Tatsächlich sind Fledermäuse durchaus in der Lage, zwischen fallenden Blättern und Insekten zu unterscheiden: ein kurzes Anpeilen genügt. Wie genau die Unterscheidung ist und was alles an Information in dem zurückkommenden Echo steckt, ist derzeit ein wesentlicher Punkt der ökologischen Neurobiologie.

Daß die Fledermäuse geschickte Flieger sind, wissen wir alle. Bei so viel Anpassung an die nächtliche Lebensweise sollte kein Nachtschmetterling, kein nächtlich fliegender Käfer eine Chance haben. Aber er hat sie, denn im Laufe der Evolution haben sich die Tiere mit den Fledermäusen evoluiert. Welche Möglichkeiten gibt es? Zunächst ist die Möglichkeit gegeben, einfach schlecht zu schmecken: Ein Verfahren, das wir ja bei vielen Insekten kennen. Das nutzt unserem Schmetterling aber nur, wenn er diese Tatsache der Fledermaus rechtzeitig mitteilen kann. Die viel diskutierten Lautäußerungen mancher Nachtschmetterlinge während des Fluges dürften eine akustische Warntracht sein. Und hier gibt es sogar eine akustische Mimikry. Einige Arten, die offenbar sehr wohlschmeckend sind, rufen ebenfalls während des Fluges. Eine zweite Möglichkeit besteht theoretisch in einer Störung der Fledermausrufe. Diese Methode scheint sich nicht entwickelt zu haben, sie würde sehr hohe und sehr spezifische Schallenergie voraussetzen. Eine dritte Möglichkeit ist, die Signale so schlecht zu reflektieren, daß eine Ortung danach kaum mehr möglich ist. Die sehr dichte Behaarung mancher Spinner ist vielfach so gedeutet worden, ein Beweis dafür steht allerdings noch aus. Besonders interessant ist jedoch die Möglichkeit, die Ortungslaute der Fledermäuse zu hören und darauf zu reagieren. Diese Tatsache

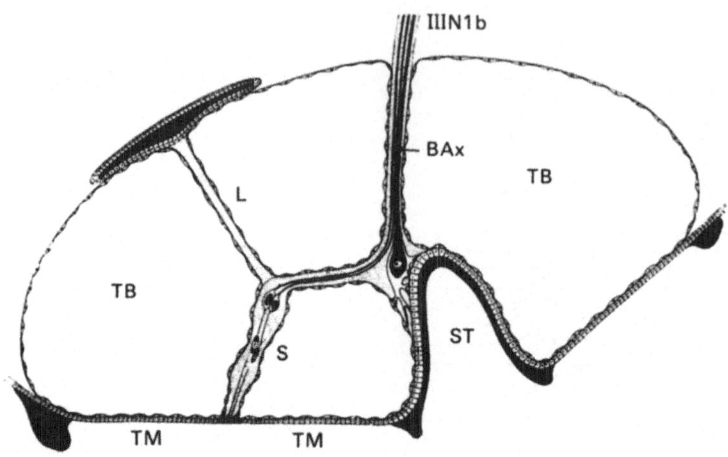

Abb. 136. Schema des Tympanalorgans einer Eule (Noctuidae). Das Sensillum *S* enthält ein paar akustische Rezeptoren oder A-Zellen. Es ist an der Tympanalmembran *TM* befestigt und in der luftgefüllten Tympanalblase *TB* an dem Ligament *L* und seinem Nerv, der zur Skelettstütze *ST* zieht, aufgehängt. Bei *ST* laufen die A-Fasern dicht an der B-Zelle vorbei; sie ziehen dann zusammen mit dem B-Axon *BAx* weiter. Diese drei Fasern zusammen bilden den Tympanalnerv *III N 1b*. (Nach Roeder, 1968)

hat der Zoologie durch viele Jahre ähnlich große Probleme geliefert wie das Ortungssystem der Fledermäuse: Man fand bei Nachtschmetterlingen aus der Familie der Eulen (Noctuidae) und Spanner (Geometridae) Organe, die nach ihrem gesamten Bau nichts anderes sein konnten als Gehörorgane, und sie liegen an einer Stelle, an der bei Insekten vielfach Gehörorgane entwickelt sind: an der Taille, wo Thorax und Abdomen miteinander verbunden sind. Nur: die Tiere reagierten auf keinen Ton, und es gab auch keinen Hinweis auf Lauterzeugung in diesen Gruppen. Heute wissen wir, daß es sich bei diesen Tympanalorganen um spezifische Ultraschallempfänger handelt (Abb. 136). Man kann dies leicht vorführen. Um eine Straßenlaterne schwirren im Sommer ziemlich regelmäßig einige Nachtschmetterlinge aus den Familien der Eulen und Spanner herum. Klappert man nun mit einem Schlüsselbund oder dreht einen Korken mit einer feuchten Flasche (so daß es quietscht), so entsteht neben den für uns hörbaren Tönen Ultraschall: Die Tiere um die Lampe geraten in Panik. Bei den Eulen enthält das Tympanalorgan nur drei Sinneszellen,

von denen die eine (die B-Zelle) wohl überwiegend Kontrollfunktion hinsichtlich des Zustandes des Tympanalorgans hat. Die beiden anderen, die A-Zellen, reagieren auf Ultraschall. Ihre Empfindlichkeit ist nicht so eingeschränkt wie etwa die Rufe der großen Hufeisennase es sind: Schließlich müssen sie die Ortungsrufe verschiedener Fledermausarten erkennen, die ja bei verschiedenen Frequenzen senden. Allgemein gilt, daß schon bei 50 kHz die volle Empfindlichkeit da ist.
Das alles genügt jedoch nicht zum Entkommen vor einer Fledermaus. Vor allem muß der Schmetterling die Richtung der einkommenden Rufe erkennen, und das ist bei seinen eigenen Flügelbewegungen äußerst schwierig. Nehmen wir an, wir lassen einen solchen Schmetterling im Zentrum eines Globus fliegen und senden nun von den verschiedenen Stellen der Oberfläche des Globus während verschiedener Phasen des Flügelschlages Schallwellen zu seinem Tympanalorgan. Dann wird manchmal der Flügel das Tympanalorgan vollständig bedecken und manchmal vollständig freigeben. Man kann dann aus den erhaltenen Antworten der

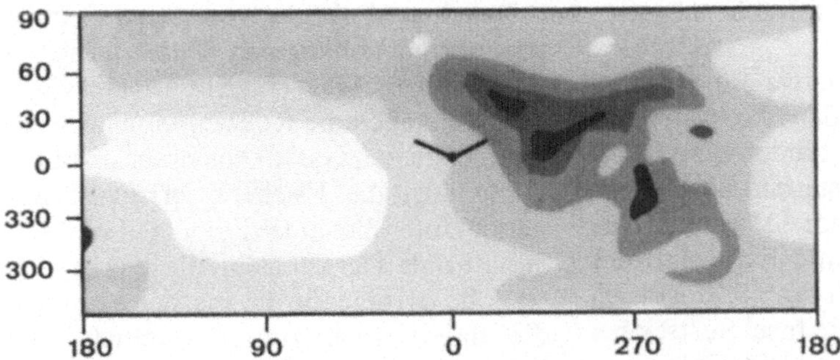

Abb. 137. Eine Eule (Noctuidae) wurde im Zentrum eines Drahtglobus so aufgehängt, daß sie wie frei „flog" (*Mitte:* Flug auf den Beschauer zu). Das rechte Tympanalorgan wurde dann von den verschiedenen Stellen der Oberfläche des Globus beschallt und seine Reaktionsintensität gemessen. Das Resultat ist hier als Landkarte nach der Mercator-Projektion dargestellt. Je dunkler das Areal, um so geringer die Antwort des Tympanalorgans auf den Reiz. (Nach Roeder, 1968). Die Karte gilt natürlich nur bei dieser (hier gezeichneten) Flügelstellung

A-Zellen eine „Weltkarte" in Mercator-Projektion zeichnen (wie das normalerweise bei Weltkarten geschieht) und erhält ein Bild wie Abb. 137. Dieses Bild ist je nach Flügelstellung verschieden, obwohl die Schallquelle ihre Position nicht geändert hat. Bei der Berechnung der Richtung, aus der der Schall kommt, muß also nicht nur die Reaktion der A-Zellen der Tympanalorgane auf beiden Körperseiten verglichen werden, sondern dieses Ergebnis muß im Zentralnervensystem außerdem mit der Flügelstellung im Augenblick des Signalempfangs verglichen werden. Offenbar spielt auch dabei die B-Zelle eine Rolle, ebenso wie spezifische Sinneszellen an den Flügelansätzen.

Jetzt kann die Eule den Schall registrieren und seine Herkunft lokalisieren. Nun stehen ihr zwei Möglichkeiten offen, die sie offenbar je nach Lautstärke — d. h. nach Entfernung des Feindes — anwendet. Entweder sie flieht aus der Nähe der Schallwellen oder sie läßt sich in einem trudelnden Flug (fast) zu Boden fallen. Diese Reaktion sehen wir, wenn wir unter einer Lampe mit dem Schlüsselbund klappern.

Ein Ortungssystem wurde entwickelt, um eine nächtliche Lebensweise zu ermöglichen. Es wurde in den Dienst der Nahrungsaufnahme gestellt. Dieses Ortungssystem ist etwas so spezifisches, daß es aus dem uns gewohnten Sinnesbereich völlig herausfällt. Die von diesem Ortungssystem und ihren Erzeugern betroffenen Tiere entwickelten Abwehrmaßnahmen — schlechter Geschmack; schlechte Echobildung; Gehörorgane bei Tieren, die selbst keine Laute produzieren. Hier haben wir vor uns, was vielfach als Lohn-Preis-Spirale in der Evolution bezeichnet wird. Die beiden Gruppen sind einander ebenbürtig geblieben.

Bei der großen Zahl von nebeneinander im gleichen Lebensraum existierenden Fledermausarten kann man von vornherein ein verschiedenes Nahrungsspektrum annehmen: Daß sich alle Arten gleich ernähren, erscheint geradezu unmöglich. Dann aber ist es wahrscheinlich, daß jede Art spezifische Ortungsmechanismen, d. h. spezifische Ortungslaute und spezifische Verarbeitung dieser Laute für sein spezifisches Beutespektrum entwickelt hat, und daß dies spezifische Beutespektrum auf der anderen Seite wiederum gerade auf diese Laute hin coevoluiert ist. Aber über all das wissen wir wenig — wir kennen nicht einmal genügend Freilandbefunde über die Nahrung verschiedener Fledermausarten im gleichen Bereich.

3.6.4 Massensterben und Seuchenzüge

Weit verbreitet ist die naive Vorstellung, in einem funktionierenden Ökosystem lägen paradiesische Zustände vor. Doch auch hier sind Massensterben keine Ausnahme. Das gilt nicht nur für Vulkanausbrüche, wie die berühmte Explosion der Vulkaninsel Krakatau in Südostasien oder die neu entstehende Insel Surtsey bei Island oder den Mount St. Helens in Nordamerika. Das gilt genauso auch für besonders strenge Winter oder besonders milde Winter. Strenge Winter, in denen die Ostsee fast vollständig zufriert, töten regelmäßig große Mengen von Wasservögeln und so schwankt die Zahl der brütenden Lummenpaare auf den Karlsinseln bei Gotland in Abhängigkeit von solchen Wintern zwischen 15000 und 2000. Milde Winter führen dazu, daß bei uns winterschlafende Säugetiere und Insekten bei den milden Temperaturen zuviel Energie verbrauchen, oft sogar aufwachen und dabei sterben. Milde Winter führen daher in Deutschland regelmäßig zu einem Zusammenbruch der Igelpopulationen und zu sehr starken Verlusten bei Fledermäusen, Grashüpfern, Grillen und vielen Schmetterlingen. Besonders berühmt geworden in der letzten Zeit ist das El Niño-Phänomen an der Küste Perus (Arntz u. Fahrbach, 1991). Bei normalen Bedingungen haben wir im dortigen Meer eine etwa 40 m tiefe kühle Oberflächenschicht und darunter sind nährstoffreiche Wasser, die infolge der an der Küste wehenden Winde leicht an die Oberfläche kommen. Als Resultat ist dieses Gebiet normalerweise sehr produktiv: Fische (vor allen Dingen Anschovis) und fischfressende Vögel sind reichlich vorhanden. Wenn diese Struktur zusammenbricht, sprechen wir von einem El Niño-Phänomen (das ist häufig um Weihnachten der Fall; El Niño, das Kind, deutet auf Weihnachten hin). Die Oberflächenschicht wird wärmer und tiefer und die Küstenwinde bringen Wasser zum Auftrieb, welches nicht so nahrungsreich ist. Die Primärproduktion sinkt nun plötzlich steil ab, die von dieser Primärproduktion abhängigen Tiere sterben in sehr großem Maß (Fische, Meeresvögel, vor allem auch die Robbenpopulation bis hinüber zu den Galapagosinseln stirbt fast völlig aus, die Fischerei bricht zusammen). Unter diesen Bedingungen wandern äquatoriale Tierarten ein, die jedoch nicht so hohe Erträge für die Fischerei bringen, die daher auch zum Zusammenbruch kommt (Arntz, 1986; Graham u. White, 1988).

Wir haben also unter diesen Bedingungen ein Massensterben von Fischen, Vögeln und Säugetieren grandiosen Ausmaßes. Inzwischen scheint dazu auch sicher, daß mit diesem Phänomen Wetterumstellungen auf der ganzen Südhalbkugel einhergehen. Während es in den sonst wasserlosen Wüstengebieten an der Küste Perus jetzt ergiebige Regenfälle gibt, scheinen regelmäßig Südafrika, Australien und z. T. Südamerika unter einer ungewohnten Dürre zu leiden, unter einer Dürre, die die Regenwälder Malaysias tötet und dort riesige natürliche Waldbrände ermöglicht.

Neben diesen im allgemeinen gut analysierten Massensterben gibt es aber auch Massensterben, über deren Ursache man nichts weiß und deren Ursache man auch im nachhinein kaum erforschen kann. Wir kennen so etwas regelmäßig bei Kleinsäugern und häufig bei Meeresfischen, wo man dann zwar die Ursache relativ wahrscheinlich machen kann und, da das Phänomen so schnell vergeht wie es gekommen ist, sich mit einer Erklärung beruhigt. Man muß jedoch zugeben, daß dies in Wirklichkeit nur eine Beruhigung und keine wirkliche Kausalanalyse ist. Das gleiche liegt bei Pflanzen vor. Die Probleme der Tanne seit Ende des 19. Jahrhunderts in Mitteleuropa haben noch immer keine wirklich befriedigende Erklärung gefunden (s. auch Westphal, 1991).

Neben solchen Massensterben gibt es in der Natur auch regelmäßig Seuchenzüge, die bestimmte Arten über riesige Flächen töten können. So sind in den 20er und frühen 30er Jahren dieses Jahrhunderts die Seegrasbestände der Ostsee einer Seuche fast völlig zum Opfer gefallen, und die Bestände haben sich bis heute nicht vollständig erholt. Ein anderer Seuchenzug tötete den europäischen Flußkrebs, den Edelkrebs, nahezu vollständig in allen europäischen Gewässern. Solche, durch Organismen wie Parasiten und Krankheitserreger hervorgerufene Seuchenzüge sind in der ökologischen Wissenschaft fast immer unbeachtet geblieben. Die wenigen Bücher, die unsere Kenntnisse zusammenfaßten (z. B. Hedgpeth, 1957) blieben in der ökologischen Wissenschaft nahezu völlig unbeachtet. Erst neuerdings wurde unser Wissen, wenigstens im marinen Bereich (Kinne ab 1980) und durch eine spezifische Zeitschrift (Diseases of marine animals) durch die Tatsache in den Vordergrund gerückt, daß ökologische Systeme durch Seuchenzüge sehr entscheidend geschädigt werden können.

Derartige Seuchenzüge treten natürlich sehr leicht direkt oder indirekt im Gefolge des Menschen auf. Der Mensch kann Krankheitserreger über große Entfernungen verschleppen, die dann nicht angepaßte Pflanzen und Tiere in riesiger Zahl hinwegraffen. Ein Beispiel dafür ist die in der Kolonialzeit mit Rindern nach Ostafrika eingeschleppte Rinderpest, die die dortigen Antilopenbestände der verschiedensten Arten über die Steppen Ost-, Süd- und Südwestafrikas weitgehend vernichtete. Erst heute haben die meisten dieser Antilopen eine gewisse Resistenz gegen Rinderpest und die genauso eingeschleppte Maul- und Klauenseuche erworben. Das Myxomatose-Virus, welches zur Bekämpfung (der ebenfalls eingeführten) Kaninchen nach Australien eingeführt wurde, hatte in den ersten Jahren riesige Massensterben der Kaninchen zur Folge; inzwischen zeichnet sich auch dort eine zunehmende Resistenz der verbleibenden Tiere durch die Generationen ab (Prins, 1987).

Weiterhin schafft der Mensch durch großangelegte Monokulturen und große, ein-

heitliche Tierbestände natürlich ideale Bedingungen für Parasiten und Krankheitserreger. Beispiele sind natürlich auch die Haustiere, die in Europa durch Schweinepest und Rinderpest immer wieder bedroht werden. Das gleiche gilt natürlich auch für Pflanzen, wobei unsere Kulturpflanzen am stärksten gefährdet sind und daher eben auch am stärksten mit Pestiziden (der Name ist typisch!) behandelt werden. Das Ulmensterben, das auf der Wirkung eines Pilzes beruht, welcher von einem Borkenkäfer transportiert wird und das natürlich besonders die dichtgepflanzten Parkulmen betroffen hat, während Einzelulmen in Mischwäldern doch in erheblichem Maß überlebten, ist hier ein Beispiel. In den Tropen spielen Krankheiten von Kokospalmen, die durch Viroide (auf den Philippinen) und durch Mycoplasmen verursacht wurden, eine wirtschaftlich gewaltige Rolle. Die Kokosernte, von der die einheimische Bevölkerung weitgehend abhängig ist, ist durch diese Seuchenzüge in vielen Gebieten sehr drastisch zurückgegangen. Die Epidemie wurde zunächst auf Kuba, dann in Südflorida beobachtet. Von dort aus hat das Palmensterben — wie andere Palmenkrankheiten charakterisiert durch das Abwerfen der Blätter, so daß nur der Stamm als toter Stock in die Luft ragt — inzwischen fast die ganze Welt erreicht. Die Bedeutung kann nicht hoch genug eingeschätzt werden. Kokospalmen (Cocos nucifera) gehören zu den wichtigsten Pflanzen der Tropen. Für Millionen von Menschen ist dieser „Lebensbaum" nicht nur ein Baum, dessen Früchte man verkaufen kann, sondern außerdem spendet er Nahrung, Schutz und Kleidung. Über 25 Millionen Tonnen Kokosnüsse und ungefähr 5 Millionen Tonnen Kopra werden jedes Jahr in den Tropen produziert. Viele tropische Inseln im Pazifik können nur wegen der Kokosnüsse besiedelt werden.

So erhebt sich die Frage, ob Seuchenzüge mit entsprechenden Folgen denn wohl auch ohne den Menschen vorgekommen und denkbar sind. Die Frage ist rein theoretisch, weil der Mensch nun einmal seit langer Zeit die Erde bevölkert und überall in gleicher Weise individuenreiche Monokulturen von Pflanzen oder Tieren anlegt, um den Hunger der wachsenden Menschheit zu stillen. Dennoch ist es sehr wahrscheinlich, daß auch rein natürliche Ökosysteme ohne den Menschen Seuchenzüge hatten.

Immerhin deuten die riesigen Wanderzüge der verschiedenen Wanderheuschrecken in Lateinamerika (Mexiko, Argentinien), in Afrika und Australien darauf hin, daß solche Seuchenzüge über riesige Entfernungen — Wanderheuschrecken sind als allesfressende Massenzüge bis nach Mitteldeutschland gekommen — auch in rein natürlichen Lebensräumen vorkommen. In der Ostsee hat die Eiderente ganz besonders günstige Bedingungen, und sie siedelt hier in sehr viel dichterer Zahl als in den Polargebieten. Damit wird die Übertragung von Parasiten und Krankheitserregern einfach, schnell und zuverlässig. So gibt es in der Ostsee ziemlich regelmäßig Zusammenbrüche des Eiderentenbestandes aufgrund einer additiven Wirkung der verschiedensten Parasiten und Krankheitserreger. Auch gibt es — und gab es immer — riesige Kolonien von Tieren der gleichen Art: die Pinguinkolonien und die Robbenkolonien der Antarktis sind eigentlich ein exzellentes Beispiel für ideale Bedingungen von Krankheitserregern und Parasiten. Die Übertragung von Tier zu Tier ist sehr leicht. Wir haben hier natürliche Monokulturen. Alle See-Elefanten des antarktischen Raums leiden unter einer Infektion mit in der Nase lebenden Milben, die hier eine Krankheit hervorrufen, die außerordentlich an Schnupfen erinnert (Halarachne miroungae und verwandte Arten). Diese Tiere können auch auf andere Säugetiere übergehen und hier schwere Schäden hervorrufen, während die See-Elefanten offenbar damit leben können. Untersuchungen an einer viele tausend Tiere zählenden Karibuherde in Nordamerika ergaben, daß für 60% der

Todesfälle bei frisch gesetzten Kälbern Wölfe verantwortlich waren, daß aber 25% auf das Konto verschiedener Krankheiten kamen. Natürliche Monokulturen gibt es natürlich genauso auch bei Pflanzen, wie etwa den schon besprochenen nordischen Birkenwald, der in mehr oder weniger regelmäßigen Abständen von Schmetterlingen regelrecht zerstört wird. Erlensümpfe entlang von Bachtälern bieten ebenfalls beste Bedingungen für Parasiten und Krankheitserreger. Kandler (1988) konnte zeigen, daß manche Formen von Erlensterben in Bayern durch Mycoplasmen (MLO-ähnliche Organismen) erzeugt werden. Besonders bemerkenswert ist ein plötzlicher Zusammenbruch der Hemlocktannen (Tsuga) vor 4800 Jahren (Radiocarbon-Datierung) in Nordamerika (Davis, 1981). Man schließt auf irgendeinen Krankheitserreger, weil in vielen Gebieten Nordamerikas der Pollenanteil innerhalb eines Jahrhunderts dramatisch absank. Man kennt faktisch das gleiche Phänomen aus historischer Zeit, wo die Beziehung zu einer Seuche eindeutig gesichert ist. Man wird also auch in Gebieten und zu Zeiten, wo der Mensch die Landschaft noch relativ wenig beeinflußte, mit Seuchenzügen rechnen müssen (Davis, 1981).

Offensichtlich in Europa einheimisch ist eine Erkrankung von Heidel- und Preiselbeere durch einen MLO-Parasiten (Mycoplasma). Es handelt sich dabei um eine hexenbesenähnliche Erkrankung, bei der die Internodien der kranken Pflanzen stark verkürzt sind, die kurzen Triebe aufrecht stehen und wenig verzweigt sind. Kümmerwuchs- und Rotverfärbung der Blätter sowie ein verspätetes Abwerfen des Laubes im Winter sind charakteristisch. Eingeführte amerikanische Heidelbeeren werden durch diese zellwandlosen Bakterien noch stärker geschädigt. Eine solche, noch stärkere Schädigung eingeführter Pflanzen durch einheimische Krankheitserreger ist auch vielfach beschrieben worden. So gibt es in Australien einen Wurzelpilz (Phytophthora cinnamomi), der sehr viele fremde Baumarten befällt, der einen großen Teil der australischen Forsten einschließlich des Unterwuchses (Ökosystemsterben) heimsucht. In Südafrika ist ähnliches weit bekannt und viele Anpflanzungen von fremden Bäumen (insbesondere Eukalyptus — und Pinusarten) mußten zunächst wieder aufgegeben werden, weil die einheimischen Krankheitserreger, vor allen Dingen in der ersten Generation, die Bäume stark schädigten (Lundquist, 1987; Siller, Lederer u. Seemüller, 1986). Wir müssen also wohl davon ausgehen, daß erstens allein die Existenz bestimmter Organismen und ferner die Beobachtung von Seuchenzügen in Gebieten, wo der Mensch die Natur kaum verändert hat, darauf hindeuten, daß auch unter natürlichen Bedingungen Seuchenzüge möglich sind und daß Seuchenzüge ein integraler Teil der Ökosysteme sind. Man wird damit rechnen müssen, daß Seuchenzüge in mehr oder weniger starkem Ausmaß für die Populationsregulierung von Pflanzen und Tieren ein Rolle spielen: Man wird Seuchen aus der Populationsbiologie nicht ausklammern können (Kandler, 1988).

In Afrika wurde die Rinderpest von den weißen Siedlern mit ihren Rindern eingeführt und verursachte ungeheure Verluste unter allen Ungulaten des Kontinents; endemisch aber waren hier bereits zwei Seuchen — der Milzbrand (Anthrax) und die Nagana-Seuche, letztere, wie die Schlafkrankheit, durch Tsetse-Fliegen (Glossina) übertragen. Nord-Botswana war am Ende des 19. Jahrhunderts infolge der Nagana-Seuche faktisch tierleer; zu einer menschlichen Besiedlung kam es hier nicht infolge der Schlafkrankheit und der Malaria. Lediglich nomadisierende Buschmanngruppen haben hier zeitweilig gelebt. Der Milzbrand tritt besonders in Trockenheiten auf, wenn geschwächte Tiere in den letzten Wasserlöchern verenden und so das wenige restliche Trinkwasser verseuchen.

Das letzte Beispiel eines solchen Seuchenzuges was das Seehundsterben 1988 an der deutschen, dänischen und holländischen Küste. Dies Beispiel sei im Anschluß an Gerlach (1989) etwas näher dargestellt, weil es unser ganzes Unwissen auf diesem so wichtigen Gebiet beleuchtet. Der Seuchenzug, der sehr wahrscheinlich durch einen Erreger ausgelöst wurde, welcher dem Staupevirus des Hundes nahe verwandt ist, begann auf der dänischen Insel Anholt im Kattegat. Der Zug breitete sich von daher — offenbar durch wandernde Robben — um die Nordspitze Jütlands herum zum deutschen Wattenmeer bis in die Niederlande aus. Von dort ist er offenbar auch an die Küste der Britischen Inseln vorgedrungen. Wie kommt es zu diesem Seuchenzug? Das Frühjahr 1988 zeichnete sich durch eine extrem windarme Zeit aus und so konnten sich altbekannte Planktonalgen in riesiger Zahl an der Oberfläche des Wassers zu Teppichen festsetzen. Es handelt sich z. B. um die zu den Flagellaten gehörende Chrysochromulina polylepis, die, im Gegensatz zu den meisten Flagellaten, über keine Chloroplasten verfügt, sondern mit Haftfäden sehr kleine organische Partikel aus dem Wasser fischt und sich davon ernährt. Die Alge mit ihren Haftfäden ist giftig und kann bei genügender Menge (und das war ja gegeben) Fische töten. Besteht nun zwischen dieser Alge, die ein wenig früher als das Seehundsterben auch im Kattegat Massenvermehrungen zeigte und dem Seehundsterben eine Beziehung? Etwas derartiges ist nicht auszuschließen. Rein spekulativ könnte man vermuten, daß starke Regen den Staupevirus aus Nerzfarmen, wie sie in Dänemark weit verbreitet sind, ins Meer geschwemmt haben. Es ist eine bekannte Tatsache, daß starke Regen alle möglichen Krankheitserreger über die Flüsse ins Meer transportieren. Möglicherweise sind hier die Erreger von den Algen mit ihren Haftfäden aufgenommen worden und dann auf völlig unbekannte Weise in die Robben gekommen. Die Tatsache, daß man so durchaus glaubhaft spekulieren kann, zeigt die riesige Größe unseres Unwissens. Denn: daß dies so erfolgte, ist, wie Gerlach betont, absolut unsicher; ob es sich um einen staupeähnlichen Virus aus Nerzfarmen handelt ist unsicher, ob die Algen lebende Erreger weiter transportieren können ist unsicher und es ist unklar, ob und wie die Seehunde die Erreger aus Algen aufnehmen können. (Im Jahr vorher war offensichtlich die gleiche Seuche bei den Ringelrobben des Baikal-Sees aufgetreten.)

Wir sind dabei jedoch bei einem anderen wichtigen Kapitel: dem Kapitel von Massenvermehrungen giftiger Algen im Ozean, wie sie vor allem schon bei Hedgpeth (1957) zusammengestellt sind. Viele Algen enthalten außerordentlich wirksame Toxine, die Meerestiere, Robben und Fische töten können (z. B. Krämer, 1978). Massenvermehrungen derart giftiger Algen sind seit ältester Zeit bekannt und sie sind nicht unbedingt im Gefolge des Menschen anzusehen, wenn auch der Mensch mit seiner Tätigkeit und seiner Euthrophierung der Meere heute derartige Wasserblüten in verstärktem Maß auslöst. Solche Massenvermehrungen von Algen, Wasserblüten genannt, können auf große Flächen der offenen See alles lebende Getier vollständig abtöten. Ein Massensterben

der Mönchsrobbe auf Hawaii wird mit einer solchen Wasserblüte in Verbindung gebracht.

In den meisten natürlichen terrestrischen Lebensräumen dürften solche Seuchenzüge ganz regelmäßig in der Terminalphase der Entwicklung (s. Ökosysteme, das Mosaik-Zyklus-Konzept der Ökosysteme) auftreten. Es ist hier schwer zu sagen und wahrscheinlich überhaupt nicht zu sagen, ob hier Kranheitserreger und Parasiten die primäre Ursache des Sterbens von Bäumen sind oder ob die Krankheitserreger nur an den Baum gehen, der bereits aus Altersgründen oder wegen anderer Schwierigkeiten bei der Wasserversorgung geschwächt ist. In den heutigen Wirtschaftswäldern spielen jedenfalls derartige Krankheiten und Seuchenzüge eine deutliche Rolle und eine Bedeutung solcher Dinge bei den neuartigen Waldschäden ist z. T. wahrscheinlich, z. T. weniger wahrscheinlich, z. T. sogar sicher (eine kritische Analyse gibt Kandler, 1988).

Bisher ist die ökosystemare und die populationsregulatorische Wirkung von Krankheitserregern und Parasiten nicht entfernt von der Ökologie in das Kalkül eingezogen oder gar verstanden worden.

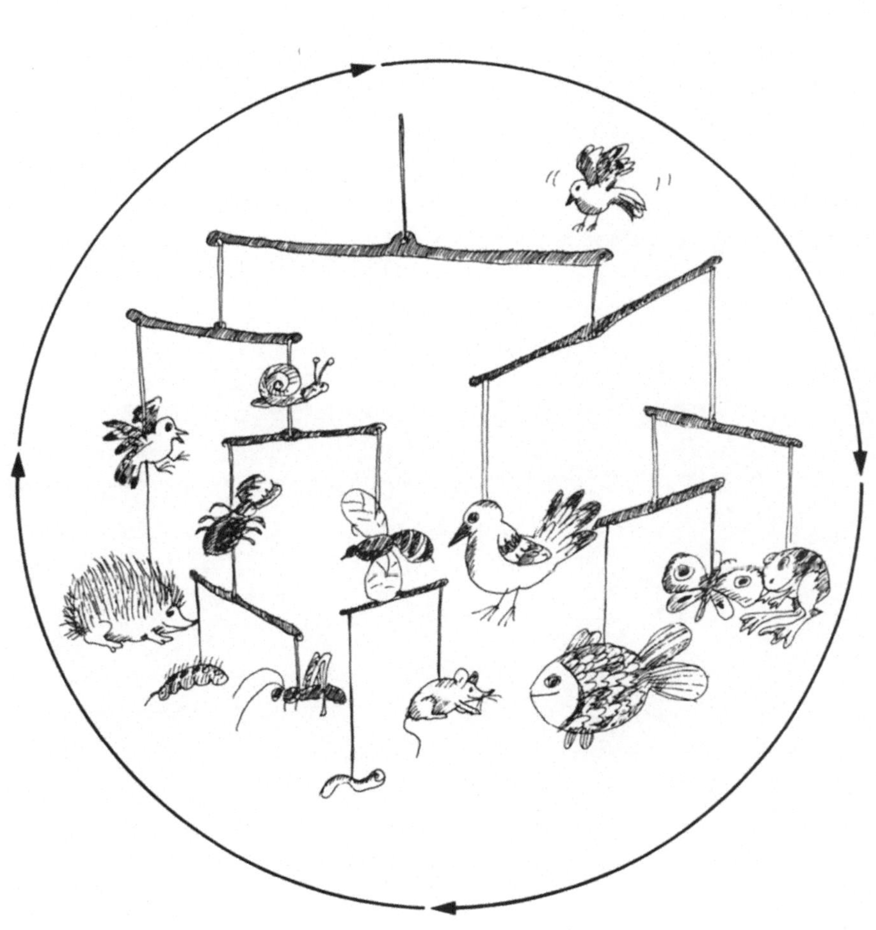

4. Ökosysteme

4.1 Theorie der Ökosysteme

Auf die Erde trifft dauernd Lichtenergie, die in chemische Energie verwandelt wird und dann über Stufen in Wärmeenergie. Dieser Energiefluß treibt einen Kreislauf vieler Stoffe aus der unbelebten Natur durch die Organismen und zurück in die unbelebte Natur an. In der kurzen, von uns überschaubaren Zeit, scheint ein ungefähres Gleichgewicht zwischen Stoffaufnahme und Stoffabgabe, zwischen Energieaufnahme und Energieabgabe im Ökosystem zu herrschen.

Aufgrund der nichtlinearen Dosis-Respons-Beziehung der Organismen ist es möglich, das Ökosystem Erde in Teilsysteme zu gliedern und nach dem Gleichgewicht in diesen Teilsystemen zu fragen. Ein Ökosystem ist dabei ähnlich definiert wie eine Population. Klare Abgrenzungen gibt es nicht. Abgrenzungen müssen dem Zweck der jeweiligen Untersuchungen angepaßt werden.

Theoretisch genügt ein Organismus, der aus Lichtenergie chemische Energie aufbaut und ein anderer, der diese chemische Energie wieder in Wärme zurückverwandelt. Derartige Verhältnisse haben wir in der freien Natur nie. Vielmehr haben wir eine große Zahl von Arten. Aufgrund der theoretischen Überlegungen zur Autökologie (S. 5 ff.) ergibt sich, daß der Artbildungsprozeß in für das Leben allgemein günstigeren Gebieten rascher und intensiver abläuft als in biologischen Grenzbereichen. Die Zahl der Arten dürfte daher in tropischen Korallenriffen und tropischen Regenwäldern als Lebensräumen mit etwa optimaler Temperatur höher liegen als in Lebensräumen mit inkonstanten Bedingungen oder Bedingungen, die an der Grenze der biologischen Möglichkeiten liegen. In günstigen Gebieten dürfte daher intraspezifische und interspezifische Konkurrenz im weitesten Sinne als wichtigster aktuell wirkender ökologischer Faktor anzusehen sein, während in Grenzbereichen abiotische Faktoren aktuell die größte Rolle spielen.

Die Organismen haben sich in der Evolution immer besser an ihre Umwelt angepaßt. Ihre Umwelt — das bedeutet an ihre abiotische und an ihre biologische Umwelt. So kommen wir zu der bei der Populationsökologie besprochenen Coevolution. Im Ökosystem müssen wir also fordern, daß die hier lebenden Organismen miteinander evoluiert sind, aufeinander evoluiert sind; daß es eine gemeinsame große Coevolution der Glieder eines Ökosystems gibt. Diese Evolution muß notgedrungen in Richtung auf Optimierung des Ökosystems laufen. Sie muß in dieser Richtung erfolgen, sie braucht den Optimumpunkt nicht erreicht zu haben.

Die Ökosysteme unserer Erde haben ein sehr verschiedenes Alter. Die ältesten noch heute existierenden sind wohl das tropische Korallenriff und der tropische Regenwald. Beide zeichnen sich durch hohe Artenzahl und hohe Konstanz aus, durch einen schnellen Umsatz von Stoff und Energie, durch eine Bindung fast aller lebensnotwendiger Stoffe in den Organismen und durch ein vollständiges Recycling der biologisch wesentlichen Stoffe. Jüngere Systeme enthalten weniger Arten; bei ihnen liegt ein vollständiges Recycling häufig nicht vor (Hochmoore!).

Die Evolution führte also bei der Optimierung, die wir nun näher präzisieren können, von wenigartigen Systemen, in denen qualitative und quantitative Schwankungen relativ stark sind, zu vielartigen, mit relativ geringen quantitativen und qualitativen Schwankungen ihrer Glieder. Diese Glieder sind nur in geringer Individuenzahl vorhanden — was einen hohen Umsatz bedeutet, wie wir bei Räuber-Beute-Systemen gesehen haben. Die Coevolution verschiedener Arten war dabei notwendig. Vielartige Waldgebiete beispielsweise sind nur möglich, wenn anstelle der Windbestäubung eine zielgerichtete Bestäubung durch Tiere erfolgt und wenn anstelle der durch den Wind verdrifteten Samen eine Samenverbreitung durch Tiere erfolgt (Regal, 1977).

Eine weitere Optimierung besteht in der vollständigen Ausnutzung aller Ressourcen durch diese Systeme. Alle Nährstoffe sind in alten, artenreichen Systemen in den Organismen fest gebunden. In den abiotischen Teilen des Systems gibt es so gut wie keine Nährstoffe. Eine Vernichtung eines solchen Systems führt daher zur irreversiblen Schädigung; gegen derartige Insulte sind alte Systeme nicht evoluiert. In jungen Systemen ist eine so vollständige Nutzung der Nährstoffe nicht erreicht; junge Systeme sind daher durchweg gegen totale Vernichtungen besser gepuffert, sie können regenerieren.

Die Coevolution der Organismen miteinander bedeutet nicht, daß ein Ausbrechen aus dieser Coevolution unmöglich wäre. „Neue Technologien", die in der Evolution auftreten, können in relativ kurzer Zeit grundsätzlich Systeme verändern. Die Rückkehr der Teleostier aus dem Süßwasser ins Meer, die Erfindung der Warmblütigkeit, die Einwanderung der Säugetiere ins Meer, die Entwicklung der Samenpflanzen dürften solche Neuerungen sein, die überaus rasch alte bestehende, weitgehend balancierte Ökosysteme aus dem Gleichgewicht brachten und erst langsam zu einem neuen System hinführten.

Viele Ökosysteme haben sich zusammen mit dem Menschen entwickelt (das gilt etwa für Mitteleuropa, wo nach der Eiszeit der Mensch sofort in die Systeme und in ihre Entwicklung eingriff). Der Mensch ist hier also ein Bestandteil der Ökosysteme, die übrigen Glieder haben sich mit ihm coevoluiert. Alte, lange bestehende Kulturlandschaften unter dem Einschluß des Menschen sind daher ähnlich zu betrachten wie sogenannte naturnahe Landschaften des gleichen geographischen Raums.

Bei allen diesen Diskussionen darf man nicht vergessen, daß die Organismen, wie im ersten Abschnitt dieses Buches ausgeführt, physiologisch an ihren Lebensraum angepaßt sein müssen. Dies ist die erste und oberste Grundbedingung. Bei relativ jungen Systemen kann diese physiologische Anpassung alle anderen Faktoren überlagern. Beispielsweise hat die Ostsee ihre heutige Gestalt und ihren heutigen Salzgehalt erst seit sehr kurzer Zeit — erst seit etwa 2500 Jahren. Vorher handelte es sich um ein weitgehend ausgesüßtes Becken mit einer Süßwasserfauna. In das heutige Brackwasser konnte nur eine spezifische Auswahl von Arten aus der Nordsee eindringen, die über genügend osmoregulatorische Fähigkeiten verfügten. Diese aufgrund eines einzigen physiologischen Parameters praktisch zufällig ausgewählte Fauna macht die heutige Tierwelt der Ostsee aus. Es ist selbstverständlich, daß in diesem Lebensraum, den wir ohne irgendwelche Bedenken als ausgeglichenen Lebensraum bezeichnen, eine Coevolution dieser Glieder nicht hat stattfinden können. Ein ausgeglichener Lebensraum ist also auch ohne wesentliche Coevolution seiner Glieder möglich.

Auch der Gedanke, daß in alten tropischen Bereichen alle denkbaren ökologischen Nischen besetzt seien, durch spezifisch angepaßte Formen, ist ganz sicher falsch. So hat sich in den Tropen kaum ein Vogel in der Richtung entwickelt, die die Strandläufer der Subarktis und Arktis haben. Diese an Kälte angepaßten Arten sind dann auch die einzigen, die den tropischen Sandstrand und das Korallenriff vor der tropischen amerikanischen oder der tropischen afrikanischen Küste besiedeln. Daß keine eigene tropische Vogelart diesen Lebensraum nutzt, widerspricht manchen theoretischen ökologischen Gedankengängen.

Schließlich: Ökologische Systeme sind miteinander nicht verwandt wie Organismen miteinander verwandt sind. Jedes ökologische System ist ein Unikat und als solches nicht wiederholbar. Die Vorgänge, die wir bis ins einzelne in einem System analysiert haben, können im nächsten System, auch wenn dies ganz ähnlich aussieht, ganz anders ablaufen. Hier liegt eine echte Schwierigkeit der Ökosystemforschung und ihrer Möglichkeit, allgemeine Regeln aufzustellen.

4.2 „Natürliche" Ökosysteme

Naiv wird oft von natürlichen Ökosystemen gesprochen, die nicht dem Einfluß des Menschen unterworfen sind oder waren. Heute gibt es solche natürlichen Systeme nicht mehr. Die frühen Besiedler sind mit Sicherheit verantwortlich für das Aussterben der Riesengürteltiere und Riesenfaultiere Südamerikas (die ähnlich lebten wie die Huftiere in den afrikanischen Steppen) (Martin, 1973). Sie sind verantwortlich für den Tod der großen Halbaffen und der Riesenstrauße auf Madagaskar, sie sind verantwortlich für das Aussterben der Riesenstrauße und vieler anderer Tiere auf Neuseeland. Sie transportierten den Dingo nach Australien, der dort verwilderte und sicher eine wesentliche Veränderung der australischen Fauna bewirkte. Die frühgeschichtlichen Hochkulturen siedelten sich dort an, wo eine Ansiedlung relativ leicht war: nicht in Waldgebieten, nicht in Regengebieten, sondern in Steppengebieten mit relativ trockenem Klima aber genügend Wasser für Landwirtschaft und Viehzucht. Aber diese Räume erwiesen sich als leicht irreparabel zu schädigen. Als Folge der Lebensraumzerstörung sanken die Niederschläge, und es entstanden die bekannten Wüsten in Indien, in Nordafrika, in Mesopotamien, in Kleinasien und Teilen von

China. Man macht für den Niedergang dieser Hochkulturen Klimaänderungen verantwortlich: Das ist richtig, aber die Klimaänderungen waren zumindest z.T. eine Folge der menschlichen Lebensraumzerstörung. Die Wikinger machten sich von Skandinavien aus auf den Weg nach Rußland, ans Schwarze Meer, nach England, nach Frankreich, ans Mittelmeer, nach Island und Grönland, als sie die Holzvorräte Skandinaviens erschöpft hatten. Heute wird man nur mit größter Mühe Bäume von der Größe in Norwegen finden, wie sie dort zum Bau der Stabkirchen und zum Bau der Wikingerschiffe benutzt wurden. Bereits in der Bronzezeit wurde in Norddeutschland der Wald vernichtet, und es entstand der Beginn der Lüneburger Heide (vgl. S. 320 f.). Beim Ausgang des Mittelalters setzte der Angriff des Menschen auf die Meere ein, die Vogel-, Robben-, Wal- und Fischbestände wurden zunächst in Europa, dann im Nordmeer, schließlich in der Antarktis dezimiert. — Erst in heutiger Zeit erobern europäische Meeresvögel Territorien zurück, in denen sie damals ausgerottet wurden. Wir können heute nur spekulieren über die Bedeutung der Wale in der Hochsee. Von einem „natürlichen" Ökosystem läßt sich nirgendwo mehr sprechen. Die Frage muß daher heute anders gestellt werden. Sie ist zu untergliedern in eine Reihe von Punkten:

1. Aufgrund autökologischer und populationsökologischer Überlegungen lassen sich Gebiete festlegen, die wenigstens von der Vegetation her als naturnah zu bezeichnen sind. Untersuchungen in solchen naturnahen Gebieten können uns Aufschluß über das Zusammenwirken der Teile in natürlichen Ökosystemen geben.

2. Vergleiche zwischen naturnahen und alten, vom Menschen geschaffenen Systemen (norddeutsche Heidelandschaften, deutsche Trockenrasengebiete, die Wüste Mesopotamiens, viele seit langem besiedelte und vom Menschen mit Haustieren und Pflanzen beschickte Inseln) ermöglichen Aufschlüsse über die Frage, wie weit

ein echtes „Ökosystem" sich mit dem Menschen evoluierte.

3. Wenn schon der Mensch im vortechnischen Zeitalter mit relativ primitiven Methoden aus fruchtbaren Steppengebieten lebensfeindliche Wüstengebiete machen konnte, wie rasch kann dann der hochtechnisierte Mensch unseren Lebensraum Erde zerstören? Und: Kann er diesen Lebensraum bewahren? Oder: Kann er die Fehler früherer Generationen korrigieren?

4.3 Der Klimax-Begriff, Folgeserien und Sukzessionen

Natürliche und naturnahe Ökosysteme sind nicht mit dem Klimax identisch, der vor allem in der botanischen Ökologie eine große Rolle gespielt hat. Die Definition des Klimax besagt, daß sich unter gegebenen klimatischen Bedingungen unabhängig von den Bodenverhältnissen auf die Dauer das gleiche Ökosystem entwickeln muß. In Mitteleuropa wäre die Klimaxvegetation danach ein Rotbuchenwald. Vielfach wird noch heute von botanischer Seite hiermit argumentiert und alles, was diesem Klimax heute nicht entspricht, auf die Tätigkeit des Menschen zurückgeführt. Davon ist vieles zweifellos richtig, jedoch nicht alles. Die Zeit, die seit dem Rückgang des Eises in Mitteleuropa vergangen ist, hat einfach nicht ausgereicht, um eine Klimaxvegetation entsprechend der Definition zu schaffen. Sumpfniederungen und Auwälder würden auch ohne den Einfluß des Menschen heute keinen Buchenwald, sondern eine Vegetation tragen, die mit Erlen, Weiden, Pappeln bestanden ist. Gebiete, die langfristig in jedem Frühjahr überschwemmt wären, würden auch heute, ohne den Einfluß des Menschen, Sauerwiesen sein, und solche Gebiete gäbe es in Mitteleuropa ohne den Einfluß des Menschen genug. Hinzu kommt der Einfluß mancher Tiere — wie des Bibers. Wie Untersuchungen in Kanada zeigten, können Biber in Gebieten, wo die Vegetation

dem Klimax sehr nahe kommt, durch Errichtung von Staudämmen zunächst sehr große flache Seen schaffen, die — nach einem Dammbruch — zu großen Wiesengebieten werden, welche erst sehr langsam wieder vom Wald zurückerobert werden. Höhlengrabende Tiere — wie Fuchs, Dachs, Wolf und Bär — lieferten immer wieder Lebensräume für „Pionierpflanzen" (r-Selektionisten). Feuer haben ganz sicher eine erhebliche Rolle gespielt. Schließlich ist das Klimax auch insofern eine Fiktion, als ein Wald unter Umständen eine drastische Klimaveränderung über 100 oder vielleicht auch mehr Jahre hinnehmen kann, ohne sich wesentlich zu verändern. Ein Sequoia-Wald, in dem alle Bäume zwischen 1000 und 3000 Jahre alt sind, kann theoretisch 500 Jahre einem an sich zu warmen oder zu kalten Klima widerstehen, er kann diese Zeit ohne irgendwelche Samenproduktion überdauern, er ist konkurrenzstark genug, um das Eindringen der unter diesem Klima an sich begünstigten Bäume zu überstehen. Man wird — in diesem rein hypothetischen Fall — ein Durchschleusen der verschiedensten Tiere und kurzlebigen Pflanzen durch diesen Wald erwarten können — ohne daß der Wald selbst irgendwie berührt wird.

Vielleicht ist diese Argumentation nicht so hypothetisch wie sie klingt. Wir wissen von den sehr starken Klimaveränderungen in geschichtlicher Zeit in Mitteleuropa: Zwischen 1600 und 1700 ging der Weinbau drastisch zurück, mit ihm zusammen verschwand der Anbau der Mandeln aus dem Rheingebiet und der Anbau des Safran, der in der Rheinebene ein wesentlicher Wirtschaftsfaktor gewesen war. Aus Viehweiden entstand im Gebiet des Hochkönigs die „übergossene" Alm. Wir wissen nicht, ob es damals eine generelle Abkühlung gegeben hat oder ob das Klima lediglich ozeanischer wurde. Beides könnte den gleichen Effekt haben. Klimax in diesem Sinne ist also eine Fiktion. Man sollte daher besser — wie es heute meist auch geschieht — von der standortgemäßen, von der natürlichen oder von der naturnahen Vegetation und ihrer entsprechenden Tierwelt sprechen. Eine große Rolle bei der Abwandlung eines Gebietes spielt das Feuer, ein bis vor relativ kurzer Zeit unterschätzter Faktor (vgl. S. 74 f.). Wir müssen daraus schließen, daß auch im europäischen Bereich Waldbrände früher eine bedeutende Rolle gespielt haben, daß aber der Mensch immer versucht hat, sie zu unterdrücken. Weder das „Klimax" noch die „potentielle natürliche Vegetation" geben uns also ein wirklich reales Bild von dem, wie die Landschaft vor dem groß angelegten Eingriff des Menschen ausgesehen hat.

Ökologie ist daher unvollständig, wenn sie nur die „potentielle natürliche Vegetation" bespricht.

Auch im vom Menschen nicht beeinflußten Gebiet laufen regelmäßig Sukzessionen ab, die es im einzelnen zu analysieren gilt. Als leicht überschaubare Modelle solcher Sukzessionen sind vielfach rasch vergehende kleine Strukturteile genommen worden: Aas, Kot oder der Strandanwurf am Ufer von Meeren und Seen. Auch die Zersetzung eines Baumstammes gehört hierher. So interessant diese Folgeserien — wie man sie auch genannt hat — auch sind, so wenig sagen sie jedoch über den eigentlichen Verlauf und die eigentliche Gesetzmäßigkeit großräumiger Sukzessionen — etwa nach Waldbränden oder, was heute besonders wichtig ist, nach menschlichen Eingriffen (Wiederbesiedlung brachliegender Felder und dergleichen).

Auch ist vielfach übersehen worden, daß derartige Folgeserien sich von den echten Sukzessionen — etwa der Wiederbesiedlung einer Waldfläche nach einem Brand — in einem entscheidenden Punkt unterscheiden: Eine Sukzession kann durch abiotische Faktoren, durch menschliche oder tierische Eingriffe auf einem bestimmten Stadium „festgehalten" werden, während das bei Folgeserien nicht möglich ist. Der Abbau einer Tierleiche, eines Kothaufens, eines Baumstammes ist eben nur ein Abbau, bei dem eine gewisse Menge an organischer Energie zur Verfügung steht, die relativ rasch verbraucht ist. Die nach einem Waldbrand zunächst sich ansiedelnde Bodenvegetation kann jedoch relativ einfach — durch Abbeißen der Spitzen der nun wieder wachsenden Bäume durch Beweidung oder durch regelmäßiges Mähen — als selbst produzierender Lebensraum unbegrenzt bestehen. Viele, vielleicht alle Trockenrasengesellschaften Mitteleuropas sind hierher zu rechnen; das gleiche gilt wohl für weite Bereiche der ungarischen Pußta, der Steppen Spaniens und viele Bezirke an der Kampfzone zwischen Steppe und Wald: Ohne das Vorhandensein der Bisons wäre die nordamerikanische Eichensavanne vielleicht ein dichter Eichenwald gewesen; ohne die großen Landsäugetiere der Steppen Afrikas würden größere Gebiete mit Wald bedeckt sein.

Der Verlauf einer Sukzession — etwa die Verlandung eines flachen Sees, der zunächst mit Schilf (Phragmites) zuwächst, dann zu einem Niederungsmoor mit feuchtigkeitsliebenden Bäumen (Weiden-Salix; Erlen-Alnus), zu einem Wald wird, ist immer wieder geschildert worden. Nach einem Waldbrand oder einem Kahlschlag siedeln sich in Mittel- und Nordeuropa Gräser und Birken mit ihren vom Wind leicht verbreiteten Samen an. Baumpieper (Anthus trivialis), Heidelerche (Lullula arborea) und Goldammer (Emberiza citrinella) siedeln sich an; dann erfolgt bei den rasch heranwachsenden Birken eine Verbuschung, mit der das Auftreten von Grasmücken (Sylvia) und Schwirlen (Locustella) einhergehen. Erreicht dieses Verbuschungsstadium etwa eine Höhe von 2–3 Metern und besteht es vorwiegend aus Nadelbäumen, so ist die Haubenmeise (Parus cristatus) häufig. All diese Arten verschwinden, wenn später der Hochwald wiederum mit starken Bäumen erscheint und Höhlenbrüter und große Vögel, die in den Baumkronen brüten (Schwarzstorch — Ciconia nigra; große Raubvögel — Aquila). Im Wasser, wo ein fester Untergrund immer ein Minimumfaktor ist, an dem Tiere und Pflanzen sich festheften können, erfolgt die Besiedlung eines neuen Festkörpers in ähnlicher Weise. Zunächst erscheinen einzellige Algen, die aufgrund gut beweglicher Schwärmer sehr ausbreitungsaktiv sind; an ihnen siedeln sich vor allen Dingen Chironomiden-Larven an. Gelegentlich — das ist von der spezifischen Situation abhängig — kann ein solcher Festkörper im Süßwasser jedoch schlagartig und vollständig durch Larven der Dreiecksmuschel (Dreissena) besiedelt werden. Zwischen diese Erstbesiedler schieben sich dann größere Arten — im Süßwasser etwa Köcherfliegen und fädige Algen.

Diese Liste ließe sich beliebig vermehren. Gibt es allgemeine Gesichtspunkte, die uns diese regelmäßigen und charakteristischen Abläufe besser verstehen lassen? Das ist tatsächlich der Fall. Unterscheiden wir lediglich die erste Siedlungsphase und die Spätphase (also etwa dem Klimax gleichzusetzen), so ergibt sich etwa die Situation der Tabelle 7. Die Artenzahl in der Frühphase ist gering, es handelt sich um r-Selektionisten und damit steht eine Fülle anderer Parameter in Beziehung. Allerdings ist diese Unterteilung für sich genommen zu einfach. Zwischen der ersten Frühphase der Neubesiedlung und dem Klimax liegt offenbar ziemlich regelmäßig ein außerordentlich interessantes Stadium, welches in den Diskussionen um Sukzessionen erst neuerdings den gebührenden Platz erhält. Dies Stadium entspricht etwa dem eines mitteleuropäischen Trockenrasens, oder den von Menschenhand geschaffenen Steppen in Ungarn oder Spanien: Es handelt sich um außerordentlich konstante, widerstandsfähige Gesellschaften, mit einer ungemein hohen Zahl von Pflanzen- und Tierarten (d. h. einer hohen Diversität).

Diese hohe Artenzahl und diese hohe Diversität sinkt wieder ab, wenn das Klimax-Stadium erreicht wird. Beispielsweise ist die Diversität der Korallenriffe im Golf von Akaba (Nordöstliches Rotes Meer) deutlich höher als die Diversität des berühmten, viel größeren, und in einer viel günstigeren Gegend gelegenen großen Barriere-Riffs. Erklärt wird dieses Phänomen dadurch, daß im Golf von Akaba in unregelmäßigen, aber nicht zu großen Abständen einmal der Wasserstand relativ niedrig liegt und dann bei der sehr starken Sonneneinstrahlung Teile des Riffs absterben: damit erreicht das Korallenriff an dieser Stelle niemals das artenärmere Reifestadium. Diese zunächst überraschende Feststellung scheint allgemein Gültigkeit zu haben: Auch beim Ausbringen von Hartsubstanzen ins Meer wie ins Süßwasser, auf denen sich — wie vorhin beschrieben — Pflanzen und Tiere ansiedeln, ergibt sich eine charakteristische Kurve niedriger Diversität zu Beginn, sehr hoher Diversität auf einem mittleren Stadium und wieder niedriger Diversität auf dem dann einigermaßen konstant bleibenden Endstadium.

So ist unser theoretisches Wissen über den Ablauf von Sukzessionen einigermaßen fundiert; riesige Wissenslücken verbleiben jedoch in der praktischen Anwendung. Um 1945 aufgegebene landwirtschaftliche Flächen zeigen nämlich ein höchst verwirrendes Bild. Ohne daß hier irgendwelche menschlichen Eingriffe stattgefunden hätten, hat sich zum Teil ein typischer Trockenrasen auf der früheren landwirtschaftlichen Fläche entwickelt, z. T. ein dichter Wald mit Bäumen von inzwischen fast 20 Meter Höhe, z. T. hat nur eine Verbuschung stattgefunden. Das alles liegt mosaikartig unmittelbar nebeneinander: Jedes Areal hat mehrere Hektar Größe, aber von den Bodenverhältnissen und vom Klima sollte man hier einen gleichmäßigen, synchronen Ablauf der Sukzessionen erwarten. Dies Beispiel aus Mitteleuropa gibt zu denken, wenn wir unsere theoretischen Kenntnisse in die Praxis umsetzen wollen — wie das heute bei der Landschaftsplanung, bei der Planung von Naturschutzgebieten notwendig ist. Offenbar liegen hier bisher nicht zu übersehende Probleme vor, die nur durch ganz spezifi-

Abb. 138. Die Aavasaksa-Berge in Nordfinnland. *Oben:* Urwald in 300 m Höhe; *Mitte:* in knapp 300 m Höhe der Strandwall des Yoldia-Meeres; *unten:* schütterer Kiefernbestand auf armem Boden auf dem alten Meeresgrund des Yoldia-Meeres

sche, sehr langfristig angesetzte Forschungsarbeiten geklärt werden können. Manche der artenreichen Zwischenstufen scheinen sich nämlich auch ohne Hilfe des Menschen oder von Großtieren außerordentlich gut gegen die Ansiedlung der eigentlichen Klimax-Arten behaupten zu können, so daß hier über Jahrzehnte die Sukzession keinen Schritt weiterkommt. Das gilt wahrscheinlich für viele Trockenrasengebiete in Mitteleuropa. Wenn der normale Besatz an Tieren — von Einzellern über Insekten bis zu Wasservögeln und Säugetieren — vorhanden ist, vollzieht sich offenbar auch die Verlandung eines Sees wesentlich langsamer als normalerweise angenommen. Der Buchenwald, der sich anstelle eines Trockenrasens ausbreitet, und der das Klimax-Stadium hier darstellt, ist viel artenärmer und viel weniger differenziert als der Trockenrasen, den er ersetzt.

Wie lange eine Veränderung des Lebensraumes bemerkbar bleiben kann, sei an folgendem Beispiel geschildert: Die Aavasaksa-Berge (Abb. 138) nördlich des Bottnischen Meerbusens tragen in ihren oberen Lagen eine auffällig reiche und dichte Taiga-Vegetation aus Fichten, Kiefern, Birken, Pappeln mit reichlich Unterholz und kräftiger Bodenvegetation. Die unteren Lagen sind dagegen nur außerordentlich dünn mit Kiefern bestanden, nur gelegentlich ist eine Kümmerfichte dazwischen. Schon von weither erkennt man diesen überraschenden Unterschied: Normalerweise würde man, noch dazu unmittelbar südlich des Polarkreises, hier genau umgekehrte Verhältnisse erwarten. Die Erklärung ist überraschend, und sie findet sich, wenn man den Berg emporsteigt. Die unteren Lagen sind kahlgewaschener Granit, wo nur wenig Bäume Fuß fassen können. Dann folgt eine schmale, deutlich markierte Zone grober rundgeschliffener Granitbrocken und darüber liegt unvermittelt die vegetationsreiche Zone. Bis in die Höhe der geschliffenen Granitbrocken reichte vor über 9000 Jahren das Yoldia-Meer, dessen ehemaliger Meeresspiegel auf etwa 300 m über den der jetzigen Ostsee gehoben wurde. Die Granitbrocken bilden den alten Strandwall, die Wellen des Yoldia-Meeres spülten von dem darunterliegenden Granit jeglichen Boden ab. Darüber aber stand niemals das Meer. Die einmal gebildete Humusschicht konnte sich immer weiter verstärken und so den heutigen reichen Wald bilden. Das ist in der Zone, die vor über 9000 Jahren im Wasser lag, bis heute nicht geschehen. Ähnliche Bildungen gibt es in dieser Region in großer Zahl. Wahrscheinlich gilt dieses in noch viel stärkerem Maße für arme tropische Regenwaldgebiete, die einmal großflächig ihres Waldbewuchses entkleidet wurden: Sie scheinen nicht wieder zu regenerieren, an ihrer Stelle breitet sich ein sogenannter Sekundärbusch aus, wie er heute bereits in vielen Gebieten Südamerikas anzutreffen ist. Wird auch dieser vernichtet, so kann das Gebiet wüstenähnlich werden. Ob hier jemals das alte Klimax-Stadium des tropischen Regenwaldes zurückkehren kann, ist fraglich; zumindest ist eine Wiederbesiedlung in für den Menschen bedeutsamen Zeiträumen nicht möglich. Insofern ist eine Nutzbarmachung derartiger Gebiete für die menschliche Landwirtschaft kaum möglich.

Das Mosaik-Zyklus-Konzept der Ökosysteme

Die Frage nach der Verjüngung der Glieder eines Ökosystems ist vielfach nicht genügend beachtet worden. Sie ist jedoch die Schlüsselfrage, wenn wir nach Konstanz und Stabilität von Ökosystemen fragen. Jeder, der einmal eine Wiese mit Margeriten (Chrysanthemum leucanthemum) über eine Reihe von Jahren beobachtet hat, weiß, daß diese Wiesenblumen mit erstaunlicher Geschwindigkeit über die Wiese ziehen und nicht etwa an einem Platz bleiben. Nach wenigen Jahren kann aus einer die Wiese beherrschenden weißen Blume eine nur noch einzeln und vor allen Dingen am Rande auftauchende Rarität geworden sein. Das Ökosystem hat sich also verändert. Seit langer Zeit bekannt, vielfach beschrieben, ist die Situation bei der Besenheide (Calluna vulgaris), wie sie etwa in der Nürnberger Gegend oder in der Lüneburger Heide über große Flächen früher das Land bedeckte. Bei genauerer Betrachtung wunderte man sich darüber, daß immer wieder sterbende Horste in der Heide auftraten, und daß es offensichtlich nicht möglich war, einen gleichbleibenden Heideteppich zu erhalten. Man schob dies zunächst auf die Tatsache, daß die Heiden ja Sekundärbildungen sind, die nach Entwaldung durch den Menschen entstanden. Es gibt jedoch natürliche Heiden an der deutschen und dänischen Nordseeküste, die niemals Wald getragen haben, und hier ergaben Analysen das gleiche Bild: immer wieder gibt es „Nester", bei denen die Heide abstirbt, wo sich dann auf dem Boden Flechten breit machen und den Humusboden verbrauchen. Ist dieser verbraucht und blickt man auf den Sandmineralboden hindurch, so siedeln sich dort Deschampsia flexuosa und Jasione montana an, erst dann kommt die Heide zurück mit neuen, aus Samen ausgekeimten Pflanzen. Die ursprüngliche Sorge um den Erhalt der Heide wich also einem Zykluskonzept, welches, wie wir heute wissen, für Ökosysteme wahrscheinlich allgemein gilt. Am besten erkennbar und in der ökosystemaren Wirkung am bedeutendsten ist dies bei Wäldern zu sehen, die daher hier beispielhaft betrachtet werden sollen.

Auch in einartigen Wäldern treten natürlicherweise immer wieder „Nester" auf, wo die Bäume sterben, wo an ihrer Stelle möglicherweise eine andere Vegetation entsteht, die dann später wieder von der betreffenden Baumart verdrängt wird. Diese andere, an den sterbenden Nestern wachsenden Pflanzen, können auch Baumarten sein. So schreibt der Nestor der europäischen Forstwirtschaft Hans Leibundgut in seinem Buch über die europäischen Urwälder der Bergstufe (1982):

„Unsere Beobachtungen in den Resten mittel-, ost- und nordeuropäischer Urwälder ergaben, daß nur auf einem Teil der Fläche wirklicher ‚Klimaxwald' stockt und daß innerhalb der Urwaldkomplexe ein stetiger Wandel sowohl zu verschiedenen Entwicklungsphasen innerhalb der Schlußwaldgesellschaft als auch zu verschiedenen Stadien von Waldsukzessionen führt. Eine Beschränkung des Urwaldbegriffs auf das klimatisch bedingte Endglied hätte somit zur Folge, daß ein Waldteil abwechselnd bald als Urwald, bald als Nichturwald zu bezeichnen wäre". Nester sterbender Bäume in einem einförmigen Wald sind also ganz natürlich und die Frage bleibt offen, ob man eigentlich überhaupt von einer Schlußwaldgesellschaft sprechen sollte. Der Forstmann unterscheidet daher seit langem im Urwald verschiedene Phasen. Es handelt sich um die „Optimalphase", die in einem Rotbuchenurwald einem Rotbuchenwirtschaftswald zum Verwechseln gleicht. Es gibt die Altersphase, wo die Bäume sterben, es gibt eine Verjüngungsphase, die dann zu einer Dickung führt und schließlich wieder zur Optimalphase. In vielen Bereichen der Bundesrepublik würde sich während der Zerfallsphase mit den sterbenden Bäumen normalerweise eine Artenkombination zunächst aus Brombeeren und Adlerfarn, dann aus Birken und Weiden, darauf aus Eschen, Ahorn und Wildkirschen ansiedeln und dann erst würde wieder eine Neubestockung aus Buchen erfolgen (Abb. 139). Der Urwald würde also bei gleichem Grundgestein, gleichem Boden und gleichem Klima an verschiedenen Stellen ganz verschieden aussehen, er würde eine ganz verschiedene Vegetation tragen. Dies ist zum erstenmal durch Aubreville (1938) erkannt worden; die „Mosaik-Zyklus-Theorie des Urwaldes" ist dann allgemein gesichertes Wissen für alle tropischen Urwälder geworden und muß heute wahrscheinlich für alle Wälder gelten, wahrscheinlich für alle Ökosysteme überhaupt. Ein Zyklus kann dabei natürlich mehrere hundert Jahre

Abb. 139. Verteilung der verschiedenen Phasen eines Buchenurwaldes auf dem Balkan. (Nach Hannes Mayer aus Müller-Dombois, 1987.) Weiß Verjüngungsphase, schwarz Optimalphase, durchgehend schraffiert Endphase, gestrichelt schraffiert Absterbephasen, gekreuzte Signatur Zwischenphasen

brauchen (wenn es sich um Holzpflanzen handelt), er kann sehr viel rascher durchlaufen werden (bei krautigen Pflanzen). Er scheint auch für aquatische Systeme zu gelten, wie etwa für marine Bodentiergemeinschaften (Remmert, 1991; Remmert, 1988; Pickett u. White, 1985; Gray, Crawly u. Edwards, 1988).

Fassen wir das ganze noch einmal zusammen:

1. Sehr häufig wird die Meinung vertreten, ein Ökosystem im Klimaxstadium sei artenreich, konstant und stabil gegen Umwelteinflüsse, es biete Platz für konkurrenzstarke Arten, die auf die Kapazität ihres Lebensraums hin selektioniert sind und enthalte kaum Pionierarten. Auf der anderen Seite gibt es Stimmen, nach denen großer Artenreichtum nur in gestörten Ökosystemen zu erwarten ist (Connell, 1978), und schließlich gibt es zunehmend Hinweise auf eine sehr geringe Diversität in manchen naturnahen Systemen wie dem Rotbuchenwald des Sollings.

Alle Handbücher (z. B. Ellenberg, 1978: Abb. 59, 148, 149, 174) und Lehrbücher (Walter, 1973 b: Abb. 85, 86, 88, 89 oder Strasburger, 1983: Abb. 1005) zeichnen übereinstimmend das gleiche Bild, das sich etwa wie folgt zusammenfassen läßt:

I. Ein Urwald ähnelt einem Altersklassenwald. Die Bäume sind fast gleich alt, artgleicher Unterwuchs spielt eine vergleichsweise geringe Rolle.

II. Dementsprechend bricht der Urwald in manchen Bereichen nahezu gleichzeitig mehr oder weniger großflächig zusammen. Jetzt erst schießen Jungpflanzen hoch, und langsam entsteht der Wald neu.

III. Die hochschießenden Jungpflanzen gehören oft nicht der ursprünglichen Baumart an, so daß auf den Zusammenbruch des Urwaldaltersklassenwaldes eine neue Pflanzengesellschaft folgt, die ihrerseits auch wieder zusammenbricht und damit dem ursprünglichen Urwald Platz macht.

Das geht an sich aus allen Abbildungen eindeutig hervor. Sie zeigen eine Jugendphase, eine Optimalphase und eine Zerfallsphase des Waldes. Es erscheint daher günstiger, die Darstellung in Form eines Zyklus zu wählen anstelle der bisher üblichen linearen Darstellung, die das Problem weitgehend verschleiert hat. Ein Urwald im Klimaxstadium wäre danach nicht konstant; vielmehr hätten wir ein Mosaik aus verschiedenen Phasen eines Zyklus vor uns, die ganz verschiedene Pflanzengesellschaften, ganz verschiedene Arten beherbergen können und dementsprechend natürlich auch über eine andere Fauna und eine andere Bodenbildung verfügen. Ein Urwald wäre demnach nichts Einheitliches, sondern ein Mosaik aus desynchronen Stadien eines Zyklus (Abb. 139).

Diese Tatsache ist nicht neu. Als erster hat sie wohl Aubreville (1938) am Beispiel des westafrikanischen Urwaldes beschrieben; das Buch von Richards über den tropischen Regenwald (1952) basiert völlig auf dieser Mosaik-Zyklustheorie. Müller-Dombois hat das gleiche in vielen Arbeiten (1983, 1984, 1985) an Waldgesellschaften um den Pazifischen Ozean dargestellt. Die Annahme großflächigen Waldsterbens, die in den 70er Jahren im Pazifischen Raum eine große Rolle spielte, konnte auf das Sterben von Altersstadien in diesem Zyklus zurückgeführt werden (Müller-Dombois, 1983 b); Bormann u. Likens (1979) beschreiben die gleiche Situation in Wäldern Nordamerikas, und schließlich geben Pickett u. White, 1985 sowie Remmert, 1985 eine Ausweitung des Gedankens für alle terrestrischen und aquatischen Ökosysteme zur Diskussion. Wichtig ist dabei vor allem jedoch auch die presential address von Watt, 1947, in der dieser am Beispiel verschiedener Systeme, die der Mosaik-Zyklus-These unterliegen, die Tatsache beklagt, daß bei den Forschungen zu wenig auf das Zusammenwirken von Pflanzen, Tieren und Mikroorganismen geachtet wird, die im Freiland diese im System selbst ablaufen-

den Sukzessionen diktieren. Die Bedeutung für den Naturschutz derartiger Zyklen und Mosaikstrukturen diskutieren Jones (1945), Grubb (1977), Remmert (1985) und Glitzenstein et al. (1986).

2. Die Frage nach den treibenden Kräften derartiger Zyklen läßt sich bisher kaum beantworten. Sie ist in einigen Fällen zwar klar, dennoch sind wir von einer generellen Übersicht weit entfernt. Bisher läßt sich etwa folgendes Schema skizzieren:

I. Die Zyklen werden determiniert von der Lebensdauer der herrschenden Schlüsselorganismen. Dies haben für die marinen Benthosgemeinschaften Powell u. Cummins (1985) gut belegt; es dürfte aber auch bei den einander abwechselnden Urwaldgemeinschaften der Abb. 140 in dieser Weise gegeben sein. Daß die Zyklen nur in dieser und nicht in anderer Richtung laufen, hängt möglicherweise mit allelopathischen Systemen zusammen: Der Zyklus im Buchenwald Nordamerikas (Abb. 141) erlaubt keine Birken nach Ahorn, da Ahorn allelopathisch Birkenkeimlinge schädigt.

Die Erschöpfung von lebenswichtigen Mineralien für die Pflanzenernährung ist außerhalb der besonders armen Tropen immer wieder bestritten worden. Doch zeigt sich neuerdings ein bemerkenswertes Phänomen: Gibt man auf einen mitteleuropäischen Boden eine Phosphatlösung, so ist dies Phosphat im Boden nach kurzer Zeit mit den normalen bodenchemischen Methoden nicht mehr nachweisbar. Nur mit sehr harten chemischen Methoden kann man es aus dem Boden wieder herauslösen. Die Ursache dafür scheint daran zu liegen, daß Phosphor im Boden auf die verschiedenste Weise gebunden wird und daher auch nur auf die verschiedenste Weise wieder für Pflanzenwurzeln, für Pilze, für Bakterien verfügbar gemacht werden kann. Manche gebundenen Phosphatmoleküle sind nur durch Komplexbildner, die an sie abgegeben werden, wieder in Lösung zu bringen, andere nur durch Ionenaustausch. Offenbar sind sehr viele

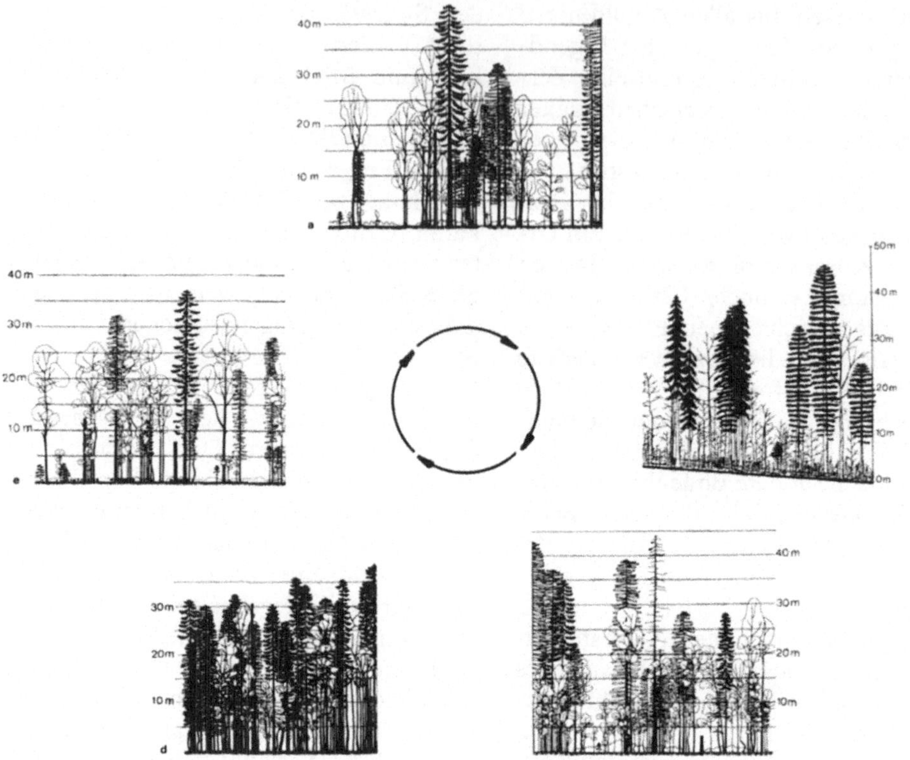

Abb. 140. Schema der im System ablaufenden Sukzessionen bei einem Urwaldgebiet in Österreich. In Zyklusform anstatt in linearer Form dargestellt (rekonstruiert aus gleichzeitig nebeneinander vorhandenen Phasen). Fast reine Laubwaldphasen alternieren mit fast reinen Nadelwaldphasen; sehr dichte Phasen alternieren mit Phasen, bei denen große Teile des Bodens viel Licht erhalten. Es ist selbstverständlich, daß damit die krautige Vegetation am Boden in den verschiedenen Phasen sehr unterschiedlich ist und daß die Bodenbildung unter mindestens 100 Jahren reiner Nadelwaldphase anders abläuft als unter hundert Jahren reiner Laubwaldphase

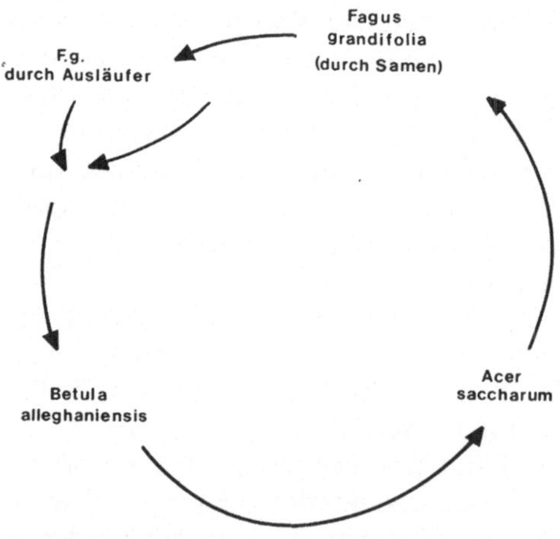

Abb. 141. Im System des amerikanischen Buchenwaldes ablaufende Sukzession. (Nach Forcier, 1975)

verschiedene Methoden nötig, während jede Pflanze an ihren Wurzeln nur über eine Methode verfügt. Nur eine hohe biologische Diversität vermag daher den gesamten Phosphor wieder pflanzenverfügbar zu machen. Diese Diversität kann gleichzeitig nebeneinander oder im Lauf einer Sukzession, im Lauf eines Mosaik-Zyklus im Ökosystem auftreten. So kommt es, daß nach einer Phosphatgabe in den Boden, auch nach mehreren hier wurzelnden Pflanzenarten, Phosphat fast unvermindert nachweisbar ist: in Wirklichkeit ist es aber nicht für die spezifischen Pflanzen verfügbar und ist daher doch zum Mangelfaktor geworden. Dies Beispiel läßt sich auf die anderen Pflanzennährstoffe übertragen.

Weiterhin kennt man die Tatsache, daß eine Pflanze in ihrem Wurzelwerk Schädlinge — von Prokaryoten bis Insekten — im Laufe der Jahre sammelt und dann am gleichen Standort zunächst nicht wieder gedeihen kann — wie das etwa beim Kohl und der Kohlhernie ist. Schließlich haben wir auch den Fall, daß Pflanzen in dem Boden Substanzen abscheiden, die ihnen ein Gedeihen an der gleichen Stelle im nächsten Jahr verbietet, wie das etwa bei der Gerste der Fall ist.

II. Sehr alte Pflanzen werden durch Tiere, Pilze und Viren stärker geschädigt als wüchsige Jungpflanzen. Das Zusammenbrechen geschlossener Balsamtannen-Bestände in Kanada aufgrund des Eindringens von Choristoneura fumiferana und von durch diesen Schmetterling verbreiteten Pilzen deutet in die gleiche Richtung. Auch die seit sehr langer Zeit bekannten Zyklen in Reinbeständen der Besenheide werden einerseits durch das Individualalter der Pflanzen bestimmt, andererseits kommen gerade bei alten Pflanzen Krankheitserreger in großer Zahl hinzu, die den Umsatz beschleunigen.

III. Bereits im vorigen Beispiel konnte die Zyklusdauer durch Tiere entscheidend beeinflußt werden. In den folgenden Beispielen scheinen nun Tiere den Zyklus ganz zu dominieren. In Steppengebieten der gemäßigten Breiten vom östlichen Mitteleuropa bis in die Mongolei, vom mittleren Westen der Vereinigten Staaten bis an die Rocky Mountains, in den Steppen und Wüsten Südamerikas, aber auch in den tropischen Savannen Afrikas spielen koloniebildende Nagetiere eine große Rolle. Es handelt sich dabei um Nager sehr verschiedener Verwandtschaft, die jedoch sämtlich koloniebildend sind und außerordentlich aktiv mächtige Höhlensysteme in der Steppe graben. Nach einiger Zeit ist der Boden so aufgelockert, daß weitere Höhlenbauten nicht mehr möglich sind und die ganze Gruppe daher an einen anderen Platz umzieht. Diese Beobachtung hat ausgedehnte Diskussionen über die Frage zur Folge gehabt, ob es sich hier nicht um ein völlig gestörtes Ökosystem handele, bei dem sich „die Tiere um Haus und Hof graben" (Werner, 1977). Wie polnische Kollegen gezeigt haben, ist das Gegenteil der Fall (Weiner u. Gorecki, 1982; Weiner et al., 1982): Jeweils werden etwa 2% der Steppe in der Mongolei durch Microtus brandti-Kolonien durchwühlt, die dann ihre Kolonie aufgeben und an andere Stellen umziehen und so nach und nach die gesamte Steppe auflockern, nährstoffreichen Boden in die Nähe der Oberfläche bringen und spezifische nährstoffreiche Pflanzen anlocken (z. B. Abb. 139).

IV. Ein besonders wichtiges Beispiel ist der Biber in den gemäßigten Breiten der Nordhalbkugel. Er kann kleine Bäche in schwachwelligem Gelände zu großen Seen aufstauen. Die hier lebenden Bäume sterben dann ab. Die flachen Seen sind überaus produktiv. Es bildet sich eine Faulschlammlage, die den See in relativ kurzer Zeit ausfüllt und verlanden läßt. Während dieser Zeit findet eine Fixierung von Luftstickstoff statt, die viel höher als im umgebenden Waldboden ist (Naiman u. Mellilo, 1984). Wenn der Untergrund Sandstein ist, haben wir nach der Verlandung des Bibersees eine unter Umständen mehrere Meter mächtige Humusschicht mit sehr hohem Stickstoffvorrat, und dieses Gebiet wird rasch durch Weichhölzer und dann vom Waldrand aus durch andere Baumarten besiedelt. Dabei wird die Humuslage wieder verbraucht, und es kehrt der ursprüngliche Wald zurück, der wiederum durch einen neu aufgestauten Bibersee zugrunde gehen kann (Abb. 142).

V. Auf manchen Plätzen kann eine Konditionierung des Bodens durch eine Organismenart erfolgen, die einer anderen Organismenart das Wachstum ermöglicht. Auf schluffigen Böden mit Neigung zur Verdichtung des Steigerwaldes im nördlichen Franken hat die Buche ihre gesamten Saugwurzeln im Oberboden konzentriert und ihn maximal durchwurzelt. Durch die damit verbundene Austrocknung wird der Unterwuchs (auch der Jungwuchs) weit-

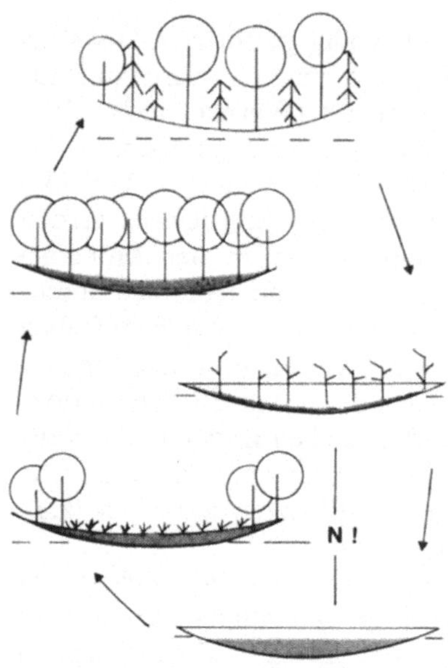

Abb. 142. Schematische Abfolge der Waldstadien in einer flachen Senke, die zu einem Bibersee aufgestaut wird. Während der mit N bezeichneten Phasen findet intensive Luftstickstoffixierung statt. (Aus Remmert, 1984)

gehend unterdrückt. Das schließt aus, daß die Buche mehrere Generationen hintereinander Hauptbaumart sein kann. Sie wird hier durch Eichen ersetzt; als Folge der Eichen können jedoch auch wieder Buchen Fuß fassen (Welss, 1985a, b).

Die Größe der Mosaiksteine eines solchen Gebietes kann außerordentlich verschieden sein. In den sehr artenreichen Urwäldern Amazoniens sind diese Mosaiksteine wahrscheinlich sehr klein; sie können im weniger artenreichen Urwald Westafrikas jedoch mehrere Hektar groß sein, und das gleiche scheint für die Urwälder Nordamerikas zu gelten. Sehr groß werden dann die Wechsel zwischen Balsamtanne und Fichte in Kanada, die mehrere km^2 umfassen können. Bei kleineren dominierenden Pflanzen — wie etwa der Besenheide — sind naturgemäß die Mosaikbausteine sehr viel kleiner.

In der Nähe von Marburg glauben wir einen ähnlichen Zyklus bei Rotbuchenwäldern vorliegen zu haben (Nicolai, 1985, 1986). Wenn hier Einzelbäume im geschlossenen Bestand zusammenbrechen

(infolge eines Windwurfs oder infolge Alter), gelangt direkte Sonnenstrahlung auf den Stamm der stehengebliebenen Bäume. Buchen sterben unter diesen Bedingungen im Marburger Raum nach 5–8 Jahren ab. Zunächst werden die Blätter kleiner, die Vegetationszeit wird verkürzt, dann sterben einzelne Äste und schließlich der ganze Baum. Typisch ist aufgeplatzte Rinde bei diesem Krankheitsbild. Auf diese Weise wird die einmal entstandene Lücke vergrößert. In dieser Lücke wachsen zunächst Stauden und niedrige Sträucher, dann kommen Birken hoch, an ihrer Stelle, wie in Amerika, verschiedene Ahornarten und Wildkirschen, die dann schließlich wieder Buchen Platz machen. Eine einmal entstandene Lücke kann so durch den gesamten Bestand hindurchwandern.

3. Aus alldem sind eine Reihe von Folgerungen zu ziehen, die zunächst überraschend erscheinen.

I. Wenn derartige Zyklen vorliegen, braucht eine fehlende Selbstverjüngung im Wald nicht unbedingt ein Alarmzeichen zu sein. Daß die Bäume des tropischen Regenwaldes durchweg durch Tiere weit verbreitet werden (und nicht unter dem Elternbaum aufwachsen), spricht für diese Annahme ebenso wie die leichte Windverdriftung der Samen vieler Waldbäume oder die Tatsache, daß viele Samen erst dann zu einem künftigen Baum auskeimen, wenn der Wald über ihnen zusammengebrochen ist (Abb. 143).

II. Besondere Bedeutung findet die Mosaik-Zyklus-Theorie für theoretische Diskussionen um Artenmannigfaltigkeit und Diversität. Das Endstadium einer natürlichen Vegetation, die Klimax, erweist sich als ein Mosaik verschiedener Pflanzengesellschaften, die jeweils einem eigenen Zyklus unterworfen sind. Manche Phasen des Zyklus — wie etwa der Buchenhallenwald — sind artenarm (nur eine Pflanzenart dominiert das System, und die Fauna ist von ähnlich geringer Diversität), während ein anderes Stadium des gleichen Systems über eine große Artenmannigfaltigkeit bei Tieren und Pflanzen verfügt. Für

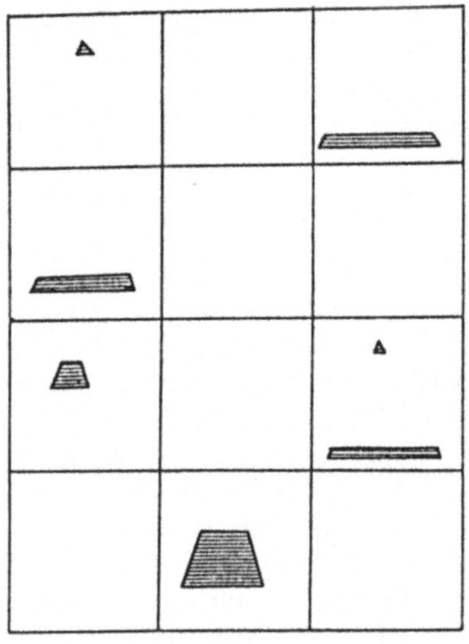

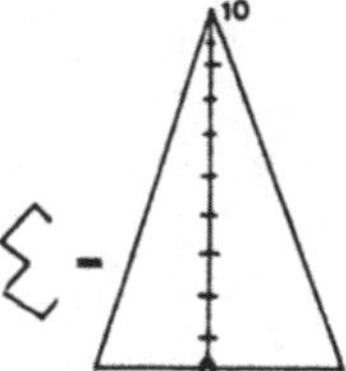

Abb. 143. Populationsstruktur einer einzelnen Baumart in einem Urwald nach der Mosaik-Zyklus-Theorie (stark schematisiert). In jedem Mosaikstein ist nur eine bestimmte Altersklasse von Bäumen vorhanden; erst in der Summe ergibt sich eine normale Populationspyramide

den tropischen Regenwald gilt das gleiche. Die höchste Mannigfalt finden wir auf einer Lichtung, die durch einen gestürzten Urwaldriesen geschlagen wurde (Abb. 144).

III. Weitere Bedeutung erhalten diese Überlegungen für die moderne Ökosystemforschung. Überall, wo moderne Ökosystemforschung sehr genaue Einzelanalysen vorgelegt hat, kommt sie zu dem Schluß, daß sich das untersuchte System nicht im Gleichgewicht befindet. Das gilt für alle genauen Untersuchungen über Waldökosysteme, es gilt aber auch für ähnliche Untersuchungen über Korallenriffe, über die marine Benthosfauna und -flora. Nehmen wir einen Zyklus an und ferner, daß die Untersucher (wie sie das Vernünftigerweise sicher getan haben) einen besonders einheitlichen Teil ihres Bestandes analysierten, so können sie nie Konstanz beobachtet haben, sondern naturgemäß einen im Zyklus gerichteten Vorgang. Insofern sind große und vor allem langfristige Analysen zur Ökosystemforschung zu wiederholen, parallel auf den verschiedenen Stadien eines Zyklus nebeneinander durchzuführen und dann miteinander zu vergleichen.

Mit der Mosaik-Zyklus-Hypothese würde man weitgehend ohne interspezifische Interdependenzen zur Aufrechterhaltung eines Gleichgewichts auskommen. Das System bewegt sich sowieso in eine Richtung und bewegt sich auch auf katastrophenartige Zustände zu. Alle in einem Ökosystem denkbaren Katastrophen sind auf diese Weise, ebenso wie die Reparatur solcher Katastrophen, im System bereits vorprogrammiert. Ein ökologisches Gleichgewicht wäre also bei der Betrachtung von

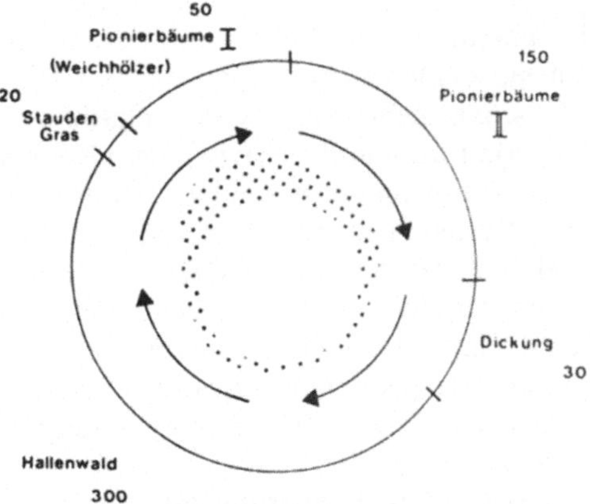

Abb. 144. Schematischer Ablauf eines Waldzyklus, wie er z. B. für viele Wälder Mitteleuropas und Nordamerikas angenommen werden kann. Die Zahlen stellen ungefähre Zeitangaben in Jahren dar. Die Dicke des inneren punktierten Kreises markiert die Veränderung der Diversität im Laufe eines solchen Zyklus. (Aus Remmert, 1985)

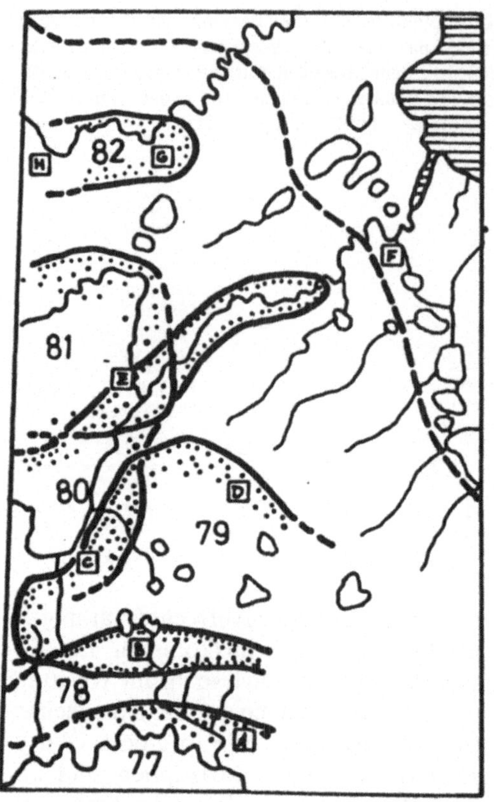

Abb. 145. Brutareal des Moorschneehuhns in Ostsibirien. Das Brutareal verschiebt sich von Jahr zu Jahr und so entsteht an der gleichen Stelle jeweils ein 10jähriger Zyklus. (Nach Andreev, 1988)

Lebensräumen in Zukunft durch desynchrone Zyklen zu ersetzen.

Massenvermehrungen von Schadinsekten, von Pilzen und Viren in einem System können mit dieser Betrachtungsweise als zum System gehörig anerkannt werden, und die Reparatur ihrer Effekte läge automatisch im System. Wahrscheinlich könnten die in letzter Zeit besondere Aufmerksamkeit erregenden multistabilen Systeme auch als Teile von Zyklen besser interpretiert werden.

IV. Besondere Bedeutung erhalten diese Diskussionen im praktischen Naturschutz. Es erscheint sinnlos, nur besondere Altholzbestände zu schützen. Viele Tierarten, die als besonders schutzwürdig gelten, sind gerade Arten rasch durchlaufender Sukzessionen im System und sind Arten, die verschiedene Phasen des Zyklus nebeneinander benötigen. Das Auerhuhn braucht einen freien Platz für die Bodenbalz, trockene Bäume am Rande dieses Platzes für die Balz auf den Bäumen und dichtes Gebüsch für die Brut. Das alles läßt sich nur in einem System verwirklichen, welches ein Mosaik aus sehr unterschiedlichen Systemen zu sein scheint, welches aber in Wirklichkeit ein Mosaik aus desynchronen Phasen eines Zyklus ist. Damit ergibt sich, daß ein solcher Zyklus während mancher Phasen eine sehr geringe Faunen- und Florendiversität aufweist, während in anderen Phasen eine sehr hohe Diversität gegeben ist (Abb. 145).

Auch die Diskussion um die mögliche Zahl großer Pflanzenfresser in Waldökosystemen würde durch die Mosaik-Zyklus-Hypothese entschärft werden. Die großen Pflanzenfresser würden in größerer Zahl im System leben können, da sie sehr geklumpt auf manche Phasen des Zyklus, sehr geklumpt in manchen Mosaiksteinen des Systems leben würden und andere Mosaiksteine völlig verschonen.

4. Wir haben uns bisher zu wenig mit der Regeneration in natürlichen Systemen beschäftigt. Es scheint, als ob diese Regeneration bei den Schlüsselarten grundsätzlich nicht ganz gleichmäßig, sondern in Zyklen erfolgt und daß dieses System charakteristisch für alle natürlichen Ökosysteme ist. Das Nichtbeachten dieser Zyklen in der modernen Wirtschaftslandschaft, das rasche Neupflanzen von Bäumen in Gebieten, wo die Wurzeln der Vorgängerbäume noch gar nicht vergangen sind, ist ganz sicher unökologisch und wird nachteilige Folgen für das System haben — vielleicht erst nach langer Zeit, vielleicht aber auch rascher.

Diese „im System-Sukzessionen" können nicht scharf genug betont werden. Durch sie wird deutlich, wie manche Tiere in unseren Lebensräumen überhaupt existieren können: der Auerhahn ist weder in einem geschlossenen Wald lebensfähig, da er für die Balz und für die Nahrungsaufnahme offene Flächen braucht, noch ist er in offenen Flächen lebensfähig, da er für sein Nest niedriges Gebüsch braucht. Selbst der biologische Waldbau ist hier nicht in der Lage, einen Ersatz für großflächige Mosaike zu schaffen, da er versuchen muß, auf kleinen Flächen alle Stadien nebeneinander unterzubringen. Viele heute gefährdete Pflanzen und Tierarten sind auf solche im System ablaufende Sukzessionen angewiesen, und sie sind besonders gefährdet, weil solche Sukzessionen auch in Naturschutzgebieten heute infolge von deren geringer Größe nicht mehr ablaufen können. Birkhühner gehören in diesen Bereich: man denke an die großen Massenvermehrungen, die das Tier im Zuge der menschlichen Moorkolonisation in Norddeutschland erlebt hat oder im Gefolge der großen Insektenkalamität, die den Nürnberger Reichswald am Ende des vorigen Jahrhunderts vernichtete. Wahrscheinlich haben diese Sukzessionen einen ungeheuren Einfluß und eine ungeheure Bedeutung für unsere Ökosysteme — möglicherweise auch für deren Stabilität.

Ein Grunddogma, vergleichbar dem Klimaxbegriff, ist in der Bodenkunde entwickelt worden. Danach entwickelt der Boden sich unabhängig vom Chemismus des Untergrundes, also unabhängig von der geologischen Geschichte eines Gebietes im Lauf der Zeit allein in Abhängigkeit vom herrschenden Klima mit seiner Vegetation. Genügend Zeit vorausgesetzt, spielt also der geologische Untergrund keine Rolle mehr bei der Verteilung terrestrischer Pflanzen und Tiere, sondern allein das aktuelle Klima.

Auch dies Dogma unterliegt der gleichen Kritik wie der botanische Klimaxbegriff; auf der anderen Seite sind immer wieder die Unterschiede der Besiedlung ganz verschiedener geologischer Ausgangssituationen erstaunlich gering. Betont muß werden, daß der Mensch vielfach die Vorgänge der Bodenbildung angehalten oder eine rückwärtige Entwicklung eingeleitet hat durch Übernutzung der natürlichen Vegetation mit Bodenzerstörung.

4.4 Statik der Ökosysteme

Ein Ökosystem besteht aus unbelebten und belebten Komponenten (Abb. 146–148). Die belebten — die Organismen — repräsentieren eine mehr oder weniger große Anzahl von Arten, die in verschiedener Individuenzahl vorkommen. Zur Charakterisierung eines Ökosystems werden seit den Anfängen der Ökologie die Artenzahl und die relative Häufigkeit der Arten herangezogen. Schon vor 50 Jahren formulierte Thienemann die biozönotischen Grundgesetze. Sie lauten:
1. Je variabler die Umweltbedingungen, um so höher ist die Zahl der vorkommenden Arten; die Arten sind individuenarm.
2. Je einseitiger die Umweltbedingungen, um so mehr beherrschen einige wenige Arten das Gesamtbild; sie sind sehr individuenreich.
Auf Seite 5–6 haben wir besprochen, worauf diese Befunde zurückzuführen sind. Sie sind physiologisch erklärbar und können damit als Basis für Voraussagen dienen: Auch in bisher nicht untersuchten Ökosystemen gelten diese Sätze. Wir würden sie heute jedoch anders formulieren:
1. Je vielfältiger die Umweltbedingungen und je näher sie dem grundsätzlichen biologischen Optimum sind, um so größer ist die Artenzahl.
2. Je einseitiger die Umweltbedingungen und je weiter entfernt vom grundsätzlichen biologischen Optimum (evtl. nur zeitweise), um so geringer wird die Artenzahl und um so stärker treten einzelne Arten zahlenmäßig in den Vordergrund.
Mit der Zahl der Arten läßt sich jedoch relativ schlecht arbeiten. Muß man, um zu gesicherten Ergebnissen zu gelangen, wirklich alle Arten — von Mikroorganismen bis Säugetieren — eines Ökosystems erfassen? Welche Risiken geht man ein, wenn nur einzelne Gruppen herausgegriffen werden? Welche Arten müssen aufgenommen werden? Bei genügend Fleiß und Zeit läßt sich die Artenzahl eines jeden Systems nahezu beliebig erhöhen durch Hinzufügen von „Irrgästen": Irgendwelche

Pflanzen werden zugeweht und keimen zunächst auch, aber die Pflanze kann sich auf die Dauer nicht halten. Geflügelte Insekten und Vögel berühren das System, ohne hier zu bleiben. Die Feststellung, ob eine Art sich hier regelmäßig fortpflanzt, ist außerordentlich schwierig zu erbrin-gen. Die moderne Ökologie versucht, mit Hilfe von Methoden aus der Informationstheorie diese Schwierigkeiten zu überwinden. Sie berechnet die Diversität (Mannigfaltigkeit) eines Ökosystems. In diese Diversität gehen die Zahl der Arten und ihre relative Häufigkeit ein. Ein Sy-

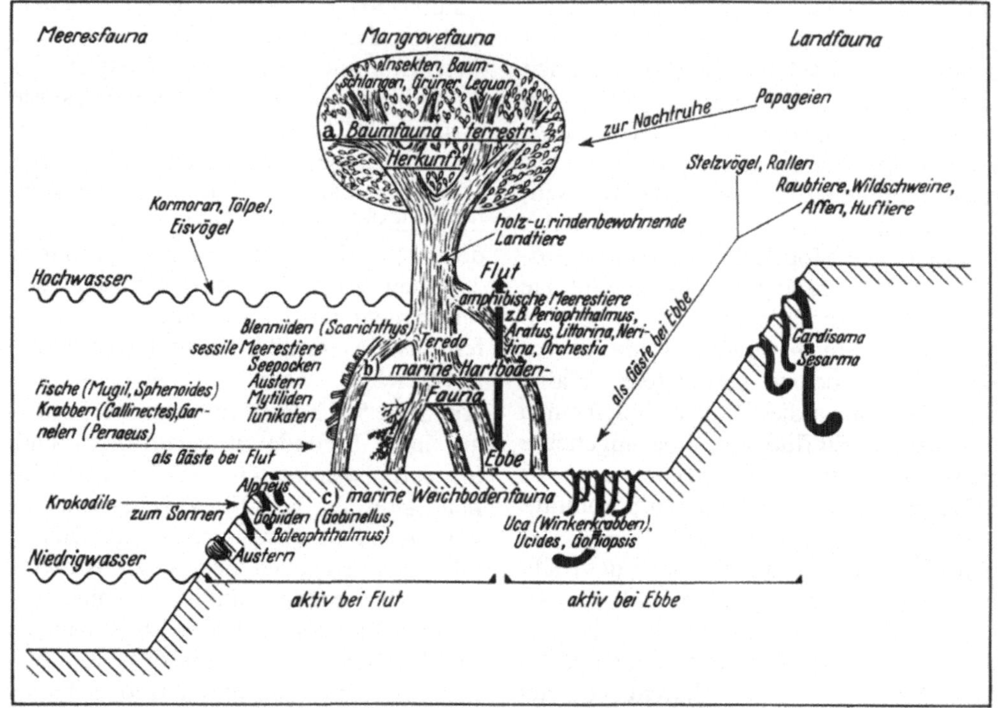

Abb. 146. Schematische Darstellung der Mangrove-Zone an der brasilianischen Küste. (Aus Gerlach, 1958)

Abb. 147. Die biotischen Beziehungen in einem Korallenriff des Golfes von Aqaba (Rotes Meer). *Migrating predators* — wandern von einem Korallenstock zum anderen, wobei sie sich von den Korallen ernähren: **a** Acanthaster planci – weidet Korallenpolypen ab; **b** Scarus sp. — frißt Korallen wegen der symbiontischen Algen, hauptsächlich auch Fadenalgen im Skelett; **c** Chaetodon sp. — beißt Korallenpolypen ab; **d** Arothron diadematus — zerbeißt Korallenzweige wegen Gewebeanteils; **e** Oxymonacanthus longirostris — pipettiert Korallenpolypen aus ihrem Kelch. *Resident hiding fish* — nutzen ortstreu die Versteckmöglichkeit eines verzweigten Korallenstockes, Ernährung von Plankton (**a, b**) und kleineren Fischen/Tieren, denen aufgelauert wird (**c–e**): **a** Chromis caeruleus; **b** Dascyllus aruanus; **c** Pseudocheilinus hexataenia; **d** Cirrhitichthys aritis; **e** junger Sebastapistes albobrunnea. *Resident hiding evertebrates* — nutzen das bei größeren Zweigkorallen abgestorbene Zentrum (Basis) als Versteck, von dem aus sie vorwiegend nachts auch an die Peripherie der Kolonie wandern, um Nahrung zu erwerben (z. B. Haarstern; Schlangenstern): **a** Polychaet; **b** Crinoide; **c** Ophiuride; **d** junger Cidaride (Eucidaris metularia); **e** Linckia sp. *Semi-mobile commensals* — bewegen sich, evtl. nur in Teilbereichen, eines lebenden Zweigkorallenstockes und ernähren sich von Schleim bzw. anhaftendem Detritus: **a** Quoyula madreporarum (Gastropoda), zumindest juvenil noch zu Ortswechsel fähig, später mit Fuß festgesaugt; **b** Copepode; **c** Alpheus sp.; **d** Trapezia sp. (Korallenkrabbe); **e** Harpiliopsis depressus. *Fixed epifauna* — auf der lebenden Korallenoberfläche festgeheftete bzw. eingewachsene Filterfänger: **a** Spirobranchus giganteus (Polychaeta); **b** Pedum spondyloideum (Bivalvia); **c** Pedum aegyptiaca (Bivalvia); **d** Pyrgoma sp. (Cirripedia); **e** Paguritta corallicola (Paguridae). *Boring infauna* — bohrt sich ätzend oder mechanisch in das Kalkskelett und hält Öffnung nach außen offen: **a** Ostreobium (Chlorophyta); **b** Cliona sp. (Porifera); **c** Aspidosiphon sp. (Sipunculida); **d** Lioconcha sp. (Gastropoda); **e** Lithophaga sp. (Bivalvia) (Orig. Schuhmacher)

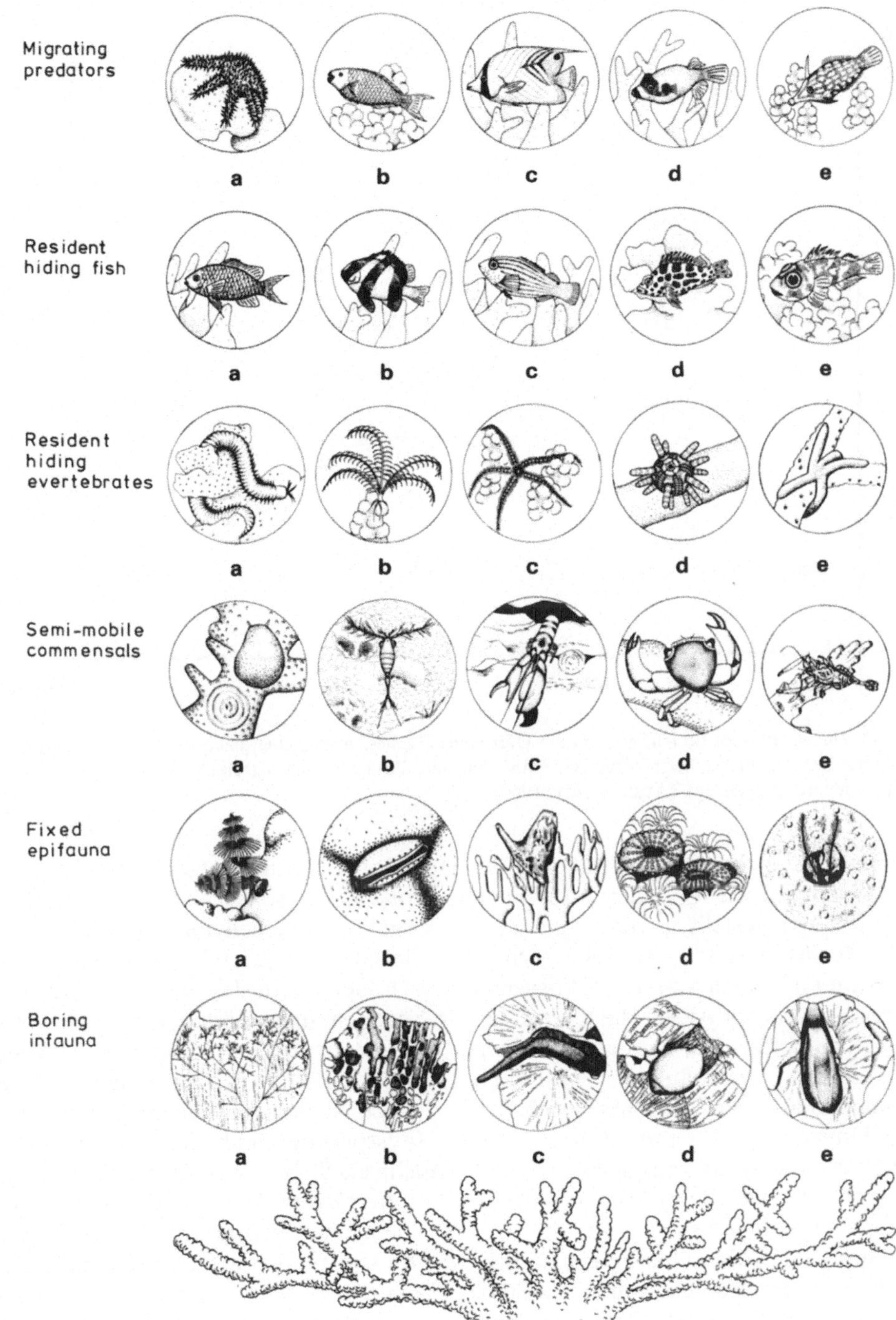
Mobile
Sessile
Migrating predators
a b c d e
Resident hiding fish
a b c d e
Resident hiding evertebrates
a b c d e
Semi-mobile commensals
a b c d e
Fixed epifauna
a b c d e
Boring infauna
a b c d e

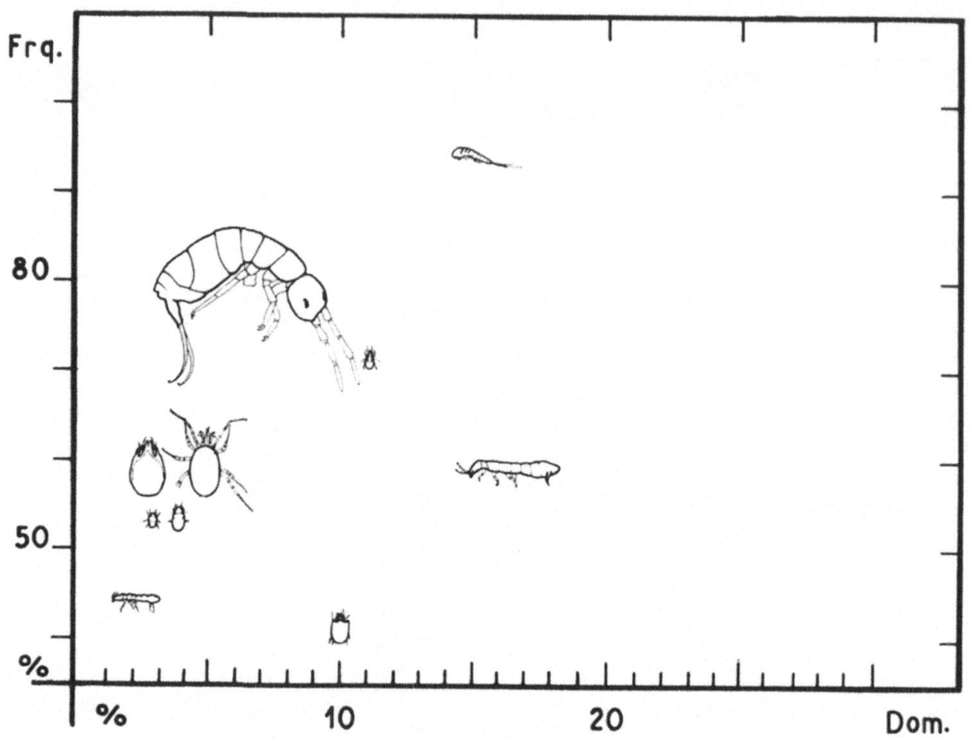

Abb. 148. Die wichtigsten Bodentiere an dem Ufer eines Teiches. Angeordnet nach ihrer Frequenz (der Häufigkeit, mit der Proben die betreffende Art enthielten) und ihrer Dominanz (relative Individuenzahl im Vergleich zu den übrigen Arten). (Aus Haarløv, 1960)

stem mit einer sehr großen Zahl von Arten, in dem jedoch 99% der Individuen von einer Art gestellt werden, hat nach dieser Rechenmethode eine sehr geringe Diversität (vgl. Kasten 4). Ein Ökosystem mit relativ wenigen Arten, die aber ungefähr gleich häufig sind, hat dagegen einen relativ hohen Diversitätsindex. Durch einen mathematischen Trick lassen sich also unter Umständen Differenzen in der Untersuchungsintensität ausgleichen, und der zunächst vage Begriff „viele Arten" läßt sich genauer fassen.

Ein Eingriff des Menschen in ein natürliches Ökosystem bedeutet immer die Betonung einzelner Faktoren. Damit wird aus einem vielseitigen System ein einseitiges. Verfolgt man die Diversität eines Systems vom Beginn des menschlichen Eingriffs an, so ist als Folge dieses Eingriffs durchweg ein Absinken der Diversität festzustellen. Dieser Befund ist wichtig und

spielt bei Naturschutzbelangen heute eine große Rolle. So ist die Individuenzahl der Vögel pro Flächeneinheit in vielen Großstädten — vor allen Dingen Villenvierteln — höher als in den meisten naturnahen Systemen, und vielfach ist auch die Artenzahl in derartigen Villenvierteln keineswegs kleiner als in naturnahen Gebieten. Jedoch stellen in Villengebieten Amsel, Haussperling und Kohlmeise vielfach mehr als 90% der Individuen, und damit ist die Diversität solcher großstädtischer Villengebiete gering. Mit Nährstoffen aus Abwässern überlastete Seen haben eine Wasservogelfauna, deren Individuenzahl weit über der natürlicher Seen im gleichen Gebiet liegt. Vielfach ist auch die Artenzahl deutlich gegenüber der natürlicher Seen erhöht. Vielfach stellen jedoch Bläßhuhn und Höckerschwan mehr als 95% der hier vorkommenden Vogelindividuen. Wiederum ist die Diversität gegenüber der

Kasten 4. Die Berechnung des Diversitätsindex nach Shannon-Weaver

Für solche Berechnungen sind eine Fülle von Formeln vorgeschlagen worden. Am häufigsten wird die von Shannon-Weaver benutzt:

$$H_s = - \sum_{i=1}^{s} p_i \ln p_i$$

H_s = Mannigfaltigkeit
S = Anzahl der in der Gruppe vorhandenen Arten
p_i = Die relative Häufigkeit pro Fläche (Abundanz) der i-ten Art, gemessen von 0,0 bis 1,0 (wenn z. B. die betrachtete Art die zweithäufigste ist, so kennzeichnen wir sie mit $i=2$, und wenn 10% aller Individuen ihr angehören, so ist $p_i = 0,10$)
$\ln p_i$: der natürliche Logarithmus von p_i (dieser wird meist benutzt; auch andere Logarithmen können verwendet werden).

Das Minuszeichen haben wir hinzugefügt, damit H positiv wird.

Beispiel

Erste Vogelgruppe				Zweite Vogelgruppe			
Art	p_i	$\ln p_i$	$p_i \ln p_i$	Art	p_i	$\ln p_i$	$p_i \ln p_i$
$i=1$	0,2500	$-1,3863$	$-0,346575$	$i=1$	0,5000	$-0,6932$	$-0,3466$
$i=2$	0,2500	$-1,3863$	$-0,346575$	$i=2$	0,1250	$-2,0794$	$-0,2599$
$i=3$	0,2500	$-1,3863$	$-0,346575$	$i=3$	0,1250	$-2,0794$	$-0,2599$
$i=4$	0,2500	$-1,3863$	$-0,346575$	$i=4$	0,1250	$-2,0794$	$-0,2599$
			$-1,386300$	$i=5$	0,1250	$-2,0794$	$-0,2599$
		$H_s = 1,3863$					$-1,3862$
						$H_s = 1,3862$	

Dringend muß davor gewarnt werden, in der Praxis Unterschiede, die erst auf der zweiten Stelle hinter dem Komma deutlich werden, überhaupt zu bemerken. Rechnet man beispielsweise das obige Beispiel mit einem üblichen Taschenrechner (10 Stellen) durch, so kommt man auf genau den gleichen Diversitätswert in beiden Fällen. Es ist sinnlos, die Rechenmethode genauer zu machen als das Ausgangsmaterial ist.

Das Problem liegt in der Beschaffung des Ausgangsmaterials. Die Aufsammlung muß zumindest mit genau gleicher Methodik durchgeführt werden, da wirklich absolute Zahlen über die Abundanzen kaum zu beschaffen sind. Literaturangaben über die Diversität von Lebensräumen dürfen daher nicht miteinander verglichen werden. (Aus Wilson u. Bossert, 1973).

Diversität unbeeinflußter Gebiete abgesenkt. Ähnlich geht es mit Mooren und Sauerwiesen, sowie den daraus entstandenen, stark gedüngten Intensivgrünländereien. Auch beim Besatz festsitzender Tiere auf hartem Substrat an sauberen und schmutzigen Flüssen zeigt sich das gleiche Bild. Die Diversität ist hier ein gutes Maß und eine gute Argumentationshilfe bei Fragen des Naturschutzes geworden. Mit ihrer Hilfe kann man menschlich beeinflußte Systeme von naturnahen unterscheiden (Bezzel u. Reichholf, 1974). Das ist jedoch nicht überall der Fall. Wo der mitteleuropäische Buchenwald durch den Menschen abgeholzt wurde, entstehen sehr pflanzenarten- und tierartenreiche Brachflächen (etwa die berühmten Trokkenrasen) — die Diversität steigt also an. Bei der Sukzession festsitzender Organismen auf frischem Hartboden haben wir zunächst geringe, dann sehr hohe und schließlich — im Endzustand — niedrige Diversitätswerte.

Das Prinzip darf also nicht überstrapaziert werden. Die Zahl, die man als Diversitätsindex erhält, ist keine Absolutzahl, sondern nur eine Relativzahl, die ihren

Wert nur durch den Vergleich erhält. Auch sollten Aussagen aufgrund von Diversitätsindices mit äußerster Sorgfalt und Vorsicht betrachtet werden — keinesfalls sollte mit ihnen „weitergerechnet" werden. Überbewertungen haben diese Indices inzwischen weitgehend in Verruf gebracht, so daß in der neuesten Literatur kaum noch mit ihnen gearbeitet wird.

4.5 Dynamik in Ökosystemen

4.5.1 Der Stoffkreislauf in Ökosystemen

Da jeder Organismus dauernd Stoffe aus der Umgebung aufnimmt und Stoffe an die Umgebung abgibt, kann man als eine wichtige Facette eines Ökosystems den Fluß von Stoffen durch das System ermitteln und beschreiben. Dabei stellen sich eine Reihe von Fragen, die getrennt beantwortet werden müssen:

1. Gibt es einen Vorrat, einen „Pool" dieses Stoffes, aus dem das Ökosystem jeweils entnimmt und wo liegt dieser Pool?
2. Wie groß ist die Menge, die das Ökosystem pro Zeiteinheit entnimmt?
3. Wird dieser Stoff im Ökosystem gespeichert oder wird er sehr rasch wieder abgegeben (etwa beim Wasserhaushalt der höheren Pflanzen, wo das von den Wurzeln aufgenommene Wasser größtenteils nur als Transportmittel benutzt wird)?
4. Wird der Stoff direkt an den Pool so zurückgegeben, daß der Stoff unmittelbar im Ökosystem kreist oder wie groß ist die Verzahnung mit anderen Ökosystemen dadurch, daß der Stoff vorwiegend an andere Ökosysteme weitergegeben wird?
5. Schließlich: spielen bestimmte Pflanzen und Tiere eine unverzichtbare Rolle beim Stoffkreislauf im Ökosystem oder genügt der generelle Fluß für das Funktionieren des Ökosystems?
Leider lassen sich diese Fragen bisher nur teilweise beantworten, und die Antworten beziehen sich vielfach auf verschiedene Ökosysteme, so daß sie nicht unmittelbar

miteinander vergleichbar sind. Generell kann im Augenblick nur folgendes gesagt werden:
1. Ein sehr rascher Kreislauf, eine sehr kurze Umlaufzeit der Stoffe wirkt, als ob diese Stoffe in großer Menge vorhanden wären — eine kurze Umlaufzeit wirkt also ähnlich wie eine Düngung, während eine sehr langsame Umlaufzeit wie Nährstoffarmut wirkt. Bei knappen Nährstoffen geht daher die Evolution eines Ökosystems dahin, den Stoff sehr rasch wieder aufschließbar zu machen, aufzuschließen und wieder zu verwenden.
2. Für alle Nährstoffe gibt es Vorratsräume (Pools), diese sind
A) Die Atmosphäre für Sauerstoff, Kohlenstoff und Stickstoff, wobei ein weiterer, viel größerer Pool für Kohlenstoff in den Organismen selbst liegt und in fossiler organischer Substanz (Kohle, Erdgas, Erdöl) und in Kalk ($CaCO_3$). All diese Vorräte sind jedoch den Organismen nicht direkt zugänglich, erst nach Verbrennung zu CO_2 stehen sie über die Photosynthese den Organismen wieder zur Verfügung. Auch Stickstoff — in der Luft als N_2 vorhanden — steht den Organismen überwiegend nicht direkt zur Verfügung. Erst nach Einbau in stickstoff-fixierende Mikroorganismen im Boden und im Wasser kann der Stickstoff von den höheren Pflanzen und Tieren genutzt werden.
Bei einem Vorrat in der Atmosphäre ist ein echter Kurzschluß und damit eine Erhöhung der Umsatzgeschwindigkeit der Stoffe kaum möglich; auch ist kein Kreislauf der Stoffe im Ökosystem möglich, sondern der globale Vorrat muß als Gesamtsystem gesehen werden. Bei der Evolution der Ökosysteme zu geschlossenen Kreisläufen haben wir uns besonders mit dem Stickstoff zu beschäftigen: wie weit ist es hier möglich, den Stickstoff dauernd im System kreisen zu lassen ohne ihn wieder an die Atmosphäre abzugeben?
B) Der zweite große Vorratsraum ist — zumindest von der Nordhalbkugel aus gesehen — der Boden. Humus und Tonteilchen adsorbieren Nährstoffe und geben

sie nur schwer wieder ab. Pflanzenwurzeln sind darauf evoluiert, diese Nährstoffionen von den Humuspartikeln und Tonpartikeln abzunehmen. Es handelt sich bei diesen Stoffen vornehmlich um Mineralien (Phosphor, Kalium, Kalzium, Natrium), sowie um den im Boden durch Luftstickstoff-Fixierung vorhandenen Stickstoff [meist als Nitrat (NO_3)]. Hinzu kommen die lebensnotwendigen Spurenstoffe wie Eisen, Mangan, Nickel, Kupfer und andere.

Ihre Beschaffung ist im Süßwasser außerordentlich schwierig; im Meerwasser sind alle diese Stoffe gelöst. Nach dem Gesetz vom Minimum (Liebig) entscheidet im Meer eventuell ein einziger, ins Minimum geratender Stoff über den Reichtum des Gewässers. Die hohe Produktivität mancher Küstengebiete, an denen Wasser von der Tiefsee (wo es Ionen aufnehmen konnte) aufsteigt in Oberflächenschichten (wo Licht zusammen mit den aufgenommenen Ionen eine Photosynthese ermöglicht), erklärt sich auf diese Weise.

C) Sehr alte Landschollen, besonders der Tropen, die kaum vom Meer überspült waren, keinen Vulkanismus zeigten und die nicht der rasierenden Wirkung der Eiszeiten ausgesetzt waren, besitzen kein oder nur ein sehr geringes Haltevermögen für Ionen. Der Boden fällt damit als Vorratsraum aus. Dies betrifft praktisch alle tropischen Gebiete unserer Erde, soweit

sie nicht in jüngerer Zeit durch Vulkanismus oder Gebirgsauffaltungen als sehr junge Böden zu bezeichnen sind. Alle diese Areale besitzen also kein Bodenreservoir, sondern alle lebensnotwendigen Stoffe sind allein im biotischen Reservoir in den lebenden Pflanzen und Tieren gespeichert. Zur Existenz von Ökosystemen in diesen Gebieten ist daher eine unmittelbare Weitergabe der Stoffe vom verwesenden Bodenorganismus an den lebenden Organismus notwendig.

Ein besonderes Problem stellt der Kreislauf des Wassers dar. Auf der einen Seite ist Wasser ein Lösungsmittel, ohne das jedes Leben aufhört. Auf der anderen Seite wird Wasser bei der Photosynthese in Wasserstoff und Sauerstoff zerlegt; die beiden Bestandteile werden bei der Atmung wieder zusammengefügt. Insofern ist es ein wenig „gemogelt", wenn wir vom Kreislauf des Wassers sprechen und dies unmittelbar mit dem Kreislauf eines Elements vergleichen. Wegen der ungeheuren Bedeutung des Wasserkreislaufs sei dies hier doch getan.

Der Wasserkreislauf. Die Abb. 149 zeigt den Kreislauf des Wassers im Gebiet der Bundesrepublik Deutschland. Etwa die Hälfte des Niederschlages stammt aus Wasser, welches über Land verdunstete — entweder über die Transpiration der Pflanzen oder durch unmittelbare Verdunstung. Die andere Hälfte des Wassers

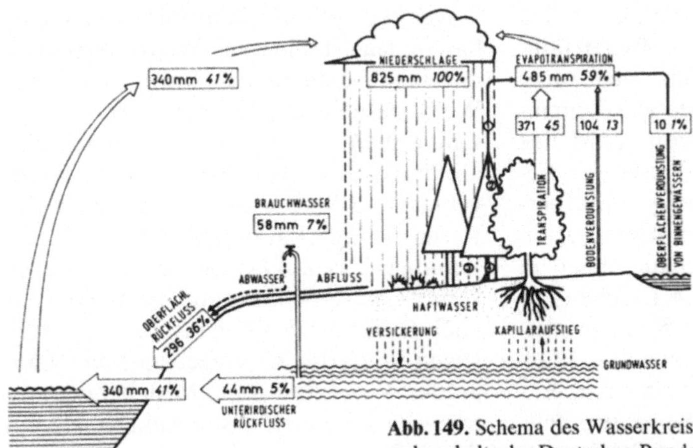

Abb. 149. Schema des Wasserkreislaufs am Beispiel des Gebietswasserhaushalts der Deutschen Bundesrepublik. (Aus Larcher, 1973)

stammt vom Meer. Aus der Abbildung ist nicht zu entnehmen, wieviel Süßwasser Land vorhanden ist. Die Menge kann geringer sein als der Niederschlag, der pro Jahr aus terrestrischer Herkunft über dem Land niedergeht. Das wäre der Fall, wenn der Umsatz des Wassers sehr rasch wäre: wenn jeder Wassertropfen mehrfach verdunsten würde und mehrfach als Niederschlag auf die Erde zurückkäme. Es wäre aber auch möglich, daß die Niederschlagsmenge wesentlich geringer ist als die Menge des am Lande vorhandenen Wassers. Dann wäre der Umsatz relativ gering. Aber etwas anderes sagt uns diese Abbildung: Wenn wir die absolute Menge des am Land vorhandenen Wassers reduzieren, dann wird entsprechend weniger verdunsten und als Niederschlag niedergehen. Ist der Umsatz im Verhältnis zur gesamten Menge groß, so wirkt sich eine Reduktion der Wassermenge multiplikativ auf die Verringerung der Regenmenge aus. In dem allseits von Meeren umgebenen kleinen Europa spielt das vielleicht eine relativ geringe Rolle. In sehr großen Landmassen mit großer Entfernung vom Meer kann sich eine solche Verringerung der absoluten Wassermenge jedoch dramatisch auswirken. Das gilt besonders für dauernd heiße Gebiete, die dementsprechend über einen sehr hohen Umsatz des vorhandenen Wassers verfügen. Reduzieren wir in großen Landgebieten die absolute Wassermenge, so sinkt die Regenmenge pro Zeiteinheit exponentiell ab. Da in großen Landgebieten kaum Regen fällt, der aus der Verdunstung über dem Meer stammt, ist die Regenmenge pro Zeiteinheit unmittelbar abhängig von der Menge des vorhandenen Wassers. Leiten wir dieses Wasser zur Verhinderung von Überschwemmungen und durch Kanalisation beim Straßen- und Städtebau schnell in Flüsse ab, die zudem durch Deiche gesichert sind, so daß sie eher Kanälen gleichen, so verringert sich die absolute Wassermenge eines solchen Gebietes und entsprechend sinkt die Regenmenge pro Zeiteinheit. Aride Gebiete — also Steppenge-

biete —, die Teile großer Kontinente sind, sind besonders anfällig gegen eine solche Verringerung der absoluten Süßwassermenge. Sie werden zu Wüsten. Das gleiche gilt aber auch für die Urwaldgebiete großer Kontinente — etwa das Kongobecken oder das Amazonasbecken. Wird hier durch die geschilderten Maßnahmen die absolute Wassermenge reduziert, so sinkt exponentiell die Regenmenge pro Zeiteinheit. Etwas anderes kommt hinzu: Über einem vegetationslosen Boden steigt die Temperatur auf viel höhere Werte an als über einem mit Pflanzenwuchs bedeckten Boden. Über einer heißen Wüste fallender Regen verdunstet vielfach bereits, ehe er den Boden erreicht. Auch das so in der Luft kreisende Wasser geht schließlich und endlich dem System verloren. Hier liegt eine der großen Sorgen der Ökologen bei allen Diskussionen um eine „Entwicklung" der letzten großen tropischen Urwaldgebiete dieser Erde. Diese Sorge läßt sich problemlos aus der Abb. 149 für den Wasserkreislauf über der Bundesrepublik Deutschland ableiten.

Ganz anders kann die Wirkung von Waldgebieten auf den Wasserhaushalt sein, wenn der Regen überwiegend aus Meeresgebieten stammt, wie das etwa in Westschottland und in Irland der Fall ist. Die gewaltigen Regenmengen, die hier bei einer relativ geringen physikalischen Verdunstung fallen, sind nur durch dichtstehenden Wald wirklich zu verarbeiten. Die lange Vegetationszeit in diesen Gebieten hat einen immensen Wasserverbrauch durch die Bäume zur Folge. Wird der Wald geschlagen, so wird der Niederschlag nicht verbraucht, er sammelt sich an, und es entstehen ausgedehnte Feuchtgebiete und Moore an seiner Stelle, die ihrerseits keinen Baumbewuchs wieder aufkommen lassen. Das ist an vielen Stellen Irlands und Schottlands geschehen. Je nach Herkunft des Regens und nach sonstigen klimatischen Gegebenheiten (Länge der Vegetationszeit, Mitteltemperaturen usw.) können also Waldgebiete für den Erhalt der Feuchtigkeit und für die

Senkung des Wassers verantwortlich sein. Eine einfache Lösung auf einen Blick ist nicht möglich.

In den meisten Landgebieten wird die Höhe der Primärproduktion durch die Verfügbarkeit von Wasser begrenzt. Unter den klimatischen Bedingungen von Stockholm können aufgrund theoretischer Berechnungen von de Witt jährlich etwa 2,5 kg/m^2 organische Trockenmasse durch Pflanzen gebildet werden, unter den Bedingungen von Berlin etwa 3 kg pflanzliche Trockenmasse. Geht man von der Faustregel aus, daß pro Kilogramm Trockenmasse 500 l Wasser benötigt werden, so würden pro Quadratmeter in Stockholm 1250 und in Berlin 1500 l Wasser notwendig sein. Dieses Wasser müßte außerdem gezielt zur rechten Zeit (also wohl nicht im Winter) fallen. Auch dürfte keine Verdunstung aus dem Boden stattfinden und kein Abfluß erfolgen. In Wirklichkeit stehen aber für Verdunstung und Abfluß über das ganze Jahr in Berlin nur etwa 700 l Regen pro Quadratmeter zur Verfügung. Daraus ergibt sich ohne weiteres die sehr starke Begrenzung durch den Wasserfaktor, die allgemein auf der Erde eine drastische Erhöhung der Ernten unmöglich macht. Entsprechende Wassermengen sind nicht oder nur mit sehr hohen Energieaufwendungen zu beschaffen (Abb. 156, 157).

Weitere Stoffkreisläufe. Die biologisch wichtigen Elemente kreisen durch die Ökosysteme. Sie besitzen durchweg ein sehr großes Reservoir — bei Kohlenstoff, Sauerstoff und Stickstoff ist dies die Atmosphäre, bei Phosphor und Schwefel die Erdrinde. Die einzelnen Kreisläufe sind in Abb. 150–152 dargestellt. Zum Teil sind verschiedene Organismen mit verschiedenen Synthesefähigkeiten unbedingt nacheinander notwendig, wie etwa beim Stickstoff die Nitrit- und die Nitratbakterien. Das gleiche gilt für die Luftstickstoff-bindenden Organismen: Bakterien, Actinomyceten und wohl einige Blaualgen. Gebiete, in denen sie zahlreich vorhanden sind, sind durch fortgesetzten Raubbau weniger leicht zu schädigen als andere, wo solche Formen nur eine geringe Rolle spielen. So haben die Erlenbrüche den Raubbau an den Wäldern Mitteleuropas

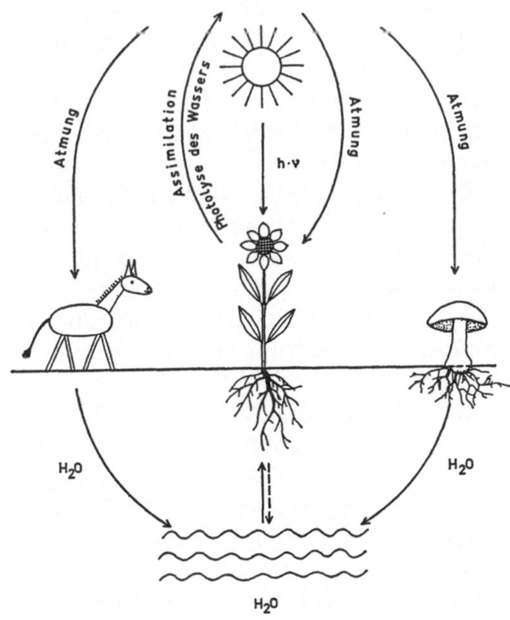

Abb. 150. Der Kreislauf des Sauerstoffs. (Aus Mohr, 1969)

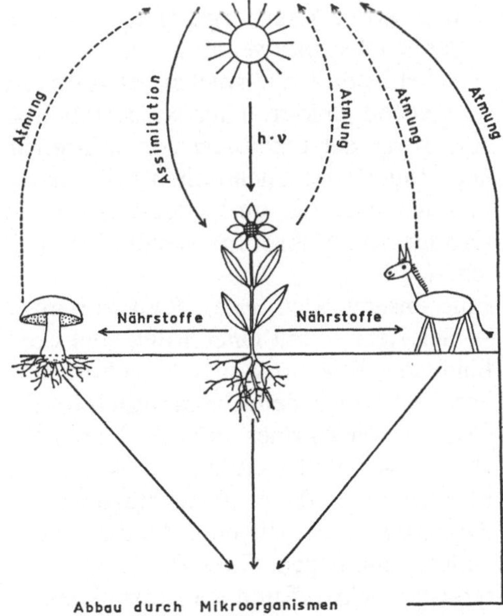

Abb. 151. Der Kreislauf des Kohlenstoffs. (Aus Mohr, 1969)

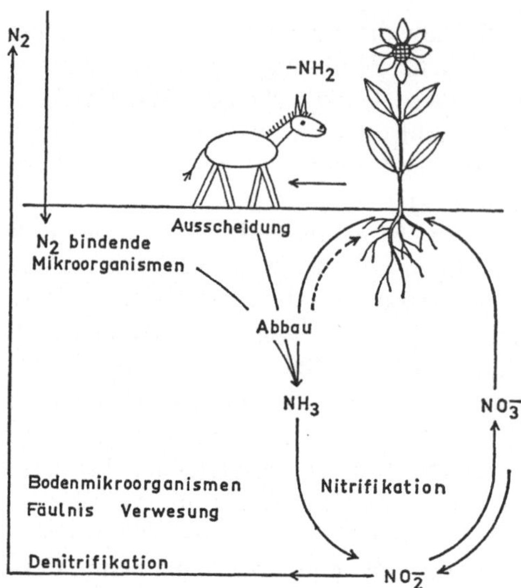

Abb. 152. Der Kreislauf des Stickstoffs. (Aus Mohr, 1969)

relativ gut überstanden — an den Wurzeln von Erlen sind Stickstoff-fixierende Actinomyceten vorhanden —, und auch die Buchenwälder haben sich besser als andere gehalten: Offenbar gelingt es ihren epiphytischen Blaualgen, Stickstoff zu fixieren, der dann mit dem Regenwasser am Stamm niederrinnt (Denison, 1973). Wie weit derartige Mikroorganismen auch bei anderen lebensnotwendigen Stoffen eine entscheidende Rolle spielen, ist bis heute weitgehend unklar. Hier wiederum liegt eine Sorge der Ökologen vor unkontrolliert eingesetzten chemischen Mitteln: Sie könnten eine für uns lebensnotwendige Gruppe von Mikroorganismen ausschalten.

Eine unserer wichtigsten Kulturpflanzen — der Reis — mit einer Fülle stickstoffbindender Mikroorganismen gehört hierher. Der Reis gedeiht bekanntlich im flachen Wasser warmer Gebiete. Dieses flache Wasser wird vom Wasserfarn Azolla besiedelt, und dieser Wasserfarn lebt in Symbiose mit der Blaualge Anabaena und anderen Blaualgen. Diese Blaualgen fixieren Luftstickstoff und transformieren ihn zu NH_4^+. Damit wird der Wasserfarn zu einem hervorragenden „Dünger" für den

Reis. Diese Kenntnis ist in Südostasien viele Jahrhunderte alt und Reisfelder wurden regelmäßig mit Azolla geimpft bzw. gedüngt. In Vietnam gibt es sogar einen speziellen Tempel für den Wasserfarn Azolla, weil er die Fruchtbarkeit des Reis so maßgeblich beeinflußt. Dazu kommen schließlich noch heterotrophe Bakterien, die an Reiswurzeln leben und ebenfalls Luftstickstoff zu NH_4^+ transformieren. Man kann sich eine Vorstellung von der fixierten Stickstoffmenge machen wenn man bedenkt, daß pro Tonne Reis etwa 20 kg Stickstoff notwendig sind. Pro Hektar wurden früher etwa 2 Tonnen geerntet (heute sind es 6 Tonnen). Ohne irgendwelchen Dünger ist das das Resultat über Jahrhunderte und dies bedeutet, daß mindestens 40 kg Stickstoff (das entspricht mehr als 2 dz Stickstoffdünger) pro Hektar aus der Luft fixiert worden sind. Der Mensch entnimmt hier regelmäßig große Mengen Stickstoff aus dem System. In Lebensräumen, in denen eine solche Entnahme nicht vorkommt, wird natürlich die Stickstoffbindung durch hohes Stickstoffvorkommen gebremst. Hier bildet sich im Boden, bzw. in den Organismen, ein zweiter Stickstoffpool, der in Abb. 152 dargestellt ist. Dieser Stickstoffpool kann theoretisch unbegrenzt existieren — in Wirklichkeit aber wird er wiederum durch Denitrifikation zu Luftstickstoff nach und nach umgebaut.

Besondere praktische Bedeutung hat in neuerer Zeit der Schwefelkreislauf gefunden. Schwefel, bisher ein Mangelstoff, wurde durch die erhöhte Freisetzung von SO_2 bei der hohen Bevölkerungsdichte und Industrialisierung der Nordhalbkugel (infolge Kohle- und Ölverbrennung) zu einem Überschußfaktor. Saure Niederschläge (infolge Schwefelsäuregehalt) sind nun die Regel. In Südnorwegen gelangen im Mittel pro Jahr 4 g SO_4/m^2 mit dem Regen auf den Boden. Das pH der Seen ist dauernd gesunken; ein Gebiet von der Größe der Schweiz ist auf dem ungepufferten granitischen Boden inzwischen ohne Fischbestand. Die Säure führt zur Auswaschung von Ca- und Mg-Ionen aus dem an sich schon armen Boden, was zu geringerem Wachstum des Waldes führt (Braekke, 1977). Die damaligen Warnungen blieben überall weitgehend unbeachtet, so daß heute saure Niederschläge offenbar auch auf unsere Böden sehr erhebliche Wirkungen haben.

Eingriffe des Menschen in den Kohlenstoffkreislauf können eine Veränderung des Klimas auf der ganzen Erde zur Folge haben. Der größte Teil des Kohlenstoffs ist in organischer Materie gelagert. Besonders Wälder und hier besonders die tropischen Regenwälder stellen ungeheure Lager von Kohlenstoff dar. Im Meer ist es vor allen Dingen die gelöste organische Substanz, die ein gewaltiges Kohlenstoffreservoir darstellt. Schließlich sind es die fossilen Brennstoffe, in denen sehr viel Kohlenstoff vorhanden ist. Durch das Verbrennen der fossilen Energieträger und durch die weltweite Vernichtung von Waldgebieten werden diese Lager aufge-

löst. Die chemische Energie, die in diesen Lagern steckt, wird vom Menschen genutzt und das dabei entstehende Kohlendioxid in die Atmosphäre abgegeben. Dessen Gehalt steigt seit dem Beginn genauer Messungen auf Hawaii stetig an — von 1958 bis 1976 um etwa 5%. In jedem Sommer gibt es ein Absinken, das auf die photosynthetische Aktivität der Pflanzen auf der Nordhalbkugel zurückzuführen ist. In jedem Herbst aber steigt der Kohlendioxidgehalt wieder stark an. Alle Klimatologen sind sicher, daß dies zu schweren Veränderungen des Klimas der Erde führen wird. Will man diesen Prozeß aufhalten, so müßte man auf der einen Seite die Vernichtung der tropischen Wälder stoppen und dabei entsteht die Frage, wie dies vor hungrigen Menschen vertreten werden soll; ferner müßte man den Verbrauch an fossilen Energieträgern stoppen. Als Resultat bleibt im Augenblick nur die Verwendung von Atomkraft, bei der wir die Folgen nicht so genau überse-

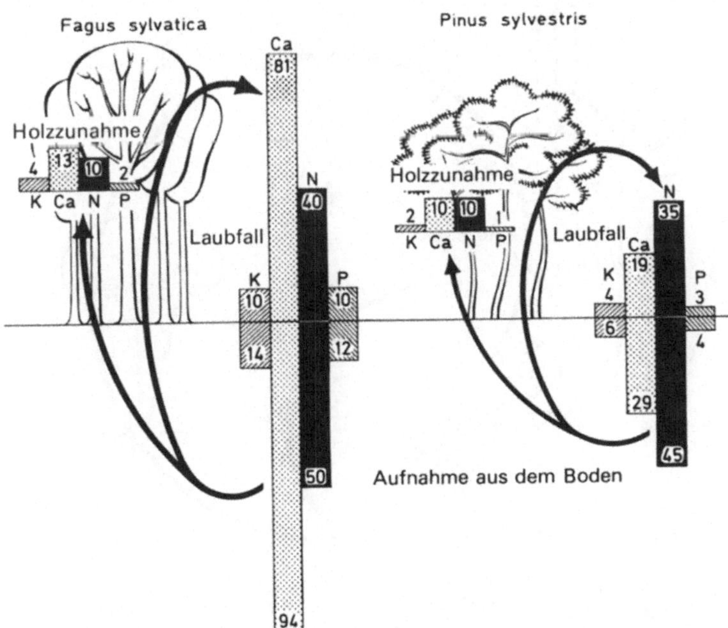

Abb. 153. Jährliche Aufnahme (Werte unterhalb der Bodenlinie), jährlicher Rückhalt im Gewebe (Zahlenangaben in den Kronen der Bäume) und jährliche Rückgabe (Werte oberhalb der Bodenlinie) der wichtigsten Mineralien (in kg pro ha) von Kiefer und Rotbuche. Man beachte die große Menge der Nährstoffe, die dem Boden durch den Laubfall zurückgegeben werden: Es stellt das rotierende Kapital für die Bodenfruchtbarkeit des Waldes dar. (Aus Reichle, 1973)

hen können, wie das bei der bisherigen Methodik der fossilen Energieträger möglich ist.

Es ist bisher in keinem Ökosystem gelungen, diese qualitativ dargestellten Stoffkreisläufe wirklich im einzelnen durch alle Mikroorganismen, Tiere und Pflanzen hindurch quantitativ zu verfolgen. Im groben Schema kann man heute die Stoffflüsse in einer Reihe von Ökosystemen abschätzen (Abb. 153, 154). Die Abbildungen zeigen die jährlichen Energieflüsse in einem alten, reifen Eichen-Eschenwald und in einem jungen, gemischten Eichenbestand in Belgien. Derartige Zahlen können natürlich nur allererste Eindrücke liefern. In diesem Fall sind außerdem die zweifellos beträchtlichen Verluste durch Auswaschung aus dem System unberück-

sichtigt geblieben. Daß eine Art, die nur eine relativ kleine Komponente des Systems darstellt, für dieses System durchaus bedeutsam sein kann, zeigt die Abb. 155. Die Miesmuscheln filtrieren aus dem freien Wasser große Mengen des gelösten, in Teichen vorhandenen Phosphors heraus und lagern es auf der Sedimentoberfläche ab. Damit steht den anderen Organismen mehr Phosphor zur Verfügung als zuvor. Die Qualität einzelner Kompartimente beim Stoffkreislauf muß analysiert werden.

Daß einzelne, nicht einmal häufige Tierarten eine entscheidende Bedeutung für den Stoffhaushalt eines Lebensraums haben können, geht aus einer Hypothese von Fittkau (1973) hervor. Diese Hypothese beruht auf der Beobachtung, daß mit dem

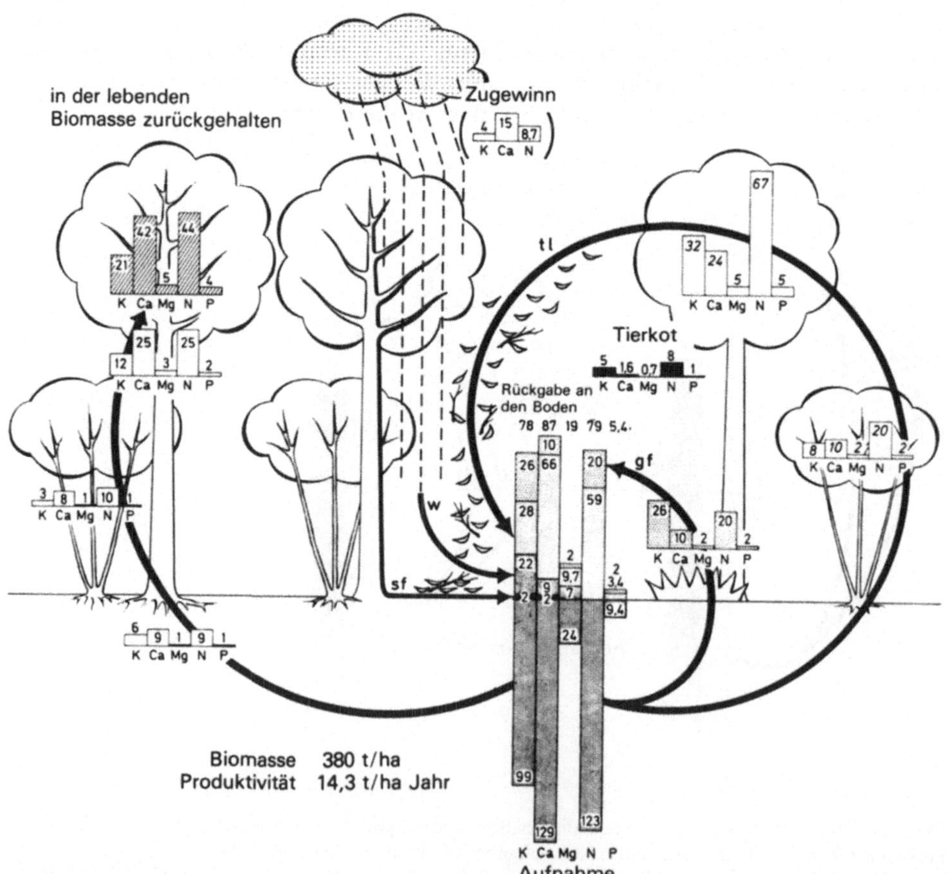

Abb. 154. Jährlicher Mineralzyklus (in kg pro ha) für K, Ca, Mg, N und P in einem Eichen-Eschenwald mit Hasel und Weißbuche im Unterwuchs. (Aus Reichle, 1973)

Abschuß der Kaimane an den Fluß-Mündungs-Seen am Amazonas auch die Fischbestände stark abgenommen haben. Nach dieser Hypothese kamen früher Fische zum Laichen aus dem relativ nahrungsreichen Amazonas in die sehr nahrungsarmen Fluß-Mündungs-Seen hinein. Sie wurden hier z.T. von Kaimanen gefressen, und diese Kaimane gaben nun sehr langfristig und gleichmäßig Nährstoffe (ihre Exkretprodukte) an das Wasser der Fluß-Mündungs-Seen ab. Diese Nährstoffe ermöglichten ein sehr reiches Planktonleben, welches ihrerseits wiederum den Jungfischen als erste Nahrung diente. Mit dem Abschuß der Kaimane wurden nun keine Fische mehr gefressen; alle Fische kehrten nach dem Laichen in den Hauptstrom zurück. Damit blieben die Fluß-Mündungs-Seen extrem nahrungsarm, ein reiches Plankton konnte sich nicht entwickeln, und so konnte auch die Fischbrut nur z.T. aufwachsen.

Das ganze riesige Gebiet der Tropen ist, mit Ausnahme seiner Gebirge und seiner vulkanischen Areale, praktisch der gesamten Bindungsfähigkeit für Nährstoffe beraubt (vgl. S. 265 f.). Da dies in Jahrmillionen geschah, haben wir hier besondere Anpassungen an eine solche Situation zu erwarten. Diese Anpassungen liegen vor allen Dingen in der Tatsache, daß die Wurzeln der Bäume auf der einen Seite in die Tiefe gehen (um Wasser zu beschaffen) und daß ein anderer Teil der Wurzeln unmittelbar an der Oberfläche bleibt und hier direkt das bei der Verwesung organischen Materials freiwerdende Nährangebot nutzt. Während wir in Europa, Nordasien und Nordamerika normalerweise davon ausgehen, daß an Bodenpartikeln Nährstoffe adsorbiert sind und daß diese Nährstoffe von Pflanzenwurzeln abgesprengt und aufgenommen werden, ist dies also in den Tropen offensichtlich nicht der Fall. Das gilt für tropische Savannen in Afrika, Indien, Südamerika und Australien offenbar in gleicher Weise wie für tropische Regenwälder. Das Resultat ist für den Menschen beklemmend:

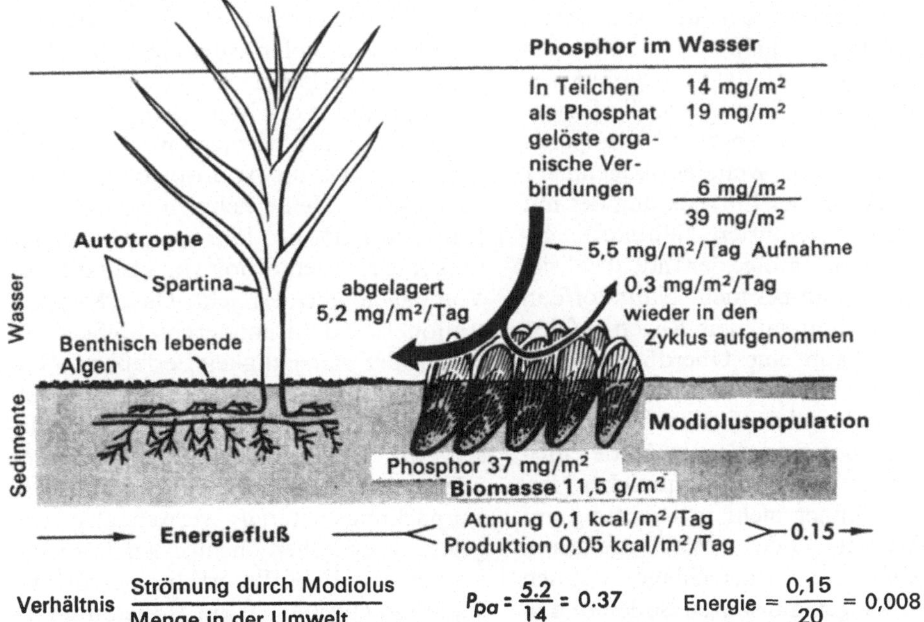

Abb. 155. Der Fluß des Phosphors im Schlickwatt der nordamerikanischen Küste. Die Miesmuschelpopulation hat eine recht große Einwirkung auf die Verteilung des Phosphors, obwohl sie nur eine kleine Komponente der Lebensgemeinschaft ist, wenn man auf Biomasse und Energiefluß schaut. (Aus Odum, 1967)

schon ein Blick auf die Verteilung der Menschen um 1900 zeigt deutlich, daß in den Tropen nur die Gebirge und die vulkanischen Gebiete vom Menschen dicht besiedelt waren. Nur hier konnten regelmäßig Nährstoffe entnommen werden. Die großen Savannen, Steppen und Regenwälder besaßen eine fast vernachlässigbar kleine Population. Der ursprüngliche Schluß, daß es die Menschen hier nicht geschafft hätten, mit den Unbilden der Witterung in den Savannen fertig zu werden oder sich gegen den tropischen Regenwald durchzusetzen, ist sicher falsch. Auf vulkanischem Boden und gebirgigem Boden in Südostasien hat der Mensch den tropischen Regenwald seit sehr langer Zeit in Ackerland umgewandelt. Auf altem Boden in der gleichen geographischen Region ist ihm dies nicht gelungen. Kulturpflanzen des Menschen besitzen keine Fähigkeit zum unmittelbaren Aufnehmen angebotener Nährstoffe von der Bodenoberfläche, und sie sind daher auch nicht in armen tropischen Gebieten für Landwirtschaft geeignet. Dementsprechend enthalten Pflanzen solcher armen tropischen Gebiete auch nur sehr wenig Nährstoffe (vgl. S. 305).

Man wird in Zukunft das Augenmerk weniger auf globale Nährstoffkreisläufe richten müssen als auf spezielle Kompartimente im System. Weiteres Augenmerk muß in Zukunft der Entwicklung der mit dem Regen zugeführten Nährstoffe gewidmet werden. Infolge der Industrialisierung gelangen immer mehr Nährstoffe in die Luft und dann mit dem Regen auf den Boden. So kann eine Überdüngung geschehen, die an manchen Stellen unerwünschte Folgen hat. Derzeit verwandelt sich Hochmoorvegetation in Mitteleuropa unter dem Einfluß mineralreicher Niederschläge immer mehr in Richtung auf eine Wiesen- oder Waldvegetation. Schwefelhaltige Niederschläge können vor allen Dingen auf sauren Böden und in sauren Gewässern große Gefahren mit sich bringen. Wenn während des Winters starke schwefelhaltige Schneefälle nieder-

gegangen sind, kann beim Auftauen im Frühjahr das pH großer Seen plötzlich auf Werte um 3 absinken. Das führt natürlich zum Absterben allen tierischen und pflanzlichen Lebens. Auf diese Art und Weise sind die Seen eines Gebietes von der Größe der Schweiz in Südskandinavien inzwischen fischleer geworden: Auf dem Untergrund aus Urgestein ist eine Pufferung nicht möglich.

Ein weiteres Problem, dem in Zukunft unsere besondere Beachtung gelten muß, sind Veränderungen in der chemischen Zusammensetzung unserer Atmosphäre. Diese Veränderungen betreffen weniger die atmosphärischen Hauptkomponenten N_2 und O_2, sondern vielmehr das CO_2 sowie die sogenannten Spurengase, die in Konzentrationen von Millionstel Volumenanteilen oder weniger vorkommen (Tabelle 11). Trotz ihrer niedrigen Konzentration haben die atmosphärischen Spurengase für das Leben auf der Erde eine große Bedeutung. Nahezu alle weisen derzeit deutliche Zunahmeraten aus.

Die Fluorchlorkohlenwasserstoffe (FCKW) z. B. sind neuartige, erst durch den Menschen erzeugte Spurengase in der Atmosphäre, und ihre deutliche Zunahme ist leicht zu erklären. Es handelt sich um Kunstprodukte des Menschen, die vorher in der Natur nicht vorkamen. Vor hundert Jahren enthielt die Atmosphäre noch keine FCKWs. Heute nehmen sie mit einer Rate von 4–5% pro Jahr zu und haben bereits eine Konzentration von Milliardsteln Volumenanteilen erreicht. Diese Konzentrationen sind mit modernen Meßgeräten in großer Genauigkeit erfaßbar. Die FCKWs (z. B. $CFCl_3$ und CF_2Cl_2) werden vor allem als Treibmittel in Spraydosen, als Kühlmittel in Kühlschränken oder zum Aufschäumen von Schaumstoff-Verpackungsmaterial verwendet. Aufgrund ihrer hohen chemischen Resistenz werden die FCKWs erst in der Stratosphäre in etwa 20–30 km Höhe durch die dort vorherrschende kurzwellige UV-Strahlung (190–220 nm) abgebaut. Die freiwerdenden Chloratome bewirken eine

Gas	Ungefähre derzeitige Konzentration in Milliardstel	Mittlere Verweilzeit	Jährliche Zunahme	Hauptsächliche anthropogene Quellen	Hauptsächliche Wirkung
CO_2	350 000	100 Jahre	0,4–0,5%	Fossile Brennstoffe Entwaldung	Treibhauseffekt
CO	50–200	Monate	?	Fossile Brennstoffe Biomasse- Verbrennung	Verringerung der Selbstreinigungskraft der Atmosphäre
CH_4	1700	10 Jahre	0,8–1,0%	Reisanbau Viehzucht Erdgas	Treibhauseffekt
N_2O	310	170 Jahre	0,2–0,3%	Dünger Entwaldung Biomasse- Verbrennung	Treibhauseffekt Ozonzerstörung
NO_x	0,001–50 (sauber/ industriell)	Tage	?	Fossile Brennstoffe Dünger Biomasse- Verbrennung	Photochem. Smog Saurer Regen
SO_2	0,03–50 (sauber/ industriell)	Tage–Wochen	?	Fossile Brennstoffe Erz-Verhüttung	Lufttrübung Saurer Regen
FCKW	3 (Cl-Atome)	60–100 Jahre	ca. 5%	Treibgase Kühlmittel Schaumstoff- Herstellung	Ozonzerstörung Treibhauseffekt

Aus: Graedel u. Crutzen (1989) und Crutzen u. Müller (1989).

katalytische Zerstörung des stratosphärischen Ozongürtels, der das Vordringen von UV-Strahlung auf die Erdoberfläche verhindert. Eine Zunahme der UV-Strahlung an der Erdoberfläche hätte sicher vielgestaltige Auswirkungen auf das Leben. Diese gefährliche Wirkung der FCKWs war bei ihrer Erfindung und zunehmenden Nutzung nicht vorhergesehen worden. Heute sind Bestrebungen im Gange, die Herstellung der FCKWs zu verbieten oder zumindest stark einzuschränken. Man kann nur hoffen, daß dies möglichst bald durchgesetzt werden kann.

Der Anstieg der anderen, in der Tabelle 11 aufgeführten Spurengase läßt sich leider nicht so einfach verhindern. Über die Zunahme des CO_2 aufgrund des Verbrauchs von fossilen Brennstoffen wurde bereits gesprochen (S. 238). Bei dieser Verbrennung entstehen auch Spurengase, wie z. B. Kohlenmonoxid (CO), Methan (CH_4), Lachgas (N_2O), Stickoxide ($NO + NO_2 = NO_x$) und Schwefeldioxid (SO_2). Die Bildung dieser Spurengase erfolgt nicht nur in industriellen Anlagen oder in Kohlekraftwerken, sondern auch beim Heizen von Häusern oder beim Betreiben von Verbrennungsmotoren. Die Spurengase fallen auch an, wenn Biomasse verbrannt wird, z. B. beim Abfackeln von Feldern oder bei der Brandrodung. Die Zunahme der einzelnen Spurengase in der Atmosphäre hat recht unterschiedliche Auswirkungen (Tabelle 11). Viele absorbieren infrarote Strahlung und bewirken deshalb einen Treibhauseffekt, der zunehmende Temperaturen an der Erdoberfläche zur Folge hat. Aufgrund seiner relativ hohen Konzentration von 0,035% hat das CO_2 an dieser Absorption derzeit den größten Anteil. Aber einige der Spurengase absorbieren infrarote Strahlung wesentlich effektiver als CO_2. So hat jedes zusätzliche Molekül CH_4 denselben Effekt wie 32 zusätzliche Moleküle CO_2. Beim N_2O macht der Unterschied einen Faktor von 150 und bei den FCKWs sogar einen Faktor von 15000 aus.

Aber die Wirkungen der Spurengase beschränken sich nicht nur auf den Treibhauseffekt. Einige der Spurengase, z. B. NO_x und SO_2, sind chemisch reaktiv und führen zur Bildung von Smog und saurem Regen. Wieder andere, z. B. CO und teilweise auch CH_4, reduzieren die chemische Reaktivität der Atmosphäre und verringern damit deren Selbstreinigungskraft. Die Zusammenhänge zwischen den einzelnen Spurengasen, der Chemie und dem Strahlungshaushalt der Atmosphäre sind sehr komplex. Das Klima auf unserer Erde ist untrennbar mit dem Haushalt dieser Spurengase verknüpft. Es bedarf komplizierter Modelle, um diese Zusammenhänge quantifizierbar und vorhersagbar zu machen. Dies ist derzeit ein wichtiges Forschungsgebiet.

Der beobachtete Anstieg der Spurengase beruht aber nicht nur auf Verbrennung von Biomasse oder fossilen Brennstoffen, sondern hat auch andere, teilweise recht komplexe Ursachen. So werden Spurengase wie CH_4, CO, N_2O oder NO_x auf völlig natürlichem Wege in Ökosystemen gebildet und abgebaut. Sie sind dort Bestandteil des Kohlenstoff- bzw. Stickstoffkreislaufs. Im Stickstoffhaushalt des Bodens z. B. wird Ammonium durch nitrifizierende Bakterien zu Nitrat oxidiert, welches wiederum durch denitrifizierende Bakterien zu N_2 reduziert wird (vgl. Abb. 152). Dabei setzen diese Bakterien aber geringe Mengen des Stickstoffs auch als NO N_2O frei. Deren Anteil am umgesetzten Stickstoff macht meist weniger als 1% aus. Global allerdings summieren sich diese geringen Mengen zu Millionen Tonnen auf, die jährlich als NO oder N_2O in die Atmosphäre freigesetzt werden.

Eine Zunahme der Freisetzung kann zustande kommen sowohl durch einen höheren Durchsatz an Stickstoff im Boden, z. B. durch Düngung, als auch durch Änderungen des prozentualen Anteils von NO bzw. N_2O am Stickstoffumsatz. Der Einsatz von mineralischen Stickstoff-Düngern hat seit Erfindung der chemischen N_2-Fixierung durch das Haber-Bosch-Verfahren dramatisch zugenommen. Seit 1950 hat sich der Düngemittelverbrauch etwa alle 10 Jahre verdoppelt. Derzeit macht die Produktion mineralischen Stickstoffs nahezu die Hälfte der natürlichen Stickstoff-Fixierung aus. Diese Erhöhung des Stickstoffumsatzes macht sich bei den relativ kleinen Poolgrößen der atmosphärischen Spurengase bereits deutlich bemerkbar. Über eine mögliche Änderung der prozentualen Freisetzung von NO oder N_2O am Stickstoffumsatz durch nitrifizierende oder denitrifizierende Bakterien im Boden wissen wir dagegen nichts. Dennoch könnte auch sie eine große Rolle spielen. So würde eine Erhöhung des Anteils von 1,0% auf 1,1% eine zehnprozentige Erhöhung der Freisetzung bewirken. So eine Änderung kann sehr schnell durch Änderungen in der Bodenstruktur (Verdichtung), der Bodenchemie (Versauerung), der Bodenmikroflora etc. hervorgerufen werden. Leider sind diese Vorgänge aufgrund ihrer Kleinräumigkeit nur schwer zu untersuchen. Details sind noch unbekannt und Vorhersagen über zukünftige Entwicklungen sind derzeit leider nicht möglich.

Die Geschwindigkeit und Dauer des Anstiegs der atmosphärischen Konzentration von Spurengasen hängt nicht nur von der Zunahme ihrer Freisetzungsrate, sondern auch von ihrer mittleren Verweilzeit in der Atmosphäre ab. Je nachdem wie schnell die Spurengase in der Atmosphäre durch photochemische Oxidation wieder abgebaut werden oder durch biologische Prozesse in der Biosphäre wieder verbraucht werden, ist die mittlere Verweilzeit der emittierten Spurengase in der Atmosphäre mehr oder weniger lang. Entsprechend dauert es mehr oder weniger lang, bis nach einer Störung des Spurengaskreislaufs, z. B. durch erhöhte Emissionen, wieder ein neuer Gleichgewichtszustand mit einer neuen konstanten Konzentration erreicht wird.

Bei aller berechtigten Sorge um die gravierenden Eingriffe des Menschen in den Naturhaushalt muß man sich andererseits aber klar machen, daß dieser keineswegs eine konstante Größe, sondern in einer stetigen Entwicklung begriffen ist. Hierbei spielen planetare Einflüsse wie Änderungen in der Sonneneinstrahlung ebenso eine Rolle wie geologische Vorgänge, z. B. Kontinentalverschiebung oder die Evolution der Lebewesen selbst. Es kommt sicher auch zu vielfältigen Rückkopplungsprozessen zwischen Biosphäre und Geosphäre, die wir theoretisch leider noch nicht verstehen. Diese komplexen Vorgänge spiegeln sich auch in der Entwicklungsgeschichte der Erdatmosphäre wider.

Die wohl dramatischste Änderung in der Atmosphäre war bedingt durch die Evolution von Organismen, die erstmals oxygene Photosynthese betreiben konnten. Dies ist etwa vor 3,5 Milliarden Jahren passiert und hatte zur Folge, daß sich Sauerstoff in zunehmendem Maß in der bis dahin anoxischen Umwelt anhäufen konnte. Das Vorkommen von O_2 hat den Lebensraum vieler O_2-empfindlicher Bakterien, die bis dahin die Biosphäre dominierten, aufs äußerste beschränkt. Stattdessen wurde die Evolution völlig neuartiger, O_2-atmender Organismen ermöglicht, die heute unseren Planeten beherrschen.

Aber selbst in wesentlich kürzeren Zeiträumen war die Zusammensetzung der Atmosphäre keineswegs konstant. So wissen wir heute aus der Analyse von Bohrkernen, die aus dem Gletschereis der Arktis und Antarktis entnommen wurden, daß der Gehalt an CO_2 und CH_4 während der letzten Eiszeit deutlich niedriger war

als danach oder in der davorliegenden Zwischeneiszeit (Abb. 156). Leider können wir zur Zeit über Ursache und Wirkung nur spekulieren: War das Ende der Eiszeit eine Folge des Anstiegs der Treibhausgase CO_2 und CH_4 oder führten die ansteigenden Temperaturen zu einer erhöhten Freisetzung von CO_2 und CH_4 aus der Biosphäre? Noch können wir diese Vorgänge nicht verstehen. Um so besorgniserregender ist der seit etwa 150–250 Jahren beobachtete dramatische Anstieg des atmosphärischen Methans sowie der anderen Spurengase, der mit der Besitzergreifung der Erde durch den Menschen erfolgt ist und unvermindert anhält. Wird dieser Trend durch die Flexibilität der Ökosysteme kompensiert werden können, wie wird der Evolutionsvorgang beeinflußt werden? Wir wissen es nicht.

Auch die Ursache des jüngsten CH_4-Anstiegs, der derzeit immer noch anhält, sind noch nicht in allen Einzelheiten bekannt. Nur ein kleiner Teil des Anstiegs läßt sich durch die zunehmende Förderung von Erdgas erklären. Der überwiegende Anteil (ca. 80%) des CH_4 stammt offenbar aus rezentem Kohlenstoff, der im Gegensatz zu fossilem Material noch geringe Mengen des radioaktiven Isotops ^{14}C enthält. Der Anstieg des atmosphärischen Methans beruht demnach auf der Zunahme biogener Quellen. Die wichtigsten Quellen im Haushalt des atmosphärischen CH_4 sind die Viehzucht und der Reisanbau. Sowohl im Pansen der Wiederkäuer als auch im gefluteten Boden der Reisfelder herrschen anoxische Bedingungen. Unter diesen Bedingungen bauen die Mikroorganismen organisches Material zu CO_2 und CH_4 ab. Da in den letzten Jahrzehnten sowohl die Viehzucht als auch der Reisanbau drastisch intensiviert wurden, mußte auch die Belastung der Atmosphäre mit CH_4 zunehmen. Es ist zu überlegen, ob dieser Belastung nicht durch die Entwicklung geeigneter Reisanbaumethoden entgegengesteuert werden kann. Ebenso ist zu überlegen, ob nicht zumindest bei der Massenviehhaltung ein Filtrieren der

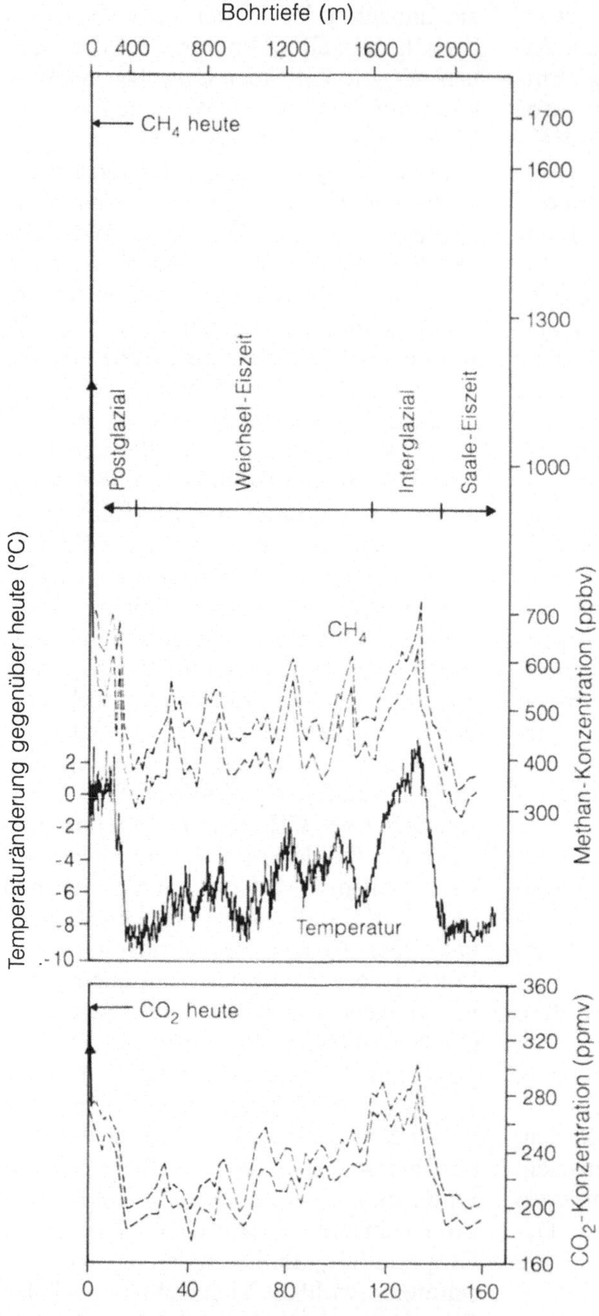

Abb. 156. Zeitliche Variation der CH_4- und CO_2-Konzentration sowie der Temperatur während der vergangenen 160 000 Jahre ermittelt aus dem Vostok-Eisbohrkern (Antarktis), und CH_4-Anstieg, der in den letzten 150–250 Jahren registriert wurde (nach Enquete-Kommission, 1991; verändert)

Stalluft möglich ist. So wird heute die Emission von CH_4 aus Mülldeponien oder Faultürmen in zunehmendem Maße durch Abfackeln oder Nutzung als Energiequelle verhindert.

4.5.2 Die Energie in Ökosystemen

Produktivität. Als Produktion bezeichnen wir den Zugewinn an organischer Substanz eines Individuums, einer Population, eines Systems pro Zeiteinheit. Der ökologische Produktionsbegriff ist also anders als der landwirtschaftliche: Dieser nennt nur die für den Menschen in irgendeiner Form nutzbare Substanz „Produktion". Wurzeln und oberirdische Teile, soweit sie nicht als Futter Verwendung finden, bleiben also unberücksichtigt. Hieraus erklären sich viele Mißverständnisse in der Diskussion zwischen Ökologen und Landwirten.

Grundsätzlich muß unterschieden werden zwischen dem Bestand der Organismen in einem Lebensraum und der von ihnen pro Zeiteinheit produzierten organischen Substanz. Ein hoher Bestand bedeutet keineswegs eine hohe Produktion. Vielmehr wird vielfach die These vertreten, daß ein hoher Bestand, eine hohe Biomasse pro Flächeneinheit, eine typische Anpassungsstrategie der Organismen an eine geringe verfügbare Nährstoffmenge darstellt. Ein großer Bestand ist eher zum Überbrücken nahrungsarmer Zeiträume in der Lage als ein geringer Bestand. Der Umsatz, die Produktion, in einem solchen Bestand ist jedoch vergleichsweise gering. Dagegen sollen nach dieser Hypothese geringe Biomassen charakteristisch sein für Lebensräume mit größeren Mengen an verfügbaren Nährstoffen, und sie sollen hohe Umsätze zeigen. Lebensräume mit großen Biomassen und wenig verfügbaren Nährstoffen sollen dazu über sehr viele Arten verfügen, während Lebensräume mit geringer Biomasse und hohen Umsätzen nur wenige Arten beherbergen können.

Diese Hypothese ist ganz sicher in dieser einfachen Form nicht allgemein anwendbar. Sie wird hier gebracht, um die Differenz zwischen Biomasse und Produktion in einem Lebensraum deutlich zu machen, und weil sie ganz sicher für eine Reihe von Lebensräumen zumindest erwägenswert ist. Man wird fragen müssen, welcher Organismus den hohen Bestand bildet (Pflanzen, Tiere, Mikroorganismen) und auch hier Kompartimente aufgliedern.

Die Produktion liegt in der Regel niedriger als der Bestand am gleichen Ort. Das gilt etwa für einen Wald: Der Bestand an organischer Substanz ist hier unter Umständen im Laufe von Jahrhunderten entwickelt worden, die jährliche Produktion liegt deutlich niedriger. Bei kleinen Organismen kann das Verhältnis anders sein. Das gilt etwa für Bakterien, es ist besonders bekannt bei planktonischen Algen: Die Produktion an neuen Algen pro Zeiteinheit ist wesentlich höher als der im gleichen Wasserkörper vorhandene Bestand.

Zwei große Gruppen der Produktion sind zu unterscheiden: die Primärproduktion der grünen Pflanzen und der photosynthetisch tätigen Bakterien, die aus Sonnenenergie und anorganischer Substanz organische Substanz produzieren. Ihr gegenüber steht die Sekundärproduktion der nicht photosynthetisch tätigen Bakterien, Pilze und Tiere, die die organische Substanz der Pflanzen in ihre eigene Körpersubstanz verwandeln. Beide Produktionen sind wiederum zu trennen in Brutto- und Nettoproduktion. Die Pflanze stellt mit Hilfe von Licht aus anorganischer Substanz organische Substanz her. Das ist die Bruttoproduktion. Ein Teil dieser Substanz wird jedoch im Stoffwechsel der Pflanze verbraucht, veratmet. Die Bruttoproduktion abzüglich des Atmungsverlustes bezeichnen wir als Nettoproduktion. Realistisch faßbar ist für uns nur die Netto-Primärproduktion; die Brutto-Primärproduktion ist meist mehr eine Forderung und eine Fiktion.

Bei Tieren sind Brutto- und Nettoproduktion leichter zu unterscheiden. Die Atmungsverluste der Tiere sind relativ leicht meßbar und die Faktoren, von denen ihre

Höhe abhängt, relativ gut bekannt. Wichtig für die Ökosystemforschung ist natürlich vor allen Dingen die Nettoproduktion, da dieser Teil an die nächste trophische Stufe weitergegeben werden kann. Für den Menschen sind besonders die Tiere interessant, bei denen die Nettoproduktion nicht viel niedriger als die Bruttoproduktion liegt. Die ökologische Effizienz von Tieren wird daher vielfach studiert (vgl. Tabelle 4 u. S. 51 f.).

Aus den auf Seite 61 geschilderten Gründen ist die Netto-Primärproduktion — im folgenden einfach als Primärproduktion bezeichnet — von der Pflanzenart weitgehend unabhängig. Sie hängt im System überwiegend von der Länge der Vegetationszeit und vom Wasserangebot ab. In natürlichen Ökosystemen wird man allgemein davon ausgehen müssen, daß Nährstoffe in genügendem Maße vorhanden sind. Die Nährstoffarmut vieler heutiger Kulturflächen beruht auf jahrzehnte- oder jahrhundertelanger Übernutzung. Düngung gibt diesen Flächen vielfach nur ihre ursprüngliche Fruchtbarkeit zurück. Aus Wasserversorgung und Länge der Vegetationszeit läßt sich daher in erster Näherung die Primärproduktion in den Landökosystemen abschätzen (Abb. 157, 158).

Es ist nicht möglich, dieser Primärproduktion eines Systems „die" Sekundärproduktion gegenüberzustellen. Die Sekundärproduktion eines Primärkonsumenten, also eines Pflanzenfressers, ist notgedrungen höher als die Sekundärproduktion eines von diesem Pflanzenfresser lebenden Sekundärkonsumenten. Noch geringer ist notgedrungen die Produktion eines Tertiärkonsumenten. Die Sekundärproduktion eines Ökosystems nähert sich daher in jedem Fall dem Wert Null. Das ist eine Selbstverständlichkeit und braucht nicht näher analysiert zu werden (vgl. S. 51 f.). Für die Ernährungssituation des Menschen ist von Bedeutung, daß mit dem Durchgang durch jede weitere trophische Stufe die Sekundärproduktion drastisch abnimmt. Es wäre daher energe-

tisch sinnvoller, auch Fisch- und Fleischabfälle direkt für die menschliche Ernährung zu nutzen als sie noch einmal in den Kreislauf als Tierfutter einzubeziehen.

Für die Abschätzung der Höhe der Nettoprimärproduktion werden eine Reihe verschiedener Methoden angewandt. Die einfachste ist die Erntemethode, bei der der Bestand mit den Wurzeln geerntet wird. Bei einjährigen Pflanzen kann man so die Produktion eines Jahres ermitteln. Bei mehrjährigen Pflanzen besteht die Schwierigkeit der Unterscheidung von vorhandenem und im Untersuchungsjahr zugewachsenem organischen Material. Besonders beim Wurzelsystem ist die Unterscheidung außerordentlich schwierig. Vielfach wird daher nur die oberirdische Nettoprimärproduktion angegeben, wo die Unterscheidung wesentlich leichter ist. Außerdem ist die oberirdische Nettoprimärproduktion im allgemeinen für zoologisch-ökologische Arbeiten besonders wichtig. Eine Möglichkeit zur Abschätzung des jährlichen Zuwachses besteht im Abernten eines Bestandes zu Beginn und zu Ende der Vegetationsperiode.

Genauere Werte liefern Gaswechselmessungen. Ein Teil einer Pflanze oder eine ganze Pflanze wird in eine Küvette eingeschlossen, in der die Luft bei der gleichen Feuchtigkeit und der gleichen Temperatur wie in der Umgebung gehalten wird. Diese Küvette wird mit Luft durchströmt. Zuluft und Abluft werden auf ihren Gehalt an Kohlendioxid miteinander verglichen. Aus der Differenz ergibt sich das in die pflanzliche Substanz eingebaute Kohlendioxid. Die Methode ist sehr exakt, jedoch wegen der notwendigen genauen Klimatisierung der Küvette technisch kompliziert und aufwendig.

Im Wasser wird vor allen Dingen die Methode der dunklen Flaschen verwendet. Man füllt zwei Flaschen mit dem zu untersuchenden Wasser und hängt sie in der zu untersuchenden Tiefe im Wasser fest. Die eine Flasche wird durch Aluminiumfolie lichtdicht verdunkelt. In der hellen Flasche geht nun die Kohlendioxid-Aufnah-

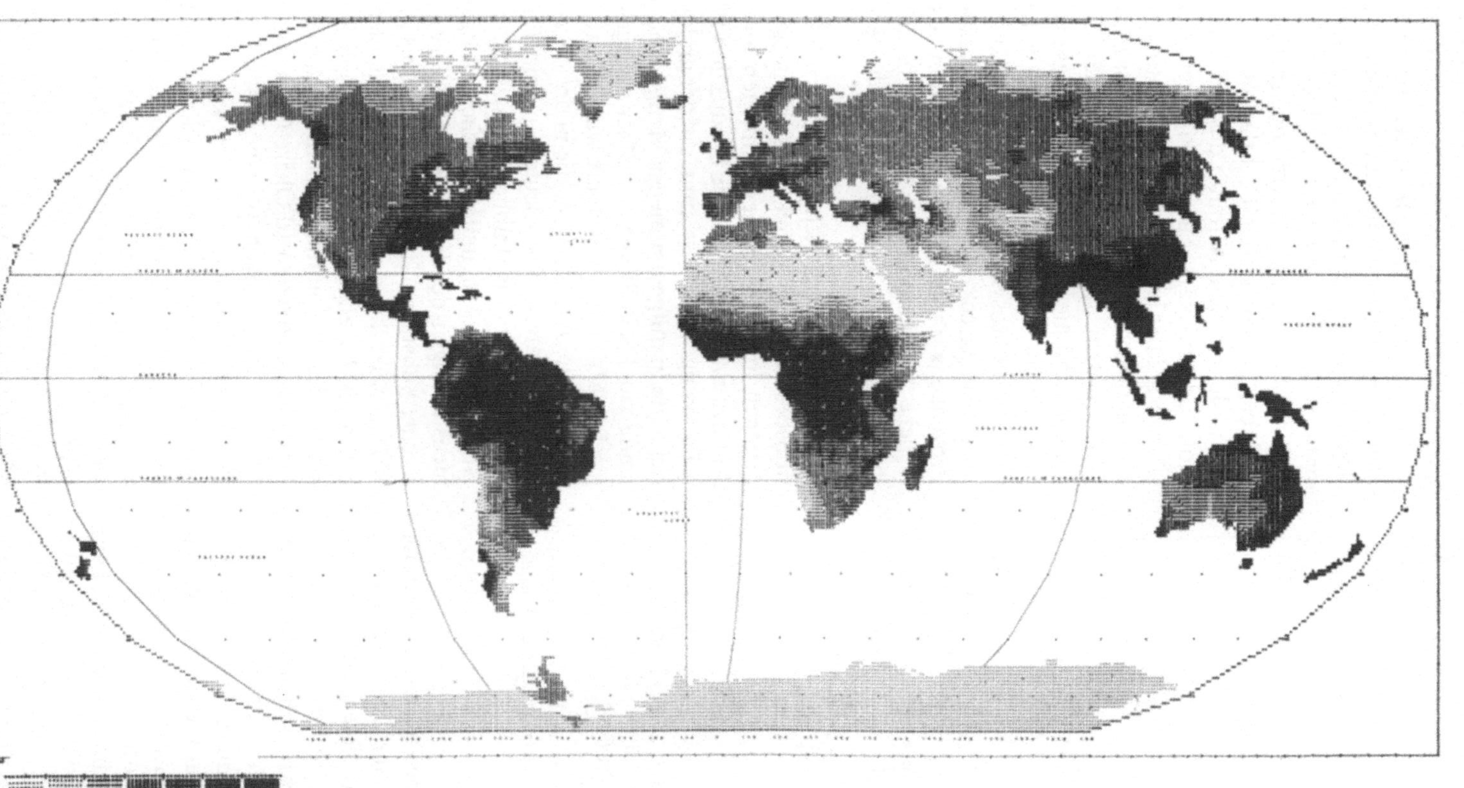

Abb. 157. Berechnung der Primärproduktion der Landökosysteme der Welt allein aufgrund der eingehenden Niederschläge und der Länge der Vegetationszeit. (Aus Lieth u. Whittaker, 1975.) In feuchten, gemäßigten und kühlen Gebieten wird durch zusätzliche Beachtung der Temperatur die Darstellung noch genauer

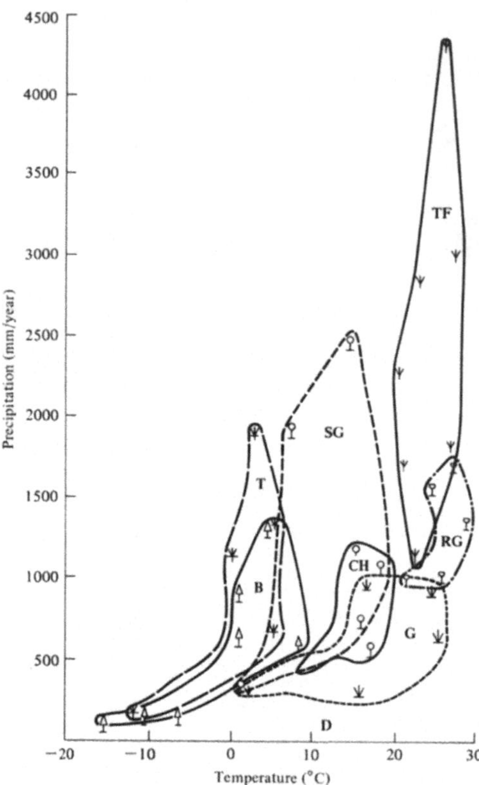

Abb. 158. Abhängigkeit der großen terrestrischen Biome von Außenfaktoren. *Ordinate.* Mittlerer Jahresniederschlag. *Abzisse.* Mittlere Jahrestemperatur. T = Tundra; B = borealer Forst; CH = Chaparral; TF = tropischer Regenwald; SG = sommergrüner Wald; RG = regengrüner Wald; G = Grasland; D = Wüste und Halbwüste. (Aus Lieth u. Whittaker, 1975)

me der Planktonalgen weiter, in der dunklen Flasche erfolgt nur die Atmung dieser Algen. Aus der Differenz des mit der Winkler-Methode festgestellten Sauerstoffgehaltes beider Flaschen läßt sich auf die Photosynthese und damit auf das eingebaute Kohlendioxid schließen. Die Methode funktioniert in Gewässern mit abweichendem Chemismus nur ungenau. Das Milieu in der Flasche ändert sich. Der endogene Tagesrhythmus der Algen kann eine Rolle spielen. Vielfach ist man daher zu einer aufwendigeren Methode mit Hilfe radioaktiver Markierung übergegangen. Dabei wird dem Wasser NaH $^{14}CO_3$ zugegeben. Unter der Voraussetzung, daß

die Planktonalgen $^{14}CO_2$ im gleichen Maße assimilieren wie $^{12}CO_2$ und ^{14}C nicht besonders deponieren, läßt sich bei Abschluß des Experiments durch Messung der aufgenommenen Menge ^{14}C die Gesamtmenge des assimilierten Kohlenstoffs bestimmen. Gegen diese Methode spricht, daß beispielsweise die C_4-Pflanzen aufgrund der höheren Affinität des PEP zum Kohlendioxid stärker als C_3-Pflanzen ^{14}C einlagern: Hier kann es zu Verfälschungen kommen. Ferner kann es in geschlossenen Gefäßen sehr rasch zu N-, P- oder Si-Mangel kommen. Die Proteinsynthese ist dann bereits weitgehend blockiert, während die Photosynthese noch weiterläuft. Diese Zellen scheiden einen erheblichen Prozentsatz ihrer Primärproduktion als lösliche Verbindung aus. Sie wird in der inkorporierten ^{14}C-Aktivität nicht erfaßt.

Die verschiedenen Methoden der Produktionsbestimmung drücken sich notgedrungen in verschiedenen Einheiten aus. Auf der einen Seite wird die Produktion in g Trockengewicht bestimmt, auf der anderen Seite in aufgenommener Menge Kohlendioxid. Da in Pflanzen vielfach anorganisches Material eingelagert wird, ist außerdem eine Angabe über die in der organischen Materie festgelegte Energie (in Kalorien oder Joule) üblich (Kasten 5).

Heute gibt es sehr umfangreiche Zusammenstellungen des Energiegehaltes organischer Substanz (Cummins u. Wuycheck, 1971). Aus diesen Daten und aus der Kenntnis der allgemeinen Fehlermöglichkeiten der Bestimmungsmethode lassen sich Regeln ableiten (d'Oleire-Oltmanns, 1977), so daß vielfach auf eine besondere Bestimmung verzichtet werden kann. Im Mittel kann man rechnen, daß 1 g (aschefreier) tierischer Substanz etwa 5,6 kcal entspricht, 1 g pflanzlicher Substanz etwa 4,6 kcal. Samen haben deutlich höhere Werte.

Es gibt also keine allgemein verbindliche Methode zur Bestimmung der Primärproduktion. Unter unterschiedlichen Bedingungen wird man immer unterschiedliche

---

Kasten 5. Daten zur Umrechnung verschiedener Einheiten in der Produktionsökologie

---

Die Produktion wird meist in sehr verschiedenen Einheiten angegeben. Zur Abschätzung ungefährer Größenordnungen, die Vergleiche ermöglichen, seien hier Umrechnungsmöglichkeiten gegeben.

Genaue Vergleiche sind damit nicht möglich.

1 g C entspricht 2,2 g organischer pflanzlicher Trockensubstanz
3,3 g Trockensubstanz Phytoplankton (also incl. anorganischer Bestandteile)
42,0 g Frischgewicht Phytoplankton
1,7 g organischer tierischer Trockensubstanz
8,3 g Frischgewicht Zooplankton

1 g pflanzliche Trockensubstanz, aschefrei, entspricht	4000–5000 cal
1 g tierischer Trockensubstanz, aschefrei, entspricht	5000–6000 cal
1 g Kohlenhydrat	3700–4200 cal
1 g Fett	9500 cal
1 g Eiweiß	3900–4150 cal

1 g Sauerstoff-Aufnahme entspricht 3280 cal = 0,345 g Fett
= 0,728 g pflanzl. Subst.
= 0,596 g tier. Substanz

1 g Kohlendioxyd-Abgabe entspricht 1800 cal
1 ml O_2-Aufnahme entspricht 4,687 cal
1 ml CO_2-Abgabe entspricht 3,558 cal
1 cal = 4,186 Joule   1 Joule = 0,23889 cal.

Methoden anwenden müssen, die alle ihre Fehlerquellen haben, und die nicht direkt miteinander vergleichbar sind. Immerhin sind die Fehler heute von einer so geringen Größenordnung, daß eine Abschätzung der weltweiten Produktion möglich ist.

Ist die Bestimmung der Primärproduktion somit zwar mit vielen Risiken behaftet, im Prinzip jedoch methodisch soweit geklärt, daß „Rezepte" gegeben werden können, so gilt das bei der Sekundärproduktion in keiner Weise. Die Schwierigkeiten beginnen bereits, wenn man für ein einzelnes Tier die im Labor ermittelten Wachstumsraten auf das Freiland übertragen will (s. S. 52 f.). Im Freiland kommt jedoch erschwerend die Mortalität (s. S. 141 f.) in der Population hinzu. Damit haben wir im Freiland zwei gegenläufige Prozesse: Das Wachstum — die Produktion — der einzelnen Individuen und die dauernde Abnahme der Individuenzahl durch Mortalität. Beide Prozesse verlaufen, wie besprochen, nicht gleichmäßig. Bei Insekten beispielsweise erfolgt die Produktion vornehmlich während der Larvalentwick-

lung; die höchste Mortalität findet sich bei den jüngsten Stadien. Bei Arten mit scharf getrennten Generationen oder bei Arten, deren einzelne Stadien sich klar voneinander abgrenzen lassen, so daß sie in Kohorten gegliedert werden können, ist bei regelmäßiger Kontrolle des Bestandes (vgl. S. 255 ff. über die Schwierigkeiten der Bestandserfassung) eine Produktionsabschätzung möglich (Abb. 37). Bei Arten jedoch, bei denen viele ineinandergeschachtelte Generationen vorliegen mit wenig klar definierten Stadien, und bei denen keineswegs alle Individuen zur Fortpflanzung schreiten — wie das bei der überwiegenden Anzahl zumindest der Säugetiere und Vögel der Fall zu sein scheint — liegen die Dinge wesentlich schwieriger. Es müssen jeweils besondere Verfahren adaptiert werden (s. Petrusewicz u. MacFadyen, 1970).

Besonders problematisch ist die Bestandsermittlung bei Mikroorganismen. Zählungen mit verschiedenen Färbemethoden liefern weitgehend unvergleichbare Resultate. Ferner lassen solche Zählungen keinen Schluß auf die Artzugehörigkeit (und damit die spezielle Leistung) des Organismus zu; auch ist nicht erkennbar, ob die gezählten Zellen bei der Probeentnahme noch lebten. Färbungen mit Vitalfarbstoffen wie Acridinorange haben sich auch nicht als wirklich ausreichend zuverlässig erwiesen. So hat man neuerdings zu der Methode gegriffen, aus dem ATP-Gehalt (als einem beim Tod eines Organismus fast unmittelbar zerfallenden Stoff) zumindest auf die Biomasse der lebenden Mikroorganismen zu schließen. Dies Verfahren setzt eine konstante Relation zwischen Biomasse und ATP-Menge voraus, was nur in ganz grobem Rahmen gesichert erscheint. Vielfach hat man einfach auf jede Mengenangabe verzichtet und allein aufgrund von Messungen der Aktivität bestimmter Schlüsselenzyme auf die Aktivität von Mikroorganismen geschlossen. So konnten Wieser und Zech eine besonders hohe Dehydrogenase-Aktivität an der Oberfläche von Sandkörnern des Meeresstrandes feststellen; im interstitiellen Wasser war die Aktivität dieses für den Elektronentransport wichtigen Enzyms viel geringer (nur um 10–20% der Gesamtaktivität).

Eine weitere Schwierigkeit besteht offenbar durchweg in der Tatsache, daß — eine unter den existierenden Bedingungen auch nur minimale Teilungsrate der Mikroorganismen vorausgesetzt — der Stoffverbrauch viel höher sein müßte, als er in Wirklichkeit ist (wenn man annimmt, daß die mit unterschiedlichen Methoden festgestellten Bakterienzahlen Minimalzahlen sind). So bleibt offenbar nur der Schluß, daß der überwiegende Teil der Mikroorganismen im Boden inaktiv ist, während andere überaus aktiv zu sein scheinen. Bei Tieren des Meeresbodens ist ein „gardening" nachgewiesen: Die Tiere reichern durch spezielle Ausscheidungen Bakterien vor sich an und stimulieren sie zu raschem Wachstum. Vielleicht ist diese Beobachtung mit der Tatsache vergleichbar, daß ja auch bei den meisten Vögeln ein großer Teil der Population nicht an

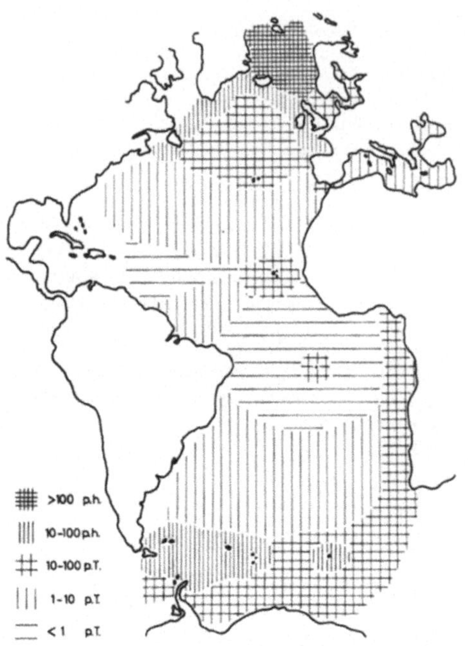

Abb. 159. Dichte der Meeresvögel im Atlantischen Ozean nach Zählungen vom Schiff aus. Die Dichte reicht von mehr als 100 Seevögel pro Stunde (mehr als 100 ph) bis zu weniger als 1 Vogel pro Tag (weniger als 1 pT)

der Fortpflanzung, also der Produktion, beteiligt ist. Aber auf diesem Gebiet ist nahezu alles im Fluß; eine wirklich seriöse Forschung hat erst jetzt begonnen.

Zwischen der Höhe der Primärproduktion und der Dichte von Tieren erwartet man normalerweise eine enge Beziehung. Im groben Überblick läßt sich eine solche Beziehung im Meeresbereich auch darstellen. Die Gebiete mit höchster Primärproduktion, höchsten Fischereierträgen oder höchster Vogeldichte stimmen weitgehend überein (Abb. 159). Ebenso konnte Hinz auf Spitzbergen zeigen, daß Gebiete höchster Pflanzenproduktivität auch höchste Tierfangzahlen ergeben. Hier beginnt jedoch bereits eine Reihe von Problemen. Alle Tierfangzahlen sind nicht absolute Zahlen, sondern sie beziehen sich selektiv auf bestimmte Gruppen. Setzt man etwa zur Primärproduktion von Waldgebieten und baumlosen Gebieten die Anzahl der Säugetiere in Beziehung, so ergibt sich

Tabelle 12. Ausnutzungsgrad der Primärproduktion durch warmblütige Pflanzenfresser. (Nach Remmert, 1973)

Typ	Erntbare Primärproduktion pro ha/Jahr in kg Trockenmasse	Reicht energetisch für Schafe/ ha/Jahr	Bestand pro ha	Ausnutzungsgrad in % (grob geschätzt)
Tundra Spitzbergen	(270–500 kg/ha)	1	Rentier 0,006 Wildgänse (90 Tage), Schneehühner, Moschusochse	1–2
Steppe Afrika (Serengeti)	7500 kg/ha (30 Mio. kcal)	20	0,5 Tiere vieler Arten (2,5 Mio. kcal/ ha/Jahr	8
europ. Bergwald	9000 kg/ha	24	Hirsch 0,006, Reh 0,02, Hase	0,02
europ. Bergwald allein Kraut- und Strauchschicht	500 kg/ha	1,4	Hirsch 0,006, Reh 0,02, Hase	1,0
Hirta St. Kilda maritime Bergwiese	2000 kg/ha	5	Soay-Schaf 1,72	31
Bergwiese Karpaten	6 Mio. kcal ha/Jahr	4	15 Muridae	1

keine vernünftige Relation: Die Zahl und die Produktivität der Säugetiere in Waldgebieten liegt wesentlich niedriger als in baumlosen Gebieten — von der Tundra bis zur Steppe tropischer Breitengrade. Das ist z.T. einfach eine Folge der Tatsache, daß Großsäugetiere im dichten Urwald nur wenig beweglich sind und der überwiegende Teil der Produktion außerhalb der Reichweite der größeren Säugetiere in der Kronenschicht des Urwaldes erfolgt (Tabelle 12). So ist es zu verstehen, daß eine arme arktische Tundra manchmal das Hundertfache an Säugetieren beherbergt wie ein mitteleuropäischer Urwald. Im Augenblick läßt sich nicht übersehen, ob eine Berücksichtigung *aller* Tiergruppen wesentlich andere Ergebnisse erbringen würde.

Eine genauere Beziehung zwischen der Höhe der Primärproduktion und der Produktivität von Tieren kann es schon deswegen nicht geben, weil von Jahr zu Jahr sehr große Unterschiede in der Menge der gewachsenen Pflanzensubstanz bestehen. In Abhängigkeit von jährlich anderen Wetterbedingungen sind hier die Unterschiede sehr erheblich (vgl. Abb. 19, 116a–c, 181). Die Anzahl der vorkommenden Tiere wird jedoch nicht unbedingt von den gleichen Faktoren in gleicher Weise gesteuert wie die Produktivität der Pflanzen. So ergeben sich von Jahr zu Jahr Unterschiede in der Nutzungsrate der Primärproduktion. In Mitteleuropa macht sich ein sehr günstiges Jahr für Heuschrecken erst im folgenden Jahr bemerkbar, da erst dann die aus den reichlich produzierten Eiern entstehende Generation heranwächst. Pflanzen dagegen vermögen eher unmittelbar auf die herrschenden Bedingungen zu reagieren. Ganz schwierig werden die Verhältnisse, wenn man über große geographische Bereiche vergleichen möchte. Wegen des Ausfalls pflanzenfressender, wechselwarmer Tiere in hocharktischen Gebieten lassen sich diese hinsichtlich ihrer Ektothermen-Fauna nicht ohne weiteres mit Steppengebieten vergleichen. Das gleiche gilt für den Vergleich von Meeres- und Landgebieten. Am Lande wird die Primärproduktion durchweg von Tieren genutzt, die direkt für den Menschen interessant sind (pflanzenfressende Vögel und Säugetiere). Im Meer dagegen sind die für den Menschen interessanten Fische durchweg Sekundär-, Tertiär- oder Quartär-Konsumenten. Sie ernähren sich von großen Muscheln oder Fischen; nur ganz wenige Arten vermögen planktonische Kleinkrebse — also Primärkonsumenten — zu erbeuten. Die Produktion an für den Menschen wichtigen Tieren muß daher in Meeresgebieten auch bei gleicher Höhe der Primärproduktion entscheidend unter der von Landgebieten liegen.

Schließlich können beim weiträumigen Vergleich auch Spezialitäten übersehen werden. Bei ungefähr gleicher Primärproduktion liefert die westliche Ostsee sehr viel höhere Nutzfischerträge als das Skagerrak. Der Grund liegt im unterschiedlichen Salzgehalt dieser Gebiete. Das Skagerrak hat den normalen Meeressalzgehalt mit der normalen marinen Fauna. In der westlichen Ostsee sind aufgrund des herabgesetzten Salzgehaltes eine Fülle von Formen verschwunden. Diese — irreguläre Seeigel, Seesterne, große Schnekken — stellen Konkurrenten für andere Meerestiere, vor allem für Muscheln dar. Gleichzeitig sind Muscheln (vor allem Cyprina islandica) ein hervorragendes Futter für den Dorsch, während die in der Ostsee nicht mehr vorkommenden Tiere von Fischen nicht gefressen werden (Arntz u. Hempel, 1972).

Ferner ist folgendes zu bedenken: Zwei Gewässer mögen die gleiche Höhe der Primärproduktion haben. Beim einen wird diese jedoch von sehr kleinen, beim anderen von sehr großen Planktonalgen geliefert. Die sehr kleinen Planktonalgen des ersten Gewässers können nur von sehr kleinen Planktontieren genutzt werden, die ihrerseits größeren Planktontieren als Nahrung dienen. Die größeren Plankton-

algen des zweiten Gewässers können dagegen unmittelbar von Fischen gefressen werden. Die Nahrungskette in diesem Fall ist also um ein Glied kürzer. Überschlagsmäßig bedeutet das eine um den Faktor 10 erhöhte Fischproduktion. Bei Gefäßpflanzen am Land ist selbstverständlich, daß nur ein Teil der Produktion normalerweise von Tieren genutzt wird oder verschiedene Teile der Produktion von verschiedenen Tieren genutzt werden: Wurzeln von wurzelfressenden Tieren, Blätter von blattfressenden, Samen von samenfressenden, Nektar von Blütenbesuchern. Es kommt also darauf an, in welche Pflanzenteile die Produktion eingeht; die Gesamthöhe der Produktion ist dabei zunächst gar nicht so wichtig (vgl. S. 257). Aus all diesen Gründen sollte man von dem Versuch absehen, die Höhe der Primärproduktion direkt in Beziehung zur Zahl der Tiere zu setzen. Das gilt ganz besonders, wenn man über extrem grobe Werte hinauskommen möchte und die für die menschliche Ernährung wichtigen Tiere dabei bevorzugt im Blickwinkel hat.

Man kann sich die unterschiedlichen Produktionsverhältnisse recht gut an einer Nahrungspyramide veranschaulichen. In einer solchen Pyramide werden die einzelnen trophischen Stufen übereinander dargestellt. Jedoch birgt diese Darstellungsweise erhebliche Probleme: Soll man die Individuenzahlen der Organismen angeben oder ihre Biomassen? Von einer Buche können sehr viele Buchenspringrüßler (Orchestes fagi) leben; nimmt man dagegen die Biomassen der grünen Blätter und die Biomassen der Käfer, kommt ein ganz anderes Bild heraus. Ein wiederum anderes Bild entsteht, wenn man ausschließlich vom physiologischen Experiment ausgeht: Von einer bestimmten Menge Heu kann für einen bestimmten Zeitraum eine bestimmte Anzahl Kaninchen ernährt werden. Von dieser Kaninchenzahl kann theoretisch die gleiche Zeit lang eine bestimmte Menge von Mardern leben. Von diesen Mardern wiederum können in der gleichen Zeit eine bestimmte Menge von

Wölfen existieren. Schließlich hat sich leider auch eingebürgert, eine derartige Pyramide auf systematische Gruppen zu begrenzen: Auf eine bestimmte Anzahl pflanzenfressender Vögel kommt eine bestimmte Anzahl fleischfressender und auf diese wiederum eine bestimmte Anzahl, die weitgehend fleischfressende erbeutet. Gerade bei Vögeln, die kaum Pflanzenfresser aufweisen, ist das Prinzip unsinnig. In Zukunft sollten nur noch Produktionspyramiden publiziert werden. Diese geben die Nettoproduktion in den verschiedenen trophischen Stufen an. Sie sind zwar wesentlich schwerer zu erstellen als Pyramiden aufgrund der Individuenzahlen oder der Biomasse, haben dafür aber den Vorteil, wirklich eindeutig zu sein. Die „umgekehrte Nahrungspyramide" des freien Wassers wird dann gar nicht erst publiziert. Diese umgekehrte Nahrungspyramide beruht auf der Tatsache, daß die Biomasse der Konsumenten im freien Wasser höher liegt als die Biomasse der Primärproduzenten, also der Planktonalgen. Die

Produktion der Planktonalgen — ihre Zellteilungsrate — ist jedoch so ungeheuer groß, daß in einer Produktionspyramide die Verhältnisse völlig normal erscheinen (Abb. 160).

Bestand und Bestandeserfassung. Bei der Bestandeserfassung unterscheidet man zwischen der Erfassung des Arten- und des Individuenbestandes. Verhältnismäßig leicht läßt sich im allgemeinen der Artenbestand erfassen (wenn auch keineswegs einfach determinieren). Aufgrund von Modellen, die aus der Inseltheorie von MacArthur stammen, läßt sich bei Kenntnis der Artenzahl vergleichbarer Gebiete sogar die Artenzahl mit relativ hoher Sicherheit aus der Flächengröße vorausschätzen (Abb. 161): mit zunehmender Flächengröße wird die Artenzahl größer (selbst wenn dabei an sich keine neuen Habitate gebildet werden).
Die für die Ökosystemforschung unabdingbare Erfassung des Individuenbestandes ist weit schwieriger. Das gilt haupt-

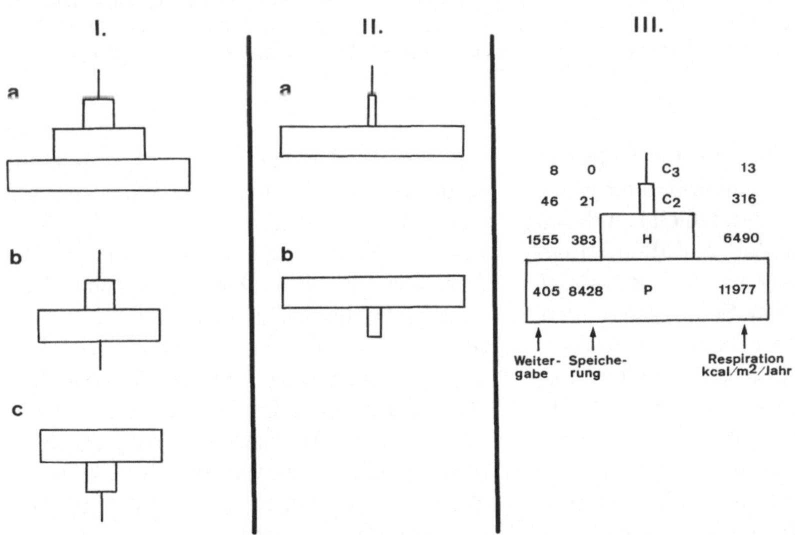

Abb. 160. Verschiedene Typen von Nahrungspyramiden. Zusammengestellt nach Phillipson, 1966. Basis: Produzenten (*P*), über ihnen folgen Konsumenten (*C*). (*I*) Zahlenpyramiden. (*a*) Primärproduzenten sind klein. (*b*) Primärproduzenten sind groß. (*c*) Pflanze und Pflanzenparasiten, die ihrerseits von Hyperparasiten befallen werden. (*II*) Biomassepyramiden. (*a*) Brachliegendes Feld, Georgia, USA. (*b*) Ärmelkanal: die Menge der Planktonalgen ist geringer als die der Planktontiere. (*III*) Energiepyramide (Silver Springs, Florida, USA). Alle Angaben in Kcal/m²/Jahr. *P* Produzenten, *H* Herbivoren (= Konsumenten 1), C_2 Konsumenten 2, C_3 Konsumenten 3

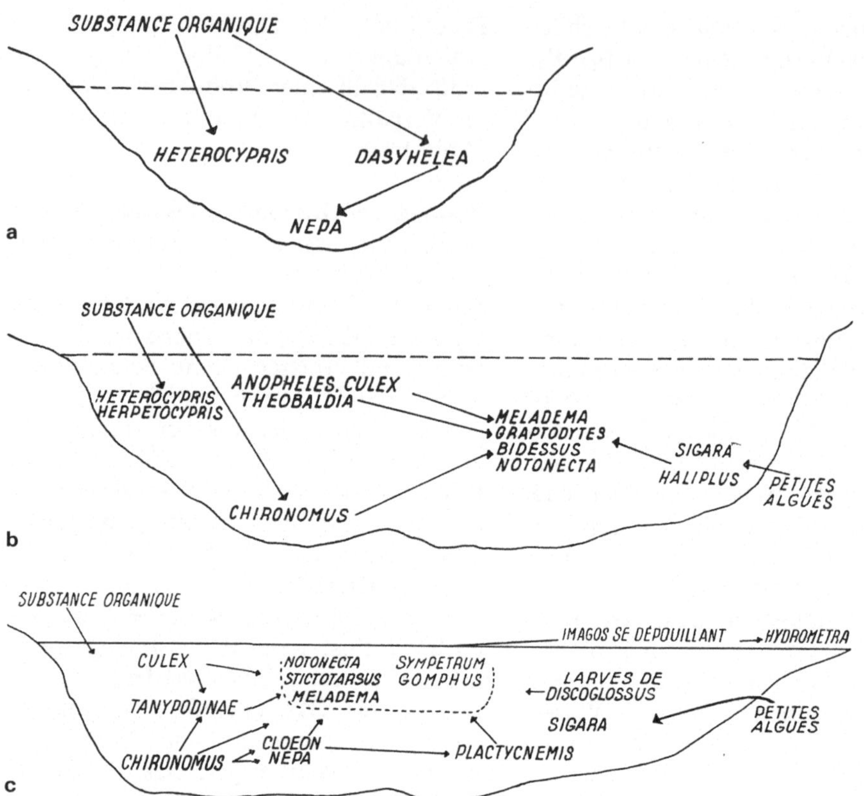

Abb. 161 a–c. Mit zunehmender Größe werden die Nahrungsbeziehungen in Felstümpeln immer komplizierter, da die Artenvielfalt stark wächst (Rockpools in einem ausgetrockneten Flußbett in Südfrankreich). (Aus Remmert u. Ohm, 1957). **a** Wasserfläche etwa 0,05 m², 8 cm tief, **b** Wasserfläche etwa 3 m², 30 cm tief, **c** Wasserfläche 3,5 m², 40 cm tief

sächlich für Landpflanzen. Besonders die Abschätzung der Wurzelmasse ist immer wieder umstritten. Verläßliche Arbeiten sind erst in neuerer Zeit vor allen Dingen von Kummerow vorgelegt worden. Im allgemeinen werden hier Schätzwerte angewandt, die jedoch unzuverlässig sind: Unter verschiedenen Bedingungen kann die gleiche Pflanze ganz verschieden große Wurzelsysteme im Verhältnis zur oberirdischen Phytomasse haben.

So ist auch bei den einfachen Energiepyramiden, die von Individuen pro Fläche (bzw. deren Biomasse) ausgingen, die Fehlerwahrscheinlichkeit groß. Bisher gibt es trotz aller Versuche keine Methode, die Tiere an Land quantitativ zu erfassen. Die hier auftretenden Fehler sind ungeheuer. Wir müssen jedoch sehr genau die Anzahl der Tiere pro Fläche wissen, wenn wir irgendwelche quantitativen Aussagen im Ökosystem machen wollen. Wir brauchen außerdem die Zahl der Nachkommen, die diese Tiere pro Zeiteinheit im System hervorbringen, die Mortalität dieser Nachkommen (ob es sich bei Vögeln um verlassene oder geplünderte Nester handelt oder bei Schmetterlingen um parasitierte Raupen), doch ist diese Forderung fast nirgendwo erfüllt. Schon die Beschaffung einer einfachen Bestandszahl der adulten Tiere ist selbst bei großen, relativ gut sichtbaren Tieren kaum möglich. Ein niederschmetterndes Beispiel aus jüngster Zeit sind die Angaben über den Rehbestand in mitteleuropäischen Kulturflächen. Dänische Studien, bei denen das Untersuchungsgebiet gut abgegrenzt war, ergaben, daß der wirkliche Bestand mindestens dreimal so hoch lag wie alle Zählungen von Fachleuten ergeben hatten. Das grundsätzliche Ergebnis — der wirkliche Bestand ist drei- bis fünfmal so hoch wie die besten Zählungen ergeben — dürfte für alle Rehpopulationen Mitteleuropas zutreffen. Selbst vollständig markierte Bestände in Gehegen lassen sich von den mit ihrer Kontrolle beauftragten Fachleuten niemals vollständig zählen. Es gibt einen Jahresgang der „Beobachtbarkeit" (Ellenberg, 1979). Wenn dies schon für Rehe in dem recht gut überschaubaren Mitteleuropa gilt, kann man sich vorstellen, mit wie großen Fehlern alle Zahlen über alle anderen Säugetiere und über Vögel behaftet sind — von ein paar sehr seltenen und schützenswerten Ausnahmen wie Wanderfalke, Steinadler oder Uhu abgesehen. Tatsächlich haben wir bis heute nur außerordentlich unbefriedigende Zahlenangaben über die Individuenzahl der verschiedenen Mäusearten pro Fläche. Fast alle Angaben über die Massenvermehrungen von Mäusen basieren auf Relativuntersuchungen: Fallen werden nach einem regelmäßig beibehaltenen Schema über Jahre hinaus an der gleichen Stelle aufgestellt. Aus den unterschiedlichen Fangzahlen ergeben sich dann die Schwankungen der Populationsdichte. Theoretisch funktioniert die Methode, möglichst viele Angehörige einer Art zu fangen, sie zu markieren und sie dann wieder freizulassen. Bei einem neuen Fang kann man aus dem Verhältnis von markierten und nichtmarkierten den Bestand errechnen. Doch lassen sich nicht alle Tiere gut zweimal fangen; nicht alle lassen sich markieren; die Markierung darf kein zusätzliches Risiko bedeuten; bei geklumpter Verbreitung, bei territorialen Tieren und bei zufälliger Verteilung — also überall — treten besondere Schwierigkeiten auf. Bei Insekten liefern sämtliche technischen Methoden nur ein höchst unbefriedigendes Bild. Die besten Ergebnisse scheinen im terrestrischen Bereich — sowohl im Boden wie in der Kraut-,

Strauch- oder Kronenschicht — noch immer durch die Handauslesung von Testarealen erzielt zu werden. Dabei ist es notwendig, die einzelnen Arten sehr genau zu trennen und innerhalb der Arten vielfach auch Jugendstadien von Erwachsenen. Wir erinnern uns, daß unterschiedlich große Tiere einen sehr unterschiedlich hohen Stoffwechsel haben und damit einen sehr unterschiedlichen Nahrungsverbrauch pro Zeiteinheit und eine sehr unterschiedliche Produktivität pro Zeiteinheit (S. 51 f., Abb. 33). Die Zusammenfassung von Tieren der gleichen trophischen Stufe zu Biomassen ist daher von vornherein sinnlos. Insofern können die Daten der Tabelle nur als sehr grobe Richtwerte angesehen werden (Tabelle 12).

Besonders viele Untersuchungen über die Siedlungsdichte sind bei Vögeln durchgeführt worden. Eine gewisse Übersicht gibt die Tabelle 9. Daß aber auch hier die Schwankungen ungeheuer sind, zeigt die Abb. 185. Hinzu kommt, daß sehr große Fehlermöglichkeiten existieren. Dennoch sind diese Vogelzahlen im Augenblick wohl die verläßlichsten Angaben über die Dichte terrestrischer Tiere, die wir überhaupt besitzen. Aufgrund der Tatsache, daß solche Vogelzählungen in sehr vielen Gebieten der Erde seit sehr langer Zeit durchgeführt werden und aufgrund des Vorhandenseins vieler außerordentlich kenntnisreicher Laien auf dem Gebiet der Ornithologie, haben sie im Augenblick eine besondere Bedeutung erlangt: Vögel scheinen sich als „Bioindikatoren" zu eignen; regelmäßige Kontrollen der Vogelpopulation können Hinweise über den Zustand unserer Umwelt geben. Aus diesem Grunde ist in vielen Ländern eine regelmäßige quantitative Kontrolle des Vogelbestandes (auf den Britischen Inseln beispielsweise der "Common Bird Census") angefangen worden (Svensson, 1975); trotz der sehr großen Fehlermöglichkeiten gibt diese Methode noch immer die besten Hinweise auf Änderungen unseres Planeten.

Einfacher scheinen die Verhältnisse im

Wasser zu liegen. Die Höhe der Primärproduktion ist hier offenbar in der Hauptsache von der Verfügbarkeit von Nährstoffen und vom Licht abhängig. Durch Zufuhr größerer Nährstoffmengen kann die Produktivität sehr entscheidend erhöht werden. Die Zahl der Algen pro Wasserkörper steigt stark an, gleichzeitig sinkt aber die Durchlässigkeit des Wassers für Licht. Damit können in tieferen Wasserschichten, in denen bei Mineralarmut bisher Photosynthese möglich war, keine autotrophen Algen mehr existieren. In den tieferen Wasserschichten wird nunmehr nur noch Sauerstoff verbraucht, aber kein Sauerstoff mehr freigesetzt. Damit tritt in den tieferen Schichten nahrungsreicher Gewässer Sauerstoffschwund auf, Tiere wie Pflanzen sterben ab. Die Eutrophierung — Überdüngung — von Seen und Meeresgebieten ist also aufgrund der geringeren Sauerstoffverfügbarkeit im Wasser gefährlich. Am Land — wo Sauerstoff immer verfügbar ist — gibt es derartige Folgen einer Überdüngung nicht.

Das alles ist im Wasser recht genau mit Hilfe eines einfachen Planktonnetzes feststellbar, durch das eine bestimmte Wassermenge hindurchfiltriert wird. Die Individuenzahl der Planktonalgen und Planktontiere pro Wasserkörper läßt sich auf diese Weise relativ einfach feststellen. Auch planktonische Mikroorganismen sind heute verhältnismäßig leicht quantitativ erfaßbar. Das gleiche gilt für den Boden der Gewässer. Mit Hilfe von Bodengreifern, die ein Stück Gewässerboden mit bekannter Flächengröße nach oben bringen, und mit einer genügenden Anzahl solcher Proben läßt sich die Tierbesiedlung des Gewässerbodens relativ leicht quantitativ bestimmen. Schwierigkeiten bereitet — wie immer in der Biologie — die Bestimmung der Arten, doch auch diese ist im Wasser noch immer sehr leicht gegenüber den Verhältnissen im terrestrischen Bereich. Aus diesem Grunde sind Populationsuntersuchungen und Ökosystemuntersuchungen in Gewässern in sehr viel stärkerem Maße durchgeführt worden als am Land, und die hier erzielten Resultate sind vielfach einfach aufs Land übertragen worden. Derartige Übertragungen sind — wie sich herausgestellt hat — fast immer falsch. Die Verhältnisse am Land sind nicht nur methodisch sehr viel schwieriger, sondern auch die allgemeinen Prinzipien des Funktionierens der Populationen und der Ökosysteme sind schwieriger als im aquatischen Bereich.

Nahrungsketten und Nahrungsnetze. Die bei einer solchen Bestandesaufnahme erhaltenen Pflanzen- und Tierverteilungen lassen sich funktionell ordnen; dabei sind vor allem Ordnungsprinzipien nach dem Fluß der Nahrung angewandt worden. Wir unterscheiden Nahrungsketten, Nahrungsnetze und — mit ihnen zusammenhängend — trophische Stufen. Nahrungsketten liegen vor allen Dingen in sehr artenarmen Lebensräumen vor. In dem ostafrikanischen Nakuru-See, einem Sodasee, steht eine Blaualgenart [Oscillatoria (Spirulina) platensis] als Produzent einem Copepoden und einem Flamingo als Konsumenten gegenüber (vgl. S. 304). Mit stärkerer Komplexität der Systeme wird aus der einfachen Nahrungskette immer mehr ein Nahrungsnetz. Das läßt sich in kleinen Teichen unterschiedlicher Größe sehr gut verfolgen (Abb. 161). In sehr komplexen Lebensräumen entstehen dann völlig unübersichtliche hochkomplexe Nahrungsnetze. Während in den Nahrungsketten Primärproduzent, Konsument I (der von dem Primärproduzent lebt), Konsument II (der von dem Konsument I lebt) und evtl. weitere als die verschiedenen „trophischen Stufen" gut trennbar sind, ist das in diesen Nahrungsnetzen kaum mehr der Fall. Eine Trennung in verschiedene trophische Stufen kann hier nur noch ungefähr vorgenommen werden.

Solche Nahrungsnetze sind als „biozönotische Konnexe" für die verschiedensten Lebensräume des Wassers und des Landes beschrieben worden. Sie haben für die

Diskussion der Stabilität von Lebensräumen eine große Bedeutung erreicht (siehe S. 286). Daß ein vernetztes System in sich eine größere Stabilität besitzt als unabhängige Ketten, ist von vornherein klar. Nur: Ob ein solches Netz wirklich existiert, ist kaum nachgewiesen. Für einen solchen Nachweis ist die Kenntnis quantitativer Beziehung notwendig. Abb. 162 zeigt ein hypothetisches Nahrungsnetz in klassischer Darstellungsweise und dazu — hypothetisch! — die Nahrungsbeziehungen genau quantifiziert. Diese Quantifizierung ergibt, daß wir es in Wirklichkeit nicht mit einem Netz, sondern mit Ketten zu tun haben. Die netzartigen Beziehungen spielen in Wirklichkeit überhaupt keine Rolle. Der vielfach gezogene Schluß vom Netz auf Stabilität ist also ohne Quantifizierung von vornherein unzulässig. Eine wirkliche Quantifizierung ist aber bisher in keinem einzigen Ökosystem der Erde durchgeführt, das Netzwerk ist also bis heute nicht belegt. Wir müssen uns der Quantifizierung zuwenden, ehe wir die Argumentation hinsichtlich der Stabilität untersuchen können.
Immerhin zeigen die vorliegenden Arbeiten, daß Kulturpflanzenbestände weniger leicht Massenvermehrungen von „Schädlingen" ausgesetzt sind, wenn sie nicht als Monokulturen, sondern als Bi- oder Polykulturen angelegt werden (etwa auf Costa Rica, Mais- und Süßkartoffel-Kultur). Der an Kohl in den USA sehr schädliche Chrysomelide Phyllotreta cruciferae zeigte wesentlich geringere Schadwirkung und geringere Populationsdichte, wenn die Kohlfelder gleichzeitig andere Pflanzen — etwa Tomaten, Tabak und Ambrosia (Ambrosia artemisiifolia) enthielten. Die Ursache lag nicht in einer Erhöhung von Räubern oder Parasiten, sondern in der Tatsache, daß die von den Pflanzen ausgehenden chemischen Stimuli, die zum Finden der Nährpflanze unerläßlich sind, in den Polykulturen für die Käfer offenbar nicht klar genug erkennbar waren. (Thavaneinen u. Root, 1972). Allerdings zeigt dieses Beispiel bereits, daß die gezeigten Verbindungen aufgrund der Nahrungsbeziehungen und damit der Energiefluß nur eine Facette im komplexen Bild des Ökosystems darstellt: hier werden Nahrungsbeziehungen aufgrund sinnesphysiologischer Parameter drastisch verändert.

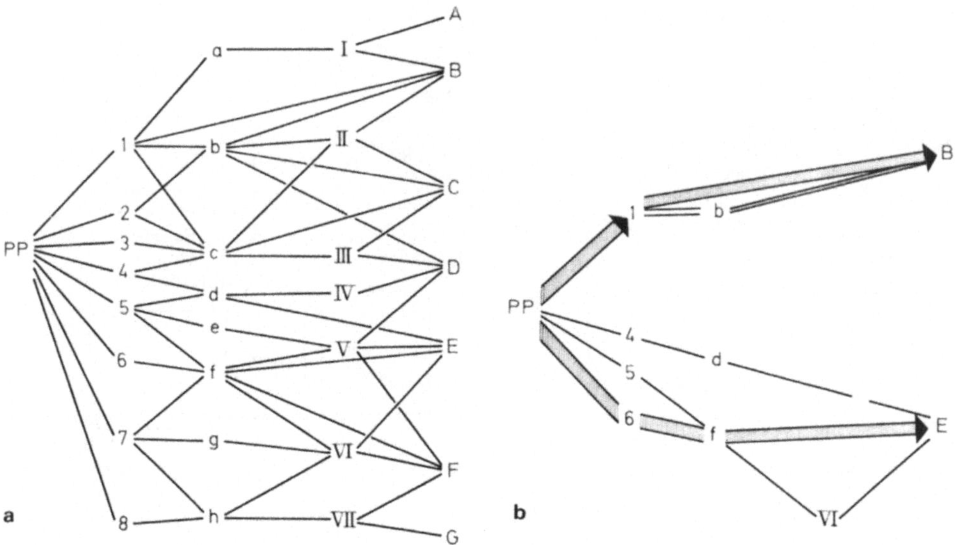

Abb. 162. a Hypothetisches vernetztes Nahrungsnetz. PP = Primärproduktion. **b** Das gleiche, jedoch die Nahrungsströme nunmehr quantifiziert; alle Nahrungsströme, die weniger als 1‰ ausmachen, weggelassen. Zurück bleiben im Prinzip zwei große Ströme

Energiefluß. Auf S. 49 bei der Diskussion der ökologischen Bedeutung der Nahrung haben wir den Energiefluß durch einen einzelnen Organismus besprochen. Nunmehr müssen wir uns dem Fluß der Energie durch ein Ökosystem zuwenden. Sonnenenergie wird von den grünen Pflanzen in chemische Energie verwandelt; diese chemische Energie wird über mehr oder weniger viele Stufen weitergegeben und dabei stufenweise in Wärmeenergie verwandelt. Die chemische Energie sollte schließlich den Wert 0 erreichen. Die Forderung, die hier an die Ökosystemforschung gestellt wird, entspricht unserer Forderung nach Quantifizierung der biozönotischen Konnexe. Bisher gibt es nur mehr oder weniger zutreffende Abschätzungen für Gesamtsysteme (vor allen Dingen im aquatischen Bereich) und recht detaillierte Untersuchungen über den Fluß der Energie durch einzelne Tierpopulationen (Abb. 163). Trotz dieser relativ unbefriedigenden Ausgangslage ergibt sich ein relativ einheitliches Schema.

Die Pflanzenfresser — die Konsumenten I — verbrauchen nur einen recht geringen Teil der ihnen theoretisch zur Verfügung stehenden Nahrung. Alle pflanzenfressenden Insekten im Buchenwald zusammen verbrauchen höchstens 10—15% der im Jahr von den Buchen produzierten Substanz (Funke, 1973); andere Tiergruppen kommen als Pflanzenfresser hier kaum in Betracht. Grashüpfer verbrauchen auf mittel- und nordeuropäischen Wiesen höchstens 10% der von den Pflanzen gebildeten Substanz (Gyllenberg, 1974). Die warmblütigen Pflanzenfresser der Tundra — vor allem Rentier und Moschusochse — kommen kaum auf eine Nutzungsrate zwischen 5 und 10%, die großen Weidegänger der afrikanischen Steppen erreichen auch kaum mehr als 10% Nutzung (Tabelle 12). Bei Säugetieren im Wald liegt die Nutzung noch wesentlich niedriger, da die Kronenschicht als hauptproduzierende Schicht für sie durchweg nicht erreichbar ist. Kleinsäuger verbrauchen kaum je mehr als 1% der Nettoprimär-

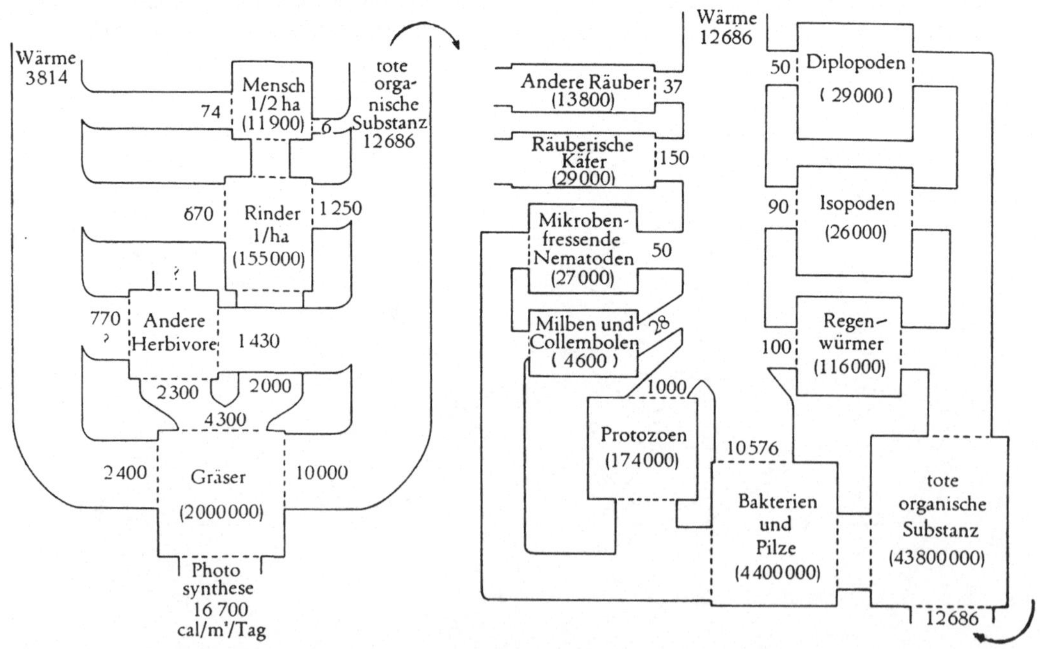

Abb. 163. Energiefluß durch eine Rinderweide (MacFadyen, aus Tischler, 1965). Die tote organische Substanz der linken Teilfigur, die die Pflanzenfresser und die von Pflanzenfressern lebenden Räubern zeigt, geht in die rechte Teilfigur ein, die den Fluß der Energie im Boden darstellt

produktion, nur in sehr wenigen Fällen kann ihr Anteil auf bis zu 6% steigen (Ryszkowski, 1975) — wobei allerdings spezielle Pflanzenteile wie Samen bis zu 30, 75 oder gar 90% genutzt werden können (vgl. S. 169). Ganz allgemein gilt, daß im terrestrischen Bereich maximal 10–20% der von den Pflanzen gebildeten Substanz durch Pflanzenfresser unmittelbar verbraucht werden (Abb. 164). Der gesamte Rest geht schließlich — bei Bäumen sehr viel später — in die Nahrungskette, die totes Substrat abbaut. Die mit Abstand größten Energieumsätze beim Abbau der chemischen Energie finden daher auf dem Land in der Bodenschicht statt. Man muß sich dabei vergegenwärtigen, daß Kot, Exuvien und sonstige abgestoßene Körperteile (Haare, Federn, Geweihbildungen) der Erstkonsumenten ebenfalls direkt an die Nahrungskette im Boden weitergegeben werden. Nun erhebt sich die Frage, wieviel Prozent von der Nettoproduktion der Erstkonsumenten in Zweitkonsumenten — also Räuber, Parasiten — hineingehen. Auch hier scheint im allgemeinen der Wert zwischen 5 und 15% zu pendeln. Von der Produktion der Erstkonsumenten geht also der größere Teil unmittelbar in der Form von Leichen ebenfalls an die Bodenschicht.

Aus all dem ergeben sich drei Konsequenzen:

1. Wir müssen den Boden als den Hauptumsatzplatz in terrestrischen Ökosystemen genauer besprechen.

2. Wir müssen fragen, ob das so gezeichnete Bild wirklich ausreicht oder ob eine feinere Untergliederung nötig ist.

3. Wir müssen nach den Ursachen und nach den ökologischen Effekten für die überraschend geringe Nutzungsrate der Primärproduktion durch die Pflanzenfresser wie auch der Netto-Sekundärproduktion einer jeden Tierpopulation durch die nächste trophische Stufe fragen.

Beginnen wir mit der dritten Frage. In Gebieten mit einem ausgeprägten Wechsel der Jahreszeiten steht natürlich die jährliche Produktion nicht dauernd zur Verfü-

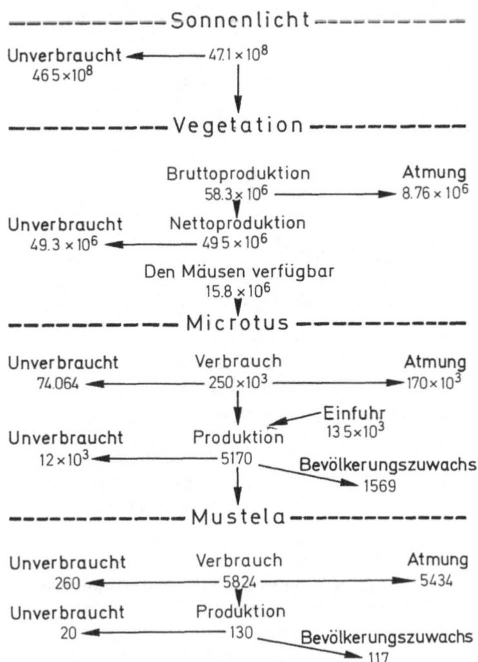

Abb. 164. Energiefluß in einem Brachfeld in den USA. (Nach Golley, 1960)

gung: Es gibt Zeiten mit sehr hoher Produktivität, und ihnen stehen andere Zeiten gegenüber, in denen für Pflanzenfresser keine oder so gut wie keine Nahrung vorhanden ist. Das Minimum während der Trockenzeit oder des Winters bestimmt bei großen Säugetieren die Dichte dieser Tiere während der Hauptproduktionszeit und damit den Ausnutzungsgrad (Abb. 165). Je länger und je härter Winter oder Trockenzeit sind, um so geringer dürfte der Ausnutzungsgrad sein. Zum Teil kann das durch Wanderungen aufgefangen werden, so wie früher Hirsch und Reh aus dem Hochgebirge in tiefere Lagen abwanderten. Gebiete ohne Jahreszeiten sind die tropischen Regenwälder. Hier aber entzieht sich die produktive Zone, die Kronenschicht, weitgehend dem Zugriff durch pflanzenfressende Säugetiere. In baumlosen Gebieten ohne oder mit gering ausgeprägten Jahreszeiten kann möglicherweise die Ausnutzung durch Säugetiere sehr viel höher liegen. Das gilt etwa für küstennahe Heidegebiete der gemäßig-

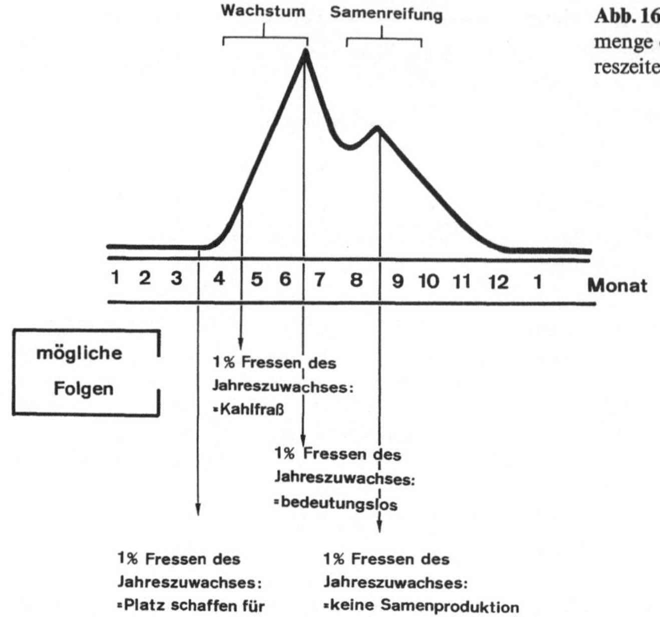

Abb. 165. Das Fressen der gleichen Pflanzenmenge durch Tiere hat zu verschiedenen Jahreszeiten ganz unterschiedliche Effekte

ten Zone, wo wegen des herrschenden Windes kein Baumwuchs aufkommen kann. Es könnte auch für Hochsteppen in Äquatornähe gelten; die sehr kleinen Territorien der Vicugnas sprechen dafür, daß hier eine sehr hohe Ausnutzungsrate vorliegt.

Auch sich schnell vermehrende Kleinsäuger und Insekten scheinen mit dem sehr raschen Austreiben der Vegetation im Frühjahr nicht „mitzukommen". Sie sind unmittelbar auf Pflanzenernährung angewiesen und können warme Zeiten nicht ohne Nahrung überstehen. Ein Hervorkommen früher als der Blattaustrieb ist daher für diese Tiere lebensgefährlich. Ein Erscheinen unmittelbar nach dem Blattaustrieb bedeutet in der Regel jedoch einen nicht wieder einzuholenden Entwicklungsvorsprung der Pflanzen. Bei genau gleichzeitigem Austrieb von Bäumen und Insekten kann es dagegen leicht zu Kahlfraß kommen, wie das etwa bei Massenauftreten vom Maikäfer der Fall ist. Wie hier der Ausnutzungsgrad anzusetzen ist, läßt sich bisher nicht sagen. All die so geschädigten Bäume können in gemäßigten Zonen neue Blätter ausbilden und nach dem Absterben der Maikäfer voll produzieren.

Daß es aber auch in natürlichen Vegetationsgebieten zu Massenvermehrungen mit höchst gefährlichem Kahlfraß kommen kann, zeigt das Beispiel des Schmetterlings Oporinia autumnata im finnischen und schwedischen Birkenwaldgebiet: Durch Massenvermehrungen wurde der Birkenwald hier weitgehend zerstört und die Waldgrenze vielfach um 30 km zurückverlegt (Abb. 166). Letzten Endes müssen wir gestehen, daß wir die Ursachen für die geringe Ausnutzungsrate der dauernd vorhandenen Nahrungsreserven des tropischen Regenwaldes durch pflanzenfressende Insekten nicht kennen.

Dennoch muß man auf Überraschungen gefaßt sein. Zwei Beispiele seien kurz dargestellt, in denen die Ausnutzungsrate der Primärproduktion durch pflanzenfressende Tiere nahe 100% liegt. In Zentralisland kommt als einziger einheimischer Pflanzenfresser die Kurzschnabelgans vor. Sie lebt derzeit hier in so großer Populationsdichte, daß sie die Vegetation der wenigen Oasen während der Brutzeit nahezu vollständig verbraucht. Möglich ist das nur

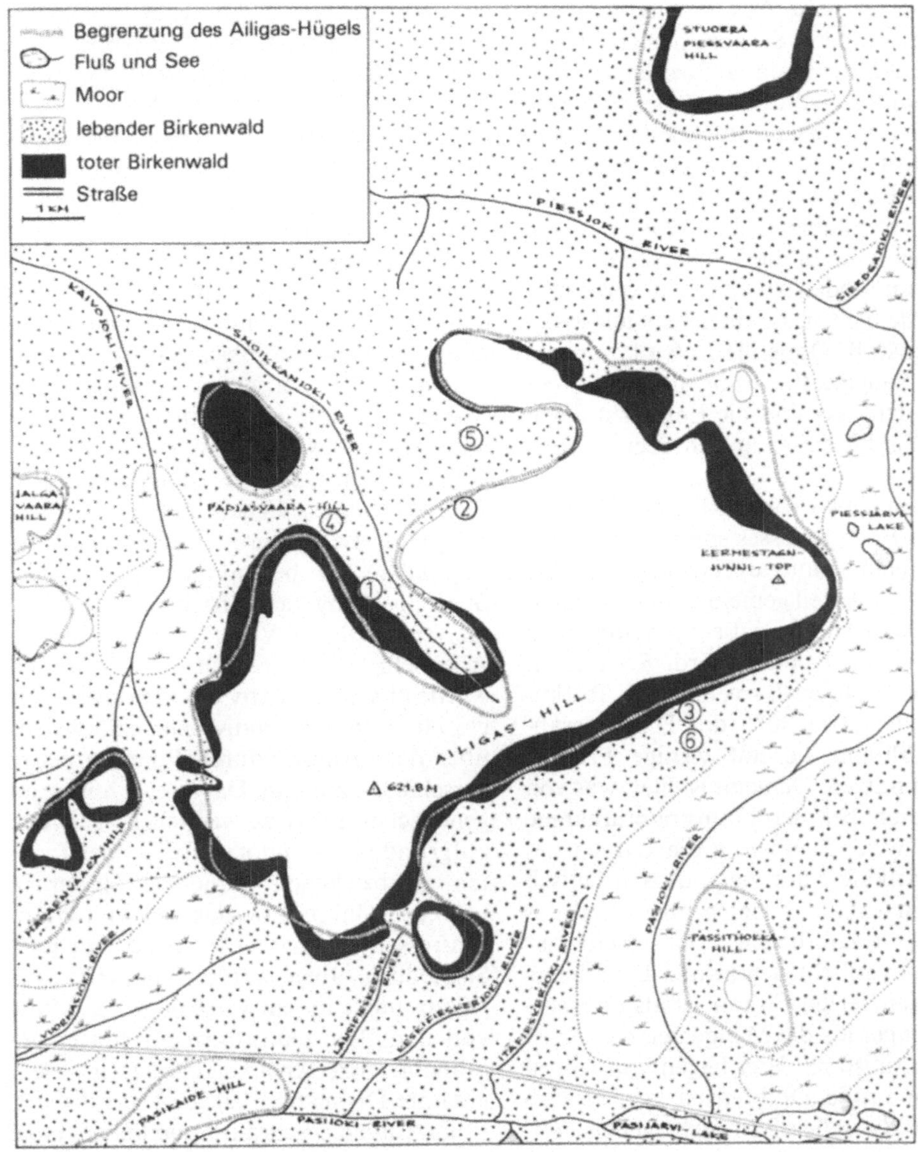

Abb. 166. Das Zurückdrängen der Baumgrenze in einem nordfinnischen Bergland durch den Spanner Oporinia autumnata. (Aus Nuorteva, 1963)

aufgrund der raschen Wanderungsfähigkeit der Tiere — sie kommen erst, wenn die Vegetation bereits ausgetrieben ist und gehen, nachdem sie alles abgefressen haben — und wahrscheinlich aufgrund derzeit sehr günstiger Überwinterungsbedingungen für diese Population. So treten kaum Verluste im Überwinterungsgebiet auf, die bisher wahrscheinlich die Regel waren (Gardasson, 1972, 1974). An den Stauseen des unteren Inn konnte Reichholf zeigen, daß die hier überwinternden großen Entenscharen nahezu die gesamte Wasserpflanzenvegetation verbrauchen. Das erfolgt nur, wenn die Tiere im Überwinterungsgebiet nicht gestört werden und sich hier den ganzen Tag und die ganze Nacht aufhalten können. Möglich ist auch hier die hohe Ausnutzung nur, weil die Tiere wandern: Sie kommen erst, wenn die Vegetation hoch aufgeschossen ist, und sie verlassen die Seen wieder, wenn sie die Wasserpflanzen abgeweidet haben. Das hat ökologisch wichtige Konsequenzen: Die Enten veratmen die Energie aus den Wasserpflanzen über Wasser. Ohne die Enten würden die Wasserpflanzen im Winter zu Boden sinken und verfaulen, das würde heißen, sie entziehen dem Wasser Sauerstoff. Ohne die Enten kommt es zu einer Sauerstoffzehrung, mit den Enten jedoch nicht. So sind die Enten für einen hohen Fischbestand in den Seen verantwortlich.

Ein besonderes Problem bei der Beurteilung des Energieflusses spielt die von den Tieren nicht genutzte Nahrung. Hierbei ist nicht der Anteil gemeint, der unverdaut den Darm wieder verläßt — obwohl auch er häufig unterschätzt wird. So zerkleinern die Dipteren-Larven saurer Rotbuchenwälder etwa 30% des Bestandesabfalls, während sie nur wenige Prozent wirklich nutzen. Gemeint ist hier, was von den Tieren bei der Nahrungsaufnahme zerstört wird: So fressen die Larven des Erlenblattkäfers nur die photosynthetisch aktive Blattschicht, der größere Teil des Blattes mit sämtlichen Adern bleibt zurück und verfärbt sich braun. Die Menge des konsumierten Futters ist also wesentlich geringer als die Menge der zerstörten Pflanzensubstanz. Hier liegen von Art zu Art sehr große Differenzen vor, so daß sich ein generelles Bild nicht geben läßt. Heuschrecken beispielsweise oder Schwärmerraupen beginnen durchweg an der Spitze des Blattes zu fressen. Sie konsumieren alles, was sie an Pflanzensubstanz vernichten.

Wenden wir uns der zweiten Frage zu, ob wir mit diesen Ergebnissen wirklich schon das biozönotische Beziehungsgefüge quantifiziert haben. Die Antwort ist eindeutig „nein". Für eine solche Quantifizierung müßten wir eine sehr viel stärkere Gliederung vornehmen. Es wäre nicht möglich, von „der Primärproduktion" zu sprechen, die zu einem bestimmten Prozentsatz ausgenutzt wird. Beispielsweise besteht die Möglichkeit, daß ganz bestimmte Pflanzenarten oder deren Teile zu 100% ausgenutzt werden, während andere von den Pflanzenfressern kaum beachtet werden. Eichen am Waldrand werden wesentlich stärker von Pflanzenfressern der verschiedensten Art heimgesucht als Buchen am gleichen Standort. Auch Weiden, Pappeln und Schlehen werden relativ häufig und deutlich sichtbar von pflanzenfressenden Insekten heimgesucht, während Kiefern und Fichten nur in Ausnahmefällen einen sehr starken Insektenbefall zeigen. Das sind jedoch qualitative Beobachtungen, denen die Quantifizierung fehlt. Bei den großen Huftieren Afrikas haben wir bekanntlich eine strenge Spezialisierung der einzelnen Arten auf die verschiedenen Vegetationsschichten. Aber selbst diese Trennung in Einzelarten würde uns noch relativ wenig bringen. Die einzelnen Pflanzenindividuen sind gegenüber dem Angriff durch Pflanzenfresser verschieden anfällig. Das ist z.T. aufgrund genetischer Basis zu verstehen, teilweise aufgrund des Standorts. Erlen oder Fichten an trockenen Standorten (oder in trockenen Jahren) werden eher von Pflanzenfressern heimgesucht als an feuchten. Schließlich aber werden die einzelnen Pflanzenteile in sehr verschiedenem Maße von den Pflanzenfressern als Futter gebraucht. In Wirklichkeit haben wir unsere gesamte Diskussion auf die oberirdischen Pflanzenteile beschränkt und haben dabei außer acht gelassen, daß etwa die gleiche Phytomasse unterirdisch vorhanden ist. Über deren Ausnutzung wissen wir nichts. Schließlich werden von Jahr zu Jahr sehr unterschiedliche Organe oberirdisch gebildet. Die unregelmäßige Samenproduktion unserer Waldbäume ist ein Beispiel dafür. In manchen Jahren wird offenbar die Produktion vieler Jahre zusammengefaßt und als Samen ausgeschüttet (Abb. 167, 116). Bisher läßt sich nicht sagen, ob in einem solchen Jahr mehr Pflanzensubstanz von Pflanzenfressern verbraucht

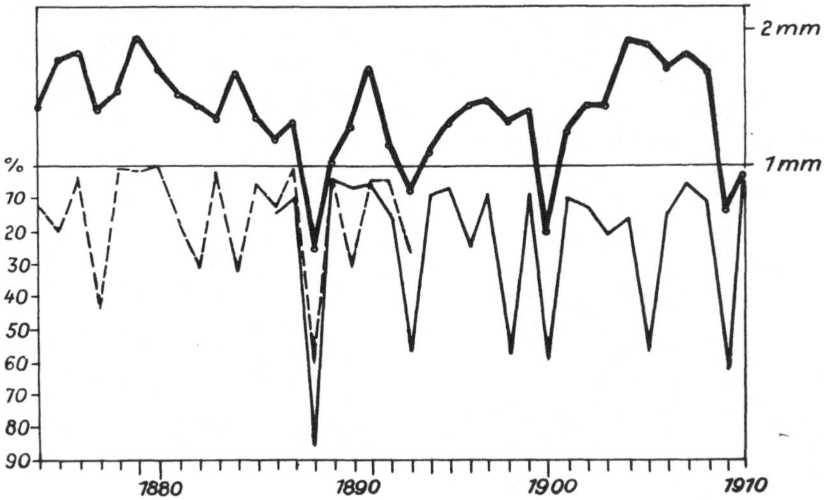

Abb. 167. Beziehung zwischen Samenertrag und Jahresringbreite bei Buchen. (Aus Maurer, 1964.) *Oben (dicke Linie)*: Jahresringbreite; *unten (dünne Linien)*: Samenertrag in % des Höchstertrages

wird als in dem anderen, wo keine Samen vorhanden sind. Vermutlich wird in einem Mastjahr wesentlich mehr an Pflanzensubstanz verbraucht. Eine Aussage über den prozentualen Ausnutzungsgrad wäre hier jedoch nur sinnvoll, wenn man einen Mittelwert über viele Jahre angeben könnte: Die Eichelmast ist ja auch nur möglich aufgrund der Anhäufung von Reservestoffen in der Eiche durch viele Jahre hindurch.

Der größte Teil der von den Pflanzen gebildeten organischen Substanz wird nicht von Pflanzenfressern aufgenommen, sondern gelangt auf die Bodenoberfläche. Im Normalfall werden diese Substanzen hier kontinuierlich zersetzt und in den Boden eingearbeitet. Damit finden in terrestrischen Lebensräumen die mit weitem Abstand stärksten Energieumsätze in der Bodenschicht statt. In Fichten- und Kiefernwäldern wurde die jährlich fallende Streumenge mit 15–30 dz/ha bestimmt, in guten Laubmischwäldern Mitteleuropas auf etwa 40 dz/ha und mehr. In einem ausgeglichenen System muß also auch diese Menge jährlich abgebaut werden, wenn sich nicht organische Substanzen am Boden anhäufen sollen. Allerdings ist damit nicht gesagt, daß ein fallendes Bu-

chenblatt im Laufe eines Jahres zersetzt wird: Im allgemeinen braucht bei uns das Fallaub eines sauren Buchenwaldes etwa 5 Jahre, bis es optisch nicht mehr erkennbar ist.

Bei diesem Abbau handelt es sich nicht um eine schnelle und vollständige Zerlegung in CO_2, H_2O und Mineralstoffe. Der Abbauprozeß verläuft vielmehr langsam über verwickelte Resynthesen, in deren Verlauf Humusstoffe entstehen. Sie sind wegen ihrer großen Stabilität von ganz besonderer Bedeutung für die Erhaltung der Bodenstruktur.

Die Frage, wie die Organismen am Abbau der anfallenden Streu beteiligt sind, stellt sich quantitativ und qualitativ. Bei der sehr großen Zahl der im Boden lebenden Tiere ist von vornherein wahrscheinlich, daß diese Tiere eine wesentliche Rolle beim Abbau der Pflanzensubstanz spielen (Abb. 168). Dabei wird im allgemeinen aus praktischen Gründen zwischen Makrofauna und Mikrofauna unterschieden, wobei zur Makrofauna vor allen Dingen die in Europa für den Abbau des Bestandesabfalls besonders wichtigen Regenwürmer, Enchytraeiden, Asseln, Diplopoden und größere Insektenlarven verstanden werden. Zunächst wird die Streu of-

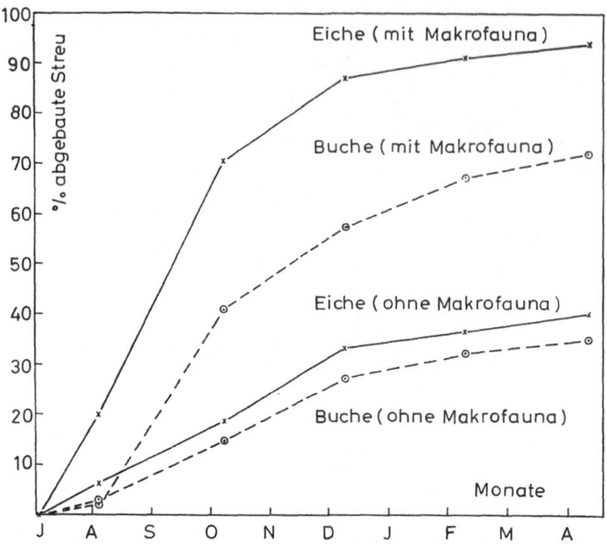

Abb. 168. Abbau von Buchen- und Eichenstreu am natürlichen Standort bei Zutritt und bei Ausschluß der größeren Zersetzer. (Aus Thiele, 1968)

fenbar durch größere Tiere verzehrt, die auch mikrobiell wenig aufgeschlossene Pflanzensubstanz angreifen. Ebenso wichtig sind die Asseln, die Schnecken und Larven von Dipteren. Die Bedeutung dieser Primärzersetzer wird aus der Abb. 168 deutlich: Ohne solche Primärzersetzer wird die Abbaugeschwindigkeit fast auf die Hälfte reduziert. Bei dieser ersten Darmpassage wird dem Material nur wenig an Energie entzogen. Alle Tiere nehmen sehr große Mengen an Fallaub auf und scheiden sehr große Kotmengen ab. Sie können das Fallaub nur relativ schlecht nutzen. Dennoch hat diese erste Darmpassage eine ganz wesentliche Bedeutung für das System.

1. Das Wasserbindungsvermögen ist nunmehr erhöht. Die Losung der Primärzersetzer hält gleichmäßiger Feuchtigkeit als die ursprüngliche Streu.

2. Das so zerkleinerte Material wird angreifbar für eine große Zahl sogenannter Sekundärzersetzer, vor allem für die Collembolen, Milben und Nematoden. Die Losung der einzelnen Primärzersetzer ist für die Sekundärzersetzer sehr unterschiedlich angreifbar. Ein gleichmäßig ablaufender Zersetzungsprozeß setzt also eine ungestörte, ausgewogene Tiergemeinschaft im Boden voraus.

3. Die Exkremente der primären und sekundären Zersetzer bieten Mikroorganismen, vor allen Dingen Aktinomyceten und Bakterien eine besonders günstige Entwicklungsmöglichkeit. Man kann dies messen, indem man den Stoffwechsel (die CO_2-Abgabe) des Fallaubes mit der von Exkrementen vergleicht.

Nunmehr setzen dauernd neue Darmpassagen der Losung der Tiere durch die gleichen oder durch andere Tiere ein. Wieser (1984) konnte zeigen, daß Asseln besonders gut gedeihen, wenn sie immer wieder ihre eigene Losung fressen können. Die Mikroorganismen schließen die schwer verdaulichen Pflanzenteile auf, die Tiere ernähren sich in der Hauptsache von diesen Mikroorganismen. Würde ein Abbau rascher erfolgen, wenn Mikroorganismen allein vorhanden wären? Die Tiere scheinen ja die Mikroorganismen durch ihre Tätigkeit wesentlich zu reduzieren! Genau dieser Schluß ist der übliche falsche Schluß in Räuber-Beute-Systemen. Würden die Tiere nicht vorhanden sein, so würden die Mikroorganismen sehr rasch eine sehr hohe Populationsdichte erreichen und dann kaum noch Vermehrung zeigen. Ihre Kulturen würden in die stationäre Phase geraten. Dadurch, daß die Populationsdichte dauernd niedrig gehalten wird, bleiben sie langfristig bei höchster Produktion und damit höchster Leistungsfähigkeit (vgl. S. 262ff., Abb. 169, 170).

Wie groß die Bedeutung der Zerkleinerung ist, zeigten auch russische Experimente und Versuche von Herlitzius u. Herlitzius (1977). Völlig intaktes Buchenlaub ist auf sauren Waldböden nur sehr schwer angreifbar und nur sehr schwer abbaubar. Durch den Kot laubfressender Käfer, der aus der Kronenschicht herunterfällt, und durch die Leichen dieser Käfer ergeben sich Keimzellen, von denen aus Mikroorganismen ihr Wachstum beginnen können.

Bei der wiederholten Passage durch den Tierkörper werden leicht zersetzliche Substanzen dem Substrat entzogen. Die Kohlenhydrate werden überwiegend zu Kohlendioxid und Wasser abgebaut. Der prozentuale Anteil der wichtigsten Pflanzennährstoffe (Stickstoff, Phosphor, Kalium) steigt und ebenso werden Lignin und Gerbstoffe, also Polymerisationsprodukte von phenolischen Körpern, in den Exkrementen angereichert. Hier finden sich diese nun in neutralem oder schwach basischem Milieu und im engen Kontakt mit stickstoffhaltigen Stoffwechselprodukten der tierischen Zersetzer. Damit sind günstige Voraussetzungen für den mikrobiellen Abbau des Lignins zu Phenolen gegeben, dessen Geschwindigkeit von der Menge des den Mikroorganismen verfügbaren Stickstoffs abhängt.

Die Analyse von Huminstoff-Fraktionen aus verschiedenen Böden und Modellversuchen zeigt weiter, daß sich in dem geschilderten Milieu bei Anwesenheit von Stickstoff und genügend Sauerstoff phenolische Substanzen zu Oxychinonen oxidieren und daß diese sich zu höher molekularen Gebilden polymerisieren. Dieser Vorgang wird durch Phenoloxidasen der Mikroorganismen noch gefördert. Nun entstehen die Huminsäuren: Komplizierte vernetzte Polymerisationsprodukte, die außerordentlich stabil sind. Sie werden nur sehr langsam im Boden wieder abgebaut, wahrscheinlich in erster Linie durch die Mycorrhiza-Pilze. Huminsäuren bilden also eine außerordentlich stabile Komponente im Boden, zumal sie mit Aluminium und Eisenhydroxiden Komplexverbindungen eingehen und so die Ton-Humus-Komplexe bilden. Diese sind die eigentlichen Träger der Feinstruktur des Bodens, seiner Krümelstruktur, die die gute Durchlüftung und Wasserbindungsfähigkeit bedingt. Der Anteil dieser Ton-Humus-Komplexe am Boden ist damit — zumindest beim überwiegenden Teil der Böden — für die Bodenfruchtbarkeit überhaupt verantwortlich (Abb. 171 u. 172). Die quantitative Aufteilung der Remineralisierung zwischen Herbivoren und Bodenorganismen ist daher wohl das Resultat einer vielfachen Coevolution, die zu einer Optimierung des Systems führte (vgl. dazu auch S. 265).

Der geschilderte Verlauf der Streuzersetzung führt zu der idealen Humusform, dem Mull. Nicht an allen Standorten verläuft der Streuabbau in gleicher Weise. Er erfolgt in verschiedenen Waldtypen ganz verschieden schnell. Zwischen der Qualität des Humus, der Zersetzungsgeschwindigkeit der Laubstreu und der Menge streuverzehrender Tiere an einem Standort besteht ein enger Zusammenhang. Beim Vergleich von drei Waldstandorten mit abnehmender Humusqualität (Mull auf Kalkboden, Mull auf saurem Boden oder Moder auf saurem Boden — der letzte schon eine sehr ungünstige Humusform) nahm die Abbaugeschwindigkeit in dieser Reihenfolge ab, und die Anzahlen der Tiere verhielten sich wie etwa 3:1,5:1. Beziehungen zwischen der Bodenreaktion und seiner Organismenwelt begegnen uns also immer wieder, und trotz vielfach gleicher dominierender Pflanzenarten (etwa Rotbuchen auf Kalk und auf Buntsandstein; Kiefern auf Sand und auf Kalk; Birkenwald auf ganz verschiedenem geologischen Untergrund auf Grönland, Island und Skandinavien) sind die Differenzen auffällig — vor allem auch in der Dichte der hier lebenden Tierarten. Mit dem pH

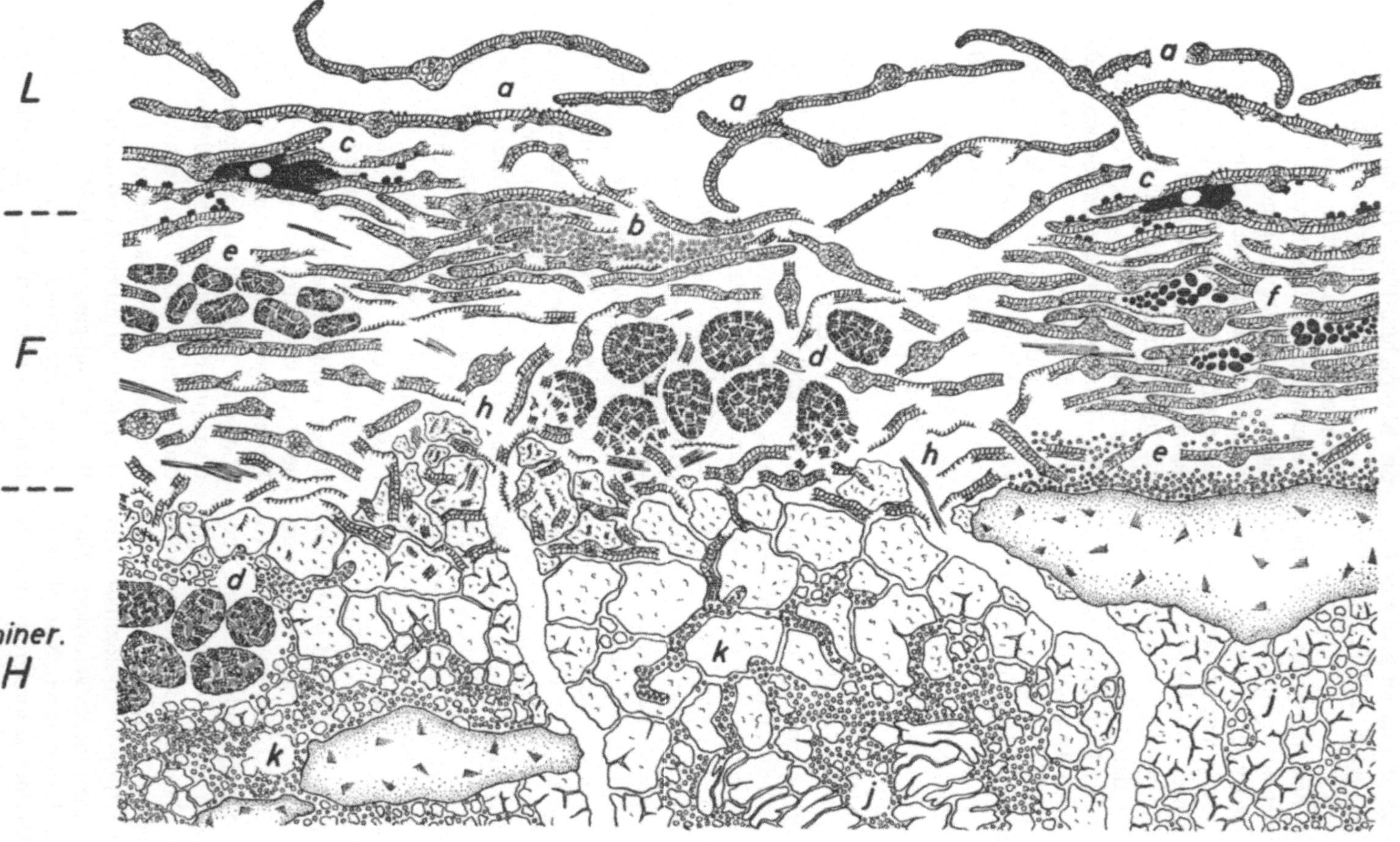

Abb. 169. Profil durch einen günstigen Waldboden mit vollständiger „Garnitur" an Leistungsgruppen. (Die einzelnen Bildteile sind zusammengedrängt, vereinfacht und in ungleichem Maßstab gezeichnet. Aus verschiedenen Beobachtungen kombiniert.) *L*-Horizont: weitgehend unzersetztes Laub. *F*-Horizont: das Laub ist weitgehend angegriffen. *H*-Horizont: = Humushorizont mit mineralischen Partikeln. *a* Blätter mit Losung von größeren Collembolen, *b* Kotmasse von kleinen Dipteren-Larven. *c* Verstreute Losung und Kotröhre von Dendrobaena zwischen Blättern der unteren L-Schicht. *d* (Mitte) Losungsballen von großen Diplopoden; (links) Losungsballen von Tipuliden-Larven. *e* (links) Dendrobaena-Losung; (rechts) Enchytraen-Losung. *f* Paket von langsam zersetzten Blättern. *h* Schacht von Lumbricus terrestris. *j* Allolobophora-Kotmasse, *k* Bohrgänge mit Losung von Enchytraeiden. (Aus Zachariae, 1965)

Abb. 170. Aufsicht auf einen Rotbuchenwaldboden auf Kalk mit vollständiger „Garnitur" an Leistungsgruppen. *Links:* Grenzschicht zwischen Laub und stark zersetztem Laub. *Rechts:* stark zersetztes Laub. Die oberflächlichsten Laubschichten wurden entfernt. *a* Fraßspuren und Kot von größeren Collembolen. *b* Fraßbild und Kotmasse von kleineren Dipteren-Larven. *c* Kotreihen und geöffnete Röhren von Dendrobaena und Enchytraeen (kleiner). *d* (oben) Fraßplatz und Losung von großen Diplopoden; *d* (unten) dto von Bibioniden-Larven. *e* Losungshaufen von Dendrobaena. *h* Erdige Kotmassen von Lumbricus. (Aus Zachariae, 1965)

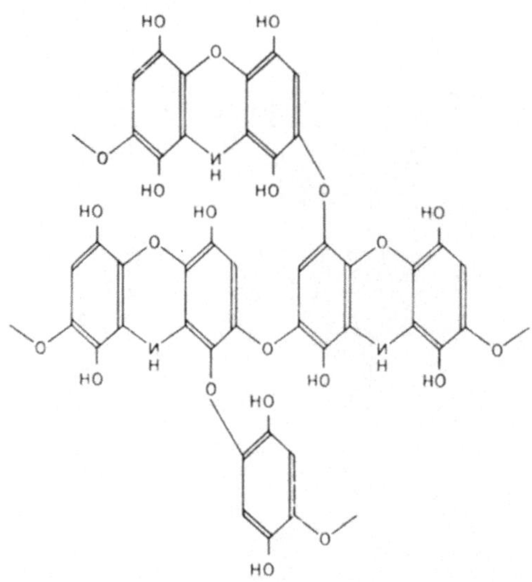

Abb. 171. Ausschnitt aus der Strukturformel eines Huminsäuremoleküls. (Aus Thiele, 1968)

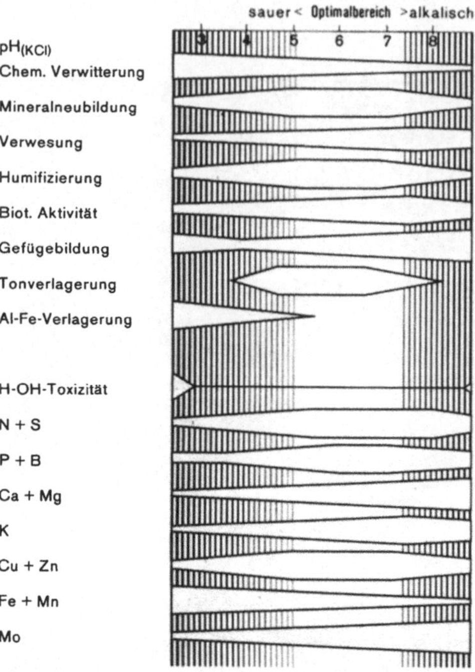

Abb. 172. Schema der Beziehungen zwischen pH und anderen Eigenschaften und Prozessen im Boden. Beispielsweise ist von den magmatischen Gesteinen Granit als sauer anzusehen, als basisch Gabbro (mit Basalt und Diabas) (bzw. die daraus hervorgehenden Sande). (Aus Schröder, 1972)

sind nämlich eine Reihe anderer Faktoren verknüpft (Abb. 172, s. auch Schröder, 1972), die ganz allgemein saure Böden nährstoffärmer werden lassen.

Humus als organische Substanz existiert nicht unbegrenzt. Auch Humus wird auf die Dauer durch Mikroorganismen abgebaut. Besonders rasch vollzieht sich dieser Vorgang natürlich unter feuchtheißen Bedingungen (also im tropischen Regenwald). Obwohl Humus keine Pflanzennahrung darstellt, ist er in den meisten Böden für die Ernährung der Pflanzen lebenswichtig: An den Huminsäuren können Stoffmoleküle adsorbiert werden, die sonst rasch mit dem Regen ausgewaschen werden. Ebenso ist das Wasserhaltevermögen der Humusstoffe sehr groß. So wird durch den Humus eine gleichmäßige Mineral- und Wasserversorgung der Pflanzen gewährleistet. Humuszehrung und ein Verschwinden des Humus ist daher auf vielen Böden verantwortlich für den Rückgang der Primärproduktion (Darstellung im Anschluß an Thiele, vgl. auch Schröder, 1972). Über den Abbau von Pflanzenmaterial am Boden (Baumwurzeln) ist nichts bekannt, in tropischen Arealen wird dieser Abbau durch Termiten bewerkstelligt.

In tropischen Arealen wird der Humus sehr schnell vollständig remineralisiert; ebenso erfolgt unter tropischen Bedingungen eine sehr rasche Verwitterung des Ausgangsgesteins. Dazu kommt in den meisten tropischen Gebieten das sehr hohe Alter der Erdoberfläche; damit ist das Ausgangsgestein extrem stark verändert. Durchweg hat es sich zum Kaolinit verändert oder gar zu Aluminium- und Eisenoxyden. Alle drei Formen haben eines gemeinsam: während frühere Formen der Verwitterung wie Humus als Ionenaustauscher wirken, ist diese Fähigkeit bei Kaolinit sowie Eisen- und Aluminiumoxyden fast völlig verlorengegangen. Damit hat der Boden die Fähigkeit verloren, ihm zugeführte Pflanzennährstoffe, die meist positiv geladene Kationen sind, durch Anlagerung an bestimmte Bodenbestandteile vorübergehend zu speichern,

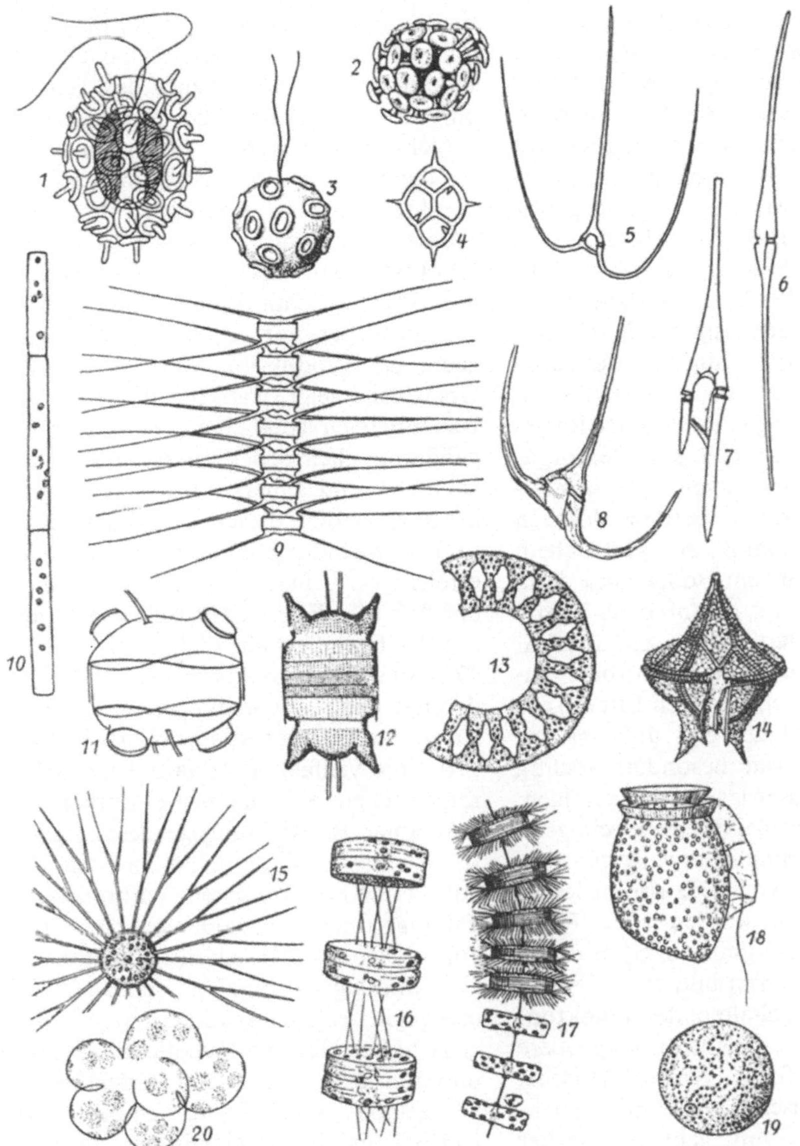

Abb. 173. Pflanzen des Nordseeplanktons *1* Syracosphaera subsala; *2* Discosphaera tubifex; *3* Pontosphaera huxlei; *4* Dictyocha fibula; *5* Ceratium macroceros; *6* C. fuscus; *7* C. furca; *8* C. longipes; *9* Chaetoceras boreale; *10* Leptocylindrus danicus; *11* Cerataulus turgidus; *12* Biddulphia aurita; *13* Eucampia zoodiacus; *14* Peridinium divergens; *15* Bactiastrum varians; *16* Coscinosira polychorda; *17* Thalassosira gravida; *18* Dinophysis acuta, *19* Halosphaera viridis; *20* Phaeocystis puchetti. (Aus Gessner, 1957)

um sie später an die Bodenlösung oder im Wirkungsfeld der Wurzelhaare der Pflanzen an diese abzugeben. Man kann diese Austauschkapazität messen. Als vereinbartes Maß für diese Fähigkeit wird das Milliäquivalent (mval) pro 100 g Bodensubstanz verwendet. Die Austauschkapa-

zität von organischem Bodenmaterial (also durchweg Humusmaterial) beträgt 150–500. Bei Tonmineralen früher Verwitterungsstadien haben wir Werte zwischen 80 und 150. Späte Verwitterungsstadien, wie Kaolinit, haben dann Austauschkapazitäten von 1–15. So wird deutlich, daß Böden mit geringer Austauschkapazität auch nicht durch Hinzufügung von Dünger irgendwelcher Art langfristig geholfen werden kann: organische Dünger werden sehr schnell abgebaut und die Mineralien ausgewaschen, anorganische Dünger werden sofort ausgewaschen „Nährstoffarmut ist schlimm, eine geringe Austauschkapazität viel schlimmer" (Weischet, 1980). Die Arbeiten von Ulrich im Zusammenhang mit dem Waldsterben deuten darauf hin, daß der saure Regen in unseren Breiten im Endeffekt eine ähnliche Wirkung hat: der saure Regen besetzt die Austauschplätze an den organischen und anorganischen Ionenaustauschern, die Mineralien werden plötzlich freigesetzt, es kommt zu plötzlichem Stickstoffüberschuß im Boden und dann zu einer Versauerung, die mit einer immer geringer werdenden Austauschkapazität einhergeht. Wenn diese Hypothese zutrifft, werden die schlimmsten Effekte des sauren Niederschlages erst auf uns zukommen und — was besonders wichtig ist: Luft und Wasser lassen sich reinigen, Boden läßt sich prinzipiell nicht reinigen. Im Wasser liegen möglicherweise ganz andere Verhältnisse vor. Die produzierenden Planktonalgen werden im offenen Meer und in nahrungsarmen Seen durch Planktontiere gefressen und so auf einem niedrigen Niveau gehalten; den Planktontieren geschieht das gleiche durch größere Organismen des freien Wassers (Fische, Quallen, Tintenfische). Erst mit zunehmender Eutrophierung geht ein starker Anteil in die Detritusnahrungskette. Am Land wie im Wasser haben wir also — wie man es genannt hat — ein Y-förmiges Modell des Energieflusses (Abb. 163). Unser rein hypothetisches Modell, welches sich aus einem nicht quantifizierten biozönotischen Beziehungsgefüge, das ein sehr komplexes Nahrungsnetz zu sein schien, bei Quantifizierung in zwei nahezu unabhängige Nahrungsketten verwandelte, ist also durchaus real (Abb. 161).

Die Hauptproduktion im Wasser stammt vom Phytoplankton und nicht von festsitzenden Pflanzen. Damit ist die Produktion auf oberflächennahe Schichten beschränkt. Je durchsichtiger das Wasser, um so tiefer kann die produzierende Schicht hinabsteigen. Je höher der Nährstoffgehalt, um so dichter das Phytoplankton, um so undurchsichtiger das Wasser und damit um so stärker die Beschränkung auf oberflächennahe Schichten. Insofern kann man einen großen Wasserkörper mit einem Wald vergleichen, der Produktion auch nur an der Oberfläche zeigt, während im schattigen Bodenbereich lediglich ein Verbrauch der gebildeten chemischen Energie stattfindet. In tiefen und sauerstoffreichen Wasserkörpern erfolgt dieser Verbrauch praktisch vollständig, ehe der Gewässerboden erreicht wird. Das ist im Meer allgemein der Fall — z.B. in der Ostsee, wie Analysen des Eiweißgehaltes lehren (Abb. 174, 175). In solchen Gewässern erhält der Boden nur noch sehr wenig organische Substanz; das Resultat ist eine relativ hochdiverse und vielfach aus relativ großen Tieren bestehende Fauna mit vermutlich sehr langsamer Entwicklungsgeschwindigkeit. In Gewässern mit geringem Sauerstoffgehalt in der Tiefe findet ein Verbrauch nur auf anaerobem Wege oder gar nicht statt; am Boden sammelt sich Faulschlamm mit H_2S-Bildung (Abb. 176). Zu Sauerstoffmangel in der Tiefe kommt es, wenn infolge zu hohen Nährstoffgehaltes das Wasser undurchsichtig wird und (oder) durch mangelnde Umwälzung infolge von Herbst- und Frühjahrsstürmen die tieferen Lagen eines Sees oder eines Meeres niemals in Austausch mit den oberflächlichen Lagen gelangen. Unter diesen Bedingungen wird das Gewässer bis zu einer gewissen Tiefe immer lebensfeindlicher. In den großen Tiefen sammelt sich immer mehr organisches Material an. Diese Verhältnisse in großem Rahmen stellen wahrscheinlich Modelle für die Entstehung von Erdöl dar. Im Schwarzen Meer haben wir derartige Bedingungen, sie werden auch für die Ostsee befürchtet. In der Ostsee kommt jedoch komplizierend ein unregel-

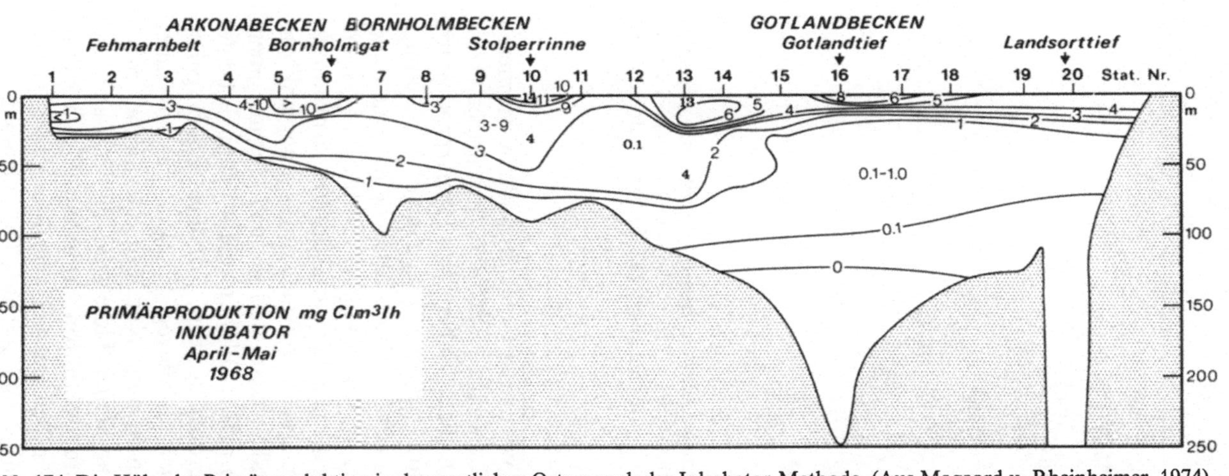

Abb. 174. Die Höhe der Primärproduktion in der westlichen Ostsee nach der Inkubator-Methode. (Aus Magaard u. Rheinheimer, 1974)

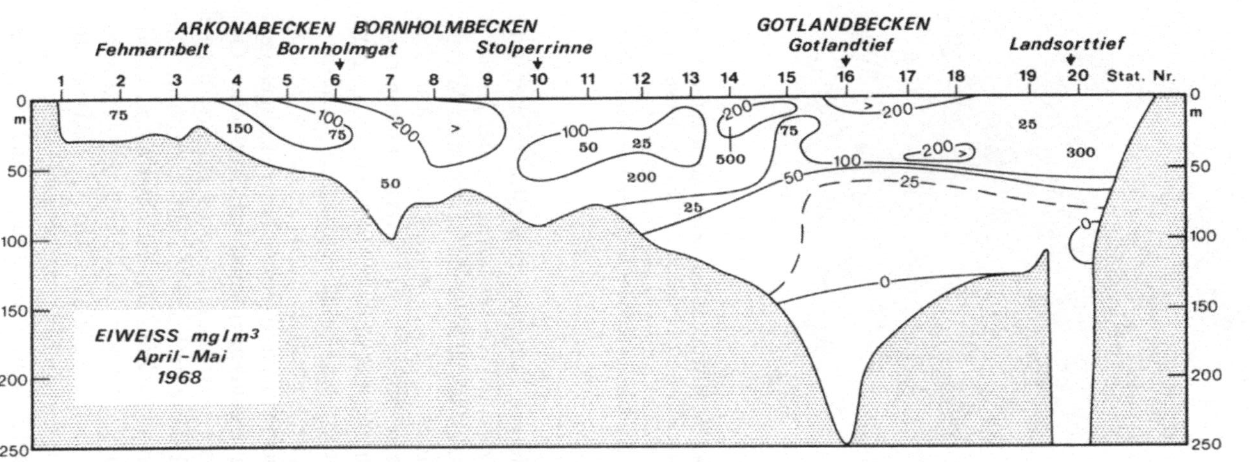

Abb. 175. Der Eiweißgehalt der Ostsee als Maß für die Biomasse der lebenden Substanz. (Aus Magaard u. Rheinheimer, 1974)

Abb. 176. Mikroflora und Mikrofauna auf stark reduzierendem Ostsee-Sediment. Spaghettiartig: Beggiatoa (Cyanophyceen); kleine runde Punkte: Thiovolum (Schwefelbakterien). Ciliaten: Lang und schlank, in der linken Hälfte Trachelorhaphis; oval Mitte oben Frontonia; oben rechts Diophrys; kahnförmige Diatomeen und rechts unten ein Nematode. (Nach Fenchel, aus Jansson, 1972)

mäßiger Einschub sauerstoffreicher und salzreicher Wasserkörper aus der Nordsee hinzu, die sich — da salzreiches Wasser schwerer ist als salzarmes — auf dem Meeresboden in der Ostsee entlangschieben und das sauerstoffarme und salzarme Wasser der Ostsee verdrängen. Auf diese Weise kommt es bisher immer wieder zu einem vollständigen Abbau der abgelagerten organischen Substanz. In flachen Gewässern wird die produzierte organische Substanz erst am Boden abgebaut. Die sehr große Zahl von Filtrierern und Strudlern im Bereich des Süßwassers und Meeres (Seepocken/Balanus; Muscheln, Moostierchen/Bryozoa; sehr viele Polychaeten und viele andere mehr) stellen Beispiele dafür dar.

Betrachten wir uns diese Verhältnisse im einzelnen. Die Primärproduktion stammt durchweg aus einzelligen Algen aus den Gruppen der Peridineen, der Diatomeen und der zu dem besonders kleinen Nannoplankton gehörenden Flagellaten. In kühleren Gebieten oder kühleren Jahreszeiten überwiegen vor allem die Diatomeen, die

in wärmeren Gebieten und zur wärmeren Jahreszeit zurücktreten. In warmen Ozeanen liegt daher die Primärproduktion stark bei den Flagellaten des Nannoplanktons. Diese Tatsache hat eine ungeheuere Bedeutung — selbst bei angenommener gleicher Höhe der Primärproduktion. Die Organismen des Nannoplanktons sind so klein, daß sie nicht nur mit einem normalen Planktonnetz nicht erbeutet werden können, sondern sie entgehen auch durchweg Planktonfressern unter den Tieren. Nur sehr spezifische, meist sehr kleine Tiere sind in der Lage, das Nannoplankton zu nutzen. Das berühmteste Beispiel stellt der Mantel des planktonischen Tunikaten Oikopleura dar: das Tier produziert einen höchst komplizierten Mantel, häutet sich dann in diesem und erzeugt nun mit seinem Schwanz einen Wasserstrom durch den Mantel, welcher spezifische sehr feine Netzwerke besitzt. Darin sammelt sich das Nannoplankton und kann dem Tier als Nahrung dienen. Diese Tatsache führte überhaupt erst zur Entdeckung des bis dahin übersehenen Nannoplanktons. Das Nannoplankton dient also kleinen bis sehr kleinen Zooplanktern als Nahrung, die ihrerseits von größeren Zooplanktern gefressen werden. Stammt die Primärproduktion von vornherein von relativ großen Phytoplanktern, so können die großen Zooplankter sofort die Primärproduktion nutzen. Nach der Faustregel, daß beim Übergang von einer Nahrungsstufe zur anderen nur etwa $^1/_{10}$ der Energie erhalten bleibt, ist klar, daß diese Verlängerung der Nahrungskette beim Nannoplankter als Primärproduzenten einen drastischen Effekt auf die Sekundärproduktion durch größere Bewohner des freien Wassers haben muß: Fischarmut muß die notwendige Folge sein. Ein Teil der Armut tropischer Meere ist nach neuesten Untersuchungen nicht unbedingt eine Armut an Mineralstoffen, sondern lediglich eine Folge der Primärproduktion durch Nannoplankter (offenbar ist dies Nannoplankton gegenüber den verschiedensten Eingriffen außerordentlich resistent; eine Gefahr für die Fischproduktion und damit für die Weltfischerei stellt einfach eine Verschiebung der produzierenden Planktongruppen dar). Aus diesem Grunde sind genaue Analysen der Ansprüche und Vermehrungsraten von Phytoplanktern, wie sie im Augenblick getrieben werden, vordringlich (z.B. Schöne 1977; Werner u. Roth, 1978).

Besonderes Interesse hat in der Planktonforschung in der letzten Zeit der „Microbial loop" (die mikrobielle Schleife) gefunden. Man fand — was eigentlich lange bekannt ist — daß alle Pflanzen und Tiere des Wassers in ihr Medium organische Stoffe abgeben oder verlieren und daß diese Stoffe dann als gelöster, organisch gebundener Kohlenstoff (dissolved organic carbon = DOC) im Wasser vorhanden sind. Dieses organische Material wird auf der einen Seite durch viele marine Benthosorganismen aufgenommen und verwertet. Auf der anderen Seite wird es im Plankton durch sehr viele Bakterien inkorporiert, und diese Bakterien dienen

dann zusammen mit den etwa ebenso großen, grünen „Pico-Algen", Protozoen und grünen, sich aber gleichzeitig räuberisch ernährenden Algen als Nahrung und gelangen so in die Nahrungskette des Planktons zurück.

Die Zooplankter setzen sich im Meer aus zwei grundsätzlich verschiedenen Gruppen zusammen: Die einen verbringen ihr gesamtes Leben im freien Wasser, die anderen stellen lediglich Larvenformen bodenbewohnender Tiere dar. Die zweite Gruppe ist naturgemäß auf den großen Ozeanen nur selten anzutreffen. Im Süßwasser fallen die planktonischen Larven, die beispielsweise für Nordsee, Ostsee und Mittelmeer so charakteristisch sind, fast völlig aus. Die hier lebenden Planktontiere sind zeitlebens im Plankton zu finden — höchstens werden Dauerstadien, wie etwa bei den Wasserflöhen und ihren Verwandten, zeitweise am Boden abgelagert. Wahrscheinlich unterscheiden sich die verschiedenen Zooplankter hinsichtlich ihrer Nahrungsansprüche stark — wie das etwa aus den Untersuchungen von Lampert (vgl. S. 59) hervorgeht. Wir wissen darüber jedoch fast nichts. Die nächste trophische Stufe stellten dann kleine oder auch schon größere planktonfressende Fische (Hering/Clupea; Maräne/Coregonus) dar, die ihrerseits in natürlichen Systemen von großen Raubfischen, Säugetieren und Vögeln genutzt werden.

Im allgemeinen kann man davon ausgehen, daß wiederum nur etwa 10% der Algen unmittelbar von Tieren aufgenommen und verdaut werden (unversehrt aufgenommene Algen werden mit dem Kot vielfach wieder ausgeschieden und wachsen dann einfach weiter).

Eine Bodenbildung wie am Land ist daher normalerweise im Wasser weder möglich noch nötig. Das Prinzip des Energieflusses im Wasser beruht auf einem vollständigen Abbau der organischen Substanz. Humusbildung kommt nicht in Betracht. Wenn organische Substanz am Boden abgelagert und nicht abgebaut wird, kommt es zunächst zur Faulschlammbildung, dann zur Bildung von festen Lagern organischer Substanz, die schließlich fossile Brennstoffe werden könnten (Torf, Kohle, Erdöl). Im Gegensatz zum Humusboden sind derartige Bezirke jedoch sehr lebensfeindlich und praktisch tierleer. Lediglich Bakterien und Einzeller (Abb. 176) leben auf solchen reduzierenden Sedimenten.

4.6 Ökosysteme als Interaktionsräume unterschiedlicher Arten

Bei den bisherigen Betrachtungen haben wir die Arten eines Ökosystems durchweg entweder als völlig gleich behandelt — so bei den Diversitätsrechnungen, bei denen Regenwurm und Eiche völlig gleich in die Rechnung eingehen. Unterteilungen haben wir insofern gemacht, als wir Räuber-Beute-Systeme besprochen haben, als wir Konkurrenz besprochen haben und als wir die Produzenten den Konsumenten gegenübergestellt haben. Aber wir müssen uns darüber klar sein, daß all dies Vereinfachungen sind, die notwendig sind, um überhaupt ein gewisses Verständnis der Vorgänge in Ökosystemen zu erreichen, um überhaupt einen gewissen Überblick über die Ökologie möglich zu machen. Daß wir es in Wirklichkeit mit viel komplexeren Systemen zu tun haben, ist selbstverständlich. Die Tatsache aber, daß vielfach in Lehrbüchern nur die erstgenannten Bereiche diskutiert werden, verführt leicht zu falschen Auffassungen — zu Auffassungen, bei denen die Bedeutung der unterschiedlichen Arten und die Bedeutung von andersartigen Interaktionen nicht genügend zur Geltung kommen. Im Wasser und am Land sind Tiere ganz verschieden auffällig. Während sie am Land neben den höheren Pflanzen verschwinden, spielen sie am Boden von Gewässern eine beherrschende Rolle. Das gilt besonders für das Meer, so daß die Einteilung mariner Bodentiergemein-

schaften nach ganz ähnlichen Prinzipien erfolgte wie die Einteilung terrestrischer Bereiche nach Pflanzengesellschaften. Die großen und bekannten Assoziationen im Meer sind die reinen Tiergesellschaften des Korallenriffs, der Bodentiergemeinschaften (Abb. 147) und Pflanzen treten makroskopisch kaum in Erscheinung. Am Land dagegen spielen Tiere im allgemeinen bei der Weitergabe der Energie und beim Kreislauf der Stoffe eine geringe Rolle. Nur selten nehmen die Pflanzenfresser mehr als 10% der von den Pflanzen gebildeten Energie auf. In vielen Ökosystemanalysen werden die Tiere daher sehr kursorisch behandelt. Viele, vor allen Dingen an der Produktivität interessierte Botaniker und am System interessierte Systemanalytiker neigen dazu, den Tieren eine wesentliche Bedeutung im Ökosystem abzusprechen.

Nichts kann falscher sein als diese Auffassung. Ein Tier, welches wie das Reh bevorzugt Knospen frißt, kann damit die Produktion eines Waldgebietes drastisch absenken; das Kaninchen, ein ebenso selektiver Fresser, kann bei normaler Populationsdichte viele spezielle Pflanzen so kurz halten, daß sie praktisch nicht mehr erscheinen. Nachdem die Myxomatose auf den Britischen Inseln den Kaninchen-Bestand drastisch reduziert hatte, tauchten allerorten Blumen auf, die man seit Jahren vergeblich gesucht hatte. Biber in einem Ökosystem können große Seen durch ihre Dammbauten aufstauen; brechen die Dämme, so entstehen in geschlossenen Waldgebieten große Wiesen.

Quantifiziert liegen nur wenige Daten über wenige Tiere vor. Auch lassen sich Effekte wie die soeben geschilderten kaum quantitativ erfassen, sie lassen sich auch nicht im Energiefluß und im Stoffkreislauf mitbehandeln. Stoffkreislauf und Energiefluß sind nur zwei Facetten aus dem komplexen Gesamtbild eines Ökosystems. Im folgenden sollen daher einige Beispiele dargestellt werden, die die komplexe Bedeutung der Tiere in Ökosystemen beleuchten. Es kann sich nur um anekdotische Beispiele handeln, die z.T. nicht völlig durchgearbeitet sind, die aber die Schwierigkeit dieser Forschung zeigen. Blattfressende Käfer haben in einem Laubwald offenbar im allgemeinen keine Senkung der Produktion zur Folge. Dadurch, daß die Käfer in obere Blätter Löcher fressen, kommt mehr Licht auf die unteren Blätter, die nun zu einer stärkeren Photosynthese in der Lage sind. Schaden und Nutzen halten sich hier die Waage. Etwas anderes kommt hinzu: Durch den Kot der Käfer, der fein zermahlene Blätter enthält und vielfach mineralreich ist, und durch die herabfallenden stickstoff- und phosphorreichen Leichen der Käfer kommen auf die Bodenstreu Kristallisationskerne, von denen aus der Abbau des Fallaubes sehr viel besser und rascher erfolgt als ohne diese nahrungsreichen Partikel. Die abgeworfenen Baumblätter enthalten ja — auch für Bakterien und Pilze — kaum Nährstoffe. Sie sind außerordentlich schwer zersetzbar. Erst durch Kot und Leichen der Tiere werden sie angreifbar. Erst so kann eine Zersetzung in genügend kurzer Zeit erfolgen. Ohne den Kot und die Leichen der Käfer würde die Zersetzung des Laubes viel länger dauern; eine natürliche Verjüngung des Waldes wäre kaum noch möglich, da unzersetztes Laub sich hoch aufschichten würde. Der Käfer wird damit ein wesentliches Glied im System. Seine Wirkung läßt sich aber nur durch sehr aufwendige und sehr gründliche Forschung erkennen, oder man wird seine Wirkung erst spüren, wenn es 80 oder 100 Jahre zu spät ist. Auch ist diese Wirkung auf verschiedenen Bodentypen sehr verschieden. Auf Kalkboden, wo die Zersetzung organischen Materials relativ rasch erfolgt, sind derartige Käferleichen weniger notwendig als auf sauren Sand- und Silikatböden (Herlitzius, 1977). Dadurch, daß pflanzenfressende Insekten bevorzugt Bäume befallen, bei denen der Saftstrom nicht voll intakt ist, werden vor allem überalterte Bäume geringer Produktivität, aber hoher Konkurrenzleistung befallen und abgetötet.

So wird dem nachdrängenden Jungwuchs die Konkurrenz genommen. Auf lange Sicht wird damit die Produktivität des Systems erhöht, wie Mattson und Addy (1975) in den USA zeigen konnten.
Blattläuse entziehen ihren Wirtspflanzen große Mengen zuckerhaltiger Flüssigkeit. Da diese Pflanzensauger auch Stickstoff benötigen, scheiden sie bekanntlich den „Honigtau", eine zuckerhaltige Flüssigkeit, wieder aus: Sie müssen viel mehr Zucker aufnehmen als sie verwerten können, um genügend Stickstoff, der im Pflanzensaft nur wenig vorhanden ist, zu bekommen. Werden die Pflanzen dadurch erheblich geschädigt? Experimente ergaben, daß Stickstoff-fixierende Bakterien durch wäßrige Zuckerlösung zu Höchstleistungen gebracht werden können. Nach Aufbringen von wäßriger Zuckerlösung steigt die Fixierung von atmosphärischem Stickstoff stark an. Möglicherweise hat sich durch Coevolution folgendes System gebildet: Die Pflanzen geben von den im Überschuß vorhandenen Kohlenhydraten an die Pflanzensauger ab, die diese Kohlenhydrate überwiegend auf den Boden aufbringen, und damit Bakterien zur Beschaffung eines Minimumfaktors für die Pflanze aktivieren. Die Pflanze gibt also ein Überschußprodukt ab, um damit einen Minimumstoff in genügender Menge zu bekommen. Wir hätten dann nicht eine Pflanze und einen Schädling vor uns, sondern ein System, welches als System optimiert ist (Owen u. Wiegert, 1976).
Schaumzikaden und ihre Verwandten können in tropischen Urwäldern so dicht sein, daß ein dauernder feiner Regen von ihnen auf den Boden heruntertropft. Sie entziehen den Pflanzen also in sehr starkem Maße Wasser. Was bedeutet dies für die Pflanze? Die Böden tropischer Regenwälder enthalten fast keine Nährstoffe. Nur die alleroberste Schicht, die des Fallaubes, enthält Mineralien, die die Pflanzen nutzen können. Diese Schicht ist im allgemeinen jedoch zu trocken, als daß sie für Pflanzenwurzeln erreichbar wäre. Durch die dauernde Befeuchtung auf-

grund der Schaumzikaden können einige Wurzeln auch in diesen obersten, nährstoffreichen Teil des Bodens eindringen und damit der Pflanze Nährstoffe beschaffen, während der Hauptteil der Wurzeln tiefer im Boden ausschließlich für die Wasserbeschaffung zuständig ist. Auch hier würden Pflanze und Pflanzensauger ein Optimierungssytem darstellen (Owen u. Wiegert, 1976). Bei Bodentieren und Streuzersetzern konnte gezeigt werden, daß sie vor allen Dingen von den Bakterien leben, die die eigentliche Zersetzung durchführen. Ohne diese Tiere würden die Bakterien sehr viel zahlreicher werden. Die Bodentiere, so scheint es, hemmen damit die Zersetzung der Laubstreu. Das Gegenteil ist der Fall. Durch das dauernde Fressen halten die Bodentiere, wie dies bei Orchestia deutlich gezeigt wurde, die Bakterien in der exponentiellen Vermehrungsphase. Würden die Bodentiere nicht vorhanden sein, so würden die Bakterien sehr rasch an der Kapazitätsgrenze angelangt sein und in die stationäre Phase fallen, wo sie kaum noch Aktivität zeigen. Durch Halten auf einer geringen Populationsdichte sorgen die Tiere für höchste Produktivität der Bakterien — d.h. für höchste Effektivität bei dem Streuabbau. Letzten Endes ist dieses Beispiel nicht anders als das geschilderte Beispiel vom Räuber-Beute-Verhältnis bei Schneehühnern. Auch hier sorgten die Räuber für eine höchstmögliche Vermehrungsrate der Schneehühner, ohne Räuber sinkt die Vermehrungsrate der Schneehühner drastisch ab.

Die Lemminge der arktischen Tundra zeigen starke Massenvermehrungen mit Gipfeln alle 3–5 Jahre. Durch Wurzelschnitt können die Pflanzen auf weiten Strecken getötet werden. Ohne die den Boden in regelmäßigen Abständen gründlich aufwühlenden Lemminge erfolgt jedoch der Abbau der Bodenstreu in dieser arktischen Region nur außerordentlich langsam. Die Massenvermehrungen der Lemminge sind notwendig, wenn sich nicht organisches Material sehr stark anhäufen soll (Bliss, 1975).

Der Kot, den die in den Steppen Australiens eingeführten Rinder produzierten, konnte hier nicht remineralisiert werden. Er häufte sich auf dem Boden der Steppe an, trocknete vielfach zu einer harten Kruste aus und zerstörte jeden Pflanzenwuchs. Darüber hinaus siedelten in dem Kot eingeschleppte, überaus lästige Stechfliegen; die mit dem Kot ausgeschiedenen parasitischen Würmer der Rinder erhielten zusätzlich auf diese Weise beste Reinfektionsmöglichkeiten. Im Jahre 1963 begann die australische Regierung einen gewaltigen Kraftakt zur Bekämpfung des Kotes. Viele Dungkäfer wurden genauestens getestet, und schließlich wurden von April 1967 an ungefähr 275 000 Käfer (vier Arten) freigelassen. Eine Art (Onthophagus gazella) erfuhr eine spektakuläre Vermehrung und Ausbreitung. Überall, wo dieser Käfer gut eingebürgert wurde, wird der Kot der Rinder in etwa zwei Tagen in die Erde eingearbeitet (die Larven der Käfer leben dann davon). Zwei andere afrikanische Arten haben sich im anderen Teil Australiens ähnlich vermehrt, und ihr Effekt ist ähnlich. Die Parasitengefahr ist stark zurückgegangen und ebenso sind die lästigen Fliegen nahezu verschwunden. Dennoch fragt man sich im Augenblick, ob nicht zusätzlich auch noch Milben ausgesetzt werden sollten. Alle Dungkäfer tragen normalerweise Milben mit sich, die auf den Dung übergehen, sich dort vermehren und sich dann vom nächsten Dungkäfer auf den nächsten Dung weitertragen lassen. Beim europäischen Totengräber Nerophorus ist das genauso. Seine Larven sind im Regelfall der Konkurrenz durch Fliegenmaden unterlegen. Die Milben des Totengräbers attackieren jedoch die Eier der Fliegen und halten somit den Totengräberlarven lästige Konkurrenten vom Leibe. Man vermutet, daß ähnliche Beziehungen auch bei den Dungkäfern gelten. Derzeit laufen Versuche, den Dungkäfern ihre normalen Milben mit auf den Weg zu geben. Niemand denkt sich etwas dabei, wenn er irgendwo auf Dungkäfer trifft. Daß sie für das Funktionieren unseres Systems lebensnotwendig sind, zeigt das australische Beispiel (Waterhouse, 1974).

Aus diesem Grunde sehen Mattson und Addy die Tiere in Ökosystemen nicht isoliert, sondern das ganze als ein System für die langfristige, über Jahrhunderte gleichmäßig erfolgende Optimierung. Das auf S. 72 gebrachte Beispiel, in dem die Enten die Primärproduktion nahezu völlig verbrauchen und dadurch die Verlandung eines Sees hindern, spricht in dieser Richtung.

Ganz besonders deutlich wird jedoch das Prinzip der Optimierung, wenn wir die Bedeutung der Tiere als Blütenbestäuber und als Samenverbreiter untersuchen. Sie determinieren hier die Struktur der Pflanzengemeinschaft, ohne daß ihre Funktion über den Energiefluß oder den Stoffkreislauf adäquat erfaßt werden könnte. Merkwürdigerweise werden diese Funktionen der Tiere, die für die Pflanzengesellschaften von so überragender Bedeutung sind, oft gerade in Ökosystemanalysen aus botanischen Gruppen nicht behandelt. Auf diese Diskrepanz hat vor allen Dingen Heidhaus (1974) in neuerer Zeit hingewiesen (Hocking, 1968; Bertsch, 1975).

Pflanzen, die in wenigartigen Beständen oder in natürlichen Monokulturen vorkommen, haben meist eine Windbestäubung. Je höher die Artenzahl eines Bestandes wird und je zufälliger die einzelnen Individuen im Bestand verteilt sind, um so mehr sind die einzelnen Arten zu einer zielgerichteten Bestäubung, d. h. zu einer Bestäubung mit Hilfe von Tieren gezwungen. Eine logische Konsequenz der Tierbestäubung ist die Verbreitung der Samen durch Tiere. Diese Konsequenz ist nur selten gesehen worden, auf sie hat vor allen Dingen Regal (1977) hingewiesen. Nur wenn bei einer solch zufälligen mosaikartigen Verteilung vieler Arten in einem System Samen weit verfrachtet werden können, haben die einzelnen Individuen eine große Überlebenschance. So haben wir — ganz grob betrachtet — eine vorherrschende Windbestäubung in den relativ artenarmen nordischen Tundren und den Waldgebieten der nordischen und

gemäßigten Breiten, dazu in windbeeinflußten Steppengebieten. Eine Insektenbestäubung und ein Samentransport durch Vögel gewinnt schon in den Wäldern der gemäßigten Breiten an Bedeutung, in subtropischen und tropischen Waldgebieten sind die Tiere für den überwiegenden Teil der Pflanzen unerläßlich. Zwar vermögen viele — windblütige wie tierblütige — Pflanzen auch ohne Bestäubung längere Zeit und vielfach über mehrere Generationen (Parthenogenese, Selbstbestäubung) zu existieren. Auf die Dauer ist jedoch ein Genaustausch wie bei Tieren notwendig. Wie notwendig er ist, zeigt die komplizierte Coevolution zwischen Pflanze und Insekt, die in so vielen Arbeiten und Handbüchern dargestellt ist. Der große energetische Aufwand der Pflanzen ist nur unter diesem Gesichtspunkt verständlich. Ähnliche Coevolutionen beim Transport der Samen sind nicht in gleichem Maße bekanntgeworden. Die Zahl der diesbezüglichen Untersuchungen ist gering. Offenbar sind echte Spezialisten, wie sie bei der Blütenbestäubung so häufig vorkommen, bei der Samenverbreitung relativ selten. Die Tatsache jedoch, daß viele Pflanzensamen ohne eine Tierpassage nicht oder nur schwer keimen (Mistel, Tomate), deutet jedoch in die Richtung einer Coevolution.

Unter starkem Weidedruck verschwinden die meisten zweikeimblättrigen Pflanzen und werden durch Gräser und ihre Verwandten ersetzt. Das Phänomen des „Vergrasens" von Wäldern, in denen Vieh geweidet wird, zeigt diese Tatsache deutlich. Gräser mit ihrer Möglichkeit zum dauernden Wachstum haben sich ganz sicher erst unter dem Druck der Weidegänger unter den Säugetieren so stark ausbreiten können. Auf diese Weise können Weidegänger eine vielartige Pflanzengesellschaft bei Übernutzung in eine ganz andere, wenigartige, verwandeln. Die sehr vielartigen Strandwiesen im Überschwemmungsbereich der Meere — etwa der Nordsee — werden bei Schafhaltung zu Andelwiesen, aus denen die meisten übrigen Arten verschwinden. Lediglich das Andelgras mit seiner Fähigkeit zum dauernden Wachstum kann dem Druck des Weidegängers widerstehen. Die so unter dem Einfluß des Schafes entstehende sehr dichte Grasvegetation hält den Boden viel fester zusammen als die ursprüngliche Salzwiesen-Vegetation; Schafe sind daher eine wichtige Hilfe bei der Verwandlung von Vorländern zu ackerbaulich nutzbaren Gebieten. Die natürliche Vegetation läßt immer wieder das Aufreißen von Prielen zu und führt also viel weniger zu einer Verlandung: das System bleibt erhalten.

Eine ganz wesentliche Bedeutung in Ökosystemen kommt vor allen Dingen pflanzenfressenden Tieren als Verbreitern von Pflanzenkrankheiten (Pilz- und Viruskrankheiten) zu. Das gilt beispielsweise für Borkenkäfer, Bockkäfer und pflanzensaugende Insekten. Bisher wird diese Tatsache nahezu ausschließlich unter dem Aspekt der Schädlichkeit von Insekten gesehen; über die Bedeutung in einem balancierten Ökosystem läßt sich im Augenblick nichts sagen. Der Ökologe würde vermuten, daß durch solche Krankheiten vor allen Dingen geschwächte Pflanzen stark geschädigt werden und damit anderen, an dieser Stelle günstigere Bedingungen findenden Arten, Platz machen. Damit würde die Verbreitung solcher Krankheitskeime als Mechanismus zu verstehen sein, der den Umsatz im Ökosystem beschleunigt. Aber das ist reine Spekulation, die bisher durch nichts belegt ist.

Bisher wurde die Bedeutung von Tieren für das Gesamtökosystem anekdotisch dargestellt. Viel länger bekannt und an sich selbstverständlich ist die Bedeutung vieler Tierarten für die Existenz anderer Tiere. Höhlenbauende Spechte schaffen Brutmöglichkeiten für Hohltaube, für Eulen, für Wiedehopf, Blauracke, Meisen, für Siebenschläfer und viele Insekten. Durch ihre Bauten schaffen Füchse im Wald, Murmeltiere und Präriehunde in der Steppe, Kaninchen in der Savanne und an Waldrändern stets frische Erde, die von Pionierpflanzen besiedelt wird, welche sonst in derartig reifen Beständen

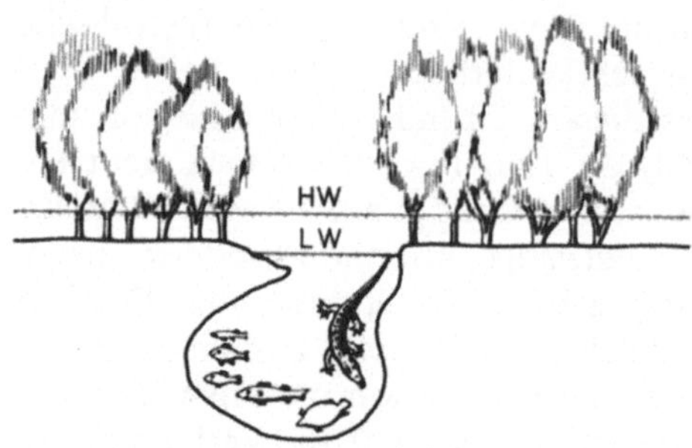

Abb. 177. Das Alligatorloch in den Everglades von Florida ermöglicht Wassertieren und Wasserpflanzen das Überdauern in diesem Gebiet. (Nach George, 1972)

nicht existieren können. Das reiche Tierleben in den Everglades von Florida ist eine Folge des Vorkommens von Alligatoren. Diese graben sich tiefe Gruben, in denen während der Trockenzeit die Wassertierwelt — Fische, Schildkröten, Insekten — überdauert, und an deren Rändern auch empfindliche Wasserpflanzen die heiße Trockenzeit überstehen können. Ohne die Alligatoren würde die Wasservogelwelt während der Trockenzeit keine Nahrung finden, ohne die Alligatoren würden die Wassertiere, die den Everglades das Gepräge geben, aussterben (Abb. 177). Mangelfaktor in den schlickigen Wattgebieten der Nordsee ist ein Substrat, an dem sich sessile Meerestiere festheften können. Nur wenige Arten sind in der Lage, unmittelbar auf dem Schlick zu siedeln. Zu diesen Arten gehört die Auster. In ihrem Gefolge erscheint eine große Anzahl sessiler Arten, die sich nunmehr auf den Austernschalen ansiedeln. Die Entdeckung des Phänomens der Biozönose durch Möbius und damit der eigentliche Beginn der Ökologie beruht auf dieser Tatsache.

Wenn wir Ökosysteme verstehen wollen, brauchen wir also die unterschiedlichen Formen der Symbiosen — mit Mycorrhiza, Samenverbreitung, Blütenbestäubung und all den übrigen schwer einzuordnenden Dingen, wie den Pilztransport durch Borkenkäfer. Wir brauchen all die verschiedenen Antibiosen, wie Räuber-Beute-Systeme, Allelopathie, Konkurrenz.

Wir brauchen ferner ein Wissen, das über all diese Dinge wesentlich hinausgeht, über das wir aber bisher kaum Informationen haben. Jeder Ornithologe weiß, daß sich im Winter verschiedene Meisenarten zu gemischten Schwärmen zusammenschließen und dann meist einem großen Buntspecht oder einem Kleiber oder beiden folgend, häufig zusammen mit Baumläufern durch Wälder vagabundieren. Ganz ähnliche Vogelgesellschaften gibt es in den Trockensavannen Afrikas oder im Gran Chaco Südamerikas; ganz ähnliche Vergesellschaftungen verschiedener Arten gibt es ebenso bei Limikolen, beim Zug und Winterquartier. Nunmehr gibt es Berichte, nach denen derartige Vogelschwärme über Jahre fest zusammenhalten können und sollen, gemeinsam große gemeinsame Brutreviere verteidigen und damit eine Art Überorganismus aufbauen. Solche Berichte kommen aus tropischen Regenwäldern, während über die Dauerhaftigkeit der Bindung der verschiedenen Arten aneinander aus den Savannen oder aus unseren winterlichen Wäldern ebensowenig bekannt ist wie bei den Limikolen aus Waldgebieten. Vieles spricht dafür, daß ähnliche Säugetiergemeinschaften aus unterschiedlichen Arten mit Informationsaustausch in den afrikanischen Steppen existieren. Informationsaustausch zwischen verschiedenen Arten: allgemein bekannt ist die Tatsache, daß Singvögel einen sehr schwer lokalisierbaren, lang gezogenen hohen Laut äußern, wenn tagsüber ein Sperber vorbeikommt, den alle Arten untereinander verstehen und daß sie ein scharfes „Pick" äußern, wenn sie am Tage eine Katze oder eine Eule entdecken, dies „Pick" ist leicht lokalisierbar und lockt sofort weitere Individuen weiterer Arten an, die zusammen mit dem Entdecker die Katze oder die Eule „beschimpfen". Auch bei Säugetieren gibt es solche überartlichen Warnrufe. Hier beginnt sich sehr langsam ein sehr schwieriges Feld der Ökosystemanalyse zu erschließen — ein Feld, das mit quantitativen Methoden der Ökosystemanalyse, die

die Ökosystemanalyse so phantastisch weit gebracht haben, nicht anzugehen ist. Margaleff hat von der Notwendigkeit einer ökologischen Informationstheorie gesprochen. Hier wird in der Zukunft sehr viel Arbeit zu investieren sein — nicht nur von Zoologen, sondern vor allen Dingen auch von Mykologen; und es werden neue Verbindungen zwischen der Geobotanik und der botanischen Ökologie zu öffnen sein.

Diese Beispiele mögen genügen. Selbstverständlich würden sie sich beliebig vermehren lassen. Die Wanze Chilaces typhae wohnt in Rohrkolben. Sie kann die Kolben aber nur besiedeln, wenn vorher die Raupen eines Kleinschmetterlings Gänge gebohrt haben. Manche Schlupfwespen vermögen ihre Wirte nicht zu finden; sie folgen den Spuren anderer Arten, die die gleichen Wirte bevorzugen und legen ihre Eier dann in das auf diese Weise gefundene Opfer. Ihre Larven entwickeln sich rascher als die der ersten Schlupfwespen und konkurrieren damit die eigentlichen Entdecker des Wirtes heraus.

Eine Ökosystemanalyse darf daher nicht auf Energiefluß und Stoffkreislauf beschränkt bleiben. Es wäre, als würde der Physiologe bei einem Tier nur Nahrungsaufnahme und Verdauung untersuchen. Die hier geschilderten Funktionen der Tiere determinieren die Zusammensetzung des Ökosystems, sie determinieren die Höhe der Primärproduktion (von der sie dann 10% verzehren), sie determinieren, in welcher Form diese Primärproduktion geliefert wird (d. h. durch welche Pflanzenarten und welche Pflanzenteile). Die Tiere wirken damit im Ökosystem wie Schalter und Verstärker in einem technischen System oder wie die Sinnesorgane und das Nervensystem in einem einzelnen Organismus. Diese Wirkungen sind zahlenmäßig jedoch kaum darstellbar. Der Ausfall eines Blütenbestäubers oder eines Samenverbreiters ist in seiner Bedeutung für das System zahlenmäßig ebensowenig zu erfassen wie der Ausfall des Lichtsinns, des Gehörsinns oder des Geruchsinns für ein einzelnes Individuum (weitere Beispiele vgl. S. 240).

Tiere können auch am Land die gesamte Struktur ihrer Systeme determinieren. Das ist besonders deutlich bei Seevogelinseln, die in ariden Gebieten Guano anhäufen und damit zu einem Wirtschaftsfaktor ersten Ranges werden können; Seevogelkolonien, die auf Bäumen angelegt werden, können diese durch ihre Kotmengen zum Absterben bringen, wie das etwa bei Kormoranen der Fall ist. Im Wasser sind Tiere für die Struktur des Lebensraumes ähnlich dominierend wie das am Land die höheren Pflanzen sind.

Der Gedanke, daß die großen und aufwendigen Dinge auf unserem Planeten durch unscheinbare und kleine, leicht störbare Prozesse gesteuert wird, hat eine besondere Stütze durch Lovelock's Gaia-Hypothese gefunden. Unter dem Titel „Atmosphärische Homöostase durch und für die Biosphäre: die Gaia-Hypothese" publizierte Lovelock zusammen mit Margulis 1973 einen Aufsatz im 26. Band der Zeitschrift Tellus. Später faßte er seine Ansichten in einem leichter verständlichen Taschenbuch (J. E. Lovelock, Gaia, a new look at Life on Earth. Oxford University Press 1979, 157 Seiten) zusammen. Lovelock glaubt, hier zeigen zu können, daß beispielsweise Methyljodid in der Luft über dem Ozean, hergestellt von Meeresalgen, nach Reaktion mit den Chloridionen des Meeres Methylchlorid produziert, und dann eine wesentliche Rolle bei der Regulation der Ozonschicht unserer Atmosphäre spielt. Andere Gase, die auch aus Algen stammen, sind nach Lovelock zuständig für die Niederschläge auf unserer Erde. Mit den neuerlichen Sorgen um die Kohlendioxydschicht unserer Atmosphäre, um die Ozonschicht unserer Atmosphäre und damit um unsere Atmosphäre überhaupt, haben diese Ideen von Lovelock neuen Auftrieb erhalten und werden von den großen Atmosphären — und Wetterinstituten der Industrienationen gründlich nachuntersucht.

4.7 Veränderliche und konstante Ökosysteme

In diesem Kapitel gilt insbesondere die Einschränkung, die auch schon auf S. 240 gemacht wurde. Wir haben es ja mit Systemen zu tun, die nach dem Mosaik-Zyklus-Prinzip funktionieren und eine Reihe der beobachteten und hier wieder beschriebenen Phänomene sind wahrscheinlich oder sicher auf das Zyklusgeschehen im System zurückzuführen.

Im folgenden wird unter Ökosystem stets die ungefähr konstante Situation verstanden, wie sie uns etwa der Anblick eines Buchenwaldes oder eines Sees bietet. Bei all dem darf man jedoch nicht vergessen, daß in Wirklichkeit dies System ein dynamisches System ist, in dem dauernd phasenverschobene Zyklen ablaufen. Was ist unter konstant und was unter langfristig zu verstehen? Schon die Zyklen vieler Kleinsäugetiere auf der Nordhalbkugel machen Einschränkungen notwendig. In neuerer Zeit hat die Ökologie zudem eine Fülle von Hinweisen gesammelt, daß auch über relativ große Zeiträume sehr starke Schwankungen großer Gesamtsysteme auftreten können. Da ökologische Arbeiten erst seit relativ kurzer Zeit vorliegen, ist auf diesem Feld sehr vieles durch mehr oder weniger geringe Hinweise belegte Spekulation. Wer jedoch den Einfluß des Menschen auf Ökosysteme analysieren will, muß wissen, wie konstant die Ökosysteme auch ohne den Einfluß des modernen Menschen mit seiner Technik sind. So seien hier eine Reihe von Spekulationen ausführlich dargestellt.

Das Gebiet des Neusiedler See an der Grenze zwischen Österreich und Ungarn ist durch sehr geringe Niederschläge ausgezeichnet. Nur aufgrund der Zuflüsse aus den relativ kleinen umliegenden Gebirgen mit ihren etwas höheren Niederschlägen vermag sich der See zu halten. Seine riesigen Schilfgürtel breiten sich immer stärker aus — der See ist ja sehr flach und bietet daher für Phragmites commu-

nis ausgezeichnete Wachstumsbedingungen. Die Niederschläge im Gebiet des Sees sind sehr viel geringer als der Verbrauch durch die Schilfvegetation. Nun wissen wir, daß der See zeitweise nicht existierte: Gegen Ende des vorigen Jahrhunderts war er nicht vorhanden und auch vorher ist er mehrfach entstanden und wieder verschwunden. So bietet sich die folgende Hypothese an: Derzeit breitet sich das Schilf immer mehr aus und verbraucht immer mehr Wasser der geringen Zuflüsse. Das Schilf wird in einiger Zeit fast den ganzen See einnehmen und dann wesentlich mehr Wasser verbrauchen als durch Niederschläge und Zuflüsse kompensiert werden kann; es wird den See „leerpumpen". Dann wird das Schilf sehr rasch absterben und verschwinden. An der Stelle des Sees bleibt eine trockene Senke. Diese wird sich nun wieder aufgrund der Zuflüsse mit Wasser füllen. Der See entsteht von neuem, Schilf breitet sich wieder aus und pumpt ihn wieder leer. Wir hätten in diesem Fall also einen regelmäßigen Wechsel, der allein aufgrund einer Schlüsselart — des Schilfrohrs — gegeben ist. (Ist das ein Wechsel zwischen zwei verschiedenen Ökosystemen oder soll man das ganze als ein schwankendes Ökosystem betrachten?) Wären die Witterungsbedingungen sehr langfristig konstant, müßte sich ein ganz regelmäßiger Zyklus ergeben. Aufgrund langfristiger Klimaschwankungen sind jedoch Unregelmäßigkeiten sicher. (Inzwischen wird diese Hypothese für den Neusiedler See angezweifelt; aber auch die Zweifler halten an ihrer Wahrscheinlichkeit für fluktuierende Seen in ariden Gebieten fest.)
Ähnlich liegen die Dinge in der nordamerikanischen Taiga, wo sich mosaikartig Fichten- und Kiefernbestände abwechseln. Kiefern wachsen sehr rasch; sie lassen viel Licht auf den Boden dringen. Unter ihnen können sich daher Fichten ausbreiten, sie wachsen heran und unterdrükken schließlich die Kiefern, da sie den Boden nahezu vollständig beschatten. So entsteht schließlich ein sehr dichter Fich-

tenbestand. Ist das erreicht, so können „Schadinsekten" sich sehr rasch ausbreiten und vermehren. Sie vernichten den gesamten Fichtenbestand, der nun wiederum durch Kiefern ersetzt wird. Das Ökosystem Taiga würde sich hier in ein zeitliches Ökosystem Kiefernwald und ein zeitliches Ökosystem Fichtenwald unterteilen lassen. Ähnlich liegen die Dinge in der nordeuropäischen Taiga, wo die Fichten ohne den Menschen durch Feuer kurz gehalten wurden (Zackrisson, 1976 b). Calluna-Heiden scheinen nicht unbegrenzt existieren zu können. Ältere Pflanzen sterben ab, ihr Platz wird durch Flechten der Gattung Cladonia eingenommen. Danach kehrt entweder die Heide zurück oder zunächst wandert Arctostaphylos ein, welcher später durch Calluna ersetzt wird. Ein Zyklus dauert zwischen 50 und 80 Jahren.
Die großen Säugetiere der ostafrikanischen Steppe übernutzen vielleicht ihren Lebensraum sehr stark. Eine solche Übernutzung führt auf die Dauer zum Absterben der für sie wesentlichen Nahrungspflanzen. Arten, deren Nahrungspflanzen zurückgehen oder ganz verschwinden, werden daher aus dem Ökosystem Steppe verschwinden. Nunmehr können die Pflanzen zurückkehren und heranwachsen. Petrides nimmt daher einen sehr langfristigen Zyklus zwischen Grassteppe (mit typischen Großsäugetieren) und Dornbuschsteppe (mit anderen typischen Großsäugern) an, der in diesen Gebieten ablaufen soll. Ähnliche Verhältnisse gibt es möglicherweise in Feuchtgebieten (Oasen) Zentralislands, wo starke Vermehrungen von Wollgras (Eriophorum) zusammen mit Singschwänen auf der einen Seite und Seggen zusammen mit Kurzschnabelgänsen auf der anderen Seite einander möglicherweise in regelmäßigen Zyklen abwechseln (Gardasson in litt.).
Auf Spitzbergen konnte wahrscheinlich gemacht werden, daß die dort vorhandene eigene Unterart des Rentieres, die hier ohne jeden Feind lebt, regelmäßige Zyklen durchmacht mit einem Maximum alle 50–

100 Jahre. Die Tiere vermehren sich möglicherweise bis auf eine Dichte zwischen 15 und 20 Tieren/km². Bei dieser Dichte haben sie ihr hauptsächliches Winterfutter vollständig genutzt. Nunmehr bricht der Bestand zusammen, die Flechten breiten sich wieder aus, und die Rentiere können sich erholen. Mit diesen Zyklen gehen jedoch eine Reihe von anderen Dingen weitgehend einher. Zwischen Gefäßpflanzen und Flechten besteht eine sehr starke Konkurrenz. Werden die Flechten übernutzt, breiten sich die Gefäßpflanzen stark aus. Die Rentierpopulation bricht also zu einer Zeit höchster Produktion an geeigneter Sommernahrung zusammen. Während der Zeit des Rentierminimums bei hoher Flechtenproduktion dringen die Sonnenstrahlen tiefer in den Boden ein als bei einer Pflanzendecke aus Gefäßpflanzen. Damit taut der Dauerfrostboden während der „Flechtenzeit" stärker auf und stellt nunmehr größere Mineralstoffmengen als Pflanzennahrung zur Verfügung. Die Gefäßpflanzen können nun also auch deswegen besser gedeihen — vorausgesetzt, ihnen wird durch das Rentier die Konkurrenz der Flechten abgenommen. Etwas besser belegt sind die wesentlich kurzfristigeren Lemmingzyklen aus Nordamerika, die sicher wesentlich mehr beinhalten als nur den Zyklus eines Kleinsäugetieres. Auch hier taut wahrscheinlich der Frostboden nach einem Lemming-Maximum mit Zerstörung der Pflanzendecke viel tiefer auf, er stellt mehr Nahrung für die Pflanzen zur Verfügung, diese sind ihrerseits nahrungsreicher (das gilt besonders für Phosphor, vgl. Abb. 178, 179). Eine wesentliche Bedeutung hat offenbar der Biber in borealen Waldgebieten, weil er Wälder zu Seen verändern kann, die — nach Bruch des Biberdamms — dann zu Wiesen werden und nach und nach wieder in Wald übergehen.

Alle diese Fälle enthalten sehr viel Spekulation. Dennoch muß heute als wahrscheinlich gelten, daß viele Lebensräume in Wirklichkeit nicht konstant sind, sondern im ganzen außerordentlich starken Schwankungen ausgesetzt sind. Nur sehr langfristig angesetzte ökologische Arbeiten mit dauernder Kontrolle pflanzensoziologischer Veränderungen vermögen hier Aufschluß zu geben. Die Zeit ökologischer Momentaufnahmen sollte vorbei sein. Wir müssen heute davon ausgehen, daß langfristige Änderungen von Systemen durchaus möglich sind und verfolgt werden sollten.

Während in den bisherigen Fällen durch eine einzelne „Schlüsselart" ganze Systeme dramatischen Oszillationen unterlagen, scheint in anderen Fällen durch die Inkonstanz einzelner Arten nicht so stark das Gesamtsystem in Mitleidenschaft gezogen zu werden. Alle unsere Waldbäume — Eiche, Buche, Ahorn, Kiefer, Fichte — produzieren nur in unregelmäßigen Abständen Samen.

Das ist als Anpassung an pflanzenfressende Tiere zu verstehen (vgl. S. 176 f.,

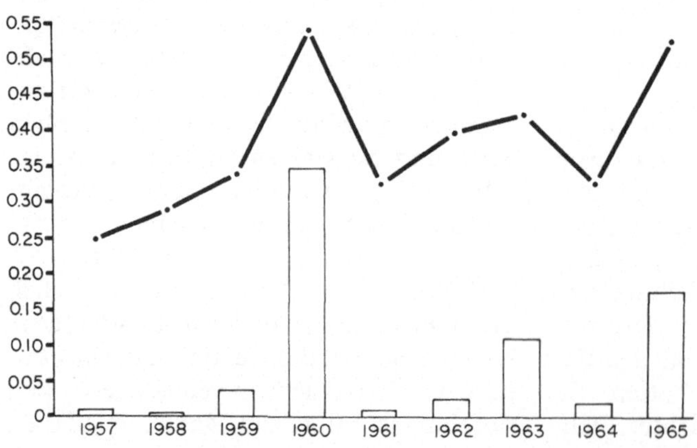

Abb. 178. Phosphorgehalt von Pflanzen (*ausgezogene Kurve*) und relative Populationszahl von Lemmingen (*Balken*) in Point Barrow, Alaska. (Aus Schultz, 1972)

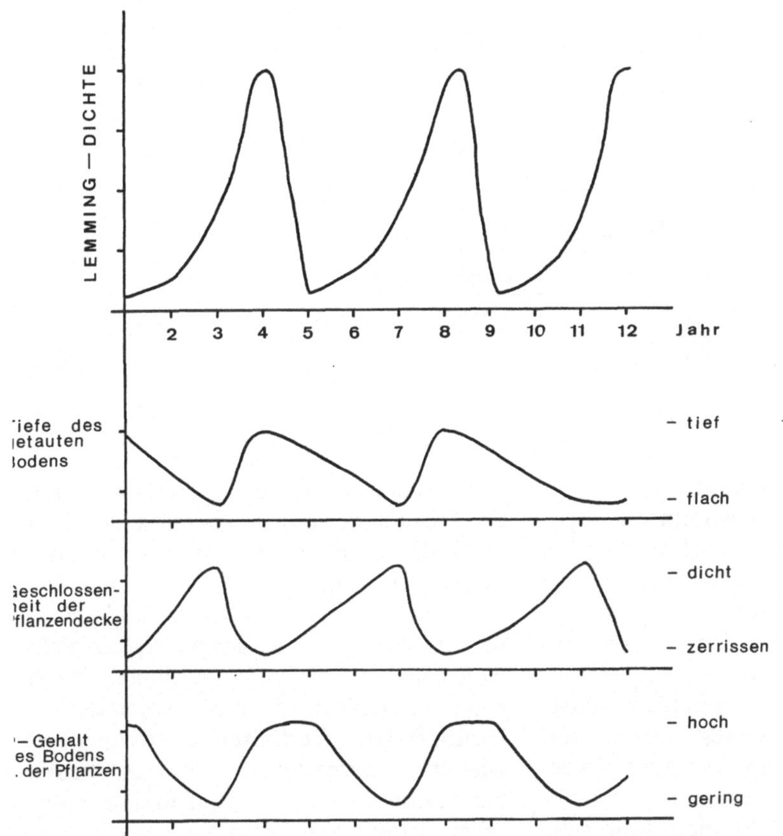

Abb. 179. Lemmingzyklen und ihre Folgen, wie sie von Pitelka und Schulz in Alaska postuliert wurden. Hohe Lemmingdichten zerreißen die geschlossene Pflanzendecke, der Dauerfrostboden taut auf, es erfolgt der Nährstoffnachschub aus dem Boden, die Pflanzen erreichen damit besseres Wachstum, sie schließen sich wieder zusammen. Gleichzeitig erhalten sie nun mehr Mineralien und ermöglichen so ein neues Wachstum der Lemming-Population. In dieser scharfen Form konnte die Hypothese nicht bestätigt werden. (Remmert, 1973)

Abb. 116). In einem Eichen- oder Buchenmastjahr kann die Samenproduktion so hoch sein, daß sämtliche Pflanzenfresser des Waldes theoretisch über 2 Jahre allein von Eicheln oder Bucheckern leben können. Selbstverständlich verändert sich die Fauna unter den Bedingungen eines Mastjahres durchaus stark. Manche Arten — die Kreuzschnäbel — sind auf solche Mastjahre genau eingestellt. Bei Kreuzschnäbeln singen Männchen und Weibchen, sie können zu jeder Jahreszeit zur Brut schreiten, sie vagabundieren in einem sehr großen Gebiet und brüten, wann und wo Nahrung vorhanden ist. In Nordamerika war die ausgestorbene Wandertaube vermutlich ein Tier, welches ebenfalls auf Mastjahre bei der Samenproduktion von Waldbäumen angewiesen war. In Jahren ohne Samenproduktion scheint die Wandertaube keineswegs besonders häufig gewesen zu sein und in Einzelpaaren gelebt zu haben. Nur unter Mastjahr-Bedingungen schloß sie sich zu den sehr großen bekannten Kolonien zusammen. Ihr Aussterben wird heute darauf zurückgeführt, daß der Mensch den Bestand nach einer Reihe starker Mastjahre drastisch verringerte und daß nun nicht genügend Tiere für das Überstehen einiger Jahre ohne Samenproduktion übrig blieben. Für die unterschiedliche Sa-

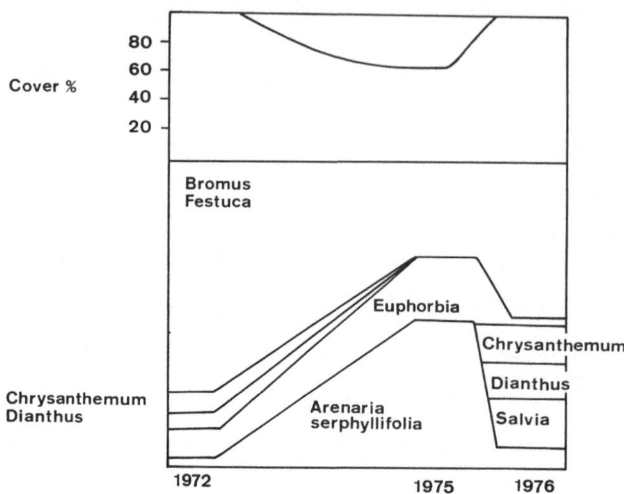

Abb. 180. Änderungen der Bodenbedeckung und Änderung der pflanzensoziologischen Zusammensetzung auf einer Trockengraswiese in Süddeutschland

menproduktion sind besondere Klimabedingungen notwendig (bestimmte Temperaturen im Herbst des vorhergehenden und im Frühjahr des aktuellen Jahres) und die Entfernung vom vorhergehenden Mastjahr. Nur selten werden — besonders bei der Eiche — zwei Mastjahre unmittelbar aufeinander folgen. Bei einem Mastjahr werden die Reservestoffe in den Markstrahlen der Bäume weitgehend verbraucht, damit ist die Bereitschaft zur Samenproduktion im folgenden Jahr sehr niedrig und kann nur durch besonders günstige Klimabedingungen ausgelöst werden.

Während wir in den bisherigen Beispielen ein Oszillieren des Systems unter gleichbleibenden Klimabedingungen postulierten, seien im folgenden einige Beispiele für Schwankungen des Ökosystems als Folge unterschiedlicher Klimabedingungen genannt. In Wirklichkeit ist das Wetter ja in keinem Jahr gleich. Dementsprechend ändern sich auch Pflanzen- und Tierwelt von Jahr zu Jahr. Diese Änderungen werden im allgemeinen sehr stark unterschätzt. Tiere wie Pflanzen können in Mitteleuropa einfach von den Klimabedingungen gesteuert um den Faktor 10 oder stärker verändert werden. Das gilt etwa für ein Trockenrasengebiet in Süddeutschland, welches langfristig untersucht wurde (Abb. 130, 131, 196 ff.). Nicht nur die

pflanzensoziologische Zusammensetzung der Flora änderte sich sehr stark, sondern auch die Gesamtproduktion an oberirdischer Substanz und die Zusammensetzung der Tierwelt. Grillen und Heuschrecken gingen auf knapp $^1/_{10}$ zurück, während Fliegen stark zunahmen. Nach einem „günstigen" Sommer waren die ursprünglichen Verhältnisse weitgehend wieder hergestellt. Entsprechende Schwankungen allein aufgrund klimatischer Bedingungen sind auch bei Vögeln und Säugern nachgewiesen (Abb. 180, 181; vgl. S. 285 f.).

Die Laubproduktion eines Buchenwaldes erweist sich als außerordentlich konstant im Laufe der Jahre.

Im Zuge solcher Bestandsschwankungen können auch großräumige kurz- oder langfristige Arealveränderungen auftreten. So ist der Berglaubsänger normalerweise auf das Alpengebiet und sein unmittelbares Vorland beschränkt. In den Jahren 1947 und 1948 breitete er jedoch schlagartig sein Vorkommen bis an den Nordrand der Mittelgebirge — d. h. bis in den Harz, in das Weserbergland und bis hin zum Deister bei Hannover — aus. Er war damals durch zwei Jahre hindurch in diesen Wäldern keineswegs besonders selten, um dann ebenso schnell wieder zu verschwinden, wie er gekommen war (Schlichtmann).

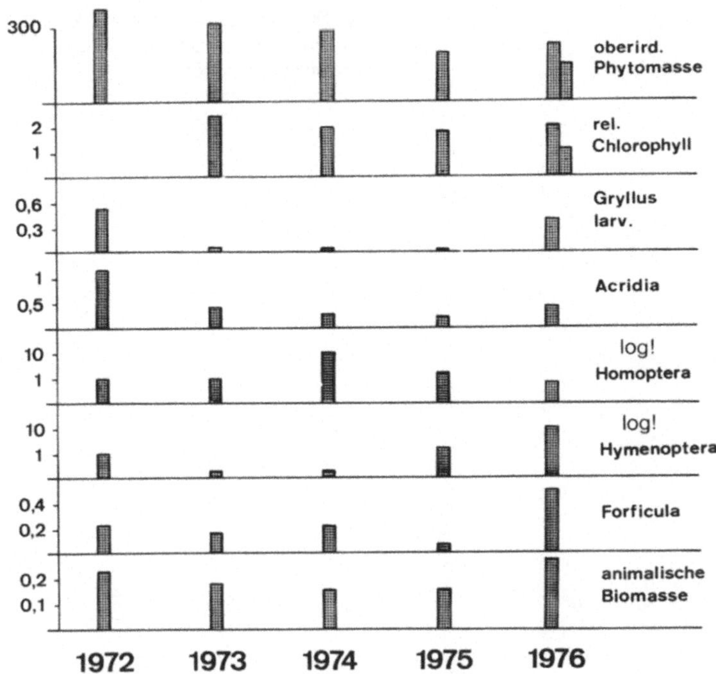

Abb. 181. Das gleiche Gebiet wie Abb. 180. Fang von Tieren und oberirdische Pflanzenmasse (Juli)

Diese völlig „natürlichen" Bestandsschwankungen und Systemoszillationen machen es so unendlich schwierig, die Wirkung neu hinzugekommener Faktoren — Umweltgifte, Tourismus, Bewirtschaftung — klar zu erweisen. Und die Rechtsprechung bürdet die Beweislast dem Ökologen auf — anstelle den anderen zu dem Beweis zu zwingen, sein Eingriff bewirke keine Veränderung.

Diesen sehr starken Schwankungen von Ökosystemen scheinen andere Systeme mit größerer Konstanz gegenüberzustehen. Als solche werden im allgemeinen der tropische Regenwald und Korallenriffe angesehen. Das gleiche scheint aber auch für die Meio-Fauna des Meeresbodens und Meeresstrandes zu gelten. Die hier auftretenden Schwankungen sollen gering sein, sie sollen nur Teilbereiche betreffen, die das System im ganzen in keiner Weise beeinflussen. Bisher gibt es jedoch keine wirklich soliden langfristigen Aufnahmen des gleichen Punktes über viele Jahre hinweg, so daß sich Belege für diese Behaup-

tung derzeit nicht beibringen lassen. Dennoch wird die Behauptung vermutlich stimmen. Zumindest im Vergleich mit den bisher genannten Räumen dürften diese Systeme wesentlich konstanter sein — wenn auch nicht absolut konstant. Massenauftreten von Tukanen, wie sie gelegentlich aus dem zentralbrasilianischen Urwald beschrieben werden, mahnen zur Vorsicht. Sehr langfristige Studien in diesen Systemen sind dringend erforderlich. Vielfach nimmt man an, daß kleine Formen typisch für r-Systeme seien, größere für K-Systeme (vgl. Tabelle 7). Das gilt tatsächlich vielfach, und man wird allgemein sagen können, daß sehr große Vertreter einer bestimmten Verwandtschaftsgruppe wohl immer mehr nach dem K-Bereich des r-K-Kontinuums hin selektiert sind. Bei kleinen Formen liegen die Verhältnisse jedoch sehr viel schwieriger. Tatsächlich scheint die Fauna unserer Böden — etwa eines Waldbodens oder die Meio-Fauna des Meeresbodens — aus Vertretern zusammengesetzt zu sein, die weit

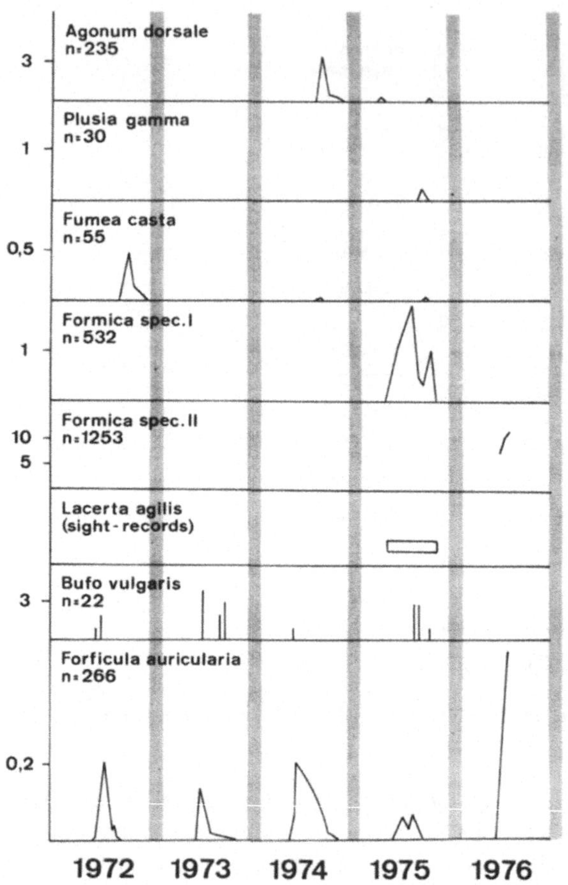

Abb. 182. Das gleiche Areal wie Abb. 180. Fanghäufigkeit einzelner Arten in den Untersuchungsjahren

zum K-Ende des r-K-Kontinuums hin selektiert sind (vgl. Abb. 3, S. 133 f.). Manche haben trotz ihrer geringen Größe einen sehr niedrigen Stoffwechsel pro Gewichteinheit (Zinkler, 1966), der größte Teil hat eine sehr langsame Entwicklung. Viele Milben und Collembolen des Bodens haben in Mitteleuropa nur ein bis zwei Generationen pro Jahr (Schaller, 1962) und ähnliches gilt für viele Vertreter der Meio-Fauna des Meeresbodens. So haben manche Turbellarien, Polychaeten, Archianneliden und Nematoden dieses Lebensraums trotz sehr geringer Größe nur eine einzige Generation pro Jahr (Ax, 1968; v. Thun, 1968). Die Fortpflanzungsrate bei all diesen Tieren liegt wesentlich niedriger als bei ähnlichen rasch vergehender Substrate. Wohl nie kommt bei höheren Vielzellern des Bodens am Land oder

im Meer Parthenogenese vor oder ungeschlechtliche Vermehrung, vielmehr sind komplizierte Paarungsspiele zu beobachten (Schaller, 1962; Ax, 1968), und die Übertragung des Spermas erfolgt vielfach durch eine Spermatophore (vgl. Abb. 3 oben rechts, Microhedyle). Das alles sind nicht integrative Folgen ihrer geringen Größe. Vielmehr zeigen andere Vielzeller ähnlicher Größe und ähnlicher systematischer Stellung sehr hohe Entwicklungsgeschwindigkeiten und sehr hohe Vermehrungsraten (Nematoden, Milben und Collembolen auf Tierleichen und in Exkrementen; Massenvermehrungen von Milben und Collembolen als „Schädlinge" in menschlichen Getreidefeldern und Lagerhäusern). Besonders bemerkenswert ist jedoch die sehr hohe Artenzahl all dieser Tiere und die damit verbundene sehr enge

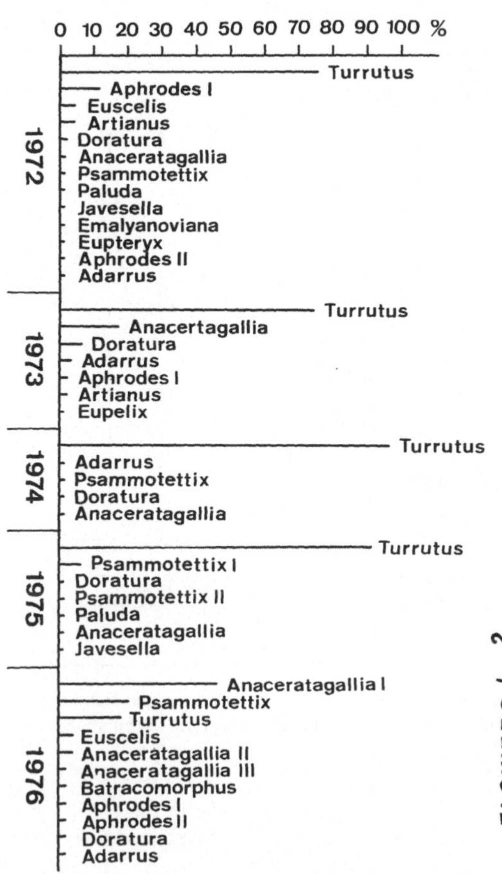

Abb. 183. Das gleiche Areal wie Abb. 180. Das Auftreten von Zikaden im Untersuchungsgebiet (wie bei Abb. 180, nur Monat Juli herausgegriffen). Jeder Balken repräsentiert eine Art. Die Diversität schwankt zwischen 0,22 (1974) und 1,73 (1976)

Nahrungsspezialisierung. Bodenmilben aus der Gruppe der Oribatiden nehmen überwiegend streng spezialisiert entweder nur Pilzhyphen, Pilzsporen und Flechtenreste auf oder sie sind an die Verwertung von Fallaub und Holz gebunden. Dazu gibt es einige weniger spezialisierte Formen. Eine Untersuchung der wirksamen Verdauungssysteme ergab sehr charakteristische Unterschiede bei den einzelnen Arten: Manche können Pektin ohne weiteres verdauen, andere überhaupt nicht (Zinkler, 1971, 1972). Bei Tieren des Strandanwurfs wurden ähnliche Phänomene gefunden. Damit steht wohl in Zusammenhang, daß verschiedene, offenbar

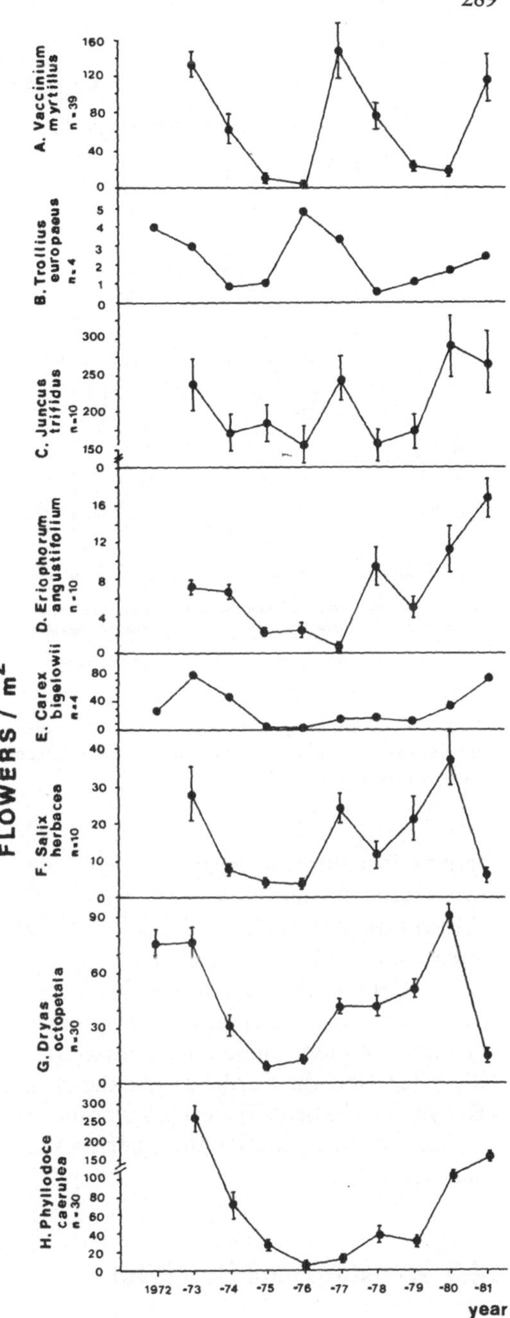

Abb. 184. Blüten pro m² in verschiedenen Jahren in Finnisch-Lappland. (Nach Laine u. Henttonen, 1983)

die gleiche Nahrung benötigende Formen, sehr unterschiedliche Anteile an tierischem Eiweiß brauchen. Schließlich gibt es in diesem System sehr spezialisierte Räuber: Manche Milben ernähren sich of-

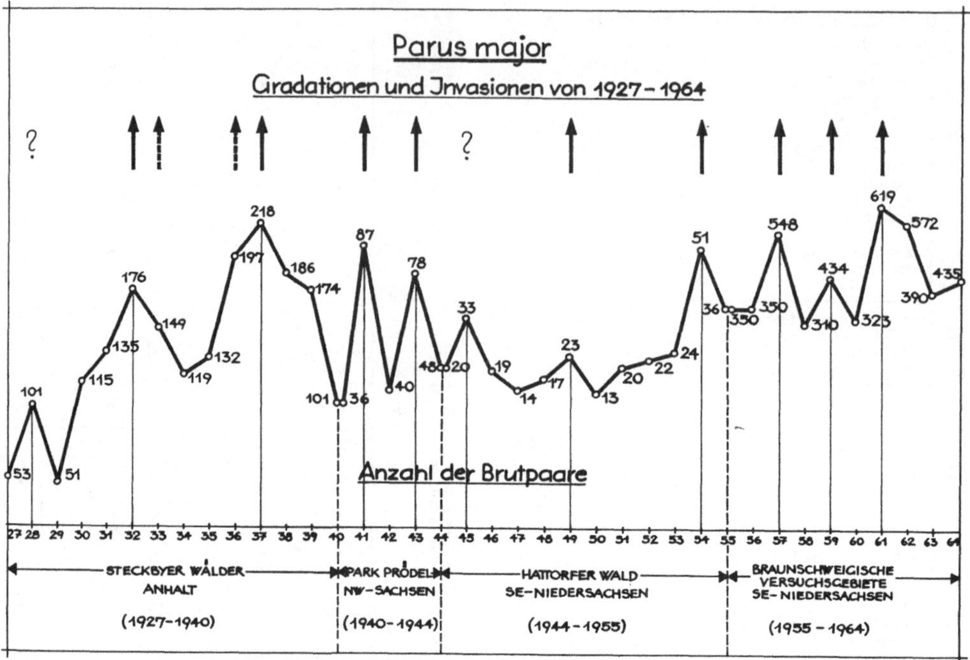

Abb. 185. Schwankungen im Brutbestand der Kohlmeise (1927–1964). Da die Untersuchungen sich nicht auf ein einzelnes Gebiet beziehen konnten, sind unterschiedliche Gebiete zusammengefaßt (wie unten angedeutet). (Aus Berndt u. Henß, 1967)

fenbar fast ausschließlich von Fliegeneiern, viele Nematoden sind spezifische Kleintierfresser (vgl. S. 45 und Abb. 29). Viele Bodenpilze haben sich mit spezifischen Fangmechanismen auf das Erbeuten von Kleintieren eingestellt. Im Ganzen erfüllen daher diese Gemeinschaften kleinster Tiere die Forderungen, die an ein K-System (Tabelle 7) gestellt werden, in bisher sonst nirgendwo analysierter Vollständigkeit.

4.8 Konstanz und Stabilität

Die Frage nach der Stabilität wird durch das Konzept vom Zyklus-Mosaik-Prinzip stark relativiert. Infolge des Zyklus von Altern und Verjüngen im System ist das System auf Katastrophen von vornherein vorbereitet; Katastrophen, ebenso wie die Reparatur von Katastrophen, sind im System vorprogrammiert. Sie sind nicht erst aufgetreten als der Mensch den Erdball

und seine Systeme entscheidend überformte. Massentiersterben im Meer durch Massenvermehrungen giftiger Algen und Massentiersterben am Land durch Seuchen hat es immer gegeben. Man muß dies bei den folgenden Seiten immer im Kopf behalten.

Die Frage nach der Stabilität von Ökosystemen hat in der jüngsten Zeit durch die starken Eingriffe des Menschen besondere Bedeutung gewonnen. Daher sind zu dieser Frage außerordentlich viele Untersuchungen, die z. T. rein spekulativer Natur sind, publiziert worden. Erst in allerjüngster Zeit ist eine kritische Sichtung des vorliegenden Materials und der gezogenen Schlüsse durchgeführt worden. Zunächst war eine neue Begriffsbestimmung notwendig, die sich an der sprachlichen und physikalischen Bedeutung dieser Begriffe orientieren mußte. Ein konstantes System ist danach ein System, in dem nur relativ geringe Veränderungen bei den herrschenden klimatischen Bedingungen zu beobachten sind. Inkonstant ist dagegen ein System, welches beim Vergleich jeweils der gleichen Jahreszeit über viele Jahre hinweg mehr oder weniger deutliche Unterschiede zeigt. Ein stabiles System zeigt bei exogenen Einflüssen — Hinzukommen einer neuen Organismenart, unerwartete klimatische Bedingungen, Eingriffe des Menschen — keine wesentliche Änderung. Empfindlich reagiert dagegen ein System, welches bei solchen exogenen Eingriffen mit einer Veränderung reagiert, welche nicht kompensierbar ist. Elastische Systeme zeigen eine Reaktion wie empfindliche Systeme, sie kehren jedoch relativ rasch zum ursprünglichen Zustand zurück (Orians, 1974). (Diese Definitionen unterscheiden sich sehr stark von den bisher gebräuchlichen, die weitgehend unscharf waren, und die man nicht mehr benutzen sollte, weil sie Konstanz mit Stabilität gleichsetzten.)

Aus diesen Klarstellungen der Begriffsinhalte ergibt sich, daß Konstanz und Stabilität ebenso wenig wie Inkonstanz und Empfindlichkeit miteinander gleichgesetzt werden dürfen. Wir haben im vorigen Kapitel Systeme besprochen, die keinem Eingriff von außen her unterlagen. Wir haben nun die Wirkung plötzlicher Eingriffe zu diskutieren.

Bei derart kritischer Betrachtung ist eine strenge naturwissenschaftliche Diskussion kaum möglich. Prinzipiell läßt sich nicht vorhersagen, ob für ein System die Hinzufügung eines Tieres bedeutsamer ist als die Herausnahme eines Tieres. Es läßt sich nicht sagen, ob ein menschlicher Eingriff mit Feuer, mit Bulldozern, mit Insektiziden oder mit Herbiziden bedeutsamer ist als die erstgenannte biologische Faktorengruppe. Auch läßt sich die Bedeutung dieser verschiedenen menschlichen Eingriffe nicht von vornherein abschätzen. Dabei ist selbstverständlich, daß die Jahreszeit des Eingriffs mit einkalkuliert werden muß. Wir wissen, daß Feuer im Frühjahr ganz anders wirken als im Sommer oder im Herbst, daß Feuer, die gegen den Wind ein Gelände durchdringen, viel

schwerwiegendere Folgen haben als solche, die rasch mit dem Wind laufen. Wenn wir diese Fragen also hier diskutieren, müssen wir uns darüber im klaren sein, daß an sich weder qualitativ noch quantitativ vergleichbare Eingriffe miteinander verglichen werden.

Bekannte Beispiele für derart gravierende Eingriffe in bestehende Systeme stellen Inseln dar, auf die die frühen Seefahrer, um bei späteren Reisen Proviant vorzufinden, Ziegen und Schweine aussetzten.

So zerstörten die bei der Entdeckung der Insel Süd-Trinidad (20° S) im Jahre 1700 eingeführten Ziegen und Schweine den gesamten Waldbestand des Landes. Schon im 19. Jahrhundert wurden keine lebenden Bäume mehr gesehen. Die Insel war damals ein Schrecken für die Seefahrer: Schon auf große Entfernung konnte man die Bäume erkennen, aber sie ragten tot und kahl und nackt in den tropischen Himmel. Später brachen sie zusammen (Murphy, 1936). Nicht immer erfolgt der Zusammenbruch eines Ökosystems so dramatisch und auf eine derart vom Ursprung entfernte Stufe. Auf die ursprünglich bewaldete Insel St. Helena wurden im Jahre 1502 (nach anderen Quellen 1513) Ziegen eingeführt, auch hier wurde der Wald vernichtet mit seiner gesamten einheimischen Fauna. Im Jahre 1731 galten die einheimischen Baumarten und die sie bewohnenden Landschnecken bereits als ausgestorben. Darwin fand bei seiner Reise (1836) fast nur englische Pflanzenarten vor (Darwin: Reise eines Naturforschers um die Welt, Murphy 1. c.). Auf beiden Inseln hat sich also ein neues System eingespielt. Auch dieses System kann durch Neueinführung relativ leicht verändert werden.

Daß dies neue Gleichgewicht ein System ist, welches nicht anders als das ursprüngliche System betrachtet werden darf, zeigt die Insel Amrum. Auf dieser primär waldfreien Insel wurden nach mehreren kleineren früheren Anpflanzungen ab Mitte der 50er Jahre in großem Maße Anpflanzungen mit meist außereuropäischen Hölzern durchgeführt. Die früher auf Amrum sehr häufige Waldmaus (Apodemus sylvaticus) (die ja nicht in Wäldern lebt) ging daraufhin stark zurück, dagegen breitete sich die Schermaus (Arvicola terrestris) stark aus. Ob die Schermaus früher schon auf Amrum vorgekommen ist, läßt sich heute nicht mehr mit Sicherheit sagen. Wenn sie vorgekommen ist, war sie zumindest sehr selten. In den neuen Anpflanzungen fand sie jedoch ideale Bedingungen, sie schädigte diese Anpflanzungen stark, so daß mehrfach nachgepflanzt werden mußte. Aus den Anpflanzungen drang sie in die Deiche der Insel vor und unterwühlte diese in starkem Maße. Bei der nächsten starken Sturmflut brachen nunmehr die Deiche, das Meer überspülte gutes Weideland. Durch die ökologisch und forstwirtschaftlich unsinnige Anpflanzung von Bäumen auf einer primär waldfreien Insel, die nachweislich zumindest seit der Bronzezeit vom Menschen besiedelt und kultiviert worden ist, wurde dieses vom Menschen geschaffene System außer Kontrolle gebracht. Nun dürfte sich wiederum ein neues Gleichgewicht einstellen. Dies neue Gleichgewicht hat aber mit dem bisherigen, das unter Einfluß des Menschen entstand, nichts mehr zu tun. Anstelle der bisherigen zentralen Heide der Insel (mit Empetrum nigrum als vorherrschender Pflanze) wird sich nun im Zentrum der Insel ein Buschwald ausbreiten mit einer vollkommen anderen Fauna (Abb. 186).

Derartige Änderungen des Systems sind an vielen Stellen bekannt geworden. Die Vernichtung der Wälder in den niederschlagsreichen Gebieten Irlands und Westschottlands führte zur Bildung von Hochmooren; die Vernichtung tropischer Regenwaldgebiete zu armen Sekundärwäldern auf Sandboden mit geringen Niederschlägen und geringer Produktion.

Nach mehr als 20 Jahren intensiver Arbeit im Ökosystem Buchenwald des Solling-Projektes trat plötzlich eine Art zahlreich auf, die vorher fast nicht in Erscheinung getreten war: die Buchen-Woll-Laus. Sie wurde jetzt plötzlich häufig und tötete durch ihre Tätigkeit alte Buchen, schädigte andere in großem Maße. Unter den vielen Insekten, die für das System kaum eine Rolle spielten, war plötzlich eines aufgetaucht, das plötzlich unter noch nicht geklärten Umständen zahlreich wurde, das im Energie- und Stoffwechselhaushalt des Waldes faktisch gar keine Rolle spielt, aber das jetzt plötzlich Bäume in nicht geringer Zahl tötete (Lunderstädt et al., 1988).

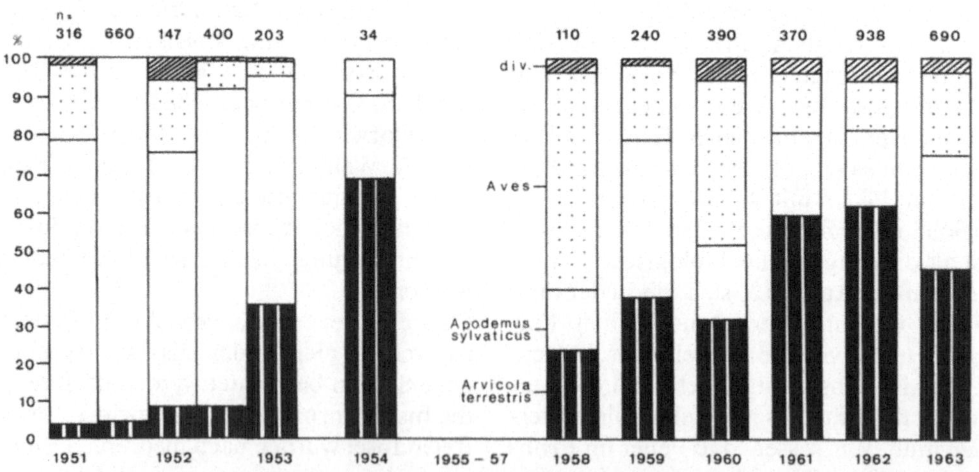

Abb. 186. Änderung in der Kleinsäuger-Zusammensetzung (sichtbar an Änderungen in der Zusammensetzung der Beutetiere der Waldohreule) auf der Nordseeinsel Amrum nach dem Beginn großflächiger Aufforstung. (Aus Remmert, 1964)

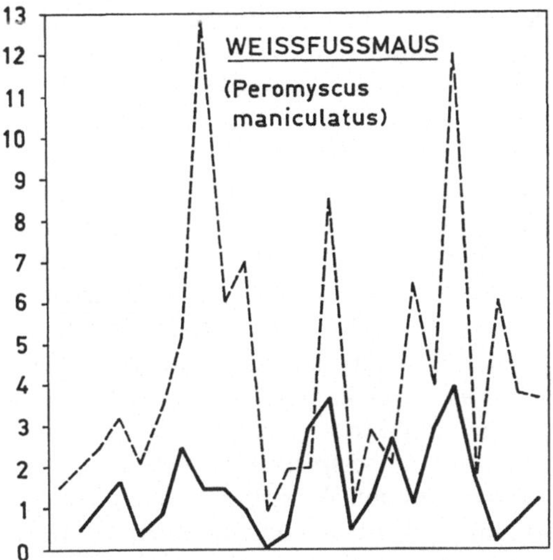

Abb. 187. Bestandsschwankungen der Weißfußmaus auf einem Kahlschlag und im zugehörigen Urwald. (Aus Tschumi, 1973.) - - - - Kahlschlag, —— Urwald

Beim skandinavischen Birkenwald führen Massenvermehrungen des Spanners Oporinia autumnata (Abb. 166) zur Vernichtung des Waldes und zur Zurückdrängung der Waldgrenze. An der Stelle des Waldes entsteht nunmehr eine typische Tundra mit typischen Tundra-Gleichgewichten. Andere Systeme lassen sich auch durch sehr starke Eingriffe kaum verändern. Das gilt etwa für den mitteleuropäischen Buchenwald, der regelmäßige Abholzungen erträgt, der einen Export des Holzes erträgt, der ein Pflügen erträgt und sich dennoch im allgemeinen wieder regeneriert. Natürlich vollzieht sich eine solche Regeneration nicht völlig reibungslos. Auf abgeholzten bzw. auf bewirtschafteten Teilen eines Waldes können z. B. die Populationsschwankungen von Mäusen viel größer sein als im Urwald (Abb. 187). Auch die Phragmites-Wälder an den Ufern der Seen sind gegen Schwankungen des Wasserstandes, gegen Mähen, gegen Gift außerordentlich resistent. Lediglich starker Wellenschlag zu der Zeit, wo die jungen Pflanzen die Wasserlinie durchbrechen, vermag Phragmites großräumig zu schädigen. Eine Regeneration ist hier je-

doch sehr rasch möglich und erfolgt im Regelfall ohne weiteres.

Infolge einer Verwechslung der Begriffe „Konstanz" und „Stabilität" und aufgrund von theoretischen Überlegungen ist oft Artenvielfalt als Ursache für Stabilität angesehen worden. Konstante Systeme zeichnen sich tatsächlich durch eine große Artenvielfalt aus. Die Verwendung des Wortes „Nahrungsnetz" führte zu der einleuchtenden Überlegung, daß jeder Organismus als Teil eines Netzwerks das ganze Netz mit zusammenhielte. Auf S. 258 wurde bereits dargestellt, daß ein solches Netzwerk quantitativ bis heute nirgendwo belegt ist. Vielmehr scheinen große Energieströme in manchen Richtungen zu laufen, die Vernetzungen zwischen diesen großen Richtungen scheinen oft quantitativ nicht sehr ins Gewicht zu fallen. Dazu kommt, daß die theoretische Überlegung nicht zwingend ist. Man kann — um im Bild zu bleiben — die Artenvielfalt sich auch als ein sehr locker aufeinander aufgebautes Gerüst vorstellen, dem gegenüber Artenarmut einer einförmigen Mauer gleicht. Das Filigran-Gerüst des ersteren Falls läßt sich viel leichter zerstören als die Festungsmauer des zweiten. Schließlich ist Nahrung — also Energiefluß und Stoffkreislauf — im System nur ein Teilaspekt.

Tatsächlich dringt heute immer mehr die Auffassung durch, daß Inkonstanz und Stabilität oder Elastizität eines Systems miteinander verwandt sind. Dabei wird ins Feld geführt, daß die Vernichtung einer Vegetation durch die Massenvermehrung eines Schmetterlings oder eines Lemmings schließlich nichts anderes ist als der gleiche Effekt infolge eines menschlichen Bulldozer-Eingriffs. Systeme, die an Massenvermehrungen von Schmetterlingen oder Lemmingen angepaßt sind, vermögen sich also auch nach einem Angriff des Menschen mit Hilfe von Bulldozern wieder zu erholen. Systeme wie das Schilfrohr an unseren Seen, welches an Eisgang bei hohem Wellengang im Frühjahr oder an Austrocknung oder Überschwemmung

angepaßt ist, welches H$_2$S-Bildung ohne weiteres erträgt, vermag auch Giftstoffe des Menschen oder mechanische Eingriffe des Menschen zu überdauern. Nach dieser Auffassung sind artenreiche Systeme, wie sie etwa der tropische Regenwald oder ein Korallenriff sind, besonders empfindlich gegenüber exogenen Eingriffen — sei es nun die Wegnahme oder die Hinzufügung eines Organismus, sei es ein menschlicher Eingriff. Diese Gebiete wären nach dieser Auffassung besonders vorsichtig bei der derzeitigen Bevölkerungs- und Technik-Explosion zu behandeln. Artenvielfalt wäre nach dieser Auffassung zwar ein Mechanismus zur Bewirkung einer biologischen Konstanz im System — aber ein höchst anfälliger und damit gefährlicher Mechanismus, der sich nur evoluieren konnte unter langfristig konstanten abiotischen Bedingungen, die weitgehend frei waren von starken exogenen Schwankungen. (Wie artenreich manche Systeme sein können, zeigt ein Blick auf den amazonischen Regenwald: Fittkau u. Klinge, 1973, fanden auf einem Testareal von 2000 m^2 über 500 Arten von Bäumen und Palmen über 1,5 m Höhe.)
Artenvielfalt muß dabei allerdings noch einmal besonders definiert werden. Ein zoologischer oder ein botanischer Garten hat eine sehr hohe Artenvielfalt, bei bestimmten Pflanzen- und Tiergruppen — eine viel höhere als wir im Freiland jemals antreffen. Artenvielfalt oder besser: hohe Diversität (was eine ungefähr gleichmäßige Häufigkeit der vergleichbaren Arten bedeutet) kann nur dann ein Mechanismus sein der für Konstanz sorgt, wenn sie sich in einem vergleichweise konstanten Lebensraum entwickelt. Dann scheinen drei Mechanismen diese Konstanz zu gewährleisten. Erstens sind sehr viele Arten mit weitgehend überlappenden ökologischen Ansprüchen nebeneinander vorhanden, die einander teilweise ersetzen und vertreten können, die z. T. bei verschiedenen Dichten eines Beuteobjekts besonders wirksam sind. Dieser Mechanismus hält alle Populationen niedrig, aber bei hoher Produktionsrate. Zum zweiten wird durch die im allgemeinen wohl zufällige Verteilung der einzelnen Organismenarten im Biotop ein Finden erschwert. Es kommt zwar gelegentlich zu einer Massenvermehrung eines Insektes an einem Baum, aber die übrigen Bäume der gleichen Art werden nicht entdeckt und bleiben verschont. In der gleichen Weise wirkt auch der auf S. 255 beschriebene Faktor, nach dem durch verschiedene, unterschiedlich gestaltete und anders riechende Pflanzenarten die Sinnesorgane der Insekten beispielsweise nicht mehr ohne weiteres den Weg zur richtigen Futterpflanze erkennen können. Drittens können Organismen einander gegenseitig abtöten. Das scheint vor allen Dingen im Wurzelhorizont der höheren Pflanzen eine Rolle zu spielen. Viele Asteraceen (Compositen) besitzen in ihren Wurzeln Stoffe, die Wurzelnematoden abtöten und so ihre Populationen im Boden drastisch reduzieren. Diese Tatsache hat zur Folge, daß auch andere Pflanzen im gemischten Bestand vom Nematodenbefall verschont bleiben (Gommers, 1973). Aber all diese Mechanismen sind anfällig bei einem Wechsel der Umweltbedingungen und damit gefährlich, sie bewirken lediglich eine Konstanz, solange die Bedingungen, unter denen sich das System evoluierte, nicht verändert werden.
Diese Auffassung bedeutet einen radikalen Wechsel in der Auffassung von Stabilität, wie sie noch vor wenigen Jahren als gesichert angesehen wurde. Ob die neue Auffassung richtig ist, kann erst die Zukunft lehren. Wegen der Bedeutung dieser Frage für den Menschen in seiner Welt sind hier jedoch großangelegte empirische Untersuchungen, die sich über lange Zeit erstrecken, notwendig. Bis heute gibt es keine gesicherten und wirklich verläßlichen Untersuchungen über die Frage, ob naturnahe Inseln in einer Kulturlandschaft automatisch eine gewisse Abpufferung der Kulturlandschaft gegenüber Massenkalamitäten unerwünschter Organismen gewährleisten können oder nicht.

Es ist fast zu spät für solche Untersuchungen, man sollte sie jedoch so rasch wie möglich in Angriff nehmen.

Die Bedeutung von Windschutzstreifen und Wasserschutzstreifen ist in Gebieten mit Gefahren starker Wind- oder Wassererosion unbestritten. Nicht klar dagegen ist, ob derartige kleine Wälder in Ackerlandschaften auch von ihrer Pflanzen- und Tierwelt aus einen günstigen Einfluß auf die Felder ausüben — der zudem die Nachteile schwieriger maschineller Bewirtschaftung und des Flächenbedarfs (damit Ernteausfall) ausgleicht. Aufgrund allgemeiner ökologischer Erfahrungen ist der Fachmann von vornherein geneigt, hier „ja" zu sagen. Von diesen Wäldern können sich Unkräuter und unerwünschte Tiere ausbreiten, sie erhalten hier Refugien. Nicht nur vom Landwirt erwünschte Arten leben ja in solchen Feldgehölzen! Nur sehr langfristige Untersuchungen können hier weiterhelfen. Auch die Einführung neuer Organismen in ein System zeigt vielfach keine besondere Wirkung. Das amerikanische Grauhörnchen hat in England vielfach das einheimische Eichhörnchen verdrängt, sonst aber scheint das System unbeeinflußt geblieben zu sein. Die Einführung von Rentieren nach Zentralisland scheint das System ohne weiteres ertragen zu haben. Das gleiche gilt für die Einführung der Regenbogenforelle in mitteleuropäischen Gewässern — während der Panzerwels als Laichfresser andere Fischarten entscheidend dezimierte. Vielfach kann das System auch elastisch reagieren. Die Verschleppung von Elodea canadensis nach Mitteleuropa führte zu einer derartigen Vermehrung dieser Pflanze in allen nicht zu schnell fließenden Gewässern, daß sie eben den Namen Wasser-„Pest" erhielt. Man befürchtete ein völliges Verstopfen sämtlicher Weiher, Seen und Flüsse. Das System reagierte jedoch elastisch: Nach einiger Zeit wurde die Wasserpest wieder seltener und ist heute eine unauffällige Pflanze unserer Gewässer. Die Ursachen des Rückgangs sind nicht völlig klar, teilweise wird ein

Pilz, teilweise ein Nematode dafür verantwortlich gemacht. Auch ist keineswegs sicher, ob diese beiden Arten schon vorher in Europa vorkamen oder erst nachträglich aus Amerika sich in Europa festsetzen konnten.

Die neue Auffassung von Elastizität und Stabilität stellt mehr Fragen als Antworten. Wie kommt es zur Elastizität bzw. Stabilität „natürlicher Monokulturen" wie Buchenwald oder Schilfgürtel? Warum sind unsere künstlichen Monokulturen so sehr empfindlich? Die Nahrungsqualität der Pflanzen kann es nicht sein, denn auch Buchenblätter und Phragmites stellen hochwertiges Futter dar. Liegt es allein an den Bodenbedingungen, die aufgrund geringerer Umsätze immer wieder Nahrung für ein Neuwachstum bereitstellt, liegt es an speziellen „Schlüsselarten", die so etwas können (aber wieso „können" sie das?)? Hier liegt eine der ganz großen Herausforderungen an die Ökologie. Aufgrund der in den vorigen Kapiteln erläuterten Formalismen könnte man etwa folgendes sagen. Eine Kulturpflanze wird gegenüber ihrer Wildform unter unseren Kulturbedingungen auf dem K-r-Kontinuum immer mehr zum r-Ende hin verschoben. Zwar liegen alle unsere Kulturpflanzen schon von vornherein im r-Bezirk, aber die Verschiebung wird durch unsere Züchtung noch immer verstärkt: geringe Resistenz gegenüber Konkurrenz, hohe Produktion an Fortpflanzungsorganen, Kurzlebigkeit. Auf der anderen Seite werden die „Schädlinge", die auf diesen Kulturpflanzen leben, vom natürlichen r-Bereich in den K-Bereich verschoben: ihre Nahrung ist stets reichlich und in großer Menge vorhanden. Die Tiere, die immer auf große Nachkommenzahl selektiert wurden und keine eigenen Mechanismen zur Populationsbegrenzung entwickelt hatten, sehen sich plötzlich einer fast unerschöpflichen und immer vorhandenen Nahrungsquelle gegenüber. Das ist zunächst nur ein formalistischer Ansatz, aber vielleicht läßt sich über ihn weiter arbeiten.

Man wird auch die Eingriffe, auf die die Systeme reagieren, vergleichbar und quantifizierbar machen müssen. Kein Ökologe zweifelt daran, daß die große Artenzahl hochdiverser Lebensräume die Methode ist, unter konstanten, sehr günstigen Bedingungen einigermaßen konstante Häufigkeiten von Organismen zu erhalten. Das Hinzufügen oder das Wegnehmen einer einzelnen Art kann hier vielleicht leichter ausgeglichen werden als in anderen Lebensräumen mit einer geringeren Artenzahl. Allerdings haben die verschiedenen Arten wiederum verschiedene Wertigkeit. Um ein Extrembeispiel zu bringen: Die Wegnahme der Rotbuche aus einem Buchenwald hat sicher andere Effekte als die Wegnahme einer speziellen Collembolenart.

Neuerdings neigt man — meist unausgesprochen — immer mehr zu einer Annahme, die dem Ökologen unsympathisch sein muß: daß nämlich Stabilität gar nicht eine Frage eigentlich der Ökologie und der Biologie ist, sondern eine Frage des Vorhandenseins von Ressourcen nach einem Eingriff, der Stabilität oder Elastizität erfordert. Erinnern wir uns: der amazonische Regenwald ist bekanntlich eines der artenreichsten (und daher vermutlich eines der konstantesten) Ökosysteme der Erde. Wird er großflächig geschlagen, so kommt es zu keiner Regeneration. Günstigstenfalls entsteht ein armer Sekundärbusch, der nichts mehr mit dem reichen Wald zu tun hat. Ähnliche Erfahrungen liegen aus dem Kongobecken vor. Ganz anders aber sieht die Situation in vielen Teilen Südostasiens aus. Dort haben wir eine sehr starke menschliche Besiedlung mit sehr intensiver Landwirtschaft — und trotzdem erholt sich hier immer wieder der tropische Regenwald von all den Belastungen, die ihm der Mensch zugefügt hat. Ähnliches gilt für manche Bereiche Mittelamerikas und für viele der Südseeinseln wie etwa Tahiti. Erinnern wir uns weiter: im amazonischen Regenwald waren sämtliche Ressourcen in der lebenden pflanzlichen und tierischen Substanz gespeichert.

Der Boden enthielt keinerlei Ressourcen. Mit der Vernichtung bzw. Entfernung der biologisch aktiven Substanz wurden auch die letzten Ressourcen hinweggeschafft. Viele der Regenwälder Südostasiens und Mittelamerikas aber stehen auf reichem, jungen, meist vulkanischem Boden, der reichlich Ressourcen enthält. Eine Entfernung der Biomasse führt zu keinem ernsthaften Verlust an Ressourcen und so kommt der Regenwald zurück.

Tatsächlich werden wir hier unterscheiden müssen zwischen verschiedenen Typen von Insulten, die das infragestehende Ökosystem belasten: sind es chemische Insulte oder physikalische, haben wir es mit einer chemischen Verschmutzung oder mit einem Bulldozerangriff zu tun: beide Formen wirken ja auf sehr unterschiediche Ressourcen für ein Ökosystem. Während Wüstenpflanzen und Tundrapflanzen extrem empfindlich gegenüber einer chemischen Belastung sind, sind sie außerordentlich resistent gegenüber einer physikalischen Belastung: an physikalische Belastungen, wie sie durch Lemmingmassenvermehrungen oder Sandstürme erfolgen, sind diese Systeme (oder vielleicht besser: ihre wichtigsten Arten) im Lauf der Evolution angepaßt worden. Gegenüber chemischen Insulten — seien es chemische Luftverschmutzungen oder Bodenverschmutzungen — aber sieht die Sache anders aus. Zumindest die Schlüsselarten dieser Systeme leben unter Grenzbedingungen, wo sie wirklich keine Energie für Entgiftungsprozesse und dergleichen bereitstellen können. Hier wirken daher chemische Verunreinigungen katastrophal, während chemische Verunreinigungen im tropischen Regenwald vergleichsweise gut ertragen werden.

Man kann diese Überlegungen auf aquatische Lebensräume anwenden, und das ist hier schon seit langer Zeit geschehen. Die Unterscheidung zwischen einem oligotrophen See und einem eutrophen See beruht letzten Endes auf dem Vorhandensein oder Fehlen einer Ressource: des Sauerstoffs in der Tiefe der Seen. Zumindest die

Schlüsselarten ökologischer Systeme werden in der hier beschriebenen Weise reagieren, und sie determinieren letzten Endes das Bestehenbleiben, das Regenerieren oder das Vergehen eines Systemes unter Umweltbelastung. Sehr alte ökologische Systeme mit sehr intensiver Coevolution werden bei Verlust einzelner Arten möglicherweise empfindlicher reagieren als sehr junge Systeme, wie etwa unser Buchenwald oder die Ostsee, wo kaum Coevolution zwischen den einzelnen Gliedern stattgefunden hat. Insofern spielen auch biologische Prozesse bei der Stabilität nach dieser Auffassung eine Rolle. Die entscheidende, die determinierende Bedeutung haben nach dieser Auffassung jedoch allein die abiotischen Ressourcen und ihre Verfügbarkeit nach einer Umweltbelastung.

Wie schwer ein Eingriff in vielartige Systeme zu analysieren ist, wird am Beispiel der antarktischen Ozeane deutlich. Der Walfang hat hier zu einer drastischen Änderung im Räuberspektrum des Krills (eines planktonischen Krebses, Euphausia superba) geführt. Während einst die Wale dominierten, spielen jetzt die Robben die wichtigste Rolle. Der Bartenwalbestand ist von ca. 43 Millionen Tonnen auf 7 Millionen Tonnen gesunken. Damit ergibt sich rechnerisch eine Differenz von 150 Millionen Tonnen Jahreskonsum an Krill; dabei wird aber vorausgesetzt, daß die Wale einstmals ebensoviel Krill pro Tonne Körpergewicht fraßen wie heute. Tatsächlich scheint aber mit Herabsetzung der Nahrungskonkurrenz der relative Konsum gestiegen zu sein, was zu einer Erhöhung der Raten von Wachstum, Geschlechtsreife und Fortpflanzung bei Blau-, Finn- und Seiwalen geführt hat. Es gibt einige Hinweise, daß auch andere Krillkonsumenten vom Rückgang der Walbestände profitierten: Krabbenfresser (Lobodon) werden jetzt stellenweise mit 2,5 statt mit 4 Jahren geschlechtsreif, und die Pinguinkolonien scheinen zugenommen zu haben, obwohl bei ihnen primär das Angebot an Nistplätzen und Winter-

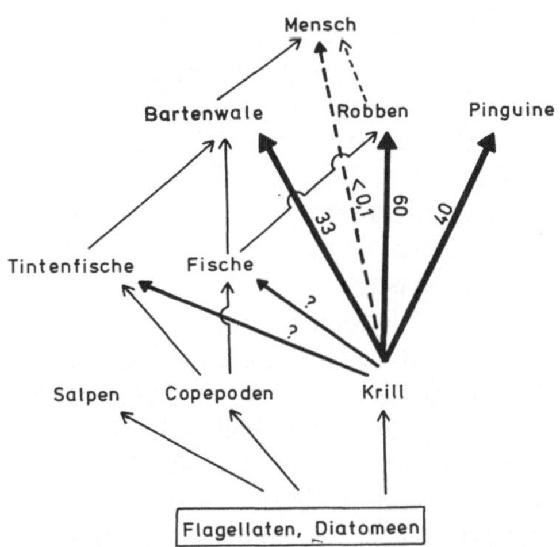

Abb. 188. Die zentrale Stellung des Krill im antarktischen Nahrungssystem. *Zahlen* = heutiger Krillkonsum in Millionen t pro Jahr. (Aus Hempel, 1977)

futter limitierend sein soll. Die heutigen Energieströme zeigt die Abbildung des Nahrungsnetzes im jetzigen antarktischen Ozean (Abb. 188). Vor Beginn des antarktischen Walfangs hat der Bartenwalbestand nicht wie heute 33 Millionen Tonnen Krill verbraucht, sondern etwa 180 Millionen Tonnen Krill, die jetzt offenbar von Robben, Pinguinen und anderen Organismen verbraucht werden. Dennoch geht die Rechnung nicht auf; die Unsicherheit, mit der solche Abschätzungen behaftet sind, wird damit deutlich (Hempel, 1977). Andere Autoren nehmen an, daß der etwa bis 7 m lange Zwergwal inzwischen die Rolle der großen Bartenwale übernommen hat, sehr stark zugenommen hat und damit ein Wiedererstarken der Populationen der großen Wale verhindert. Der antarktische Ozean wäre also in ähnlicher Weise „umgekippt" wie der Golf von Kalifornien oder die Nordsee: nach dieser Auffassung würde eine drastische Jagd auf den Zwergwal das Wiedererstarken der Populationen der Großwale begünstigen.

Allgemein wird offenbar die Konstanz von Ökosystemen und ihrer Glieder ganz wesentlich überschätzt. Das geht aus vielen im Text dargestellten Graphiken her-

vor, muß hier jedoch noch einmal betont werden. Der jeweilige Untersucher läuft dabei Gefahr, für seine speziellen Interessen optimale Jahre als normale Jahre anzusehen. Auf diese Tatsache hat schon Fisher 1954 hingewiesen. Sehr langfristige mosaikartige Zyklen zeigt ein Urwald. Sehr kurzfristige Schwankungen der Bestände sind jedoch bei wohl allen Tieren zu beobachten. Das gilt etwa für Meisen (Abb. 185), dürfte aber in dieser Form wohl für alle Kleinvögel gelten. Selbst Meeresfaunen — das Urbild der Konstanz — unterliegen sehr heftigen Schwankungen. Besonders bekannt ist das aus der Ostsee. Der Bestand an Trottellummen und Tordalken kann nach extrem kalten Wintern auf fast 0 heruntergehen, und es braucht Jahrzehnte, bis er wieder eine Größe um etwa 50000 erreicht hat (was offenbar das Maximum für die Ostsee darstellt, vgl. Remmert, 1955). Derart kalte Winter haben auch auf die eigentliche Meeresfauna sehr starken Einfluß: Die Uferfauna (Seepocken, Miesmuscheln) wird fast vollständig zerstört. Miesmuscheln können ihre Byssus-Fäden lösen und sich in die Tiefe fallen lassen, aus der sie im Frühjahr wieder an die Oberfläche wandern. Derartige Verhältnisse gelten auch für die Nordsee (Ziegelmeier, 1964, 1970). Bei dem Versuch, ein Energiebudget für die Muschel Scrobicularia plana an der britischen Küste zu ermitteln, stieß Hughes (1970) auf größte Schwierigkeiten: Modelle können nur angewandt werden, wenn sich die Population im Gleichgewicht befindet. Hughes fand jedoch keine einzige im Gleichgewicht befindliche Population. Die Schwankungen der Bodenfauna der Nordsee lassen sich auch aus den Mageninhalten von Schollen ableiten: Sie nehmen in verschiedenen Jahren im gleichen Gebiet ganz unterschiedliche Nahrung zu sich (Abb. 189; Thorson, 1957). Um den Einfluß von Umweltchemikalien auf die Bodenfauna der Nordsee festzustellen, wird nunmehr seit Jahren ein Programm durchgeführt, bei dem regelmäßige quantitative Aufsammlungen der Nordsee-Bodenfauna durchgeführt werden. Bisher ist ein schädigender Einfluß von Umweltchemikalien nicht erkennbar, wohl aber sehr dramatische Änderungen im Bestand aller Arten. Die Artenzahl schwankt zwischen 80 und weniger als 20, die Individuenzahl pro Quadratmeter der Makrofauna zwischen etwa 300 und 1500 (Abb. 190; Rachor u. Gerlach, 1976). Berühmt geworden ist „El Niño" — ein Verdrängen des nahrungsreichen, kalten Humboldtstroms durch nahrungsarmes Wasser, was einen Zusammenbruch der Population der Guanovögel an der peruanischen Küste zur Folge hat aufgrund eines Zusammenbruchs der Fischpopulationen. Wenn das nahrungsreiche Wasser des Humboldtstroms in die Tiefe gedrückt wird, bleibt die hohe Primärproduktion, die dieses Gebiet normalerweise auszeichnet, aus. Die Primärkonsumenten können sich ebensowenig vermehren und damit bricht die Fischpopulation zusammen. Ein solcher — in unregelmäßigen Abständen zwischen 1 und 13 Jahren auftretender — Wechsel der Meeresströmungen macht sich bis hin in die Futtermittelpreise und Fleischpreise der ganzen Welt deutlich bemerkbar (Idyll, 1973).
Derart langfristige Untersuchungen quantitativer Art liegen aus warmtropischen Gebieten bis heute nicht vor. Ob die von dort beschriebene Konstanz wirklich nicht nur qualitativ, sondern auch quantitativ ist, läßt sich derzeit kaum entscheiden. Wirklich langfristige Untersuchungen sind notwendig und ein Eingeständnis, daß Konstanz immer nur eine sehr relative Konstanz sein kann. Mit großem Aufwand betriebene ökologische Momentaufnahmen, die nicht in ein besonderes Konzept eingebettet sind, sollten in Zukunft nicht mehr durchgeführt und publiziert werden. Was nutzt die genaueste Bestimmung der Vogeldichte mit wirklich allen zugehörigen Parametern, wenn sie nur die Momentaufnahme eines Jahres ist? Sie bringt nichts außer Verwirrung, denn ohne weiteres kann die Bestandes-

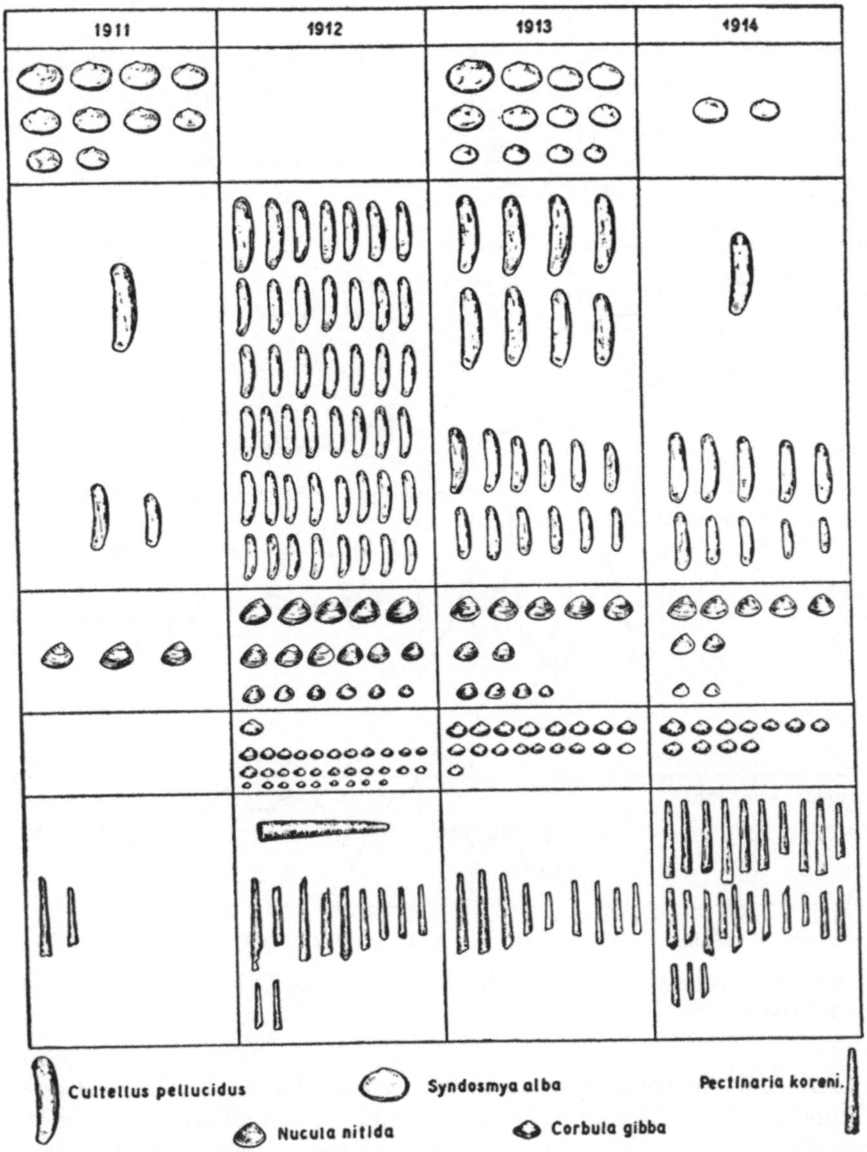

Abb. 189. Änderungen des Nahrungsspektrums der Scholle im westlichen Lim-Fjord, Dänemark. (Aus Thorson, 1957)

größe im nächsten Jahr um fast eine 10er-Potenz vom Erwartungswert entfernt liegen. Nur wirklich langfristige Programme helfen hier weiter.

Das Problem der schwankenden Populationen von Organismen und die Tatsache, daß die Gründe für die Schwankungen im einzelnen meist nicht sofort erkennbar sind sowie die Tatsache, daß viele Arten — wie etwa die Feldgrille — über viele Jahre in Mitteleuropa unter suboptimalen Bedingungen leben, so daß ihre Zahl von Jahr zu Jahr weniger wird und nur in seltenen Optimaljahren wieder auf sehr große Höhen emporschnellt, hat eine sehr große praktische Bedeutung erlangt. Die biochemischen Grundvorgänge sind in den Organismen gleich. Es liegt daher na-

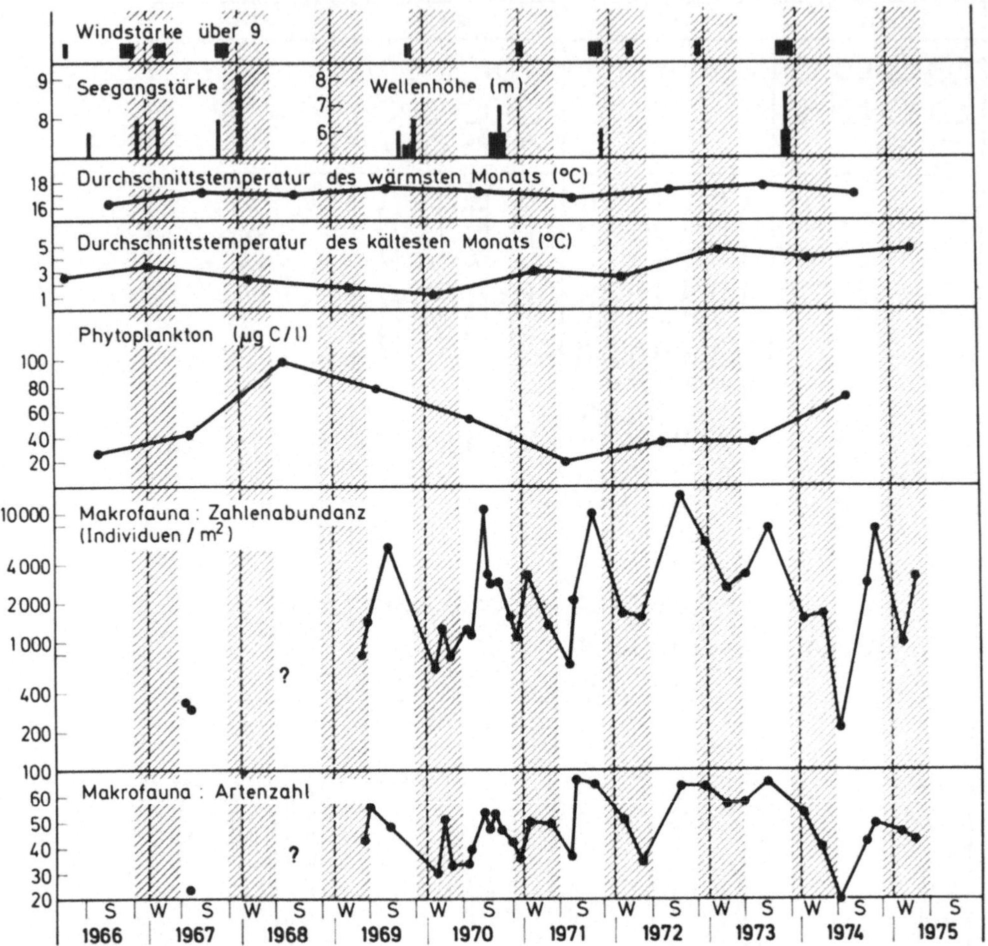

Abb. 190. Änderungen im Bestand der Makrofauna am Boden der Nordsee bei Helgoland in aufeinanderfolgenden Jahren. (Aus Gerlach, 1976)

he, Organismen als Bioindikatoren zu verwenden, die schneller als der Mensch auf Umweltgifte reagieren, und die daher Anzeiger für vom Menschen induzierte Umweltveränderungen sein können, die für den Menschen selbst gefährlich werden können. Beispiele in dieser Richtung gibt es in großer Zahl. Auf die Gefährlichkeit des DDT wäre man ohne den katastrophalen Rückgang des Wanderfalken nicht aufmerksam geworden; auf die schleichende Quecksilber-Vergiftung in den schwedischen Seen und in der Ostsee wäre man ohne den Rückgang vom Seeadler und Fischadler in diesen Gebieten nicht gekommen. Ohne den Nachweis, daß nur die Federn, die Fischadler während ihres Aufenthaltes in Skandinavien und an der Ostsee erwerben, Quecksilber enthalten, während die in Afrika gewachsenen Federn des Fischadlers kein Quecksilber enthalten, wäre man dem Quecksilber-Problem nicht nachgegangen. Ohne die Tatsache, daß in einem Gebiet von der Größe der Schweiz in Südnorwegen nunmehr die Seen praktisch fischleer geworden sind, wäre man nicht auf die Gefährlichkeit schwefelhaltiger Niederschläge aufmerksam geworden, die sich in Skandinavien auf der Schneedecke anreichern und beim Auftauen zu einem sehr plötzlichen Abfall des pH im Wasser führen. Das Verschwinden der Baumflechten in unseren Städten ist ein weiteres Beispiel in dieser Richtung (für weitere Beispiele s. Ehrlich u. Mitarb., 1975). So hat es nicht an Versuchen gefehlt, diese aufgrund zufälliger Beobachtungen belegten Warnungen zu systematisieren. Der älteste Versuch dieser Art ist das bekannte Saprobiensystem unserer Gewässer. Aufgrund einer Reihe von Organismen-Arten läßt sich die Gewässergüte relativ einfach und rasch erkennen. Das gleiche gilt inzwischen für Flechten als Indikatoren der Luftverschmutzung in unseren Städten. Von diesem Beispiel ausgehend ist die Suche nach Bioindikatoren in den letzten Jahren sehr stark vorangetrieben worden (vgl. Miyawaki u. Tüxen, 1977; Kunick u. Kutscher, 1976).

Dieser Suche nach Bioindikatoren stehen auf der anderen Seite starke Bedenken gegenüber. Tatsächlich scheinen die Flechten vor allen Dingen auf SO_2 zu reagieren und nichts über andere Stoffe in der Luft auszusagen. Das Saprobiensystem kann nur einen sehr ungefähren Hinweis geben — exakt weiß man nicht, was im einzelnen die Organismen anzeigen. Auch wird der Terminus Bioindikator von verschiedenen Autoren ganz unterschiedlich benutzt. Auf der einen Seite handelt es sich um Organismen, die im Zuge einer Umweltänderung entsprechende Änderungen ihrer Häufigkeit zeigen. Bei den großen, normalerweise allein aufgrund anderer Verhältnisse auftretenden Schwankungen ist dies Verfahren jedoch schwierig. Es sei nur auf die zufällige Parallelität zwischen dem Geburtenrückgang des Menschen und dem Rückgang des Storches in Mitteleuropa hingewiesen. Auf der anderen Seite wird als Bioindikator eine Art bezeichnet, die in spezifischen Geweben spezifische Schadstoffe akkumuliert, so daß hier eine Analyse Erfolge bei der Suche nach Schadstoffen verspricht. Bei der Beurteilung der Verwendbarkeit von Bioindikatoren stoßen daher die Meinungen sehr scharf aufeinander. Unbestreitbar ist, daß ein technisches Gerät einen einmal erkannten Schadstoff rascher und besser ankannten Schadstoff rascher und besser anzeigt als ein Organismus. Ebenso unbestreitbar ist jedoch die Tatsache, daß technische Apparate nicht auf bisher unbekannte Schadstoffe reagieren können. Dies läßt sich auf dem Weg über Organismen allein bewältigen. Allerdings sind hier wiederum nicht spezifische Arten auswählbar, sondern allein eine Kontrolle all der Organismen unseres Erdballs kann hier weiterhelfen. Das Unternehmen wird vielfach als viel zu kompliziert abgelehnt. Dabei vergißt man, daß es sich eben bei der Erkennung von DDT und Quecksilber bereits bestens bewährt hat. Aus diesem Grunde haben die ornithologischen Gruppen der Staaten Europas sich auf Methoden weitgehend geeinigt, nach denen regelmäßig Vogelbestandsaufnahmen in einem möglichst großflächigen Raum durchgeführt werden. So sind die gesamten Britischen Inseln beispielweise in diesem „Common bird-census" einbegriffen (vgl. Svensson, 1975). Bei Zählungen über einen so großen Bereich bei so vielen Arten muß angenommen werden, daß auch die Wirkung bisher unbekannter, für den Menschen wesentlicher Schadstoffe mit erfaßt wird. Jedoch sollte das Beispiel der Ornithologen stark ausgedehnt werden — auf höhere Pflanzen, auf Flechten, auf bestimmte Insektengruppen (wie etwa Schmetterlinge) und — wie bereits begonnen — auf die Tierwelt unserer Meere (vgl. Abb. 190). Bei der Kontrolle dieser Organismen als Bioindikatoren müßten eigentlich alle Wirkungen bisher unbekannter Schadstoffe erfaßt werden, ehe eine Gefahr für den Menschen existiert. Dann müßte eine technische Kontrolle dieser Schadstoffe möglich sein. Wiederum ist dafür ein großräumiges, zeitlich unbegrenztes Programm notwendig, bei dem vermutlich — wie bei den Vögeln — auch ehrenamtliche Mitarbeiter notwendig sind. Dem Zufall, wie bisher, sollte man die Sache nicht mehr überlassen. Auch das Baumsterben, welches nicht nur Mitteleuropa heute heimsucht, spricht für ganz regelmäßige Kontrollen möglichst vieler Arten auf möglichst breiter Grundlage in möglichst vielen Ländern: weder mit technischen Geräten noch mit den zur Bioindikation ausgebrachten Organismen konnte die Reaktion der Bäume auch nur entfernt vorhergesagt werden. Eine technische Umweltkontrolle ist unbestreitbar notwendig, ein aktives Monitoring mit Indikatororganismen in Ballungsgebieten wahrscheinlich sehr hilfreich — aber absolut notwendig ist die regelmäßige flächendeckende Kontrolle unserer Systeme, weil die komplexen Wirkungen nur so erkennbar sind und dann vielleicht noch gerade rechtzeitig Abhilfe geschaffen werden kann.

4.9 Die Größe eines Lebensraumes als Umweltqualität

Bei all den Diskussionen und Analysen muß man sich über eine Tatsache immer klar sein: ein hochdiverses System braucht eine gewisse Mindestgröße; ein System, in dem komplexe Nahrungsnetze existieren, kann nicht in einem kleinen Areal existieren; ein System mit „im System-Sukzessionen" ist in einem winzigen Areal nicht möglich. Zu all diesen Analysen und Diskussionen gehören daher Mindestgrößen von Arealen. Die Diskussion um derartige Mindestgrößen hat in den letzten Jahrzehnten einen entscheidend neuen Auftrieb erfahren aufgrund von Untersuchungen, die heute durchweg unter dem Sammelbegriff „Inseltheorie von Wilson und McArthur" zusammengefaßt werden. Die Ergebnisse lassen sich etwa wie folgt zusammenfassen:

1. Verschiedene Kontinente besitzen unterschiedlich viele Arten pro Flächeneinheit. Südamerika besitzt pro Flächeneinheit mehr Landvogelarten als Afrika. Auf Inseln vor dem Kontinent ist die Artenzahl gleich großer Areale von der Artenzahl des zugehörigen Kontinents abhängig. (In unserem Beispiel: Inseln vor dem südamerikanischen Kontinent enthalten mehr Landvogelarten als gleich-

große Inseln in entsprechender Situation vor dem afrikanischen Kontinent.)

2. Die Artenzahl eines Areals ist größenabhängig (Abb. 191). Je größer das Areal, um so größer ist die Artenzahl (mit der Einschränkung von Punkt 1). Voraussetzung ist selbstverständlich, daß diese Inseln ökologisch einander vergleichbar sind: Es geht natürlich nicht, eine hohe bergige Insel mit einem Sandatoll zu vergleichen, und man muß den sogenannten Randeffekt mit in Betracht ziehen. Typische Tiere von Rändern (also etwa der Wasserlinie) dürfen nicht in die Betrachtung eingehen, sondern nur Organismen des Zentrums. Diese beiden Voraussetzungen sind vielfach bei Naturschutzüberlegungen nicht berücksichtigt worden. So hat man große Feuchtgebiete mit kleinen Waldstücken verglichen oder gar große Binnendünen mit kleinen, hochgedüngten Wiesenflächen. Das kann nur zu unsinnigen Resultaten führen.

3. Die Artenzahl einer Insel ist einigermaßen konstant. Die Arten selbst jedoch wechseln. Einige sterben aus. Dafür treten andere neu auf. Die stabile Artenzahl einer Insel liegt da, wo neues Auftreten einer Art und Aussterben einer Art einander die Waage halten.

4. Je weiter die Insel von dem „versorgenden" Kontinent entfernt ist, je schwieriger also Neubesiedlungen sind, um so geringer ist die Zahl der hier lebenden Arten.

5. Je weiter die Insel von dem versorgenden Kontinent entfernt ist, um so konstanter ist auch die artliche Zusammensetzung.

Zusammengefaßt: Eine Serie gleich großer Inseln, die sich immer weiter von einem Kontinent entfernen, zeigt also mit zunehmender Entfernung vom Kontinent immer geringere Artenzahlen und immer konstantere artliche Zusammensetzungen (Abb. 192).

Diese Regeln sind inzwischen bei sehr vielen Inselgruppen für sehr viele Tiere kontrolliert worden, und ihre generelle Gültigkeit ist immer wieder bestätigt worden. Die Ursachen für dies Phänomen lassen

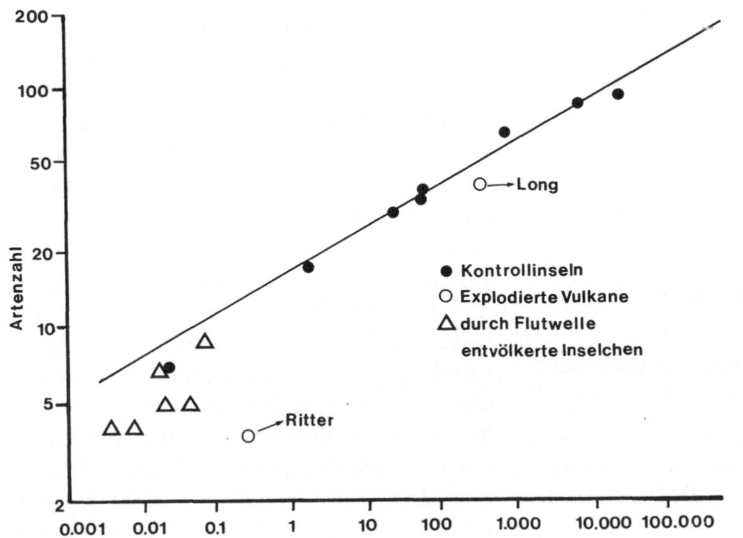

Abb. 191. Artenzahl der Tieflandvögel im Bismarck-Archipel in Beziehung zur Inselgröße. (Aus May, 1980)

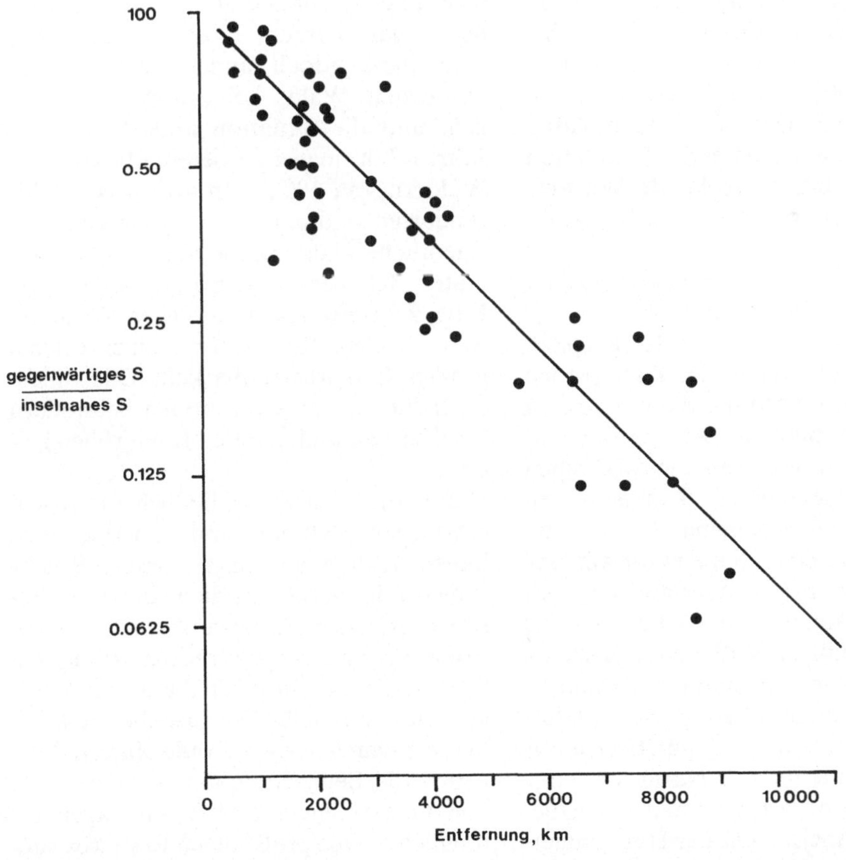

Abb. 192. Index der Vogelartenzahl im Stillen Ozean mit zunehmender Entfernung vom versorgenden Gebiet. (Aus May, 1980)

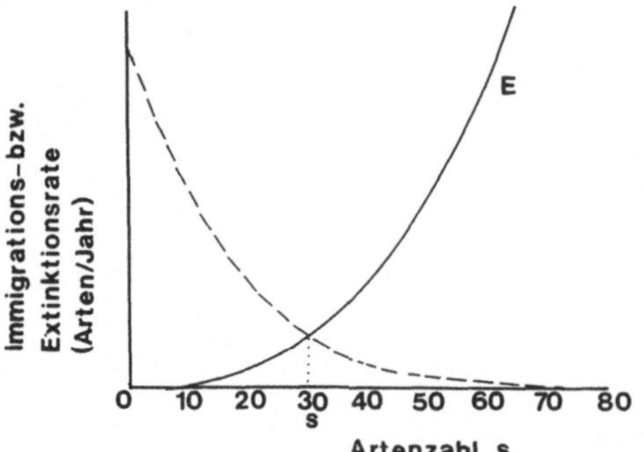

Abb. 193. Die tatsächliche Extinktion (*ausgezogen*) und Immigration (*gestrichelt*) für die Vogelfauna von Inseln im Südpazifik. *Ordinate:* Immigration bzw. Extinktion (Arten pro Jahr). *Abszisse:* Artenzahl nicht-mariner Tieflandvögel im Bismarck-Archipel in Beziehung zum Areal der von ihnen bewohnten Inseln. (Aus May, 1980)

sich heute vergleichsweise einfach darstellen:

1. Die Größenabhängigkeit der Artenzahl einer Insel beruht auf der Tatsache, daß manche Arten schon als Einzelindividuen sehr große Areale benötigen (man denke an Löwen, Tiger, Schlangen, Adler usw.). Eine funktionierende Population braucht daher ungeheure Areale. Wir werden darauf noch weiter zu sprechen kommen.

2. Die ökologischen Ansprüche verschiedener Arten überlappen einander.

Das ist, solange Platz keine Rolle spielt, unproblematisch. Wenn der Platz jedoch beschränkt wird, wird die Konkurrenz in diesen Überlappungsgebieten problematisch. So leben auf dem schwedischen Festland Haubenmeisen, Tannenmeisen und Kohlmeisen nebeneinander an Kiefern. In den ausgedehnten Kiefernwäldern der vorgelagerten Insel Gotland dagegen gibt es nur Tannenmeisen. Hier, wo das Areal beschränkt ist, wird die Konkurrenz groß und nur eine Art kann eine funktionierende Population aufbauen. Damit wird auch klar, warum Populationen auf Inseln leicht aussterben: Natürlich kann sich auf Gotland auch einmal ein Brutpaar der Kohlmeise oder der Haubenmeise niederlassen. Aber bei den bei Meisen üblichen Populationsschwankungen und

bei dem hier herrschenden Konkurrenzdruck wird dieses Pärchen relativ rasch wieder ausfallen. Daß dann eine Neubesiedlung bei größerer Entfernung vom zugehörigen Kontinent immer schwieriger wird, ist selbstverständlich und daß damit die Artenzahl auch von der Entfernung vom Kontinent abhängig ist.

Zu wenig beachtet scheinen dabei Inseln im weitesten Sinne von sehr geringer Größe bis zu einer Größe zu sein, bei der man überhaupt zu rechnen beginnen kann. Bei uns bedeutet das hinsichtlich der Vogelwelt etwa der Bereich von einem einzeln in der Landschaft stehenden Baum bis zu einem Feldgehölz von etwa 2 ha Größe, vielleicht bis zu 10 ha Größe. Auf Inseln dieser Größenordnung ist beispielsweise die Vogelfauna außerordentlich instabil. Echte Waldarten können hier vorkommen, und sie können hier brüten. Es können sogar mehrere Paare brüten. Man kann diese jedoch, anders als bei einem wirklichen Wald, keineswegs vorhersagen, und die Situation ändert sich von Jahr zu Jahr in viel größerem Maße als bei Wäldern von 100 ha an aufwärts. Waldrandarten sind natürlich vorhanden, aber eigentliche Waldarten wie Spechte, Baumläufer, Kleiber, Trauerfliegenschnäpper, Fitis, Zilpzalp usw. unterliegen einem extrem großen "turn over", einer extrem großen Unvorhersehbarkeit. Das dürfte auch für andere Tiergruppen bei andern Inselformen und anderen Inselgrößen gelten.

Diese, zunächst ausschließlich für Inseln erhobenen Befunde und Überlegungen haben heute eine immer stärkere Beachtung erfahren, da natürlich ein Urwaldreservat in einer Agrarlandschaft, da ein Forst in einer Agrarlandschaft, da ein Sumpf, ein See in einer Agrarlandschaft eine Insel darstellt. Die Inseltheorie kann bis zu einem gewissen Grade Hilfestellung geben für Beurteilung der Mindestgröße von Ökosystemen und Voraussagen ermöglichen, wie groß solche Restökosysteme mindestens sein müssen. Dies müssen wir näher diskutieren.

Diese Übertragung der Inseltheorie auf das Festland ist nicht völlig unproblematisch. Die Besiedlung von Inseln aus der unmittelbaren Umgebung kann ja höchstens im Verlauf geologischer Zeiten erfolgen, in denen aus Meerestieren sich langsam Landtiere evoluieren. Die Besiedlung eines Landökosystems von der Umgebung her kann sehr viel leichter erfolgen — und das besonders bei dem Hang des Menschen, aggressive Unkräuter zu züchten. Die Besiedlung solcher Ökosysteme und damit „Verfälschung" solcher Ökosysteme unmittelbar von der Umgebung her ist daher leichter möglich — um so leichter, je kleiner das abgegrenzte Ökosystem ist (der Umfang eines kleinen Gebietes ist relativ größer als der eines großen, und ein kleines Gebiet kann relativ rasch bis zur Mitte hin von solchen Einwanderern besiedelt werden).

Dazu kommt etwas anderes, was bisher noch nicht völlig verstanden zu sein scheint: wir haben gesehen, daß zumindest bei Säugetieren, wahrscheinlich aber auch beim überwiegenden Teil der anderen Tiere, das wichtigste Populationsregulans die Emigration von „Überschußindividuen" ist. Diese Emigration erfolgt aus den optimalen Lebensräumen in suboptimale, wo in günstigen Jahren auch noch eine Fortpflanzung möglich ist und von da in (für die Art) schlechte Lebensräume. Eine einheitliche Insel im Ozean läßt keine Emigration zu. Auf einer einheitlichen Insel muß daher mit einer „Übervölkerung" von vornherein gerechnet werden. Eine solche Übervölkerung ist bei kleinen, einheitlichen Inseln geringen geologischen Alters auch leicht nachweisbar. Ob solche anzunehmende Übervölkerung auf alten Inseln nicht vorhanden ist, weil entsprechende Tiere hier fehlen, weil diese Inseln vielleicht pessimale, suboptimale und optimale Lebensräume für die vorhandenen Arten nebeneinander besitzen oder weil hier andere Mechanismen der Populationsregulierung normalerweise greifen, läßt sich bisher nicht sagen.

Vergleichweise sehr gut lassen sich die angeführten Phänomene bei der im Oberen See (Grenze USA/Kanada) liegenden Insel Isle Royale demonstrieren. Diese Insel ist seit langem Nationalpark; auf ihr gibt es keine Straßen, sondern nur einige wenige einfache Nationalparkeinrichtungen. Die über 300 km² große Insel ist relativ flach und trägt überwiegend Weichholzwälder und taigaähnliche Wälder. In manchen Wintern gibt es auf dem Eise eine Verbindung zum etwa 40 km entfernten kanadischen Ufer. Um 1900 lebten auf dieser Insel das Waldkaribu und der Luchs, von dem bekannt ist, daß er Karibukälber schlägt. Es wurden um 1910 Weißwedelhirsche ausgesetzt, die sich gut vermehrten, jedoch starben die Karibus aus und um 1920 auch die Luchse. Stattdessen waren plötzlich Kojoten vorhanden, die offenbar weitgehend von den Weißwedelhirschen lebten. Inzwischen sind Weißwedelhirsche und Kojoten verschwunden und stattdessen ist eine Elchpopulation vorhanden, die relativ konstant bei ungefähr 600 Tieren liegt. Elche hat es früher dort vielleicht gar nicht, vielleicht sehr sporadisch, gegeben. Seit ungefähr 1940 ist eine sehr konstante Wolfspopulation aus einem großen Pack, einem kleinen Pack und einigen wenigen Einzeltieren vorhanden — zusammen etwas mehr als 20 Tiere. Nach 1973 nahm die Zahl der Wölfe deutlich zu und erreichte Werte um 50, um dann auf 15 zusammenzubrechen, während die Zahl der Elche auf mehr als 1000 heraufschnellte. Von 1983 an scheint wieder eine gewisse Konstanz eingetreten zu sein bei etwa 20 Wölfen und knapp 1000 Elchen (Peterson u. Page, 1988) (Abb. 194). Man bringt diese zunächst unerwarteten Populationsschwankungen nach mehr als 10 Jahren relativer Konstanz in Zusammenhang mit einer Serie von kalten Wintern, die sowohl die Elche als auch die Wölfe zwangen, in Gebiete mit relativ wenig Schnee auszuweichen, wo dann die Elche eine leichte Beute für Wölfe wurden, die tatsächlich mehr Elche erbeuteten und weniger von

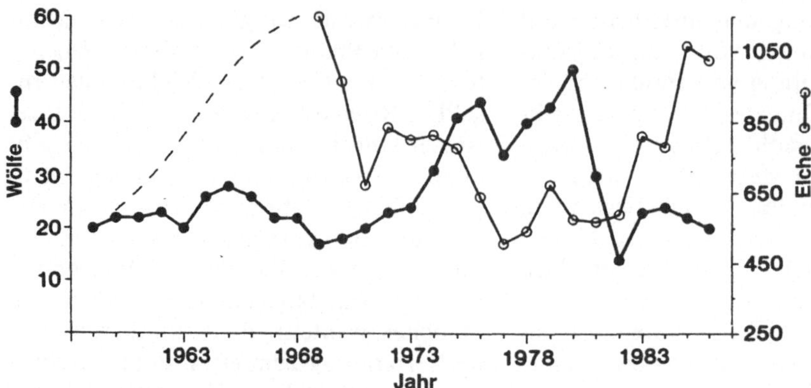

Abb. 194. Bestand der Wölfe und Elche auf der Isle Royale im Verlauf von 25 Jahren. Näheres s. Text

dem Fleisch nutzten als zuvor. Hinzu kamen jedoch zusätzliche Bedingungen: der Wald wuchs an einigen Stellen zu rasch hoch unter diesen Bedingungen, so daß nunmehr Elchkälber nicht mehr an genügend Futter herankamen, ein Rudel Wölfe wanderte aus zum Festland, und es ergab sich die Tatsache, daß das Verhältnis der Zahl von Räubern zu ihrer Beute von dramatischer Wichtigkeit wurde. Sind nur relativ wenig Beutetiere im Verhältnis zu der Zahl ihrer Räuber vorhanden, ist der Räuber ohne weiteres in der Lage, die Beutetierart auszurotten. Man kennt das aus Nordkanada, wo die bevorzugte Beute des Wolfes das Karibu ist, während Elche weniger leicht zu erbeuten sind und daher normalerweise wenig angegriffen werden. Verschwindet jedoch die eine oder andere Art aus einem größeren Bereich, so stößt nun der Wolf konzentriert auf die andere Art und kann sie so in Gefahr bringen. Zum dritten kommt der Faktor „Zufall" hinzu, der eine dramatisch große Rolle spielt. Im englischen Schrifttum spricht man hier von „Patch dynamics", wir werden darüber im Zusammenhang mit dem Mosaik-Zyklus-Konzept in der Ökosystemforschung näher konfrontiert werden. Dies Konzept sagt, daß für das Tier weitgehend unvorhersehbar in an sich geschlossenen Waldgebieten mal hier mal da offene Stellen, mal hier mal da gute Nahrung und mal hier und mal da schlechte Nahrung auftre-

ten. Damit sind die Hirsche in einem solchen Waldgebiet nicht gleichmäßig verteilt, sondern ihre Verteilung ist extrem geklumpt. Das Resultat ist, daß für Wölfe die Beute nicht ohne weiteres erkennbar und auffindbar ist: so können auch kleine Gruppen überdauern und sich nach Weiterziehen der Wölfe aus dem augenscheinlich beuteleeren Gebiet wieder vermehren.

Alle diese Dinge, die auf der Isle Royale hervorragend erarbeitet worden sind, zeigen, wie unendlich schwierig Vorhersagen bei Räuber-Beute-Systemen sind und daß wahrscheinlich Modellpopulationen aus zwei oder weniger Arten im Labor für das Freiland wenig aussagen und schließlich, daß kein Gleichgewicht im üblichen Sinne normalerweise zwischen Räuber und Beute existiert, sondern daß unendlich viele Faktoren hinzukommen müssen, um uns ein System als im Gleichgewicht befindlich erscheinen zu lassen.

Bei der verhältnismäßig geringen Größe der Isle Royale — nur etwa 300 km² — ist die Ausbildung von solchen patches im Vergleich zu den ausgedehnten Gebieten Nordkanadas und des früheren Nordamerika gering und dementsprechend kommt es zu den großen Schwankungen, die hin und wieder zum Aussterben bestimmter Arten führen können. Bären hat es auf der Insel nie gegeben; Schneeschuhhasen sind häufig (Mech, 1966). Obwohl der Einfluß des Menschen auf der Insel bis in die 40er

Jahre deutlich ist, dürfte doch klar sein, daß auf der Insel jeweils nur ein einfaches Räuber-Beute-System innerhalb der Großsäugetiere möglich ist. Jeweils eine Beute und ein Jäger leben zusammen, während auf dem umgebenden Festland all diese Arten zusammen auftreten. Dazu kommt am benachbarten Festland noch der Wapiti, dazu kommen Schwarzbären und Grislybären (wobei Wapiti und Grisly heute nicht mehr im unmittelbaren Bereich des Oberen Sees leben). Auch lebt am Festland die amerikanische Wildkatze, die eigentlich ein kleiner Luchs ist (Bobcat). Damit ist deutlich, daß eine über 300 Quadratkilometer große Insel noch nicht in der Lage ist, das normale Ökosystem des nordamerikanischen Waldes darzustellen. (Das gesamte Waldgebiet von Bialowies ist 1250 Quadratkilometer groß; es wird jedoch heute durch die Grenze zwischen Polen und der Sowjetunion für Säugetiere unüberwindlich zerschnitten. Der polnische Teil ist 580 Quadratkilometer groß (der Nationalpark Bialowies hat nur 50 Quadratkilometer). Der Nationalpark Bayrischer Wald in Deutschland hat 130 Quadratkilometer.) Werden die Bedingungen schwieriger oder die Artenzahlen größer, so muß man mit noch größeren Arealen rechnen. Ein Extrembeispiel: Moschusochsen leben heute unter anderem im gesamten riesigen Gebiet des kanadischen Archipels. Sie sind außerordentlich empfindlich gegenüber winterlichen Regenfällen und können durch solche in großer Zahl sterben. Dies hat zur Folge, daß gelegentlich ganze Populationen ausgelöscht werden. Thomas u. Mitarb. (1981) nehmen an, daß für die Erhaltung dieser Art im Gesamtgebiet des kanadischen Archipels tatsächlich das Gesamtgebiet auch zur Verfügung stehen muß: immer wieder werden Populationen ausgelöscht und es ist nicht vorhersehbar, welche Population jeweils getroffen wird. Nach einer solchen Auslöschung müssen die besiedelbaren Regionen neu besiedelt werden, es müssen also an anderer Stelle Gruppen überlebt haben. Schließlich stellt

sich die Frage nach der kleinsten möglichen Population einer Art. Daß hier allein wegen der normalen Populationsschwankungen kaum Zahlen gegeben werden können, zeigt das Grillenbeispiel (S. 197). Auch muß man sicher von Art zu Art verschiedene Verhältnisse annehmen — Spitzenkonsumenten kommen sicher mit kleineren Populationen aus als Primärkonsumenten. Bei größeren pflanzenfressenden Säugetieren in afrikanischen Nationalparks rechnet man mit einer notwendigen Mindestpopulationsgröße von etwa 600 Tieren. Madenhacker jedoch, diese merkwürdigen hochspezialisierten Zeckensammler, scheinen mit 600 Großsäugern nicht für eine funktionierende Population auskommen zu können, und sie scheinen nur dann zu erhalten zu sein, wenn größere Populationen, die mit Zecken verseucht sind, zur Verfügung stehen. Aus dem Gesagten wird bereits deutlich, daß diese Überlegungen für Naturschutzfragen größte Bedeutung haben. Man sollte sich jedoch auch darüber klar sein, daß auch nur einigermaßen „natürliche“ Ökosysteme nicht studiert werden können, wenn diese Systeme nicht mehrere hundert Quadratkilometer groß sind. Nur Ausschnitte können in kleineren Modellen demonstriert werden, die ihre wesentliche Bedeutung haben, die aber zu Fehlschlüssen führen können. So glaube ich, daß wir in den Wäldern der gemäßigten Zone einen viel höheren Einfluß der großen pflanzenfressenden Säugetiere anzunehmen haben als wir heute als akzeptabel betrachten. In dem natürlichen System der Isle Royale, wo wir das offenbar im Augenblick balancierte System aus Elch und Wolf vor uns haben, ist der Verbiß durch den Elch ungeheuer und an manchen Stellen erinnert der Weichholzwald eher an eine Savanne als an einen Wald. Wenn man bedenkt, daß in unseren Wäldern an sich neben den jetzt hier lebenden Tieren auch noch Wisent, Auerochse, Wildpferd, Elch und Bär existieren müßten, wird man meines Erachtens eine völlig andere Situation hinsichtlich des Tierfraßes annehmen müssen, als dies heute der Fall ist — oder man wird auf so geringe Populationsdichten heruntergehen müssen, daß die Geschlechter einander nicht mehr zur Fortpflanzung finden. Hier liegt das ganz große Problem der Beurteilung unserer terrestrischen Ökosysteme, in denen der Mensch seit der Eiszeit von Anfang an eine beherrschende und steuernde Rolle gespielt hat. Und: mit sinkender Größe dieser naturnahen Ökosysteme sinkt selbstverständlich auch deren Stabilität, deren Resistenz gegenüber Umwelteinflüssen. Leichter können von außen an sich biotopfremde Arten einwandern, leichter können von außen Krankheitserreger eingeschleppt werden und leichter können diese ein kleines System durchdringen als ein großes. In Simulationsmodellen konnte Owen-Smith (1983) zeigen, daß bei Verhinderung der Emigration solche Systeme leichter zu zu großen Populationsfluktuationen neigen und zu zu endgültigen Populationszusammenbrüchen als bei vorhandener Emigrationsmöglichkeit; er schlägt daher einen Versuch mit „Nullgebieten" vor, in denen die betreffenden Arten durch menschliche unauffällige Populationsregulierung (Abschuß herdenweise bei Nacht usf.) eliminiert werden und in die daher eine Emigration aus Nationalparks möglich ist.

Für den Naturschutz wird daher gelten, weiter Zerschneidungen von großen, einheitlichen Ökosystemen zu vermeiden und die im System ablaufenden Sukzessionen zwischen zusammenbrechendem überalterndem Wald, offener Staudenfläche, Buschgebiet, vielartigem Zwischenstadium und meist wenigartigem Hauptstadium wieder zu ermöglichen. Dabei ist noch einmal an den Biber zu denken, der früher die Lebensräume der gemäßigten Zone über weite Bereiche bestimmt hat: durch die Anlage von Dämmen wurden flache, nährstoffreiche Seen gebildet, an deren Boden sich Sinkstoffe sammelten, was nach dem Brechen eines Dammes zu Wiesen mit sehr reichen und tiefen Humuslagern führte. In diese Wiesen wanderten dann Arten der Weichholzaue ein, die hohe Ansprüche an den Nährstoffgehalt des Bodens stellten. Derartige Dinge gelten selbst für an sich sehr arme Sandbodengebiete. Durch ihre Bautätigkeit trugen die Biber also in stärkstem Maß zur Bodenverbesserung bei. Wir wissen heute, daß die Stickstoffbindung auf solchen Biberwiesen um Größenordnungen höher liegt als im umgebenden Wald. Dies Kommen und Gehen, diese sowieso und besonders durch den Biber im System ablaufenden Sukzessionen schaffen dann die Lebensraumdiversität, die auch Arten existieren läßt, welche an kurzzeitige „Durchlaufstadien" im systemeigenen Sukzessionsablauf gebunden sind. Auf der anderen Seite ermöglicht es die Emigration in suboptimale Biotope. Neben der Notwendigkeit zur Erhaltung, bzw. Schaffung großräumiger Ökosysteme wird es jedoch bei Naturschutzbestrebungen mindestens genauso wichtig sein, Lebensmöglichkeiten für unsere Pflanzen und Tiere zwischen den Naturschutzgebieten zu erhalten. Nur wenn solche Lebensmöglichkeiten gegeben sind, können auch die Wanderungen zwischen den Schutzgebieten erfolgen. Wenn das nicht gegeben ist, gleicht unser Ökosystem einer Insel, in der die Arten nur noch aussterben (Abb. 193), aber nicht mehr einwandern.

Dies Konzept wird vor allen Dingen von botanischer Seite vielfach nicht akzeptiert. Botanische Untersuchungen auf Inseln bestätigen vielfach nicht die Resultate der Zoologen. Die Ursachen sind derzeit noch weitgehend unklar. Man wird damit rechnen müssen, daß bei Pflanzen ein sehr viel geringerer „turn over" als bei Tieren vorliegt, so daß eine einmal festgesetzte Population nur bei gravierenden ökologischen Veränderungen ausstirbt. Ob dieser Aspekt jedoch völlig ausreichend ist, läßt sich im Augenblick nicht sagen.

Auch in diesem Bereich der Inselökologie gehört ein Phänomen, welches erst in allerjüngster Zeit in seiner Bedeutung erkannt worden ist: wenn eine Serie von vielen Tierarten auf eine bestimmte Pflanzenart spezialisiert ist, wird man auf einem Individuum dieser Pflanzenart aber immer nur eine kleine Auswahl aus dem Gesamtkomplex der hier möglichen Arten finden. Wir sprechen davon, daß der Artenreichtum (species richness) größer ist als die „Artenpackung" (species packing) (Schulze u. Zwölfer, 1987). Dies Phänomen hat in den letzten Jahren besonderes Interesse erfahren. Inzwischen existiert darüber eine große und vielgestaltige Literatur, ohne daß das Phänomen in seinen Ursachen, in seinen Auswirkungen und in seiner Funktion bisher völlig verstanden wäre.

Ein wenig bedachtes Phänomen ist die Tatsache, daß es neben den hier geschilderten räumlichen Inseln auch „Zeitinseln" gibt, die für den Ökologen wichtig sind. Der Ökologe greift ja immer nur einen zeitlichen Abschnitt aus dem ökologischen Geschehen für seine Untersuchungen heraus; der Mensch sieht nur einen kurzen zeitlichen Abschnitt aus dem unendlichen Kontinuum. Für derartige „Zeitinseln" gelten die gleichen Gesetzmäßigkeiten und die gleichen Regeln wie für „Rauminseln". Betrachtet man einmal eine alte Insektensammlung sehr sorgfältig, so stellt man mit Verblüffung fest, daß die unglaubliche Artenzahl und die unglaubliche Vielfalt, die der Insektensammler zusammengebracht hat, in seiner Zeit meist gar nicht so unglaublich ist: er hat über viele Jahre gesammelt und in jedem Jahr hat er nur vergleichsweise wenige Arten bekommen. Er hat im allgemeinen pro Jahr nicht mehr Arten gesammelt als wir heute noch bei uns sammeln können. Es sind Ausnahmejahre, in denen er damals Ausnahmetiere fand. Nur die auf einen Punkt zusammengedrängte „Zeitinsel" seines Sammelns läßt uns frühere Zeiten so unglaublich viel reicher als unsere Zeit erscheinen (Reichholf, 1989).

4.10 Fallstudien zu Ökosystemen

4.10.1 Der Nakuru-See (Kenya) und die afrikanische Savanne

Auf der ostafrikanischen Hochebene in fast 2000 m Höhe liegt der Nakuru-See —, ein flacher, stark alkalischer Sodasee im Zentrum des Rift-Valley. Entsprechend seinem hohen Sodagehalt und seinem pH von 10,5 vermögen nur noch ganz wenige Organismen in ihm zu existieren. Diese aber entfalten eine ungeheuere Individuenzahl. Als einziger Primärproduzent spielt die Blaualge Spirulina platensis eine Rolle. Sie erreicht so dichte Populationen, daß der ganze See einer Erbsensuppe gleicht und die Sichttiefe kaum 10 cm beträgt. Pro m^2 Seeoberfläche sind etwa 450 g Trockengewicht dieser Alge vorhanden. Ihre spiralig gewundenen Trichome sind mikroskopisch klein (Spiralen-Durchmesser 10–30 µm). Aufgrund der hohen Dichte der Algen erhält der größte Teil nicht genügend Licht für eine Photosynthese. Die Produktion ist daher verhältnismäßig gering. Die regelmäßig den flachen See bis auf den Grund durchmischenden starken Winde sind die Ursache dafür, daß überhaupt bis an den Grund des Sees derart dichte Algenmassen vorhanden sein können. So gelangen infolge der windbedingten Wasserturbulenz regelmäßig alle Algen in die Nähe der Oberfläche, wo sie Photosynthese betreiben können.

Diesem einen Produzenten steht ursprünglich nur ein bedeutender Konsument gegenüber: der Zwergflamingo (Phoenicopterus minor). Dieser Vogel besitzt ein sehr stark spezialisiertes Lamellensystem im Schnabel. Wenn er den Kopf in das Wasser eintaucht, führt er pulsierende Bewegungen mit der Zunge durch, welche das Wasser abpressen und die Algen als grünen Brei im Schnabel und Schlund übrig lassen. Der Schnabel wirkt aufgrund seines Lamellensystems wie eine Reuse (Abb. 195). Aufgrund von Flugaufnahmen konnte der Bestand in den Jahren

 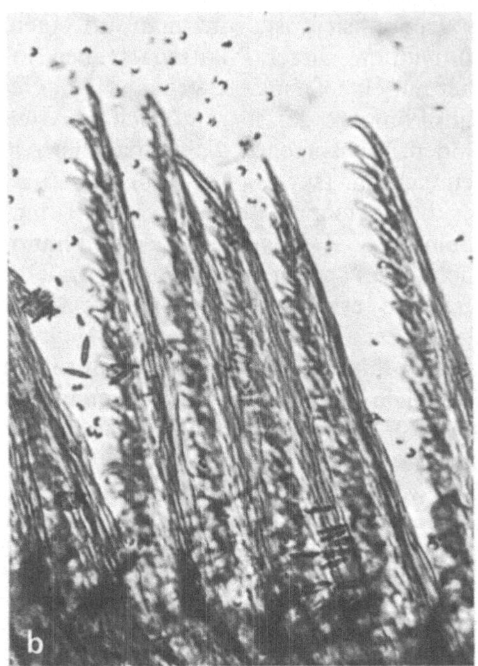

Abb. 195 a u. b. In dem Filtrierapparat des Schnabels vom Zwergflamingo bleiben die Blaualgen hängen (**a**), während die viel kleineren Diatomeen und Grünalgen durchschlüpfen (**b**). (Nach Vareschi)

1972–1974 recht genau erfaßt werden: Er betrug im Mittel 915 000 Exemplare mit Spitzenwerten von 1 500 000. Diese Flamingos brüten jedoch nicht hier, sondern sie nehmen hier lediglich Nahrung auf. Brutplätze finden sich nur an weiter entfernten, noch lebensfeindlicheren Sodaseen. Die Beziehungen zwischen den Brutkolonien und den Tieren am Nakuru-See sind bisher nicht vollständig aufgeklärt. Es läßt sich nicht sagen, ob am Nakuru-See lediglich junge, nicht brutreife Vögel sind. Dafür spricht, daß regelmäßig Spielnester gebaut werden, was für junge Flamingos typisch ist. Auf der anderen Seite ist es sehr wahrscheinlich, daß auch ein erheblicher Teil der Brutpopulation hier am Nakuru-See Nahrung aufnimmt. Ganz offensichtlich aber werden die Jungvögel in den Brutkolonien nicht mit Nahrung aus dem Nakuru-See gefüttert. Das ergibt eine weitere Vereinfachung bei der Analyse dieses Systems. Nicht nur, daß nur ein Produzent und ein Konsument vorhanden ist, sondern dieser Konsument ist stets in gleicher Größe vorhanden; Wachstumsprozesse brauchen nicht einkalkuliert zu werden.

Anhand von Käfigvögeln wurde ermittelt, wieviel Wasser die Flamingos filtrieren. Pro Stunde werden etwa 29,4 l Wasser filtriert; ein freilebender Flamingo frißt etwa 12–13 h pro Tag. Bei der Algendichte des Sees ergibt das eine Nahrungsaufnahme von 65 g Trockengewicht Spirulina oder 281 kcal pro Tag. Von anderer Seite wurden Berechnungen über den Energiebedarf freilebender Flamingos durchgeführt. Die Autoren kommen zu Werten zwischen 154 und 391 kcal pro Tag. Bei den Schwierigkeiten, die wir hinsichtlich des Nahrungsbedarfs freilebender Tiere besprochen haben, scheint die Übereinstimmung günstig.

Damit entnehmen Flamingos dem See im Durchschnitt täglich 2,5 g Trockengewicht Spirulina pro Quadratmeter. Das ist etwa die Hälfte der Primärproduktion. Jedoch geraten wir mit solchen Prozentzahlen in Probleme: Würden wir noch mehr

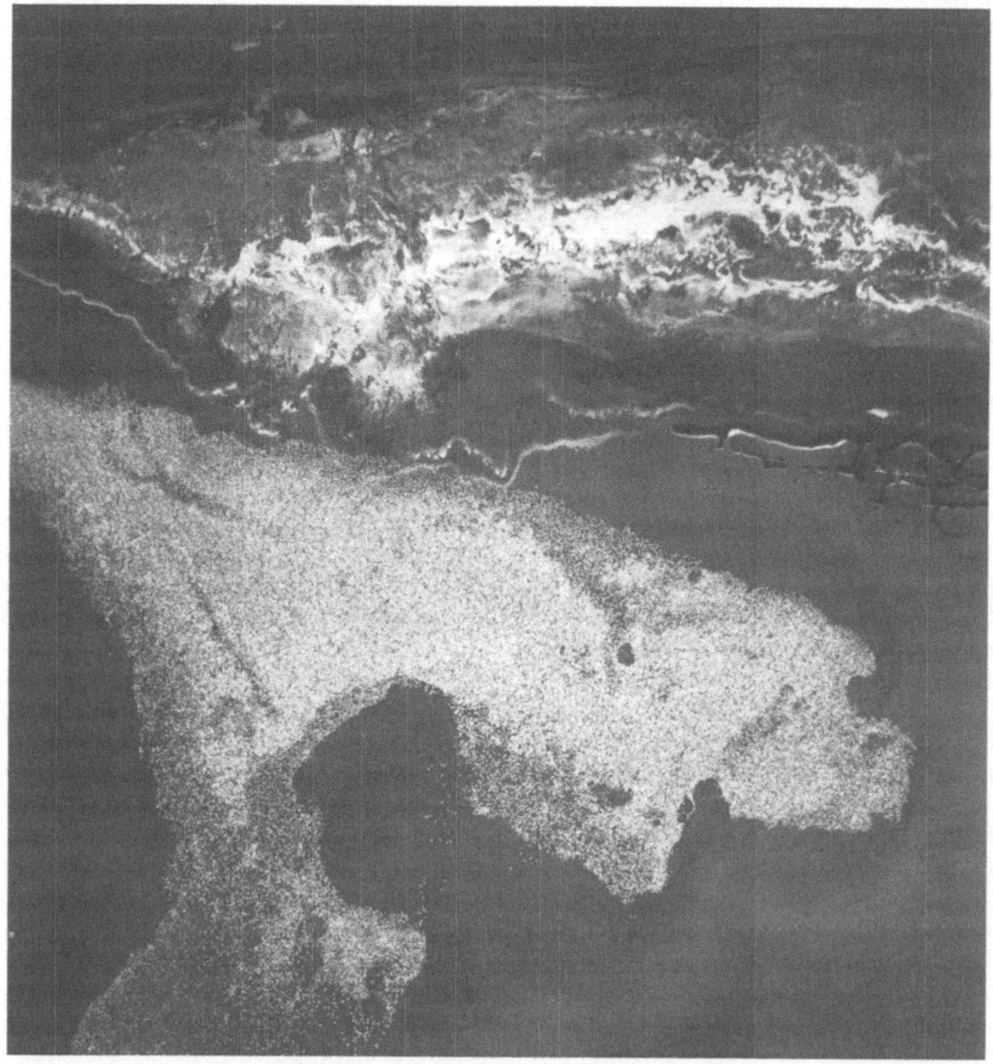

Abb. 196. Der Nakuru-See in Ostafrika: Wie ein weißer Schleier zieht sich das Band der Flamingos am Ufer entlang. (Orig.-Photo E. Vareschi)

dem See entnehmen, so würde auch mehr Licht in die tieferen Schichten kommen, und die Primärproduktion würde dementsprechend erhöht. Die Aussage, es würde täglich die Hälfte der Primärproduktion entnommen, ist also lediglich ein theoretischer, rechnerischer Wert; in Wirklichkeit erhöht sich die Produktion der Algen aufgrund des Fressens der Flamingos vermutlich um den Betrag, den das Fressen der Flamingos ausmacht.

In dieses sehr einfache System hat der Mensch vor einigen Jahren einen Fisch eingesetzt, um damit die Ernährungsbasis der Bevölkerung zu verbessern. Dieser Tilapia lebt ebenfalls von Spirulina und hat sich sehr stark vermehrt. In seinem Gefolge sind nun auch fischfressende Vögel wie Pelikane, Adler, Reiher und fischfressende Säugetiere wie Otter an den See gekommen. Die quantitativen Beziehungen lassen sich hier nur z. T. abschätzen.

Die Verteilung der Fischschwärme im See ist recht ungleichmäßig und offenbar weitgehend zufallgemäß; hinzu kommt eine tagesperiodische Wanderung, bei der sich die Fische mittags in Ufernähe konzentrieren, während sie sich während der Nachtstunden in zentralen Bereichen des Sees aufhalten. Die Tiere sind meist in unmittelbarer Nähe der Oberfläche anzutreffen; insgesamt schätzte Vareschi den Bestand 1972 auf etwa 90 Tonnen, der 1973 auf etwa 400 Tonnen (Trockengewicht) anwuchs. Der Hauptkonsument der Fische ist der rosa Pelikan (Pelecanus onocrotalus roseus), der nicht unmittelbar am See brütet. 1967–1969 sollen 10 000–35 000 Pelikane am See gelebt haben, 1971/72 waren es etwa 2500, und die Zahl nahm 1974 wieder auf etwa 10 000 zu. Seit 1968 besteht eine Brutkolonie etwa 14 km entfernt von Lake Nakuru mit etwa 4000 Paaren. Im allgemeinen werden zwei Eier pro Paar gelegt und der Bruterfolg beträgt etwa 50%. Jeder erwachsene Pelikan benötigt etwa 1330 g Fisch pro Tag; jeder Jungvogel vom Schlüpfen aus dem Ei bis zum Flüggewerden im Durchschnitt 770 g (Frischgewicht). Die brütenden Pelikane verbrauchten daher 16 000–20 000 kg Fisch aus dem Lake Nakuru jeden Tag. Das entspricht 72 kg P/PO_4 und 486 kg Stickstoff pro Tag (Vareschi, 1979). Insgesamt ergibt sich ein Stofffluß, wie er in der Abb. 197 dargestellt ist (Halbach, 1977).

Im Frühjahr 1974 veränderte sich der See unerwartet und plötzlich drastisch. Die Blaualgen verschwanden fast vollkommen, der See wurde klar und durchsichtig, die Flamingos verschwanden ebenfalls. Dagegen wurde eine kleine Grünalge etwas häufiger, die vorher eine völlig unbedeutende Rolle gespielt hatte. Von ihr ernährt sich ein Copepode, der dem großen Flamingo (P. ruber) als Nahrung dient. Normalerweise sind die großen Flamingos nur in geringer Zahl vorhanden. Über die Gründe dieses plötzlichen Wechsels kann man im Augenblick nur spekulieren. Nachforschungen ergaben, daß derartige Phänomene auch schon früher gelegentlich aufgetaucht sind. Ehe nicht die genauen physiologischen Ansprüche der Blaualge analysiert sind und die Veränderungen im See, die zu ihrem plötzlichen Verschwinden führten, lassen sich keinerlei Voraussagen machen. Hier liegt eine große Problematik der Ökosystemforschung (Vareschi, 1977).

Nicht weit vom Nakuru-See liegt die Olduvai-Schlucht, aus welcher wir durch die Untersuchungen der Leakys wissen, daß hier in Ostafrika die Wiege der Menschheit stand, daß hier das große Übergangsfeld zwischen Tier und Mensch liegt. Hier entwickelte sich der Mensch aus Vorfahren, die ungefähr unserem heutigen Schimpansen ähnlich sahen. Was den Menschen aus den Tieren heraushob, war die Erfindung einer „kulturellen Evolution" oder die Erfindung, wie man das „Lernen lernen kann". Durch Informationsaustausch in der Gruppe konnten Erfahrungen, konnten Entdeckungen rasch weitergegeben werden und eine „Evolution" vollzog sich unendlich viel rascher als die organische Evolution, die wir normalerweise kennen. Das erfolgte natürlich nicht plötzlich: beispielsweise mußte der gesamte Stimmapparat des Menschen umgestaltet werden, um eine differenzierte Informationsübertragung zu ermöglichen. Mit dem Menschen zusammen lebten hier bereits die großen Tiere der afrikanischen Steppe und mit beiden zusammen hatten sich die dornigen Pflanzen entwickelt. Sehr frühzeitig ist der Mensch dann aus Afrika über Vorderasien nach Südasien und Südostasien gekommen und hier hat sich parallel eine ähnliche Entwicklung noch einmal vollzogen. Dann aber sprang der Mensch als voll entwickelter Jäger und Sammler mit vollendetem Informationsaustausch nach Europa, nach Nordasien, nach Nord- und Südamerika (vor etwa 20 000 Jahren) und später (vor etwa 2000 Jahren) nach Madagaskar und Neuseeland. Australien war relativ früh von sehr primitiven Jägern und Sammlern besiedelt worden. Dort, wo progressive Jäger und Sammler ankamen,

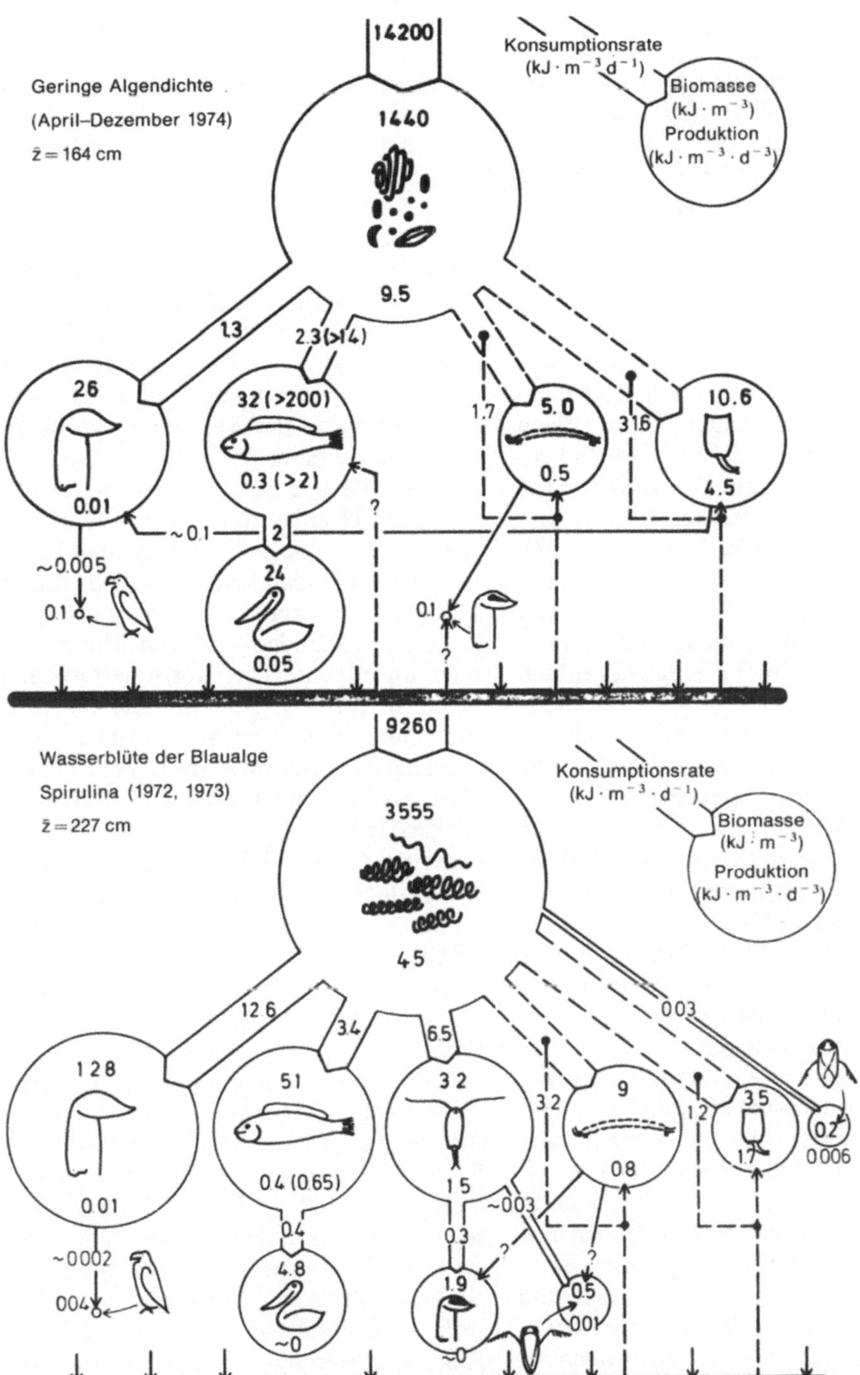

Abb. 197. Energiefluß durch das Ökosystem Nakuru-See in Kenya. Oben bei geringer Algendichte, unten bei einer Wasserblüte der Blaualge Spirulina. (Nach Vareschi u. Jacobs, 1985). Die Fläche der Kreise entspricht dem Logarithmus der Biomasse. Die obere Zahl in den Kreisen gibt die Biomasse der Organismen in kJ m⁻³ an, die untere Zahl die Produktion (in kJ m⁻³ d⁻¹). Die Dicke der Pfeile gibt den Logarithmus der Konsumptionsrate an, die Zahlen in den Pfeilen direkt die Konsumptionsraten (kJ m⁻³ d⁻¹). Der Pfeil an der Spitze gibt die ankommende Strahlung an. Die unterbrochenen Linien zu den Chironomidenlarven und Rädertieren geben an, daß der Anteil des Detritus, der Algen und Bakterien in der Nahrung dieser Tiere nicht klar ist. In Klammern gesetzt sind Resultate aus Laborversuchen

richteten sie unter der völlig unvorbereiteten Großtierwelt ein Blutbad an und so wurde der größte Teil der Großfauna Eurasiens, Nord- und Südamerikas vernichtet, so wurde die Großfauna Madagaskars und Neuseelands komplett bereits von dem frühen Jäger und Sammler zerstört (Martin u. Wright, 1967; Remmert, 1982). Was wir heute in Nord- und Südamerika an Großtieren finden, ist nur ein schwacher Rest von der bereits durch den frühen Jäger und Sammler vernichteten einstigen vielartigen und reichen Fauna. Noch heute erinnert die Flora an diese frühere Zeit: die Pflanzen tragen starke Dornen, und viele Samen sind auf den Transport durch Großtiere eingestellt, die es heute nicht mehr gibt. Erst die neue Einführung von Pferden und Rindern bringt diese Pflanzen wieder aus ihrem eingeschränkten Verbreitungsgebiet hinaus — die Einführung von Pferden und Rindern macht die Pampas Südamerikas „natürlicher" als sie vor der Ankunft des weißen Mannes waren. Nur in Afrika, wo eine Coevolution der großen Tiere mit dem Menschen erfolgte, wo die Großtiere sich an weitreichende Waffen, an Gift und Fallen adaptieren konnten, blieb eine reiche Fauna bestehen, und diese reiche Fauna macht den ungeheuren Reiz der afrikanischen Savanne für den Biologen aus.

Erstaunlich ist jedoch, daß Westafrika wesentlich ärmer ist als Ostafrika: vor allen Dingen mittelgroße und kleine Antilopen sind in Ostafrika viel weiter verbreitet, und ihre Artenzahl ist viel höher als in Westafrika. In Westafrika finden wir nur eine Reihe spezialisierter Formen, weit verbreitet sind ferner die Großformen und schließlich die Pferde. Wie kommt das? In Südafrika ist man diesem Problem in einem speziellen Forschungsareal nordöstlich von Pretoria — Nylsvley — nachgegangen. Ausgehend von der Tatsache, daß Ostafrika überwiegend vulkanische und damit reiche Böden hat, während Westafrika überwiegend Böden besitzt, die seit mehreren Hundertmillionen Jahren den Auslaugungs- und Auswa-

schungsprozessen der Luft ausgesetzt sind, hat man hier reiche Böden mit Akazien den armen Böden mit dornenlosen Burkea-Bäumen gegenübergestellt (Abb. 198). Reiche Böden kommen in Nylsvley dadurch zustande, daß durch Flüsse abgeschwemmtes Material in flachen Arealen abgelagert wird. Ferner bringen uralte Termitenhügel relativ reiche Böden; und schließlich gibt es einige wenige immer durch Tonscherben charakterisierte alte Siedlungsplätze des Menschen, wo ebenfalls Pflanzennährstoffe zusammengetragen worden sind (Zusammenfassung Nylsvley: Huntley u. Walker, 1982). Die um diese Gebiete herum vorhandenen sehr armen Böden sind auch nicht durch Düngung zu verbessern, da keine Bodenkolloide vorhanden sind und Mineralien nicht an Bodenteilchen absorbiert werden (Weischet, 1980). Hier können wir also modellmäßig die reiche (Ostafrika entsprechende) Savanne mit der armen (Westafrika entsprechenden) Savanne vergleichen.

Der arme Savannentyp trägt durchweg einen lockeren Wald, bei dem der Baum Burkea africana das charakteristischste Element ist. Unter diesem Baum wächst Gras und dazu gibt es auch immergrüne Bäume und Sträucher. Aber: alle Pflanzen sind ungewöhnlich schlecht verdaulich und haben einen sehr geringen Nährstoffgehalt (Eiweißkörper, Mineralstoffe). Sie besitzen normalerweise kaum Dornen oder keine Dornen — nur die immergrünen sind an ihren Blättern meist schwach gezähnt. Tatsächlich findet hier auch kaum Tierfraß statt: die Pflanzen sind einfach zu schlecht verdaulich. Man rechnet auf solchen Flächen, daß eine Remineralisierung der Blätter etwa 27 Jahre dauert. Daher ist die vorhandene tote Biomasse der Pflanzen sehr groß. Da jedoch weder Weidegänger noch Destruenten den Abbau in genügender Weise vornehmen, sind hier regelmäßige Feuer mit einem Abstand von etwa 5 Jahren erforderlich, um das System zu erhalten.

Abb. 198. *Oben:* Die Burkea-Savanne auf armen Böden braucht regelmäßiges Feuer zur Remineralisierung der Pflanzensubstanz, die auch nach sehr langen Dürreperioden nicht vollständig abgeweidet wird, während in der Acacia-Savanne (*unten*) auf reichen Böden die Vegetation bis auf den Boden abgeweidet ist. Beide Standorte liegen in unmittelbarer Nachbarschaft. Aufnahme Oktober 1983, Nylsvley, Südafrika

Stellen mit günstigeren Bodenverhältnissen sind vor allen Dingen durch laubabwerfende, sehr stark bedornte Akazien charakterisiert. Eine Reihe verschiedener Gräser wächst unter diesen Akazien. Auf den ersten Blick ist kaum ein Unterschied zwischen beiden Savannentypen erkennbar. Gegen Ende der Trockenzeit aber ist dieser Unterschied extrem deutlich: in der Burkea-Savanne steht das trockene Gras nahezu unberührt; in der Acacia-Savanne ist das Gras komplett abgeweidet bis auf den sandigen Boden. Man geht über vegetationslos erscheinenden Boden mit einzelnen, im Sand stehenden Bäumen und erfährt verblüfft, daß man über die reichen Gebiete geht, die den Tierbestand tragen und den Tierbestand ermöglichen, während die Areale mit starker Vegetation, die so günstig aussehen, von den Tieren gemieden werden. Nur Zebras, Rappenantilopen (und die in Nylsvley fehlenden Büffel sowie in geringem Maße auch Gnus) fressen überhaupt in der Burkea-Savanne. Impalas fressen in der Burkea-Savanne 26,6 kJ pro m² und Jahr, während sie in der Akazien-Savanne 117,8 kJ pro m² und Jahr aufnehmen. Die wichtigsten wechselwarmen Pflanzenfresser, die Grashüpfer, sind in der Burkea-Savanne mit etwa 2 Tieren/m² vorhanden, in der Akazien-Savanne mit 10 Tieren/m², und entsprechend groß ist der Unterschied bei der Nahrungsaufnahme (180 kJ pro m² und Jahr in der Burkea-Savanne, 600 kJ pro m² und Jahr in der Akazien-Savanne). Entsprechend leben in der Burkea-Savanne nur halb so viele Vögel wie in der Akazien-Savanne pro Flächeneinheit. Der Mensch merkt dies sehr deutlich bei seiner Landwirtschaft: pro Jahr können in der Burkea-Savanne 5,4 kg/ha Rinder gehalten werden, in der Akazien-Savanne 14,1 kg/ha Rinder.

Bei Vögeln ist Parapatrie häufig: zwei nah verwandte Arten bilden interspezifische Reviere — sie verhalten sich in ihren Revieren also wie gleiche Arten. Die Art der armen Stellen hat eine völlig andere Ernährungs- und Fortpflanzungsstrategie als die der reichen Stellen: die Reviere sind sehr groß, die Nester werden besonders gut versteckt und es findet fast kein Verlust der Bruten statt. Die Arten der reichen Gebiete haben vielfach nur Reviere von $^1/_{10}$ der Größe der Reviere der Arten von armen Gebieten. Sie produzieren viele Nester und viele Bruten, bei denen jedoch der Raubdruck sehr groß ist und dementsprechend fallen viele Bruten aus. Der Fortpflanzungserfolg der beiden Arten ist daher im Endeffekt gleich.

Im Resultat kommt Feuer in der Akazien-Savanne daher kaum vor: wenn die Savanne trocken ist, ist sie auch bis auf den Boden hin abgeweidet, während in der Burkea-Savanne dann noch große Bestände trockenen Grases stehen. Allerdings sind sowohl die Akazien- wie die Burkea-Bäume hervorragend an Feuer angepaßt, und ihnen macht ein durchlaufendes Feuer kaum etwas aus. In beiden Savannengebieten erfolgt die Remineralisierung des toten Holzes durchweg allein durch die „Regenwürmer" der Savanne: durch Termiten. Der Boden ist ja etwa ein halbes Jahr lang viel zu trocken, um Regenwürmern Aktivität zu ermöglichen. Nur die großen Termitenbaue mit ihren eigenen Pilzkulturen sind in der Lage, hier Holz abzubauen.

4.10.2 Spitzbergen

Spitzbergen, zwischen dem 77. und dem 80. Breitengrad gelegen, ist seit langem eine der biologisch am besten bekannten hocharktischen Regionen. Faunistische und floristische Studien ebenso wie ökologische sind dort seit dem Beginn unseres Jahrhunderts in großer Zahl durchgeführt worden. Diese Voraussetzungen und die Abgeschlossenheit Spitzbergens schienen den Versuch einer Gesamtökosystemanalyse zu rechtfertigen (Abb. 199, 201).

Hocharktische und alpine Tundragebiete werden in den meisten wissenschaftlichen Arbeiten und Büchern als identisch betrachtet. Voraussetzung für eine Ökosystemanalyse war die Prüfung dieser alten

Abb. 199. Tundra auf Spitzbergen

Abb. 200. Rentiergruppe auf Spitzbergen

Identifikation. Die Wirbellosenfauna hocharktischer Gebiete ist durch eine deutliche Reduktion an systematischen Gruppen gegenüber hochalpinen gekennzeichnet. Zikaden, Wanzen, Grashüpfer, Käfer und Schmetterlinge fehlen nahezu vollständig oder sie sind so selten, daß sie im System wohl kaum eine Rolle spielen können. Das gleiche gilt für Asseln, Diplopoden und Schnecken. Auf Spitzbergen ist der Anteil dieser Gruppen in Formalinfallen weniger als 1% der Gesamtbiomasse gegenüber 40% in den österreichischen Alpen (Abb. 202). Die seltener werdenden bzw. ausfallenden Gruppen können demnach als relativ große wechselwarme Tiere (mehr als 8 mm lang) und als wechselwarme Pflanzenfresser charakterisiert werden. Die Artenzahl kleiner wechselwarmer Tiere ist dagegen relativ hoch (die Mückenfamilien der Sciariden, Mycetophiliden, parasitische Hymenopteren, die Spinnenfamilien der Linyphiiden und Micryphantiden). Es handelt sich dabei um Formen, die bei den Abbauprozessen der Bodenstreu eine Rolle spielen, um Räuber und Parasiten. Eine derartige Regelhaftigkeit kann nur auf aktuell wirkende ökologische Faktoren zurückgeführt werden. Welche mögen es sein? Hocharktische Regionen wie Spitzbergen sind durch Dauerlicht während der gesamten Vegetationsperiode charakterisiert. In Spitzbergen geht die Sonne zwischen Anfang April und Mitte August nicht unter. Entsprechend gibt es auch keine starken Temperaturfluktuationen im Tageslauf während der Vegetationsperiode. Damit kontrastieren die Licht- und Temperaturverhältnisse deutlich mit denen alpiner Gebiete. Was bedeuten solche Faktoren? Auch in der Hocharktis ist die Aktivität von Insekten und Vögeln mit der Erddrehung synchronisiert (Abb. 203). Die tagesperiodischen Änderungen der Lichtintensität während der Vegetationszeit sind vernachlässigbar, zumal der Durchzug von Wolkenfeldern das Bild verfälscht. Beschreibungen starker tagesperiodischer

Schwankungen der Lichtintensität sind auf eine Vernachlässigung des Cosinus-Gesetzes zurückzuführen. Im Labor zeigen Vögel unter entsprechenden Lichtintensitäten Daueraktivität. Zwei mögliche Zeitgeber wurden im Labor getestet (Krüll, 1976 a, b): die Azimutstellung der Sonne in Kombination mit Landmarken und die spektrale Zusammensetzung des Lichtes (stärkere Rotanteile während der „Nacht", als Farbtemperatur integrierend gemessen, Abb. 204). Beide Faktoren wirken als schwache Zeitgeber, selbst wenn Lichtintensität (Watt $\times$ cm^2; Lux) konstant gehalten wurde. Die Synchronisierbarkeit der Vögel ist am höchsten während der Fortpflanzungszeit. Vögel während der Refraktärperiode oder Kastrate reagieren auf diese Zeitgeber normalerweise nicht. In das sehr enge Longyeardal, ein Seitental des Adventdal auf Spitzbergen, scheint die Sonne nur während der Mitternacht hinein. Zu allen anderen Tageszeiten liegt der Boden des Tals im Schatten. Wenn die Vögel in ihrer Aktivität auf Spitzbergen von der Lichtintensität abhängig sein würden, sollten sie im Longyeardal gegen Mitternacht aktiv sein. Die hier brütenden Schneeammern schlafen jedoch um diese Zeit genau wie ihre Artgenossen in der offenen Tundra und verschlafen damit die einzige Zeit, in der Sonnenschein an ihren Nistplatz dringt. Beide Faktoren wirken also als Zeitgeber. Das läßt sich an nordischen wie an südlichen Tierarten beweisen. Damit existiert hinsichtlich des Tagesrhythmus kein prinzipieller Unterschied zwischen Nord und Süd. Wir müssen den unterschiedlich erscheinenden Tagesrhythmus als Faktor aus unseren Betrachtungen ausschließen. Somit verbleiben die unterschiedlichen Temperaturverhältnisse. Was sind die Effekte konstant niedriger Temperaturen im Vergleich mit Temperaturen, die um den gleichen Mittelwert oszillieren? Wir erinnern uns: Es gibt keine wirkliche Adaptation an konstant niedrige Temperaturen. Tiere und Bakterien, die bei solchen Be-

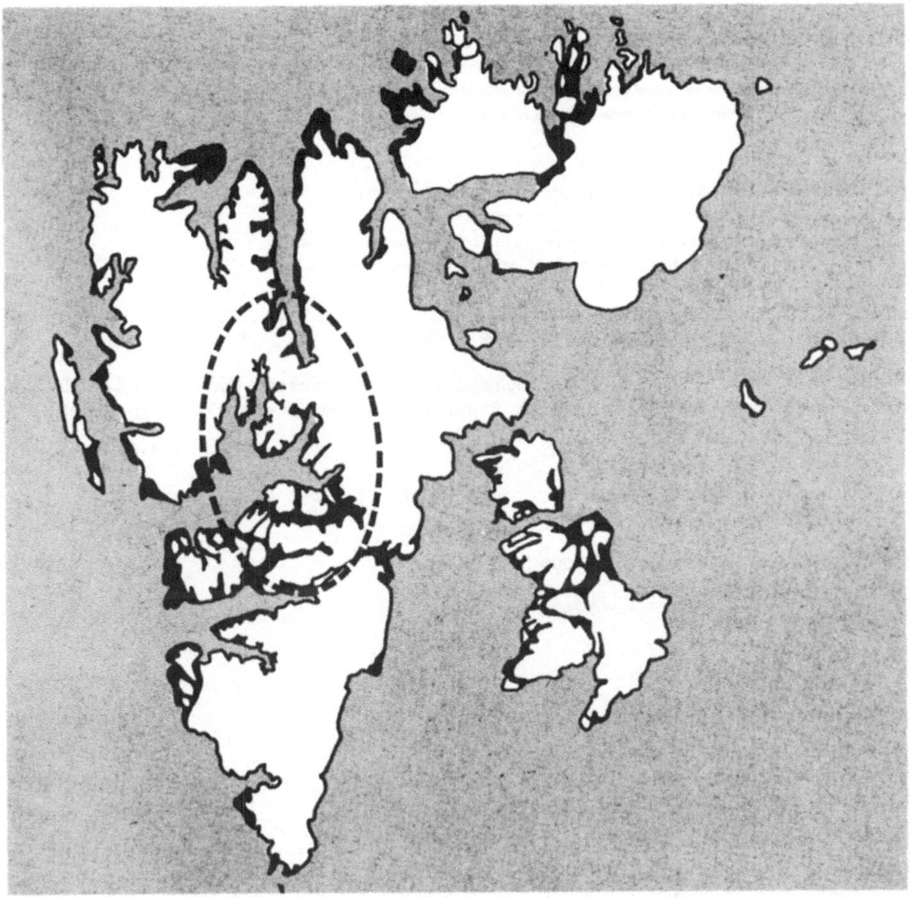

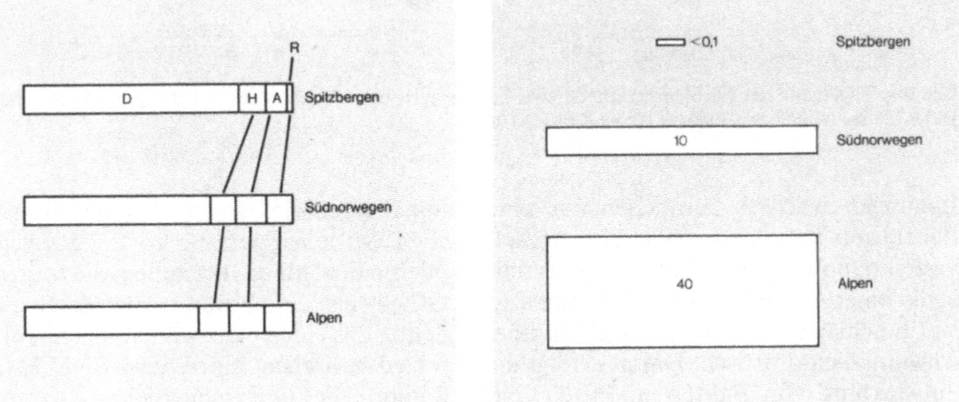

Abb. 201. Spitzbergen. Der eingekreiste Bezirk kennzeichnet die warme innere Fjordzone. *Schwarz:* Rentierweidegebiete. (Aus Remmert, 1966)

Abb. 202. *Links:* Relative Anzahl von geflügelten Insekten und Spinnen in Formalinfallen auf Spitzbergen, in Südnorwegen und in Hochlagen der Alpen. D = Diptera, H = parasitische Hymenoptera, A = Araneae, R = restliche Gruppen. *Rechts:* Anteil der restlichen Gruppen (R) aus dem linken Bild an der Biomasse des Gesamtumfangs in Spitzbergen, in Südnorwegen und in den Alpen. (Aus Remmert, 1972)

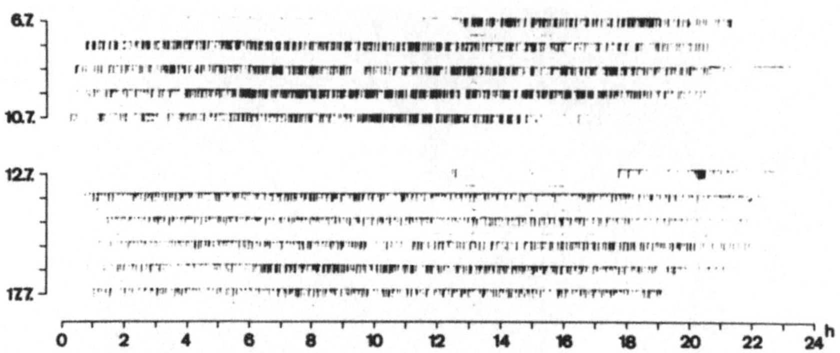

Abb. 203. Fütterungsaktivität von zwei Pärchen der Schneeammer auf Spitzbergen. Die Tiere sind mit der Erddrehung synchronisiert; sie machen eine regelmäßige Pause zwischen etwa 22 und 1 Uhr. (Aus Krüll, 1976)

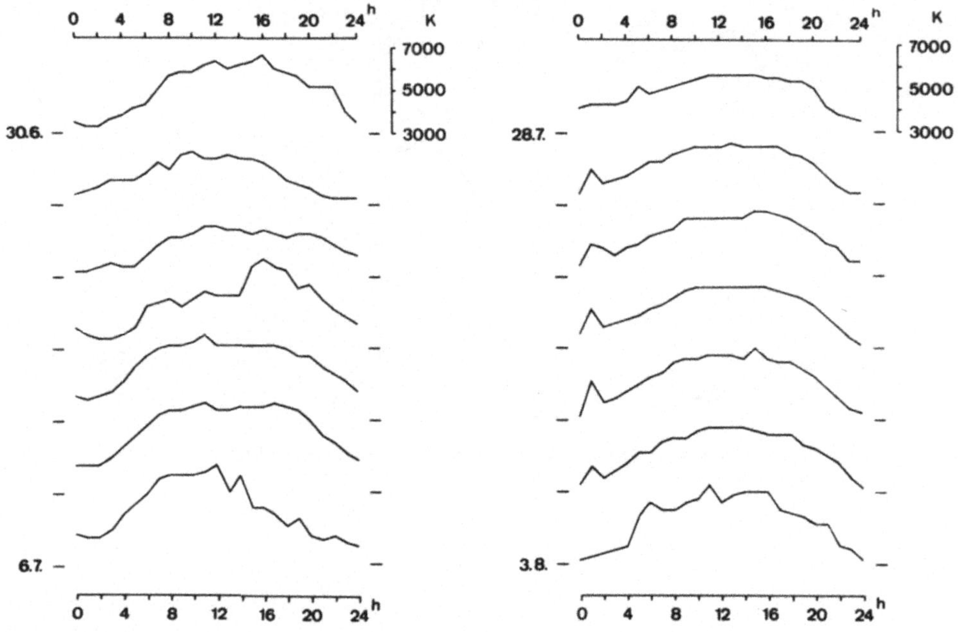

Abb. 204. Tagesgang der Farbtemperatur in zwei herausgegriffenen Wochen auf Spitzbergen. Die Striche an beiden Enden bezeichnen 3000° K. (Aus Krüll, 1976)

dingungen wachsen, brauchen für eine Generation sehr lange Zeit. Um Mittelwerte knapp über dem Entwicklungsnullpunkt einer Art schwankende Temperaturen beschleunigen die Entwicklungsgeschwindigkeit drastisch. Damit erfolgt die Entwicklung von Bakterien, Pilzen und wechselwarmen Tieren unter den Bedingungen alpiner Tundragebiete sehr viel rascher als in der Hocharktis. Für einen Generationszyklus braucht ein Insekt auf Spitzbergen viel länger als unter der gleichen Mitteltemperatur in Südnorwegen oder in den Alpen. Da zudem die Mortalität teilweise eine Funktion der Zeit ist, bedeutet das einen ganz wesentlichen Unterschied zwischen Nord und Süd. Hinzu kommt die unterschiedliche Fortpflanzungsrate unter konstanten oder wechselnden Temperaturbedingungen (S. 35). Damit können wir das Fehlen größerer wechselwarmer Tiere in der Tundra Spitzbergens einfach physiologisch erklären. Auf der anderen Seite ist klar, daß bei der relativ hohen Luftfeuchtigkeit (die ein Resultat der konstant niedrigen Temperatur ist) kleine Insekten gegenüber großen im Vorteil sind.

Das Fehlen wechselwarmer Pflanzenfresser in der Hocharktis ist ein Nebenprodukt der Temperaturverhältnisse. Die Verdaulichkeit von Pflanzenmaterial sinkt mit der Temperatur drastisch ab. Unterhalb von 10° C ist sie kaum noch gegeben. Nur sehr langsam wachsende Organismen können jetzt noch Pflanzenmaterial als Nahrung verwerten (Schramm, 1972).

Zusammengefaßt: Aus physiologischen Experimenten läßt sich die spezielle Zusammensetzung der Tierwelt Spitzbergens erklären. Das ist eine solide Basis für den Versuch einer Ökosystemanalyse. Wir können — gleichbleibende Klimabedingungen vorausgesetzt — damit sicher sein, daß keine plötzliche Massenvermehrung eines pflanzenfressenden Insektes all unsere Voraussagen zunichte macht. Voraussagbarkeit und damit Wiederholbarkeit sind Grundlagen naturwissenschaftlicher Forschung; sie sind hier gegeben.

Aus einer Reihe von Arbeiten kennen wir die Zusammensetzung der Wirbellosenfauna und ihrer Dichte relativ gut. Im Mittel werden etwa in Zentralspitzbergen 5000 Mycetophiliden und Sciariden pro m² im Boden vorhanden sein bzw. im Laufe eines Jahres schlüpfen. Diese Anzahl zusammen mit Collembolen, Milben, Fliegenlarven und Enchytraeiden muß wohl ausreichend sein für den Abbau der Streuschicht (soweit dabei Tiere eine Rolle spielen, der biochemische Abbau dürfte in der Hauptsache durch Pilze erfolgen). Jedenfalls gibt es offensichtlich keine Akkumulation der Streu im Laufe der Jahre. In feuchteren und kühleren Gebieten sind vor allem terrestrische Chironomiden vorhanden, deren Larven sich in vier Größenklassen teilen lassen, die also offenbar vier Jahre für ihre Entwicklung benötigen (Sendstad, 1977). Eine klare Beziehung

besteht zwischen der Produktivität der Tundra und der Zahl der Tiere, die pro Tag gefangen werden. Das gilt für unterschiedliche Meereshöhen sowie für unterschiedlich gedüngte Tundragebiete (Hinz). Zweifellos haben wir damit nur einen kleinen Bereich der Bedeutung der Tiere im System erfaßt. Die Blütenbestäubung spielt sicher eine große Rolle. 79 Pflanzenarten sind ursprünglich insektenblütig. Sie können weitgehend langfristig ohne Insektenbestäubung auskommen, auf sehr lange Sicht jedoch dürfte eine Bestäubung durch Insekten notwendig sein, wenn die Pflanzen in der hohen Arktis überleben sollen. All die zahlreichen Sciariden, Mycetophiliden, Fliegen (Empididen, Syrphiden, Anthomyiden) und parasitischen Hymenopteren sind ganz regelmäßige Blütenbesucher. Diese Effekte lassen sich kaum wirklich quantifizieren.

Wir haben bisher die warmblütigen Tiere aus unseren Diskussionen herausgelassen. Sie spielen eine deutliche und große Rolle im System; aufgrund ihrer recht gut bekannten Anzahl läßt sich diese Rolle auch quantitativ z. T. schätzen. Die geringste Bedeutung haben offenbar die Landvögel. Die Entfernungen zwischen ihren Nestern sind relativ groß. Aufgrund sehr selektiven Knospenfressens, wie es vom Schneehuhn bekannt ist, kann der Effekt einer solchen Tierart jedoch wesentlich größer sein als zunächst anzunehmen wäre. Wir kommen darauf noch zurück. Eine ganz bedeutende Rolle spielen jedoch die Meeresvögel, die teilweise relativ weit von der Küste entfernt an Felsen des Binnenlandes brüten. Sie transportieren aus dem Meer sehr große Mengen an Nährstoffen landeinwärts und düngen so die Tundra. Ihr Nahrungsbedarf und damit die von ihnen transportierte Nährstoffmenge ist relativ gut bekannt, ebenso die Anzahl der auf Spitzbergen brütenden Tiere. Für das System ist jedoch entscheidend, an welchen Stellen diese Tiere vor allen Dingen brüten, eine Trennung in Inland- und Küstenkolonien ist notwendig. Das ist bisher nicht erfolgt.

Offensichtlich einfacher zu beurteilen sind die pflanzenfressenden warmblütigen Tiere, nämlich das Spitzbergen-Rentier, der Moschusochse, das Schneehuhn, die Kurzschnabelgans, die Nonnengans und die Ringelgans. Ihre Zahlen sind relativ gut bekannt. Wir haben etwa 7000–8000 Rentiere, etwa 50 (eingeführte) Moschusochsen (der Bestand dürfte inzwischen erloschen sein), 20000 Gänse und zwischen 20000 und 200000 Schneehühner. Welchen Effekt haben diese Tiere auf die Tundra?

Von vornherein spielt das Rentier eine besondere Rolle. Dieses Tier wurde daher vordringlich untersucht. Großflächig wurde der Rentierkot gesammelt, analysiert und aus ihm der Verbrauch durch Rentiere erschlossen. Dazu sind eine Reihe von Vorbedingungen notwendig.

1. Laborstudien müssen die tägliche Kotproduktion im Verhältnis zur Nahrungsaufnahme geklärt haben. Derartige Untersuchungen liegen in relativ großer Zahl vor; die erzielten Resultate sind allerdings z. T. widersprüchlich.

2. Die Remineralisierung des Kotes muß langsam erfolgen. Das ist tatsächlich der Fall. Aus der Anzahl der Rentiere und dem Gewicht des Kotes pro Fläche schließen wir, daß etwa 30 Jahre für die Remineralisierung des Rentierkotes auf Spitzbergen notwendig sind.

3. Die Rentiere müssen in der Tundra relativ gleichmäßig verteilt sein. Große Herden, die für die Karibus Nordamerikas und die skandinavischen Rentiere so charakteristisch sind, würden Studien dieser Art unmöglich machen. Tatsächlich ist das Verhalten des Spitzbergen-Rentiers ganz anders als das der anderen Rentierformen. Kleine Gruppen (2–3 Individuen) adulter Hirsche, subadulter Tiere und weiblicher Tiere mit einem Kalb (und sehr oft einem Jährling — wahrscheinlich dem Kalb des vorhergehenden Jahres) sind recht gleichmäßig über die Tundra verteilt. Nur sehr nasse Gebiete nahe von Flüssen und das hohe Fjellplateau haben eine geringere Population. Die Gruppen

sind nicht konstant, es gibt häufige Änderungen ihrer Zusammensetzung (Abb. 205, 206; Pöhlmann, 1976 a, b).

Diese Resultate bedeuten, daß eine Aufsammlung des Kotes in Testarealen, die ein Jahr vorher leergesammelt waren, wirklich die Produktion an Kot pro Jahr widerspiegeln kann. Da die Anzahl der Rentiere bekannt ist, kann daraus die Kotproduktion pro Tag und Tier errechnet werden.

Diese Berechnungen können in Beziehung zur Primärproduktion gesetzt werden (Brzoska, 1976). Die höchste jährliche oberirdische Produktion liefern Wiesen mit Dupontia fisheri mit 235 g/m^2, mit Eriophorum scheuchzeri mit 408 g/m^2, mit Alopecurus alpinus 227 g/m^2 und mit Poa arctica vivipara 421 g/m^2. Sie werden, da sehr naß, zumindest im Sommer nicht stark vom Rentier genutzt. Die Tiere konzentrieren sich vielmehr in den trockenen Arealen mit Cassiope, Salix und Dryas. Hier ist die Produktivität viel geringer. Die oberirdische Biomasse beträgt fast 300 g, aber nur etwa 10% davon können als jährliche Produktion angesehen werden. Dazu muß man bedenken, daß große Areale überhaupt keine Vegetation besitzen und daß die verschiedenen Pflanzengesellschaften verschieden große Anteile von Spitzbergen bedecken. So kommt man zu dem Schluß, daß die Rentiere mit derzeit etwa 10 Tieren/km^2 etwa 10–15% der jährlichen oberirdischen Produktion abweiden. Das ist ein sehr hoher Wert und es fragt sich, ob das normal ist. Um 1900 waren sehr viele Rentiere auf Spitzbergen vorhanden. Die Population brach — wohl infolge von übertriebener Jagd — zusammen, und das Spitzbergen-Rentier war nahe am Aussterben. Nur sehr langsam erholte sich die Population und stieg auf den heutigen Bestand an (Abb. 207).

Die Frage ist: War vor 1900 ein gleichmäßig hoher Bestand vorhanden? Das ist offensichtlich nicht der Fall. Im Boden läßt sich eine subfossile Kotschicht nachweisen, die nach oben und unten scharf be-

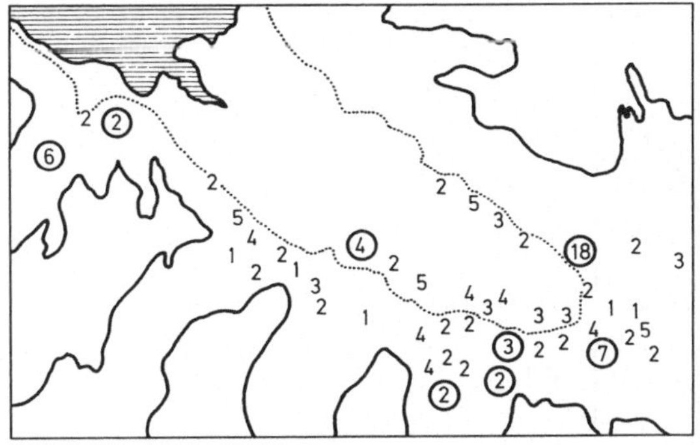

Abb. 205. Das Adventdal in Zentralspitzbergen und die Verteilung der hier am 2. Juli 1974 vorhandenen Rentiere. Eingekreiste Zahlen = einzelne Rentiere, die in diesem Gebiet vorhanden waren. (Nach Pöhlmann, 1975)

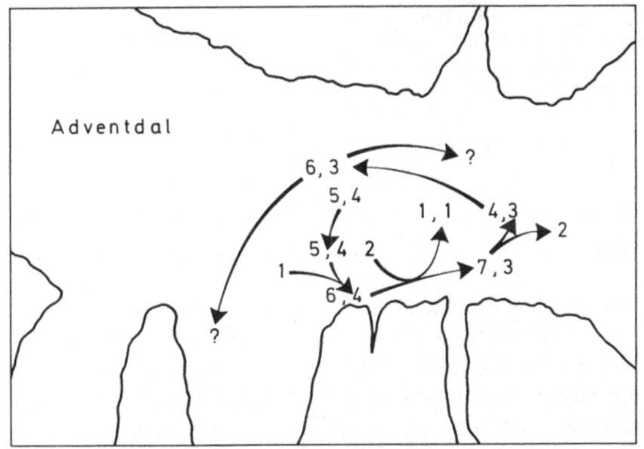

Abb. 206. Geschichte einer Rentiergruppe im Verlauf einer Woche im Adventdal. n, x = Zahl d. adulten, Zahl d. Kälber. (Nach Pöhlmann, 1975)

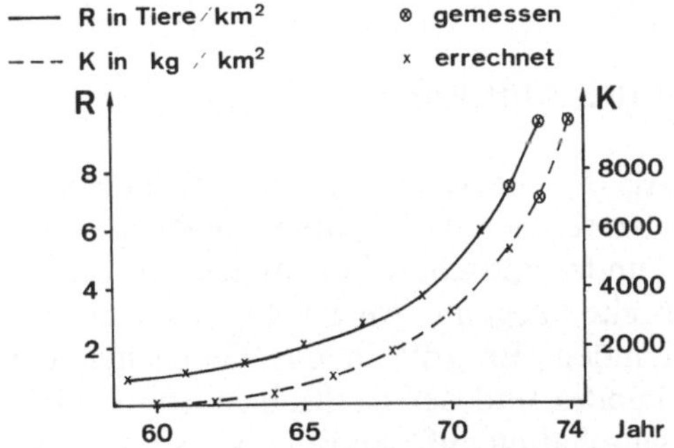

Abb. 207. Anstieg der Rentierpopulation im Adventdal, Spitzbergen (R) und Akkumulation der Rentierlosung (K) im gleichen Gebiet. Entsprechend stieg der Gesamtbestand der Rentiere auf Spitzbergen. (Aus Pöhlmann, 1975)

grenzt ist. Das deutet auf eine kurzfristige Massenentwicklung hin. Die Kotschicht läßt sich aufgrund von Kohlepartikeln datieren: Sie muß das Resultat einer Massenvermehrung um 1900 gewesen sein. Wahrscheinlich wird das Rentier sehr starke Zyklen zeigen mit einer Perioden-

länge zwischen 50 und 100 Jahren. In welcher Weise dabei das System im ganzen beeinflußt wird, wurde bereits auf S. 280 (vgl. auch Abb. 207) dargestellt. Bemerkenswert ist vor allem, daß nach dieser These der Rentierbestand zusammenbricht, wenn die Produktion an Gefäßpflanzen am höchsten ist, weil dann nämlich das wesentliche Winterfutter, die Flechten, aufgebraucht sind. Hier zeigen sich jedoch wiederum die Schwierigkeiten einer Ökosystemforschung: alle unsere Arbeiten sind nicht langfristig genug. Und: zwischen den einzelnen Rentierpopulationen scheinen sehr gravierende Unterschiede zu bestehen. Diese prägen sich auch im Nahrungsbedarf aus (Abb. 208). Die Rentiere von Nordgrönland und den nördlichen Inseln des kanadischen Archipels brauchen wahrscheinlich — im Gegensatz zu all den bisher untersuchten Rentierformen — im Winter keine Flechten als Nahrung. Da das Spitzbergen-

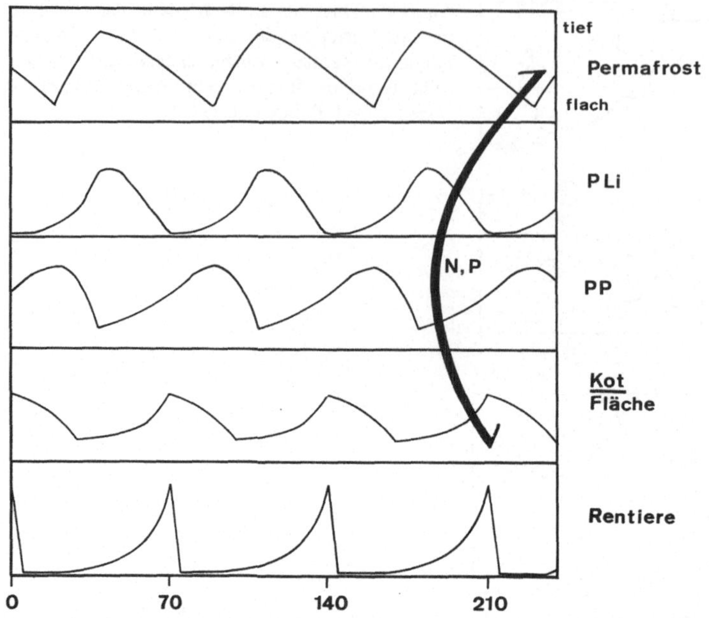

Abb. 208. Denkmodell für die Wirkung eines Faktors: Wenn eine Rentierpopulation, wie auf Spitzbergen wahrscheinlich, stark oszilliert, hat dies Wirkungen auf das sommerliche Auftauen des Dauerfrostbodens (*oben*), auf die Produktivität der Flechten (*PLi*), auf die oberirdische Produktion der grünen Pflanzen (*PP*), auf die Menge des unzersetzten Kotes pro Fläche und auf die Zusammensetzung der Pflanzengesellschaften. Kot pro Fläche und Tiefe des getauten Frostbodens beeinflussen gemeinsam die Bereitstellung von wichtigen Mineralien (*N, P*) für die Pflanzen. Ein Beleg für dies Modell steht noch aus, es ist aufgrund einzelner Untersuchungen sehr wahrscheinlich

Rentier dieser grönländischen Rentierform nächstverwandt ist und genaue Analysen über das Winterfutter des Spitzbergen-Rentiers noch ausstehen, ist Vorsicht geboten.

Aber das alles ist, wie auf S. 280 f. dargestellt, derzeit Hypothese. Das einfach erscheinende Ökosystem Spitzbergen wird damit ein sehr kompliziertes System, und nur sehr langfristige geduldige Analyse kann hier zu einem Ergebnis führen. Obwohl Spitzbergen heute Nationalpark ist, kann nicht als gesichert gelten, daß eine solche langfristige Analyse ohne Störung durch den Menschen in Zukunft möglich erscheint. Soll der Ökologe jedoch eine Ökosystemanalyse durchführen, die für den Menschen der Zukunft wichtig ist, wird man ihm die Zeit für derartige Arbeiten und die Räume für derartige Arbeiten zur Verfügung stellen müssen (Remmert, 1980).

4.10.3 Mitteleuropa

Als die Gletscher nach der letzten Eiszeit abzuschmelzen begannen und sich eine Tundralandschaft in Mitteleuropa auszubreiten begann, war der Mensch hier vorhanden. Er griff in das Geschehen der Tundra und der nachfolgenden Waldgesellschaften auf vielfältige Weise ein. Eine Landschaft, ein Ökosystem, ohne den Menschen hat es in Mitteleuropa daher nie gegeben. Besonders stark war der Einfluß des Menschen in Gebieten, in denen er sich bewegen konnte — also weniger in feuchten Urwaldgebieten als entlang der großen Flüsse, als auf den Seen und entlang der Küste, weniger in großen Sumpfgebieten als in ebenen Trockengebieten, die zudem durch seinen Eingriff relativ leicht waldfrei gehalten werden konnten. Die Anfänge der Entstehung der Lüneburger Heide liegen daher schon vor der

Bronzezeit. Bronzezeitliche Gräber sind z. T. bereits von Bodenschichten begleitet, die den Einfluß des Menschen als Waldvernichter deutlich erkennbar machen. So war Mitteleuropa, als die Römer ihr Weltreich nach hier ausbreiteten, keineswegs ein mit Urwald gleichmäßig überzogenes Gebiet. In erheblichem Maße muß es waldfreie Räume bereits damals gegeben haben, auf denen die Viehherden des Menschen weideten. Ein gleichmäßig überschaubares Bild läßt sich jedoch vor allem erkennen, nachdem die mitteleuropäischen Völker christianisiert waren, nachdem nunmehr regelmäßige Chroniken aufgezeichnet wurden und eine Kontinuität der Orts- und Flurnamen bestand. Nunmehr beginnt ein zivilisatorischer Aufschwung, der mit einem großen Landhunger einhergeht. Große Rodungswellen drängen den Wald großflächig zurück. Die Zeit zwischen 950 und 1300 ist durch solche großflächigen Rodungen charakterisiert. Aus dieser Zeit stammen die bekannten Ortsnamen auf -rode und -reuth. Die durchweg jungfräulichen Böden lieferten hohe landwirtschaftliche Erträge, um Düngung brauchte man sich ebensowenig wie in den ersten Jahren der Rodung in Amerika zu kümmern. Land und Wald stand in genügender Menge zur Verfügung. Dies führte vor allem während der Zeit der Gotik (etwa anzusetzen von 1250–1500 in Mitteleuropa) zu einem heute weitgehend unbekannten Wirtschaftswunder, das die Macht in den Städten konzentrierte. Die Gesellenvereinigungen setzten einen arbeitsfreien Tag in der Woche durch („blauer Montag"), der Fleischverbrauch pro Kopf der Bevölkerung war, selbst an heutigen Verhältnissen gemessen, außerordentlich hoch. Wie gravierend der wirtschaftliche Einbruch gegen Ende der Gotik war, hat Janssen zusammengestellt. In Holstein etwa konnte ein freier Arbeiter des 15. Jahrhunderts an einem Tage ½ Scheffel Roggen, ¾ Scheffel Hafer oder 1 Scheffel Rüben, in drei bis vier Tagen ein schlachtbares Lamm, in spätestens sechs bis sieben Tagen ein

Schaf, in 22 Tagen eine fette Kuh verdienen. Am Niederrhein im Klevischen konnte in den Jahren 1470 bis 1510 ein in Kost arbeitender Tagelöhner durchschnittlich für sechs Arbeitstage sich anschaffen: ¼ Scheffel Roggen, 10 Pfund Schweinefleisch oder 12 Pfund Kalbfleisch, 6 große Kannen Milch, 2 Bündel Holz, und er behielt außerdem noch in 4 bis 5 Wochen so viel Geld übrig wie ein Arbeitskittel, 6 Ellen Leinwand und ein Paar Schuhe kosteten. Aus Aachen ist aus dem Ende des 14. Jahrhunderts bekannt, daß ein Tagelöhner in 5 Tagen ein Schaf, in 7 Tagen einen Hammel, in 8 Tagen ein Schwein und an einem Tage beinahe zwei Gänse verdiente. Eine von den sächsischen Herzögen Ernst und Albrecht im Jahre 1482 erlassene Landesordnung bestimmt: „Die Werkleute und Mäher sollen zufrieden sein, wenn sie außer ihrem Lohn täglich zweimal, mittags und abends, vier Speisen erhalten: Suppe, zweierlei Fische und zwei Zugemüse. Zu dem Morgen- und Abendbrot, zwischen den Mahlzeiten, solle man ihnen nicht mehr als Käse und Brot und sonst keine gekochte Speise geben." Die allgemeine Einschränkung des Fleischverbrauchs während der Mitte des 16. Jahrhunderts war eines der wichtigsten Anzeichen der traurigen Umbildung der landwirtschaftlichen und gesellschaftlichen Zustände Deutschlands; sie erklärt sich für die arbeitende Klasse allein schon aus der Tatsache, daß der Tagelohn nurmehr halb so hoch war als zwischen 1450 und 1500. Das Fleisch, ehemals ein Nahrungsmittel der armen Leute, wurde mehr und mehr eine Nahrung der Reichen.

Das System der Landnutzung läßt sich etwa wie folgt beschreiben. Relativ weit entfernt von den Siedlungen wurde vor allen Dingen Bauholz geschlagen. Dieses wurde vor allem durch Kiefer und Fichte gestellt. Näher zu den Siedlungen, z. T. als Feuerschutz in den Siedlungen, wurden Buchen und vor allen Dingen Eichen stark gefördert. Dabei ließ man die Eiche in großen Abständen wachsen. Unter diesen Bedingungen werden fast alljährlich Eicheln erzeugt, während im dichten Bestand Eicheln nur in relativ großen und vor allen Dingen unregelmäßigen Abständen produziert werden. Eicheln und Bucheckern aber stellen die Basis für fast die gesamte Fleischerzeugung (Schweinemast, Schweineherden) dar. Für Brennholz wurden buschartige Waldungen — das was wir heute als Niederwald bezeichnen —, ebenfalls möglichst nicht zu entfernt von den Siedlungen, erhalten. Da eine Säge noch unbekannt war und alles Holz mit Hilfe der Axt gefällt und bearbeitet werden mußte, waren für die Brennholzbeschaffung solche Niederwaldungen besonders günstig. Der Rest wurde landwirtschaftlich bewirtschaftet, wobei Zuckergewinnung und Getreideanbau eine vorherrschende Rolle spielten. Zucker als Konservierungs- und Genußmittel konnte damals lediglich aus Honig gewonnen werden, der Mensch mußte also Honig liefernde Pflanzen begünstigen. Die Ausbreitung großer Heideflächen mit Calluna und honigtragenden Bäumen wie der Linde war daher für den Menschen von größter Bedeutung. Schließlich wurde Holz in sehr großem Maße bei der Herstellung von Glas, bei der Gewinnung von Salz aus Salzwasser, zur Herstellung von Teer und bei der Produktion aller Metallwaren benötigt. Der damalige Holzbedarf war geradezu ungeheuer.

Die Böden ertrugen diese sehr starke Nutzung nur kurze Zeit. Die sozialen Erschütterungen ab Ende der Gotik (also etwa ab 1500), die in Pest, in den Bauernkriegen, den Hussitenkriegen und im 30jährigen Krieg gipfelten, sind weitgehend die Folge wirtschaftlicher Not. Auf den Feldern wurde nur „das zweite Korn" geerntet: Das heißt, es wurde doppelt so viel geerntet, wie die Aussaat betrug. Der Wald war nahezu verbraucht, die Ansprüche jedes einzelnen Menschen schienen sich jedoch nicht zurückschrauben zu lassen. Hinzu kam die nun erreichte hohe Populationsdichte, die die Ausbreitung von Krankheiten förderte. Das Resultat dieser Krise ist

allgemein bekannt: Die Bevölkerungszahl sank um $^1/_3$, viele Siedlungen wurden aufgegeben (Wüstungen), Städte, Dörfer und Adel verarmten. Die in Mitteleuropa während der Gotik weitgehend unabhängig gewordenen Städte und kleinen Adeligen hatten nicht mehr die wirtschaftliche Kraft, sich gegen Zusammenlegungen durch einzelne Fürsten zur Wehr zu setzen. Der Boden konnte in den Wüstungen regenerieren, Niederschläge und Verwitterung von unten her brachten neue Nährstoffe, der Wald breitete sich wieder aus. Die Zusammensetzung dieses neuen Waldes wurde natürlich durch die Wirtschaftsformen der vorhergehenden Zeit und durch die verarmten Böden diktiert. Die größeren technischen Mittel der nunmehr größeren Flächenstaaten erlaubten, bisher weitgehend unberührt gebliebenes Land zu kultivieren, wie Moore und großflächige Sumpfgebiete. Schon um 1700 setzte jedoch wiederum eine verstärkte Rückgewinnung der Wüstungen ein. Die Wirtschaftsformen hatten sich im Prinzip nicht geändert. Größere Erträge wurden daher nur relativ kurze Zeit erbracht. Eine gewisse Linderung der Not wurde durch die Einführung der anspruchslosen Kartoffel gegeben und durch die Erfindung der Felddüngung mit Hilfe der Laub- und Nadelstreu des Waldes. Die Wälder, vor allen Dingen die Nadelwälder und Heiden, wurden nunmehr regelmäßig ihrer Laubstreu beraubt, und damit wurde der Nährstoffkreislauf unterbrochen. Aus dem Nürnberger Reichswald — einem Gebiet von 30 000 ha Größe — wurden pro Jahr etwa 100 000 Fuder Laub- und Nadelstreu abgefahren (etwa 16 rm/ha/a) und das durch viele Jahrzehnte (Sperber, 1968). So wird nicht nur die für das Festhalten von Wasser und Mineralien notwendige Humusbildung abgebrochen, sondern gleichzeitig werden die Mineralien aus dem Stoffkreislauf des Waldes herausgenommen. Damit entstanden die Verhältnisse, wie wir sie in der Zeit zwischen 1800 und 1850 aus Mitteleuropa kennen. Die Städte waren weitgehend verarmt, ja bankrott. Der Versuch etwa der Stadt Nürnberg (1796), sich dem preußischen Staat anzuschließen, mißlang, da der preußische König die Schulden der Stadt nicht zu übernehmen bereit war. Auf den Dörfern verhungerte im Winter ein nicht unerheblicher Teil der Bevölkerung. Mitteleuropa war damals weitgehend waldfrei, wie wir noch auf den Bildern der Romantiker sehen können. Man muß sich darüber klar sein, daß Wälder „Nährstoffpumpen" darstellen. Nährstoffe werden aus der Tiefe des Bodens entnommen und an der Oberfläche abgelagert. Sie werden hier festgehalten; dazu kommt noch die Stickstofffixierung der Blaualgen auf den Bäumen und der Wurzelbakterien in den oberflächlichen Bodenschichten. Damit steigt der Nährstoffgehalt der obersten Bodenschicht unserer Wälder langsam aber stetig an.

Eine Änderung der Verhältnisse wurde erst durch die Erfindung des künstlichen Düngers, durch den Antransport stickstoffhaltiger Dünger, wie Chilesalpeter und Guano aus Südamerika, erreicht. Auf den nun gedüngten Ackerflächen konnte die Zuckerrübe endlich die große Bedeutung der Imkerei mildern. Die Zuckerrübe ist in diesem Fall die ideale Frucht: Sie „verbessert" den Boden, da alle ihre Bestandteile — vor allem Mineralstoffe — zurück aufs Feld gelangen; nur der Zucker, aus Kohlendioxyd und Wasser aufgebaut, wird abtransportiert („Allein der Sonnenschein wird verkauft"). Gleichzeitig brachte der großflächige Anbau der anspruchslosen Kartoffel eine gewisse Entlastung beim Hungerproblem — wenn auch die Bevölkerung sich hinsichtlich ihrer Nahrungsgewohnheiten bei dieser neuen Frucht nunmehr vollständig umstellen mußte. Höhere Erträge machten eine Wiederaufforstung möglich, die auf den stark verarmten Böden jedoch fast stets nur mit Kiefern oder Fichten gelang. So wurde Mitteleuropas heutige Landschaft weitgehend festgelegt: Die heutigen Wälder waren die einzigen, die auf den verarmten Böden überhaupt hochzubrin-

gen waren. Derartige Waldtypen — vor allen Dingen Kiefernwald — waren dem Zugriff sich massenhaft vermehrender Pflanzenfresser natürlich in starkem Maße ausgesetzt; die großen Kalamitäten, die beispielsweise im Nürnberger Reichswald gegen Ende des 19. Jahrhunderts sämtliche Anpflanzungen vernichteten, sind ein Beispiel dafür. Die heute vielfach durchgeführte Düngung derart verarmter Waldgebiete gibt den Waldböden lediglich ihre ursprüngliche Fruchtbarkeit zurück. Sie ist eigentlich ein Versuch, den Einfluß des Menschen wieder rückgängig zu machen. Die armen Kiefernwälder auf Sandboden mit Ericaceen als Unterwuchs, die nordischen Kiefernwäldern so ähnlich sind, dürften rein anthropogener Natur sein. Will man sie erhalten, so muß man sich darüber klar sein, daß man einen vom Menschen geschaffenen Vegetationstyp schützt, der mit seiner gesamten Tierwelt in Mitteleuropa eigentlich kaum vorhanden gewesen sein dürfte.

Natürlich mußte bei einer solchen Kurzübersicht vieles sehr stark vereinfacht und vergröbert werden. Daß nicht gleichzeitig alle Wälder und alle Böden erschöpft waren ist logisch, daß die Pest zu einem Zurückweichen des Menschen führte, schon ehe die Böden erschöpft waren, ist selbstverständlich. Davon bleiben jedoch die generellen hier dargestellten Linien unberührt.

Die Geschichte des Lebensraumes Mitteleuropas wurde hier am Beispiel seiner Wälder entwickelt. Ebenso würde es möglich sein, am Beispiel der Feuchtgebiete die Änderung unserer Region zu zeigen. Ebbe und Flut reichten noch im vorigen Jahrhundert von der Nordsee bis Rendsburg in Schleswig-Holstein — rund 100 km von der Küste entfernt. Hier wurden zumindest im Rhythmus der Spring- und Nipptiden Hunderte von Quadratkilometern regelmäßig überflutet und fielen wieder trocken. Wir haben keine Vorstellung, wie dieser Lebensraum wohl in Wirklichkeit ausgesehen haben mag — nur, daß hier Mornellregenpfeifer gebrütet haben, scheint festzustehen. Unsere Flüsse wurden zu Ausgang des Mittelalters zu tiefen Schiffahrtsrinnen, zu Kanälen. Ihr im Flachland weit aufgefächertes, spinnwebartig verzweigtes, aber vielfach flaches Bett wurde eingedämmt und vertieft. Man denke nur an den Ortsnamen „Frankfurt": Er besagt, daß man hier zu Fuß durch Oder bzw. Main gehen konnte. Wir haben keine Vorstellung mehr davon, wie diese Flüsse wohl ausgesehen haben mögen, sie müssen sehr langsam geflossen sein, und eine recht amphibische Wildnis muß ihr breites Tal gewesen sein.

Die Geschichte der Lebensräume Mitteleuropas ist also eine Geschichte der dauernden Wachstumsbestrebungen des Menschen. Niemals gab es eine Balance zwischen menschlicher Bevölkerung und Umwelt. Immer entnahm der Mensch mehr als er zurückgab. Immer vernichtete der Mensch letzten Endes seinen Lebensraum, er gibt ihm erst heute zurück, was er diesem Lebensraum vielleicht durch Jahrtausende genommen hat. Er gibt ihm dies zurück unter Mißachtung anderer Belastungen dieses Raumes. Nach wie vor herrscht kein Gleichgewicht. Überall wird, zumindest bei der Land- und Forstwirtschaft, Energie (durchweg in Form fossiler Energie) zugeführt und in noch

stärkerem Maße beim städtischen Leben des Menschen. Es ist dringend an der Zeit, einmal darüber nachzudenken, auf welcher Populationsdichte und mit welchem Lebensstandard eine Balance möglich wäre.

Mitteleuropa wurde hier nur als Beispiel gewählt. Das gleiche ließe sich für sehr viele Landschaften zeigen. Auch Nordschweden war um 1800 über weite Strecken waldleer (Zackrisson). Die große Auswanderungswelle aus Europa nach der Neuen Welt findet hier einen Teil ihrer Erklärung. Das Florieren der Wikingersiedlungen auf Island und Grönland basierte z. T. auf den ungeheueren Treibholzmengen, die sich dort im Laufe der Jahrhunderte angesammelt hatten. Dieses Holz wurde nun verbraucht: Schon bald mußten Fahrten nach Norwegen zurück unternommen werden (wo ebenfalls das Holz weitgehend aufgebracht war); die berühmten Fahrten von Grönland an die nordamerikanische Küste dienten, wie die Beschreibungen lehren, der Beschaffung von Holz. Der Verbrauch des Holzes — z. B. für den Schiffbau — war eine der Ursachen für den Niedergang der Siedlungen in Island und Grönland (in Verbindung mit Klimaveränderungen — der kleinen Eiszeit — und vielen anderen Faktoren).

5. Theoretische Ökologie

5. Theoretische Ökologie

Das Wort Ökologie ist in den letzten Jahren zu einem Modewort geworden und weitgehend abgenutzt. Es wird für alles Mögliche gebraucht, was wirklich nichts mit Ökologie zu tun hat. Die alte Wissenschaft wird in diesem Sinne heute vielfach als theoretische Ökologie bezeichnet, der die angewandte Ökologie — worunter vielfach politisches Handeln verstanden wird — gegenübergestellt wird. Im Sinne dieses Buches ist die theoretische Ökologie eine Disziplin, die — der theoretischen Physik und der theoretischen Chemie vergleichbar — versucht, die ungeheure Datenfülle zu ordnen, ordnend zu gliedern und logisch-mathematisch verständlich zu machen. Damit wird auch klar, was theoretische Ökologie nicht ist: theoretische Ökologie ist nicht die Simulation von Vorgängen auf dem Computer mit Hilfe im Freiland gewonnener Daten. Vielfach werden ja heute die im Freiland gesammelten ungeheuren Datenmengen in einen großen Computer eingespeist um zu ermitteln, ob dieser Computer aufgrund der eingegebenen Daten dann Vorgänge simuliert, die im Freiland beobachtet worden sind. Tut er das nicht, so wissen wir, daß wir die falschen Daten oder richtige Daten falsch gesammelt haben. Zeigt unser Computer jedoch die Vorgänge, die wir im Freiland beobachtet haben, so haben wir eine hohe Wahrscheinlichkeit, daß die von uns gesammelten Daten wirklich zu den im Freiland beobachteten Vorgängen führen und wir können nun darangehen, einen Datensatz nach dem anderen aus der Eingabe wieder zu entfernen, um die wahrscheinlich steuernden Faktoren mit höherer Sicherheit klarzustellen. Hier liegt die große Möglichkeit des Computers, hier muß er und kann er immer wieder eingesetzt werden, aber: wenn wir unsere Daten so reduziert haben, daß der Computer gerade noch die im Freiland beobachteten Vorgänge simuliert, haben wir noch immer nichts verstanden. Wir wissen mit hoher Sicherheit, daß die von uns nun eingegebenen Faktoren in der von uns eingegebenen Weise verantwortlich sind — aber Kausalität ist das noch nicht, und Verständnis gewinnen wir auf diese Weise nicht.

Hier sollte die Grenze zur theoretischen Ökologie klar erkennbar sein — zu einer theoretischen Ökologie, die dort, wo komplizierte und unübersichtliche Verhältnisse auftreten, mit mathematischen Methoden versucht, Klarheit zu schaffen. Mit mathematischen Methoden läßt sich vieles davon relativ einfach vorhersagen — sei es, was es bei der Konkurrenz zwischen zwei Organismen überhaupt an Möglichkeiten gibt, was es bei Räuber-Beute-Systemen an Möglichkeiten gibt; und man kann vergleichsweise leicht abschätzen, ob gefundene Resultate im Bereich des Selbstverständlichen liegen oder ob sie etwas Besonderes darstellen, welches nicht aufgrund einfacher mathematischer Überlegungen vorhergesagt werden konnte. Komplexe Systeme, wie etwa die Resultate der Hochseefischerei auf verschiedene Nutzfische (May u. Mitarb., 1978) sind auf diese Weise einer Analyse näher zu bringen.

Genau hier liegt meines Erachtens eine der ganz großen Stärken der theoretischen Ökologie — eine der Stärken, die sie bei Biologen immer wieder unbeliebt macht. Der Biologe ist viel zu häufig verliebt in sein Objekt; der Theoretiker, der diese Objekte überhaupt nicht kennt, zwingt ihn zu einer klaren und geraden Verfolgung seiner Fragestellung. Der Biologe sieht dauernd Neues und besonders Interessantes an seinem Objekt: das ist der Reiz der Biologie. Der Nachteil ist: der Forscher verfolgt nicht die ursprüngliche Fragestellung, sondern bleibt bei seinem Objekt (und das Objekt ist keine Fragestellung). Die Zusammenarbeit mit einem Theoretiker zwingt zu ganz klaren Fragestellungen, zu ganz klaren Antworten auf diese Fragestellungen und entwickelt dann neue, wiederum ganz klare Fragestellungen, die der Experimentator zu analysieren hat. Hier liegt die große Chance der theoretischen Ökologie und hier liegt die Gefahr des Biologen, der in den unglaublich reichen und immer unglaublich schönen biologischen Systemen hoffnungslos bei immer wieder unglaublich aufregenden Dingen sich verheddert, wo eine klare Frage eine klare Antwort verlangt.

Damit wird auch deutlich, daß eigentlich nur die Zusammenarbeit zwischen Experimentator und Theoretiker unser Wissensgebiet weitertreiben kann. Der Theoretiker allein kann sich in Gebiete verirren, die mit Ökologie nichts mehr zu tun haben und der Experimentator allein kann sich in sein Objekt verlieben: gemeinsam sind sie vielfach als wissenschaftliches Team unschlagbar.

6. Ausblick

Der aufmerksame Leser wird an vielen Stellen dieses Buches verzweifeln: Habe ich nicht gerade gelesen, dieses und jenes Phänomen habe diese und jene Wirkung, habe diese und jene Ursache? Und hier an einer anderen Stelle steht etwas ganz anderes!

Diese vielen Facetten des gleichen Phänomens machen Schwierigkeit und Reiz der Ökologie aus. Jedes Individuum ist auf eine hohe Vermehrungsrate, auf Vermeidung eines Räubers, auf ein Aufsuchen günstiger Biotope hin evoluiert. Die Population aus diesen Individuen ist auf Erhaltung einer optimalen Dichte evoluiert, auf die Preisgabe im Augenblick weniger geeigneter Einzelindividuen ohne Nachteil für die Population oder vielmehr zum Vorteil für die Population. Die Populationen des Systems sind auf Erhaltung des Systems hin evoluiert, auf Optimierung der Abläufe dieses Systems. Bewußt anthropomorph ausgedrückt: Die Interessen des Individuums decken sich nicht unbedingt mit den Interessen der Population; die Interessen der Population decken sich nicht unbedingt mit den Interessen des Gesamtsystems. Evolution und Coevolution haben damit letzten Endes im gleichen Individuum eine „Schizophrenie" vorprogrammiert, die man sehen und erkennen muß, will man Ökologie treiben. Die „Schizophrenie" löst sich auf, wenn man das Gesamtsystem langfristig beurteilt. Auch bei der Evolution haben wir diese vorprogrammierte Schizophrenie. Eine Coevolution sollte zur Harmonie in Ökosystemen führen und das ist auch in der Regel der Fall. Die Evolution „neuer Technologien" durch Pflanzen und Tiere führte jedoch im Laufe der Erdgeschichte zur raschen Umkonstruktion großer Öko-

systeme: die Haie mit ihrer guten Bewegungsfähigkeit und mit ihren hochentwikkelten Sinnesorganen ersetzten die bis dahin im Meer treibenden Ammoniten; die Teleostier, die mit ihrer Schwimmblase relativ wenig Energie beim Schwimmen im freien Wasser brauchten, waren den Haien überlegen; für die mit Echoorientierung arbeitenden Delphine war die Schwimmblase der Teleostier ein geradezu ideales Anpeilobjekt.

Ebenso steht es mit den vielen Beziehungen, den vielen Ursachen und den vielen Wirkungen innerhalb eines ökologischen Gefüges. Der Anfänger mag sich fragen, was denn nun eigentlich die Bedeutung zyklischer Massenvermehrungen, etwa des Lemmings (um nur ein Beispiel zu nehmen), sei. Die Antwort darauf ist, daß die Frage falsch gestellt ist. Die Bedeutung der zyklischen Massenvermehrungen für das Individuum liegt darin, daß sich das Individuum zu verschiedenen Phasen des Zyklus auf verschiedene Dichten einstellen und damit ein jeweils anderes Sozialverhalten zeigen muß. Individuen, die das nicht können, werden in der Selektion benachteiligt. Die Bedeutung für die Population liegt unter anderem in der Möglichkeit des Genaustausches mit benachbarten Populationen während der Zeiten wachsender Bevölkerungsdichte und in dem Erreichen eines mittleren Populationsniveaus, welches, wenn es konstant eingehalten werden sollte, eine Unzahl an Feinden zur Folge haben würde. Für die Feinde liegt die Bedeutung der Massenvermehrungen in der Möglichkeit, in manchen Jahren viel Nachwuchs aufzuziehen, während in anderen Jahren wenig oder gar kein Nachwuchs produziert werden kann. Damit steht die geringe Ortstreue der Feinde des Lemming in Beziehung, die sich jeweils an Stellen hoher Lemming-Population sammeln. Die Bedeutung synchroner Lemming-Maxima in verschiedenen Gebieten und in Bedeutung der Synchronisierung dieser Maxima mit den Maxima anderer Kleinsäuger, Hasen oder Schneehühnern liegt darin, den Feinddruck während des Maximums so gering wie möglich zu halten. Die Bedeutung der Massenvermehrung für das mit dem Lemming evoluierte System Tundra liegt in einer Beschleunigung des Umsatzes in der Schicht des Bestandesabfalls.

Ebenso viele Antworten wie auf die Frage nach der Bedeutung der Lemmingzyklen möglich sind, lassen sich für die Ursachen der Lemmingzyklen geben. Keine Antwort ist für sich allein richtig. Es ist ein Trugschluß, daß einfache Antworten auf einfach erscheinende Fragen in der Ökologie möglich sind. Der Ökologe, der heute Voraussagen machen soll über die Wirkung dieser oder jener Änderungen im Faktorengefüge, kann nicht auf generalisierende Modelle zurückgreifen. Es gibt diese generalisierenden Modelle, und ich habe versucht, sie z. T. darzustellen. Aber jedes System ist anders. All diese generalisierenden Modelle versagen an dem Punkt, an dem naturwissenschaftliche Arbeit sich immer und alleine mißt: Bei ihrer Anwendung auf die Verhältnisse in der freien Natur. Trotz immer größerer Komplexität, deren Bewältigung Großrechenanlagen über Stunden beschäftigen kann, haben Modelle nur in Teilbereichen der Autökologie die Perfektion erreicht, die nötig ist, um sichere Vorhersagen zu machen. Das ist etwa bei der minuziösen Analyse der Photosyntheseleistung mancher Pflanzen gelungen. Aber alle Modelle der Populationsökologie oder der Ökosystemforschung sind entweder so speziell, daß sie genau auf vergangene Dinge passen oder so generell, daß sie keine Vorhersage gestatten. So wie es kein generalisierendes Modell des biologisch am meisten analysierten Organismus, des Menschen, gibt, so (meinen heute viele Ökologen)

wird es wohl auch kein generalisierendes und Vorhersagen erlaubendes Modell von Populationen und Lebensräumen geben. Der überaus wichtige, sehr anregend zu lesende, aber viel zu wenig bekannte Artikel von J. W. Hedgpeth über „models and muddles" oder die Abbildung S. 329 demonstrieren die Situation zur Genüge. Die Verschiedenheiten zwischen den verschiedenen Systemen sind weit größer als die Verschiedenheiten zwischen den Menschen einer Population. Aber ebenso wie der Arzt den Einzelfall analysieren muß, ehe er zu einer Therapie schreitet, ebenso muß der Ökologe den Einzelfall mit seinen physiologischen und biochemischen Ursachen erforschen, ehe er eine wirkliche Voraussage macht. Dafür fehlt fast immer die Zeit. Die Erfahrung des Menschen und sein ihm mitgegebener Computer — das menschliche Gehirn — können ihm hier helfen. Computer-Fachleute stehen immer wieder resignierend vor den Leistungen des menschlichen Gehirns, Biologen stehen fassungslos vor den Leistungen der technischen Computer. Die Erfahrung, die ein Ökologe über viele Jahre hinweg mit einander widersprechend erscheinenden Befunden gemacht hat und die sein Gehirn speicherte, taugt dabei im allgemeinen mehr zu Vorhersagen als eine einzelne, mit modernstem technischen Aufwand durchgeführte Analyse mit Konstruktion eines generalisierenden Modells. Mein Bestreben war es, in das Denken der Ökologie einzuführen und dabei die Leistungsfähigkeit des menschlichen Gehirns in Anspruch zu nehmen — ohne in Simplifizierungen zu fallen, wie sie leider vielfach geschehen sind. Der Ökologe braucht eine solide Basis auf dem Gebiet der Systematik, der Genetik, der Physiologie und der Biochemie. Er braucht eine Schulung im Argumentieren mit der additiven und multiplikativen Wirkung von Faktoren, und er braucht das Wissen darum, daß für seine Aufgabe keine generalisierende Lösung hilft, sondern die genaue Erforschung des Einzelfalls.

Hinzu kommt, daß eine Übersicht über die Ökologie heute eigentlich nur geschrieben werden kann, wenn man sein schlechtes Gewissen verdrängt. Vor einigen Jahren konnte man noch sagen, daß Bakterien und Pilze zweifellos eine wichtige Rolle spielen, die aber so ungeklärt war, daß man dies ganze riesige Feld mit gutem Gewissen vernachlässigen konnte. Inzwischen hat ein gewaltiger Aufschwung der mikrobiologischen Ökologie stattgefunden. Wir wissen heute, warum Salzwiesen Schwefelbakterien besitzen und Süßwasserfeuchtgebiete Methanbakterien: die Enzyme der Schwefelbakterien haben eine höhere Affinität für Wasserstoff als die Enzyme der Methanbakterien und konkurrieren die Methanbakterien aus den relativ schwefelreichen Salzwiesen einfach heraus (Kristjansson u. Schönheit, 1983). Damit ist die grundsätzliche Bakterienflora von Salzwiesen und Süßwasserfeuchtgebieten dokumentiert und man wird fragen müssen, welche Effekte diese unterschiedliche Bakterienflora auf die übrige Ökologie hat. Wir wissen heute, daß intercelluläre chemoautotrophe Bakterien regelmäßig bei den marinen Pogonophoren auftreten und wahrscheinlich für die Ernährung dieser Tiere unerläßlich sind (Southward, 1982). Wir wissen, daß alle komplizierten Abbauvorgänge offenbar chemisch allein von Mikroorganismen vollbracht werden und daß die Tiere eigentlich nur als Zerkleinerer anzusehen sind — ob bei der Zersetzung unserer Laubstreu in Wäldern, ob bei der Zersetzung der Biomasse in armen Savannen mit Hilfe der Termiten oder ob in Gewässern; wir ahnen, daß die Mycorrhiza unserer Pflanzen vielleicht den wesentlichen Schlüssel für die Pflanzenernährung darstellt und damit für das Verständnis der Wirkung saurer Niederschläge oder das Verständnis von Böden mit geringer Austauschkapazität. All das ist heute in ungeheuer raschem Fortschreiten begriffen und eine neue allgemeine Ökologie sollte in einigen Jahren vielleicht überwiegend eine Ökologie der Mikroorganismen sein. Das ist eine Entwicklung, die sich andeutet: bisher läßt sich noch kein Bild zeichnen, sondern es sind einzelne Schlaglichter, die gegeben werden können und die im Augenblick zum Teil noch sehr verschiedene Interpretationen erlauben.

Vor medizinischen Quacksalbern schützen uns Gesetze. Niemand aber schützt uns vor ökologischen Quacksalbern, deren Zahl und Einfluß beängstigend zunimmt. Ökologie ist eine biologische Wissenschaft. Ohne einen soliden biologischen Unterbau kann Landesplanung, können ökologische Gutachten, können Vorschläge für Maßnahmen des Umweltschutzes nur Quacksalberei sein: gefährliche Quacksalberei, weil simple und rasche Lösungsvorschläge so eingängig sind.

Abbildung auf Seite 3: „Frecher Vogel" von Erich Ohser (mit Genehmigung der Witwe des Malers).
Abbildung auf Seite 129: Aus Lockley (1953).
Abbildung auf Seite 211: Aus Lohmann (1974).
Abbildung auf Seite 325: Die Evolution eines ökologischen Modells. (Mit Erlaubnis: Eastern Deciduous Biome US IBP Analysis of Ecosystems Newsletter No. 9, März, 1972)
Abbildung auf Seite 329: Im Kreuzgang des Domes von Paderborn.

Literaturverzeichnis

Alexander RD, Moore TE (1962) The evolutionary relationships of 17-year and 13-year cicadas, and three new species (Homotera, Cicadidae, Magicicada). Miscellaneous Publications Museum of Zoology, University of Michigan 121:5–59

Ali KE u. Mitarb. (1977) Harnstoff-„Recycling" beim Eiweißstoffwechsel der Lamas. Umschau in Wissenschaft und Technik, S 338–339

Andersen KP, Ursin E (1977) A multispecies extension to the Beverton and Holt theory of fishing, with accounts of phosphorus circulation and primary production. Medd fra Dan Fisk Havunders NS 7:319–435

Andreev A (1988) The ten year cycle of the willow grouse of Lower Kolyma. Oecologia 76:261–267

Armstrong RA, McGehee R (1976) Coexistence of species competing for shared resources. Theor Pop Biol 9:317–328

Arndt H, Debus L, Heerkloss R, Schneese W (1984) Diurnal chances in the matter flux of a shallow-water ecosystem in a baltic inlead. Ophelia suppl 1–9

Arntz WE, Hempel G (1972) Biomasse und Produktion des Makrobenthos in der Kieler Bucht und seine Verwertung durch Nutzfische. Verh der Dtsch Zool Gesellschaft, 1971, 32–36, Stuttgart

Arntz WE (1986) The two faces of El Niño 1982–1983. Meeresforschung 31:1–46

Arntz WE, Fahrbach F (1991) El Niño. Basel 264 pp

Aschoff J, Günter B, Kramer K (1971) Energiehaushalt und Temperaturregulation. In: Gauer, Kramer, Jung (Hrsg) Physiologie des Menschen, Bd 2. Urban & Schwarzenberg, München Berlin Wien

Aubreville A (1938) La forêt coloniale: les forêts de l'Afrique occidentale française. Ann Ac Sci colon (Paris) 9:1–245

Aumann GD, Emlen JT (1965) Relation of population density to sodium availability and sodium selection by microtine rodents. Nature 208:198–199

Autrum H (1988) Die erfindungsreiche Natur und Probleme der Ökologie. Sitzungsberichte der Bayerischen Akademie der Wissenschaften, 1–22

Ax P (1968) Populationsdynamik, Lebenszyklen und Fortpflanzungsbiologie der Mikrofauna des Meeressandes. Verh. d. Deutschen Zool. Gesellsch. in Innsbruck, S 66–113

Baeumer K (1971) Allgemeiner Pflanzenbau, UTB Uni-Taschenbuch, Stuttgart, 264 S

Ballester A, Albo JM, Vieitez E (1977) The allelopathic potential of Erica scoparia. Oecologia (Berl.) 30:55–61

Bejer-Petersen B (1975) Length of development and survival of Hylobius abietis as influenced by silvicultural exposure to sunlight. Kgl Vet.- og Landbohojsk Arsskr, Kopenhagen, pp 111–120

Belowski GE (1978) Diet optimal selection in a general/list herbivore: the moose. Theoretical Population Biology 14:105–134

Benson AA, Lee RF (1975) The role of wax in oceanic food chains. Sci Amer 232/3:90–101

Berndt R, Henß M (1967) Die Kohlmeise, Parus major, als Invasionsvogel. Die Vogelwarte 24:17–37

Bertsch A (1975) Blüten — lockende Signale. Ravensburg, S 1–143

Bezzel E, Reichholf J (1974) Die Diversität als Kriterium zur Bewertung der Reichhaltigkeit von Wasservogel-Lebensräumen. J Ornithol 115:50–61

Björkman O (1981) Responses to different quantum flux densities. In: Lange u. Mitarb. (eds) Physiological plant ecology vol I, 57–107

Blair-West JR u. Mitarb. (1968) Physiological, morphological and behavioural adaptation to a sodium deficient environment by wild native Australian and introduced species of animals. Nature 217:922–928

Bliss LC (1975) Devon Island, Canada. In: Rosswall, Teal (eds) Structure and function of tundra ecosystems, Ecol. Bulletins NFR 20, Stockholm, pp 17–60

Boeckh J (1967a) Reaktionsschwelle, Arbeitsbereich und Spezifität eines Geruchsrezeptors auf der Heuschreckenantenne. Z vergl Physiol 55:378–406

Boeckh J (1967b) Inhibition and excitation of single insect olfactory receptors, and their role as a primary sensory code. Olfaction and taste II, Proc of the 2nd Int Symp Tokyo, Pergamon Press, Oxford, pp 721–735

Böckmann T (1986) Probleme der australischen Forstwirtschaft mit dem Schadpilz Phytophothora cinnamomi. AFZ 45:1128–1129

Bormann FH, Likens GE (1979) Patterns and process in a forested ecosystem. Springer, Berlin New York

Botkin DB, Jordan PA, Dominski AS, Lowendorf HS, Hutchinson GE (1973) Sodium dynamics in a northern ecosystem. Proc Nat Acad Sci (Wash.) 70/10:2745–2748

Bouverot P (1985) Adaptation to altitude-hypoxia in vertebrates. In: Heinrich B, Johansen K, Langer H, Neuweiler G, Randall DJ (eds.); Springer, Berlin, Heidelberg, New York

Brinkhoff W, Stöckmann K, Grieshaber MK (1983) Natural occurrence of anaerobiosis in molluscs from intertidal habitats. Oecologia 57:151–154

Brown JL (1978) Avian communal breeding systems. Ann Rev Ecol Syst 9:123–155

Brüll H, Lindner A, von Lutterotti L, Scherzinger W (1977) Die Waldhühner. Parey, Hamburg Berlin

Bryant C (1991) Metazoan life without oxygen. Chapman and Hall, London, New York, Tokyo

Brzoska W (1976) Produktivität und Energiegehalte von Gefäßpflanzen im Adventdalen (Spitzbergen). Oecologia (Berl.) 22:387–398

Bückmann A (1963) Das Problem der optimalen Befischung. Eine Darstellung zur Methodik der Fischereibiologie. Arch Fischerwiss 14/Beiheft 1:1–107

Bulla LA (ed) (1973) Regulation of insect populations by microorganisms. Ann NY Acad Sci 217:243

Bulnheim HP, Siebers D (1976) Salzgehaltsabhängigkeit der Aufnahme gelöster Aminosäuren bei dem Oligochaeten Enchytraeus albidus. Verh Dtsch Zool Ges, p 212

Burdon JJ, Shilvers GA (1976a) Controlled environment experiments on epidermics of Barlew Mildew in different density host stands. Oecologia (Berl.) 26:61–72

Burdon JJ, Shilvers GA (1976b) The effect of planting patterns on epidemics of damping-off disease in cress seedlings. Oecologia (Berl.) 23:17–29

Burkhardt D (1982) Birds, berries and UV. A note on some consequences of UV vision in birds. Naturwissenschaften 69:153–157

Burschel P (1966) Untersuchungen in Buchenmastjahren. Forstwissenschaftliches Zentralblatt 7/8:193–256

Callahan JT (1984) Long-term ecological research. BioScience 34:363–367

Canroll G (1988) Fungal endophytes in stems and leaves: from latent pathogen to mutalistic symbiont. Ecology 69(1):2–9

Carlquist S (1965) Island Life. Garden City, 451 pp

Caswell H, Reed F, Stephenson SN, Werner PA (1973) Photosynthetic pathways and selective herbivory: A hypothesis. Amer Natural 107:465–480

Ceska V (1974) Experimentelle Untersuchungen über den Nahrungsbedarf und den Jahreszyklus der Schnee-Eule (Nyctea Scandiaca). Verh dtsch Ges Ökolog, pp 199–201

Chapman RF, Bernay EA (ed) (1978) Insect and host plant. Proc 4th Int Symp 1978 Entomol Exp appl 24:200–766

Christensen NL (1977) Fire and soil-plant nutrient relations in a pine-wire-grass savanna on the Coastal Plain of North Carolina. Oecologia (Berl.)

Classen R, Dettner K (1983) Pygidial defensive titer and population structure of Agabus bipustulatus L. and Agabus paludosus F. (Coleoptera, Dytiscidae). Journal of Chemical Ecology 9(2):201–209

Clay K (1988) Fungal endophytes of grasses: a defensive mutualism between plants and fungi. Ecology 69(1):10–16

Cleffmann G (1979) Stoffwechselphysiologie, Bd 791. UTB Ulmer, Stuttgart, 246 S

Connell JH (1978) Diversity in tropical rain forests and coral reefs. Science 199:1302–1309

Cummins KW, Wuycheck JC (1971) Caloric equivalents for investigations in ecological energetics. Mitt Int Vereinig Limnolog 18:1–158

Curio E (1976) The ethology of predation. In: Zoophysiology and ecology, vol 7. Springer, Berlin Heidelberg New York

Davis MB (1981) Outbreaks of forest pathogene in Quaternary history. IV. Int Palynol Conf Lucknow 3:216–228

Dawkins R (1978) Das egoistische Gen. Springer, Berlin Heidelberg New York, S 1–246

Denison WC (1973) Life in tall trees. Sci Amer 228/6: 74–81

Dettner K (1982) Vergleichende Untersuchungen zur Wehrchemie und Drüsenmorphologie abdominaler Abwehrdrüsen von Kurzflüglern aus dem Subtribus Philonthina (Coleoptera, Staphylinidae). Zeitschrift Naturforschung 38c:319–328

Dettner K (1984a) Isopropylesters as wetting agents from the defensive secretion of the rove beetle Coprophilus striatulus F. (Coleoptera, Staphylinidae). Insect Biochem 14(4):383–390

Dettner K (1984b) Description of defensive glands from cardinal beetles (Coleoptera, Pyrochroidae) — their phylogenetic significance as compared with other heteromeran defensive glands. Entomologica Basiliensia 9:204–215

Dettner K, Schwinger G (1982) Defensive secretions of three oxytelinae rove beetles (Coleoptera: Staphylinidae). Journal of Chemical Ecology 8(11):1411–1420

Dettner K, Schwinger G, Wunderle P (1985) Sticky secretion from two pairs of defensive glands of rove beetle Deleaster dichrous (Grav.) (Coleoptera: Staphylinidae). Journal of Chemical Ecology 11(7):859–883

Dobzhansky Th (1974) Adaptive changes induced by natural selection in wild populations of Drosophila. Evolution 1:1–16

Dogiel A (1963) überarbeitet und ergänzt von Poljanski GI, Cheissin EM: Allgemeine Parasitologie. Parasitolog Schr-Reihe 16

Droop MR (1973) Some thoughts on nutrient limitation in algae. J Phycol 9:264–272

Droop MR (1983) 25 years of algal growth kinetics. Bot Mar 26:99–112

Ehleringer JR (1978) Implications of quantum yield differences on the distributions of C_3 and C_3 grasses. Oecologia (Berl.) 31:225–267

Ehrlich P, Ehrlich A, Holdren JP (1975) Humanökologie: Der Mensch im Zentrum einer neuen Wissenschaft. Springer, Berlin Heidelberg New York

Ehrlich P, Ehrlich A, Holdren JP (1977) Ecoscience. San Franzisco, 1051 pp, deutsche Kurzfassung:

Humanökologie. Springer, Berlin Heidelberg New York, 234 S

Ehrlich PR, White RR, Singer MC, McKechnie, Stephen W, Gilbert, Lawrence E (1975) Checkerspot Butterflies: A historical perspective. Science 188:221–228

Ellenberg Heinz (1974) Zeigerwerte der Gefäßpflanzen Mitteleuropas. Scripta Geobotanica IX/9:5–97

Ellenberg Heinz (1978) Die Vegetation Mitteleuropas mit den Alpen. Ulmer, Stuttgart, 981 S

Ellenberg Hermann (1974) Beiträge zur Ökologie des Rehes (Capreolus capreolus L. 1758). Daten aus dem Stammhamer Versuchsgehege. Dissertation, Kiel

Ellenberg Hermann (1979) Zur Populationsökologie des Rehes (Capreolus capreolus L., Cervidae) in Mitteleuropa. Spixiana (München), Suppl. 2:1–211

Ellenberg Hermann (1984) Elster, Krähe und Habicht ein Beziehungsgefüge aus Territorialität, Konkurrenz und Prädation. Verh d Gesellschaft für Ökologie (Bern) 1982, Band XII:319–330

Emeis W (1950) Einführung in das Pflanzen- und Tierleben Schleswig-Holsteins. Möller, Rendsburg

Emlen ST (1978) The evolution of cooperative breeding in birds. In: Krebs JR, Davies NB (eds) Behaviour ecol. Blackwell Sci Publ, Oxford London Edinburgh Melbourne, pp 245–281

Enquete-Kommission „Vorsorge zum Schutz der Erdatmosphäre" des Deutschen Bundestages (1991) Schutz der Erde. Eine Bestandsaufnahme mit Vorschlägen zu einer neuen Energiepolitik. Teilband 1, Economica Verlag, Bonn

Enright JT (1976) Climate and population regulation. The biogeographer's dilemma. Oecologia (Berl.) 24:295–310

Ernst W (1975) Mechanismen der Schwermetallresistenz. Verh dtsch Ges Ökolog, S 189–197

Erz W (1964) Populationsökologische Untersuchungen an der Avifauna zweier nordwestdeutscher Großstädte (unter besonderer Berücksichtigung der populationsdynamischen Verhältnisse bei der Amsel, Turdus merula merula L.). Z wiss Zool 170:1–111

Evans MEG (1985) Hydradephagan comparative morphology and evolution: some locomotor features and their possible phylogenetic implications. Proceedings of the Academy of Natural Sciences of Philadelphia 137:172–181

Ewert JP (1976) Neuroethologie. HT 181. Springer, Heidelberg Berlin New York, 259 S

Fenner M (1985) Seed ecology. Capman and Hall, London New York, 150 pp

Findley JS, Black H (1983) Morphological and dietary structuring of a Zambian insectivorous bat community. Ecology 64:625–630

Fischer Z (1979) Selected problems of fish bioenergetics. Proc World Symp on Finfish nutrition and Fishfeed technology, 1978, vol I, Berlin, pp 17–44

Fischlin A (1982) Analyse eines Wald-Insekten-Systems: Der subalpine Lärchen-Arvenwald und der graue Lärchenwickler Zeiraphera diniana Gn. (Lep., Tortricidae). Diss ETH Nr. 6977, 1–294

Fisher J (1952) The fulmar. Collins, London

Fisher J (1954) Birds as animals. I. A history of birds. In: Biological sciences. Hutchinsons University Library

Fittkau EJ (1973a) Artenmannigfaltigkeit amazonischer Lebensräume aus ökologischer Sicht. Amazoniana 4:321–340

Fittkau EJ (1973b) Crocodiles and the nutrient metabolism of Amazonian Waters. Amazoniana 6/1:103–133

Fittkau EJ (1974) Zur ökologischen Gliederung Amazoniens I. Die erdgeschichtliche Entwicklung Amazoniens. Amazoniana V 1:77–134

Fittkau EJ, Klinge H (1972) Filterfunktionen im Ökosystem des zentralamazonischen Regenwaldes. Mitt Dtsch Bodenkundl Ges 16:130–135

Fittkau EJ, Klinge H (1973) On biomass and trophic structure of the central. Amazonian rain forest ecosystem. Biotropica 5:2–14

Fittkau EJ, Irmler U, Junk WJ, Reiss F, Schmidt GW (1975a) Ecological division of the Amazon region. In: Golley FB, Medina E (eds) Tropical ecological systems, trends in terrestrial and aquatic research. Springer, Berlin Heidelberg New York, pp 289–311

Fittkau EJ, Klinge H, Rodrigues WA, Brunig E (1975b) Biomass and structure in a central amazonian rain forest. Tropical ecological systems. Trends in terrestrial and aquatic research. Golley FB, Medina E (eds). Springer, Berlin Heidelberg New York, pp 115–122

Fokkema NI, van den Heuvel J (ed) (1986) Microbiology of the phyllosphere. Cambridge Univ Press Cambridge, 392 pp

Forcier LK (1975) Reproductive strategies in the cooccurance of climax tree species. Sci 189:808–810

Ford MJ (1977a) Metabolic costs of the predation strategy of the spider pardosa amentata. Oecologia (Berl.) 28:333–340

Ford MJ (1977b) Energy costs of the predation strategy of the web-spinning Spider Lepthyphantes zimmermannae. Oecologia (Berl.) 28:341–350

Foster WL, Tate J (1966) The activities and coactions of animals at sapsucker trees. Living Bird 5:87–113

Franz JM, Krieg A (1972) Biologische Schädlingsbekämpfung. Parey, Hamburg

Frisch K v (1965) Tanzsprache und Orientierung der Bienen. Springer, Berlin Heidelberg New York, 578 S

Funke W (1973) Food and energy turnover of leaf-eating insects and their influence on primary production. Ecological Studies 2:89–93

Gäde D, Grieshaber MK (1986) Pyruvate reductases catalyze the formation of lactate and opines in anaerobic invertebrates. Comp Biochem Physiol 82B:255–272

Gardasson A, Sigurdson JB (1972) Research on the pink-footed goose 1971. Reykjavik (isländ.)

Gardasson A, Sigurdson JB (1974) Studies on the breeding biology of the pink footed goose; studies on plant production and grazing by pink footed goose. Progress Report. Reykjavik (isländ.)

Gates DM (1965) Heat, radiant and sensible, Ch. 1, Radiant energy, its receipt and disposal. Meteorological Monographs 6/28:1–26

Gates M, Schmerl RB (1975) Perspectives of biophysical ecology. Springer, Berlin Heidelberg New York

Geisler G (1971) Pflanzenbau in Stichworten. II. Die Ertragsbildung. Hirt, Kiel

Geist V, Walther F (ed) (1974) The behaviour of Ungulates and its relation to management. Vol 1, vol 2, IUCN Publications, new series No. 24, Morges, Switzerland, pp 11–511, pp 512–940

George JC (1972) Everglades wildguide. Natural History Series, US Dept. of the Interior

Gerlach SA (1958) Die Mangroveregion tropischer Küsten als Lebensraum. Z Morph Ökol Tiere 46:636–730

Gerlach SA (1976) Meeresverschmutzung. Diagnose und Therapie. Springer, Berlin Heidelberg New York

Gerlach SA (1988) Betrachtungen zum Robbensterben. Seevögel, Zeitschrift Verein Jordsand 9:43–45

Gerlach SA (1989) Vom Seehundsterben und Algenblüten angeregte Gedanken über pathologene Keime im Phytoplankton und über toxische Effekte von mit Phytoplankton vergesellschafteten Bakterien. 32. Jahrestagung des Ernährungswissenschaftlichen Beirates der deutschen Fischwirtschaft in Bamberg, MS

Gerlach SA, Schrage M (1969) Freilebende Nematoden als Nahrung der Sandgarnele Crangon crangon. Oecologia (Berl.) 2:362–375

Gessner F (1957) Meer und Strand. VEB Deutscher Verlag der Wissenschaften, Berlin, S 1–426

Glitzenstein JS, Harcombe PA, Streng DR (1986) Disturbance, succession, and maintenance of species diversity on an east texas forest. Ecol Monogr 56(3):243–258

Glück E (1979) Abhängigkeit des Bruterfolges von der Lichtmenge am Neststandort. J Orn 120:215–220

Golley FB (1960) Energy dynamics of a food chain of an old-field community. Ecological Monographs 30:187–206

Gommers FJ (1973) Nematicidal principles in compositae. Meded Landbouwhogesch. Wageningen Nederland 73(17):1–71

Goss-Custard JD (1977) The energetics of prey selection by redshank, tringa totanus (1.), in relation to prey density. J Anim Ecol 46:1–19

Graham NE, White WB (1988) The El Niño Cycle: a natural oscillator of the Pacific Ocean-Atmosphere system. Science 240:1293–1302

Gray AJ, Crawley MJ, Edwards PJ (ed) (1988) Colonization, sucession and stability. Blackwell Scientific Publications, Oxford London Edinburgh Boston Palo Alto Melbourne, 482 pp

Grubb PJ (1977) The maintenance of species richness in plant communities: the importance of the regeneration niche. Biol Rev 52:107–145

Gyllenberg G (1974) A simulation model for testing the dynamics of a grasshopper population. Ecology 55:645–650

Haarlov N (1960) Microarthropods from Danish soils: ecology, phenology. Oikos, Suppl. 3:11–176

Hahn J, Aehnelt E (1972) Die Fruchtbarkeit der Tiere als biologischer Indikator für Umweltbelastungen. Tagungsbericht der Gesellschaft für Ökologie, Tagung Gießen, S 49–54

Halbach U (1977) Probleme der Ökosystemforschung am Beispiel der Limnologie. Verh Dtsch Zool Ges, S 41–66

Harder W (1965a) Elektrische Fische. Umschau 15:467–473

Harder W (1965b) Elektrische Fische. Umschau 16:492–496

Harms JW, Tischler W, Strenzke K, Knoll F (1966) Allgemeine Biologie. Akad Verlagsgesellschaft Athenaoion Konstanz, S 328 d

Hedgpeth JW (ed) (1957) Treatise on marine ecology and paleoecology. The Geological Society of America Mamoir 67, vol 1, pp 1–1296

Heithaus ER (1974) The role of plant-pollinator interactions in determining community structure. Ann Missouri Bot Gard 61/3:675–691

Helmke E, Weyland H (1986) Effect of hydrostatic pressure and temperature on the activity and synthesis of chitinases of Antarctic Ocean bacteria. Marine Biology 91:1–7

Hempel G (1977) Biologische Probleme der Befischung mariner Ökosysteme. Naturwissenschaften 64:200–206

Hendrichs H (1978) Die soziale Organisation von Säugetierpopulationen. Säugetierkundliche Mitteilungen, BLV Verlagsgesellschaft mbH München 40, 26. Jg. Heft 2, S 81–116

Herlitzius R, Herlitzius H (1977) Streuabbau in Laubwäldern. Oecologia (Berl.) 30:147–173

Hesse R, Doflein F (1910) 1. Band: Der Tierkörper als selbständiger Organismus. Verlag von B. G. Teubner, Leipzig Berlin, 789 S

Hinz W (1989) Zur Ökologie der Tundra Zentralspitzbergens. Norsk Polarinstitutt Skifter Nr. 163, S 4–47

Hochachka PW, Somero GN (1973) Strategies of Biochemical Adaptation. Saunders, Philadelphia, pp 1–358

Hock B, Bartunek A (1984) Ektomykorrhiza. Naturw Rundsch 37:437–444

Hocking B (1968) Insect-flower associations in the high Arctic with special reference to nectar. Oikos 19:359–388

Hoffmann K-H (1974) Wirkung von konstanten und tagesperiodisch alternierenden Temperaturen auf

Lebensdauer, Nahrungsverwertung und Fertilität adulter Gryllus bimaculatus. Oecologia (Berl.) 17:39–54

Hölldobler B (1970) Chemische Verständigung bei sozialen Insekten. Grzimeks Tierleben, Ergänzungsband Verhaltensforschung, Kindler Verlag, S 486–494

Hölldobler B, Haskins CP (1977) Sexual calling behavior in primitive ants. Science 195:793–794

Holm NP, Armstrong DE (1981) Role of nutrient limitation and competition in controlling the populations of Asterionella formosa and Microcystis aeruginosa in semicontinuous culture. Limnol Oceanogr 25:622–634

Holst D v (1969) Sozialer Streß bei Tupajas (Tupaia belangeri). Die Aktivierung des sympathischen Nervensystems und ihre Beziehung zu hormonal ausgelösten ethologischen und physiologischen Veränderungen. Z vergl Physiol 63:1–58

Holst D v (1972) Renal failure as the cause of death in Tupaia belangeri exposed to persistent social Stress. J Comp Physiol 78:236–273

Horn HS (1971) The adaptive geometry of trees. Princeton, 1971, pp 1–144

Hörnfeld B (1978) Synchronous population fluctuations in voles, small game, owls and Tularaemia in northern Sweden. Oecologia (Berl.) 32

Hughes RN (1970a) Population dynamics of the bivalve Scrobicularia plana (Da Costa) on an intertidal mud-flat in North Wales. J Anim Ecol 39:333–356

Hughes RN (1970b) An energy budget for a tidal-flat population of the bivalve Scrobicularia plana (da costa). J Anim Ecol 39:357–381

Huntley BJ, Walker BH (eds) (1982) Ecology of tropical Savannas. Springer, Berlin Heidelberg New York, vol 42:1–669

Hutchinson GE (1961) The paradox of the plankton. Amer Nat 95:137–145

Hylleberg J (1976) Resource paritioning on basis of hydrolytic enzymes in deposit feeding mud snails (Hydrobiidae). Oecologia (Berl.) 23:115–125

Ibrahim I (1973) Vergleichende Untersuchungen zur Thermophilie von Bakterien der Gattung Bacillus. Zbl Bakt, Abt II 128:269–273

Idyll CP (1973) The anchovy crisis. Sci Amer 228/6:22–29

Iker S (1982) Islands of life. MOSAIC, pp 25–30

Immelmann K (1962) Besiedlungsgeschichte und Bastardierung von Lonchura castaneothorax und Lonchura flaviprymna in Nordaustralien. J Orn 103:344–357

Jakovlev V (1956) Wasserdampfabgabe der Acrididen und Mikroklima ihrer Biotope. Verh dtsch zool Ges, S 136

Jakovlev V, Krüger F (1954) Untersuchungen über die Vorzugstemperatur einiger Acrididen. Biologisches Zentralblatt 73:633–650

Janetos AC, Cole BJ (1981) Imperfectly optimal animals. Behav Ecol and Sociobiol 9:203–209

Jannasch HW (1986) Leben in der Tiefsee — Neue Forschungsergebnisse. Aus: Beobachtung, Experiment und Theorie in Naturwissenschaft und Medizin. Verh der Gesellschaft Deutscher Naturforscher und Ärzte 114. Versammlung — München, S 353–373

Jansson A (1967) The food-web of the Cladophora-belt fauna. Helgoländer wissenschaftliche Meeresuntersuchungen 15:574–588

Jansson BO (1972) Ecosystem approach to the Baltic problem. Bull Ecol Res Committee/NFR, No. 16, pp 1–82

Jones EW (1945) The structure and reproduction of the virgin forest of the north temperate zone. New Phytol 44:130–148

Jones DA (1973) Co-evolution and cyanogenesis. Taxonomy and Ecology, pp 213–242

Joosse Els NG, Testerink GJ (1977) The role of food in the population dynamics of Orchesella cincta Linne (Collembola). Oecologia (Berl.) 29:189–204

Kaiser H (1974) Verhaltensgefüge und Temporalverhalten der Libelle Aeschna cyanea (Odonata). Z Tierpsychol 34:398–429

Kandler O (1988) Epidemiologische Bewertung der Waldschadenserhebungen 1983 bis 1987 in der Bundesrepublik Deutschland. Allgemeine Forst- und Jagdzeitung, 159. Jg, 9/10:179–194

Kändler R (1962) Die Fischereierträge der Meere als Ausdruck ihrer unterschiedlichen Produktionsleistungen. Kieler Meeresforschungen 18:121–127

Kangas PC, Risser PG (1979) Species packing in the fastfood restaurant guild. Bull of the Ecological Soc of America 60 (3):143–148

Kaufmann O (1928) Einige Bemerkungen über den Einfluß von Temperaturschwankungen auf die Entwicklungsdauer und Streuung bei Insekten und seine graphische Darstellung durch Kettenlinie und Hyperbel. Z Morph Ökol Tiere 25:353–361

Kenagy GJ (1973) Adaptations for leaf eating in the great basin kangaroo rat, Dipodomys microps. Oecologia (Berl.) 12:383–412

Keuper A, Kühne R (1983) The acoustic behaviour of the bushcricket Tettigonia cantans. II. Transmission of air-borne-sound and vibration signals in the biotope. Behav Processes 8:125–145

Kilham SS (1984) Silicon and phosphorus growth kinetics and competitive interactions between Stephanodiscus minutus and Synedra sp. Verh int Ver Limnol 22:435–439

Kilham SS (1986) Dynamics of Lake Michigan natural phytoplankton communities in continuous cultures along a Si/P loading gradient. Cn J Fish Aquat Sci 43:351–360

Kinne O (ed) (1987) Excellence in ecology. Ecology Institute, Oldendorf/Luhe, p 186

Kleiber M (1967) Der Energiehaushalt von Mensch und Haustier. Parey, Hamburg

Klopffleisch U (etwa 1976) Ökolog. Untersuchung an der Feldgrille Gryllus campestris L am natürlichen Standort. Staatsex Arb (Köln, unpubl.)

Kluge M, Lange OL, Eichmann M v, Schmid R (1973) Diurnaler Säurerhythmus bei Tillandsia usneoides: Untersuchungen über den Weg des Kohlenstoffs sowie die Abhängigkeit des CO_2-Gaswechsels von Lichtintensität, Temperatur und Wassergehalt der Pflanze. Planta (Berl.) 112:357–372

Kremer P (1978) Giftalgen und Algengifte. Biologie in unserer Zeit 8:97–103

Kristjansson JK, Schönheit P (1983) Why do sulfate reducing bacteria outcompete methanogenic for substrates? Oecologia 60:264–266

Krüll F (1976a) The position of the sun is a possible zeitgeber for arctic animals. Oecologia (Berl.) 24:141–148

Krüll F (1976b) Zeitgebers for animals in the continuous daylight of high arctic summer. Oecologia (Berl.) 24:149–157

Kruuk H (1978) Foraging and spatial organisation of the European badger, Meles meles L. Behav Ecol Sociobiol 4:75–89

Kunick W, Kutscher G (Hrsg) (1976) Vorträge der Tagung über „Umweltforschung" der Universität Hohenheim. Daten und Dokumente zum Umweltschutz Nr. 19, Hohenheim, S 5–220

Lagerspetz K (1963) Humidity reactions of three aquatic amphipods, Gammarus duebeni, G. oceanicus and Pontoporeia affinis in the air. Exp Biol 40:105–110

Lahti S, Tast J, Uotila H (1976) Fluctuations in small rodent populations in the Kilvisjärvi area in 1950–1975. Luonnon Tutkija 80:97–107

Laine K, Henttonen H (1983) The role of plant production in microtine cycles in northern Fennoscandia. Oikos 40:407–418

Lampe RP (1977) Aspects of the predatory strategy of the North American badger. Diss Abstr Int 37:12

Lampert W (1976) Die „kritische" Futterkonzentration als mögliche Ursache für Assoziationen und Sukzessionen von Zooplankton. Verh dtsch Zool Ges, S 214

Lamprey HF (1964) Estimation of the large mammal densities, biomass and energy exchange in the Tarangire game reserve and the masai steppe in Tanganyika. East Afr Wildlife J 2:1–59

Larcher W (1973) Ökologie der Pflanzen. Uni Taschenbuch 232. Ulmer, Stuttgart

Leibundgut H (1982) Europäische Urwälder der Bergstufe. Verlag Haupt, Bern Stuttgart, 308 S

Leuthold W (1977) African Ungulates, a comparative review of their ethology and behavioral ecology. Springer, Berlin Heidelberg New York, S 1–307

Lieth H, Whittaker RH (1975) Primary productivity of the biosphere. Ecological Studies, p 14

Linsenmair KE, Jander R (1963) Das „Entspannungsschwimmen" von Velia und Stenus. Die Naturwissenschaften 50:231

Lockley RM (1953) Puffins. J. M. Dent, London

Lohmann M (1974) Ökofibel. Deutscher Naturschutzring, Bundesverband für Umweltschutz e. V. Bonn-Oberkassel

Lovejoy TE (1980) Discontinuous Wilderness: minimum areas for conservation. PARKS 5

Lovejoy TE (1984) Parks: How Bis Is Big Enough? Science 225:611–612

Lunderstädt J, König J, Reccius S (1988) Freilanduntersuchungen zum Vorkommen der Buchenwollschildlaus und ihrer Folgesymptome. Allgemeine Forst- und Jagdzeitung 159:58–62

Lundquist JE (1987) A History of five forest diseases in South African Forestry Journal 140:51–59

Mackinnon J (1974) In search of the red ape. Ballantine, New York

Magaard L, Rheinheimer G (ed) (1974) Meereskunde der Ostsee. Springer, Berlin Heidelberg New York, S 1–269

Markl H (1972) Neue Entwicklungen in der Bioakustik der wirbellosen Tiere. J Ornithol 113/1:91–104

Markl H, Hauff J (1973) Die Schwellenkurve des durch Vibration ausgelösten Fluchttauchens von Mückenlarven. Die Naturwissenschaften 60. Jg 9:432–433

Markl H, Tautz J (1978) Caterpillars detect flying wasps by hairs sensitive to airborne Vibration. Behav Ecol Sociobiol 4:101–110

Markl H, Lang H, Wiese K (1973) Die Genauigkeit der Ortung eines Wellenzentrum durch den Rückenschwimmer Notonecta glauca L. J comp Physiol 86:359–364

Marschner H (1986) Mineral nutrition of higher plants. Academic press, London New York

Martin PS (1973) Discovery of America. Science 179:969–974

Martin PS, Wright HE Jr. (eds) (1967) Pleistocene extinctions: The search for a cause. Vol 6 of the Proceedings of the VI Congress of the Intern Ass for Quaternary Res New Haven and London, Yale Univ Press, pp 1–453

Mattes H (1982) Die Lebensgemeinschaft von Tannenhäher und Arve. Berichte Nr. 241, S 1–74

Mattson WJ, Addy ND (1975) Phytophagous insects as regulators of forest primary production. Science 190:515–522

Maurer E (1964) Buchen- und Eichensamenjahre in Unterfranken während der letzten 100 Jahre. Allgemeine Forstzeitschrift 31:469–470

May RM (1980) Theoretische Ökologie. Verlag Chemie Weinheim Deerfield Beach Florida Basel, S 1–284

May RM, Beddington JR, Clark CW, Holt SJ, Laws RM (1978) Management of multispecies fisheries. Science 205: Number 4403, 267–275

Mebs D (1987) Gift in kleinen Dosen. Neurotoxine als Werkzeuge der Forschung. Aus Forschung und Medizin, 2. Jahrg, Heft 1, S 28–35

Mech DL (1966) The wolves of Isle Royale. Fauna of the national parks of the U.S., Ser. 7. Washington D.C.

Meister G, Schütze Ch, Sperber G (1984) Die Lage des Waldes, 364 S

Mengel K, Kirkby EA (1982) Principles of plant nutrition. Intern Potash Institute, Bern

Merkel G (1977) The effects of temperature and food quality on the larval development of Gryllus bimaculatus (Orthoptera, Gryllidae). Oecologia (Berl.) 30:129–140

Miyawaki A, Tüxen R (1977) Vegetation science and environmental protection, Maruzen, Tokyo

Mohr H (1969) Lehrbuch der Pflanzenphysiologie. Springer, Berlin Heidelberg New York

Möller H (1986) Pollution and Parasitism in the aquatic environment. VI. Int Congr Parasit Brisbane

Monod J (1950) La technique de la culture continue: theorie et applications. Ann Inst Lille 79:390–410

Muller CH (1967) Die Bedeutung der Allelopathie für die Zusammensetzung der Vegetation. Z Pflanzenkrankh (Pflanzenpath) Pflanzenschutz 74:332–346

Müller FJ (1974) Territorialverhalten und Siedlungsstruktur einer Mitteleuropäischen Population des Auerhuhns Tetrao Urogallus Major C.L., Brehm. Dissertation, Marburg

Müller K (1982) The colonisation cycle of fresh water insects. Oecologia 52:202–207

Müller P (1974) Aspects of zoogeography. Dr. W. Junk, Den Haag

Müller-Dombois D (1983a) Population death in Hawaiian plant communities: a causal theory and its successional significance. Tuexenia 3:117–130

Müller-Dombois D (ed) (1983b) Forest dieback in Pacific forests. Pacif Sci 37(4):313–496

Müller-Dombois D (1984) Zum Baumgruppensterben in pazifischen Inselwäldern. Phytocoenol 12(1):1 8

Müller-Dombois D (1985) Ohi'a dieback in Hawaii: 1984 synthesis and evaluation. Pacif Sci 39(2):150–170

Müller-Dombois D (1987) Natural dieback in forests. Bioscience 37:575–583

Murphy RC (1936) Oceanic birds of South America I. Macmillan, New York

Myers J, Krebs CJ (1974) Population cycles in rodents. Sci Amer, pp 38–46

Myrberget S (1973) Geographical synchronism of cycles of small rodents in Norway. Oikos 24:220–224

Nachtigall W (1979) Unbekannte Umwelt. Hoffmann und Campe Verl. Hamburg, 310 S

Nagy KA, Milton K (1979a) Aspects of dietary quality, nutrient assimilation and water balance in wild howler monkeys (Alouatta palliata). Oecologia 39:1–13

Nagy KA, Milton K (1979b) Energy metabolism and food consumption by wild howler monkeys (Alouatta palliata). Ecology 60/2:6

Naiman RJ, Mellilo JM (1984) Nitrogene budget of a subarctic stream altered by beaver (Castor canadensis). Oecologia 62:150–155

Nellen W (1978) Probleme der wirtschaftlichen Nutzung mariner Ökosysteme. Verh Ges Ökol, 7. Jahresvers, S 67–76

Neumann D (1961) Ernährungsbiologie einer rhipidoglossen Kiemenschnecke. Hydrobiologia 17:133–151

Neumann D (1962) Über die Steuerung der lunaren Schwärmperiodik der Mücke Clunio marinus. Verh dtsch Zool Ges, S 275–285

Neumann D (1965) Die intraspezifische Variabilität der lunaren und täglichen Schlüpfzeiten von Clunio marinus (Diptera: Chironomidae). Verh dtsch Zool Ges, S 223–233

Neumann D (1966) Die lunare und tägliche Schlüpfperiodik der Mücke Clunio: Steuerung und Abstimmung auf die Gezeitenperiodik. Z vergl Phys 53:1–61

Neumann D (1968) Die Steuerung einer semilunaren Schlüpfperiodik mit Hilfe eines künstlichen Gezeitenzyklus. Z vergl Phys 60:63–78

Neumann D (1969) Die Kombination verschiedener endogener Rhythmen bei der zeitlichen Programmierung von Entwicklung und Verhalten. Oecologia (Berl.) 3:166–183

Neumann D (1971) Eine nicht-reziproke Kreuzungssterilität zwischen ökologischen Rassen der Mücke Clunio marinus. Oecologia (Berl.) 8:1–20

Neumann D (1977) Mechanismen für die zeitliche Anpassung von Verhaltens- und Entwicklungsleistungen an den Gezeitenzyklus. Verh Dtsch Zool Ges, S 9–28

Neuweiler G (1978) Die Echoortung der Fledermäuse. Rheinisch-Westfälische Akademie der Wissenschaften, Vorträge. 271:58–82

Newell RC, Johnson LG, Kofoed LH (1977) Adjustment of the components of energy balance in response to temperature change in Ostrea edulis. Oecologia (Berl.) 30:97–110

Nicolai V (1985) Selbst Bäume schützen sich vor Sonnenbrand. Forschung — Mitt DFG 1:4–6

Nicolai V (1986) The bark of trees: thermal properties, microclimate and fauna. Oecologia (Berlin) 69:148–160

Nowak RF, Caldwell MM (1984) A test of compensatory photosynthesis in the field: implications for herbivory tolerance. Oecologia 61:311–318

Nuorteva P (1963) The influence of Oporinia autumnata Bkh. (Lep., Geometridae) on the timber-line in subarctic conditions. Ann Ent Fenn 29:270–277

Odum EP (1967) Ökologie. Moderne Biologie. BLV, München

Ohm P (1955) Etudes sur les rockpools des pyrenees-orientales. Vie et Milieu, Tome VI, fasc 2:194–209

Ohnesorge B (1976) Tiere als Pflanzenschädlinge. Thieme, Stuttgart

D'Oleire-Oltmanns W (1977) Combustion heat in ecological energetics. What sort of information can be obtained? In: Applications of calorimetry in life sciences. De Gruyter, Berlin New York, pp 315–324

Oliver JS, Kvitek RG, Slattery PN (1985) Walrus feeding disturbance: scavenging habits and recolonization of the bering sea benthos. J Exp Mar Biol Ecol 91:233–246

Oliver JS, Slattery PN (1985) Destruction and opportunity on the sea floor: effects of gray whale feeding. Ecology 66:1965–1975

Orians GH (1974) Diversity, stability and maturity in natural ecosystems. Proc Inst int Congr Ecology. Pudoc, Wageningen, pp 64–65

Owen DF, Wiegert RG (1976) Do consumders maximize plant fitness? Oikos 27:488–492

Owen-Smith N (1983) Management of large mammals in african conservation areas. Pretoria, 297 pp

Pardi L (1960) Innate components in the solar orientation of littoral amphipods. Biological clocks, vol XXV. The Biological Laboratory, Cold Spring Harbor, L.I., New York, pp 395–401

Peters RH (1983) The ecological implications of body size. Cambridge University Press, Cambridge, 329 pp

Peterson RO, Page RE (1988) The rise and fall of isle royale wolves 1975–1986. J Mamm 69(1):89–99

Petrusewicz K, MacFadyen A (1970) Productivity of terrestrial animals. Blackwell, Oxford Edinburgh

Phillipson J (1966) Ecological Energetics. Arnold, London

Pickett STA, White PS (ed) (1985) The ecology of natural disturbance and patch dynamics. London (Academic Press):1–472

Pielou EC (1974) Population and community ecology: principles and methods. Gordon and Breach, New York

Pöhlmann H (1975) Ökologische Untersuchungen an Rentieren in Spitzbergen. Verh Ges Ökolog, S 89–92

Pöhlmann H (1976) The food requirements of reindeer and geese, and their importance for the Arctic tundra of the adeventalen, Spitzbergen, Dissertation, Erlangen, S 3–106

Powell EN, Cummins H (1985) Are molluscan maximum life spans determined by long-term cycles in benthic communities? Oecologia (Berl.) 67:177–182

Prins HHT, Weyerhaeuser FJ (1987) Epidemics in populations of wild ruminants: anthrax and impala, rinderpest and buffalo in Lake Manyara National Park, Tanzania. OIKOS 49:28–38

Quednau W (1957) Über den Einfluß von Temperatur und Luftfeuchtigkeit auf den Eiparasiten Trichogramma cacoeciae Marchal. (Eine biometrische Studie.) Mitteilungen aus der Biologischen Bundesanstalt für Land- und Forstwirtschaft 90:5–63

Rachor E, Gerlach AS (1976) Variations in macrobenthos in the German bight. Int. Council for the Exploration of the Sea. Symp. on the changes in the north sea fish stocks and their Causes No. 11, pp 1–16

Regal PhJ (1977) Ecology and evolution of flowering plant dominance. Science 196:622–629

Reichholf H u J (1973) „Honigtau" der Bracaatinga-Schildlaus als Winternahrung von Kolibris (Trochilidae) in Süd-Brasilien. Bonn Zool Beitr 24:7–14

Reichholf J (1975a) Biogeographie und Ökologie der Wasservögel im subtropisch-tropischen Südamerika. Anzeiger der Ornithologischen Gesellschaft in Bayern 14/1:2–69

Reichholf J (1975b) Die quantitative Bedeutung der Wasservögel für das Ökosystem eines Innstausees. Verh Ges Ökolog, S 247–254

Reichholf J (1989) Quantitative Faunistik und Naturschutz. Die Bedeutung von Flächengröße, Distanz und Zeit. Spixiana

Reichle DE (1973) Analysis of temperate forest ecosystems. Ecological Studies 1:1–304

Reise K (1976) Feinddruck auf die Wattfauna der Nordsee. Dissertation, Göttingen, S 1–141

Remane A (1940) Die Tierwelt der Nord- und Ostsee. I: Ökologie. Akademische Verlagsgesellschaft, Leipzig

Remane R, Koch J (1977) Merkmalsverschiebungen im Bau der Genitalarmatur der zentraliberischen Populationen des Euscelis-incisus Kb.-alsius Rib.-Formenkreises — ein Indiz für Introgressionsphänomene? Zool Beitr 23:133–167

Remmert H (1955) Substratbeschaffenheit und Salzgehalt als ökologische Faktoren für Dipteren. Zool Jb (Systematik) 83:453–474

Remmert H (1957) Aves. Tierwelt der Nord- und Ostsee 38:1–102

Remmert H (1960) Über tagesperiodische Änderungen des Licht- und Temperaturpräferendums bei Insekten (Untersuchungen an Cicindela campestris und Gryllus domesticus). Biologisches Zentralblatt 79:577–584

Remmert H (1962) Der Schlüpfrhythmus der Insekten. Steiner, Wiesbaden

Remmert H (1964) Änderungen der Landschaft und ökologischen Folgen, dargestellt am Beispiel der Insel Amrum. Veröffentlichungen des Instituts f. Meeresforschung in Bremerhaven 9:100–108

Remmert H (1965a) Biologische Periodik. In: Handbuch der Biologie, Bd 5. Akademische Verlagsgesellschaft Athenaion, Frankfurt, S 335–441

Remmert H (1965b) Distribution and the ecological factors controlling. Distribution of the European wrackfauna. Botanica Gothoburgensia 3:179–184

Remmert H (1965c) Über den Tagesrhythmus arktischer Tiere. Z Morph Ökol Tiere 55:142–160

Remmert H (1966) Zur Ökologie der küstennahen Tundra Westspitzbergens. Z Morph Ökol Tiere 58:162–172

Remmert H (1967) Physiologische-ökologische Experimente an Ligia oceanica (Isopoda). Z Morph Ökol Tiere 59:33–41

Remmert H (1968a) Die Littorina-Arten: Kein Modell für die Entstehung der Landschnecken. Oecologia (Berl.) 2:1–6

Remmert H (1968 b) Über die Besiedlung des Brackwasserbeckens der Ostsee durch Meerestiere unterschiedlicher ökologischer Herkunft. Oecologia (Berl.) 1:296–303

Remmert H (1969 a) Der Wasserhaushalt der Tiere im Spiegel ihrer ökologischen Geschichte. Naturwissenschaften 56:120–124

Remmert H (1969 b) Tageszeitliche Verzahnung der Aktivität verschiedener Organismen. Oecologia (Berl.) 3:214–226

Remmert H (1972) Die Tundra Spitzbergens als terrestrisches Ökosystem. Umschau in Wissenschaft und Technik 2:41–44

Remmert H (1973) Über die Bedeutung warmblütiger Pflanzenfresser für den Energiefluß in terrestrischen Ökosystemen. J Orn 114:227–249

Remmert H (1976) Die Bedeutung der Tiere in terrestrischen Ökosystemen. Bayerisches Landwirtschaftliches Jahrbuch 53:96–101

Remmert H (1977) Gibt es eine tageszeitliche ökologische Nische? Verh Dtsch Zool Ges, S 29–45

Remmert H (1980) Arctic animal ecology. Springer, Berlin Heidelberg New York

Remmert H (1982) Wie groß müssen Naturschutzgebiete sein? Seevögel Zeitschr Verein Jordsand, Hamburg, Bd. 3, Heft 4:115–120

Remmert H (1982) The evolution of man and the extinction of animals. Naturwissenschaften 69:524–527

Remmert H (1985) Was geschieht im Klimax-Stadium? Naturwiss 72:505–512

Remmert H (1986) Beobachtung, Experiment und Theorie in Naturwissenschaft und Medizin. Verh d Gesellschaft Deutscher Naturforscher und Ärzte 114:409–429, Versammlung, München

Remmert H (ed) (1991) The Mosaic Cycle Concept of Ecosystems. Berlin, 168 pp

Remmert H, Vogel M (1986) Wir pflanzen einen Apfelbaum. Ber ANL 10:149–158

Remmert H, Wünderling K (1970) Temperatures differences between Arctic and Alpine meadows and their ecological significance. Oecologia (Berl.) 4:208–210

Reynolds CS (1984) The ecology of freshwater phytoplankton. Cambridge University press, 384 pp

Ribaut JP (1964) Dynamique d'une population de Merles noirs, Tudus merula L. Revue Suisse de Zoologie 71/42:815–902

Riedl R (1963) Fauna und Flora der Adria. Hamburg, 640 S

Roeder KR (1968) Neurale Grundlagen des Verhaltens. Beispiele aus der Insektenwelt. Physiologisches Kolloquium, Bd IV. Huber, Bern Stuttgart

Ryszkowski L (1975) The ecosystem role of small mammals. Ecological Bulletins/NFR, Biocontrol of Rodents 19:139–145

Salonen K, Jones RI, Arvola L (1984) Hyplimnetic phosphorus retrieval by diel vertical migrations of lake phytoplanton. Freshwat Biol 14:431–438

Sarkissian IV (1974) Regulation by salt of activity of citrate synthethases from osmoregulators and osmoconformers. Trans NY Acad Sci Ser II/36:775–782

Schaefer M, Tischler W (1983) Ökologie (Wörterbuch der Biologie), UTB 430, 354 S

Schaller GB, Hu Jinchu, Pan Wenshi, Zhu Jing (1985) The giant pandas of wolong. The University of Chicago Press, Chicago and London, 298 pp

Schauermann J (1973) Zum Energieumsatz phytophager Insekten im Buchenwald II. Die produktionsbiologische Stellung der Rüsselkäfer (Curculionidae) mit rhizophagen Larvenstadien. Oecologia (Berl.) 13:313–350

Scherzinger W (1977) Rauhfuß-Hühner. Nationalpark Bayerischer Wald, Arbeiten Nr. 2. Bayerisches Staatsministerium für Ernährung, Landwirtschaft und Forsten

Schildknecht H (1970) Die Wehrchemie von Land- und Wasserkäfern. Angewandte Chemie, S 17–25

Schmidt-Koenig K, Keeton WT (1977) Animal Migration, Navigation, and Homing. Symposium Held at the University of Tübingen, August 17–20, 462 S. Springer, Berlin Heidelberg New York

Schmidt-Nielsen K (1965) Physiology of salt glands. In: Sekretion und Exkretion. Springer, Berlin Heidelberg New York, S 269–288

Schmidt-Nielsen K (1975) Animal physiology. Adaptation and environment. Cambridge University Press, pp 1–699

Schmidt-Nielsen K (1984) Scaling: why is animal size so important? Cambridge University Press, Cambridge, 241 pp

Schneider D u Mitarb (1975) A pheromone precursor and its uptake in male danaid butterflies. J comp Phys 97:245–256

Schnitzler H-U (1978) Die Detektion von Bewegungen durch Echoortung bei Fledermäusen. Verh Dtsch Zool Ges, S 16–33

Schöne HK (1977) Die Vermehrungsrate mariner Planktondiatomeen als Parameter in der Ökosystemanalyse. Habilitationsschrift der Mathematisch-Naturwissenschaftlichen Fakultät der RWTH Aachen, Aachen, S 1–323

Schramm U (1972) Temperature-food interaction in herbivorous insects. Oecologia (Berl.) 9:399–402

Schröder D (1972) Bodenkunde in Stichworten. Hirt, Kiel

Schröder W (1974) Warum rotten Raubtiere ihre Beute nicht aus? Die Pirsch 8:380–385

Schultz AM (1972) A study of an Ecosystem: The Arctic Tundra. In: Cycles of essential elements

Schulze ED (1972) Die Wirkung von Licht und Temperatur auf den CO_2-Gaswechsel verschiedener Lebensformen aus der Krautschicht eines montanen Buchenwaldes. Oecologia (Berl.) 9:235–258

Schulze ED, Lange OL, Koch W (1972) Ökophysiologische Untersuchungen an Wild- und Kulturpflanzen der Negev-Wüste. Oecologia (Berl.) 9:317–340

Schulze ED, Zwölfer H (1987) Potentials and limitations of ecosystem analysis. Ecological Studies (61), Springer, Berlin, 435 S

Schwerdtfeger F (1968) Ökologie der Tiere, Bd II: Demökologie. Parey, Hamburg, S 11–448

Schwerdtfeger F (1975) Ökologie der Tiere, Bd III: Synökologie. Parey, Hamburg, S 11–451

Seelemann U (1968) Zur Überwindung der biologischen Grenze Meer-Land durch Mollusken. Oecologia (Berl.) 1:130–154

Seeley MK (1979) Irregular fog as a water source for desert dune beetles. Oecologia (Berl.) 42:213–227

Sendstad E, Solem JO, Aagard K (1977) Studies of terrestrial chironomids (Diptera) from Spitsbergen. Norsk Ent Tidsskr 24:91–98

Sengbusch P v (1977) Einführung in die Allgemeine Biologie. Springer, Berlin Heidelberg New York

Siller W, Lederer W, Seemüller E (1986) Ursache und Verbreitung der Hexenbesenkrankheit der Heidelbeere (Vaccinium myrtillus L.) in Waldgebieten Süddeutschlands. Nachrichtenbl Deutscher Pflanzenschutzdienst 38:1–5

Slijper EJ (1966) Riesen des Meeres. Eine Biologie der Wale und Delphine. Verständliche Wissenschaft. Springer, Berlin Heidelberg New York, S 1–115

Slobodkin L, Richman S (1956) The effect of removal of fixed percentages of the newborn on size and variability in populations of Daphnia pulicaria (Forbes). Limnology and Oceanography 1:209–237

Smith RE, Kalff J (1983) Competition for phosphorus among co-occurring freshwater phytoplankton. Limnol Oceanogr 28:448–464

Smith V (1983) Low nitrogen to phosphorus ratios favor dominance by blue-green algae in lake phytoplankton. Science 221:669–671

Sommer U (1983) Nutrient competition between phytoplankton species in multispecies chemostat experiments. Arch Hydrobiol 969:399–416

Sommer U (1984a) The paradox of the plankton: Fluctuations of phosphorus availability maintain diversity of phytoplankton in flow-through cultures. Limnol Oceanogr 29:633–636

Sommer U (1984b) Sedimentation of principal phytoplankton species in Lake Constance. J Plankton R 6:1–15

Sommer U (1985) Comparison between steady state and non-steady state competition: Experiments with natural phytoplankton. Limnol Oceanogr 30:335–346

Sommer U (1986a) Phytoplankton competition along a gradient of dilution rates. Oecologie 68:503–506

Sommer U (1986b) Nitrate- and silicate-competition among antarctic phytoplankton. Mar Biol 91:345–351

Sommer U, Kilham SS (1985) Phytoplankton natural community competition experiments: A reinterpretation. Limnol Oceanogr 30:436–440

Sondheimer E, Simeone JB (1970) Chemical ecology. Academic Press, New York

Southward E (1982) Bacterial symbionts in Pogonophora. J marin biol Ass UK 62:889–906

Sperber G (1968) Der Reichswald bei Nürnberg. Aus der Geschichte des ältesten Kunstforstes. Mitteilungen aus der Staatsforstverwaltung Bayerns, S 37

Sperlich D (1973) Populationsgenetik. Grundlagen der modernen Genetik, Bd 8. Fischer, Stuttgart

Staiger H (1954) Der Chromosomendimorphismus beim Prosobranchier Purpura lapillus in Beziehung zur Ökologie der Art. Chromosoma 6:419–478

Stein W (1960a) Biozönologische Untersuchungen über den Einfluß verstärkter Vogelansiedlung auf die Insektenfauna eines Eichen-Hainbuchen-Waldes I. Z angew Entomol 46:345–370

Stein W (1960b) Biozönologische Untersuchungen über den Einfluß verstärkter Vogelansiedlung auf die Insektenfauna eines Eichen-Hainbuchen-Waldes II. Z angew Entomol 47:196–230

Stern K, Tigerstedt PM (1973) Ökologische Genetik. Stuttgart, 211 S

Stern K, Tigerstedt PMA (1974) Ökologische Genetik. Fischer, Stuttgart

Stetter KO (1987) Hochtemperaturgrenzen des Lebens. Verh Ges d Naturforscher und Ärzte 114 Stuttgart (1986):375–387

Strasburg E, Noll F, Schenck H, Schimper AFW (1983) Lehrbuch der Botanik, 32. Aufl. Fischer, Stuttgart New York

Strenzke K (1951) Grundfragen der Autökologie. Acta biotheoretica 9/4:163–184

Strenzke K (1954) Nematalycus nematoides n.g. n.sp. aus dem Grundwasser der algerischen Küste. Vie et Milieu 4:638–647

Svärdsson G (1957) The "invasion" type of bird migration. British Birds 50:314–343

Tahvanainen JO, Root RB (1972) The influence of vegetational diversity on the population ecology of a specialized herbivore, Phyllotreta cruciferae (Coleoptera: Chrysomelidae). Oecologia 10/4:321–346

Taylor RJ (1977) The value of clumping to prey: experiments with a mammalian predator. Oecologia 30:1–10

Terborgh J u. Mitarb. (1990) Structure and organisation of an amazonian forest bird community. Ecol Monograph 60:213–238

Thauer RK, Jungermann K, Decker K (1977) Energy conservation in chemotrophic anaerobic bacteria. Bact Rev 41:100–180

Thiele HU (1968) Bodentiere und Bodenfruchtbarkeit. Organischer Landbau, Internationale Fachzeitschrift für Biologie und Technik im Landbau 1+2:6–8, 29–31

Thorson G (1946) Reproduction und larval development of danish marine bottom invertebrates, with special reference to the planktonic larvae in the sound (Oresund). C.A. Reitzels Forlag, Kobenhavn, 523 pp

Thorson G (1957) Bottom communities (sublittoral or shallow shelf). Geol Soc Amer, Memoir 67/1:461–534

Thun von W (1968) Autökologische Untersuchungen an freilebenden Nematoden des Brackwassers. Dissertation 1–72

Tilman D (1977) Resource competition between planctonic algae: an experimental and theoretical approach. Ecology 58:338–348

Tilman D (1981) Experimental tests of resource competition theory using four species of Lake Michigan algae. Ecology 62:802–815

Tilman D (1982) Resource competition and community structure. Princeton Univ Press, 296 pp

Tilman D, Kiesling RL (1984) Freshwater algal ecology: taxonomic tradeoffs in the temperature dependence of nutrient availabilities. In: Klug MJ, Reddy CA (ed) Current perspectives in microbial ecology. Amer Soc Microbial Ecol 31:4–9

Tilman D, Sterner RW (1984) Invasions of equilibria: tests of resource competition using two species of algae. Oecologia 61:197–200

Tischler W (1955) Synökologie der Landtiere. Fischer, Stuttgart

Tischler W (1965) Agrarökologie. Fischer, Jena

Tischler W (1977) Einführung in die Ökologie. Fischer, Stuttgart

Tokuyama T, Kuraishi H, Aida K, Uemura T (1973) Hydrogen sulfide evolution due to pantothenic acid deficiency in the yeast requiring this vitamin; with special reference to the effect of adenosine triphosphate on yeast cysteine desulfhydrase. J Gen Appl Microbiol 19:439–466

Tschumi P (1973) Die Bedeutung des Raubwildes in Tiergemeinschaften. Wild und Wald, Beih Z Schweiz Forstverein 52:137–157

Tunner HG, Nopp H (1979) Heterosis in the common european water frog. Naturwissenschaften 66:268

Vaartaja O, Salisbury PJ (1965) Mutual effects in vitro of micro-organisms isolated from tree seedlings, nursery soil, and forests. Forest Science 11/2:160–168

Vareschi E (1977a) Biomasse und Freßrate der Zwergflamingos im Lake Nakuru (Kenia). Verh dtsch Zool Ges Abstract

Vareschi E (1977b) The ecology of Lake Nakuru (Kenya). I. Abundance and feeding of the leser flamingo. Oecologia (Berl.)

Vareschi E (1979) The ecology of Lake Nakuru (Kenya). II. Biomass and spatial distribution of fish. Oecologia (Berl.) 37:321–335

Vareschi E, Jacobs J (1985) The ecology of lake Nakuru. 6. Synopsis of production and energy flow. Oecologia 65:412–424

Vogel St (1978) Organisms that capture currents. Sci Amer 239:108–115

Walter H (1949) Einführung in die Pflanzengeographie. III. Grundlagen der Pflanzenverbreitung. Ulmer, Stuttgart

Walter H (1973a) Allgemeine Geobotanik. Uni Taschenbücher, Bd 284. Ulmer, Stuttgart

Walter H (1973b) Vegetation of the earth. In relation to climate and the eco-physiological conditions. Springer, Berlin Heidelberg New York

Waterhouse DF (1974) The biological control of dung. Sci Amer 230/4:100–109

Watson A, Hewson R, Jenkins D, Parr R (1973) Population densities of mountain hares compared with red grouse on Scottish moors. Oikos 24:225–230

Weber K, Goerke H, Emrich R, Ernst W (1988) Natürliche Halogenverbindungen in marinen Wirbellosen. In Zweijahresbericht 1986/1987, Alfred-Wegener Institut für Polar- und Meeresforschung Bremerhaven: 119–122

Weeks HP, Kirkpatrick ChM (1976) Adaptations of white-tailed deer to naturally occurring sodium deficiencies. J Wildl Managm 40:610–625

Weischet W (1980) Die ökologische Benachteiligung der Tropen. Stuttgart, 128 pp.

Weiß W (1975) Arktis. Urban & Schwarzenberg, Wien München

Wendland V (1975) Dreijähriger Rhythmus im Bestandswechsel der Gelbhalsmaus (Apodemus flavicollis Melch.) Oecologia 20:301–311

Werner D (1987) Pflanzliche und mikrobielle Symbiosen. Thieme, Stuttgart New York

Werner D, Roth R (1978) Productivity of diatoms in culture and in marine habitats. Marine Res Indonesia 20:99–113

Werner DJ (1977) Vegetationsveränderungen in der argentinischen Puna unter dem Einfluß von Bodenwühlern der Gattung Ctenomys blainville. In: Tüxen R (Hrsg) Vegetation und Fauna. Ber Int Symp Int Ver Vegetationsk: 433–444

Westphal U (1991) Botulismus bei Vögeln. Wiesbaden, 100 pp

Whittaker RH (1970) Communities and ecosystems. Macmillan, New York

Wickler W (1973) Mimikry: Nachahmung und Täuschung in der Natur. Fischer Taschenbuch Verlag, Frankfurt

Wieser W (1984) Low production effiency of homoeotherm populazions: a misunderstanding. Oecologia 61:53–54

Wilbert H (1962) Über Festlegung und Einhaltung der mittleren Dichte von Insektenpopulationen. Z Morph Ökol Tiere 50:576–615

Wilson EO (1975) Sociobiology. Harvard University Press, Cambridge Mass., 697 pp

Wilson EO, Bossert HW (1973) Einführung in die Populationsbiologie. Springer, Berlin Heidelberg New York

Wissel Chr (1989) Theoretische Ökologie. Springer, Berlin, 299 pp

Woodroffe CD (1988) Relict mangrove stand on Last Interglacial terrace, Christmas Island, Indian Ocean. J of Tropical Ecol 4:1–17

Wotschikowsky U (1984) Die Übermacht täuscht: Der Elch hat gute Chancen. Natur 7:26–31

Wyrwoll T (1977) Die Jagdbereitschaft des Habichts (Accipiter gentilis) in Beziehung zum Horstort. J Ornith 118:21–34

Zachariae G (1965) Spuren tierischer Tätigkeit im Boden des Buchenwaldes. Forstwissenschaftl Forsch 20:7–68

Zackrisson O (1976 a) Vegetation dynamics and land use in the lower reaches of the river Umeälven. Early Norrland 9:10–74

Zackrisson O (1976 b) Influence of forest fires on the North Swedish boreal forest. Oikos 29:22–32

Zahner R (1959, 1960) Über die Bindung der mitteleuropäischen Calopteryx-Arten (Odonata, Zygoptera) an den Lebensraum des strömenden Wassers. I. Der Anteil der Larven an der Biotopbindung. Int Rev ges Hydrobiol 44:51–130. — II. Der Anteil der Imagines an der Biotopbindung. Int Rev ges Hydrobiol 45:101–123

Zebe E (1977) Anaerober Stoffwechsel bei wirbellosen Tieren. Rheinisch-Westfälische Akademie der Wissenschaften, Vorträge Nr. 269, S 51–73

Zebe E, Grieshaber M, Schöttler U (1980) Biotopbedingte und funktionsbedingte Anaerobiose. Biologie in unserer Zeit, 10. Jg., Nr. 6:175–182

Ziegelmeier E (1964) Einwirkungen des kalten Winters 1962/63 auf das Makrobenthos im Ostteil der Deutschen Bucht. Helgol Wiss Meeresunters 10:276–282

Ziegelmeier E (1970) Über Massenvorkommen verschiedener makrobenthaler Wirbelloser während der Wiederbesiedlungsphase nach Schädigungen durch „katastrophale" Umwelteinflüsse. Helgol Wiss Meeresunters 21:9–20

Ziegler H, Lüttge U (1966) Die Salzdrüsen von Limonium vulgare. I. Mitteilung: Die Feinstruktur. Planta (Berl.) 70:193–206

Zinkler D (1966) Vergleichende Untersuchungen zur Atmungsphysiologie von Collembolen (Apterygota) und anderen Bodenkleinarthropoden. Z vergl Phys 52:99–144

Zinkler D (1971) Carbohydrasen streubewohnender Collembolen und Oribatiden. Comptes-rendus IV. Colloque Int. Faune du Sol, Dijon 1970. Ann Zool Ecol An nhs, S 329–334

Zinkler D (1972) Vergleichende Untersuchungen zum Wirkungsspektrum der Carbohydrasen laubstreubewohnender Oribatiden. Verh Dtsch Zool Ges 65. Jahresvers, S 149–152

Zucker H (1987) Warum verkalkt die Kuh im Alpenvorland? Forschung — Mitt der DFG: 26–27

Zwölfer H, Ghani MA, Rao VP (1976) Foreign exploration and importation of natural enemies. In: Theory and practice of biological control. Academic Press, New York, pp 189–207

Sachverzeichnis

H. Mohr, P. Schopfer

Pflanzenphysiologie

4., völlig neu bearb. u. aktual. Aufl. 1992. 650 S. 698 Abb. 44 Tab. Geb. (Springer-Lehrbuch) DM 78,– ISBN 3-540-54733-9

Pflanzen bilden die Grundlage unseres Lebens. Die Kenntnis, wie und nach welchen Gesetzmäßigkeiten Pflanzen „funktionieren", ist somit von fundamentaler Bedeutung. Die Pflanzenphysiologie von Mohr und Schopfer ist ebenso grundlegend wie umfassend. Dabei ist es den Autoren gelungen, eine Fülle von Fakten und komplexen Zusammenhängen anspruchsvoll und spannend darzustellen, indem sie immer wieder beschreiben, auf welchen experimentellen Daten die Hypothesen und Theorien beruhen. Diese elegante didaktische Darstellung wird durch zahlreiche Merksätze, Fallstudien und eine Vielzahl von Abbildungen abgerundet.

Die 4. Auflage dieses Lehrbuch-Klassikers wurde komplett überarbeitet, an einigen Stellen gestrafft und um Kapitel über Zellwachstum, Chloroplastenwicklung und Streßphysiologie erweitert. Jedem der 33 Kapitel folgen ausführliche und aktuelle Literaturangaben, die die Brücke zwischen Lehrbuch und Forschung schlagen. Das Lehrbuch bietet allen, die auf dem Gebiet der Pflanzenphysiologie lernen, lehren oder forschen, insbesondere Biologiestudenten, Agrar- und Forstwissenschaftlern sowie Industriebiologen ein solides Wissensfundament.

Springer-Lehrbuch

G. Czihak, H. Langer, H. Ziegler (Hrsg.)

Biologie

5., korr. Aufl. 1992. Etwa 995 S. 1350 Abb. (Springer-Lehrbuch)
Geb. DM 98,– ISBN 3-540-55528-5

Ein solideres Fundament als dieses renommierte Lehrbuch
der gesamten Biologie kann sich kein angehender Biologe
wünschen. Von der Zellbiologie bis zur Evolutionsbiologie, von
der Genetik bis zur Ökologie – alle wichtigen Teildisziplinen
werden von bekannten Wissenschaftlern und erfahrenen Dozen-
ten umfassend, aktuell und verständlich abgehandelt. Dabei wurde
besonderer Wert auf die didaktische Aussagekraft der zweifarbigen
Abbildungen gelegt, deren Fülle den besonderen Charme dieses
Lehrbuchs ausmacht.

Das Erfolgsrezept: Inhalt und Konzept des Lehrbuchs orientieren
sich an dem im Vordiplom geforderten Wissen. Der Biologie-
student kann sich somit mit einem Lehrbuch auf die Vordiplom-
prüfung vorbereiten. Über alle Auflagen hinweg ist dieses Werk
jedoch auch bei Biologielehrern und Schülern mit besonderem
Interesse an der Biologie auf große Resonanz gestoßen.
Jeder, der sich über die Gesamtheit der Biologie
einen fundierten Überblick verschaffen will,
wird zu diesem Lehrbuch greifen.

Springer-Lehrbuch